합격률 및 시험 일정 안내

2024년 합격률 알아보기

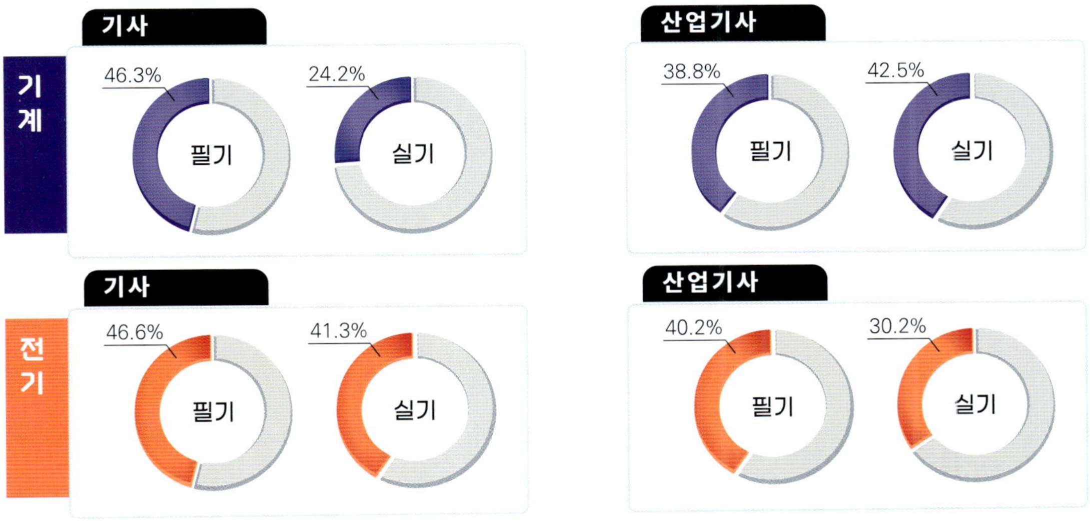

기계
- 기사: 필기 46.3%, 실기 24.2%
- 산업기사: 필기 38.8%, 실기 42.5%

전기
- 기사: 필기 46.6%, 실기 41.3%
- 산업기사: 필기 40.2%, 실기 30.2%

2026년 시험일정 예상하기

제 1회
- 접수: 1월 12일(월) ~ 15일(목) — 12, 13, 14, 15
- 시험: 2월 6일(금) ~ 3월 6일(금) — 6, 7, 8, 9, 10, 11, 12, 13, 14, 15, 16, 17, 18, 19, 20, 21, 22, 23, 24, 25, 26, 27, 28, 1, 2, 3, 4, 5, 6

제 2회
- 접수: 4월 13일(월) ~ 16일(목) — 13, 14, 15, 16
- 시험: 5월 8일(금) ~ 29일(금) — 8, 9, 10, 11, 12, 13, 14, 15, 16, 17, 18, 19, 20, 21, 22, 23, 24, 25, 26, 27, 28, 29

제 3회
- 접수: 7월 20일(월) ~ 23일(목) — 20, 21, 22, 23
- 시험: 8월 8일(토) ~ 9월 1일(화) — 8, 9, 10, 11, 12, 13, 14, 15, 16, 17, 18, 19, 20, 21, 22, 23, 24, 25, 26, 27, 28, 29, 30, 31, 1

※ 정확한 시험 일정과 관련된 정보는 한국산업인력공단(Q-Net)에서 확인하시길 바랍니다.

합격으로 입증할 오직 초격차만의 가치

3회독 시스템 — **1회독**

단계별 학습

목표 설정 및 전체적인 내용 이해

2026년 대비 최신출제경향 분석
2026년 시험 대비를 위해 최신출제경향을 분석하고 과목별 7개년 출제경향을 완벽 분석하였습니다.

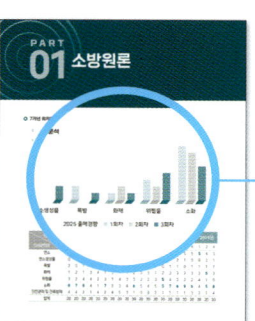

학습 목표와 단원별 마인드맵
단원의 전체 내용을 한눈에 파악할 수 있습니다.

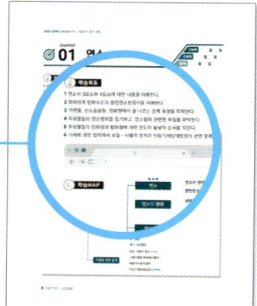

심화 학습 및 문제 적용

핵심 포인트로 초압축
표나 그림으로 표현한 핵심사항들을 쉽고 정확하게 이해할 수 있습니다.

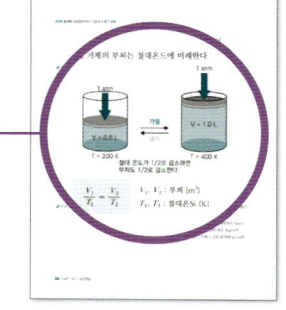
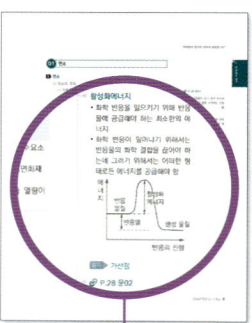

Upgrade! 이해를 돕는 보조단 구성
초격차가 제시하는 다양한 꿀팁을 본문과 함께 확인하여 효과적으로 학습할 수 있습니다.

암기 : 암기법 제시
선생님팁 : 학습 시 알아두면 좋은 선생님만의 팁
용어, 개념 설명 : 용어와 개념의 정의
문제링크 : 이론과 연관된 예상문제 페이지 안내
　*자주 출제되는 문제 위주로 배치

2회독

3회독

심화 학습 및 문제 적용

OX 퀴즈와 예상문제
다양한 문제뿐만 아니라 풍부한 해설로 이론을 완벽하게 마스터할 수 있습니다.

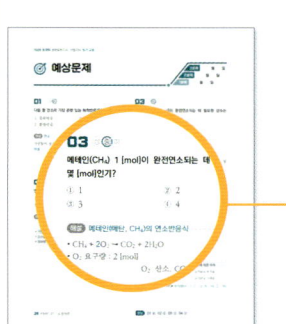

신유형 문제 & 문제별 난이도
2025년 신유형 문제와 다양한 난이도의 문제에 적응하고 대비할 수 있습니다.

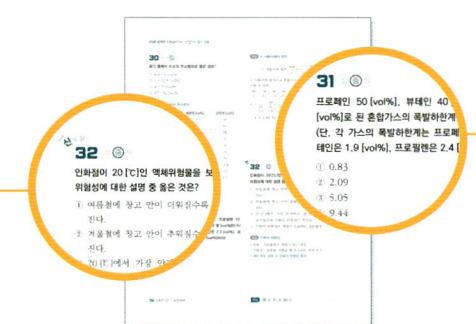

복습 및 강화

다회독으로 마스터하기
다회독에 최적화된 초격차만의 구성으로 편리한 반복학습이 가능합니다.

+ 책속의 책
핵심 내용만 압축해서 정리하였으며, 자주 출제되는 빈출지문을 따로 정리하여 수월하고 빠르게 학습을 마무리할 수 있도록 하였습니다.

초격차로 압도적인 합격의 격차를 만들다!
- <초격차>로 공부했던 선배 합격생들의 리얼 합격 스토리 -

"시작부터 마지막까지 함께하는 초격차!"

기존에 막연했던 이론 공부의 어려움을 초격차의 깔끔하게 정리된 개념을 보면서 극복할 수 있었습니다. 팁과 암기법 등이 부담감을 많이 줄여주었습니다. 특히 책속의 책에 핵심요약과 중요빈출지문이 잘 정리되어 있어서 도움이 많이 됐습니다. 책속의 책을 보면서 시험에 나올 핵심 내용을 마지막으로 점검하고 시험장에 들어갔습니다. 초격차 덕분에 끝까지 잘 정리해서 합격할 수 있었습니다.

2025년 2회 합격자 안○○

"핵심이론-기출-다회독으로 끝내는 초격차!"

2025년 2회 합격자 장○○

이론을 어떻게 어떤 식으로 외워야하는지, 중요한 것은 무엇인지 핵심 정리가 잘 되어 있어서 좋았습니다. 이론 학습 후 챕터별 예상문제를 바로 풀면서 배운 내용을 다시 복습하고 과년도 기출문제로 넘어갔습니다. 이 순서대로 3회차까지 보았는데 회독 날짜를 보니 점점 시간이 단축되는게 보여서 자신감이 많이 붙었습니다. 그 결과가 합격으로 이어진 것 같아 감사드립니다.

"비전공자도 이해할 수 있는 초격차!"

비전공자라 전반적인 이해가 부족해 독학이 어려웠는데 교재를 따라 공부하다보니 문제나 공식도 점차 이해할 수 있었습니다. 기출문제를 풀 때 상세한 해설 덕분에 문제 풀이 과정을 명확하게 알 수 있었던 점이 좋았습니다. 단순한 정답 암기가 아니라 왜 틀리고 왜 맞는지 이해할 수 있었습니다. 7개년 기출문제를 반복 학습하며 자연스럽게 문제 유형에 익숙해진 것도 합격하는데 큰 도움이 되었습니다.

2025년 1회 합격자 김○○

"효율적인 학습이 가능한 초격차!"

2025년 1회 합격자 오○○

방대한 양의 소방설비기사 내용을 모두 공부하기보다 초격차 교재의 구성에 따라 중요한 부분에 집중했습니다. 이론 공부할 땐 특히 암기법이 도움이 많이 되었습니다. 헷갈리는 부분도 암기법을 통해 외우니 오래 기억할 수 있었습니다. 단원별로 정리된 문제를 풀면서 문제에 대한 적응도가 많이 좋아졌고 과년도 기출문제를 풀면서 반복적으로 등장하는 문제들을 정복할 수 있었습니다. 초격차 덕분에 단기간에 합격이라는 목표를 달성할 수 있었습니다.

소방설비기사·산업기사 필기 공통

소방원론 / 소방관계법규

2026 초격차 超格差

황모아 · 이지원 · 오민정

모아북스

2024-2025 출제경향 분석

[소방원론]

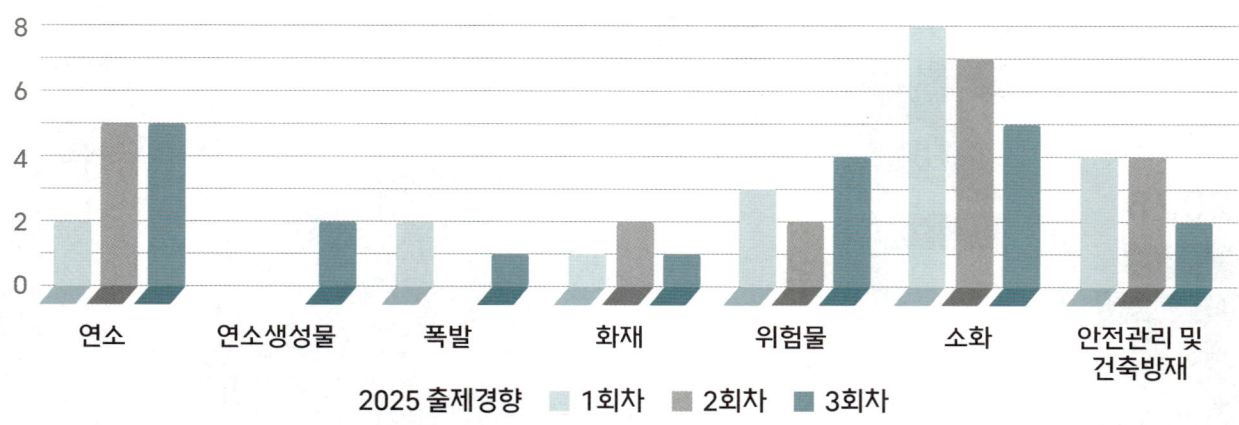

CHAPTER 연도 및 회차		연소	연소생성물	폭발	화재	위험물	소화	안전관리 및 건축방재	합계
2025년	1	2	0	2	1	3	8	4	20
	2	5	0	0	2	2	7	4	20
	3	5	2	1	1	4	5	2	20
2024년	1	7	1	0	3	4	4	1	20
	2	7	2	0	4	2	1	4	20
	4	3	2	2	1	3	7	2	20

격차를 뛰어넘어 압도적인 격차를 만들다

[소방관계법규]

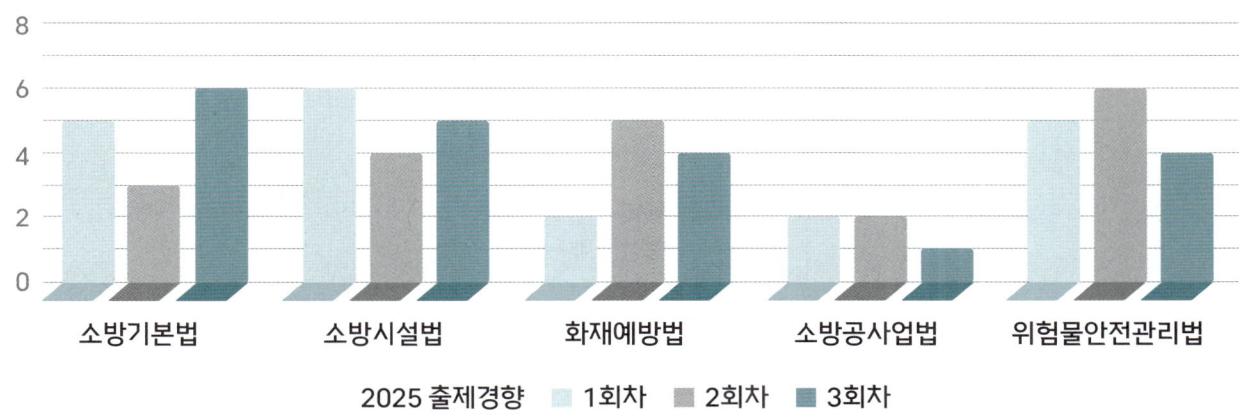

CHAPTER 연도 및 회차		소방기본법	소방시설법	화재예방법	소방공사업법	위험물 안전관리법	합계
2025년	1	5	**6**	2	2	5	20
	2	3	4	5	2	**6**	20
	3	**6**	5	4	1	4	20
2024년	1	5	5	3	2	**5**	20
	2	**6**	5	4	2	3	20
	4	**5**	5	2	4	4	20

CONTENTS

PART 01

소방원론

CHAPTER 01 연소 ·· 8
예상문제 • 28

CHAPTER 02 연소생성물 ······································ 46
예상문제 • 53

CHAPTER 03 폭발 ·· 63
예상문제 • 68

CHAPTER 04 화재 ·· 75
예상문제 • 83

CHAPTER 05 위험물 ·· 95
예상문제 • 103

CHAPTER 06 소화 ·· 118
예상문제 • 129

CHAPTER 07 안전관리 및 건축방재 ······················ 149
예상문제 • 163

PART 02 소방관계법규

CHAPTER 01 소방기본법-1 ···································· 178
예상문제 • 189

CHAPTER 02 소방기본법-2 ···································· 200
예상문제 • 212

CHAPTER 03 소방시설법-1 ···································· 224
예상문제 • 258

CHAPTER 04 소방시설법-2 ···································· 279
예상문제 • 299

CHAPTER 05 화재예방법 ······································· 307
예상문제 • 335

CHAPTER 06 소방시설공사업법 ······························ 353
예상문제 • 376

CHAPTER 07 위험물안전관리법 ······························ 397
예상문제 • 416

PART 01 소방원론

7개년 회차별 출제빈도 분석

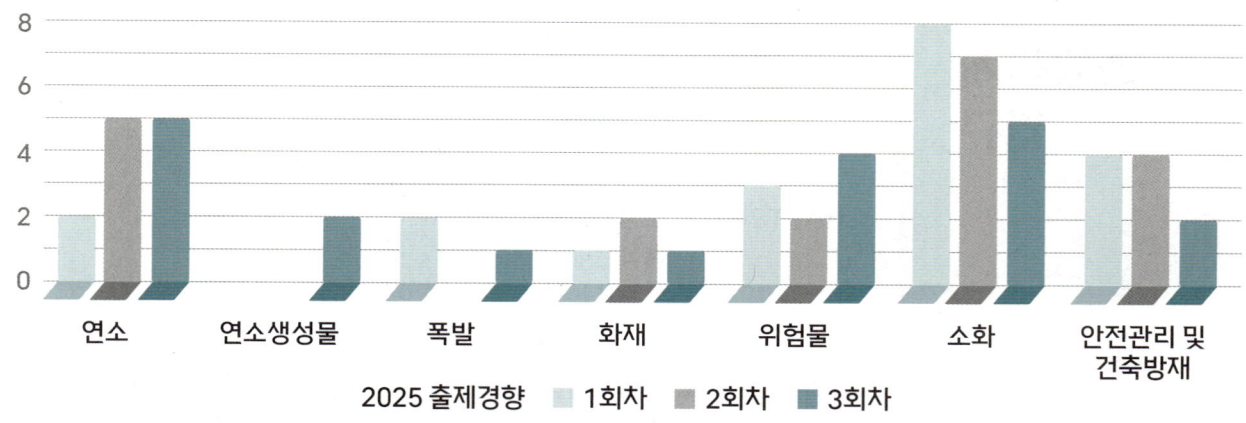

CHAPTER 연도 및 회차	2025년			2024년			2023년			2022년			2021년			2020년			2019년		
	1	2	3	1	2	3	1	2	4	1	2	4	1	2	4	1,2	3	4	1	2	4
연소	2	5	5	7	7	3	6	6	7	4	7	7	6	5	3	4	5	5	5	4	3
연소생성물	0	0	2	1	2	2	1	0	1	2	2	2	2	2	1	2	1	0	0	3	1
폭발	2	0	1	0	0	2	1	1	1	2	1	2	1	0	1	1	0	1	1	1	1
화재	1	2	1	3	4	1	5	1	1	2	3	3	1	2	3	3	2	3	3	5	3
위험물	3	2	4	4	2	3	1	4	3	3	2	2	3	5	4	3	2	2	4	1	0
소화	8	7	5	4	1	7	2	3	4	6	5	4	5	5	7	6	9	6	4	5	8
안전관리 및 건축방재	4	4	2	1	4	2	4	5	3	1	0	0	2	1	1	1	1	3	3	1	4
합계	20	20	20	20	20	20	20	20	20	20	20	20	20	20	20	20	20	20	20	20	20

격차를 뛰어넘어 압도적인 격차를 만들다

CHAPTER 01	연소
CHAPTER 02	연소생성물
CHAPTER 03	폭발
CHAPTER 04	화재
CHAPTER 05	위험물
CHAPTER 06	소화
CHAPTER 07	안전관리 및 건축방재

○ 출제경향 및 학습방법

소방원론은 기계분야와 전기분야 공통과목이다. 다른 과목에 비해 난이도는 그리 높지 않기 때문에 이 과목에서 고득점을 획득해야 하는 전략과목이기도 하다. 기본 개념 위주의 학습이 요구되며, 이해와 암기를 필요로 하는 과목인 만큼 자주 반복적으로 회독하는 것이 효과적인 학습방법이다. 학습에 들어가기 전에 세부목차를 통해 소방원론에서 어떠한 내용을 학습하게 될지를 사전에 훑어보기 바란다.

CHAPTER

01 연소

3회독	월	일
2회독	월	일
1회독	월	일

학습목표

1 연소의 3요소와 4요소에 대한 내용을 이해한다.
2 파라핀계 탄화수소의 완전연소반응식을 이해한다.
3 가연물, 산소공급원, 점화원에서 잘 나오는 문제 유형을 파악한다.
4 주요물질의 연소범위를 암기하고, 연소범위 관련한 특징을 파악한다.
5 주요물질의 인화점과 발화점에 대한 온도의 높낮이 순서를 익힌다.
6 기체에 관한 법칙에서 보일-샤를의 법칙과 이상기체상태방정식 관련 문제를 익힌다.

학습MAP

- 연소 ★★★
  - 연소의 정의 & 연소의 3요소와 4요소
    - 가연물
    - 산소공급원
    - 점화원
    - 연쇄반응
  - 완전연소와 불완전연소
- 연소의 형태
  - 상태에 따른 분류
  - 연소의 이상현상
- 연소범위
  - 연소범위의 특징 및 주요물질의 연소범위 ★★★
  - 위험도
  - 르 샤틀리에 법칙
- 연소의 기본용어
  - 인화점 ★★★
  - 연소점
  - 발화점 ★
  - 온도 & 열량 & 비열
  - 잠열과 현열 ★
  - 증기비중
  - 증기밀도
  - 증기-공기밀도
- 기체에 관한 법칙
  - 보일-샤를의 법칙 ★★★
  - 그레이엄의 확산속도법칙
  - 아보가드로의 법칙
  - 이상기체상태방정식 ★★★

01 연소

1 연소

1) 연소의 정의
   (1) 가연물이 공기 중의 산소와 결합하여 빛과 열을 수반하는 산화반응이다.
   (2) 발열 반응을 한다.
   (3) 화학 반응이 진행되기 위한 최소한의 활성화에너지가 필요하다.

2) 연소의 3요소와 4요소

구분	연소의 3요소 (작열연소, 표면연소)	연소의 4요소 (불꽃연소)
정의	연소가 시작할 수 있는 필수요소	연소가 지속될 수 있는 필수요소
연소형태	불꽃 없이 빛만 내며 연소하는 심부화재	불꽃을 내며 연소하는 표면화재
방출열량	연소속도가 느리고 방출 열량이 작다.	연소속도가 빠르고 방출 열량이 크다.
연쇄 반응	일어나지 않는다.	일어난다.
예	숯, 코크스, 금속분, 담배, 향	메테인(메탄), 에테인(에탄), 프로페인(프로판), 휘발유 등
소화방법	물리적 소화	물리적 소화, 화학적 소화
요소	가연물, 산소공급원, 점화원 ★	가연물, 산소공급원, 점화원, 연쇄반응 ★

> 📖 **참고** 소화의 원리
>
> 연소의 3요소 또는 4요소 중 어느 1가지를 차단하여 연소가 일어날 수 없도록 한다.
>
> - 가연물 차단 → 제거소화 ┐
> - 점화원 차단 → 냉각소화   ├ 물리적 소화
> - 산소 차단 → 질식소화(산소의 농도 15 [%] 미만) ┘
> - 연쇄반응 차단 → 억제소화(부촉매소화) ── 화학적 소화

🔗 P.28 문01

연소란 가연물이 공기 중의 산소와 결합하여 빛과 열을 수반하는 산화반응이다.

활성화에너지
- 화학 반응을 일으키기 위해 반응물에 공급해야 하는 최소한의 에너지
- 화학 반응이 일어나기 위해서는 반응물의 화학 결합을 끊어야 하는데 그러기 위해서는 어떠한 형태로든 에너지를 공급해야 함

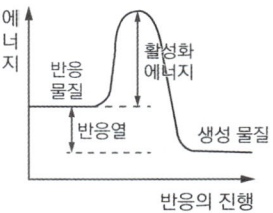

암기 가산점

🔗 P.28 문02

2 완전연소와 불완전연소

1) 정의와 생성물

구분	완전연소	불완전연소
정의	산소 공급이 충분한 상태에서의 연소	산소 공급이 불충분한 상태에서의 연소
생성물	이산화탄소(CO_2), 수증기(H_2O)	일산화탄소(CO), 그을음

2) 완전연소 반응식
   (1) 메테인(메탄) : $CH_4 + 2O_2 \rightarrow CO_2 + 2H_2O$
   (2) 에테인(에탄) : $C_2H_6 + 3.5O_2 \rightarrow 2CO_2 + 3H_2O$
   (3) 프로페인(프로판) : $C_3H_8 + 5O_2 \rightarrow 3CO_2 + 4H_2O$
   (4) 부테인(부탄) : $C_4H_{10} + 6.5O_2 \rightarrow 4CO_2 + 5H_2O$

🔗 P.28 문03
🔗 P.29 문08

TIP O_2 : 1.5씩 증가 / CO_2, H_2O : 1씩 증가

02 가연물

1 가연물

1) 가연물의 정의
   (1) 불에 잘 탈 수 있는 물질이다.
   (2) 산화반응 시 발열반응을 한다.
2) 가연물이 되기 쉬운 조건 ★★★
   (1) 활성화에너지가 작아야 한다(연소가 용이).
   (2) 열전도율이 작아야 한다(열축적이 용이).
   (3) 산소와 접촉하는 표면적이 넓어야 한다(산소접촉 및 산화반응이 용이).
   (4) 발열량이 커야 한다(온도 상승이 빨라 열축적이 용이).
   (5) 산소와 친화력이 커야 한다(산화반응이 용이).
   (6) 연쇄반응을 일으켜야 한다(연소가 용이).

🔗 P.29 문05
🔗 P.31 문15

TIP 활성화에너지, 열전도율 : 작을수록 가연물이 되기 쉽다.

• 고체 가연물이 덩어리보다 가루일 때 연소되기 쉬운 이유는 공기와 접촉면이 커지기 때문이다. [O]
• 가연물이 연소가 잘 되기 위한 조건으로 열전도율이 커야 한다.
  [X] 작아야

2 가연물이 될 수 없는 물질(불연성)

구분	물질
산소와 이미 결합하여 산화반응하지 않는 물질	물(H_2O), 산소(O_2), 이산화탄소(CO_2), 산화알루미늄(Al_2O_3), 오산화인(P_2O_5)
불활성 기체 (0족)	★ 헬륨(He), 네온(Ne), 아르곤(Ar), 크립톤(Kr), 크세논(= 제논, Xe), 라돈(Rn)
흡열반응 물질	★ 질소(N_2)

TIP ① 불활성 기체는 최외각 자유전자가 최대로 존재하여 가장 안정한 상태의 원소이므로 다른 물질과 반응하지 않는다. 따라서 산화반응하지 않는다.
② 질소(N_2)는 산화될 경우 흡열반응을 한다.

암기 헬네아크세라

🔗 P.29 문06
🔗 P.41 문47

03 산소공급원

1 대기의 구성성분

1) 산소 : 21 [%]
2) 질소 : 78 [%]
3) 아르곤 : 0.93 [%]
4) 이산화탄소 : 0.04 [%]
5) 기타 : 0.03 [%]

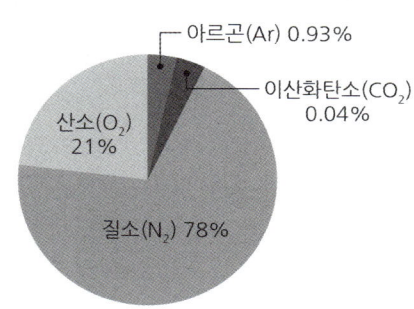

2 산화성 물질 ★

1) 제1류 위험물(산화성 고체) : 불연성이지만 자신이 산소를 함유하고 있어 분해 시 산소 방출
2) 제5류 위험물(자기반응성 물질) : 폭발성 물질로 공기 중 산소와 관계없이 자기연소
3) 제6류 위험물(산화성 액체) : 불연성이지만 분해 시 산소 발생

3 가연성 가스와 조연성 가스

구분	가연성 가스	조연성 가스
정의	자기 자신이 연소하는 가스	자기 자신은 타지 않고 연소를 도와주는 가스
종류	일산화탄소(CO) 수소(H_2) 메테인(메탄, CH_4) 프로페인(프로판, C_3H_8) 뷰테인(부탄, C_4H_{10}) 암모니아(NH_3)	오존(O_3) 공기 산소(O_2) 염소(Cl) 불소(플루오린, F)

04 점화원

1 점화원

1) 점화원의 정의
    가연물이 연소를 시작할 때 필요한 에너지를 공급해주는 물질이다.

🔗 P.31 문13
🔗 P.45 문59

2) 점화원 형태에 의한 분류

구분		내용
기계열	압축열	기체를 압축할 때 발생하는 열
	마찰열	마찰시킬 때 발생하는 열
	마찰스파크	고체와 금속을 마찰시킬 때 불꽃이 발생
	단열 압축	밸브의 급격한 개방, 탱크 내 위험물의 급격한 투입 등으로 압축 시 열 발생(열이 출입할 여유가 없을 정도로 짧은 시간 안에 부피가 줄어드는 경우)
전기열	유도열	도체 주위의 자장 변화에 의한 전위차 발생으로 전류 흐름에 의한 저항열
	유전열	누설전류와 피복의 절연 능력이 파괴될 경우 발생하는 열
	저항열	도체에 전류가 흘렀을 때 전기저항 때문에 발생하는 열(백열전구, 전기장판)
	아크열	전기회로나 개폐기 등의 접촉 불량 등에 의해 발생(전기불꽃, 스파크)
	정전기열	정지된 전기, 마찰대전에 의한 발생하는 열(마찰전기)
	낙뢰	번개가 나무나 돌과 같은 저항이 큰 물체에 부딪히며 발생하는 열
화학열	연소열	물질이 완전 산화되는 과정에서 발생하는 열
	분해열	화합물이 분해될 때 발생하는 열
	용해열	용질이 용매에 녹을 때 발생하는 열(진한 황산 + 물)
	생성열	반응 원소들이 화합물을 만들 때 발열반응에 의해 생성되는 열
	자연발화열	외부의 열원이 없어도 물질 자체적으로 열을 축적하여 온도가 상승할 때 발생

3) 점화원이 될 수 없는 것 ★
   기화열, 용해열, 단열팽창 등

2 정전기

1) 정전기의 정의
   (1) 부도체의 마찰에 의해 생기며, 전하가 정지 상태로 있어 머물러 있는 전기를 말한다.
   (2) 전기가 흐르지 못하고 축적되면 점화원이 될 수 있다.
2) 발생 메커니즘
   전하의 발생 → 전하의 축적 → 방전 → 발화

[정전기 방지패드]

3) 정전기 방지대책 ★
   (1) 배관 내 유속을 제한한다(1 [m/s] 이하).
   (2) 접지 및 본딩을 한다.
   (3) 상대습도 70 [%] 이상을 유지한다.
   (4) 대전방지제를 사용한다.
   (5) 공기를 이온화한다.
   (6) 제전기(제진기)를 사용한다.

○ P.31 문14
정전기 발생을 방지하기 위한 대책으로 가능한 한 부도체를 사용한다.
[X] 부도체를 사용하는 것은 정전기 방지대책이 아니다.

대전
물체가 전기를 띄는 현상

3 자연발화

1) 정의
   외부의 열원 없이 물질 자체적으로 온도가 상승하여 발화점 이상이 되면 공기 중에서 스스로 발화한다.

2) 원인

구분	정의	물질
산화열	가연물이 산소와 결합하여 발생	불포화 섬유지, 석탄, 기름걸레, 황린
분해열	물질이 분해하며 열 축적에 의해 발화	셀룰로이드, 아세틸렌, 나이트로글리세린(니트로글리세린)
흡착열	흡착 시 발생하는 열	활성탄, 목탄
중합열	중합반응에 의한 열, 분해열과 반대	액화 시안화수소
발효열	미생물에 의해 물질이 발효되면서 발생	먼지, 퇴비

중합반응
다수의 분자가 결합하여 큰 분자량의 화합물을 생성하는 반응

○ P.32 문17
○ P.34 문25
○ P.37 문34
○ P.38 문38

3) 조건
   (1) 발열량이 클수록 자연발화가 쉽다.
   (2) 산소와 접촉할 수 있는 표면적이 넓을수록 자연발화가 쉽다.
   (3) 주위의 온도가 높을수록 자연발화가 쉽다.
   (4) 열전도율이 작을수록 열 축적이 용이하여 자연발화가 쉽다.
   (5) 일정 수분은 촉매제 역할을 한다.

○ P.33 문20
자연발화가 잘 일어날 조건으로는 열전도율이 작아야 한다. [O]

4) 방지대책 ★
   (1) 가연성 물질을 제거한다.
   (2) 통풍이나 환기를 통해 열 축적을 방지한다.
   (3) 주위온도를 낮춘다.
   (4) 습도가 높은 곳은 피한다(수분 : 촉매작용).
   (5) 열전도성을 좋게 한다.

○ P.35 문29

5) 아이오딘값(요오드가, Iodine Value)

(1) 유지 100 [g]에 흡수되는 아이오딘의 [g]수
(2) 유지를 구성하고 있는 불포화지방산의 이중결합의 수를 나타내는 수치이다.
(3) 아이오딘값의 대소(大小)는 유지에 함유된 지방산의 불포화 정도를 나타낸다.
(4) 아이오딘값이 클수록 이중결합이 많기 때문에 반응성이 풍부하고 산화되기 쉽다. 따라서 자연발화의 위험성이 높다.

구분	건성유	반건성유	불건성유
아이오딘값	130 이상	100 ~ 130	100 이하
내용	공기 중 방치 시 쉽게 산화되어 자연발화의 위험이 높음	불건성유에 비해 자연발화의 위험이 높으며 조건에 따라 자연발화함	산화에 비교적 안정되어 자연발화 위험이 낮음
산화도	높음	중간	낮음
종류	아마인유, 들기름, 해바라기유	참기름, 면실유	올리브유, 피마자유, 동백기름
위험성	건성유 > 반건성유 > 불건성유		

05 연소의 형태

❶ 상태에 따른 분류

상태	종류
고체	표면연소, 분해연소, 증발연소, 자기연소
액체	분해연소, 증발연소, 액적연소(분무연소)
기체	확산연소, 예혼합연소

2 연소의 형태

1) 고체의 연소

구분	정의	종류
표면연소	불꽃이 없고 표면에서 연소	숯, 코크스, 목탄, 금속분
분해연소	고체 가연물이 온도 상승 시 열분해를 통해 발생하는 가연성 가스가 연소	목재, 석탄, 종이, 플라스틱
증발연소	열분해 없이 그대로 물질이 증발하여 연소	황(유황), 나프탈렌, 파라핀(양초)
자기연소	물질 내부에 산소를 함유하고 있어 별도의 산소 공급 없이 연소	나이트로셀룰로오스(니트로셀룰로오스), 나이트로글리세린(니트로글리세린), 유기과산화물

2) 액체의 연소

구분	정의	종류
분해연소	휘발성이 작고 점성이 큰 액체 가연물이 열분해하여 가스로 분해되어 연소	중유, 아스팔트, 글리세린
증발연소	액체를 가열 시 열에 의해 액체가 증기가 되어 연소	가솔린, 등유, 경유, 알코올
액적연소	미세 액적으로 분무된 액체가 공기와 접촉하여 연소	벙커C유

☑ **액적연소(분무연소)**
휘발성이 작고 점성이 큰 액체 가연물을 안개 형태로 분사하여 액처의 표면적을 넓혀 연소시키는 형태

3) 기체의 연소

구분	정의	종류
확산연소	가연성 기체가 공기 중으로 확산되며 공기와 혼합기체를 형성하여 연소	메테인(메탄), 에테인(에탄), 수소
예혼합연소	가연물과 공기가 미리 혼합된 상태로 점화원에 의해 연소되거나 스스로 연소	가솔린엔진, 분젠버너

☑ **분젠버너**
- 가스레인지 등에서 사용하는 공기와 가스를 혼합하여 연소시키는 버너
- 관 내에 흐르는 연료가스의 유속이 빨라지면 버너의 밑바닥에서 대량의 공기가 유입되는데, 관 내에 발생한 난류로 인해 연료와 공기가 혼합된다.
- 연소영역에 도달하기 전에 연료와 공기가 혼합되어 예혼합화염이 발생한다.

> 가연물질이 재로 덮인 숯불모양으로 불꽃 없이 착화하는 것을 나타내고 있는 것은 무염착화이다. [O]

3 불꽃의 유무에 따른 분류

구분	무염연소	불꽃연소
화재	불꽃 없이 연소하는 심부화재	불꽃을 내며 연소하는 표면화재
특징	연소속도 ↓, 방출열량 ↓	연소속도 ↑, 방출열량 ↑
연소형태	작열연소, 표면연소, 훈소	분해, 자기, 증발, 확산, 예혼합, 자연발화
연쇄반응	×	○
부촉매소화	불가능	가능

참고

1) **작열연소(Glowing Combustion)**
   화염 없이 가연물의 표면에서 벌겋게 달아오르는 듯 연소하는 형태를 묘사하여 훈소와 표면연소의 외관적 모습을 표현한 용어
2) **표면연소(Surface Combustion)**
   열을 가했을 때 가연물이 산소와 접하는 부분에서 부분적으로 작열하는 연소
3) **훈소(Smoldering)**
   조건에 따라 불꽃연소할 수 있는 가연물이 온도가 낮거나 산소 농도가 낮아 화염을 발생시키지 못하고 산소와 접하는 표면 경계에서 작열하는 형태로 연소

[무염연소]

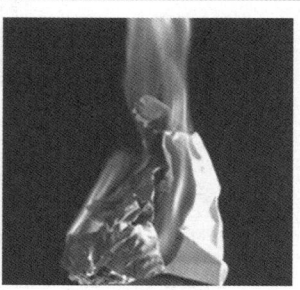
[불꽃연소]

4 연소의 이상현상

구분	특징
불완전연소	① 정의 : 완전연소하지 못하고 염공(노즐)의 선단에 적황색의 화염(황염)이 늘어나거나 그을음이 발생하는 연소현상 ② 원인 • 연소 시 산소의 공급이 부족할 때 • 연소온도가 낮을 때 ③ 문제점 • 일산화탄소(CO) 발생 • 그을음, 황염 발생
황염 (Yellow Tip)	① 정의 : 불완전연소의 일종으로 불꽃의 끝이 황색(적황색)이 되어 연소하는 현상 ② 원인 : 공기가 부족하여 완전연소가 이루어지지 않을 경우 발생
역화 (Backfire)	① 정의 : 불꽃이 연소기의 내부로 빨려 들어가 혼합관 속에서 연소하는 현상 ② 원인 • 혼합가스의 분출속도 < 연소속도 • 염공(노즐)의 부식으로 분출구멍이 커진 경우 • 버너의 과열로 연료가스의 온도가 상승한 경우
선화 (Lifting)	① 정의 : 역화의 반대현상으로 불꽃이 버너의 염공(노즐) 위에 들떠서 연소하는 현상 ② 원인 • 혼합가스의 분출속도 > 연소속도 • 버너 염공이 이물질로 일부가 막혀 가스의 분출속도가 빨라진 경우
블로우 오프 (Blow Off)	① 정의 : 선화 상태에서 주위 공기의 유동이 심하거나 혼합가스의 분출속도가 증가하여, 화염이 노즐에 정착하지 못하고 떨어져 불꽃이 꺼지는 현상 ② 원인 : 혼합가스의 분출속도 ≫ 연소속도

○― 염공
가스 버너에서 연료 가스 또는 연료 가스와 공기의 혼합 가스를 분출시키기 위한 가스 분사구

○― 가스연소의 이상현상 중 연소속도보다 가스 분출속도가 클 때 나타나는 현상은 역화이다.　 ✗ 선화

06 연소범위

1 연소범위 ★★★

1) 정의
   점화원 존재 시 발화나 폭발이 일어날 수 있는 공기 중 가연성 가스의 농도 범위이다.

2) 특징
   (1) 연소범위에는 상한계(UFL)와 하한계(LFL)가 존재한다.
   (2) 연소범위의 상한계(UFL)가 높을수록, 하한계(LFL)가 낮을수록 위험성이 크다.
   (3) 연소범위가 넓을수록 위험성이 크다.
   (4) 연소범위의 값은 혼합가스의 체적농도이다.
   (5) 온도와 농도가 높을수록 연소범위는 넓어진다(단, CO, H는 좁아진다).
   (6) 압력 상승 시 연소 범위는 넓어진다.
   (7) 불활성 기체를 첨가할수록 연소범위는 좁아진다.

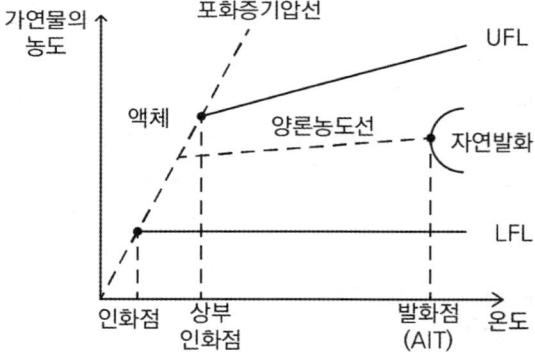

- 가연성 기체 또는 액체의 연소범위는 연소 하한이 낮을수록 발화위험이 높다. [O]
- 연소범위가 넓을수록 발화위험이 낮다. [X] 높다.

🖐 선생님 TIP
연소범위는 필기시험 단골 출제 파트입니다. 연소범위의 특징과 주요 물질의 연소범위 중 별색표기된 것은 꼭 암기합시다!

3) 주요 물질의 연소범위 ★

물질	하한계(LFL) [vol%]	상한계(UFL) [vol%]
이황화탄소(CS_2)	1.2	44
아세틸렌(C_2H_2)	2.5	81
수소(H_2)	4	75
일산화탄소(CO)	12.5	74
에틸렌(C_2H_4)	2.7	36
암모니아(NH_3)	15	28
메테인(= 메탄, CH_4)	5	15
에테인(= 에탄, C_2H_6)	3	12.4
프로페인(= 프로판, C_3H_8)	2.1	9.5
뷰테인(= 부탄, C_4H_{10})	1.8	8.4
에터(에테르, $C_2H_5OC_2H_5$)	1.9	48

※ 연소범위의 크기 비교

아세틸렌 > 수소 > 일산화탄소 > 에틸렌 > 메테인 > 프로페인 > 뷰테인

2 위험도

가연성 가스의 위험성을 나타내는 척도로 위험도가 클수록 위험하다.

$$위험도 = \frac{UFL - LFL}{LFL}$$

UFL : 연소상한계 [vol%]
LFL : 연소하한계 [vol%]

3 르 샤틀리에의 법칙

혼합가스의 폭발하한계 및 상한계를 계산할 수 있다.

$$\frac{100}{L} = \frac{V_1}{L_1} + \frac{V_2}{L_2} + \frac{V_3}{L_3} + \cdots \frac{V_n}{L_n}$$

L : 폭발한계치 [vol%]
$L_1 \sim L_n$: 가연성 가스 폭발한계치 [vol%]
$V_1 \sim V_n$: 가연성 가스 체적비율 [vol%]

- P.35 문28
- P.36 문30
- P.42 문50
- P.43 문56

연소하한계와 연소상한계의 수치

연소하한계와 연소상한계의 수치는 실험에 의한 값으로 국내외 기술서에 수록된 수치값이 상이하다.

"3) 주요 물질의 연소범위"를 기준으로 학습하되, 시험에 아래 표의 값이 주어지고 문제가 출제될 가능성도 있다.

- 국가·위험물정보시스템상의 연소범위

물질	하한계(LFL) [vol%]	상한계(UFL) [vol%]
이황화탄소(CS_2)	1	50
일산화탄소(CO)	12	75
암모니아(NH_3)	16	25
에터(에테르, $C_2H_5OC_2H_5$)	1.7	48

- P.30 문10
- P.44 문57

이황화탄소와 메테인 중 연소범위를 근거로 계산한 위험도 값이 더 큰 물질은 이황화탄소이다. O

- P.36 문31

07 연소의 기본용어

1 인화점(Flash Point)

1) 인화의 정의
   (1) 가연물에서 점화가 되는 현상
   (2) 내부의 온도가 상승하면 인화의 위험성이 증가한다.
2) 인화점의 정의
   (1) 점화원을 가했을 때 연소가 시작되는 최저 온도
   (2) 인화점이 낮을수록 위험도가 크다.
3) 주요 물질의 인화점 ★

물질	인화점 [℃]	물질	인화점 [℃]
프로필렌	-107	아세톤	-18
에터 (다이에틸에터)	-45	메틸알코올	11
가솔린(휘발유)	-43	에틸알코올	13
산화프로필렌	-37	등유	39
이황화탄소	-30	경유	41

> P.33 문21
> P.36 문32
>
> 산화프로필렌, 이황화탄소, 메틸알코올, 등유 중 인화점이 가장 낮은 물질은 산화프로필렌이다. O

> P.37 문33
> P.37 문36
> 암기 ▶ 인가산이아 / 메에 / 등경

2 연소점(Fire Point)

1) 연소점의 정의
   (1) 외부 점화원에 의해 발화 후 연소를 지속시킬 수 있는 최저 온도
   (2) 인화점보다 5 ~ 10 [℃] 높고, 불꽃이 최소 5초 이상 지속되는 온도
2) 온도의 크기

   > 인화점 < 연소점 < 발화점

3 발화점 = 착화점 = 착화 온도(AIT, Auto Ignition Temperature)

1) 발화점의 정의
   (1) 불꽃 같은 외부적 요인 없이 연소가 가능한 최저 온도
   (2) 공기 중에서 스스로 타기 시작하는 온도

> P.40 문45
> 암기 ▶ 이연발

2) 주요 물질의 발화점 ★

물질	발화점 [℃]	물질	발화점 [℃]
메테인(메탄)	537	적린, 황화인(황화린)	260
벤젠	498	등유	220
프로필렌	497	경유	210
톨루엔	480	황(유황)	190
프로페인(프로판)	470	아세트알데하이드	175
아세톤	465	에터(다이에틸에터)	160
에틸알코올	423	이황화탄소	90
아세틸렌	300	황린	34
휘발유(가솔린)	280	-	-

암기 ▶ 발벤톨 / 아에 / 휘적 / 등경 / 이황

P.38 문37
P.39 문40

3) 물질의 위험성이 증대되는 조건(발화가 일어나기 쉬운 조건) ★
  (1) 발열량이 클수록
  (2) 산소의 농도가 클수록
  (3) 압력이 높을수록
  (4) 분자구조가 복잡할수록
  (5) 활성화에너지가 낮을수록
  (6) 열전도율이 낮을수록
  (7) 산소와 친화력이 클수록
  (8) 인화점, 발화점, 융점, 비점이 낮을수록
  (9) 증발열, 비열, 표면장력, 비중이 작을수록

4 발화에너지

1) 가연성 물질을 점화시키는 데 필요한 최소에너지

> 최소점화에너지(MIE, Minimum Ignition Energy)
> = 발화에너지 = 최소발화에너지 = 최소착화에너지

2) 모든 가연성 물질은 고유한 최소점화에너지를 필요(분진 포함)
3) 최소점화에너지가 작을수록 작은 에너지에 의해 연소(또는 폭발)에 대한 가능성이 크다.

프로페인가스의 최소점화에너지는 일반적으로 약 0.25 [mJ] 정도이다. O

🔗 P.34 문24
🔗 P.35 문27
🔗 P.39 문41

4) 탄화수소계 : 약 0.25 [mJ] ★

물질	최소발화에너지[mJ]	물질	최소발화에너지[mJ]
메테인 (메탄, CH_4)	0.28	프로페인 (프로판, C_3H_8)	0.26
에테인 (에탄, C_2H_6)	0.25	뷰테인 (부탄, C_4H_{10})	0.25

5 온도

1) 섭씨온도 [℃]

표준대기압에서 물의 어는점을 0 [℃], 끓는점을 100 [℃]로 하여 100 등분한 온도

$$℃ = \frac{5}{9}(℉ - 32)$$

2) 화씨온도 [℉]

표준대기압에서 물의 어는점을 32 [℉], 끓는점을 212 [℉]로 하여 180 등분한 온도

$$℉ = \frac{9}{5} \times ℃ + 32$$

3) 캘빈온도 [K]

절대온도라고도 하며 국제표준으로 사용됨. 절대온도 0 [K]는 이론적으로 가능한 최저 온도

$$K = ℃ + 273$$

4) 랭킨온도 [R]

절대온도를 화씨 단위에 맞춘 온도

$$R = ℉ + 460$$

6 열량

1) 온도가 다른 두 물체 사이에서 이동하는 열의 양
2) 1 [kcal] : 표준대기압하에서 물 1 [kg]을 온도 1 [℃] 높이기 위해 필요한 열량
3) 1 [kcal] ≒ 4.18 [kJ]

TIP▶ 1 [kcal] ≒ 4186 [J]이다. 문제 조건상 1 [kcal]는 4.19 [kJ] 또는 4.18 [kJ]로 출제된다.

7 비열

1) 어떤 물체의 단위 중량당 1 [kg]을 온도 1 [℃] 높이기 위해 필요한 열량
2) 물의 비열 : 1 [kcal/kg·℃] (= 4.18 [kJ/kg·K])
3) 물은 비열이 커서 냉각효과가 뛰어나다.

> **참고** 물의 비열이 큰 이유
>
> 물의 비열이 다른 물질들에 비해서 큰 이유는 물 분자가 극성을 띠고 있기 때문이다. 물 분자에서 수소 원자는 전기적으로 (+), 산소 원자는 전기적으로 (-) 전하를 띠고 있기 때문에 물 분자 간에는 당기는 힘인 인력이 강하게 나타나게 된다. 따라서 물의 온도를 높이기 위해서는 다른 물질에 비해 많은 열이 필요하게 된다.

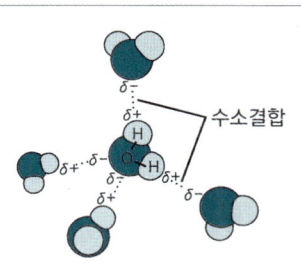

8 잠열과 현열

1) 잠열
   (1) 온도변화 없이 상태변화에만 필요한 열량
   (2) 물의 잠열
      ① 융해 잠열(0 [℃] 얼음이 0 [℃] 물이 되는 데 필요한 열량)
         80 [kcal/kg](= 334 [kJ/kg])
      ② 기화(증발) 잠열(100 [℃] 물이 100 [℃] 수증기가 되는 데 필요한 열량)
         539 [kcal/kg](= 2257 [kJ/kg])

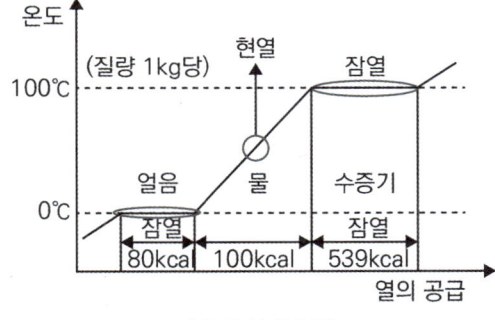

[물의 상태변화]

(3) 계산식

$$Q[kcal] = mr$$

Q : 열량 [kcal]
m : 질량 [kg]
r : 잠열 [kcal/kg]

2) 현열

(1) 상태변화 없이 온도변화에만 필요한 열량
(2) 물의 비열 : 1 [kcal/kg·℃] (≒ 4.18 [kJ/kg·K])
(3) 계산식

$$Q[kcal] = mC\Delta T$$

Q : 열량 [kcal]
m : 질량 [kg]
C : 비열 [kcal/kg·℃]
△T : 온도차 [℃]

3) 잠열과 현열 합산 계산식

$$Q[kcal] = mr_1 + mC\Delta T + mr_2$$

Q : 열량 [kcal]
m : 질량 [kg]
r_1 : 융해잠열 [kcal/kg]
r_2 : 기화잠열 [kcal/kg]
C : 비열 [kcal/kg·℃]
△T : 온도차 [℃]

9 증기비중

공기에 대한 가스의 무게 비(가스의 분자량/공기의 분자량)

1) 계산식

$$증기비중 = \frac{가스의\ 분자량[g/mol]}{29[g/mol]}$$

29 [g/mol] : 공기의 평균 분자량

2) 공기에 대한 가스의 무게

증기비중	공기에 대한 가스의 무게
증기비중 > 1	공기보다 무거움
증기비중 < 1	공기보다 가벼움

🔗 P.28 문04
🔗 P.42 문51
🔗 P.43 문55

3) 원자량 ★

원소	원자량	원소	원자량
H	1	F	19
C	12	S	32
N	14	Cl	35.5
O	16	Br	80

10 증기밀도

표준 상태(0 [℃], 1 [atm])에서 그 기체의 분자량을 22.4 [L]로 나눈 값

$$증기밀도\,[g/L] = \frac{분자량\,[g/mol]}{22.4\,[L/mol]}$$

22.4 [L/mol] : 표준 상태에서 1 [mol]의 기체 부피[L]

11 증기 – 공기밀도

어떤 온도에서 '액체와 평형 상태에 있는 증기'와 '공기'의 혼합 증기밀도

$$증기 - 공기밀도 = \frac{P_2 d}{P_1} + \frac{P_1 - P_2}{P_1}$$

P_1 : 대기압 [mmHg]
P_2 : 주변온도에서의 증기압 [mmHg]
d : 증기밀도

◎ P.42 문52

08 기체에 관한 법칙

1 보일의 법칙

온도가 일정할 때 기체의 부피는 압력에 반비례한다.

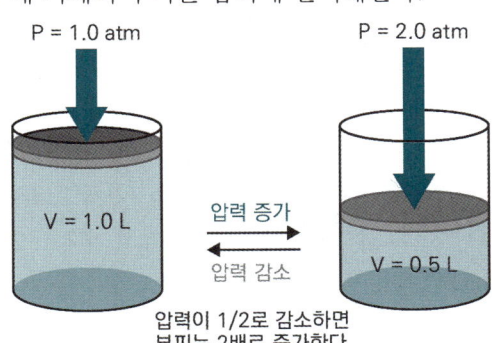

압력이 1/2로 감소하면 부피는 2배로 증가한다.

선생님 TIP

기체에 관한 법칙에서 계산문제가 많이 출제됩니다. 공식을 꼭 암기하고 문제에 적용하는 연습을 합시다!

$$P_1V_1 = P_2V_2$$

P_1, P_2 : 절대압력 [atm]
V_1, V_2 : 부피 [m³]

2 샤를의 법칙

압력이 일정할 때 기체의 부피는 절대온도에 비례한다.

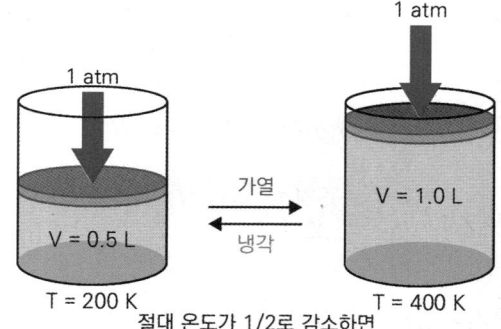

절대 온도가 1/2로 감소하면 부피도 1/2로 감소한다.

$$\frac{V_1}{T_1} = \frac{V_2}{T_2}$$

V_1, V_2 : 부피 [m³]
T_1, T_2 : 절대온도 [K]

3 보일 – 샤를의 법칙

일정량의 기체의 체적은 압력에 반비례하고, 절대온도에 비례한다.

$$\frac{P_1V_1}{T_1} = \frac{P_2V_2}{T_2}$$

P_1, P_2 : 절대압력 [atm]
V_1, V_2 : 부피 [m³]
T_1, T_2 : 절대온도 [K]

기체의 체적은 압력에 반비례하고, 섭씨온도에 비례한다. ⊠ 절대온도

4 그레이엄의 확산속도법칙(Graham's law of Effusion)

동일한 온도와 압력에서 기체의 확산속도는 그 기체의 분자량의 제곱근에 반비례한다.

$$\frac{V_1}{V_2} = \sqrt{\frac{\rho_2}{\rho_1}} = \sqrt{\frac{m_2}{m_1}}$$

V_1, V_2 : 기체 1, 2의 확산속도 [m/s]
ρ_1, ρ_2 : 기체 1, 2의 밀도 [kg/m³]
m_1, m_2 : 기체 1, 2의 분자량 [g/mol]

5 아보가드로의 법칙

모든 기체는 같은 온도와 압력에서 같은 부피 속에 같은 수의 분자가 들어 있다. 0 [℃], 1기압에서 부피 22.4 [L] 속에 6×10^{23}개의 기체 분자가 있다.

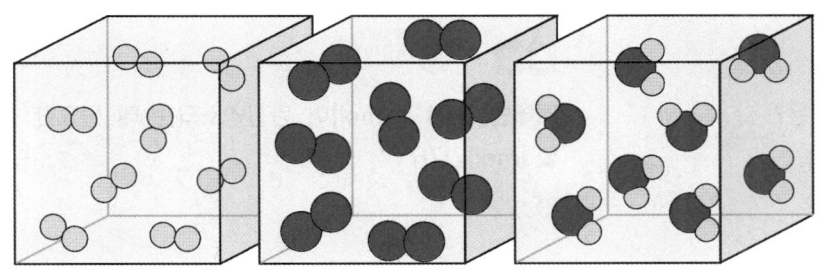

수소 H_2
0 ℃, 1 기압에서 부피 22.4 L 속에 수소 분자는 6×10^{23}개가 있다.

산소 O_2
0 ℃, 1 기압에서 부피 22.4 L 속에 산소 분자는 6×10^{23}개가 있다.

수증기 H_2O
0 ℃, 1 기압에서 부피 22.4 L 속에 수증기 분자는 6×10^{23}개가 있다.

6 이상기체 상태방정식

이상기체는 기체 분자 자체의 크기는 무시할 수 있을 정도로 작으며, 기체 분자 사이에 작용하는 힘이 없다고 가정한 기체이다.

$$PV = nRT = \frac{W}{M}RT$$

P : 절대압력 [atm]
V : 부피 [m³]
n : 몰수 [kmol]
R : 일반기체상수 [atm · m³ / kmol · K]
T : 절대온도 [K]
M : 분자량 [kg/kmol]
W : 질량 [kg]

P.32 문18
P.43 문54

암기 일반기체상수 R
R = 0.082 [atm · m³ / kmol · K]
= 8.314 [kJ/kmol · K]

예상문제

01 (하)

다음 중 연소와 가장 관련 있는 화학반응은?

① 중화반응 ② 치환반응
③ 환원반응 ④ 산화반응

해설 연소

가연물이 공기 중의 산소와 결합하여 빛과 열을 수반하는 산화반응

02 (하)

연소의 3요소에 해당하지 않는 것은?

① 점화원 ② 연쇄반응
③ 가연물질 ④ 산소공급원

해설 연소의 3요소, 4요소

연소의 3요소	연소의 4요소
• 가연물 • 산소공급원 • 점화원	• 가연물 • 산소공급원 • 점화원 • 연쇄반응

암기 ▶ 가산점

03 (중)

메테인(CH_4) 1 [mol]이 완전연소되는 데 필요한 산소는 몇 [mol]인가?

① 1 ② 2
③ 3 ④ 4

해설 메테인(메탄, CH_4)의 연소반응식

- $CH_4 + 2O_2 \rightarrow CO_2 + 2H_2O$
- O_2 요구량 : 2 [mol]

O_2 : 산소, CO_2 : 이산화탄소, H_2O : 물

04 (중)

증기비중의 정의로 옳은 것은? (단, 보기에서 분자, 분모의 단위는 모두 [g/mol]이다)

① $\dfrac{분자량}{22.4}$ ② $\dfrac{분자량}{29}$

③ $\dfrac{분자량}{44.8}$ ④ $\dfrac{분자량}{100}$

해설 증기비중

1) 증기비중 = $\dfrac{분자량}{29(공기 분자량)}$

2) 공기에 대한 가스의 무게비

증기비중	공기에 대한 무게
증기비중 > 1	공기보다 무거움
증기비중 < 1	공기보다 가벼움

보충 ▶ 원자량(H : 1, C : 12, N : 14, O : 16)

정답 01 ④ 02 ② 03 ② 04 ②

05 (상 중 하)

가연물이 연소가 잘되기 위한 구비조건으로 틀린 것은?

① 열전도율이 클 것
② 산소와 화학적으로 친화력이 클 것
③ 표면적이 클 것
④ 활성화에너지가 작을 것

해설 가연물의 구비조건

1) 활성화에너지가 작을 것 (-)
2) 열전도율이 작을 것 (-)
3) 산소와 접촉하는 표면적이 넓을 것 (+)
4) 발열량이 클 것 (+)
5) 산소와 친화력이 클 것 (+)
6) 연쇄반응을 일으킬 것 (+)

TIP ▶ 활성화에너지, 열전도율 (-)

06 (상 중 하)

불활성 가스에 해당하는 것은?

① 수증기　　② 일산화탄소
③ 아르곤　　④ 아세틸렌

해설 가연물이 될 수 없는 물질(불연성)

구분	물질
산소와 결합해 있는 물질	물(H_2O), 산소(O_2), 이산화탄소(CO_2) 산화알루미늄(Al_2O_3), 오산화인(P_2O_5)
불활성 기체 (0족)	헬륨(He), 네온(Ne), 아르곤(Ar), 크립톤(Kr), 크세논(=제논, Xe), 라돈(Rn)
흡열반응물질	질소(N_2)

암기 ▶ 헬네아크세라

07 (상 중 하)

정전기 발생 방지대책 중 틀린 것은?

① 상대습도를 높인다.
② 공기를 이온화시킨다.
③ 접지시설을 한다.
④ 가능한 한 부도체를 사용한다.

해설 정전기 방지대책

1) 배관 내 유속을 제한한다(1 [m/s] 이하).
2) 접지 및 본딩을 한다.
3) 상대습도 70 [%] 이상을 유지한다.
4) 대전방지제를 사용한다.
5) 공기를 이온화한다.
6) 제전기(제진기)를 사용한다.

보충 ▶ 정전기현상은 부도체 표면 간의 접촉에 따라 발생하므로 '부도체를 사용하는 것'은 정전기 방지대책이 아님

08 (상 중 하)

프로페인 가스 44 [g]을 공기 중에 완전연소시킬 때 표준상태를 기준으로 약 몇 [L]의 공기가 필요한가? (단, 가연가스를 이상기체로 보며, 공기는 질소 80 [%]와 산소 20 [%]로 구성되어 있다)

① 112　　② 224
③ 448　　④ 560

해설 완전연소 시 필요한 산소량

1) 프로페인(C_3H_8)의 연소반응식
　　$C_3H_8 + 5O_2 \rightarrow 3CO_2 + 4H_2O$
2) 산소량
　(1) O_2 필요량 [mol] : 5 [mol]
　(2) O_2 필요량 [L] : 5 [mol] × 22.4 [L/mol] = 112 [L]

정답 05 ① 06 ③ 07 ④ 08 ④

(3) 공기의 필요량 $x[L]$

공기량 : 산소량 = x [L] : 112 [L]

100 [%] : 20 [%] = x [L] : 112 [L]

$20 \times x[L] = 100 \times 112[L]$

$x[L] = \dfrac{112[L]}{0.2} = 560$ [L]

보충 ▶ 1 [mol]의 부피 : 22.4 [L]

09 상 중 하

질소 79.2 [vol%], 산소 20.8 [vol%]로 이루어진 공기의 평균분자량은?

① 15.44
② 20.21
③ 28.83
④ 36.00

해설 공기 분자량

- N_2 = 14 × 2 = 28 [g/mol]
- O_2 = 16 × 2 = 32 [g/mol]
- 공기 분자량 = (28 × 0.792) + (32 × 0.208)
  ≒ 28.83 [g/mol]

10 상 중 하

다음 물질 중 공기에서 위험도(H)가 가장 큰 것은?

① 에터(에테르)
② 수소
③ 에틸렌
④ 프로페인

해설 위험도 계산

1) 위험도 $H = \dfrac{U-L}{L}$ **암기** ▶ 유마엘엘

2) 주요물질 연소범위

가스	하한계 L	상한계 U	위험도 H
이황화탄소	1.2	44	35.67
아세틸렌	2.5	81	31.4
에터(다이에틸에터)	1.9	48	24.26
수소	4	75	17.75
에틸렌	2.7	36	12.33
일산화탄소	12.5	74	4.92
뷰테인(부탄)	1.8	8.4	3.67
프로페인(프로판)	2.1	9.5	3.52
에테인(에탄)	3	12.4	3.13
메테인(메탄)	5	15	2

(1) 에터(다이에틸에터) $H = \dfrac{48-1.9}{1.9} = 24.26$

(2) 수소 $H = \dfrac{75-4}{4} = 17.75$

(3) 에틸렌 $H = \dfrac{36-2.7}{2.7} = 12.33$

(4) 프로페인 $H = \dfrac{9.5-2.1}{2.1} = 3.52$

11 상 중 하

공기 중 산소의 농도는 약 몇 [vol%]인가?

① 10
② 13
③ 17
④ 21

해설 대기의 구성성분

- 산소(O_2) : 21 [%]
- 질소(N_2) : 78 [%]
- 아르곤(Ar) : 0.93 [%]
- 이산화탄소(CO_2) : 0.04 [%]
- 기타 : 0.03 [%]

정답 09 ③ 10 ① 11 ④

12 (상 중 하)

조연성 가스로만 나열되어 있는 것은?

① 질소, 불소, 수증기
② 산소, 불소, 염소
③ 산소, 이산화탄소, 오존
④ 질소, 이산화탄소, 염소

해설 가연성 가스와 조연성 가스

구분	가연성 가스	조연성 가스
정의	자기 자신이 연소하는 가스	자기 자신은 타지 않고 연소를 도와주는 가스
종류	일산화탄소(CO) 수소(H_2) 메테인(메탄, CH_4) 프로페인(프로판, C_3H_8) 암모니아(NH_3) 뷰테인(부탄, C_4H_{10})	오존(O_3) 공기 산소(O_2) 염소(Cl) 불소(F)

암기 ▶ 조 오공산 염불

13 (상 중 하)

전기에너지에 의하여 발생되는 열원이 아닌 것은?

① 저항가열　② 마찰 스파크
③ 유도가열　④ 유전가열

해설 열에너지원의 종류

구분	종류
기계열	압축열, 마찰열, 마찰스파크, 충격열
전기열	유도열, 유전열, 저항열, 아크열, 정전기열, 낙뢰에 의한 열
화학열	연소열, 용해열, 분해열, 생성열, 자연발화열

암기 ▶ 기압마충

14 (상 중 하)

정전기에 의한 발화과정으로 옳은 것은?

① 방전 → 전하의 축적 → 전하의 발생 → 발화
② 전하의 발생 → 전하의 축적 → 방전 → 발화
③ 전하의 발생 → 방전 → 전하의 축적 → 발화
④ 전하의 축적 → 방전 → 전하의 발생 → 발화

해설 정전기

1) 전하가 정지 상태에 있어 머물러 있는 전기
2) 전하의 발생 → 전하의 축적 → 방전 → 발화
3) 정전기 발생 억제 : 금속 배관 사용

15 (상 중 하)

다음 중 고체 가연물이 덩어리보다 가루일 때 연소되기 쉬운 이유로 가장 적합한 것은?

① 발열량이 작아지기 때문이다.
② 공기와 접촉면이 커지기 때문이다.
③ 열전도율이 커지기 때문이다.
④ 활성화에너지가 커지기 때문이다.

해설 가연물의 구비조건

1) 활성화에너지가 작을 것 (-)
2) 열전도율이 작을 것 (-)
3) 산소와 접촉하는 표면적이 넓을 것 (+)
4) 발열량이 클 것 (+)
5) 산소와 친화력이 클 것 (+)
6) 연쇄반응을 일으킬 것 (+)

TIP ▶ 활성화에너지, 열전도율(-)

정답　12 ②　13 ②　14 ②　15 ②

16 (하)

수소 1 [kg]이 완전연소할 때 필요한 산소는 몇 [kg]인가?

① 4
② 8
③ 16
④ 3

해설 완전연소 시 필요한 산소량

1) 수소(H_2)의 연소반응식
   $2H_2 + O_2 \rightarrow 2H_2O$
2) 수소가 완전연소하는 데 필요한 산소[kg]
   - $2H_2$
     2 [kmol] × (1 × 2)[kg/kmol] = 4 [kg]
   - O_2
     1 [kmol] × (16 × 2)[kg/kmol] = 32 [kg]
   ⇨ 수소 4 [kg]이 완전연소하는 데 산소 32 [kg]이 필요함
3) 수소 1 [kg]이 완전연소할 때 필요한 산소 x [kg]
   수소 4 [kg] : 산소 32 [kg] = 1 [kg] : x
   $x \times 4 = 1 \times 32$
   $x = \dfrac{1 \times 32}{4} = 8 [kg]$

보충 원자량(H : 1, C : 12, N : 14, O : 16)

17 (중)

불포화 섬유지나 석탄에 자연발화를 일으키는 원인은?

① 분해열
② 산화열
③ 발효열
④ 중합열

해설 자연발화의 원인

분류	개념	종류
산화열	가연물이 산소와 결합하여 발생	불포화 섬유지, 석탄, 기름걸레
분해열	물질이 분해하며 열 축적 의해 발화	셀룰로이드, 아세틸렌
흡착열	흡착 시 발생하는 열	활성탄, 목탄
중합열	중합반응에 의한 열, 분해열과 반대	액화 시안화수소
발효열	미생물에 의해 발효되면서 발생	먼지, 퇴비

18 (하)

0 [℃], 1기압에서 44.8 [m³]의 용적을 가진 이산화탄소를 액화하여 얻을 수 있는 액화탄산 가스의 무게는 약 몇 [kg]인가?

① 88
② 44
③ 22
④ 11

해설 이상기체 상태방정식

이상기체상태방정식 $PV = nRT = \dfrac{W}{M}RT$

$W = \dfrac{PVM}{RT} = \dfrac{1 \times 44.8 \times 44}{0.082 \times (273+0)} \fallingdotseq 88 \text{ [kg]}$

P : 절대압력 [atm]
T : 절대온도 [K] (273 + ℃)
W : 기체의 질량 [kg]
V : 부피 [m³]
R : 기체상수 (0.082 [atm·m³/kmol·K])
M : CO_2 분자량 (44 [kg/kmol])

정답 16 ② 17 ② 18 ①

19 (상)(중)(하)

다음 중 가연성 가스가 아닌 것은?

① 일산화탄소 ② 프로페인
③ 아르곤   ④ 메테인

해설 가연성 가스와 조연성 가스

구분	가연성 가스	조연성 가스
정의	자기 자신이 연소하는 가스	자기 자신은 타지 않고 연소를 도와주는 가스
종류	일산화탄소(CO) 수소(H_2) 메테인(메탄, CH_4) 프로페인(프로판, C_3H_8) 암모니아(NH_3) 뷰테인(부탄, C_4H_{10})	오존(O_3) 공기 산소(O_2) 염소(Cl) 불소(F)

보충 아르곤(Ar) : 불활성 기체
암기 조 오공산 염불

20 (상)(중)(하)

자연발화의 조건으로 틀린 것은?

① 열전도율이 낮을 것
② 발열량이 클 것
③ 주위의 온도가 높을 것
④ 표면적이 작을 것

해설 자연발화 조건

1) 발열량이 클 것 (+)
2) 산소와 접촉하는 표면적이 넓을 것 (+)
3) 주위온도 높을 것 (+)
4) 열전도율이 작을 것 (-)
5) 일정 수분은 촉매제 역할

TIP 열전도율만(-)

21 (상)(중)(하)

인화점에 대한 설명 중 틀린 것은?

① 인화점은 공기 중에서 액체를 가열하는 경우 액체표면에서 증기가 발생하여 점화원에서 착화하는 최저 온도를 말한다.
② 인화점 이하의 온도에서는 성냥불을 접근해도 착화하지 않는다.
③ 인화점 이상 가열하면 증기를 발생하여 성냥불이 접근하면 착화한다.
④ 인화점은 보통 연소점 이상, 발화점 이하의 온도이다.

해설 인화점

1) 점화원 가했을 때 연소 시작되는 최저 온도
2) 인화점 낮을수록 위험도 큼
3) 인화점 < 연소점 < 발화점

암기 이연발

22 (상)(중)(하)

동식물유류에서 "아이오딘값이 크다"라는 의미를 옳게 설명한 것은?

① 불포화도가 높다.
② 불건성유이다.
③ 자연발화성이 낮다.
④ 산소와의 결합이 어렵다.

해설 아이오딘값(요오드가, Iodine Value)

1) 유지 100 [g]에 흡수되는 아이오딘의 [g] 수
2) 유지를 구성하고 있는 지방산에 함유된 이중결합의 수를 나타내는 수치
3) 아이오딘값이 클수록 불포화도가 높고, 산소와 결합하기 쉬우며 자연발화 위험성이 크다.
4) 위험성 : 건성유 > 반건성유 > 불건성유

정답 19 ③ 20 ④ 21 ④ 22 ①

23 상중하

고체연료의 연소형태를 구분할 때 해당되지 않는 것은?

① 증발연소
② 분해연소
③ 표면연소
④ 예혼합연소

해설 연소의 형태

형태	종류
고체	표면연소, 분해연소, 증발연소, 자기연소
액체	분해연소, 증발연소, 액적연소
기체	예혼합연소, 확산연소

24 상중하

섭씨 30도는 랭킨(Rankine)온도로 나타내면 몇 도인가?

① 546도
② 515도
③ 498도
④ 463도

해설 랭킨온도

$$°F = \frac{9}{5}°C + 32$$

$$랭킨온도\ R = °F + 460$$

1) 섭씨 30도를 화씨온도로 환산

$$°F = \frac{9}{5}°C + 32$$
$$= \frac{9}{5} \times 30 + 32 = 86\ [°F]$$

2) 86 [°F]를 랭킨온도로 환산

$$R = °F + 460$$
$$= 86 + 460 = 546\ [R]$$

25 상중하

장기간 방치하면 습기, 고온 등에 의해 분해가 촉진되고, 분해열이 축적되면 자연발화 위험성이 있는 것은?

① 셀룰로이드
② 질산나트륨
③ 과망가니즈산칼륨
④ 과염소산

해설 자연발화의 원인

분류	개념	종류
산화열	가연물이 산소와 결합하여 발생	불포화 섬유지, 석탄, 기름걸레
분해열	물질이 분해하며 열 축적에 의해 발화	셀룰로이드, 아세틸렌
흡착열	흡착 시 발생하는 열	활성탄, 목탄
중합열	중합반응에 의한 열, 분해열과 반대	액화 시안화수소
발효열	미생물에 의해 발효되면서 발생	먼지, 퇴비

26 상중하

촛불(양초)의 연소형태와 가장 관련이 있는 것은?

① 증발연소
② 분해연소
③ 표면연소
④ 자기연소

정답 23 ④ 24 ① 25 ① 26 ①

해설 연소의 형태

구분	내용	종류
분해연소	열분해로 생성된 가연성 가스가 연소	목재, 석탄, 종이, 플라스틱
표면연소	불꽃이 없고, 표면에서 연소	숯, 코크스, 목탄, 금속분
증발연소	열분해 없이 증발하여 연소	황(유황), 가솔린, 나프탈렌, 양초
자기연소	물질 자체에 산소를 함유하고 있어 별도 산소 없이 연소	나이트로셀룰로오스(니트로셀룰로오스), 나이트로글리세린(니트로글리세린), 유기과산화물
확산연소	확산 화염에 의한 연소	메테인(메탄), 암모니아, 수소
예혼합 연소	미리 공기와 혼합된 연료가 연소	LNG, LPG, 가연성 가스

27 (상**중**하)

화씨 95도를 켈빈(Kelvin)온도로 나타내면 약 몇 [K]인가?

① 178　② 252
③ 308　④ 368

해설 켈빈온도

섭씨온도 $℃ = \dfrac{5}{9}(℉-32)$
켈빈온도 $K = ℃ + 273$

1) 화씨 95도를 섭씨온도로 환산
$$℃ = \frac{5}{9}(℉-32) = \frac{5}{9}(95-32) = 35\,[℃]$$

2) 35[℃]를 켈빈온도로 환산
$$K = ℃ + 273 = 35 + 273 = 308\,[K]$$

28 (상중**하**)

가연성 기체의 일반적인 연소범위에 관한 설명으로서 옳지 못한 것은?

① 연소범위에는 상한과 하한이 있다.
② 연소범위의 값은 공기와 혼합된 가연성 기체의 체적농도로 표시된다.
③ 연소범위의 값은 압력과 무관하다.
④ 연소범위는 가연성 기체의 종류에 따라 다른 값을 갖는다.

해설 연소범위

1) 연소범위에는 상한과 하한이 있음
2) 연소상한계 높을수록, 연소하한계 낮을수록, 연소범위 넓을수록 화재위험성 높음
3) 연소범위 값은 혼합가스의 체적농도
4) 온도, 농도 높을수록 연소 범위 넓어짐
5) 압력 상승 시 연소상한계만 상승
6) 가연성 기체의 종류에 따라 다른 값 가짐

29 (상**중**하)

자연발화 방지대책에 대한 설명 중 틀린 것은?

① 저장실의 온도를 낮게 유지한다.
② 저장실의 환기를 원활히 시킨다.
③ 촉매물질과의 접촉을 피한다.
④ 저장실의 습도를 높게 유지한다.

해설 자연발화 방지대책

1) 가연성 물질 제거
2) 통풍이나 환기를 통한 열 축적방지
3) 저장실의 온도를 낮출 것
4) 습도 높은 곳 피할 것(수분 : 촉매작용)
5) 열전도성 좋게 할 것

30 상 중 (하)

공기 중에서 수소의 연소범위로 옳은 것은?

① 0.4 ~ 4 [vol%]
② 1 ~ 12.5 [vol%]
③ 4 ~ 75 [vol%]
④ 67 ~ 92 [vol%]

해설 주요 물질의 연소범위

가스	하한계 [vol%]	상한계 [vol%]
이황화탄소	1.2	44
아세틸렌	2.5	81
수소	4	75
일산화탄소	12.5	74
에틸렌	2.7	36
암모니아	15	28
메테인(메탄)	5	15
에테인(에탄)	3	12.4
프로페인(프로판)	2.1	9.5
뷰테인(부탄)	1.8	8.4

31 상 중 (하)

프로페인 50 [vol%], 뷰테인 40 [vol%], 프로필렌 10 [vol%]로 된 혼합가스의 폭발하한계는 약 몇 [vol%]인가? (단, 각 가스의 폭발하한계는 프로페인은 2.2 [vol%], 뷰테인은 1.9 [vol%], 프로필렌은 2.4 [vol%]이다)

① 0.83
② 2.09
③ 5.05
④ 9.44

해설 르 샤틀리에의 법칙

$$\text{르 샤틀리에 법칙} \quad \frac{100}{L} = \frac{V_1}{L_1} + \frac{V_2}{L_2} + \cdots + \frac{V_n}{L_n}$$

르 샤틀리에 법칙으로 혼합가스의 폭발하한계 및 상한계를 계산할 수 있다.

$$\frac{100}{L} = \frac{50}{2.2} + \frac{40}{1.9} + \frac{10}{2.4}$$

$$L = \frac{100}{\frac{50}{2.2} + \frac{40}{1.9} + \frac{10}{2.4}}$$

∴ $L ≒ 2.09$ [%]

L : 혼합가스 폭발하한계 [vol%]
$L_1 \sim L_n$: 가연성 가스 폭발하한계 [vol%]
$V_1 \sim V_n$: 가연성 가스 용량 [vol%]

32 상 (중) 하

인화점이 20 [℃]인 액체위험물을 보관하는 창고의 인화위험성에 대한 설명 중 옳은 것은?

① 여름철에 창고 안이 더워질수록 인화의 위험성이 커진다.
② 겨울철에 창고 안이 추워질수록 인화의 위험성이 커진다.
③ 20 [℃]에서 가장 안전하고, 20 [℃]보다 높아지거나 낮아질수록 인화의 위험성이 커진다.
④ 인화의 위험성은 계절의 온도와는 상관없다.

해설 인화의 위험성

- 인화 : 가연물에서 점화가 되는 현상
- 인화점 : 점화원 가했을 때 연소되는 최저 온도
- 내부 온도 상승 시 인화의 위험성 증대

정답 30 ③ 31 ② 32 ①

33 상중하

다음 중 인화점이 가장 낮은 물질은?

① 산화프로필렌 ② 이황화탄소
③ 메틸알코올   ④ 등유

해설 인화점

물질	인화점 [℃]
가솔린(휘발유)	-43
산화프로필렌	-37
이황화탄소	-30
아세톤	-18
메틸알코올	11
에틸알코올	13
등유	39
경유	41

암기 ▶ 인가산이아 / 메에 / 등경

34 상중하

자연발화에 대한 설명으로 틀린 것은?

① 외부로부터 열의 공급을 받지 않고 온도가 상승하는 현상이다.
② 물질의 온도가 발화점 이상이면 자연발화한다.
③ 다공질이고 열전도가 작은 물질일수록 자연발화가 일어나기 어렵다.
④ 건성유가 묻어 있는 기름걸레가 적층되어 있으면 자연발화가 일어나기 쉽다.

해설 자연발화

1) 외부 열원 없이 온도 상승
2) 발화점 이상이면 공기 중 자연발화
3) 다공질이고 열전도율 작을수록 발생
4) 건성유 묻어 있는 기름걸레

35 상중하

공기와 할론 1301의 혼합기체에서 할론 1301에 비해 공기의 확산속도는 약 몇 배인가? (단, 공기의 평균분자량은 29, 할론 1301의 분자량은 149이다)

① 2.27배   ② 3.85배
③ 5.17배   ④ 6.46배

해설 그레이엄의 확산속도법칙

그레이엄의 확산속도법칙 $\dfrac{V_1}{V_2} = \sqrt{\dfrac{\rho_2}{\rho_1}} = \sqrt{\dfrac{m_2}{m_1}}$

$$\dfrac{V_{공기}}{V_{할론1301}} = \sqrt{\dfrac{m_{할론1301}}{m_{공기}}}$$

$$= \sqrt{\dfrac{149}{29}} \fallingdotseq 2.27$$

V_1, V_2 : 기체 1, 2의 확산속도 [m/s]
ρ_1, ρ_2 : 기체 1, 2의 밀도 [kg/m³]
m_1, m_2 : 기체 1, 2의 분자량 [g/mol]

36 상중하

인화점이 낮은 것부터 높은 순서로 옳게 나열된 것은?

① 에틸알코올 < 이황화탄소 < 아세톤
② 이황화탄소 < 에틸알코올 < 아세톤
③ 에틸알코올 < 아세톤 < 이황화탄소
④ 이황화탄소 < 아세톤 < 에틸알코올

해설 인화점

물질	인화점 [℃]
이황화탄소	-30
아세톤	-18
에틸알코올	13

정답 33 ① 34 ③ 35 ① 36 ④

37 (상 중 하)

다음 중 발화점이 가장 낮은 물질은?

① 휘발유 ② 이황화탄소
③ 적린   ④ 황린

해설 발화점 = 착화점 = 착화온도

물질	발화점 [℃]
벤젠	498
톨루엔	480
아세톤	465
에틸알코올	423
휘발유(가솔린)	280
적린, 황화인	260
등유	220
경유	210
이황화탄소	90
황린	34

암기 발벤톨 / 아에 / 휘적 / 등경 / 이황

보충 황린 : 제3류 위험물 중 자연발화성 물질로 발화점이 낮아 위험하여 물속에 보관

38 (상 중 하)

대두유가 침적된 기름걸레를 쓰레기통에 장시간 방치한 결과 자연발화에 의하여 화재가 발생한 경우 그 이유로 옳은 것은?

① 분해열 축적 ② 산화열 축적
③ 흡착열 축적 ④ 발효열 축적

해설 자연발화의 원인

분류	개념	종류
산화열	가연물이 산소와 결합하여 발생	불포화 섬유지, 석탄, 기름걸레
분해열	물질이 분해하며 열 축적에 의해 발화	셀룰로이드, 아세틸렌
흡착열	흡착 시 발생하는 열	활성탄, 목탄
중합열	중합반응에 의한 열, 분해열과 반대	액화 시안화수소
발효열	미생물에 의해 발효되면서 발생	먼지, 퇴비

39 (상 중 하)

비열이 가장 큰 물질은?

① 구리 ② 수은
③ 물   ④ 철

해설 비열

물질	비열 [cal/g·℃]
물	1.000
구리	0.385
철	0.107
수은	0.033

정답 37 ④ 38 ② 39 ③

40 (중)

다음 중 착화온도가 가장 낮은 것은?

① 에틸알코올 ② 톨루엔
③ 등유 ④ 가솔린

해설 발화점 = 착화점 = 착화온도

물질	발화점 [℃]
벤젠	498
톨루엔	480
아세톤	465
에틸알코올	423
휘발유(가솔린)	280
적린, 황화인	260
등유	220
경유	210
이황화탄소	90
황린	34

암기 발벤톨 / 아에 / 휘적 / 등경 / 이황

41 (중)

화씨온도 122 [°F]는 섭씨온도로 몇 [℃]인가?

① 40 ② 50
③ 60 ④ 70

해설 섭씨온도

$$섭씨온도\ ℃ = \frac{5}{9}(°F - 32)$$

화씨 122도를 섭씨온도로 환산

$$℃ = \frac{5}{9}(°F - 32) = \frac{5}{9}(122 - 32) = 50\ [℃]$$

42 (중)

상태의 변화 없이 물질의 온도를 변화시키기 위해서 가해진 열을 무엇이라 하는가?

① 현열 ② 잠열
③ 기화열 ④ 융해열

해설 열 종류

종류	설명
현열	상태 변화 없이 물질의 온도 변화에 사용되는 열
잠열	온도 변화 없이 물질의 상태 변화에 사용되는 열
기화열 (기화잠열)	액체에서 기체로 변화시키기 위해 공급해야 하는 열량
융해열 (융해잠열)	고체에서 액체로 변화시키기 위해 공급해야 하는 열량

43 (하)

물의 기화열이 539.6 [cal/g]인 것은 어떤 의미인가?

① 0 [℃]의 물 1 [g]이 얼음으로 변화하는 데 539.6 [cal]의 열량이 필요하다.
② 0 [℃]의 얼음 1 [g]이 물로 변화하는 데 539.6 [cal]의 열량이 필요하다.
③ 0 [℃]의 물 1 [g]이 100 [℃]의 물로 변화하는 데 539.6 [cal]의 열량이 필요하다.
④ 100 [℃]의 물 1 [g]이 수증기로 변화하는 데 539.6 [cal]의 열량이 필요하다.

해설 물의 잠열

- 얼음 융해잠열 : 80 [cal/g] (= 334 [kJ/kg])
- 물의 증발잠열 : 539 [cal/g] (= 2257 [kJ/kg])
- 0 [℃] 물 1 [g] → 100 [℃] 수증기 : 639 [cal/g]
- 0 [℃] 얼음 1 [g] → 100 [℃] 수증기 : 719 [cal/g]

정답 40 ③ 41 ② 42 ① 43 ④

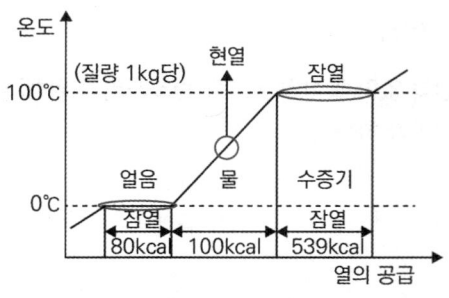

[물의 상태변화]

보충 ▶ 물의 기화열 539 [cal/g]은 100 [℃]의 물 1 [g]이 100 [℃]의 수증기가 될 때 필요한 열량

44 상중하

공기 1 [kg] 중에는 산소가 약 몇 [mol]이 들어 있는가? (단, 산소, 질소 1 [mol]의 분자량은 각각 32 [g], 28 [g]이고, 공기 중 산소의 농도는 23 [wt%]이다)

① 5.65
② 6.53
③ 7.19
④ 7.91

해설 분자수(몰수)

- 산소(O_2) 질량 = 공기질량 [g] × 산소농도 [wt%]
  = 1000 [g] × 0.23 = 230 [g]
- 산소(O_2) 몰수 = $\dfrac{산소질량[g]}{산소분자량[g/mol]}$
  = $\dfrac{230[g]}{32[g/mol]}$ ≒ 7.19 [mol]

45 상중하

인화성 액체의 연소점, 인화점, 발화점을 온도가 높은 것부터 옳게 나열한 것은?

① 발화점 > 연소점 > 인화점
② 연소점 > 인화점 > 발화점
③ 인화점 > 발화점 > 연소점
④ 인화점 > 연소점 > 발화점

해설 연소점, 인화점, 발화점 온도

인화점 < 연소점 < 발화점

암기 ▶ 이연발

46 상중하

20 [℃]의 물 400 [g]을 사용하여 화재를 소화하였다. 물 400 [g]이 모두 100 [℃]로 기화하였다면 물이 흡수한 열량은 몇 [kcal]인가? (단, 물의 비열은 1 [cal/g·℃]이고, 증발잠열은 539 [cal/g]이다)

① 215.6
② 223.6
③ 247.6
④ 255.6

해설 열량

열량 Q = $mC\Delta T + mr$ [cal]
= 400 × 1 × (100 −20) + 400 × 539
= 247600 [cal] = 247.6 [kcal]

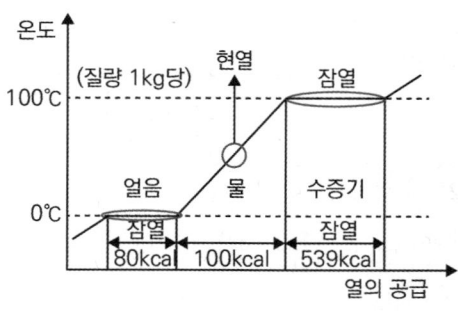

[물의 상태변화]

m : 질량 [g]
r : 기화(증발) 열 [cal/g]
C : 비열 [cal/g·℃]
$\triangle T$: 온도차 [℃]

TIP 물의 비열 : 1 [cal/g·℃]
물의 기화열 : 539 [cal/g](= 2257 [kJ/kg])

47 상 중 하

다음 중 연소할 수 있는 가연물로 볼 수 있는 것은?

① C
② N_2
③ Ar
④ CO_2

해설 가연물이 될 수 없는 물질(불연성)

구분	물질
산소와 결합해 있는 물질	물(H_2O), 산소(O_2), 이산화탄소(CO_2) 산화알루미늄(Al_2O_3), 오산화인(P_2O_5)
불활성 기체 (0족)	헬륨(He), 네온(Ne), 아르곤(Ar), 크립톤(Kr), 크세논(= 제논, Xe), 라돈(Rn)
흡열반응물질	질소(N_2)

TIP 탄소(C) : 가연물
암기 헬네아크세라

48 상 중 하 〔신유형!〕

할론 가스 45 [kg]과 함께 기동가스로 질소 2 [kg]을 충전하였다. 이때 질소가스의 몰분율은? (단, 할론가스의 분자량은 149이다)

① 0.19
② 0.24
③ 0.31
④ 0.39

해설 몰분율

몰분율 : 두 성분 이상의 물질에서 한 성분의 몰수와 모든 성분의 몰수의 합과의 비율

1) 할론의 몰수 n_1
   질량 W = 45 [kg], 분자량 M = 149 [kg/mol]
   몰수 $n_1 = \dfrac{W}{M} = \dfrac{45[kg]}{149[kg/kmol]}$
   $≒ 0.302$ [kmol]

2) 질소의 몰수 n_2
   질량 W = 2 [kg], 분자량 M = 28 [kg/mol]
   몰수 $n_2 = \dfrac{W}{M} = \dfrac{2[kg]}{28[kg/kmol]}$
   $≒ 0.071$ [kmol]

3) 질소의 몰분율
   $X_2 = \dfrac{n_2}{n_1 + n_2} = \dfrac{0.071}{0.302 + 0.071}$
   $≒ 0.19$

X : 몰분율, W : 질량 [kg]
M : 분자량 [kg/kmol], n : 몰수 [kmol]

49 상 중 하

표준 상태에서 메테인가스의 밀도는 몇 [g/L]인가?

① 0.21
② 0.41
③ 0.71
④ 0.91

해설 증기밀도

$$증기밀도 [g/L] = \dfrac{분자량 [g/mol]}{22.4 [L/mol]}$$

1) 메테인(메탄, CH_4) 분자량
   $12 + (1 × 4) = 16$ [g/mol]

2) 밀도 $= \dfrac{16[g/mol]}{22.4[L/mol]} ≒ 0.714 ≒ 0.71$ [g/L]

정답 47 ① 48 ① 49 ③

50 (상·중·하)

공기 중에서 연소범위가 가장 넓은 물질은?

① 수소
② 이황화탄소
③ 아세틸렌
④ 에터(에테르)

해설 주요 물질의 연소범위

가스	하한계 [vol%]	상한계 [vol%]
이황화탄소	1.2	44
아세틸렌	2.5	81
수소	4	75
일산화탄소	12.5	74
에틸렌	2.7	36
암모니아	15	28
메테인(메탄)	5	15
에테인(에탄)	3	12.4
프로페인(프로판)	2.1	9.5
뷰테인(부탄)	1.8	8.4

51 (상·중·하)

다음 중 증기비중이 가장 큰 것은?

① 이산화탄소
② 할론 1301
③ 할론 1211
④ 할론 2402

해설 증기비중

$$증기비중 = \frac{분자량}{29(공기 분자량)}$$

1) 이산화탄소(CO_2) : $\frac{44}{29} ≒ 1.52$

2) 할론 1301(CF_3Br) : $\frac{149}{29} ≒ 5.1$

3) 할론 1211(CF_2ClBr) : $\frac{165.5}{29} ≒ 5.7$

4) 할론 2402($C_2F_4Br_2$) : $\frac{260}{29} ≒ 9$

따라서
할론2402 > 할론1211 > 할론1301 > 이산화탄소

보충 원자량(C : 12, F : 19, Br : 80, Cl : 35.5)

52 (상·중·하)

25 [℃]에서 증기압이 100 [mmHg]이고 증기밀도(비중)가 2인 인화성 액체의 증기-공기밀도는 약 얼마인가? (단, 전압은 760 [mmHg]로 한다)

① 1.13   ② 2.13
③ 3.13   ④ 4.13

해설 증기-공기밀도

$$증기\text{-}공기밀도 = \frac{P_2 d}{P_1} + \frac{P_1 - P_2}{P_1}$$

$증기\text{-}공기밀도 = \frac{P_2 d}{P_1} + \frac{P_1 - P_2}{P_1}$

$= \frac{100 \times 2}{760} + \frac{760 - 100}{760}$

$≒ 1.13$

P_1 : 대기압 [mmHg]
P_2 : 주변온도에서의 증기압 [mmHg]
d : 증기밀도

53 (상 중 하)

건물 내에서 화재가 발생하여 실내온도가 20 [℃]에서 600 [℃]까지 상승했다면 온도 상승만으로 건물 내의 공기 부피는 처음의 약 몇 배 정도 팽창하는가? (단, 화재로 인한 압력의 변화는 없다고 가정한다)

① 3
② 9
③ 15
④ 30

해설 샤를의 법칙(Charl's Law)

$$\text{샤를의 법칙} \quad \frac{V_1}{T_1} = \frac{V_2}{T_2}$$

$$\frac{V_1}{T_1} = \frac{V_2}{T_2}$$

$$V_2 = V_1 \times \frac{T_2}{T_1} = 1 \times \frac{(273+600)}{(273+20)} \fallingdotseq 3배$$

V_1, V_2 : 부피 [m³], T_1, T_2 : 절대온도 [K]

보충 샤를의 법칙에서 온도(T)는 반드시 절대온도[K]를 대입한다.

54 (상 중 하)

어떤 기체가 0 [℃], 1기압에서 부피가 11.2 [L], 기체질량이 22 [g]이었다면 이 기체의 분자량은? (단, 이상기체로 가정한다)

① 22
② 35
③ 44
④ 56

해설 이상기체 상태방정식

$$\text{이상기체상태방정식} \quad PV = nRT = \frac{W}{M}RT$$

$$M = \frac{WRT}{PV} = \frac{22 \times 0.082 \times 273}{1 \times 11.2}$$
$$\fallingdotseq 44 [g/mol]$$

P : 절대압력 [atm]
n : 몰수 [mol]
T : 절대온도 [K] (273 + ℃)
W : 기체의 질량 [g]
V : 부피 [L] (1 [m³] = 1000 [L])
R : 기체상수 [0.082 atm·L/mol·K]
M : 분자량 [g/mol]

55 (상 중 하)

이산화탄소의 증기비중은 약 얼마인가?

① 0.81
② 1.52
③ 2.02
④ 2.51

해설 증기비중

$$\text{증기비중} = \frac{\text{분자량}}{29(\text{공기 분자량})}$$

$$\text{증기비중} = \frac{\text{분자량}}{29(\text{공기 분자량})} = \frac{44(CO_2 \text{ 분자량})}{29} \fallingdotseq 1.52$$

보충 원자량(H : 1, C : 12, N : 14, O : 16)

56 (상 중 하)

프로페인 가스의 공기 중 폭발범위는 약 몇 [vol%]인가?

① 2.1 ~ 9.5
② 15 ~ 25.5
③ 20.5 ~ 32.1
④ 33.1 ~ 63.5

정답 53 ① 54 ③ 55 ② 56 ①

해설 주요 물질의 연소범위

가스	하한계 [vol%]	상한계 [vol%]
이황화탄소	1.2	44
아세틸렌	2.5	81
수소	4	75
일산화탄소	12.5	74
에틸렌	2.7	36
암모니아	15	28
메테인(메탄)	5	15
에테인(에탄)	3	12.4
프로페인(프로판)	2.1	9.5
뷰테인(부탄)	1.8	8.4

(1) 수소 $H = \dfrac{75-4}{4} = 17.75$

(2) 에틸렌 $H = \dfrac{36-2.7}{2.7} = 12.33$

(3) 아세틸렌 $H = \dfrac{81-2.5}{2.5} = 31.4$

(4) 이황화탄소 $H = \dfrac{44-1.2}{1.2} = 35.67$

암기 ▶ (수)사치료, (에)이칠쓰루, (아)이고팔자야, (이황)일이사사

---

57 상(중)하

다음 가연성 물질 중 위험도가 가장 높은 것은?

① 수소 ② 에틸렌
③ 아세틸렌 ④ 이황화탄소

해설 위험도

1) 위험도 $H = \dfrac{U-L}{L}$ **암기** ▶ 유마엘엘

2) 주요물질 연소범위

가스	하한계 L	상한계 U	위험도 H
이황화탄소	1.2	44	35.67
아세틸렌	2.5	81	31.4
에터(다이에틸에터)	1.9	48	24.26
수소	4	75	17.75
에틸렌	2.7	36	12.33
일산화탄소	12.5	74	4.92
뷰테인(부탄)	1.8	8.4	3.67
프로페인(프로판)	2.1	9.5	3.52
에테인(에탄)	3	12.4	3.13
메테인(메탄)	5	15	2

---

58 상(중)하

1기압 상태에서 100 [℃] 물 1 [g]이 모두 기체로 변할 때 필요한 열량은 몇 [cal]인가?

① 429 ② 499
③ 539 ④ 639

해설 물의 잠열

- 얼음의 융해잠열 : 80 [cal/g](= 334 [kJ/kg])
- 물의 증발잠열 : 539 [cal/g](= 2257 [kJ/kg])
- 0 [℃] 물 1 g → 100 [℃] 수증기 : 639 [cal/g]
- 0 [℃] 얼음 1 g → 100 [℃] 수증기 : 719 [cal/g]

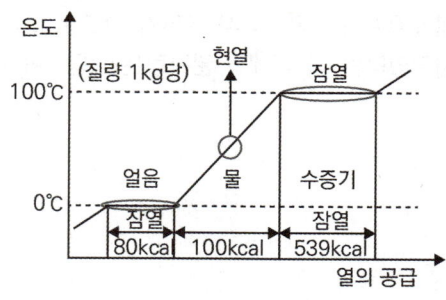

[물의 상태변화]

보충 ▶ 물의 기화열 539 [cal/g]은 100 [℃]의 물 1 [g]이 100 [℃]의 수증기가 될 때 필요한 열량

59 (상 중 하)

점화원의 형태별 구분 중 화학적 점화원의 종류로 틀린 것은?

① 연소열　　② 용해열
③ 분해열　　④ 아크열

해설 열에너지원의 종류

구분	종류
기계열	압축열, 마찰열, 마찰스파크, 충격열
전기열	유도열, 유전열, 저항열, 아크열, 정전기열, 낙뢰에 의한 열
화학열	연소열, 용해열, 분해열, 생성열, 자연발화열

보충 아크열 : 전기적 점화원

61 (상 중 하)

이산화탄소 20 [g]은 몇 [mol]인가?

① 0.23　　② 0.45
③ 2.2　　④ 4.4

해설 분자량

1 [mol] : CO_2 1 [mol]당 질량 [g]
= CO_2가 20 [g]일 때 몰수 x [mol] : 20 [g]
$1[mol] : 44[g] = x : 20[g]$
$x = \dfrac{20 \times 1}{44} ≒ 0.45[mol]$

보충 이산화탄소 : 44 [g/mol]

60 (상 중 하)

조연성 가스에 해당하는 것은?

① 일산화탄소　　② 산소
③ 수소　　④ 뷰테인

해설 가연성 가스와 조연성 가스

구분	가연성 가스	조연성 가스
정의	자기 자신이 연소하는 가스	자기 자신은 타지 않고 연소를 도와주는 가스
종류	일산화탄소(CO) 수소(H_2) 메테인(메탄, CH_4) 프로페인(프로판, C_3H_8) 암모니아(NH_3) 뷰테인(부탄, C_4H_{10})	오존(O_3) 공기 산소(O_2) 염소(Cl) 불소(F)

암기 조 오공산 염불

정답 59 ④　60 ②　61 ②

CHAPTER 02 연소생성물

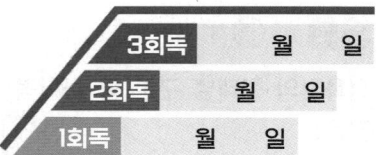

학습목표

1 유해가스의 특징을 암기한다.
2 감광계수와 가시거리, 그에 따른 내용을 파악한다.
3 열전달의 종류와 식을 익힌다.

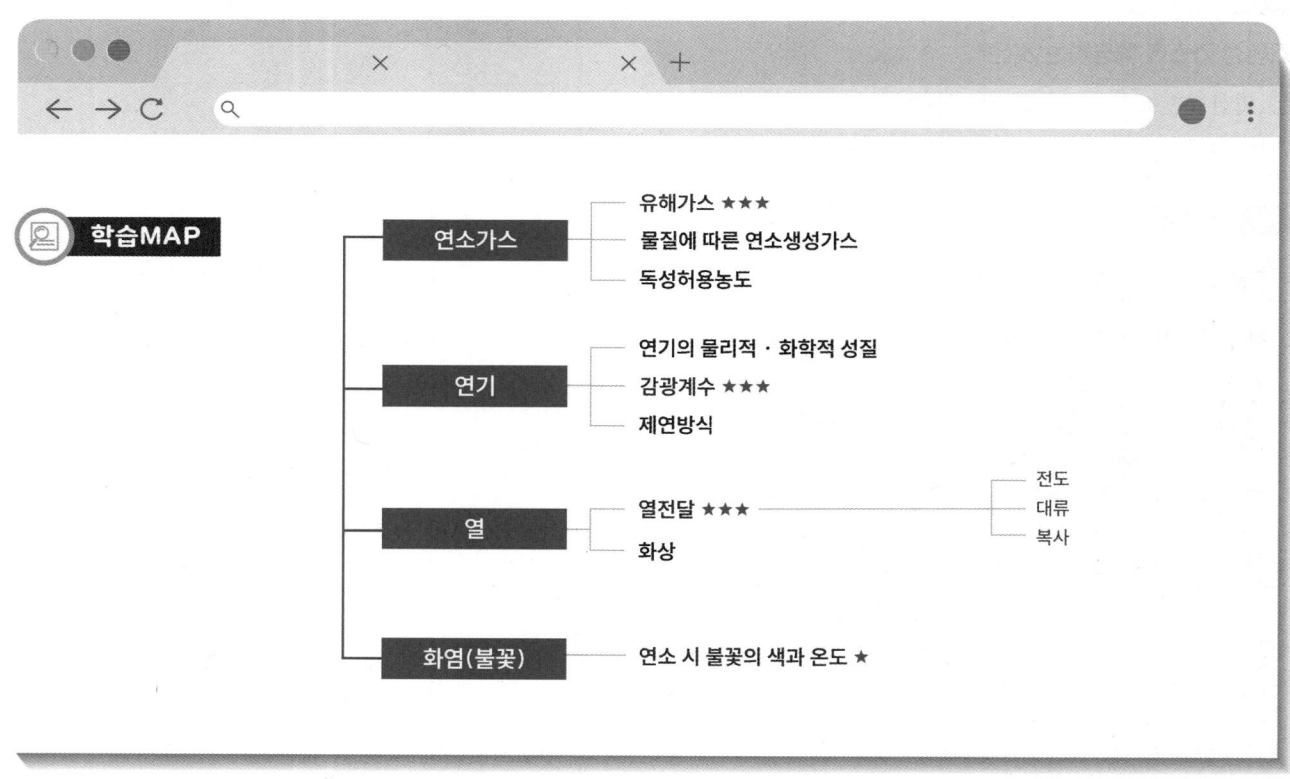

01 연소가스

1 유해가스 ★

1) 일산화탄소(CO)
   (1) 불완전연소 시 발생한다.
   (2) 증기비중은 0.97이고 공기보다 약간 가볍다.
   (3) 무색, 무취의 유독성 가스이다.
   (4) 인체 내의 헤모글로빈(Hb)과 결합하여 산소운반을 저해시킨다.

2) 이산화탄소(CO_2)
   (1) 완전연소 시 발생한다.
   (2) 무색, 무취이며 공기보다 무겁다.
   (3) 독성은 거의 없으나 호흡속도를 증가시켜 유해가스 흡입을 증가시킨다.

3) 암모니아(NH_3)
   (1) 눈, 코, 폐 등에 매우 자극성이 큰 가연성 가스이다.
   (2) 질소함유물인 수지류, 나무 등이 연소 시 발생한다.
   (3) 독성, 가연성 가스이다.

4) 포스겐($COCl_2$) ★
   (1) 맹독성 가스이다(0.1 [ppm]).
   (2) PVC, 수지류 등이 연소 시 발생한다.

5) 황화수소(H_2S)
   (1) 달걀 썩는 냄새가 난다.
   (2) 황을 포함한 유기화합물의 불완전연소 시 발생한다.
   (3) 독성, 부식성, 가연성 가스이다.

6) 아크롤레인(CH_2CHCHO)
   (1) 맹독성 가스이다(0.1 [ppm]).
   (2) 석유제품, 유지 등이 연소 시 발생한다.

7) 시안화수소(HCN)
   (1) 무색의 맹독성 가스로 청산가스라 부른다.
   (2) 질소함유물이 불완전연소 시 발생한다.

8) 염화수소(HCl)
   (1) PVC 연소 시 발생
   (2) 금속에 대한 강한 부식성이 있다. → 건물의 철골을 손상(부식)시킨다.

P.53 문01
P.55 문08
P.56 문12
P.58 문17
P.61 문28

황화수소는 가연성 가스이면서 독성 가스이다. O

독성허용농도가 0.1 [ppm]으로 맹독성 가스이며, PVC, 수지류 등이 연소 시 발생하는 가스는 아크롤레인이다. X 포스겐

TIP
- PVC 연소 시 암모니아는 생성 ✕
- 목재 연소 시 염화수소는 생성 ✕

🔗 P.54 문05
🔗 P.58 문18

🔗 P.54 문04
🔗 P.59 문19

TIP TLV가 가장 높은 가스 : 이산화탄소

🔗 P.55 문06

2 물질에 따른 연소생성 가스

물질	연소생성 가스
탄화수소	이산화탄소
셀룰로이드	질소산화물
PVC	염화수소, 이산화탄소, 일산화탄소, 부식성 가스
레이온	아크롤레인
목재	수증기, 일산화탄소, 이산화탄소, 초산

3 독성허용농도(TLV : Threshold Limit Value)

신체가 악영향을 받지 않는다고 생각되는 유해화학물질의 평균농도

구분	허용농도 [ppm]
포스겐($COCl_2$), 아크롤레인(CH_2CHCHO)	0.1
시안화수소(HCN), 황화수소(H_2S)	10
암모니아(NH_3)	25
일산화탄소(CO)	50
이산화탄소(CO_2)	5000

02 연기

1 연기

1) 물리·화학적 성질
   (1) 화재 시 발생하는 0.01 ~ 10 [μm] 입자 크기의 연소 생성물이다.
   (2) 연기는 가연성 물질이 연소할 때 발생하는 고체·액체 상태 미립자의 모임이다.
   (3) 연기의 색상은 연소물질에 따라 다양하다.
      ① 수소가 많으면 백색, 적으면 흑색 연기가 발생한다.
      ② 일반화재의 경우에는 백색, 유류화재의 경우에는 흑색 연기가 발생한다.
   (4) 유독가스를 다량 함유한다.
   (5) 산소농도를 낮추어 산소결핍을 초래한다.
   (6) 고열이고 이동확산이 빠르다.
   (7) 화재초기 발연량 > 성장기 발연량

2) 유동속도 ★★★

이동방향	이동속도 [m/s]
수평 방향	0.5 ~ 1
수직 방향	2 ~ 3
계단 및 실내의 수직 방향	3 ~ 5

3) 유동 요인

 (1) 공조설비 : 건축물 내부에 있는 냉·난방, 통풍, 공기조화설비의 영향

 (2) 부력 : 화재실 내 온도가 상승하여 밀도차에 의한 연기 상승

 (3) 바람 : 외부의 바람이 건물 내로 유입하여 압력차 발생

 (4) 굴뚝효과(연돌효과)

 (5) 팽창력 : 화재 시 온도 상승으로 인한 증기 팽창

4) 굴뚝효과(연돌효과) ★

 (1) 건축물 내·외부 공기의 온도차로 인하여 공기가 이동

 (2) 건물 내부온도 > 외부온도 → 공기는 위쪽으로 이동

 (3) 영향요인

  ① 실내외 온도차

  ② 외벽 기밀성

  ③ 층간 공기누설

  ④ 건물의 높이(고층 건물에서 잘 나타남)

 (4) 계산식

$$\Delta P = 3460 H \left(\frac{1}{T_o} - \frac{1}{T_i} \right)$$

ΔP : 압력차
H : 중성대로부터의 높이
T_0 : 실외 온도[K]
T_i : 실내 온도[K]

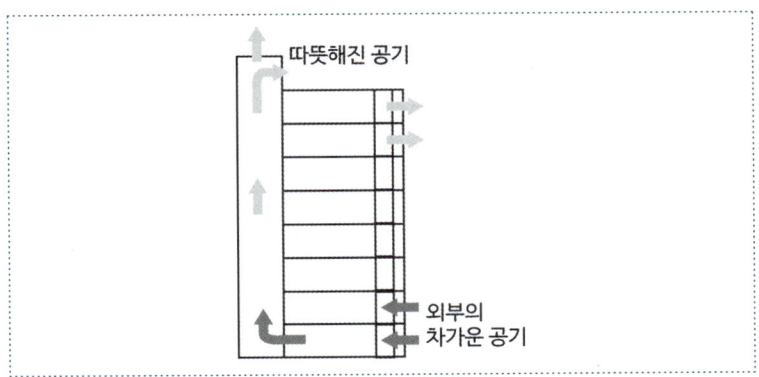

🔗 P.56 문10
🔗 P.58 문16
🔗 P.60 문23

연기에 의한 감광계수가 0.1 [m⁻¹], 가시거리가 20~30 [m]일 때, 건물 내부에 익숙한 사람이 피난에 지장을 느낀다.

 ✗ 연기감지기가 작동할 정도

🔗 P.53 문02
🔗 P.60 문24

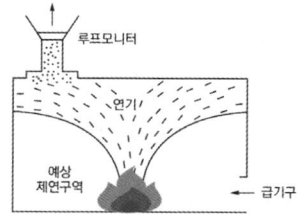

[스모크타워제연방식]

2 감광계수 ★★★

1) 감광계수 : 빛이 감소되는 계수, 연기농도를 나타내는 척도

감광계수 [m⁻¹]	가시거리 [m]	내용
0.1	20 ~ 30	연기감지기가 작동할 때의 농도
0.3	5	건물 내부에 익숙한 사람이 피난에 지장을 느낄 때의 농도
0.5	3	어두움을 느낄 때의 농도
1	1 ~ 2	거의 앞이 보이지 않을 때의 농도
10	0.2 ~ 0.5	최성기 때의 농도
30	-	출화실에서 연기가 분출할 때의 농도

2) 감광계수와 가시거리의 관계
   (1) 감광계수가 커지면 빛이 감소하고 시야가 좁아져 가시거리는 짧아진다.
   (2) 감광계수와 가시거리는 반비례한다.

3 제연방식 ★

1) 밀폐제연방식 : 밀폐도가 높은 벽이나 문으로서 화재가 발생하였을 때 밀폐하여 연기의 유출 및 공기 유입을 차단하는 방식
2) 자연제연방식 : 개구부를 통해 부력 또는 공기흡출효과에 따라 자연적으로 연기를 배출하는 방식
3) 스모크타워제연방식 : 고층 건축물에 주로 사용하는 제연방식으로서 굴뚝효과를 이용하여 루프모니터(창살 또는 유리창이 달린 지붕 위의 원형구조물)를 설치하여 제연하는 방식
4) 기계제연방식 : 화재실 입구에 송풍기나 배연기를 설치하여 연기를 강제로 배출하는 방식
   (1) 제1종 기계제연 : 송풍기와 배연기를 설치
   (2) 제2종 기계제연 : 송풍기만 설치
   (3) 제3종 기계제연 : 배연기만 설치

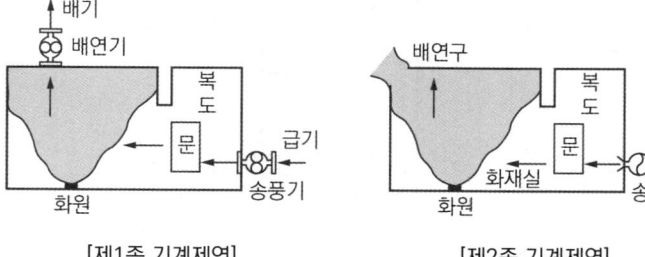

[제1종 기계제연]   [제2종 기계제연]

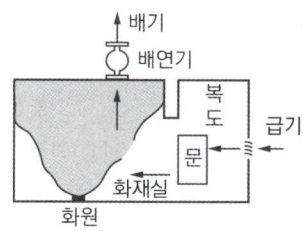

[제3종 기계제연]

03 열

1 열전달
온도 차가 발생하여 열이 높은 곳에서 낮은 곳으로 이동하는 현상이다.

2 열전달의 종류

1) 전도
   (1) 고온체와 저온체의 직접적인 접촉에 의해 열 이동
   (2) Fourier의 열전도법칙

   $$Q[W] = \frac{kA(T_2 - T_1)}{l}$$

   Q : 열전달량 [W]
   k : 열전도 계수 [W/m·K]
   A : 단면적 [m²]
   (T₂ - T₁) : 온도 차 [K]
   l : 벽체 두께 [m]

2) 대류
   (1) 유체의 흐름에 의하여 열 이동
   (2) 뉴턴의 냉각법칙

3) 복사 ★
   (1) 열전달 매질 없이 전자파 형태로 열 이동
   (2) 스테판 볼츠만의 법칙

   $$Q[W/m^2] = \sigma T^4$$

   Q : 복사에너지 [W/m²]
   σ : 스테판 볼츠만 상수 [W/m²·K⁴]
   T : 절대온도 [K]

암기 ▶ 전대복

- P.36 문09
- P.50 문25
- P.61 문27

Fourier법칙(전도)에 대한 설명으로 이동열량은 전열체의 두께에 비례한다. **X** 반비례

진공 속에서 복사에 의한 열전달은 불가능하다. **X** 가능

- P.53 문03
- P.57 문15
- P.59 문22
- P.61 문29

화재 표면온도(절대온도)가 2배로 되면 복사에너지는 2의 4승, 즉 16배로 증가한다. **O**

❸ 화상

구분	특징
1도 화상	• 자외선 또는 40 ~ 50 [℃]의 낮은 온도에서 발생 • 표피 손상 : 홍반성(가벼운 통증 수반)
2도 화상	• 고온의 액체 또는 물체와 접촉한 경우 발생 • 진피 손상 : 수포성
3도 화상	• 불, 증기, 기름, 전기 등에 의해 발생 • 피하지방층 손상 : 괴사성(피부이식 필요)
4도 화상	• 고압 전기 화재에서 주로 발생 • 근육층 손상 : 탄화, 흑색(신경, 뼈까지 손상)

> 암기 ▶ 1234 홍수괴흑
>
> 🔗 P.57 문13
>
> 화상으로서 피부가 탄화되는 현상이 발생하면 3도 화상이다.
>   ☒ 4도 화상

04 화염(불꽃)

❶ 연소 시 불꽃의 색과 온도

색	온도 [℃]
암적색	700 ~ 750
적색	850
휘적색	900 ~ 950
황적색	1100
백색	1200 ~ 1300
휘백색	1500

> 암기 ▶ 암적적 휘황백 휘백
>
> 🔗 P.56 문11
>
> 일반적인 화재에서 연소 불꽃 온도가 1500 [℃]이었을 때의 연소 불꽃의 색상은 휘백색이다. ☑

예상문제

01 (상 중 하)

석유, 고무, 동물의 털, 가죽 등과 같이 황 성분을 함유하고 있는 물질이 불완전연소될 때 발생하는 연소가스로 계란 썩는 듯한 냄새가 나는 기체는?

① 아황산가스 ② 시안화가스
③ 황화수소   ④ 암모니아

해설 유해가스

연소가스	특징
일산화탄소 (CO)	• 불완전연소 시 발생 • 유독성 • 흡입 시 헤모글로빈과 결합하여 산소운반 저해
이산화탄소 (CO_2)	• 완전연소 시 발생 • 연소가스 중 가장 많은 양 발생 • 다량 흡입 시 호흡속도 증가
암모니아 (NH_3)	• 인체에 자극성이 큰 가연성 가스 • 질소함유물 수지류, 나무 등이 연소 시 발생
포스겐 ($COCl_2$)	• PVC, 수지류, 염소가 함유된 가연물 연소 시 발생 • 맹독성(0.1 [ppm])
황화수소 (H_2S)	• 달걀 썩는 냄새 • 독성, 부식성, 가연성 가스
시안화수소 (HCN)	• 질소함유물 불완전연소 시 발생 • 청산가스
아크롤레인 (CH_2CHCHO)	• 맹독성(0.1 [ppm]) • 석유제품, 유지 등 연소 시 생성

02 (상 중 하)

실 상부에 배연기를 설치하여 연기를 옥외로 배출하고 급기는 자연적으로 하는 제연방식은?

① 제2종 기계제연방식
② 제3종 기계제연방식
③ 스모크타워제연방식
④ 제1종 기계제연방식

해설 제연방식 종류

1) 밀폐제연방식
2) 자연제연방식
3) 스모크타워제연방식
4) 기계제연방식
   • 제1종 : 송풍기 + 배연기
   • 제2종 : 송풍기
   • 제3종 : 배연기

03 (상 중 하)

화재 표면온도(절대온도)가 2배로 되면 복사에너지는 몇 배로 증가되는가?

① 2   ② 4
③ 8   ④ 16

정답 01 ③ 02 ② 03 ④

해설 스테판 볼츠만의 법칙

$$\text{단위 면적당 복사열량 } Q\,[W/m^2] = \sigma T^4$$

복사 : 열전달 매질 없이 전자파 형태로 열 이동. 스테판 볼츠만의 법칙에 의해 복사열은 절대온도의 4승에 비례한다.

보충 ▶ 매질 : 파동을 전달시키는 물질

[풀이 1]
- T [K]일 때 : $Q_1 = \sigma T^4$
- 2T [K]일 때 : $Q_2 = \sigma(2T)^4 = 16\sigma T^4$

$$\frac{Q_2}{Q_1} = \frac{16\sigma T^4}{\sigma T^4} = 16$$

$$\therefore Q_2 = 16 \times Q_1$$

[풀이 2]

$Q = \sigma T^4$

따라서 $Q \propto T^4$ 이므로

$Q_1 : T^4 = Q_2 : (2T)^4$

$Q_2 \times T^4 = Q_1 \times (2T)^4$

$\therefore Q_2 = 16 \times Q_1$

Q : 복사에너지 [W/m²]
σ : 스테판 볼츠만 상수 [W/m²·K⁴]
T : 절대온도 [K]

04 (상**중**하)

TLV(Threshold Limit Value)가 가장 높은 가스는?

① 시안화수소
② 포스겐
③ 일산화탄소
④ 이산화탄소

해설 TLV(독성허용농도)

구분	허용농도 [ppm]
포스겐(COCl₂), 아크롤레인(CH₂CHCHO)	0.1
시안화수소(HCN), 황화수소(H₂S)	10
일산화탄소(CO)	50
이산화탄소(CO₂)	5000

05 (상**중**하)

가연성 물질 종류에 따른 연소생성 가스의 연결이 틀린 것은?

① 탄화수소류 - 이산화탄소
② 셀룰로이드 - 질소산화물
③ PVC - 암모니아
④ 레이온 - 아크롤레인

해설 연소생성 가스

물질	연소생성 가스
탄화수소	이산화탄소
셀룰로이드	질소산화물
PVC	염화수소, 이산화탄소, 일산화탄소, 부식성 가스
레이온	아크롤레인
목재	수증기, 일산화탄소, 이산화탄소, 초산

정답 04 ④ 05 ③

06 ⓗ

연기의 물리·화학적인 설명으로 틀린 것은?

① 화재 시 발생하는 연소생성물을 의미한다.
② 연기의 색상은 연소물질에 따라 다양하다.
③ 연기의 기체로만 이루어진다.
④ 연기의 감광계수가 크면 피난 장애를 일으킨다.

해설 연기의 물리·화학적 성질

1) 화재 시 발생하는 연소생성물
2) 고체, 액체, 기체 생성물의 집합체
3) 연기의 색상은 연소물질에 따라 다양
4) 연기 감광계수가 크면 피난 장애를 일으킴

07 ⓒ

건축물 화재 시 계단실 내 연기의 수직 이동속도는 약 몇 [m/s]인가?

① 0.5 ~ 1
② 1 ~ 2
③ 3 ~ 5
④ 10 ~ 15

해설 연기의 유동속도

이동방향	이동속도 [m/s]
수평 방향	0.5 ~ 1.0
수직 방향	2 ~ 3
계단실 내의 수직 이동속도	3 ~ 5

암기 평점오일 직이삼 계단삼오

08 ⓗ

가연성 가스이면서도 독성 가스인 것은?

① 질소
② 수소
③ 염소
④ 황화수소

해설 유해가스

연소가스	특징
일산화탄소 (CO)	• 불완전연소 시 발생 • 유독성 • 흡입 시 헤모글로빈과 결합하여 산소운반 저해
이산화탄소 (CO_2)	• 완전연소 시 발생 • 연소가스 중 가장 많은 양 발생 • 다량 흡입 시 호흡속도 증가
암모니아 (NH_3)	• 인체에 자극성이 큰 가연성 가스 • 질소함유물 수지류, 나무 등이 연소 시 발생
포스겐 ($COCl_2$)	• PVC, 수지류, 염소가 함유된 가연물 연소 시 발생 • 맹독성(0.1 [ppm])
황화수소 (H_2S)	• 달걀 썩는 냄새 • 독성, 부식성, 가연성 가스
시안화수소 (HCN)	• 질소함유물 불완전연소 시 발생 • 청산가스
아크롤레인 (CH_2CHCHO)	• 맹독성(0.1 [ppm]) • 석유제품, 유지 등 연소 시 생성

정답 06 ③ 07 ③ 08 ④

09 열의 전달 형태가 아닌 것은?

① 대류
② 산화
③ 전도
④ 복사

해설 열전달

분류	개념
전도	고온체와 저온체의 직접적인 접촉에 의해 열 이동
대류	유체의 흐름에 의해 열 이동
복사	매질 없이 전자파 형태로 열 이동

암기 전대복

10 연기의 감광계수[m⁻¹]에 대한 설명으로 옳은 것은?

① 0.5는 거의 앞에 보이지 않을 정도이다.
② 10은 화재 최성기 때의 농도이다.
③ 0.5는 가시거리가 20 ~ 30 [m] 정도이다.
④ 10은 연기감지기가 작동하기 직전의 농도이다.

해설 감광계수

감광계수 [m⁻¹]	가시거리 [m]	내용
0.1	20 ~ 30	연기감지기 작동할 때
0.3	5	건물에 익숙한 사람이 피난에 지장을 느낄 때
0.5	3	어두움을 느낄 때
1	1 ~ 2	거의 앞이 보이지 않음
10	0.2 ~ 0.5	최성기 때 연기농도
30	-	출화실에서 연기 분출

11 일반적인 화재에서 연소 불꽃 온도가 1500 [℃]이었을 때의 연소 불꽃의 색상은?

① 휘백색
② 적색
③ 휘적색
④ 암적색

해설 연소 시 불꽃의 색과 온도

색	온도 [℃]
암적색	700 ~ 750
적색	850
휘적색	900 ~ 950
황적색	1100
백색	1200 ~ 1300
휘백색	1500

암기 암적적 휘황백 휘백

12 화재 시 발생하는 연소가스 중 인체에서 헤모글로빈과 결합하여 혈액의 산소운반을 저해하고 두통, 근육조절의 장애를 일으키는 것은?

① CO_2
② CO
③ HCN
④ H_2S

해설 유해가스

연소가스	특징
일산화탄소 (CO)	• 불완전연소 시 발생 • 유독성 • 흡입 시 헤모글로빈과 결합하여 산소운반 저해
이산화탄소 (CO_2)	• 완전연소 시 발생 • 연소가스 중 가장 많은 양 발생 • 다량 흡입 시 호흡속도 증가
암모니아 (NH_3)	• 인체에 자극성이 큰 가연성 가스 • 질소함유물 수지류, 나무 등이 연소 시 발생

정답 09 ② 10 ② 11 ① 12 ②

연소가스	특징
포스겐 ($COCl_2$)	• PVC, 수지류, 염소가 함유된 가연물 연소 시 발생 • 맹독성(0.1 [ppm])
황화수소(H_2S)	• 달걀 썩는 냄새 • 독성, 부식성, 가연성 가스
시안화수소 (HCN)	• 질소함유물 불완전연소 시 발생 • 청산가스
아크롤레인 (CH_2CHCHO)	• 맹독성(0.1 [ppm]) • 석유제품, 유지 등 연소 시 생성

13 상 중 ⓗ

화상의 종류 중 전기화재에 입은 화상으로서 피부가 탄화되는 현상이 발생하였다면 몇 도 화상인가?

① 1도 화상 ② 2도 화상
③ 3도 화상 ④ 4도 화상

해설 화상의 종류

구분	정의
1도	• 자외선, 40 ~ 50 [℃] 낮은 온도에서 발생 • 표피 손상 : 홍반성(가벼운 통증)
2도	• 고온 액체, 물체와 접촉한 경우 발생 • 진피 손상 : 수포성
3도	• 불, 증기, 기름, 전기 등에 의해 발생 • 피하지방층 손상 : 괴사성
4도	• 고압 전기 화재에서 주로 발생 • 근육층 손상 : 탄화, 흑색

14 상 ⓜ 하

실내 연기의 이동속도에 대한 일반적인 설명으로 가장 적절한 것은?

① 수직으로 1 [m/s], 수평으로 5 [m/s] 정도이다.
② 수직으로 3 [m/s], 수평으로 1 [m/s] 정도이다.
③ 수직으로 5 [m/s], 수평으로 3 [m/s] 정도이다.
④ 수직으로 7 [m/s], 수평으로 3 [m/s] 정도이다.

해설 연기의 유동속도

이동방향	이동속도 [m/s]
수평 방향	0.5 ~ 1.0
수직 방향	2 ~ 3
계단실 내의 수직 이동속도	3 ~ 5

암기 평점오일 직이삼 계단삼오

15 상 ⓜ 하

표면온도가 300 [℃]에서 안전하게 작동하도록 설계된 히터의 표면온도가 360 [℃]로 상승하면 300 [℃]에 비하여 약 몇 배의 열을 방출할 수 있는가?

① 1.1배 ② 1.5배
③ 2.0배 ④ 2.5배

해설 스테판 볼츠만의 법칙

$$단위 면적당 복사열량\ Q\ [W/m^2] = \sigma T^4$$

복사 : 열전달 매질 없이 전자파 형태로 열 이동. 스테판 볼츠만의 법칙에 의해 복사열은 절대온도의 4승에 비례한다.

보충 매질 : 파동을 전달시키는 물질

$$\frac{Q_2}{Q_1} = \frac{(273+t_2)^4}{(273+t_1)^4} = \frac{(273+360)^4}{(273+300)^4} \fallingdotseq 1.5배$$

Q : 복사에너지 [W/m²]
σ : 스테판 볼츠만 상수 [W/m²·K⁴]
T : 절대온도 [K]

정답 13 ④ 14 ② 15 ②

16 ⟨중⟩

화재 최성기 때의 농도로 유도등이 보이지 않을 정도의 연기농도는? (단, 감광계수로 나타낸다)

① 0.1 [m⁻¹] ② 1 [m⁻¹]
③ 10 [m⁻¹] ④ 30 [m⁻¹]

해설 감광계수

감광계수 [m^{-1}]	가시거리 [m]	내용
0.1	20 ~ 30	연기감지기 작동할 때
0.3	5	건물에 익숙한 사람이 피난에 지장을 느낄 때
0.5	3	어두움을 느낄 때
1	1 ~ 2	거의 앞이 보이지 않음
10	0.2 ~ 0.5	최성기 때 연기농도
30	-	출화실에서 연기 분출

17 ⟨하⟩

멜라민수지, 모, 실크, 요소수지 등과 같이 질소성분을 함유하고 있는 가연물의 연소 시 발생하는 기체로 눈, 코, 인후 등에 매우 자극적이고 역한 냄새가 나는 유독성 연소가스는?

① 아크로레인
② 시안화수소
③ 일산화질소
④ 암모니아

해설 유해가스

연소가스	특징
일산화탄소 (CO)	• 불완전연소 시 발생 • 유독성 • 흡입 시 헤모글로빈과 결합하여 산소운반 저해
이산화탄소 (CO_2)	• 완전연소 시 발생 • 연소가스 중 가장 많은 양 발생 • 다량 흡입 시 호흡속도 증가
암모니아 (NH_3)	• 인체에 자극성이 큰 가연성 가스 • 질소함유물 수지류, 나무 등이 연소 시 발생
포스겐 ($COCl_2$)	• PVC, 수지류, 염소가 함유된 가연물 연소 시 발생 • 맹독성(0.1 [ppm])
황화수소(H_2S)	• 달걀 썩는 냄새 • 독성, 부식성, 가연성 가스
시안화수소 (HCN)	• 질소함유물 불완전연소 시 발생 • 청산가스
아크롤레인 (CH_2CHCHO)	• 맹독성(0.1 [ppm]) • 석유제품, 유지 등 연소 시 생성

18 ⟨중⟩

목재가 열분해할 때 발생하는 가스가 아닌 것은?

① 수증기
② 염화수소
③ 일산화탄소
④ 이산화탄소

해설 연소생성 가스

물질	연소생성 가스
탄화수소	이산화탄소
셀룰로이드	질소산화물
PVC	염화수소, 이산화탄소, 일산화탄소, 부식성 가스
레이온	아크롤레인
목재	수증기, 일산화탄소, 이산화탄소, 초산

정답 16 ③ 17 ④ 18 ②

19 (하)

다음 중 독성이 가장 강한 가스는?

① C_3H_9
② O_2
③ CO_2
④ $COCl_2$

해설 TLV(독성 허용농도)

구분	허용농도 [ppm]
포스겐($COCl_2$), 아크롤레인(CH_2CHCHO)	0.1
시안화수소(HCN), 황화수소(H_2S)	10
일산화탄소(CO)	50
이산화탄소(CO_2)	5000

20 (중)

화재 발생 시 발생하는 연기에 대한 설명으로 틀린 것은?

① 연기의 유동속도는 수평방향이 수직방향보다 빠르다.
② 동일한 가연물에 있어 환기지배형 화재가 연료지배형 화재에 비하여 연기발생량이 많다.
③ 고온 상태의 연기는 유동확산이 빨라 화재전파의 원인이 되기도 한다.
④ 연기는 일반적으로 불완전연소 시에 발생한 고체, 액체, 기체 생성물의 집합체이다.

해설 연기의 유동속도

이동방향	이동속도 [m/s]
수평 방향	0.5 ~ 1.0
수직 방향	2 ~ 3
계단실 내의 수직 이동속도	3 ~ 5

보충 환기지배형 화재 : 통기량이 적고 가연물이 많음
연료지배형 화재 : 통기량은 많고 가연물이 제한
암기 평점오일 직이삼 계단삼오

21 (중)

실내 화재 시 연기의 이동과 관련이 없는 것은?

① 건물 내·외부의 온도차
② 공기의 팽창
③ 공기의 밀도차
④ 공기의 모세관현상

해설 연기의 이동 요인

1) 건물 내·외부 온도차(굴뚝효과)
2) 공기의 밀도차·압력차
3) 온도 상승으로 인한 증기 팽창
4) 공조설비 : 건축물 내부에 있는 냉·난방, 통풍, 공기조화설비의 영향

보충 모세관현상 : 모세관을 액체 속에 넣었을 때, 관 속의 액면이 관 밖보다 높아지거나 낮아지는 현상

22 (중)

물체의 표면온도가 250 [℃]에서 650 [℃]로 상승하면 열 복사량은 약 몇 배 정도 상승하는가?

① 2.5
② 5.7
③ 7.5
④ 9.7

해설 스테판 볼츠만의 법칙

$$복사에너지\ Q[W/m^2] = \sigma T^4$$

$$\frac{Q_2}{Q_1} = \frac{(273+t_2)^4}{(273+t_1)^4} = \frac{(273+650)^4}{(273+250)^4} \fallingdotseq 9.7배$$

Q : 복사에너지 [W/m^2]
σ : 스테판 볼츠만 상수 [$W/m^2 \cdot K^4$]
T : 절대온도 [K]

정답 19 ④ 20 ① 21 ④ 22 ④

23 상(중)하

연기에 의한 감광계수가 0.1 [m^{-1}], 가시거리가 20~30 [m]일 때의 상황을 옳게 설명한 것은?

① 건물 내부에 익숙한 사람이 피난에 지장을 느낄 정도
② 연기감지기가 작동할 정도
③ 어두운 것을 느낄 정도
④ 앞이 거의 보이지 않을 정도

해설 감광계수

감광계수 [m^{-1}]	가시거리 [m]	내용
0.1	20~30	연기감지기 작동할 때
0.3	5	건물에 익숙한 사람이 피난에 지장을 느낄 때
0.5	3	어두움을 느낄 때
1	1~2	거의 앞이 보이지 않음
10	0.2~0.5	최성기 때 연기농도
30	-	출화실에서 연기 분출

24 상 중(하)

화재실의 연기를 옥외로 배출시키는 제연방식으로 효과가 가장 적은 것은?

① 자연제연방식
② 스모크타워제연방식
③ 기계식 제연방식
④ 냉난방설비를 이용한 제연방식

해설 제연방식 종류

1) 밀폐 제연방식
2) 자연 제연방식
3) 스모크타워 제연방식
4) 기계 제연방식
   • 제1종 : 송풍기 + 배연기
   • 제2종 : 송풍기
   • 제3종 : 배연기

25 상(중)하

열전달에 대한 설명으로 틀린 것은?

① 전도에 의한 열전달은 물질 표면을 보온하여 완전히 막을 수 있다.
② 대류는 밀도차이에 의해 열이 전달된다.
③ 진공 속에서도 복사에 의한 열전달이 가능하다.
④ 화재 시의 열전달은 전도, 대류, 복사가 모두 관여된다.

해설 열전달

분류	개념
전도	고온체와 저온체의 직접적인 접촉에 의해 열 이동
대류	유체의 흐름에 의해 열 이동
복사	매질 없이 전자파 형태로 열 이동

암기▶ 전대복

26 상 중(하)

다음 중 열전도율이 가장 작은 것은?

① 알루미늄
② 철재
③ 은
④ 암면(광물섬유)

해설 열전도율

물질	열전도율 [W/m·℃]
암면	0.046
철재	80.3
알루미늄	237
은	427

정답 23 ② 24 ④ 25 ① 26 ④

27 (하)

Fourier법칙(전도)에 대한 설명으로 틀린 것은?

① 이동열량은 전열체의 단면적에 비례한다.
② 이동열량은 전열체의 두께에 비례한다.
③ 이동열량은 전열체의 열전도도에 비례한다.
④ 이동열량은 전열체 내·외부의 온도차에 비례한다.

해설 Fourier의 열전도법칙

$$전도열\ Q[W] = \frac{kA}{l}(T_2 - T_1)$$

1) 이동열량은 전열체의 단면적에 비례($Q \propto A$)
2) 이동열량은 전열체의 두께에 반비례($Q \propto \frac{1}{l}$)
3) 이동열량은 전열체의 열전도도에 비례($Q \propto k$)
4) 이동열량은 전열체 내·외부의 온도 차($Q \propto \triangle T$)

Q : 열전달량 [W]
k : 열전도계수 [W/m·K]
A : 단면적 [m²]
($T_2 - T_1$) : 온도차 [K]
l : 벽체 두께 [m]

TIP 두께만 반비례

28 (중)

독성이 매우 높은 가스로서 석유제품, 유지 등이 연소할 때 생성되는 알데하이드 계통의 가스는?

① 시안화수소
② 암모니아
③ 포스겐
④ 아크롤레인

해설 유해가스

연소가스	특징
일산화탄소 (CO)	• 불완전연소 시 발생 • 유독성 • 흡입 시 헤모글로빈과 결합하여 산소운반 저해
이산화탄소 (CO_2)	• 완전연소 시 발생 • 연소가스 중 가장 많은 양 발생 • 다량 흡입 시 호흡속도 증가
암모니아 (NH_3)	• 인체에 자극성이 큰 가연성 가스 • 질소함유물 수지류, 나무 등이 연소 시 발생
포스겐 ($COCl_2$)	• PVC, 수지류, 염소가 함유된 가연물 연소 시 발생 • 맹독성(0.1 [ppm])
황화수소 (H_2S)	• 달걀 썩는 냄새 • 독성, 부식성, 가연성 가스
시안화수소 (HCN)	• 질소함유물 불완전연소 시 발생 • 청산가스
아크롤레인 (CH_2CHCHO)	• 맹독성(0.1 [ppm]) • 석유제품, 유지 등 연소 시 생성

29 (하)

스테판 볼츠만의 법칙에 의해 복사열과 절대온도와의 관계를 옳게 설명한 것은?

① 복사열은 절대온도의 제곱에 비례한다.
② 복사열은 절대온도의 4제곱에 비례한다.
③ 복사열은 절대온도의 제곱에 반비례한다.
④ 복사열은 절대온도의 4제곱에 반비례한다.

해설 스테판 볼츠만의 법칙

$$단위\ 면적당\ 복사열량\ Q[W/m^2] = \sigma T^4$$

복사 : 열전달 매질 없이 전자파 형태로 열 이동. 스테판 볼츠만의 법칙에 의해 복사열은 절대온도의 4승에 비례한다.

보충 매질 : 파동을 전달시키는 물질

Q : 복사에너지 [W/m²]
σ : 스테판 볼츠만 상수 [W/m²·K⁴]
T : 절대온도 [K]

30 (상 중 하)

고층 건축물 내 연기거동 중 굴뚝효과에 영향을 미치는 요소가 아닌 것은?

① 건물 내·외의 온도차
② 화재실의 온도
③ 건물의 높이
④ 층의 면적

해설 굴뚝효과(연돌효과)

1) 온도차에 의해 건물 내에 기류 이동 발생
2) 내부온도 > 외부온도 : 공기가 위쪽으로 이동
3) 고층건물에서 잘 나타남
4) 영향 요인 : 실내외 온도차, 외벽 기밀성, 층간 공기누설, 건물의 높이

31 (상 중 하)

굴뚝효과에 관한 설명으로 틀린 것은?

① 건물 내·외부의 온도차에 따른 공기의 흐름현상이다.
② 굴뚝효과는 고층건물에서는 잘 나타나지 않고 저층건물에서 주로 나타난다.
③ 평상시 건물 내의 기류분포를 지배하는 중요 요소이며, 화재 시 연기의 이동에 큰 영향을 미친다.
④ 건물 외부의 온도가 내부의 온도보다 높은 경우 저층부에서는 내부에서 외부로 공기의 흐름이 생긴다.

해설 굴뚝효과(연돌효과)

1) 온도차에 의해 건물 내에 기류 이동 발생
2) 내부온도 > 외부온도 : 공기가 위쪽으로 이동
3) 고층건물에서 잘 나타남
4) 영향 요인 : 실내외 온도차, 외벽 기밀성, 층간 공기누설, 건물의 높이

정답 30 ④ 31 ②

CHAPTER 03 폭발

학습목표

1 물리적 폭발과 화학적 폭발의 종류와 특징을 파악한다.
2 블레비(BLEVE), 증기운폭발(UVCE)의 특징을 익힌다.
3 유류탱크 화재의 재해현상에 대한 종류와 특징을 파악한다.
4 방폭구조의 종류와 특징을 익힌다.

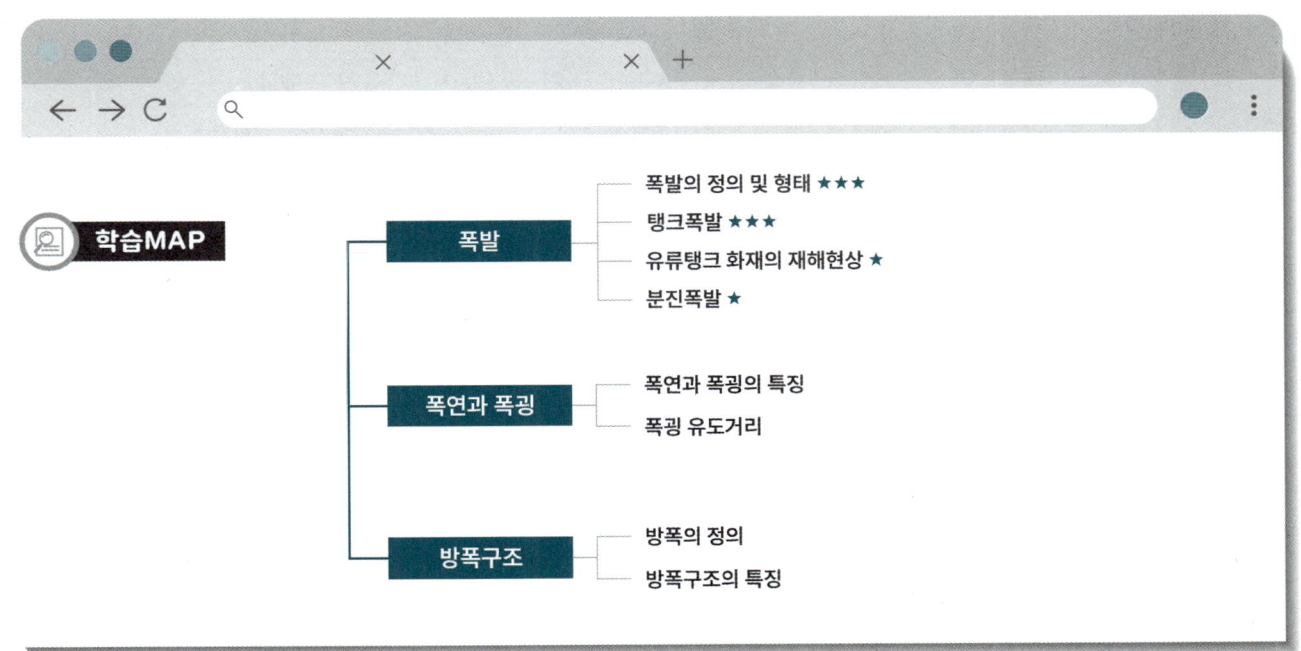

01 폭발

1 폭발

1) 정의
물리·화학적 변화에 의한 급격한 압력 상승으로 폭음을 수반하는 파열이나 가스팽창이 일어나는 현상이다.

2) 형태

구분	물리적 폭발	화학적 폭발
정의	급격한 상변화에 의한 폭발	급격한 화학변화에 의한 폭발
특징	화염동반 없음	화염동반
종류	수증기폭발, 증기폭발, 전선폭발, 상전이폭발, 압력방출에 의한 폭발, 보일러폭발, 블레비(BLEVE)	유증기폭발, 가스폭발, 산화폭발, 분무폭발, 분진폭발, 분해폭발, 중합폭발, 증기운폭발(UVCE)

3) 기상폭발과 응상폭발

구분	응상폭발	기상폭발
정의	고·액체의 폭발	기체의 폭발
특징	물리적 폭발	화학적 폭발
종류	수증기폭발, 증기폭발, 전선폭발, 블레비(BLEVE)	가스폭발, 분무폭발, 분진폭발, 분해폭발, 증기운폭발(UVCE)

4) 폭발을 일으키는 물질

구분	물질
산화폭발	압축가스, 액화가스
분진폭발	알루미늄, 석탄가루, 밀가루, 금속분류, 마그네슘
분해폭발	아세틸렌, 산화질소, 산화에틸렌
중합폭발	염화비닐, 시안화수소

- P.68 문01
- P.69 문06
- P.70 문10

• 중합폭발은 물리적 폭발에 해당한다. [X] 화학적 폭발
• 보일러폭발은 화학적 폭발이라 할 수 없다. [O]

- P.70 문09

2 탱크폭발

1) 경질유와 중질유

구분	경질유	중질유
종류	가솔린(휘발유), 등유, 경유	중유, 원유
특징	• 인화점 낮고 증기압이 높아 인화 쉬움 • 열 축적이 없어 쉽게 진압 가능	• 인화점 높아 그 이상 온도 상승 시 인화 • 경질유보다 진압이 어려움
연소	예혼합형 전파	예열형 전파
재해	블레비, 증기운폭발	보일 오버, 슬롭 오버

2) 블레비(BLEVE : Boiling Liquid Expanding Vapor Explosion) ★★★
   (1) 비등액체 증기폭발
   (2) 탱크 내 인화성·가연성 액체가 비등함
   (3) 가스 압력 상승으로 탱크가 파열되고 폭발이 일어남
   (4) 복사열 대량 방출
   (5) 파이어 볼(Fire Ball) 발생

3) 증기운폭발(UVCE : Unconfined Vapor Cloud Explosion) ★★★
   (1) 유출된 가스가 가연성 혼합기체를 형성하여 떠다니다가 점화원과 접촉 시 발생
   (2) 누설 착화형 폭발사고

3 유류탱크 화재의 재해현상

1) 보일 오버(Boil Over) ★
   (1) 중질유의 석유 탱크에서 탱크 하부가 물과 기름이 혼합된 에멀전 상태일 때 고온에 의해 물이 증발하면서 부피가 팽창되어 기름을 탱크 밖으로 분출시키는 현상이다.
   (2) 방지대책
      ① 탱크의 과열방지
      ② 주기적으로 탱크 하부의 물 배수
      ③ 탱크 하부에 드레인밸브 설치하여 물고임방지
      ④ 탱크 내용물의 기계적 교반

2) 슬롭 오버(Slop Over) ★
   (1) 고온의 기름 표면에 물 살수 시 물이 갑자기 비등·기화하여 기름을 탱크 밖으로 분출시키는 현상이다.
   (2) 유류 표면에 한정되어 비교적 격렬하지 않다.

[블레비(BLEVE)]

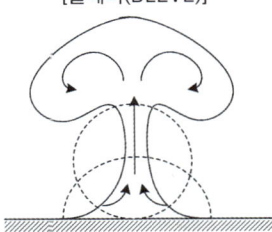

[파이어 볼(Fire Ball)]

TIP ▶ 파이어 볼 : 인화성 액체가 대량 기화되어 갑자기 발화될 때 발생하는 공 모양 화염

🔗 P.68 문03
🔗 P.69 문05
🔗 P.69 문07
🔗 P.71 문11
🔗 P.71 문12
🔗 P.72 문15

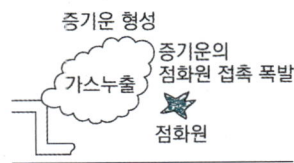

[증기운폭발(UVCE)]

🔗 P.58 문02
🔗 P.72 문16
🔗 P.72 문17
🔗 P.73 문19

3) 프로스 오버(Froth Over)
   (1) 고온의 아스팔트가 물이 존재하는 탱크에 옮겨지면서 수분이 증발·팽창하여 기름을 탱크 밖으로 분출시키는 현상이다.
   (2) 화재를 수반하지 않는다.

4 분진폭발

1) 정의
   (1) 크기가 1 [μm] 이하인 입자가 공기 중에 부유하면서 에너지를 받아 열과 압력을 발생시키며 폭발하는 것이다.
   (2) 초기폭발력은 가스폭발보다 작지만 퇴적분진이 폭발압력으로 부유하면서 2차, 3차 폭발로 이어질 수 있다.
2) 발생 물질
   알루미늄, 석탄가루, 밀가루, 금속분류, 마그네슘
3) 분진폭발을 일으키지 않는 물질 ★★★
   (1) 시멘트
   (2) 석회석
   (3) 탄산칼슘($CaCO_3$)
   (4) 생석회(CaO) = 산화칼슘
   (5) 소석회[$Ca(OH)_2$]

※ 시멘트 분말은 분진폭발을 일으키는 물질이 아니다. [O]

암기 ▶ 분시석 탄생소

02 폭연과 폭굉

1 폭연과 폭굉

구분	폭연(Deflagration)	폭굉(Detonation)
전파속도	음속 이하(0.1 ~ 10 [m/s])	음속 이상(1000 ~ 3000 [m/s])
특징	• 폭굉으로 전이될 수 있음 • 초기 압력의 10배 이하	• 압력 상승이 폭연의 10배 이상 • 초기 압력의 10배 이상
에너지 전달	전도, 대류, 복사	충격파

2 폭굉 유도거리(DID)

1) 폭굉 유도거리의 정의
   (1) 최초의 정상적인 연소에서 격렬한 폭굉으로 진행할 때까지의 거리
   (2) 폭굉 유도거리가 짧을수록 위험성이 큼

※ 폭굉의 유도거리는 배관의 지름과 관계가 없다. [X] 배관의 지름이 작을수록 짧아짐

2) 폭굉 유도거리가 짧아지는 요인 ★
   (1) 점화원의 에너지가 클수록 (+)
   (2) 연소속도가 클수록 (+)
   (3) 주위온도가 높을수록 (+)
   (4) 배관의 압력이 클수록 (+)
   (5) 배관 내 장애물이 많을수록 (+)
   (6) 배관의 관경이 작을수록 (-)

TIP ▶ 배관의 관경만 (-)

03 방폭구조

1 방폭
위험물의 폭발을 예방하거나 폭발에 의한 피해를 방지하는 것

2 방폭구조

방폭구조	특징	구조
본질안전 방폭구조	정상 또는 이상 상태에서 발생되는 점화원이 위험성분위기에 폭발을 발생시킬 수 없는 구조	
내압(耐壓) 방폭구조	용기 내부로 폭발성 가스가 침입하여도 외부의 위험성분위기에는 영향이 없도록 최대안전틈새 이내로 격리시키는 구조	W: 틈새 L: 틈새의 길이
압력 방폭구조 [내압(內壓) 방폭구조]	용기 내에 불활성 가스를 압입시켜 외부의 폭발성 가스로부터 점화원을 격리하는 구조	
유입 방폭구조	점화원이 될 우려가 있는 부분에 오일을 주입하여 폭발성 가스로부터 점화원을 격리하는 구조	
안전증 방폭구조	정상 상태에서 전기기기에 대하여 고장이 발생하지 않도록 안전도를 높이는 방식	

🔗 P.72 문14
🔗 P.74 문20

- 전기불꽃, 아크 등이 발생하는 부분을 기름 속에 넣어 폭발을 방지 하는 방폭구조는 유입방폭구조이다. O
- 인화점이 40 [℃] 이하인 위험물을 저장, 취급하는 장소에 설치하는 전기설비는 방폭구조로 설치하는데, 용기의 내부에 불활성 기체를 압입하여 압력을 유지하도록 함으로써 폭발성 가스가 침입하는 것을 방지하는 구조는 안전증 방폭구조이다.
  X 압력 방폭구조

01 상 중 하

폭발에 대한 설명으로 틀린 것은?

① 보일러폭발은 화학적 폭발이라 할 수 없다.
② 분무폭발은 기상폭발에 속하지 않는다.
③ 수증기폭발은 기상폭발에 속하지 않는다.
④ 화약류폭발은 화학적 폭발이라 할 수 있다.

해설 폭발의 형태

화학적 폭발	물리적 폭발
가스폭발	증기폭발
유증기폭발	수증기폭발
분진폭발	전선폭발
산화폭발	상전이폭발
분해폭발	보일러폭발
증기운폭발	압력방출에 의한 폭발

암기 기상폭발 : 가스폭발, 분무폭발, 분진폭발

02 상 중 하

유류탱크 화재 시 발생하는 슬롭 오버(Slop Over)현상에 관한 설명으로 틀린 것은?

① 소화 시 외부에서 방사하는 포에 의해 발생한다.
② 연소유가 비산되어 탱크 외부까지 화재가 확산된다.
③ 탱크의 바닥에 고인 물의 비등 팽창에 의해 발생한다.
④ 연소면의 온도가 100[℃] 이상일 때 물을 주수하면 발생한다.

해설 유류탱크 화재의 재해현상

현상	설명
보일 오버	중질유 탱크저부 에멀전(물)이 증발하면서 부피가 팽창하여 유류 분출
슬롭 오버	고온 기름 표면에 물 살수 시 급격한 수분 증발로 기름이 팽창되어 탱크 밖 분출
프로스 오버	고온 아스팔트가 물이 존재하는 탱크에 옮겨지면 화재를 수반하지 않고 기름 분출
블레비	비등액체 증기폭발, 주변 화재로 탱크 내 액체 비등하고 압력 상승하여 탱크 파열, 파이어 볼 발생

보충 플래시 오버 : 온도가 급격히 상승하여 화재가 순간적으로 실내 전체에 확산되는 현상

03 상 중 하

유류화재에 대한 설명으로 틀린 것은?

① 액체 상태에서 불이 붙을 수 있다.
② 유류는 반드시 휘발하여 기체 상태에서만 불이 붙을 수 있다.
③ 경질유 화재는 쉽게 발생할 수 있으나 열 축적이 없어 쉽게 진화할 수 있다.
④ 중질유 화재는 경질유 화재의 진압보다 어렵다.

해설 유류화재

1) 유류는 기체 상태(가연성 증기)에서만 불이 붙음
2) 경질유 : 인화점이 낮아 쉽게 발생, 열 축적이 없어 쉽게 진화
3) 중질유 : 인화점이 높고 예열형 전파로 연소 확대되어 경질유보다 진압이 어려움

정답 01 ② 02 ③ 03 ①

04 상(중)하

분진폭발을 일으키는 물질이 아닌 것은?

① 시멘트 분말   ② 마그네슘 분말
③ 석탄 분말   ④ 알루미늄 분말

해설 분진폭발 일으키지 않는 물질

물과 반응하여 가연성 기체가 발생하지 않는 것
- 시멘트
- 석회석
- 탄산칼슘($CaCO_3$)
- 생석회(CaO) = 산화칼슘
- 소석회

암기 분시석 탄생소

06 상 중(하)

물리적 폭발에 해당하는 것은?

① 분해폭발   ② 분진폭발
③ 증기운폭발   ④ 수증기폭발

해설 폭발의 형태

화학적 폭발	물리적 폭발
가스폭발	증기폭발
유증기폭발	수증기폭발
분진폭발	전선폭발
산화폭발	상전이폭발
분해폭발	보일러폭발
증기운폭발	압력방출에 의한 폭발

05 상(중)하

BLEVE현상을 설명한 것으로 가장 옳은 것은?

① 물이 뜨거운 기름 표면 아래에서 끓을 때 화재를 수반하지 않고 Over Flow되는 현상
② 물이 연소유의 뜨거운 표면에 들어갈 때 발생되는 Over Flow 현상
③ 탱크 바닥에 물과 기름의 에멀전이 섞여 있을 때 물의 비등으로 인하여 급격하게 Over Flow되는 현상
④ 탱크 주위 화재로 탱크 내 인화성 액체가 비등하고, 가스부분의 압력이 상승하여 탱크가 파괴되고 폭발을 일으키는 현상

해설 블레비(BLEVE)

- 비등액체 증기폭발
- 탱크 내 인화성·가연성 액체가 비등하고 가스 압력 상승으로 탱크가 파열하고 폭발
- 복사열 대량 방출
- 파이어 볼 발생

07 상(중)하

대기 중에 대량의 가연성 가스가 유출하거나 대량의 가연성 액체가 유출하여 그것으로부터 발생하는 증기가 공기와 혼합해서 가연성 혼합기체를 형성하고 발화원에 의하여 발생하는 폭발현상은?

① BLEVE   ② SLOP OVER
③ UVCE   ④ FIRE BALL

해설 화재 시 발생현상

현상	설명
FIRE BALL (화구)	인화성 액체가 대량 기화되어 갑자기 발화될 때 발생하는 공 모양 화염
SLOP OVER (슬롭오버)	기름 표면에 물 살수 시 급격한 수분 증발로 기름이 팽창되어 탱크 밖 분출
BLEVE (블레비)	비등액체 증기폭발, 탱크 내 액체가 비등하고 압력이 상승하여 탱크가 파열, 파이어 볼 발생
UVCE (증기운 폭발)	유출된 가스가 가연성 혼합기체를 형성하다가 점화원과 접촉 시 발생

정답 04 ① 05 ④ 06 ④ 07 ③

08 (상중하)

폭굉(Detonation)에 관한 설명으로 틀린 것은?

① 연소속도가 음속보다 느릴 때 나타난다.
② 온도의 상승은 충격파의 압력에 기인한다.
③ 압력 상승은 폭연의 경우보다 크다.
④ 폭굉의 유도거리는 배관의 지름과 관계가 있다.

해설 폭연(Deflagration)과 폭굉(Detonation)

1) 폭연과 폭굉

구분	폭연	폭굉
전파속도	음속 이하 (0.1 ~ 10 [m/s])	음속 이상 (1000 ~ 3500 [m/s])
특징	폭굉으로 전이될 수 있음	압력 상승이 폭연의 10배 이상
에너지 전달	전도, 대류, 복사	충격파

2) 폭굉 유도거리가 짧아지는 요인
 (1) 점화원의 에너지가 클수록 (+)
 (2) 연소속도가 클수록 (+)
 (3) 주위온도가 높을수록 (+)
 (4) 배관의 압력이 클수록 (+)
 (5) 배관 내 장애물이 많을수록 (+)
 (6) 배관의 관경이 작을수록 (-)

보충 폭굉유도거리 짧을수록 위험

09 (상중하)

분해폭발을 일으키지 않는 물질은?

① 아세틸렌 ② 프로페인
③ 산화질소 ④ 산화에틸렌

해설 폭발을 일으키는 물질

구분	물질
분해폭발	아세틸렌, 산화질소, 산화에틸렌
분진폭발	알루미늄, 석탄가루, 밀가루, 금속분류, 마그네슘
중합폭발	염화비닐, 시안화수소
산화폭발	압축가스, 액화가스

10 (상중하)

폭발의 형태 중 화학적 폭발이 아닌 것은?

① 분해폭발 ② 가스폭발
③ 수증기폭발 ④ 분진폭발

해설 폭발의 형태

화학적 폭발	물리적 폭발
가스폭발	증기폭발
유증기폭발	수증기폭발
분진폭발	전선폭발
산화폭발	상전이폭발
분해폭발	보일러폭발
증기운폭발	압력방출에 의한 폭발

정답 08 ① 09 ② 10 ③

11 (중)

유류 저장탱크의 화재에서 일어날 수 있는 현상이 아닌 것은?

① 플래시 오버(Flash Over)
② 보일 오버(Boil Over)
③ 슬롭 오버(Slop Over)
④ 후로스 오버(Froth Over)

해설 유류탱크 화재의 재해현상

현상	설명
보일 오버	중질유 탱크 저부의 에멀전(물)이 증발하면서 부피가 팽창하여 기름이 탱크 밖으로 화재를 동반하여 방출하는 현상
슬롭 오버	고온 기름 표면에 물 살수 시 급격한 수분 증발로 기름이 팽창되어 탱크 밖으로 분출하는 현상
프로스 오버	고온 아스팔트가 물이 존재하는 탱크에 옮겨지면 화재를 수반하지 않고 기름 분출하는 현상
블레비	비등액체 증기폭발, 주변 화재로 탱크 내 액체가 비등하고 압력이 상승하여 탱크가 파열되는 현상, 파이어 볼 발생

보충 플래시 오버 : 온도가 급격히 상승하여 화재가 순간적으로 실내 전체에 확산되는 현상

12 (중)

가연성 액화가스의 용기가 과열로 파손되어 가스가 분출된 후 불이 붙어 폭발하는 현상은?

① 블레비(BLEVE)
② 보일 오버(Boil Over)
③ 슬롭 오버(Slop Over)
④ 플래시 오버(Flash Over)

해설 유류탱크 화재의 재해현상

현상	설명
보일 오버	중질유 탱크 저부의 에멀전(물)이 증발하면서 부피가 팽창하여 기름이 탱크 밖으로 화재를 동반하여 방출하는 현상
슬롭 오버	고온 기름 표면에 물 살수 시 급격한 수분 증발로 기름이 팽창되어 탱크 밖으로 분출하는 현상
프로스 오버	고온 아스팔트가 물이 존재하는 탱크에 옮겨지면 화재를 수반하지 않고 기름 분출하는 현상
블레비	비등액체 증기폭발, 주변 화재로 탱크 내 액체가 비등하고 압력이 상승하여 탱크가 파열되는 현상, 파이어 볼 발생

보충 플래시 오버 : 온도가 급격히 상승하여 화재가 순간적으로 실내 전체에 확산되는 현상

13 (중)

분진폭발의 위험성이 가장 낮은 것은?

① 알루미늄분
② 황(유황)
③ 팽창질석
④ 소맥분

해설 분진폭발 일으키지 않는 물질

물과 반응하여 가연성 기체 발생하지 않는 것
- 시멘트
- 석회석
- 탄산칼슘($CaCO_3$)
- 생석회(CaO) = 산화칼슘
- 소석회

보충 팽창질석 : 질식소화
암기 분시석 탄생소

정답 11 ① 12 ① 13 ③

14 (상 중 하)

전기불꽃, 아크 등이 발생하는 부분을 기름 속에 넣어 폭발을 방지하는 방폭구조는?

① 내압방폭구조
② 유입방폭구조
③ 안전증방폭구조
④ 특수방폭구조

해설 방폭구조

방폭구조	특징
본질안전 방폭구조	정상·이상 상태에서 점화원이 폭발을 발생시킬 수 없는 구조
내압 방폭구조	용기 내부로 폭발성 가스가 침입해도 영향 없도록 최대안전틈새 이내 격리
압력 방폭구조	용기 내에 불활성 가스를 압입시켜 폭발성 가스로부터 점화원 격리
유입 방폭구조	점화 우려가 있는 부분에 오일을 주입하여 폭발성 가스로부터 격리
안전증 방폭구조	정상상태에서 전기기기 고장이 발생하지 않도록 안전도를 높임

15 (상 중 하)

블레비(BLEVE)현상과 관계가 없는 것은?

① 핵분열
② 가연성 액체
③ 화구(Fire Ball)의 형성
④ 복사열의 대량 방출

해설 블레비(BLEVE)

1) 비등액체 증기폭발
2) 탱크 내 인화성·가연성 액체가 비등하고 가스 압력 상승으로 탱크가 파열하고 폭발
3) 복사열 대량 방출
4) 파이어 볼 발생

16 (상 중 하)

유류탱크 화재 시 기름 표면에 물을 살수하면 기름이 탱크 밖으로 비산하여 화재가 확대되는 현상은?

① 슬롭 오버(Slop Over)
② 보일 오버(Boil Over)
③ 프로스 오버(Froth Over)
④ 블레비(BLEVE)

해설 유류탱크 화재의 재해현상

현상	설명
보일 오버	중질유 탱크 저부의 에멀전(물)이 증발하면서 부피가 팽창하여 기름이 탱크 밖으로 화재를 동반하여 방출하는 현상
슬롭 오버	고온 기름 표면에 물 살수 시 급격한 수분 증발로 기름이 팽창되어 탱크 밖으로 분출하는 현상
프로스 오버	고온 아스팔트가 물이 존재하는 탱크에 옮겨지면 화재를 수반하지 않고 기름 분출하는 현상
블레비	비등액체 증기폭발, 주변 화재로 탱크 내 액체가 비등하고 압력이 상승하여 탱크가 파열되는 현상, 파이어 볼 발생

17 (상 중 하)

보일 오버(Boil Over)현상에 대한 설명으로 옳은 것은?

① 아래층에서 발생한 화재가 위층으로 급격히 옮겨가는 현상
② 연소유의 표면이 급격히 증발하는 현상
③ 기름이 뜨거운 물 표면 아래에서 끓는 현상
④ 탱크 저부의 물이 급격히 증발하여 기름이 탱크 밖으로 화재를 동반하여 방출하는 현상

정답 14 ② 15 ① 16 ① 17 ④

해설 유류탱크 화재의 재해현상

현상	설명
보일 오버	중질유 탱크 저부의 에멀전(물)이 증발하면서 부피가 팽창하여 기름이 탱크 밖으로 화재를 동반하여 방출하는 현상
슬롭 오버	고온 기름 표면에 물 살수 시 급격한 수분 증발로 기름이 팽창되어 탱크 밖으로 분출하는 현상
프로스 오버	고온 아스팔트가 물이 존재하는 탱크에 옮겨지면 화재를 수반하지 않고 기름 분출하는 현상
블레비	비등액체 증기폭발, 주변 화재로 탱크 내 액체가 비등하고 압력이 상승하여 탱크가 파열되는 현상, 파이어 볼 발생

18 (상**중**하)

폭연에서 폭굉으로 전이되기 위한 조건에 대한 설명으로 틀린 것은?

① 정상연소속도가 작은 가스일수록 폭굉으로 전이가 용이하다.
② 배관 내에 장애물이 존재할 경우 폭굉으로 전이가 용이하다.
③ 배관의 관경이 작을수록 폭굉으로 전이가 용이하다.
④ 배관 내 압력이 높을수록 폭굉으로 전이가 용이하다.

해설 폭굉유도거리(DID)가 짧아지는 요인

1) 점화원의 에너지가 클수록 (+)
2) 연소속도가 클수록 (+)
3) 주위온도가 높을수록 (+)
4) 배관의 압력이 클수록 (+)
5) 배관 내 장애물이 많을수록 (+)
6) 배관의 관경이 작을수록 (-)

보충 폭굉유도거리 짧을수록 위험
TIP 배관 관경만 (-)

19 (상**중**하)

유류탱크의 화재 시 탱크 저부의 물이 뜨거운 열류층에 의하여 수증기로 변하면서 급작스런 부피 팽창을 일으켜 유류가 탱크 외부로 분출하는 현상은?

① 슬롭 오버(Slop Over)
② 블레비(BLEVE)
③ 보일 오버(Boil Over)
④ 파이어 볼(Fire Ball)

해설 유류탱크 화재의 재해현상

현상	설명
보일 오버	중질유 탱크 저부의 에멀전(물)이 증발하면서 부피가 팽창하여 기름이 탱크 밖으로 화재를 동반하여 방출하는 현상
슬롭 오버	고온 기름 표면에 물 살수 시 급격한 수분 증발로 기름이 팽창되어 탱크 밖으로 분출하는 현상
프로스 오버	고온 아스팔트가 물이 존재하는 탱크에 옮겨지면 화재를 수반하지 않고 기름 분출하는 현상
블레비	비등액체 증기폭발, 주변 화재로 탱크 내 액체가 비등하고 압력이 상승하여 탱크가 파열되는 현상, 파이어 볼 발생

정답 18 ① 19 ③

20 (중)

인화점이 40 [℃] 이하인 위험물을 저장, 취급하는 장소에 설치하는 전기설비는 방폭구조로 설치하는데, 용기의 내부에 기체를 압입하여 압력을 유지하도록 함으로써 폭발성 가스가 침입하는 것을 방지하는 구조는?

① 압력 방폭구조
② 유입 방폭구조
③ 안전증 방폭구조
④ 본질안전 방폭구조

해설 방폭구조

방폭구조	특징
본질안전 방폭구조	정상·이상 상태에서 점화원이 폭발을 발생시킬 수 없는 구조
내압 방폭구조	용기 내부로 폭발성 가스가 침입해도 영향 없도록 최대안전틈새 이내 격리
압력 방폭구조	용기 내에 불활성 가스를 압입시켜 폭발성 가스로부터 점화원 격리
유입 방폭구조	점화 우려가 있는 부분에 오일을 주입하여 폭발성 가스로부터 격리
안전증 방폭구조	정상상태에서 전기기기 고장이 발생하지 않도록 안전도를 높임

정답 20 ①

CHAPTER 04 화재

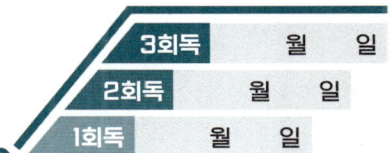

학습목표

1. 화재의 특성, 확산요인을 파악하고 화재의 위험성이 언제 높아지는지 이해한다.
2. 화재의 분류별 특징을 파악한다.
3. 실내화재의 발생현상과 진행과정을 이해한다.
4. 목조건축물과 내화건축물의 화재에 대한 특징을 파악한다.
5. 화재하중의 계산식에서 각 인자의 의미를 파악하고, 화재하중, 화재강도, 화재가혹도의 정의를 암기한다.

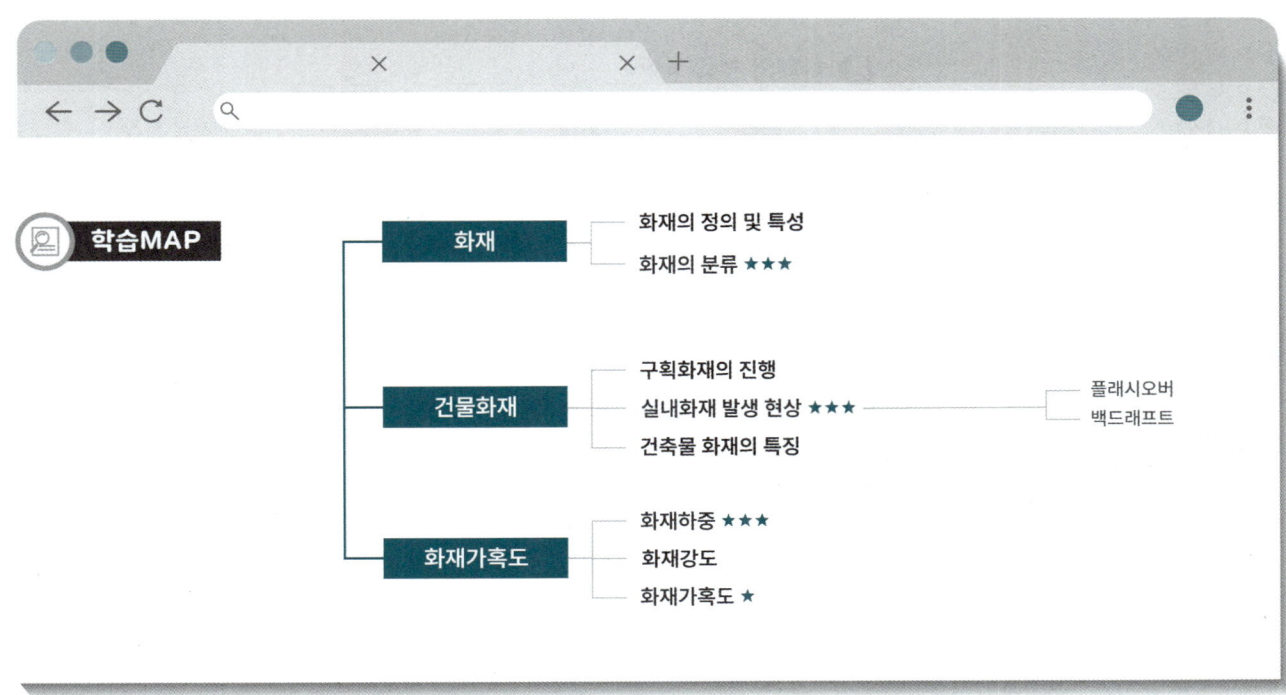

01 화재

1 화재

1) 정의
   자연 또는 인위적인 원인으로 불이 물체를 연소시키고 인명과 재산에 피해를 주는 현상

2) 일반적 특성
   (1) 우발성
   (2) 확대성
   (3) 불안정성

3) 확산요인 ★
   (1) 접염 : 화염의 접촉에 의해 불이 옮겨 붙음
   (2) 비화 : 강풍, 복사열에 의해 불꽃이 날아들어 착화
   (3) 복사열 : 전자파에 의해 열이 이동

4) 위험성
   (1) 인화점, 착화점 낮을수록 (-)
   (2) 비점, 융점 낮을수록 (-)
   (3) 착화 에너지 작을수록 (-)
   (4) 열전도율 작을수록 (-)
   (5) 연소범위 넓을수록 (+)

2 화재의 분류 ★★★

등급	화재	표시색	적응 물질
A급 화재	일반화재	백색	종이, 목재, 섬유, 합성섬유
B급 화재	유류화재(가스화재)	황색	인화성 액체
C급 화재	전기화재	청색	통전 중인 전기설비
D급 화재	금속화재	무색	마그네슘 합금 등 가연성 금속
K급 화재	주방화재(식용유화재)	-	식용유

3 일반화재(A급 화재)

1) 나무, 섬유, 종이, 고무, 플라스틱류와 같은 일반가연물이 타고 나서 재가 남는 화재
2) 소화 : 물의 냉각효과 이용

🔗 P.83 문01

[암기] 우확불
🔗 P.87 문16
🔗 P.87 문19
🔗 P.94 문43

[암기] 접비복
🔗 P.83 문02
🔗 P.85 문11
🔗 P.93 문40

[TIP] 연소범위만 (+)

🔗 P.83 문03
🔗 P.84 문05
🔗 P.84 문07
🔗 P.85 문10
🔗 P.86 문13
🔗 P.87 문17
🔗 P.88 문20
🔗 P.89 문24
🔗 P.91 문31
🔗 P.94 문41

화재의 분류 방법 중 전기화재의 표시색은 백색이다. [X] 청색

3) 합성수지의 구분

구분	열가소성 수지	열경화성 수지
특징	열에 의해 변형	열에 의해 변형되지 않음
종류	PVC수지(폴리염화비닐수지) 폴리에틸렌수지 폴리스틸렌수지	멜라민수지 페놀수지 요소수지

> [암기] 가피폴풀 경멜페요
>
> [보충]
> - 열가소성 : 열을 가하면 녹고 차게 하면 굳는 성질
> - 열경화성 : 가열하면 굳어지고 그 후는 다시 부드러워지지 않는 성질
>
> 🔗 P.86 문12
>
> 멜라민 수지는 열가소성 수지이다.
> [X] 열경화성 수지

4 유류화재(B급 화재)

1) 인화성 액체, 가연성 액체, 석유 그리스, 타르, 오일, 유성도료, 솔벤트, 래커, 알코올 및 인화성 가스와 같은 유류가 타고 나서 재가 남지 않는 화재
2) 소화
   (1) 주로 포를 사용하여 질식소화
   (2) 미분무·가스계 소화

5 전기화재(C급 화재)

1) 전류가 흐르고 있는 전기기기, 배선과 관련된 화재
2) 전기화재 원인
   (1) 과전류(과부하) (2) 단락(합선)
   (3) 누전   (4) 낙뢰
   (5) 전기불꽃   (6) 정전기로 인한 스파크 발생
3) 소화 : CO_2·분말소화약제를 사용하여 질식소화, 무상주수 가능

> 🔗 P.85 문08
> 🔗 P.86 문14
>
> 절연 고·다는 전기화재의 원인이다.
> [X] 원인이 아니다.
>
> [보충] 절연
> 전기 또는 열을 통하지 않게 하는 것

6 금속화재(D급 화재)

1) 마그네슘 합금 등 가연성 금속에서 일어나는 화재
2) 소화 : 질식소화
   (1) 마른모래, 팽창질석, 팽창진주암을 사용하여 질식소화
   (2) D급 소화기

7 주방화재(K급 화재)

1) 주방에서 동·식물유를 취급하는 조리기구에서 일어나는 화재
2) 소화 : 질식소화
   (1) 제1종 분말소화약제($NaHCO_3$)의 비누화현상(유지를 알칼리로 처리해 글리세린과 비누로 만드는 반응)
   (2) K급 소화기

B 산불화재

구분	정의
지중화	산림 지중 유기물(갈탄층) 연소
지표화	산림 지면의 낙엽, 관목이 타는 것
수간화	나무의 줄기가 타는 것
수관화	나무의 가지부분이 타는 것
비화	강풍에 의해 불꽃이 날아가 화염 확대

> P.86 문15

02 건물화재

1 구획화재의 진행 ★★

1) 발화 : 가연물이 공기 중에서 산소와 반응해 열과 빛을 내는 초기 단계
2) 성장기 : 화재 초기에는 백색연기 발생, 중기에 플래시 오버가 발생하여 흑색연기 분출
3) 최성기 : 실내온도가 급격히 상승하여 화재가 순간적으로 실내 전체에 확산
4) 감쇠기 : 산소 소진으로 화재가 부분적으로 소멸되고, 연기 발생 정지

> 실내화재에서 화재의 최성기에 돌입하기 전에 다량의 가연성 가스가 동시에 연소되면서 급격한 온도상승을 유발하는 현상은 플래시 오버이다. O

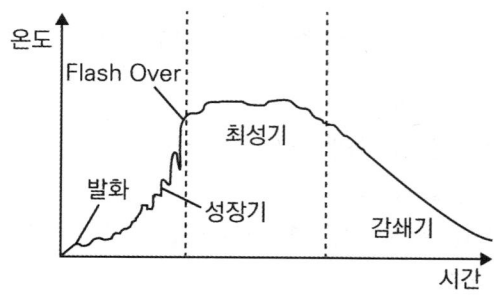

2 실내화재 발생현상

1) 플래시 오버(Flash Over) ★★★
   (1) 화재로 인하여 실내 온도가 급격히 상승하여 화재가 순간적으로 실내 전체에 확산
   (2) 발생시기 : 성장기 ~ 최성기

> P.87 문18

> P.93 문39

(3) 플래시 오버 영향 요인
① 개구율
개구율이 기준 이하로 작으면 산소 공급이 부족하므로 열분해 속도가 저하되어 플래시 오버가 지연되고, 개구율이 과도하게 크면 유입 공기의 냉각효과로 플래시 오버가 늦어짐
② 가연물의 양·종류
가연물의 높이가 높을수록, 가연물의 열방출률이 클수록 플래시 오버 도달 시간이 짧아짐
③ 화원의 크기
화원의 크기가 클수록 열분해 속도가 빨라지고, 플래시 오버 도달 시간이 짧아짐
④ 산소의 농도
산소농도가 10 [%] 이상이면 플래시 오버 발생 가능함
⑤ 내장재료
내장재료의 열전도율이 크고 두께가 두꺼울수록 플래시 오버 도달 시간이 느려짐
⑥ 화재 발생 시 주위온도
열전달은 온도 차로 인해 에너지가 전달되므로 화재 발생 시 주위온도는 화재의 성장에 영향을 줌
⑦ 구획실의 기하학적 구조
구획실의 크기, 형상, 면적, 체적 등은 해당 층에 가연물과 플래시 오버와의 관계에 영향을 미침

(4) 플래시 오버 지연대책
① 개구부의 크기를 제한
② 실내에 저장하는 가연물의 양을 줄임
③ 화원의 크기 제한
④ 산소 농도를 10 [%] 미만으로 낮춤
⑤ 주요구조부 내화구조로 함
⑥ 천장, 벽 등의 내장재를 불연화하고 열전도율이 큰 내장재료를 사용함

2) 백드래프트(Backdraft)
(1) 훈소 상태일 때 신선한 공기 유입으로 실내의 축적된 가스가 단시간 연소, 폭발하여 실외로 분출되는 현상
(2) 발생시기 : 감쇠기(최성기 이후)

> P.88 문23
> P.89 문27

○ 플래시 오버(Flash Over)현상은 화재 공간의 개구율과 관계가 있다.

> P.90 문28

TIP ▶ 훈소
산소 부족으로 불꽃을 내지 않고 연기만 나는 느린 연소착화에너지가 충분하지 않아 가연물이 발화되지 못하고 다량의 연기가 발생

3 건축물 화재의 특징

1) 목조건축물과 내화건축물 ★

구분	목조건축물	내화건축물
화재성상	고온 단기형	저온 장기형
진행과정	무염착화 → 발염착화 → 발화 → 최성기	초기 → 성장기 → 최성기 → 감쇄기 → 진화
최성기 온도	1000 ~ 1300 [℃]	800 ~ 1000 [℃]
표준시간-온도곡선	(온도-시간 곡선 그래프)	(온도-시간 곡선 그래프)

2) 내화건축물의 특징

(1) 밀폐된 내화건물 화재
 ① 압력 상승
 ② 일산화탄소·이산화탄소 증가
 ③ 산소량 감소
 ④ 건물화재 사망원인으로 연소가스에 의한 질식사가 가장 큰 비중을 차지

(2) 표준시간 - 온도곡선
 ① 30분 : 840 [℃]   ② 1시간 : 925 [℃]
 ③ 2시간 : 1010 [℃]   ④ 3시간 : 1050 [℃]

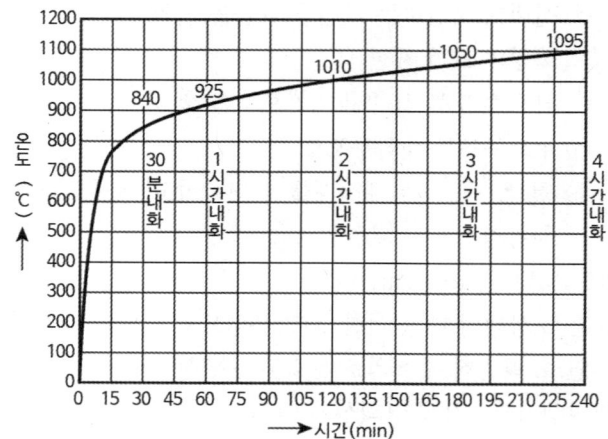

[내화구조 표준시간 가열온도곡선]

3) 건축·구조물 소실 정도

구분	정의
전소	건물의 70 [%] 이상(입체면적에 대한 비율을 말한다. 이하 같다)이 소실되었거나 또는 그 미만이라도 잔존부분을 보수하여도 재사용이 불가능한 것
반소	건물의 30 [%] 이상 70 [%] 미만이 소실된 것
부분소	전소·반소에 해당하지 아니하는 것

보충 ▶ 화재조사 및 보고규정 제16조(소실 정도)

4) 옥내출화와 옥외출화

옥내출화	옥외출화
• 실내 천장 속, 벽 내부에서 발염착화 • 준불연성, 난연성으로 피복된 내부의 목재에 착화	• 건축물 외부의 가연물질에 발염착화 • 창, 출입구 등의 개구부 등에 착화 • 목재사용 가옥 벽, 추녀 및 판자나 목재에 착화

🔗 P.89 문25
🔗 P.92 문37

03 화재가혹도

1 화재하중 ★

1) 정의
   (1) 화재실의 단위면적당 가연물의 양
   (2) 건물화재 시 발열량 및 화재위험성 척도
   (3) 화재 시 주수시간 결정하는 주요인

2) 계산식

$$q = \frac{\sum GH_i}{HA} = \frac{\sum Q}{4500A} \ [kg/m^2]$$

q : 화재하중 [kg/m²]
G : 가연물의 양 [kg]
H_i : 단위중량당 발열량 [kcal/kg]
H : 목재의 단위중량당 발열량 [4500 kcal/kg]
A : 화재실의 바닥면적 [m²]
ΣQ : 화재실 내 가연물의 전발열량 [kcal]

🔗 P.83 문04
🔗 P.88 문21
🔗 P.93 문38
🔗 P.94 문42

화재하중 계산 시 목재의 단위발열량은 4500 [kcal/kg]이다. O

2 화재강도

1) 정의

화재실의 단위시간당 축적되는 열의 양으로, 열 축적률이 크면 화재강도가 커진다.

2) 화재강도에 영향을 미치는 요인
   (1) 가연물의 비표면적
   (2) 가연물의 배열상태
   (3) 가연물의 발열량
   (4) 화재실의 구조(단열성)
   (5) 공기(산소)의 공급

3 화재가혹도(화재심도)

1) 정의
   (1) 화재 시 당해 건물과 그 내부의 수용재산 등을 파괴하거나 손상을 입히는 정도
   (2) 화재가혹도 = 화재하중 × 화재강도
   (3) 화재의 세기

2) 화재가혹도에 영향을 미치는 요인
   (1) 화재하중과 화재강도
   (2) 가연물의 비표면적
   (3) 가연물의 배열상태
   (4) 가연물의 연소열
   (5) 공기의 공급량
   (6) 창문, 개구부 크기

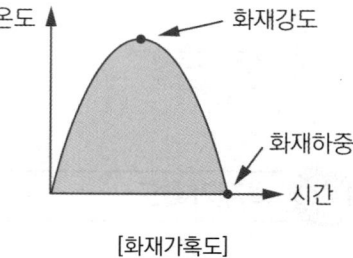

[화재가혹도]

P.89 문26

P.84 문06
방호공간 안에서 화재의 세기를 나타내고 화재가 진행되는 과정에서 온도에 따라 변하는 것으로 온도-시간곡선으로 표시할 수 있는 것은 화재가혹도이다. O

P.92 문36

예상문제

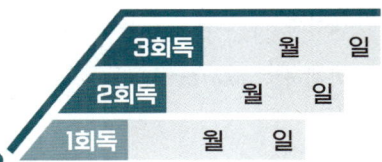

01 상중하
화재의 일반적 특성이 아닌 것은?

① 확대성 ② 정형성
③ 우발성 ④ 불안정성

해설 화재의 일반적 특성

우발성, 확대성, 불안정성

암기 우확불

02 상중하
화재 위험성에 대한 설명으로 틀린 것은?

① 인화점 및 착화점이 낮을수록 위험
② 착화에너지가 작을수록 위험
③ 비점 및 융점이 높을수록 위험
④ 연소범위가 넓을수록 위험

해설 화재의 위험성

1) 인화점, 착화점 낮을수록 (-)
2) 착화 에너지 작을수록 (-)
3) 비점, 융점 낮을수록 (-)
4) 열전도율 작을수록 (-)
5) 연소범위 넓을수록 (+)

TIP 연소범위만 (+)

03 상중하
화재의 종류에 따른 분류가 틀린 것은?

① A급 : 일반화재   ② B급 : 유류화재
③ C급 : 가스화재   ④ D급 : 금속화재

해설 화재의 분류

등급	화재	표시색	적응 물질
A급	일반화재	백색	종이, 목재, 섬유, 합성섬유
B급	유류화재 (가스화재)	황색	인화성 액체
C급	전기화재	청색	통전 중인 전기설비
D급	금속화재	무색	마그네슘 합금 등 가연성 금속
K급	주방화재	-	식용유

암기 일유전 금주

04 상중하
화재하중의 단위로 옳은 것은?

① $[kg/m^2]$ ② $[℃/m^2]$
③ $[kg·L/m^3]$ ④ $[℃·L/m^3]$

해설 화재하중

1) 화재실의 단위면적당 가연물의 양 $[kg/m^2]$
2) 건물화재 시 발열량 및 화재위험성 척도
3) 화재 시 주수시간 결정하는 주요인

정답 01 ② 02 ③ 03 ③ 04 ①

4) 계산식

$$q[kg/m^2] = \frac{\sum GH_i}{HA} = \frac{\sum Q}{4500A}$$

G : 가연물의 양 [kg]
H_i : 단위중량당 발열량 [kcal/kg]
H : 목재의 단위중량당 발열량 [4500 kcal/kg]
A : 화재실의 바닥면적 [m²]
$\sum Q$: 화재실 내 가연물의 전발열량 [kcal]

해설 화재가혹도

1) 화재 시 당해 건물과 그 내부의 수용재산 등을 파괴하거나 손상을 입히는 정도
2) 화재가혹도 = 화재강도 × 화재하중
3) 화재의 세기

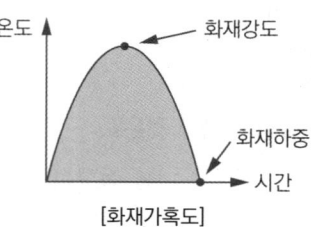

[화재가혹도]

05 (상 중 하)

화재의 분류방법 중 전기화재의 표시색은?

① 무색
② 청색
③ 황색
④ 백색

해설 화재의 분류

등급	화재	표시색	적응 물질
A급	일반화재	백색	종이, 목재, 섬유, 합성섬유
B급	유류화재 (가스화재)	황색	인화성 액체
C급	전기화재	청색	통전 중인 전기설비
D급	금속화재	무색	마그네슘 합금 등 가연성 금속
K급	주방화재	-	식용유

암기 일유전 금주

06 (상 중 하)

방호공간 안에서 화재의 세기를 나타내고 화재가 진행되는 과정에서 온도에 따라 변하는 것으로 온도-시간곡선으로 표시할 수 있는 것은?

① 화재저항
② 화재가혹도
③ 화재하중
④ 화재플럼

07 (상 중 하)

화재 종류에 따른 표시색 연결이 틀린 것은?

① 일반화재 - 백색
② 전기화재 - 청색
③ 금속화재 - 흑색
④ 유류화재 - 황색

해설 화재의 분류

등급	화재	표시색	적응 물질
A급	일반화재	백색	종이, 목재, 섬유, 합성섬유
B급	유류화재 (가스화재)	황색	인화성 액체
C급	전기화재	청색	통전 중인 전기설비
D급	금속화재	무색	마그네슘 합금 등 가연성 금속
K급	주방화재	-	식용유

암기 일유전 금주

08 (상 중 하)

전기화재가 발생되는 발화 요인으로 틀린 것은?

① 역률
② 합선
③ 누전
④ 과전류

해설

- 과전류(과부하)
- 단락(합선)
- 누전
- 낙뢰
- 전기불꽃
- 정전기로 인한 스파크 발생

보충 ▶ 역률 : 교류회로에서 유효전력과 피상전력의 비

09 (상 중 하)

화재의 지속시간 및 온도에 따라 목재건물과 내화건물을 비교했을 때 목재건물의 화재성상으로 가장 적합한 것은?

① 저온 장기형이다.
② 저온 단기형이다.
③ 고온 장기형이다.
④ 고온 단기형이다.

해설 건축물 화재의 특징

구분	목조건축물	내화건축물
화재성상	고온 단기형	저온 장기형
최성기 온도	1000 ~ 1300 [℃]	800 ~ 1000 [℃]

10 (상 중 하)

B급 화재에 해당하지 않는 것은?

① 목탄
② 등유
③ 아세톤
④ 이황화탄소

해설 화재의 분류

등급	화재	표시색	적응 물질
A급	일반화재	백색	종이, 목재, 섬유, 합성섬유
B급	유류화재 (가스화재)	황색	인화성 액체
C급	전기화재	청색	통전 중인 전기설비
D급	금속화재	무색	마그네슘 합금 등 가연성 금속
K급	주방화재	-	식용유

보충 ▶ 인화성 액체(제4류 위험물) : 등유, 아세톤, 이황화탄소, 휘발유 등

암기 ▶ 일유전 금주

11 (상 중 하)

화재에 관한 일반적인 이론에 해당하지 않는 것은?

① 착화온도와 화재의 위험은 반비례한다.
② 인화점과 화재의 위험은 반비례한다.
③ 인화점이 낮은 것은 착화온도가 높다.
④ 온도가 높아지면 연소범위는 넓어진다.

해설 화재의 위험성

- 인화점, 착화점 낮을수록 위험 (-)
- 착화 에너지 작을수록 위험 (-)
- 비점, 융점 낮을수록 위험 (-)
- 열전도율 작을수록 위험 (-)
- 연소범위 넓을수록 위험 (+)

TIP ▶ 연소범위만 (+)

정답 08 ① 09 ④ 10 ① 11 ③

12 (상 중 하)

고분자재료와 열적 특성의 연결이 옳은 것은?

① 폴리염화비닐 수지 - 열가소성
② 페놀 수지 - 열가소성
③ 폴리에틸렌 수지 - 열경화성
④ 멜라민 수지 - 열가소성

해설 합성수지의 화재성상

열가소성 수지 (열에 의해 변형)	열경화성 수지 (열에 변형되지 않음)
PVC (폴리염화비닐수지) 폴리에틸렌수지 폴리스티렌수지	멜라민수지 페놀수지 요소수지

암기 가피폴폴 경멜페요

13 (상 중 하)

등유 또는 경유 화재에 해당하는 것은?

① A급 화재
② B급 화재
③ C급 화재
④ D급 화재

해설 화재의 분류

등급	화재	표시색	적응 물질
A급	일반화재	백색	종이, 목재, 섬유, 합성섬유
B급	유류화재 (가스화재)	황색	인화성 액체
C급	전기화재	청색	통전 중인 전기설비
D급	금속화재	무색	마그네슘 합금 등 가연성 금속
K급	주방화재	-	식용유

암기 일유전 금주

14 (상 중 하)

전기화재의 원인으로 거리가 먼 것은?

① 단락
② 과전류
③ 누전
④ 절연 과다

해설 전기화재의 원인

- 과전류(과부하)
- 단락(합선)
- 누전
- 낙뢰
- 전기불꽃
- 정전기로 인한 스파크 발생

보충 절연 과다는 전기화재의 원인이 아니다.
※ 절연 : 전기 또는 열을 통하지 않게 하는 것

15 (상 중 하)

산불화재의 형태로 틀린 것은?

① 지중화 형태
② 수평화 형태
③ 지표화 형태
④ 수관화 형태

해설 산불화재의 형태

구분	산림 화재 형태
지중화	산림 지중 유기물(갈탄층) 연소
지표화	산림 지면의 낙엽, 관목이 타는 것
수간화	나무의 줄기가 타는 것
수관화	나무의 가지부분이 타는 것
비화	강풍에 의해 불꽃이 날아가 화염 확대

정답 12 ① 13 ② 14 ④ 15 ②

16 상 중 하

건축물의 화재를 확산시키는 요인이라 볼 수 없는 것은?

① 비화
② 복사열
③ 자연발화
④ 접염

해설 화재 확산 요인

접염, 비화, 복사열

17 상 중 하

다음 중 전기 화재에 해당하는 것은?

① A급 화재
② B급 화재
③ C급 화재
④ K급 화재

해설 화재의 분류

등급	화재	표시색	적응 물질
A급	일반화재	백색	종이, 목재, 섬유, 합성섬유
B급	유류화재 (가스화재)	황색	인화성 액체
C급	전기화재	청색	통전 중인 전기설비
D급	금속화재	무색	마그네슘 합금 등 가연성 금속
K급	주방화재	–	식용유

암기 일유전 금주

18 상 중 하

건물화재에서 플래시 오버(Flash Over)에 관한 설명으로 옳은 것은?

① 가연물이 착화되는 초기단계에서 발생한다.
② 화재 시 발생한 가연성 가스가 축적되다가 일순간에 화염이 실 전체로 확대되는 현상을 말한다.
③ 소화활동이 끝난 단계에서 발생한다.
④ 화재 시 모두 연소하여 자연 진화된 상태를 말한다.

해설 실내화재 발생현상

1) 플래시 오버
   - 온도가 급격히 상승하여 화재가 순간적으로 실내 전체에 확산되는 현상
   - 발생 시기 : 성장기 ~ 최성기 직전
2) 백드래프트
   - 훈소상태일 때 신선한 공기 유입으로 실내의 축적된 가스가 단시간 연소, 폭발하여 실외로 분출
   - 발생 시기 : 감쇠기(최성기 이후)

19 상 중 하

화재 시 불티가 바람에 날리거나 상승하는 열기류에 휩쓸려 멀리 있는 가연물에 착화되는 현상은?

① 비화
② 전도
③ 대류
④ 복사

해설 비화

강풍, 복사에 의해 불꽃이 날아가 화염 확대

보충 열전달 : 전도, 대류, 복사

정답 16 ③ 17 ③ 18 ② 19 ①

20 A급 화재에 해당하는 가연물이 아닌 것은?

① 섬유
② 목재
③ 종이
④ 유류

해설 화재의 분류

등급	화재	표시색	적응 물질
A급	일반화재	백색	종이, 목재, 섬유, 합성섬유
B급	유류화재 (가스화재)	황색	인화성 액체
C급	전기화재	청색	통전 중인 전기설비
D급	금속화재	무색	마그네슘 합금 등 가연성 금속
K급	주방화재	–	식용유

암기 일유전 금주

21 화재하중 계산 시 목재의 단위발열량은 약 몇 [kcal/kg]인가?

① 3000
② 4500
③ 9000
④ 12000

해설 화재하중

1) 화재실의 단위면적당 가연물의 양 [kg/m²]
2) 건물화재 시 발열량 및 화재위험성 척도
3) 화재 시 주수시간 결정하는 주요인
4) 계산식

$$\text{화재하중}\ q[kg/m^2] = \frac{\sum GH_i}{HA} = \frac{\sum Q}{4500A}$$

G : 가연물의 양 [kg]
H_i : 단위중량당 발열량 [kcal/kg]
H : 목재의 단위중량당 발열량 [4500 kcal/kg]
A : 화재실의 바닥면적 [m²]
$\sum Q$: 화재실 내 가연물의 전발열량 [kcal]

22 그림에서 내화구조 건물의 표준화재온도 – 시간곡선은?

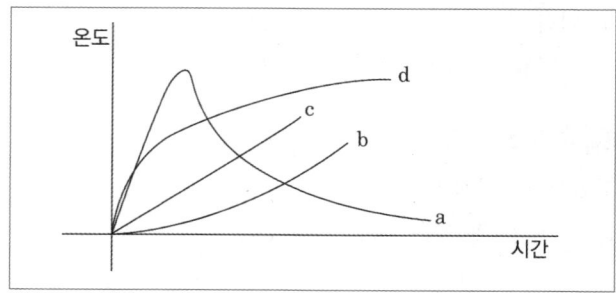

① a
② b
③ c
④ d

해설 표준화재온도 – 시간곡선

목조건축물	내화건축물
(온도 곡선: 급상승 후 하강)	(온도 곡선: 점진적 상승)

23 플래시 오버현상과 관련이 없는 것은?

① 화재의 확산
② 다량의 연기 방출
③ 화이어볼의 발생
④ 실내온도의 급격한 상승

해설 실내화재 발생현상

1) 플래시 오버
 • 온도가 급격히 상승하여 화재가 순간적으로 실내 전체에 확산되는 현상
 • 발생 시기 : 성장기 ~ 최성기 직전

2) 백드래프트
- 훈소상태일 때 신선한 공기 유입으로 실내의 축적된 가스가 단시간 연소, 폭발하여 실외로 분출
- 발생 시기 : 감쇠기(최성기 이후)

해설 옥내출화와 옥외출화

분류	내용
옥내출화	• 실내 천장 속, 벽 내부에서 발염착화 • 준불연성, 난연성으로 피복된 내부의 목재에 착화
옥외출화	• 건축물 외부의 가연물질에 발염착화 • 창, 출입구 등의 개구부 등에 착화 • 목재사용 가옥 벽, 추녀 밑 판자나 목재에 발염착화

24 (상 중 하)

화재의 분류방법 중 유류화재를 나타낸 것은?

① A급 화재
② B급 화재
③ C급 화재
④ D급 화재

해설 화재의 분류

등급	화재	표시색	적응 물질
A급	일반화재	백색	종이, 목재, 섬유, 합성섬유
B급	유류화재 (가스화재)	황색	인화성 액체
C급	전기화재	청색	통전 중인 전기설비
D급	금속화재	무색	마그네슘 합금 등 가연성 금속
K급	주방화재	–	식용유

암기 일유전 금주

26 (상 중 하)

화재강도(Fire Intensity)와 관계가 없는 것은 무엇인가?

① 가연물의 비표면적
② 발화원의 온도
③ 화재실의 구조
④ 가연물의 발열량

해설 화재강도 영향 요인

- 가연물의 비표면적
- 가연물의 배열상태
- 가연물의 발열량
- 화재실의 구조
- 공기의 공급

25 (상 중 하)

출화의 시기를 나타낸 것 중 옥외출화에 해당하는 것은?

① 목재사용 가옥에서는 벽, 추녀 밑의 판자나 목재에 발염착화한 때
② 불연 벽체나 칸막이 및 불연 천정인 경우 실내에서는 그 뒤판에 발염착화한 때
③ 보통가옥 구조 시에는 천장판의 발염착화한 때
④ 천정 속, 벽 속 등에서 발염착화한 때

27 (상 중 하)

플래시 오버(Flash Over)현상에 대한 설명으로 틀린 것은?

① 산소의 농도와 무관하다.
② 화재공간의 개구율과 관계가 있다.
③ 화재공간 내의 가연물의 양과 관계가 있다.
④ 화재실 내의 가연물의 종류와 관계가 있다.

정답 24 ② 25 ① 26 ② 27 ①

해설 플래시 오버에 영향을 미치는 요인

- 개구율
- 가연물의 양·종류
- 화원의 크기
- 산소의 농도
- 내장재료

28 상중하

플래시 오버의 지연대책으로 틀린 것은?

① 두께가 얇은 가연성 내장재료를 사용한다.
② 열전도율이 큰 내장재료를 사용한다.
③ 주요구조부를 내화구조로 하고, 개구부를 적게 설치한다.
④ 실내에 저장하는 가연물의 양을 줄인다.

해설 플래시 오버의 지연대책

- 두께가 두꺼운 불연성 내장재료 사용(내장재료의 열전도율이 크고 두께가 두꺼울수록 플래시 오버가 느려짐)
- 열전도율 큰 내장재료 사용
- 주요구조부 내화구조로 함
- 개구부 제한
- 실내에 저장하는 가연물의 양 줄임

TIP 준불연재료인 석고보드는 플래시 오버가 더욱 늦어지고, 불연재료인 플렉시블 보드는 거의 플래시 오버가 발생하지 않는다.

29 상중하

건물화재에서의 사망원인 중 가장 큰 비중을 차지하는 것은?

① 연소가스에 의한 질식
② 화상
③ 열충격
④ 기계적 상해

해설 건물화재 사망원인

연소가스에 의한 질식사가 가장 큰 비중 차지

30 상중하

목재건축물의 화재 진행과정을 순서대로 나열한 것은?

① 무염착화 - 발염착화 - 발화 - 최성기
② 무염착화 - 최성기 - 발염착화 - 발화
③ 발염착화 - 발화 - 최성기 - 무염착화
④ 발염착화 - 최성기 - 무염착화 - 발화

해설 건축물 화재의 진행과정

1) 목조건축물
  무염착화 → 발염착화 → 발화 → 최성기
2) 내화건축물
  초기 → 성장기 → 최성기 → 감쇄기 → 진화

암기 무발발최 성최감진

정답 28 ① 29 ① 30 ①

31 (상 중 하)

가연물의 종류 및 성상에 따른 화재의 분류 중 A급 화재에 해당하는 것은?

① 통전 중인 전기설비 및 전기기기의 화재
② 마그네슘, 칼륨 등의 화재
③ 목재, 섬유 화재
④ 도시가스 화재

해설 화재의 분류

등급	화재	표시색	적응 물질
A급	일반화재	백색	종이, 목재, 섬유, 합성섬유
B급	유류화재 (가스화재)	황색	인화성 액체
C급	전기화재	청색	통전 중인 전기설비
D급	금속화재	무색	마그네슘 합금 등 가연성 금속
K급	주방화재	–	식용유

암기 일유전 금주

32 (상 중 하)

건축물의 화재성상 중 내화건축물의 화재성상으로 옳은 것은?

① 저온장기형
② 고온단기형
③ 고온장기형
④ 저온단기형

해설 건축물 화재의 특징

구분	목조건축물	내화건축물
화재성상	고온 단기형	저온 장기형
최성기 온도	1000 ~ 1300 [℃]	800 ~ 1000 [℃]

33 (상 중 하)

다음 그림에서 목조건물의 표준화재온도 – 시간곡선으로 옳은 것은?

① a
② b
③ c
④ d

해설 표준화재온도 – 시간곡선

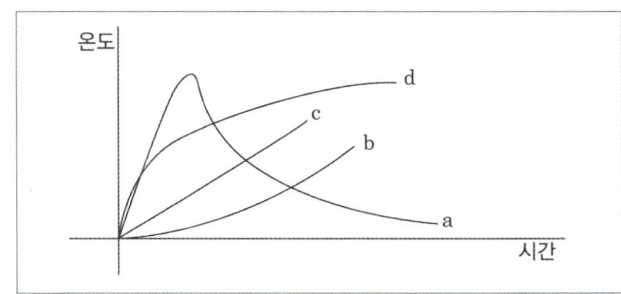

34 (상 중 하)

밀폐된 내화건물의 실내에 화재가 발생했을 때 그 실내의 환경변화에 대한 설명 중 틀린 것은?

① 기압이 급강하한다.
② 산소가 감소된다.
③ 일산화탄소가 증가한다.
④ 이산화탄소가 증가한다.

해설 밀폐된 내화건물 화재

- 압력 상승 (+)
- 일산화탄소 · 이산화탄소 증가 (+)
- 산소량 감소 (–)

TIP 산소량만 (–)

정답 31 ③ 32 ① 33 ① 34 ①

35 (상**중**하)

건물화재의 표준시간 – 온도곡선에서 화재 발생 후 1시간이 경과할 경우 내부 온도는 약 몇 [℃] 정도 되는가?

① 225 ② 625
③ 840 ④ 925

해설 표준시간 – 온도곡선

- 30분 내화 : 840 [℃]
- 1시간 내화 : 925 [℃]
- 2시간 내화 : 1010 [℃]
- 3시간 내화 : 1050 [℃]

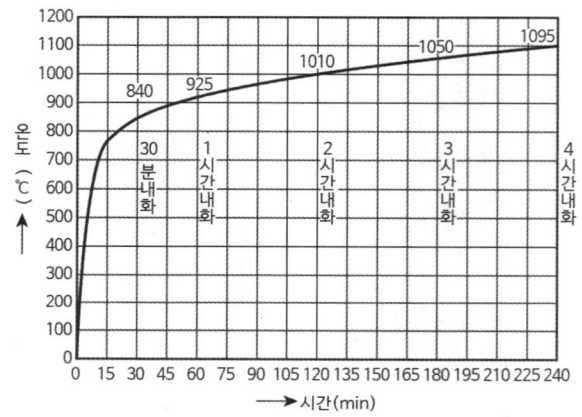

[내화구조 표준시간 – 온도 곡선]

암기 1시간 구미호

36 (상**중**하)

건축물 화재의 가혹도에 영향을 주는 주요소로 적합하지 않은 것은?

① 공기의 공급량
② 가연물질의 연소열
③ 가연물질의 비표면적
④ 화재 시의 기상

해설 화재가혹도 영향 요인

- 화재하중과 화재강도
- 가연물의 비표면적
- 가연물의 배열상태
- 가연물의 연소열
- 공기의 공급량
- 창문, 개구부 크기

37 (상**중**하)

목조건축물에서 발생하는 옥외출화 시기를 나타낸 것으로 옳은 것은?

① 창, 출입구 등에 발염 착화한 때
② 천장 속, 벽 속 등에서 발염 착화한 때
③ 가옥구조에서는 천장면에 발염 착화한 때
④ 불연 천장인 경우 실내의 그 뒷면에 발염 착화한 때

해설 옥내출화와 옥외출화

분류	내용
옥내출화	• 실내 천장 속, 벽 내부에서 발염착화 • 준불연성, 난연성으로 피복된 내부의 목재에 착화
옥외출화	• 건축물 외부의 가연물질에 발염착화 • 창, 출입구 등의 개구부 등에 착화 • 목재사용 가옥 벽, 추녀 밑 판자나 목재에 발염착화

정답 35 ④ 36 ④ 37 ①

38 (상중하)

화재하중에 대한 설명 중 틀린 것은?

① 화재하중이 크면 단위면적당의 발열량이 크다.
② 화재하중이 크다는 것은 화재구획의 공간이 넓다는 것이다.
③ 화재하중이 같더라도 물질의 상태에 따라 가혹도는 달라진다.
④ 화재하중은 화재구획실 내의 가연물 총량을 목재 중량당비로 환산하여 면적으로 나눈 수치이다.

해설 화재하중

1) 화재실의 단위면적당 가연물의 양 [kg/m²]
2) 건물화재 시 발열량 및 화재위험성 척도
3) 화재 시 주수시간 결정하는 주요인
4) 계산식

화재하중 $q[kg/m^2] = \dfrac{\sum GH_i}{HA} = \dfrac{\sum Q}{4500A}$

G : 가연물의 양 [kg]
H_i : 단위중량당 발열량 [kcal/kg]
H : 목재의 단위중량당 발열량 [4500 kcal/kg]
A : 화재실의 바닥면적 [m²]
ΣQ : 화재실 내 가연물의 전발열량 [kcal]

39 (상중하)

건축물 화재에서 플래시 오버(Flash Over)현상이 일어나는 시기는?

① 초기에서 성장기로 넘어가는 시기
② 성장기에서 최성기로 넘어가는 시기
③ 최성기에서 감쇠기로 넘어가는 시기
④ 감쇠기에서 종기로 넘어가는 시기

해설 실내화재 발생현상

1) 플래시 오버
 • 온도가 급격히 상승하여 화재가 순간적으로 실내 전체에 확산되는 현상
 • 발생 시기 : 성장기 ~ 최성기 직전
2) 백드래프트
 • 훈소상태일 때 신선한 공기 유입으로 실내의 축적된 가스가 단시간 연소, 폭발하여 실외로 분출
 • 발생 시기 : 감쇠기(최성기 이후)

40 (상중하)

화재 발생 위험에 대한 설명으로 틀린 것은?

① 인화점은 낮을수록 위험하다.
② 발화점은 높을수록 위험하다.
③ 산소 농도는 높을수록 위험하다.
④ 연소 하한계는 낮을수록 위험하다.

해설 화재의 위험성

• 인화점, 착화점(발화점) 낮을수록 (-)
• 비점, 융점 낮을수록 (-)
• 착화 에너지 작을수록 (-)
• 열전도율 작을수록 (-)
• 연소범위 넓을수록 (+)

TIP 연소범위만 (+)

41 종이, 나무, 섬유류 등에 의한 화재에 해당하는 것은?

① A급 화재
② B급 화재
③ C급 화재
④ D급 화재

해설 화재의 분류

등급	화재	표시색	적응 물질
A급	일반화재	백색	종이, 목재, 섬유, 합성섬유
B급	유류화재 (가스화재)	황색	인화성 액체
C급	전기화재	청색	통전 중인 전기설비
D급	금속화재	무색	마그네슘 합금 등 가연성 금속
K급	주방화재	–	식용유

암기 일유전 금주

42
화재실 혹은 화재공간의 단위바닥면적에 대한 등가가연물량의 값을 화재하중이라 하며, 식으로 표시할 경우에는 $Q = \Sigma(G_t \cdot H_t) / H \cdot A$와 같이 표현할 수 있다. 여기에서 H는 무엇을 나타내는가?

① 목재의 단위발열량
② 가연물의 단위발열량
③ 화재실 내 가연물의 전체발열량
④ 목재의 단위발열량과 가연물의 단위발열량을 합한 것

해설 화재하중
1) 화재실의 단위면적당 가연물의 양 [kg/m²]
2) 건물화재 시 발열량 및 화재위험성 척도
3) 화재 시 주수시간 결정하는 주요인

4) 계산식

$$\text{화재하중 } q[kg/m^2] = \frac{\Sigma GH_i}{HA} = \frac{\Sigma Q}{4500A}$$

G : 가연물의 양 [kg]
H_i : 단위중량당 발열량 [kcal/kg]
H : 목재의 단위중량당 발열량 [4500 kcal/kg]
A : 화재실의 바닥면적 [m²]
ΣQ : 화재실 내 가연물의 전발열량 [kcal]

43 화재 발생 시 건축물의 화재를 확대시키는 주요인이 아닌 것은?

① 비화
② 복사열
③ 화염의 접촉(접염)
④ 흡착열에 의한 발화

해설 화재 확산 요인

접염, 비화, 복사열

정답 41 ① 42 ① 43 ④

CHAPTER 05 위험물

학습목표

1 위험물의 성상에 따른 분류를 암기한다.
2 각 위험물의 소화 특징을 파악한다.
3 물과 접촉 시 발생하는 가스에 대해 암기한다.
4 위험물의 혼재 가능기준을 익힌다.

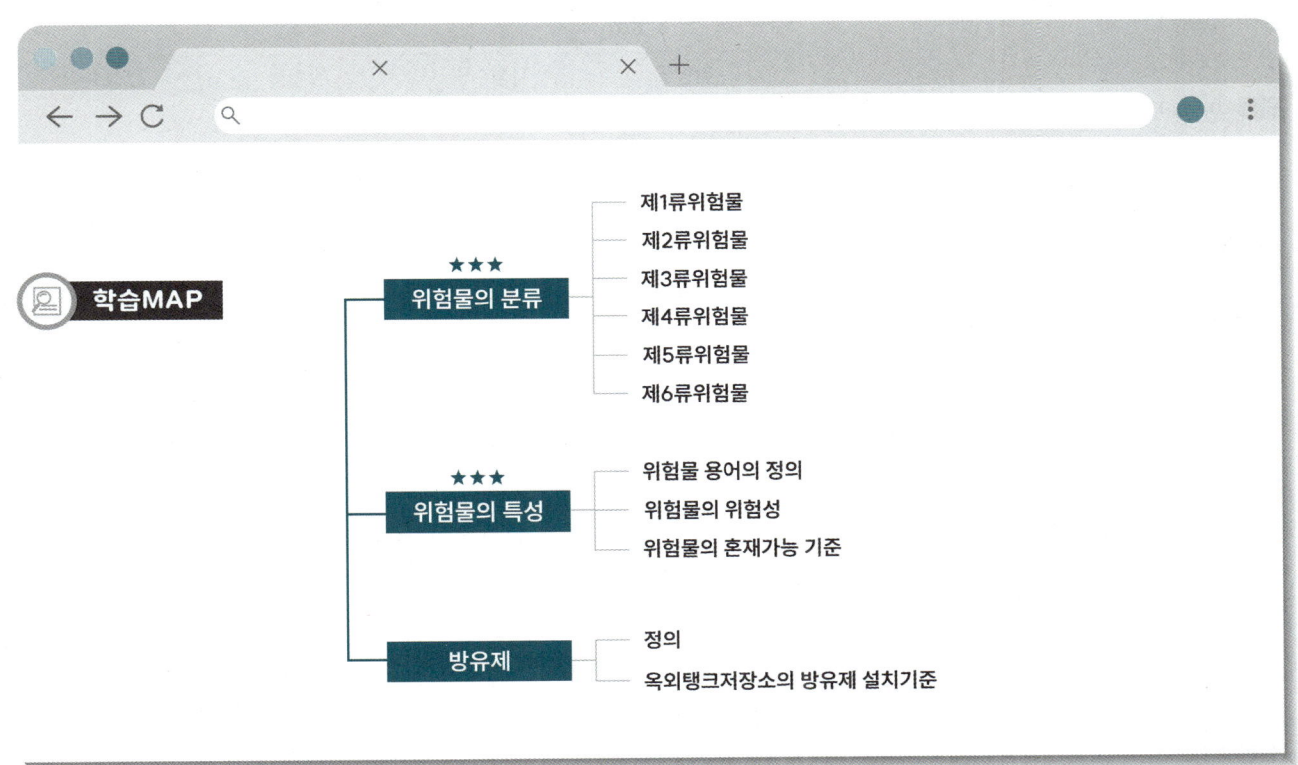

01 위험물의 분류

1 위험물의 분류 ★★★

구분	개요
제1류 위험물	산화성 고체(강산화성 물질)
제2류 위험물	가연성 고체(환원성 물질)
제3류 위험물	자연발화성·금수성 물질
제4류 위험물	인화성 액체
제5류 위험물	자기반응성 물질
제6류 위험물	산화성 액체

🔗 P.103 문01
🔗 P.104 문05
🔗 P.105 문09
🔗 P.107 문18
🔗 P.109 문23
🔗 P.109 문27

암기 ▶ 산가자 인자산

> **참고** 용어의 정의 [위험물안전관리법 - 제2조(정의)]
> 1. 위험물 : 인화성 또는 발화성 등의 성질을 가지는 것으로서 대통령령이 정하는 물품을 말한다.
> 2. 지정수량 : 위험물의 종류별로 위험성을 고려하여 대통령령이 정하는 수량으로서 규정에 의한 제조소등(제조소·저장소 및 취급소)의 설치허가 등에 있어서 최저의 기준이 되는 수량을 말한다.

2 제1류 위험물(산화성 고체)

1) 종류 및 지정수량

위험물	지정수량	위험물	지정수량
아염소산 염류	50 [kg]	브로민산 염류 (브롬산 염류)	300 [kg]
염소산 염류		질산 염류	
과염소산 염류		아이오딘산 염류 (요오드산염류)	
무기과산화물		과망가니즈산 염류 (과망간산염류)	1000 [kg]
-	-	다이크로뮴산 염류 (중크롬산염류)	

🔗 P.106 문12
🔗 P.108 문22

암기 ▶ 아염과무 브질아이 과다이

🧑‍🏫 선생님 TIP
위험물 파트에서 지정수량은 자주 출제되는 내용은 아닙니다. 각 위험물의 특성과 소화에 대해 자주 출제되므로 이 부분을 먼저 공략합시다!

2) 특성
 (1) 불연성이지만 산소를 함유한 강산화제
 (2) 가열, 충격, 마찰 등에 의해 폭발
 (3) 대부분 물에 잘 녹는다(습기주의).
 (4) 소화 ★
  ① 다량의 물을 사용하여 냉각소화
  ② 무기과산화물은 건조사로 피복소화(주수소화 금지)

🔗 P.110 문30

과산화칼륨이 물과 접촉하였을 때 발생하는 가스는 산소이다. O

3 제2류 위험물(가연성 고체)

1) 종류 및 지정수량

위험물	지정수량	위험물	지정수량
황화인(황화린)	100 [kg]	마그네슘	500 [kg]
적린		철분	
황(유황)		금속분	
-	-	인화성 고체	1000 [kg]

2) 정의

위험물	정의
황(유황)	순도가 60 중량퍼센트[wt%] 이상인 것
인화성 고체	고형알코올 그 밖에 1기압에서 인화점이 40 [℃] 미만인 고체

3) 특성
   (1) 산소를 함유하지 않는 강 환원성 물질
   (2) 황화인(황화린)은 물과 반응 시 황화수소(H_2S)가 발생
   (3) 마그네슘·철분·금속분은 물과 반응 시 발열
      ① 마그네슘은 물과 반응 시 수소(H_2) 발생
      ② 금속분은 물과 반응 시 수소(H_2) 발생
   (4) 황(유황)
      ① 연소 시 인체에 유해한 아황산가스(SO_2) 발생
      ② 전기의 부도체이므로 정전기의 발생에 주의해야 함
      ③ 미분이 공기 중에 떠 있을 때 분진폭발의 위험이 있음
      ④ 산화제와 혼합되었을 때 열 발생
   (5) 소화 ★
      ① 주수에 의한 냉각소화
      ② 마그네슘·철분·금속분은 건조사로 피복 질식소화(마른모래, 석회분)
      ③ 금속화재용 분말소화기 사용

- P.104 문06
- P.106 문14
- P.107 문15
- P.110 문29

암기 ▶ 황화적황 마철금 인고

- 황화인은 제2류 위험물에 속한다. O

- $P_2S_5 + 8H_2O \rightarrow 5H_2S + 2H_3PO_4$
  (오황화인) (물) (황화수소) (인산)
- $Mg + 2H_2O \rightarrow Mg(OH)_2 + H_2\uparrow$
  (마그네슘) (물) (수산화마그네슘) (수소)
- $2Al + 6H_2O \rightarrow 2Al(OH)_3 + 3H_2\uparrow$
  (알루미늄) (물) (수산화알루미늄) (수소)
- $S + O_2 \rightarrow SO_2$
  (황) (산소) (아황산가스)

- 황은 연소 시 아황산가스를 발생시킨다. O

4 제3류 위험물(자연발화성·금수성 물질)

1) 종류 및 지정수량

위험물	지정수량	위험물	지정수량
칼륨	10 [kg]	알칼리금속(Na, K 제외), 알칼리토금속	50 [kg]
나트륨		유기금속 화합물 (1·2족 제외, 알킬알루미늄 및 알킬리튬 제외)	
알킬알루미늄		금속의 수소화물	300 [kg]
알킬리튬		금속의 인화물	
황린	20 [kg]	칼슘·알루미늄의 탄화물	

2) 자연발화성 물질
   (1) 외부 열원이 없어도 물질 자체적으로 열을 축적하여 공기 중에서 스스로 발화
   (2) 황린(P_4) : 자연발화 위험이 있고 물에 녹지 않아 물속에 저장함
       칼륨(K), 나트륨(Na), 리튬(Li) : 금수성 물질이므로 석유류 속에 저장

3) 금수성 물질
   (1) 물과 접촉하여 발화, 가연성 가스 발생
       ① 나트륨(Na), 칼륨(K), 리튬(Li), 칼슘(Ca) → 수소(H_2) 발생
       ② 탄화칼슘(CaC_2) → 아세틸렌(C_2H_2) 발생
       ③ 탄화알루미늄(Al_4C_3) → 메테인(메탄, CH_4) 발생
       ④ 인화칼슘(Ca_3P_2), 인화알루미늄(AlP) → 포스핀(PH_3) 발생

4) 특성
   (1) 자연발화성 물질 및 금수성 물질
   (2) 물과 접촉하면 가연성 가스 발생(황린 제외)
   (3) 황린은 연소 시 오산화인(P_2O_5) 발생
   (4) 보호액 속에 저장
   (5) 소화 ★
       ① 팽창진주암, 팽창질석 등에 의한 질식소화
       ② 황린은 물로 인한 냉각소화

TIP 시험에 자주 나오는 위험물의 종류
- 알칼리금속 : 리튬(Li)
- 알칼리토금속 : 칼슘(Ca)
- 금속의 인화물 : 인화칼슘(Ca_3P_2), 인화알루미늄(AlP)
- 칼슘·알루미늄의 탄화물 : 탄화칼슘(CaC_2), 탄화알루미늄(Al_4C_3)

보호액 속에 저장하는 물질 ★★★

물질	저장 장소 (보호액)
황린(P_4), 이황화탄소(CS_2)	물속
나이트로셀룰로오스(니트로셀룰로오스)	알코올 속
칼륨(K), 나트륨(Na), 리튬(Li)	석유류(파라핀, 등유, 경유) 속
아세틸렌(C_2H_2)	디메틸프롬아미드(DMF), 아세톤 속

🔗 P.103 문03
🔗 P.104 문06
🔗 P.104 문07

물과 접촉 시 발생 가스 정리 ★★★

위험물	발생 가스
무기과산화물	산소(O_2)
금속분, 마그네슘(Mg), 나트륨(Na), 칼륨(K), 리튬(Li), 칼슘(Ca)	수소(H_2)
탄화칼슘(CaC_2)	아세틸렌(C_2H_2)
탄화알루미늄(Al_4C_3)	메테인(메탄, CH_4)
인화칼슘(Ca_3P_2), 인화알루미늄(AlP)	포스핀(PH_3)

🔗 P.108 문21

5 제4류 위험물(인화성 액체)

1) 지정수량

위험물		지정수량	위험물		지정수량
특수인화물		50 [L]	제3석유류	비수용성	2000 [L]
제1석유류	비수용성	200 [L]		수용성	4000 [L]
	수용성	400 [L]	제4석유류		6000 [L]
알코올류		400 [L]	동·식물유류		10000 [L]
제2석유류	비수용성	1000 [L]			
	수용성	2000 [L]			

2) 인화점 및 종류

위험물	인화점	종류
특수인화물	-20 [℃] 이하	다이에틸에터(디에틸에테르), 이황화탄소, 아세트알데하이드, 산화프로필렌
제1석유류	21 [℃] 미만	아세톤, 휘발유, 벤젠
제2석유류	21 ~ 70 [℃] 미만	등유, 경유, 초산, 아세트산, 아크릴산, 클로로벤젠
제3석유류	70 ~ 200 [℃] 미만	중유, 크레오소트유, 아닐린
제4석유류	200 ~ 250 [℃] 미만	기어유, 실린더유

3) 정의

위험물	정의
제1석유류	아세톤, 휘발유 그 밖에 1기압에서 인화점이 21 [℃] 미만인 것

4) 특성
   (1) 인화점이 낮을수록 증기 발생이 용이하여 위험도가 크다.
   (2) 공기 접촉 시 가연성 혼합기 형성
   (3) 증기비중이 공기보다 크다.
   (4) 화기 엄금, 정전기에 의한 화재 발생 위험
   (5) 산화프로필렌, 아세트알데하이드 : 구리, 마그네슘, 은, 수은 및 그 합금과 저장 금지
   (6) 알코올류 : 메틸알코올(CH_3OH), 에틸알코올(C_2H_5OH), 프로필알코올(C_3H_7OH)

알크올류
1분자를 구성하는 탄소원자의 수가 1개부터 3개까지인 포화1가 알코올(변성알코올을 포함)을 말한다.

- P.103 문02
- P.104 문04
- P.105 문10
- P.112 문36
- P.112 문38
- P.113 문39
- P.114 문43

특수인화물
그 밖에 1기압에서 발화점이 섭씨 100도 이하인 것 또는 인화점이 섭씨 영하 20도 이하이고 비점이 섭씨 40도 이하인 것

제1석유류는 산화성 액체에 속한다.
　　　　　　　　　　X 인화성 액체

- P.111 문32

- P.116 문51

(7) 소화
  ① 공기 차단, 연소물질 제거하여 소화
  ② 포, 분말, 이산화탄소, 할론, 할로겐화합물 및 불활성기체소화약제 등 질식소화
  ③ 수용성 위험물은 특수한 안정제를 가한 알코올형 포 등으로 소화
  ④ 물분무·미분무소화설비를 통한 유화소화(에멀전효과)

6 제5류 위험물(자기반응성 물질)

1) 종류 및 지정수량

위험물	지정수량	위험물	지정수량
유기과산화물	제1종 : 10 [kg] 제2종 : 100 [kg]	다이아조화합물 (디아조화합물)	제1종 : 10 [kg] 제2종 : 100 [kg]
질산에스터류 (질산에스테르류)		하이드라진 유도체 (히드라진 유도체)	
나이트로화합물 (니트로화합물)		하이드록실아민 (히드록실아민)	
나이트로소화합물 (니트로소화합물)		하이드록실아민염류 (히드록실아민염류)	
아조화합물			

2) 특성
  (1) 물질 자체가 산소를 함유하고 있어 외부 산소의 공급 없이 연소 가능
  (2) 나이트로셀룰로오스(질산에스터류) ★
    ① 용도 : 다이너마이트 및 화약 원료
    ② 저장 : 알코올 속에 저장
    ③ 질화도가 높을수록 위험성이 크다.
    ④ 햇빛에서 황갈색으로 변하고 아세톤, 초산에스터(초산에스테르), 나이트로벤젠(니트로벤젠)에 녹는다.
  (3) 소화 : 다량 주수에 의한 냉각소화 ★

7 제6류 위험물(산화성 액체)

1) 종류 및 지정수량

위험물	지정수량
과염소산, 과산화수소, 질산	300 [kg]

2) 정의

위험물	정의
과산화수소	그 농도가 36 중량퍼센트[wt%] 이상인 것에 한하며 산화성 액체의 성상이 있는 것
질산	그 비중이 1.49 이상인 것에 한하며, 산화성 액체의 성상이 있는 것

3) 특성 ★
  (1) 부식성·유독성이 강한 산화성 액체
  (2) 불연성 물질
  (3) 비중이 1보다 크다.
  (4) 소화
   ① 마른모래, 이산화탄소 등에 의한 질식소화
   ② 과산화수소는 다량의 물로 희석소화
   ③ 소량 또는 위급 시 물로 냉각소화

02 위험물의 위험성 및 혼재 가능기준

1 위험물의 위험성

1) 비등점이 낮아질수록 위험 (-)
2) 비중의 값이 낮아질수록 위험 (-)
3) 융점이 낮아질수록 위험 (-)
4) 점성이 낮아질수록 위험 (-)

2 위험물의 혼재 가능기준 ★★★

1) 제1류 + 제6류
2) 제2류 + 제4류·5류
3) 제3류 + 제4류
4) 제4류 + 제5류

○ P.114 문45

○ P.113 문42
○ P.117 문55

○ 과산화수소와 과염소산은 모두 비중이 1보다 크다. O

○ P.115 문48

TIP 모두 (-)

○ P.107 문17
○ P.116 문50

○ 제1류 위험물과 제6류 위험물은 혼재하여 저장할 수 있다. O

암기 1 2 3 4 5 6 적은 후, 4 추가

1 ↓	6		혼재 가능
2 ↓	5 ↑	4	혼재 가능
3 ↓	4 ↑		혼재 가능

03 방유제

1 정의
위험물 저장탱크에서 위험물질 누출 시 외부로 확산을 방지하기 위해 탱크 주위에 설치하는 지상방벽 구조물(이황화탄소 제외)

2 옥외탱크저장소의 방유제 설치기준

구분	설치기준
재질	철근콘크리트 · 철골철근콘크리트 · 흙담
높이	0.5 [m] 이상 3 [m] 이하
용량	탱크용량의 110 [%] 이상(탱크 2기 이상 : 최대 탱크용량의 110 [%] 이상)
면적	80000 [m²] 이하
탱크 수	10기 이하
상호 거리	• 탱크의 지름이 15 [m] 미만 : 탱크 높이의 1/3 이상 • 탱크의 지름이 15 [m] 이상 : 탱크 높이의 1/2 이상

> 방유제 내의 면적은 80000 [m²] 이하로 할 것

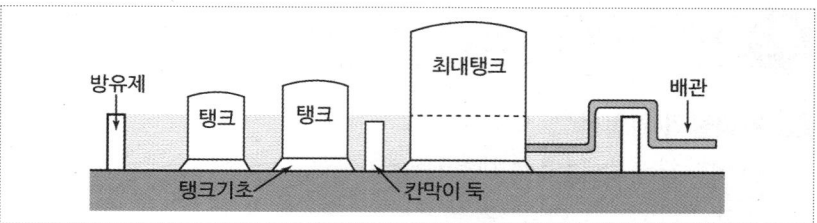

예상문제

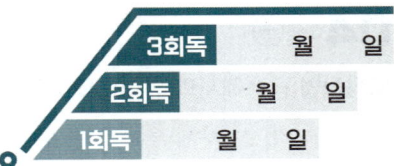

01 상 중 하

위험물안전관리법령상 가연성 고체는 제 몇 류 위험물인가?

① 제1류
② 제2류
③ 제3류
④ 제4류

해설 위험물의 분류

구분	개요
제1류	산화성 고체
제2류	가연성 고체
제3류	자연발화성·금수성 물질
제4류	인화성 액체
제5류	자기반응성 물질
제6류	산화성 액체

암기 산가자 인자산

02 상 중 하

벤젠에 대한 설명으로 옳은 것은?

① 방향족 화합물로 적색 액체이다.
② 고체상태에서도 가연성 증기를 발생할 수 있다.
③ 인화점은 약 14 [℃]이다.
④ 화재 시 CO_2는 사용불가이며, 주수에 의한 소화가 효과적이다.

해설 벤젠(C_6H_6)

1) 제4류 위험물 중 제1석유류
2) 방향족 화합물, 무색 액체
3) 고체상태에서도 가연성 증기 발생
4) 인화점 : -11 [℃]
5) 분말, 포 소화가 효과적

03 상 중 하

자연발화성 및 금수성 물질이 아닌 것은?

① 황린
② 나트륨
③ 칼륨
④ 황

해설 제3류 위험물

1) 황린, 칼륨, 나트륨, 알칼리토금속, 트라이에틸알루미늄, 탄화알루미늄
2) 자연발화성 물질 및 금수성 물질
3) 물과 접촉하면 가연성 가스 발생(황린 제외)
4) 팽창진주암, 팽창질석 등에 의한 질식소화

정답 01 ② 02 ② 03 ④

04 상(중)하

도장작업 공정에서의 위험도를 설명한 것으로 틀린 것은?

① 도장작업 그 자체 못지않게 건조공정도 위험하다.
② 도장작업에서는 인화성 용제가 쓰이지 않으므로 폭발의 위험이 없다.
③ 도장작업장은 폭발 시를 대비하여 지붕을 시공한다.
④ 도장실의 환기 덕트를 주기적으로 청소하여 도료가 덕트 내에 부착되지 않게 한다.

해설 도장작업

시너, 벤젠 등 인화물질 다량 사용하여 항상 폭발 위험성이 존재

05 상(중)하

위험물안전관리법령상 위험물 유별에 따른 성질이 잘못 연결된 것은?

① 제1류 위험물 - 산화성 고체
② 제2류 위험물 - 가연성 고체
③ 제4류 위험물 - 인화성 액체
④ 제6류 위험물 - 자기반응성 물질

해설 위험물의 분류

구분	개요
제1류	산화성 고체
제2류	가연성 고체
제3류	자연발화성·금수성 물질
제4류	인화성 액체
제5류	자기반응성 물질
제6류	산화성 액체

암기 산가자 인자산

06 상(중)하

물을 사용하여 소화가 가능한 물질은?

① 트라이에틸알루미늄
② 나트륨
③ 칼륨
④ 적린

해설 제3류 위험물(자연발화성 및 금수성 물질)

1) 황린, 칼륨, 나트륨, 알칼리토금속, 트라이에틸알루미늄, 탄화알루미늄
2) 자연발화성 물질 및 금수성 물질
3) 물과 접촉하면 가연성 가스 발생(황린 제외)
4) 팽창진주암, 팽창질석 등에 의한 질식소화

보충 적린 : 제2류 위험물

07 상(중)하

pH 9 정도의 물을 보호액으로 하여 보호액 속에 저장하는 물질은?

① 나트륨
② 탄화칼슘
③ 칼륨
④ 황린

해설 위험물의 저장

위험물	저장장소
황린 이황화탄소(CS_2)	물속
나이트로셀룰로오스 (니트로셀룰로오스)	알코올 속
칼륨(K) 나트륨(Na) 리튬(Li)	석유류(등유) 속

암기 황물 나이알 ㅠㅠ

08 (중)

제3류 위험물로 금수성 물질에 해당하는 것은?

① 탄화칼슘
② 황
③ 황린
④ 이황화탄소

해설 제3류 위험물(자연발화성 및 금수성 물질)

1) 제3류 위험물 : 황린, 칼륨, 나트륨, 알칼리토금속, 트라이에틸알루미늄, 탄화칼슘
2) 자연발화성 물질 및 금수성 물질
3) 물과 접촉하면 가연성 가스 발생(황린 제외)
4) 팽창진주암, 팽창질석 등에 의한 질식소화

TIP 황(유황) : 제2류 위험물
이황화탄소 : 제4류 위험물
황린 : 제3류 위험물이나 금수성 물질이 아님

09 (하)

위험물안전관리법령에서 정한 제5류 위험물의 대표적인 성질에 해당하는 것은?

① 산화성
② 자연발화성
③ 자기반응성
④ 가연성

해설 위험물의 분류

구분	개요
제1류	산화성 고체
제2류	가연성 고체
제3류	자연발화성·금수성 물질
제4류	인화성 액체
제5류	자기반응성 물질
제6류	산화성 액체

암기 산가자 인자산

10 (중)

제1석유류는 어떤 위험물에 속하는가?

① 산화성 액체
② 인화성 액체
③ 자기반응성 물질
④ 금수성 물질

해설 제4류 위험물(인화성 액체)

품명	종류
특수인화물	다이에틸에터, 이황화탄소, 아세트알데하이드, 산화프로필렌
제1석유류	아세톤, 휘발유, 벤젠
제2석유류	등유, 경유, 초산, 아세트산, 아크릴산
제3석유류	중유, 크레오소트유, 아닐린
제4석유류	기어유, 실린더유

11 (중)

과산화수소와 과염소산의 공통성질이 아닌 것은?

① 산화성 액체
② 유기화합물
③ 불연성 물질
④ 비중이 1보다 크다.

해설 제6류 위험물(산화성 액체)

1) 질산, 과염소산, 과산화수소
2) 비중이 1보다 큼
3) 부식성 큼
4) 불연성 물질
5) 마른모래 등에 의한 질식소화
6) 과산화수소는 다량의 물로 희석소화

TIP 제1, 2, 5, 6류 위험물은 비중이 1보다 큼

정답 08 ① 09 ③ 10 ② 11 ②

12 (중)

염소산염류, 과염소산염류, 알칼리 금속의 과산화물, 질산염류, 과망가니즈산염류의 특징과 화재 시 소화방법에 대한 설명 중 틀린 것은?

① 가열 등에 의해 분해하여 산소를 발생하고 화재 시 산소의 공급원 역할을 한다.
② 가연물, 유기물, 기타 산화하기 쉬운 물질과 혼합물은 가열, 충격, 마찰 등에 의해 폭발하는 수도 있다.
③ 알칼리금속의 과산화물을 제외하고 다량의 물로 냉각 소화한다.
④ 그 자체가 가연성이며, 폭발성을 지니고 있어 화약류 취급 시와 같이 주의를 요한다.

해설 제1류 위험물

1) 염소산염류, 아염소산염류, 과염소산염류, 알칼리 금속의 과산화물, 브로민산염류(브롬산염류), 과망가니즈산염류(과망간산염류), 무기과산화물
2) 불연성, 산소 함유한 강산화제
3) 가열, 충격, 마찰 등에 의해 폭발
4) 대부분 물에 잘 녹는다(습기주의).
5) 다량의 물을 사용하여 냉각소화(무기과산화물 : 건조사로 피복소화)

13 (상)

위험물안전관리법상 위험물의 지정수량이 틀린 것은?

① 과산화나트륨 - 50 [kg]
② 적린 - 100 [kg]
③ 트라이나이트로톨루엔 제1종 - 10 [kg]
④ 탄화알루미늄 - 400 [kg]

해설 위험물 지정수량

구분	위험물	지정수량
1류	과산화나트륨	50 [kg]
2류	적린	100 [kg]
3류	탄화알루미늄	300 [kg]
5류	트라이나이트로톨루엔 (트리니트로톨루엔) 제1종	10 [kg]

14 (하)

제2류 위험물에 해당하지 않는 것은?

① 황   ② 황화인
③ 적린   ④ 황린

해설 제2류 위험물(가연성 고체)

1) 황화인(황화린), 적린, 황(유황), 마그네슘, 철분, 금속분, 인화성 고체
2) 산소 함유하지 않는 강 환원성 물질
3) 주수에 의한 냉각소화
4) 철분, 마그네슘, 금속분은 건조사에 의한 피복 질식소화

암기 황화적황 마철금 인고

15 (상)(중)(하)

마그네슘에 관한 설명으로 옳지 않은 것은?

① 마그네슘의 지정수량은 500 [kg]이다.
② 마그네슘 화재 시 주수하면 폭발이 일어날 수도 있다.
③ 마그네슘 화재 시 이산화탄소소화약제를 사용하여 소화한다.
④ 마그네슘의 저장·취급 시 산화제와의 접촉을 피한다.

해설 마그네슘 소화방법
마른모래, 석회분으로 질식소화

16 (상)(중)(하)

공기 중에서 자연발화 위험성이 높은 물질은?

① 벤젠 ② 톨루엔
③ 이황화탄소 ④ 트라이에틸알루미늄

해설 제3류 위험물
1) 황린, 칼륨, 나트륨, 알칼리토금속, 트라이에틸알루미늄, 탄화칼슘
2) 자연발화성 물질 및 금수성 물질
3) 물과 접촉하면 가연성 가스 발생(황린 제외)
4) 팽창진주암, 팽창질석 등에 의한 질식소화

17 (상)(중)(하)

동일 장소에서 취급이 가능한 위험물들끼리 옳게 짝지어진 것은?

① 과염소산칼륨과 톨루엔
② 과염소산과 황린
③ 마그네슘과 유기과산화물
④ 가솔린과 과산화수소

해설 위험물의 혼재 가능기준

- 제1류 + 제6류
- 제2류 + 제4류·5류
- 제3류 + 제4류
- 제4류 + 제5류

보충 마그네슘 : 제2류, 유기과산화물 : 제5류

1↓	6		혼재 가능
2↓	5↑	4	혼재 가능
3→	4↑		혼재 가능

암기 1 2 3 4 5 6 적은 후 4 추가

18 (상)(중)(하)

위험물의 유별에 따른 대표적인 성질의 연결이 옳지 않은 것은?

① 제1류 : 산화성 고체
② 제2류 : 가연성 고체
③ 제4류 : 인화성 액체
④ 제5류 : 산화성 액체

해설 위험물의 분류

구분	개요
제1류	산화성 고체
제2류	가연성 고체
제3류	자연발화성·금수성 물질
제4류	인화성 액체
제5류	자기반응성 물질
제6류	산화성 액체

암기 산가자 인자산

정답 15 ③ 16 ④ 17 ③ 18 ④

19 (중)

다음 중 연소 시 아황산가스를 발생시키는 것은?

① 적린
② 황
③ 트라이에틸알루미늄
④ 황린

[해설] 황(유황)

1) 제2류 위험물, 가연성 고체
2) 지정수량 : 100 [kg]
3) 연소 시 아황산가스(SO_2) 발생

20 (중)

제3류 위험물의 물리, 화학적 성질에 대한 설명 중 옳은 것은?

① 화재 시 황린을 제외하고 물로 소화하면 위험성이 증가한다.
② 황린을 제외한 모든 물질들은 물과 반응하여 가연성의 수소기체를 발생한다.
③ 모두 분자 내부에 산소를 갖고 있다.
④ 모두 액체상태의 화합물이다.

[해설] 제3류 위험물

1) 황린, 칼륨, 나트륨, 알칼리토금속, 트라이에틸알루미늄, 탄화칼슘
2) 자연발화성 물질 및 금수성 물질
3) 물과 접촉하면 가연성 가스 발생(황린 제외)
4) 팽창진주암, 팽창질석 등에 의한 질식소화

21 (중)

주수소화 시 가연물에 따라 발생하는 가연성 가스의 연결이 틀린 것은?

① 탄화칼슘 - 아세틸렌
② 탄화알루미늄 - 프로페인
③ 인화칼슘 - 포스핀
④ 수소화리튬 - 수소

[해설] 물과 반응 시 발생가스

물질	가스
탄화칼슘(CaC_2)	아세틸렌(C_2H_2)
탄화알루미늄(Al_4C_3)	메테인(메탄, CH_4)
인화칼슘(Ca_3P_2)	포스핀(PH_3)
인화알루미늄(AlP)	
수소화리튬(LiH)	수소(H_2)

[암기] 탄칼아, 탄알메, 인포

22 (중)

제1류 위험물로서 그 성질이 산화성 고체인 것은?

① 셀룰로이드
② 금속분류
③ 아염소산염류
④ 과염소산

[해설] 제1류 위험물

1) 염소산염류, 아염소산염류, 과염소산염류, 알칼리 금속의 과산화물, 브로민산염류(브롬산염류), 과망가니즈산염류(과망간산염류), 무기과산화물
2) 불연성, 산소 함유한 강산화제
3) 가열, 충격, 마찰 등에 의해 폭발
4) 대부분 물에 잘 녹는다(습기주의).
5) 다량의 물을 사용하여 냉각소화(무기과산화물 : 건조사로 피복소화)

[정답] 19 ② 20 ① 21 ② 22 ③

23 (하)

다음 중 화재 위험성과 관계가 없는 것은?

① 산화성 물질
② 자기반응성 물질
③ 금수성 물질
④ 불연성 물질

해설 위험물의 분류

구분	개요
제1류	산화성 고체
제2류	가연성 고체
제3류	자연발화성·금수성 물질
제4류	인화성 액체
제5류	자기반응성 물질
제6류	산화성 액체

암기 ▶ 산가자 인자산

24 (중)

알킬알루미늄 화재에 적합한 소화약제는?

① 물
② 이산화탄소
③ 팽창질석
④ 할로겐화합물

해설 제3류 위험물의 소화

팽창진주암, 팽창질석 등에 의한 질식소화

25 (중)

다음 중 황린의 완전연소 시에 주로 발생되는 물질은?

① P_2O
② PO_2
③ P_2O_3
④ P_2O_5

해설 황린의 연소 반응식

황린은 연소 시 오산화인(P_2O_5)의 흰 연기를 낸다.
$P_4 + 5O_2 \rightarrow 2P_2O_5$ (오산화인)

보충 ▶ 황린은 제3류위험물이며, 자연발화성이 있어 물속에 저장한다.

26 (중)

물에 저장하는 것이 안전한 물질은?

① 나트륨
② 수소화칼슘
③ 이황화탄소
④ 탄화칼슘

해설 위험물의 저장

위험물	저장장소
황린 이황화탄소(CS_2)	물속
나이트로셀룰로오스 (니트로셀룰로오스)	알코올 속
칼륨(K) 나트륨(Na) 리튬(Li)	석유류(등유) 속

암기 ▶ 황물 나이알 ㅠㅠ

27 (하)

위험물의 유별 성질이 자연발화성 및 금수성 물질은 제 몇 류 위험물인가?

① 제1류 위험물
② 제2류 위험물
③ 제3류 위험물
④ 제4류 위험물

정답 23 ④ 24 ③ 25 ④ 26 ③ 27 ③

해설 위험물의 분류

구분	개요
제1류	산화성 고체
제2류	가연성 고체
제3류	자연발화성·금수성 물질
제4류	인화성 액체
제5류	자기반응성 물질
제6류	산화성 액체

암기 ▶ 산가자 인자산

28 상 중 하

나이트로셀룰로오스의 용도, 성상 및 위험성과 저장·취급에 대한 설명 중 틀린 것은?

① 질화도가 낮을수록 위험성이 크다.
② 운반 시 물, 알코올을 첨가하여 습윤시킨다.
③ 무연화약의 원료로 사용된다.
④ 햇빛에서 황갈색으로 변하고 물에 녹지 않지만 아세톤, 초산에스터, 나이트로벤젠에 녹는다.

해설 나이트로셀룰로오스(니트로셀룰로오스)

1) 제5류 위험물, 질산에스터류(질산에스테르류)
2) 용도 : 다이너마이트 및 화약 원료
3) 저장 : 알코올 속에 저장
4) 소화 : 다량 주수에 의한 냉각소화
5) 질화도가 높을수록 위험성이 큼
6) 햇빛에서 황갈색으로 변하고 아세톤, 초산에스터, 나이트로벤젠에 녹음

29 상 중 하

마그네슘의 화재에 주수하였을 때 물과 마그네슘의 반응으로 인하여 생성되는 가스는?

① 산소
② 수소
③ 일산화탄소
④ 이산화탄소

해설 금수성 물질

물과 접촉하여 발화, 가연성 가스 발생

구분	현상
무기과산화물	산소(O_2) 발생
금속분 마그네슘(Mg) 나트륨(Na) 칼륨(K) 리튬(Li)	수소(H_2) 발생
탄화칼슘 (칼슘카바이드)	아세틸렌(C_2H_2) 발생

30 상 중 하

과산화칼륨이 물과 접촉하였을 때 발생하는 것은?

① 산소
② 수소
③ 메테인
④ 아세틸렌

해설 과산화칼륨과 물의 반응

1) 과산화칼륨과 물과의 반응성 : 산소 발생
2) $2K_2O_2 + 2H_2O \rightarrow 4KOH + O_2 \uparrow$

정답 28 ① 29 ② 30 ①

31 (중)

물과 반응하여 가연성 가스를 발생시키는 물질이 아닌 것은?

① 탄화알루미늄
② 칼륨
③ 과산화수소
④ 트라이에틸알루미늄

해설 제3류 위험물

1) 황린, 칼륨, 나트륨, 알칼리토금속, 트라이에틸알루미늄, 탄화알루미늄
2) 자연발화성 물질 및 금수성 물질
3) 물과 접촉하면 가연성 가스 발생(황린 제외)
4) 팽창진주암, 팽창질석 등에 의한 질식소화

32 (중)

제4류 위험물의 물리·화학적 특성에 대한 설명으로 틀린 것은?

① 증기비중은 공기보다 크다.
② 정전기에 의한 화재발생 위험이 있다.
③ 인화성 액체이다.
④ 인화점이 높을수록 증기 발생이 용이하다.

해설 제4류 위험물 특성

1) 인화성 액체
2) 인화점이 낮을수록 증기 발생이 용이하여 위험도가 큼
3) 증기비중이 공기보다 큼
4) 정전기에 의한 화재 발생 위험

33 (중)

위험물안전관리법령상 제4류 위험물의 화재에 적응성이 있는 것은?

① 옥내소화전설비
② 옥외소화전설비
③ 봉상수소화기
④ 물분무소화설비

해설 제4류 위험물(인화성 액체)의 소화

소화방법	내용
질식소화	CO_2, 포, 분말소화약제
유화소화	물·미분무소화설비(에멀전효과)
알코올포	수용성 위험물에 적응성

보충 제4류 위험물은 유면이 확대되는 위험성이 크므로 봉상형태 주수소화는 절대금지

34 (중)

탄화칼슘이 물과 반응 시 발생하는 가연성 가스는?

① 메테인
② 포스핀
③ 아세틸렌
④ 수소

해설 물과 반응 시 발생가스

물질	가스
탄화칼슘(CaC_2)	아세틸렌(C_2H_2)
탄화알루미늄(Al_4C_3)	메테인(메탄, CH_4)
인화칼슘(Ca_3P_2)	포스핀(PH_3)
인화알루미늄(AlP)	
수소화리튬(LiH)	수소(H_2)

암기 탄칼아, 탄알메, 인포

정답 31 ③ 32 ④ 33 ④ 34 ③

35 제4류 위험물의 화재 시 사용되는 주된 소화방법은?

① 물을 뿌려 냉각한다.
② 연소물을 제거한다.
③ 포를 사용하여 질식소화한다.
④ 인화점 이하로 냉각한다.

해설 제4류 위험물 소화(인화성 액체)

소화방법	내용
질식소화	CO_2, 포, 분말소화설비
유화소화	물·미분무소화설비(에멀전효과)
알코올포	수용성 위험물에 적응성

36 위험물안전관리법령상 제1석유류, 제2석유류, 제3석유류, 제4석유류를 구분하는 기준은?

① 인화점
② 발화점
③ 비점
④ 녹는점

해설 제4류 위험물 인화점

구분	인화점
제1석유류	21 [℃] 미만
제2석유류	21 ~ 70 [℃] 미만
제3석유류	70 ~ 200 [℃] 미만
제4석유류	200 ~ 250 [℃] 미만

37 인화알루미늄의 화재 시 주수소화하면 발생하는 물질은?

① 수소
② 메테인
③ 포스핀
④ 아세틸

해설 물과 반응 시 발생가스

물질	가스
탄화칼슘(CaC_2)	아세틸렌(C_2H_2)
탄화알루미늄(Al_4C_3)	메테인(메탄, CH_4)
인화칼슘(Ca_3P_2)	포스핀(PH_3)
인화알루미늄(AlP)	
수소화리튬(LiH)	수소(H_2)

암기 ▶ 탄칼아, 탄알메, 인포

38 휘발유의 위험성에 관한 설명으로 틀린 것은?

① 일반적인 고체 가연물에 비해 인화점이 낮다.
② 상온에서 가연성 증기가 발생한다.
③ 증기는 공기보다 무거워 낮은 곳에 체류한다.
④ 물보다 무거워 화재 발생 시 물분무소화는 효과가 없다.

해설 휘발유(제4류 위험물 중 제1석유류)

1) 비중 : 0.7 ~ 0.8
2) 인화점 : -43 [℃]
3) 발화점 : 280 ~ 456 [℃]
4) 상온에서 가연성 증기가 발생하며, 증기는 공기보다 무거워 낮은 곳에 체류
5) 소화방법 : 마른모래, 알코올포, 이산화탄소, 물분무소화설비에 의해 소화

39 상(중)하

위험물안전관리법령상 제4류 위험물인 알코올류에 속하지 않는 것은?

① C_2H_5OH
② C_4H_9OH
③ CH_3OH
④ C_3H_7OH

해설 알코올류

1) C_2H_5OH(에틸알코올, 에탄올) : 알코올류
2) C_4H_9OH(부틸알코올, 뷰탄올) : 제2석유류
   → C가 4개이므로 알코올류가 아니다.
3) CH_3OH(메틸알코올, 메탄올) : 알코올류
4) C_3H_7OH(프로필알코올, 프로판올) : 알코올류

TIP 알코올류 : 1분자를 구성하는 탄소원자(C)의 수가 1~3개까지인 포화1가 알코올을 말함

40 상(중)하

나이트로셀룰로오스에 대한 설명으로 틀린 것은?

① 질화도가 낮을수록 위험성이 크다.
② 물을 첨가하여 습윤시켜 운반한다.
③ 화약의 원료로 쓰인다.
④ 고체이다.

해설 나이트로셀룰로오스(니트로셀룰로오스)

1) 제5류 위험물, 질산에스터류(질산에스테르류)
2) 용도 : 다이너마이트 및 화약 원료
3) 저장 : 알코올 속에 저장
4) 소화 : 다량 주수에 의한 냉각소화
5) 질화도가 높을수록 위험성이 큼
6) 햇빛에서 황갈색으로 변하고 아세톤, 초산에스터, 나이트로벤젠에 녹음

41 상(중)하

칼륨에 화재가 발생할 경우에 주수를 하면 안 되는 이유로 가장 옳은 것은?

① 산소가 발생하기 때문에
② 질소가 발생하기 때문에
③ 수소가 발생하기 때문에
④ 수증기가 발생하기 때문에

해설 금수성 물질

물과 접촉하여 발화, 가연성 가스 발생

구분	현상
무기과산화물	산소(O_2) 발생
금속분 마그네슘(Mg) 나트륨(Na) 칼륨(K) 리튬(Li)	수소(H_2) 발생
탄화칼슘(칼슘카바이드)	아세틸렌(C_2H_2) 발생

42 상(중)하

제6류 위험물의 공통성질이 아닌 것은?

① 산화성 액체이다.
② 모두 유기화합물이다.
③ 불연성 물질이다.
④ 대부분 비중이 1보다 크다.

해설 제6류 위험물(산화성 액체)

- 질산, 과염소산, 과산화수소
- 비중이 1보다 큼
- 부식성 큼
- 불연성 물질
- 마른모래 등에 의한 질식소화
- 과산화수소는 다량의 물로 희석소화

TIP 1, 2, 5, 6류 위험물은 비중이 1보다 큼

정답 39 ② 40 ① 41 ③ 42 ②

43 상 중 하

다음 위험물 중 특수인화물이 아닌 것은?

① 아세톤
② 다이에틸에터
③ 산화프로필렌
④ 아세트알데하이드

해설 제4류 위험물(인화성 액체)

품명	종류
특수인화물	다이에틸에터, 이황화탄소, 아세트알데하이드, 산화프로필렌
제1석유류	아세톤, 휘발유, 벤젠
제2석유류	등유, 경유, 초산, 아세트산, 아크릴산
제3석유류	중유, 크레오소트유, 아닐린
제4석유류	기어유, 실린더유

44 상 중 하

위험물과 위험물안전관리법령에서 정한 지정수량을 옳게 연결한 것은?

① 무기과산화물 - 300 [kg]
② 황화인 - 500 [kg]
③ 황린 - 20 [kg]
④ 질산에스터류 제1종 - 200 [kg]

해설 위험물의 지정수량

구분	종류	지정수량
1류	무기과산화물	50 [kg]
2류	황화인(황화린)	100 [kg]
3류	황린	20 [kg]
5류	질산에스터류(질산에스테르류) 제1종	10 [kg]

45 상 중 하

위험물안전관리법령에서 정하는 위험물의 한계에 대한 정의로 틀린 것은?

① 황은 순도가 60중량퍼센트 이상인 것
② 인화성 고체는 고형알코올 그 밖에 1기압에서 인화점이 섭씨 40도 미만인 고체
③ 과산화수소는 그 농도가 35중량퍼센트 이상인 것
④ 제1석유류는 아세톤, 휘발유 그 밖에 1기압에서 인화점이 섭씨 21도 미만인 것

해설 위험물의 정의

구분	위험물의 정의
황(유황)	순도가 60 [wt%] 이상인 것
인화성 고체	고형알코올 그 밖에 1기압에서 인화점 40 [℃] 미만인 고체
과산화수소	그 농도가 36 [wt%] 이상인 것에 한하며 산화성 액체의 성상이 있는 것
제1석유류	아세톤, 휘발유 그 밖에 1기압에서 인화점 21 [℃] 미만인 것

46 상 중 하

다음 물질의 저장창고에서 화재가 발생하였을 때 주수소화를 할 수 없는 물질은?

① 부틸리튬
② 질산에틸
③ 나이트로셀룰로오스
④ 적린

해설 **금수성 물질**

물과 접촉하여 발화, 가연성 가스 발생

구분	현상
무기과산화물	산소(O_2) 발생
금속분, 마그네슘(Mg) 나트륨(Na), 칼륨(K), 리튬(Li)	수소(H_2) 발생
탄화칼슘(칼슘카바이드)	아세틸렌(C_2H_2) 발생
부틸리튬	부탄(C_4H_{10}) 발생

47 (상 중 하)

위험물안전관리법령상 제2석유류에 해당하는 것으로만 나열된 것은?

① 아세톤, 벤젠
② 중유, 아닐린
③ 에터(에테르), 이황화탄소
④ 아세트산, 아크릴산

해설 **제4류 위험물(인화성 액체)**

품명	종류
특수인화물	다이에틸에터, 이황화탄소, 아세트알데하이드, 산화프로필렌
제1석유류	아세톤, 휘발유, 벤젠
제2석유류	등유, 경유, 초산, 아세트산, 아크릴산
제3석유류	중유, 크레오소트유, 아닐린
제4석유류	기어유, 실린더유

48 (상 중 하)

위험물의 위험성을 나타내는 성질에 대한 설명으로 틀린 것은?

① 비등점이 낮아지면 인화의 위험성이 높다.
② 비중의 값이 클수록 위험성이 높다.
③ 융점이 낮아질수록 위험성이 높다.
④ 점성이 낮아질수록 위험성이 높다.

해설 **위험물의 위험성**

1) 비등점이 낮아질수록 (-)
2) 비중의 값이 낮아질수록 (-)
3) 융점이 낮아질수록 (-)
4) 점성이 낮아질수록 (-)

TIP ▶ 모두 (-)

49 (상 중 하)

황린의 보관방법으로 옳은 것은?

① 물속에 보관
② 이황화탄소 속에 보관
③ 수산화칼륨 속에 보관
④ 통풍이 잘 되는 공기 중에 보관

해설 **위험물의 저장**

위험물	저장장소
황린 이황화탄소(CS_2)	물속
나이트로셀룰로오스 (니트로셀룰로오스)	알코올 속
칼륨(K) 나트륨(Na) 리튬(Li)	석유류(등유) 속

암기 ▶ 황물 나이알 ㅠㅠ

정답 47 ④ 48 ② 49 ①

50 (상,중,하)

위험물안전관리법상 위험물의 적재 시 혼재기준 중 혼재가 가능한 위험물로 짝지어진 것은? (단, 각 위험물은 지정수량의 10배로 가정한다)

① 질산칼륨과 가솔린
② 과산화수소와 황린
③ 철분과 유기과산화물
④ 등유와 과염소산

해설 위험물의 혼재 가능기준

- 제1류 + 제6류
- 제2류 + 제4류·5류
- 제3류 + 제4류
- 제4류 + 제5류

보충 철분 : 제2류, 유기과산화물 : 제5류

1↓	6		혼재 가능
2↓	5↑	4	혼재 가능
3→	4↑		혼재 가능

암기 1 2 3 4 5 6 적은 후 4 추가

51 (상,중,하)

위험물의 저장방법으로 틀린 것은?

① 금속나트륨 – 석유류에 저장
② 이황화탄소 – 수조 물탱크에 저장
③ 알킬알루미늄 – 벤젠액에 희석하여 저장
④ 산화프로필렌 – 구리 용기에 넣고 불연성 가스를 봉입하여 저장

해설 산화프로필렌, 아세트알데하이드
구리, 마그네슘, 은, 수은 및 그 합금과 저장 금지

52 (상,중,하)

제1류 위험물 중 과산화나트륨의 화재에 가장 적합한 소화방법은?

① 다량의 물에 의한 소화
② 마른모래에 의한 소화
③ 포소화기에 의한 소화
④ 분무상의 주수소화

해설 위험물 소화방법

종류	소화방법
제1류	물에 의한 냉각소화(무기과산화물 : 마른모래 등에 의한 질식소화)
제2류	물에 의한 냉각소화(황화인[황화린], 철분, 마그네슘, 금속분은 마른모래 등에 의한 질식소화)
제3류	마른모래, 팽창질석, 팽창진주암에 의한 질식소화
제4류	포, 분말, CO_2, 할론소화약제에 의한 질식소화
제5류	화재초기 대량의 물로 냉각소화
제6류	마른모래 등에 의한 질식소화(과산화수소 : 다량의 물로 희석소화)

53 (상,중,하)

화재 발생 시 주수소화가 적합하지 않은 물질은?

① 적린
② 마그네슘분말
③ 과염소산칼륨
④ 황

정답 50 ③ 51 ④ 52 ② 53 ②

해설) 금수성 물질

물과 접촉하여 발화, 가연성 가스 발생

구분	현상
무기과산화물	산소(O_2) 발생
금속분 마그네슘(Mg) 나트륨(Na) 칼륨(K) 리튬(Li)	수소(H_2) 발생
탄화칼슘 (칼슘카바이드)	아세틸렌(C_2H_2) 발생

55 (상 중 하)

과산화수소 위험물의 특성이 아닌 것은?

① 비수용성이다.
② 무기화합물이다.
③ 불연성 물질이다.
④ 비중은 물보다 무겁다.

해설) 제6류 위험물(과산화수소 특성)

1) 농도가 36 [wt%] 이상인 것
2) 물, 알코올, 에터(에테르)에 녹지만 벤젠에 녹지 않음
3) 비중이 1보다 큼
4) 불연성 물질
5) 다량의 물로 희석소화
6) 산화성 액체이며 무기화합물

신유형! 54 (상 중 하)

다음의 위험물 중 위험물안전관리법령상 지정수량이 나머지 셋과 다른 것은?

① 알킬알루미늄
② 황화인
③ 유기과산화물
④ 질산에스터류 제1종

해설) 위험물의 지정수량

구분	위험물	지정수량
2류	황화인(황화린)	100 [kg]
3류	알킬알루미늄	10 [kg]
5류	유기과산화물	
	질산에스터류(질산에스테르류) 제1종	

정답) 54 ② 55 ①

CHAPTER 06 소화

3회독 월 일
2회독 월 일
1회독 월 일

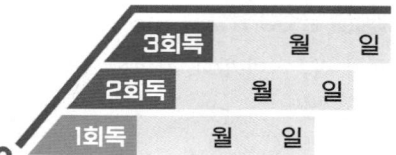

학습목표

1 소화의 형태를 파악한다.
2 화재별 소화방법을 파악한다.
3 각 소화약제의 종류와 특징을 익힌다.

학습MAP

- **소화** ★★★
  - 소화의 형태
    - 물리적 소화
    - 화학적 소화
  - 화재별 소화방법
- **물소화약제** ★★★
  - 물의 물리적 · 화학적 성질
  - 물의 소화효과
  - 장점
  - 첨가제
  - 주수형태
- **이산화탄소 소화약제** ★★★
  - 이산화탄소의 물리적 성질
  - 소화효과 및 특징
- **포소화약제**
  - 팽창비 & 팽창비에 의한 포소화약제 분류
  - 종류 ★★★
  - 포의 구비조건
  - 혼합장치
- **할론소화약제**
  - 할로겐족 원소
  - 종류와 특징 ★
- **할로겐화합물 및 불활성기체 소화약제** ★
  - 계열별 소화약제의 설계농도와 소화효과
- **분말소화약제** ★★★
  - 종류
  - 화학반응식
  - 소화효과 및 특징

01 소화

1 소화의 형태 ★

구분	소화	특징
물리적 소화	냉각소화	• 열 흡수, 발화점 이하로 낮추어 소화 • 목재 화재 시 다량의 물을 뿌려 소화 • 적용 : 스프링클러설비, CO_2, 포, 옥내·외소화전설비
	질식소화	• 산소농도 15 [%] 이하로 낮추어 소화 • 적용 : CO_2, 포, 분말, 물분무, 불활성기체소화설비, 마른모래·팽창질석·팽창진주암
	제거소화	• 격리 : 바람 불어 가연물과 불꽃 격리 • 소멸 : 가스밸브를 차단하여 가스 공급 소멸, 가연물을 다른 지역으로 이동, 드레인밸브 개방하여 기름 배출 • 파괴 : 산불 화재 시 맞불, 벌목
화학적 소화	부촉매소화	• 연쇄반응 차단에 의한 소화 • 활성기의 생성을 억제 • 적용 : 할론, 할로겐화합물, 강화액 및 분말소화설비 등

2 화재별 소화방법

등급	화재	표시색	소화방법
A급	일반화재	백색	냉각소화
B급	유류화재(가스화재)	황색	질식소화
C급	전기화재	청색	질식소화
D급	금속화재	무색	건조사, D급 소화기
K급	주방화재	–	K급 소화기

- P.130 문05
- P.131 문09
- P.131 문10
- P.132 문15
- P.134 문21
- P.134 문23
- P.136 문31
- P.137 문36
- P.138 문37
- P.139 문40
- P.140 문47
- P.142 문53
- P.148 문73

증발잠열을 이용하여 가연물의 온도를 떨어뜨려 화재를 진압하는 소화방법은 냉각소화이다. O

밀폐 공간에서의 화재 시 공기를 제거하는 것은 제거소화이다. X 질식소화

02 소화약제

1 분류

구분	소화약제
수계	물, 포소화약제, 강화액, 산·알칼리
가스계	이산화탄소, 할론, 할로겐화합물 및 불활성 기체, 분말소화약제

2 분말소화기

1) 축압식 분말소화기 : 압력계의 지침이 녹색 부분을 가리키면 정상
2) 가압식 분말소화기
   (1) 가스의 압력에 의해 분말소화약제 방출
   (2) 수동펌프식, 화학반응식, 가스가압식

3 소화기소화약제

1) 산·알칼리소화약제는 양질의 무기산 사용
2) 독성, 부식성이 없어야 한다.
3) 분말소화약제는 고체화, 변질이 없어야 한다.
4) 액상소화약제는 결정 석출, 용액 분리, 부유물 및 침전물 등이 없어야 한다.

4 간이소화용구(소화약제 외의 것을 이용한 간이소화용구)

마른모래, 팽창질석, 팽창진주암

03 물소화약제

1 물의 물리·화학적 성질

구분	특징
물리적 성질	• 상온에서 물은 무겁고 안정된 액체 • 융해잠열 : 80 [kcal/kg] (= 334 [kJ/kg]) • 증발잠열 : 539.6 [kcal/kg] (= 2257 [kJ/kg]) • 비열 : 1 [kcal/kg·℃] (= 4.18 [kJ/kg·K]) • 잠열, 비열, 표면장력이 큼 • 증발 시 체적 약 1650배 증가
화학적 성질	• 구성 : 수소 2 원자, 산소 1 원자 → H_2O • 물은 극성분자이므로 수소결합에 의해 이루어짐

[물분자의 수소결합]

🔗 P.146 문69

🔗 P.129 문02
🔗 P.143 문56
🔗 P.147 문71

고비점유 화재 시 무상주수하여 가연성 증기의 발생을 억제함으로써 기름의 연소성을 상실시키는 소화효과는 유화효과이다. O

2 물의 소화효과

구분	특징
냉각효과	증발잠열(기화잠열)에 의한 열 흡수
질식효과	기화 시 체적이 약 1650배 증가하여 주변의 산소농도를 낮춤
유화효과	에멀전을 형성하여 가연성 혼합기 생성 억제
희석효과	분해가스나 증기의 농도 낮춤

3 장점 ★
1) 비열, 증발잠열(기화잠열)이 커서 냉각효과가 크다.
2) 가격이 저렴하고 쉽게 구할 수 있다.
3) 친환경적이고 소화성능이 우수하다.
4) 수소결합으로 안정성이 높아 각종 첨가제 혼합이 가능하다.
5) 무상주수 시 중질유 화재에 적응성이 있다.
6) 밀폐된 곳에서 증발, 가열하면 산소가 희석된다.

4 첨가제(소화성능 향상)
1) 종류 ★

종류	특징
부동액	물의 동결방지를 위해 첨가
강화액	염류를 첨가하여 물의 소화효과와 강화액의 부촉매효과를 이용
유화제	가연물 표면에 에멀전을 형성하여 가연성 혼합기 생성 억제, 분무주수 효과적
증점제	점도를 증가시켜 산림에 장시간 부착, CMC(산림화재용 증점제)
침투제	계면활성제를 첨가하여 물의 표면장력을 감소시켜 가연물에 대해 침투성 향상

2) 강화액(K_2CO_3)의 특징

$K_2CO_3 + H_2O \rightarrow K_2O + H_2O + CO_2 - Q$ [kcal]

(1) 사용온도가 $-20 \sim 40$ [℃]로 겨울철이나 한랭지역의 소화에 적합
(2) pH $11 \sim 12$ 강알칼리성
(3) 계면활성제를 첨가하여 표면장력을 낮추어 침투력과 분산력 증가
(4) 냉각 및 연쇄반응 차단의 억제소화가 효과적
(5) 무상방사 시 A, B, C, K급 소화에 적합

5 물소화약제 주수형태

구분	특징	종류
봉상주수	• 막대모양 물줄기로 주수 • 냉각효과, 파괴효과	옥내소화전, 옥외소화전, 연결송수관설비
적상주수	• 물방울 형태로 주수 • 저압 • 냉각효과	스프링클러설비, 연결살수설비
무상주수	• 분무상태로 주수 • 고압 • 전기화재, 중질유화재에 적응성	물분무소화설비, 미분무소화설비

04 이산화탄소소화약제

1 이산화탄소(CO_2)

1) 물성

구분	물성	구분	물성
분자량 ★	44 [g/mol]	임계온도 ★	31.35 [℃]
비중 ★	1.529	임계압력	75.2 [kg_f/cm^2]
증발열	137 [cal/g]	융해열	45.2 [cal/g]
삼중점 ★	-57 [℃]	비점	-78 [℃]

2) 농도 ★

$$CO_2 \text{ 농도}[\%] = \frac{21 - O_2[\%]}{21} \times 100$$

2 이산화탄소(CO_2)의 소화효과

구분	특징
질식효과	산소농도를 15 [%] 이하로 낮춤
냉각효과	기화열에 의한 열 흡수
피복효과	공기비중의 1.5배로 연소물 덮음

3 이산화탄소(CO_2)소화약제

1) 특징 ★
   (1) 무색, 무취이며 전기적으로 비전도성
   (2) 공기보다 약 1.5배 비중이 커 심부화재 적응성
   (3) 상온에서는 기체지만, 고압용기에 액화시켜 보관
   (4) 흡입 시 질식 우려
   (5) 소화 후 오손이 작으므로 증거보존 용이
   (6) 자체 압력으로도 방사 가능하지만, 방사 시 큰 소음
   (7) 적응화재 : 전기실, 통신실, 유류화재

2) 이산화탄소소화약제의 저장용기 설치장소기준
   (1) 방호구역 외 장소에 설치할 것. 다만 방호구역 내에 설치할 경우에는 피난 및 조작이 용이하도록 피난구 부근에 설치해야 한다.
   (2) 온도가 40 [℃] 이하이고 온도변화가 작은 곳에 설치할 것

(3) 직사광선 및 빗물이 침투할 우려가 없는 곳에 설치할 것
(4) 방화문으로 구획된 실에 설치할 것
(5) 용기의 설치장소에는 해당 용기가 설치된 곳임을 표시하는 표지를 할 것
(6) 용기 간의 간격은 점검에 지장이 없도록 3 [cm] 이상의 간격을 유지할 것
(7) 저장용기와 집합관을 연결하는 연결배관에는 체크밸브를 설치할 것. 다만 저장용기가 하나의 방호구역만을 담당하는 경우에는 그렇지 않다.

3) 이산화탄소소화약제의 저장용기 설치기준
  (1) 저장용기의 충전비는 고압식은 1.5 이상 1.9 이하, 저압식은 1.1 이상 1.4 이하로 할 것
  (2) 저압식 저장용기에는 내압시험압력의 0.64배부터 0.8배의 압력에서 작동하는 안전밸브와 내압시험압력의 0.8배부터 내압시험압력에서 작동하는 봉판을 설치할 것
  (3) 저압식 저장용기에는 액면계 및 압력계와 2.3 [MPa] 이상 1.9 [MPa] 이하의 압력에서 작동하는 압력경보장치를 설치할 것
  (4) 저압식 저장용기에는 용기 내부의 온도가 섭씨 영하 18 [℃] 이하에서 2.1 [MPa]의 압력을 유지할 수 있는 자동냉동장치를 설치할 것
  (5) 저장용기는 고압식은 25 [MPa] 이상, 저압식은 3.5 [MPa] 이상의 내압시험압력에 합격한 것으로 할 것

> **참고** 충전비
>
> $$\text{충전비} = \frac{\text{소화약제 저장용기의 내부 용적} [L]}{\text{소화약제의 중량} [kg]}$$

선생님 TIP

이산화탄소소화약제의 저장용기 설치장소의 설치기준과 저장용기 설치기준은 '이산화탄소소화설비의 화재안전기술기준'에 명시된 내용으로 소방원론 과목에서 자주 출제되는 내용이 아닙니다. 별색 표기된 내용만 잘 확인하셔도 됩니다!

05 포소화약제

1 포의 팽창비 ★

1) 팽창비 : 발포 후 포의 체적과 발포 전 포수용액의 체적의 비

$$\text{팽창비} = \frac{\text{발포 후 포의 체적}}{\text{발포 전 포 수용액의 체적}}$$

2) 팽창비에 의한 포소화약제 분류

구분	저발포	고발포
팽창비	20 이하	80 이상 1000 미만
종류	단백포, 수성막포, 내알코올포, 불화단백포, 합성계면활성제포	합성계면활성제포 ★
소화효과	질식효과, 냉각효과	
적용	A급 화재, B급 화재	

> P.144 문59
> P.148 문74
> 저팽창포와 고팽창포에 모두 사용할 수 있는 포소화약제는 합성계면활성제포이다. ☐

2 종류

구분	특징
단백포	• 특이한 냄새가 나는 흑갈색 액체로 부식성이 큼 • 포안정제로 염화 제1철염 첨가
수성막포 (AFFF)	• 유류표면에 수성막 형성하여 증기의 증발 억제, 산소 공급 차단 • 유류화재에 가장 적합 • 내유성이 강하여 표면하주입방식 가능 • 유동성이 우수하여 소화속도 빠름 • 내열성이 약해 윤화현상 발생 우려 • 분말소화약제와 겸용 사용 가능(Twin Agent System) • 안전성이 좋아 장기보관 가능
불화단백포	• 단백포 + 수성막포 • 소화성능 가장 우수 • 내화성 우수하여 대형유류저장탱크시설 적합 • 내유성이 강하여 표면하주입방식 가능 • 유동성이 우수하여 소화속도 빠름
합성계면활성제포	• 저팽창포, 고팽창포 모두 사용 가능 • 유동성이 좋음
내알코올포	• 수용성 유류화재 적응성 있음 • 가연성 액체에 적합

> P.131 문11
> P.137 문34
> P.139 문41

3 조건

1) 포의 안정성이 좋을 것 (+)
2) 포의 유동성과 내열성이 좋을 것 (+)
3) 유류와의 점착성이 좋을 것 (+)
4) 유류의 표면에 잘 분산될 것 (+)
5) 환원시간이 길 것 (+)
6) 독성이 적을 것 (−)

> P.138 문39

점착성
유류에 붙는 성질

TIP ▶ 독성만 (−)

4 포소화약제 혼합장치

구분	특징
프레셔 프로포셔너	벤추리관의 벤추리 작용과 펌프 가압수의 약제저장탱크에 대한 압력에 의해 포소화약제 혼합
프레셔사이드 프로포셔너	펌프 토출관에 압입기 설치, 압입용 펌프로 포소화약제 혼합
펌프 프로포셔너	농도조정밸브에서 조정된 포소화약제를 흡입 측으로 보내 혼합
라인 프로포셔너	벤추리관의 벤추리 작용에 의해 포소화약제 흡입 및 혼합

06 할론소화약제

1 할로겐족 원소

1) 주기율표 17족 원소 : 플루오린(불소, F), 염소(Cl), 브로민(브롬, Br), 아이오딘(요오드, I) 등
2) 전기음성도(결합력) : F > Cl > Br > I
3) 부촉매효과(소화능력) : F < Cl < Br < I

P.133 문18
P.134 문22

암기 ▶ FC바르셀로나 아이

2 종류

구분	분자식	상온·상압
할론 1211	CF_2ClBr	기체
할론 1301 ★	CF_3Br	기체
할론 1011	CH_2ClBr	액체
할론 2402	$C_2F_4Br_2$	액체

P.129 문04
P.130 문08
P.132 문16
P.137 문33
P.138 문38
P.139 문43

할론2402는 상온, 상압에서 액체 상태이다. O

3 특징 ★

1) 연쇄반응을 차단하여 부촉매소화 → 라디컬 포착제로 자유활성기 생성 억제
2) 소화효과 : 부촉매효과, 질식효과, 냉각효과
3) 할로겐족 원소 사용(F, Cl, Br, I 등)
4) 부식성이 낮음
5) 전기의 부도체로 전기화재에 효과적(비전도성)
6) 적응성 : 통신 기기실, 미술관, 전산실, 정보통신실

P.129 문03
P.139 문43

4 할론 1301(CF_3Br)

1) 소화 성능 우수
2) 열분해 시 생성 가스 : HF, HBr, Br_2, COF_2, $COBr_2$
3) 오존파괴지수(ODP) 높음

구분	오존파괴지수(ODP)
할론 104	0.6
할론 1211	3.0
할론 2402	6.0
할론 1301	10.0

TIP 할론 104(CCl_4)
사염화탄소, 유독가스 포스겐 발생하여 소화약제로 사용 안 함

07 할로겐화합물 및 불활성기체소화약제

계열	소화약제	분자식	설계농도	소화효과
FC	FC-3-1-10	C_4F_{10}	40 [%]	부촉매 효과
HFC	FIC-13I1	CF_3I	0.3 [%]	
	HFC-23	CHF_3	30 [%]	
	HFC-125	CHF_2CF_3	11.5 [%]	
	HFC-236fa	$CF_3CH_2CF_3$	12.5 [%]	
	HFC-227ea	CF_3CHFCF_3(상품명 : FM-200)	10.5 [%]	
HCFC	HCFC BLEND A	HCFC-22($CHClF_2$) : 82 [%] HCFC-123($CHCl_2CF_3$) : 4.75 [%] HCFC-124($CHClFCF_3$) : 9.5 [%] $C_{10}H_{16}$: 3.75 [%]	10 [%]	
	HCFC-124	$CHClFCF_3$	1.0 [%]	
IG	IG-541	★ N_2 : 52 [%], Ar : 40 [%], CO_2 : 8 [%]	43 [%]	질식 효과
	IG-01	★ Ar : 100 [%]		
	IG-55	★ N_2 : 50 [%], Ar : 50 [%]		
	IG-100	★ N_2 : 100 [%]		

불활성기체소화약제인 IG-541의 성분 중 하나는 네온이다.
[X] 질소, 아르곤, 이산화탄소

08 분말소화약제

1 종류

구분	소화약제	약제색	적응화재
제1종	탄산수소나트륨 [NaHCO$_3$]	백색	B · C급
제2종	탄산수소칼륨 [KHCO$_3$]	담자색(담회색)	B · C급
제3종	제1인산암모늄 [NH$_4$H$_2$PO$_4$]	담홍색	A · B · C급
제4종	탄산수소칼륨 + 요소 [KHCO$_3$ + (NH$_2$)$_2$CO]	회(백)색	B · C급

> 암기 ▶ 백담사 홍어회
>
> P.130 문07
> P.133 문20
> P.135 문26
> P.140 문45
> P.141 문50
> P.142 문54
> P.144 문60
> P.146 문66
>
> P.147 문72

2 화학반응식

구분	소화약제	화학반응식
제1종	탄산수소나트륨 [NaHCO$_3$]	$2NaHCO_3 \rightarrow Na_2CO_3 + CO_2 + H_2O$
제2종	탄산수소칼륨 [KHCO$_3$]	$2KHCO_3 \rightarrow K_2CO_3 + CO_2 + H_2O$
제3종	제1인산암모늄 [NH$_4$H$_2$PO$_4$]	$NH_4H_2PO_4 \rightarrow NH_3 + HPO_3 + H_2O$
제4종	탄산수소칼륨 + 요소 [KHCO$_3$ + (NH$_2$)$_2$CO]	$2KHCO_3 + (NH_2)_2CO$ $\rightarrow K_2CO_3 + 2NH_3 + 2CO_2$

3 소화효과 ★

구분	특징
질식효과	불연성 기체(CO$_2$, H$_2$O)가 발생하여 공기 중 산소의 농도 저하
냉각효과	흡열반응
부촉매효과	활성라디컬 생성 억제하여 연쇄반응 억제
방진효과	제3종 분말의 메타인산(HPO$_3$)이 피막 형성
탄화 · 탈수효과	제3종 분말의 오르소인산(H$_3$PO$_4$)에 의한 탈수를 통해 연쇄반응 억제

> P.133 문19

4 특징

1) 탄산수소나트륨(제1종 분말소화약제)
   (1) 비누화현상 : 유지를 알칼리로 처리하여 글리세린과 비누로 만드는 반응
   (2) 식용유 화재(K급 화재)에 적응성

> P.145 문63

2) 제1인산암모늄(제3종 분말소화약제)
  (1) 열분해 시 생성되는 메타인산(HPO_3)이 표면에 부착해 피막을 형성하여 산소 차단
  (2) 트윈에이전트 시스템 : 제3종 분말소화약제 + 수성막포(AFFF)
  (3) 차고, 주차장에 적응성이 있음

5 분말 입도

1) 입도가 너무 미세하거나 너무 커도 소화 성능 저하
2) 미세도가 골고루 분포되어 있어야 함
3) 20 ~ 30 [μm] 범위의 분말입도가 가장 효과적

6 취급 시 주의 사항

1) 습도가 높으면 고화현상 발생
2) 다른 약제와 혼합방지 위해 색상 구분
3) 분말 흡입 시 피해 우려

🔗 P.134 문24

분말소화약제의 분말입도는 미세할수록 소화성능이 우수하다.
 ✗ 20 ~ 30 [μm] 범위의 분말입도가 가장 소화 성능이 우수

🔗 P.135 문28

09 소화기구

1 대형소화기소화약제의 양

대형소화기의 구분	충전하는 소화약제 양
물	80 [L] 이상
강화액	60 [L] 이상
포	20 [L] 이상
이산화탄소(CO_2)	50 [kg] 이상
할로겐화합물	30 [kg] 이상
분말	20 [kg] 이상

2 소화기구의 설치높이

소화기구(자동확산소화기를 제외)는 거주자 등이 손쉽게 사용할 수 있는 장소에 바닥으로부터 높이 1.5 [m] 이하의 곳에 비치한다.

예상문제

01 (상 중 하)

이산화탄소의 물성으로 옳은 것은?

① 임계온도 : 31.35 [℃], 증기비중 : 0.529
② 임계온도 : 31.35 [℃], 증기비중 : 1.529
③ 임계온도 : 0.35 [℃], 증기비중 : 1.529
④ 임계온도 : 0.35 [℃], 증기비중 : 0.529

해설 이산화탄소(CO_2)의 물성

구분		구분	
분자량	44 [g/mol]	임계온도	31.35 [℃]
비중	1.529	임계압력	75.2 [kg_f/cm^2]
증발열	137 [cal/g]	융해열	45.2 [cal/g]
삼중점	-57 [℃]	비점	-78 [℃]

02 (상 중 하)

소화약제로 사용하는 물의 증발잠열로 기대할 수 있는 소화효과는?

① 냉각소화 ② 질식소화
③ 제거소화 ④ 촉매소화

해설 물의 소화 효과

효과	설명
냉각효과	증발(기화) 잠열 에 의한 열 흡수
질식효과	기화 시 체적이 약 1650배 증가하여 주변 산소농도 낮춤
유화효과	에멀전 형성, 가연성 혼합기 생성 억제
희석효과	분해가스나 증기의 농도 낮춤

보충 부촉매효과 : 분말, 할로겐화합물

03 (상 중 하)

할론소화약제에 관한 설명으로 옳지 않은 것은?

① 연쇄반응을 차단하여 소화한다.
② 할로겐족 원소가 사용된다.
③ 전기의 도체이므로 전기화재에 효과가 있다.
④ 소화약제의 변질 분해 위험성이 낮다.

해설 할론소화약제

1) 연쇄반응 차단하여 부촉매소화
2) 라디컬포착제로 자유활성기 생성 억제
3) 할로겐족 원소 사용(F, Cl, Br, I 등)
4) 부식성이 낮음
5) 전기의 부도체로 전기화재에 효과적
6) 적응성 : 통신 기기실, 미술관, 전산실 등

04 (상 중 하)

분자식이 CF_2BrCl인 할론소화약제는?

① 할론 1301 ② 할론 1211
③ 할론 2402 ④ 할론 2021

해설 할론소화약제

종류	분자식	상온·상압
할론 1211	CF_2ClBr	기체
할론 1301	CF_3Br	
할론 1011	CH_2ClBr	액체
할론 2402	$C_2F_4Br_2$	

정답 01 ② 02 ① 03 ③ 04 ②

05 (상·중·하)

일반적으로 공기 중 산소농도를 몇 [vol%] 이하로 감소시키면 연소속도의 감소 및 질식소화가 가능한가?

① 15 ② 21
③ 25 ④ 31

해설 소화의 형태

소화	내용
냉각소화	열 흡수, 발화점 이하로 낮추어 소화
질식소화	산소농도 15 [%] 이하로 낮춤
제거소화	가연물을 차단, 격리
억제소화	연쇄반응을 차단, 부촉매소화

보충 ▶ 물리적 소화 : 냉각, 질식, 제거
화학적 소화 : 억제소화(부촉매소화)

06 (상·중·하)

다음 중 소화에 필요한 이산화탄소소화약제의 최소 설계농도 값이 가장 높은 물질은?

① 메테인
② 에틸렌
③ 천연가스
④ 아세틸렌

해설 이산화탄소 설계농도

가연성 액체·기체	설계농도 [%]
아세틸렌	66
에틸렌	49
천연가스	37
프로페인(프로판)	36
메테인(메탄)	34

07 (상·중·하)

$NH_4H_2PO_4$를 주성분으로 한 분말소화약제는 제 몇 종 분말소화약제인가?

① 제1종 ② 제2종
③ 제3종 ④ 제4종

해설 분말소화약제

종별	소화약제	약제색	적응화재
1종	탄산수소나트륨 ($NaHCO_3$)	백색	B·C급
2종	탄산수소칼륨 ($KHCO_3$)	담자색 (담회색)	B·C급
3종	제1인산암모늄 ($NH_4H_2PO_4$)	담홍색	A·B·C급
4종	탄산수소칼륨 + 요소 ($KHCO_3 + (NH_2)_2CO$)	회(백)색	B·C급

암기 ▶ 백담사 홍어회

08 (상·중·하)

다음 중 상온·상압에서 액체인 것은?

① 탄산가스
② 할론 1301
③ 할론 2402
④ 할론 1211

해설 할론소화약제

종류	분자식	상온·상압
할론 1211	CF_2ClBr	기체
할론 1301	CF_3Br	기체
할론 1011	CH_2ClBr	액체
할론 2402	$C_2F_4Br_2$	액체

정답 05 ① 06 ④ 07 ③ 08 ③

09 상중하

제거소화의 예에 해당하지 않는 것은?

① 밀폐 공간에서의 화재 시 공기를 제거한다.
② 가연성 가스 화재 시 가스의 밸브를 닫는다.
③ 산림화재 시 확산을 막기 위하여 산림의 일부를 벌목한다.
④ 유류탱크 화재 시 연소되지 않은 기름을 다른 탱크로 이동시킨다.

해설 제거소화

방법	내용
격리	바람 불어 가연물과 불꽃 격리
소멸	• 가스밸브 차단하여 가스 공급 소멸 • 드레인밸브 개방하여 기름 배출 • 가연물을 다른 지역으로 이동
파괴	산불 화재 시 맞불, 벌목

10 상중하

산소의 농도를 낮추어 소화하는 방법은?

① 냉각소화　② 질식소화
③ 제거소화　④ 억제소화

해설 소화의 형태

소화	내용
냉각소화	열 흡수, 발화점 이하로 낮추어 소화
질식소화	산소농도 15 [%] 이하로 낮춤
제거소화	가연물을 차단, 격리
억제소화	연쇄반응을 차단, 부촉매소화

보충 물리적 소화 : 냉각, 질식, 제거
화학적 소화 : 억제소화(부촉매소화)

11 상중하

화재 시 분말소화약제와 병용하여 사용할 수 있는 포소화약제는?

① 수성막포소화약제
② 단백포소화약제
③ 알코올형포소화약제
④ 합성계면활성제포소화약제

해설 포소화약제의 종류

종류	특징
단백포	• 부식성이 크다. • 포안정제로 염화 제1철염 첨가
수성막포 (AFFF)	• 안전성이 좋음 • 분말소화약제와 겸용 사용 • 점성이 작아 기름 표면에 피막을 형성하여 유류증발 억제
불화단백포	• 소화성능 가장 우수 • 단백포 + 수성막포 • 표면하주입방식
합성계면활성제포	• 저팽창포, 고팽창포 사용 가능 • 유동성이 좋음
내알코올포	• 수용성 유류화재 적응성 • 가연성 액체 사용

12 상중하

소화약제인 IG-541의 성분이 아닌 것은?

① 질소　② 아르곤
③ 헬륨　④ 이산화탄소

해설 불활성기체소화약제

소화약제	분자식
IG-541	N_2 : 52 [%], Ar : 40 [%], CO_2 : 8 [%]
IG-01	Ar : 100 [%]
IG-55	N_2 : 50 [%], Ar : 50 [%]
IG-100	N_2 : 100 [%]

정답 09 ① 10 ② 11 ① 12 ③

13 (상⦿하)

이산화탄소에 대한 설명으로 틀린 것은?

① 임계온도는 97.5 [℃]이다.
② 고체의 형태로 존재할 수 있다.
③ 불연성 가스로 공기보다 무겁다.
④ 드라이아이스와 분자식이 동일하다.

해설 이산화탄소(CO_2)의 물성

구분		구분	
분자량	44 [g/mol]	임계온도	31.35 [℃]
비중	1.529	임계압력	75.2 [kgf/cm^2]
증발열	137 [cal/g]	융해열	45.2 [cal/g]
삼중점	-57 [℃]	비점	-78 [℃]

14 (상⦿하)

소화약제의 형식승인 및 제품검사의 기술기준상 강화액소화약제의 응고점은 몇 [℃] 이하이어야 하는가?

① 0
② -20
③ -25
④ -30

해설 강화액(K_2CO_3)의 특징

$$K_2CO_3 + H_2O \rightarrow K_2O + H_2O + CO_2 - Q \text{ [kcal]}$$

1) 사용온도가 -20 [℃] ~ 40 [℃]로 겨울철이나 한랭지역의 소화에 적합(응고점 : -20 [℃] 이하)
2) pH 11 ~ 12 강알칼리성
3) 계면활성제를 첨가하여 표면장력을 낮추어 침투력과 분산력 증가
4) 냉각 및 연쇄반응 차단의 억제소화가 효과적
5) 무상방사 시 A, B, C, K급 소화에 적합

15 (상 중⦿)

화재를 소화하는 방법 중 물리적 방법에 의한 소화가 아닌 것은?

① 억제소화
② 제거소화
③ 질식소화
④ 냉각소화

해설 소화의 형태

소화	내용
냉각소화	열 흡수, 발화점 이하로 낮추어 소화
질식소화	산소농도 15 [%] 이하로 낮춤
제거소화	가연물을 차단, 격리
억제소화	연쇄반응을 차단, 부촉매소화

보충 물리적 소화 : 냉각, 질식, 제거
화학적 소화 : 억제소화(부촉매소화)

16 (상⦿하)

할론 1301의 분자식은?

① CH_3Cl
② CH_3Br
③ CF_3Cl
④ CF_3Br

해설 할론소화약제

종류	분자식	상온·상압
할론 1211	CF_2ClBr	기체
할론 1301	CF_3Br	기체
할론 1011	CH_2ClBr	액체
할론 2402	$C_2F_4Br_2$	액체

17 상(중)하

소화효과를 고려하였을 경우 화재 시 사용할 수 있는 물질이 아닌 것은?

① 이산화탄소
② 아세틸렌
③ Halon 1211
④ Halon 1301

해설 아세틸렌(C_2H_2)

가연성 가스이므로 화재 시 사용 금지

18 상(중)하

다음 원소 중 전기음성도가 가장 큰 것은?

① F
② Br
③ Cl
④ I

해설 할로겐족 원소

1) 주기율표 17족 원소 : F, Cl, Br, I
2) 전기음성도(결합력) : F > Cl > Br > I
3) 부촉매효과(소화능력) : F < Cl < Br < I

암기 FC바르셀로나 아이

19 상(중)하

열분해에 의해 가연물 표면에 유리상의 메타인산 피막을 형성하여 연소에 필요한 산소의 유입을 차단하는 분말약제는?

① 요소
② 탄산수소칼륨
③ 제1인산암모늄
④ 탄산수소나트륨

해설 제1인산암모늄($NH_4H_2PO_4$)

1) 제3종 분말소화약제
2) 열분해 시 생성되는 메타인산(HPO_3)이 표면에 부착해 피막 형성하여 산소 차단
3) 적응 화재 : A·B·C급 화재
4) 적응 대상 : 차고, 주차장

20 상(중)하

탄산수소나트륨이 주성분인 분말소화약제는?

① 제1종 분말
② 제2종 분말
③ 제3종 분말
④ 제4종 분말

해설 분말소화약제

종별	소화약제	약제색	적응화재
1종	탄산수소나트륨 ($NaHCO_3$)	백색	B·C급
2종	탄산수소칼륨 ($KHCO_3$)	담자색 (담회색)	B·C급
3종	제1인산암모늄 ($NH_4H_2PO_4$)	담홍색	A·B·C급
4종	탄산수소칼륨 + 요소 ($KHCO_3 + (NH_2)_2CO$)	회(백)색	B·C급

암기 백담사 홍어회

정답 17 ② 18 ① 19 ③ 20 ①

21 (중)

불연성 기체나 고체 등으로 연소물을 감싸 산소공급을 차단하는 소화방법은?

① 질식소화
② 냉각소화
③ 연쇄반응차단소화
④ 제거소화

해설 소화의 형태

소화	내용
냉각소화	열 흡수, 발화점 이하로 낮추어 소화
질식소화	산소농도 15 [%] 이하로 낮춤
제거소화	가연물을 차단, 격리
억제소화	연쇄반응을 차단, 부촉매소화

22 (하)

다음 원소 중 할로겐족 원소인 것은?

① Ne
② Ar
③ Cl
④ Xe

해설 할로겐족 원소

1) 주기율표 17족 원소 : F, Cl, Br, I
2) 전기음성도(결합력) : F > Cl > Br > I
3) 부촉매효과(소화능력) : F < Cl < Br < I

TIP 0족 불활성 기체 : 헬륨(He), 네온(Ne), 아르곤(Ar), 크립톤(Kr), 크세논(Xe), 라돈(Rn)

암기 FC바르셀로나 아이

23 (하)

증발잠열을 이용하여 가연물의 온도를 떨어뜨려 화재를 진압하는 소화방법은?

① 제거소화
② 억제소화
③ 질식소화
④ 냉각소화

해설 소화의 형태

소화	내용
냉각소화	열 흡수, 발화점 이하로 낮추어 소화
질식소화	산소농도 15 [%] 이하로 낮춤
제거소화	가연물을 차단, 격리
억제소화	연쇄반응을 차단, 부촉매소화

보충 물리적 소화 : 냉각, 질식, 제거
화학적 소화 : 억제소화(부촉매소화)

24 (하)

분말소화약제 분말입도의 소화성능에 관한 설명으로 옳은 것은?

① 미세할수록 소화성능이 우수하다.
② 입도가 클수록 소화성능이 우수하다.
③ 입도와 소화성능과는 관련이 없다.
④ 입도가 너무 미세하거나 너무 커도 소화 성능은 저하된다.

해설 분말소화약제의 분말입도

1) 입도가 너무 미세하거나 너무 커도 소화성능 저하
2) 미세도의 분포가 골고루 되어 있어야 함
3) 20 ~ 30 [μm] 범위 분말입도가 가장 효과적

정답 21 ① 22 ③ 23 ④ 24 ④

25 상(중)하

이산화탄소의 질식 및 냉각효과에 대한 설명 중 틀린 것은?

① 이산화탄소의 증기비중이 공기보다 크기 때문에 가연물과 산소의 접촉을 방해한다.
② 액체 이산화탄소가 기화되는 과정에서 열을 흡수한다.
③ 이산화탄소는 불연성 가스로서 가연물의 연소반응을 방해한다.
④ 이산화탄소는 산소와 반응하며 이 과정에서 발생한 연소열을 흡수하므로 냉각효과를 나타낸다.

해설 이산화탄소(CO_2)의 소화 효과
1) 질식효과 : 산소농도 15 [%] 이하로 낮춤
2) 냉각효과 : 기화열에 의한 열 흡수
3) 피복효과 : 공기비중 1.5배로 연소물을 덮음

26 상(중)하

소화약제 중 A급, B급, C급 화재에 모두 사용할 수 있는 것은?

① Na_2CO_3
② $NH_4H_2PO_4$
③ $KHCO_3$
④ $NaHCO_3$

해설 분말소화약제

종별	소화약제	약제색	적응화재
1종	탄산수소나트륨 ($NaHCO_3$)	백색	B·C급
2종	탄산수소칼륨 ($KHCO_3$)	담자색 (담회색)	B·C급
3종	제1인산암모늄 ($NH_4H_2PO_4$)	담홍색	A·B·C급
4종	탄산수소칼륨 + 요소 ($KHCO_3$ + $(NH_2)_2CO$)	회(백)색	B·C급

암기 백담사 홍어회

27 상(중)하

물의 소화능력에 관한 설명 중 틀린 것은?

① 다른 물질보다 비열이 크다.
② 다른 물질보다 융해잠열이 작다
③ 다른 물질보다 증발잠열이 크다.
④ 밀폐된 장소에서 증발가열되면 산소희석작용을 한다.

해설 물소화약제
1) 비열, 증발잠열(기화잠열)이 큼
2) 가격이 저렴하고 쉽게 구할 수 있음
3) 무상주수 시 중질유화재 적응성
4) 밀폐된 곳에서 증발가열하면 산소 희석

28 상(중)하

분말소화약제의 취급 시 주의사항으로 틀린 것은?

① 습도가 높은 공기 중에 노출되면 고화되므로 항상 주의를 기울이다.
② 충전 시 다른 소화약제와 혼합을 피하기 위하여 종별로 각각 다른 색으로 착색되어 있다.
③ 실내에서 다량 방사하는 경우 콧말을 흡입하지 않도록 한다.
④ 분말소화약제와 수성막포를 함께 사용할 경우 포의 소포현상을 발생시키므로 병용해서는 안 된다.

해설 분말소화약제 취급 시 주의사항
1) 습도 높으면 고화현상 발생
2) 다른 약제와 혼합방지 위해 색상 구분
3) 분말 흡입 시 피해 우려

보충 분말 + 수성막포 = 트윈에이전트시스템

정답 25 ④ 26 ② 27 ② 28 ④

29 (상 ⓒ 하)

화재 시 CO_2를 방사하여 산소농도를 11 [vol%]로 낮추어 소화하려면 공기 중 CO_2의 농도는 약 몇 [vol%]가 되어야 하는가?

① 47.6
② 42.9
③ 37.9
④ 34.5

해설 이산화탄소의 농도

$$CO_2 \text{ 농도} = \frac{21 - O_2}{21} \times 100$$
$$= \frac{21 - 11}{21} \times 100$$
$$\fallingdotseq 47.61 [\%]$$

30 (상 ⓒ 하)

물소화약제를 어떠한 상태로 주수할 경우 전기화재의 진압에서도 소화능력을 발휘할 수 있는가?

① 물에 의한 봉상주수
② 물에 의한 적상주수
③ 물에 의한 무상주수
④ 어떤 상태의 주수에 의해서도 효과가 없다.

해설 물소화약제의 주수형태

형태	내용	종류
봉상주수	• 막대모양 물줄기로 주수 • 냉각효과, 파괴효과	옥내소화전, 옥외소화전, 연결송수관설비
적상주수	• 물방울 형태로 주수 • 저압 • 냉각효과	스프링클러설비, 연결살수설비
무상주수	• 분무상태로 주수 • 고압 • 전기화재, 중질유화재	물분무소화설비, 미분무소화설비

보충 물 입도가 작은 분무 상태로 무상주수 시 전기 통하지 않음

31 (상 중 ⓗ)

다음 중 가연물의 제거를 통한 소화방법과 무관한 것은?

① 산불의 확산방지를 위하여 산림의 일부를 벌채한다.
② 화학반응기의 화재 시 원료 공급관의 밸브를 잠근다.
③ 전기실 화재 시 IG-541 약제를 방출한다.
④ 유류탱크 화재 시 주변에 있는 유류탱크의 유류를 다른 곳으로 이동시킨다.

해설 제거소화

방법	내용
격리	바람 불어 가연물과 불꽃 격리
소멸	• 가스밸브 차단하여 가스 공급 소멸 • 드레인밸브 개방하여 기름 배출 • 가연물을 다른 지역으로 이동
파괴	산불 화재 시 맞불, 벌목

32 (상 ⓒ 하)

물의 소화력을 증대시키기 위하여 첨가하는 첨가제 중 물의 유실을 방지하고 건물, 임야 등의 입체면에 오랫동안 잔류하게 하기 위한 것은?

① 증점제
② 강화액
③ 침투제
④ 유화제

해설 물의 소화력 증대를 위한 첨가제

종류	특성
증점제	산림에 장시간 부착(점도 증가)
침투제	계면활성제 첨가
부동액	물의 동결방지 위해 첨가
유화제	분무주수하면 효과적(에멀전 형성)
강화액	염류를 첨가하여 물의 소화효과와 강화액의 부촉매효과 이용

정답 29 ① 30 ③ 31 ③ 32 ①

33 (상중하)

CF₃Br소화약제의 명칭을 옳게 나타낸 것은?

① 할론 1011
② 할론 1211
③ 할론 1301
④ 할론 2402

해설 할론소화약제

종류	분자식	상온·상압
할론 1211	CF_2ClBr	기체
할론 1301	CF_3Br	
할론 1011	CH_2ClBr	액체
할론 2402	$C_2F_4Br_2$	

34 (상중하)

에터(에테르), 케톤, 에스터(에스테르), 알데하이드(알데히드), 카르복실산, 아민 등과 같은 가연성인 수용성 용매에 유효한 포소화약제는?

① 단백포
② 수성막포
③ 불화단백포
④ 내알코올포

해설 포소화약제의 종류

종류	특징
단백포	• 부식성이 크다. • 포안정제로 염화 제1철염 첨가
수성막포(AFFF)	• 안전성이 좋음 • 분말소화약제와 겸용 사용 • 점성이 작아 기름 표면에 피막을 형성하여 유류증발 억제
불화단백포	• 소화성능 가장 우수 • 단백포 + 수성막포 • 표면하주입방식
합성계면활성제포	• 저팽창포, 고팽창포 사용 가능 • 유동성이 좋음
내알코올포	• 수용성 유류화재 적응성 • 가연성 액체 사용

35 (상중하)

할로겐화합물소화약제는 일반적으로 열을 받으면 할로겐족이 분해되어 가연 물질의 연소과정에서 발생하는 활성종과 화합하여 연소의 연쇄반응을 차단한다. 연쇄반응의 차단과 가장 거리가 먼 소화약제는?

① FC-3-1-10
② HFC-125
③ IG-541
④ FIC-13I1

해설 할로겐화합물 및 불활성기체소화약제의 종류

구분	할로겐화합물	불활성 기체
종류	FC-3-1-10 HCFC BLEND A HCFC-124 HCFC-125 HCFC-23 FIC-13I1 등	IG-01 IG-100 IG-541 IG-55
효과	부촉매효과 (연쇄반응 차단)	질식효과

36 (상중하)

소화원리에 대한 설명으로 틀린 것은?

① 냉각소화 : 물의 증발잠열에 의해서 가연물의 온도를 저하시키는 소화방법
② 제거소화 : 가연성 가스의 분출화재 시 연료공급을 차단시키는 소화방법
③ 질식소화 : 포소화약제 또는 불연성 가스를 이용해서 공기 중의 산소공급을 차단하여 소화하는 방법
④ 억제소화 : 불활성 기체를 방출하여 연소범위 이하로 낮추어 소화하는 방법

정답 33 ③ 34 ④ 35 ③ 36 ④

해설 소화의 형태

소화	내용
냉각소화	열 흡수, 발화점 이하로 낮추어 소화
질식소화	산소농도 15 [%] 이하로 낮춤
제거소화	가연물을 차단, 격리
억제소화	연쇄반응을 차단, 부촉매소화

37 상 중 하

가연물의 제거와 가장 관련이 없는 소화방법은?

① 유류화재 시 유류공급밸브를 잠근다.
② 산불화재 시 나무를 잘라 없앤다.
③ 팽창진주암을 사용하여 진화한다.
④ 가스화재 시 중간밸브를 잠근다.

해설 제거소화

방법	내용
격리	바람 불어 가연물과 불꽃 격리
소멸	• 가스밸브 차단하여 가스 공급 소멸 • 드레인밸브 개방하여 기름 배출 • 가연물을 다른 지역으로 이동
파괴	산불 화재 시 맞불, 벌목

보충 팽창진주암은 질식소화

38 상 중 하

상온, 상압에서 액체인 물질은?

① CO_2
② Halon 1301
③ Halon 1211
④ Halon 2402

해설 할론소화약제

종류	분자식	상온·상압
할론 1211	CF_2ClBr	기체
할론 1301	CF_3Br	기체
할론 1011	CH_2ClBr	액체
할론 2402	$C_2F_4Br_2$	액체

39 상 중 하

포소화약제가 갖추어야 할 조건이 아닌 것은?

① 부착성이 있을 것
② 유동성과 내열성이 있을 것
③ 응집성과 안정성이 있을 것
④ 소포성이 있고 기화가 용이할 것

해설 포소화약제의 조건

1) 포의 안정성이 좋을 것 (+)
2) 유류와의 점착성이 좋을 것 (+)
3) 포의 유동성과 내열성이 좋을 것 (+)
4) 유류의 표면에 잘 분산될 것 (+)
5) 환원시간이 길 것 (+)
6) 독성이 적을 것 (-)

보충 소포성 : 포가 잘 깨지는 성질
보충 독성만 (-)

정답 37 ③ 38 ④ 39 ④

40 상 중 하

소화의 방법으로 틀린 것은?

① 가연성 물질을 제거한다.
② 불연성 가스의 공기 중 농도를 높인다.
③ 산소의 공급을 원활히 한다.
④ 가연성 물질을 냉각시킨다.

해설 소화의 형태

소화	내용
냉각소화	열 흡수, 발화점 이하로 낮추어 소화
질식소화	산소농도 15 [%] 이하로 낮춤
제거소화	가연물을 차단, 격리
억제소화	연쇄반응을 차단, 부촉매소화

41 상 중 하

수성막포소화약제의 특성에 대한 설명으로 틀린 것은?

① 내열성이 우수하여 고온에서 수성막의 형성이 용이하다.
② 기름에 의한 오염이 적다.
③ 다른 소화약제와 병용하여 사용이 가능하다.
④ 불소계 계면활성제가 주성분이다.

해설 수성막포(AFFF)

1) 유류표면에 수성막 형성하여 증기의 증발 억제, 산소 공급 차단
2) 유류화재에 가장 적합
3) 분말소화약제와 Twin Agent System
4) 내유성이 강하여 표면하주입방식 가능
5) 유동성이 우수하여 소화속도 빠름
6) 내열성이 약해 윤화현상 발생 우려

42 상 중 하

소화약제로 물을 주로 사용하는 주된 이유는?

① 촉매역할을 하기 때문에
② 증발잠열이 크기 때문에
③ 연소작용을 하기 때문에
④ 제거작용을 하기 때문에

해설 물소화약제

1) 비열, 증발잠열(기화잠열)이 큼
2) 가격이 저렴하고 쉽게 구할 수 있음
3) 무상주수 시 중질유화재 적응성
4) 밀폐된 곳에서 증발가열하면 산소 희석

43 상 중 하

다음의 소화약제 중 오존파괴지수(ODP)가 가장 큰 것은?

① 할론 104 ② 할론 1301
③ 할론 1211 ④ 할론 2402

해설 오존파괴지수(ODP)

구분	오존파괴지수(ODP)
할론 104	0.6
할론 1211	3.0
할론 2402	6.0
할론 1301	10.0

정답 40 ③ 41 ① 42 ② 43 ②

44 (중)

이산화탄소소화약제의 주된 소화효과는 무엇인가?

① 제거소화
② 억제소화
③ 질식소화
④ 냉각소화

해설 소화약제별 주된 소화효과

소화약제	소화효과
물(H_2O)	냉각효과
이산화탄소(CO_2)	질식소화
포	
할론	억제소화(부촉매소화)

45 (중)

분말소화약제로서 A · B · C급 화재에 적응성이 있는 소화약제의 종류는?

① $NH_4H_2PO_4$
② $NaHCO_3$
③ Na_2CO_3
④ $KHCO_3$

해설 분말소화약제

종별	소화약제	약제색	적응 화재
1종	탄산수소나트륨 ($NaHCO_3$)	백색	B · C급
2종	탄산수소칼륨 ($KHCO_3$)	담자색 (담회색)	B · C급
3종	제1인산암모늄 ($NH_4H_2PO_4$)	담홍색	A · B · C급
4종	탄산수소칼륨 + 요소 ($KHCO_3$ + $(NH_2)_2CO$)	회(백)색	B · C급

암기 ▶ 백담사 홍어회

46 (중)

화재의 소화원리에 따른 소화방법의 적용으로 틀린 것은?

① 냉각소화 : 스프링클러설비
② 질식소화 : 이산화탄소소화설비
③ 제거소화 : 포소화설비
④ 억제소화 : 할로겐화합물소화설비

해설 소화설비

소화원리	소화방법
냉각소화	• 스프링클러설비 • 옥내 · 외소화전설비
질식소화	• 이산화탄소소화설비 • 포소화설비 • 분말소화설비 • 물분무소화설비 • 불활성기체소화약제 • 마른모래 · 팽창질석 · 팽창진주암
억제소화	할로겐화합물소화설비

47 (중)

연소의 4요소 중 자유활성기(Free Radical)의 생성을 저하시켜 연쇄반응을 중지시키는 소화방법은?

① 제거소화
② 냉각소화
③ 질식소화
④ 억제소화

해설 소화의 형태

소화	내용
냉각소화	열 흡수, 발화점 이하로 낮추어 소화
질식소화	산소농도 15 [%] 이하로 낮춤
제거소화	가연물을 차단, 격리
억제소화	연쇄반응을 차단, 부촉매소화

정답 44 ③ 45 ① 46 ③ 47 ④

48 상중하

할론소화약제의 주된 소화효과 및 방법에 대한 설명으로 옳은 것은?

① 소화약제의 증발잠열에 의한 소화방법이다.
② 산소의 농도를 15 [%] 이하로 낮게 하는 소화방법이다.
③ 소화약제의 열분해에 의해 발생하는 이산화탄소에 의한 소화방법이다.
④ 자유활성기(Free Radical)의 생성을 억제하는 소화방법이다.

해설 할론소화약제

1) 연쇄반응 차단하여 부촉매소화
2) 라디컬포착제로 자유활성기 생성 억제
3) 할로겐족 원소 사용(F, Cl, Br, I 등)
4) 부식성이 낮음
5) 전기의 부도체로 전기화재에 효과적
6) 적응성 : 통신 기기실, 미술관, 전산실 등

49 상중하

소화약제로 사용할 수 없는 것은?

① $KHCO_3$
② $NaHCO_3$
③ CO_2
④ NH_3

해설 소화약제

1) 탄산수소칼륨($KHCO_3$) : 제2종 분말
2) 탄산수소나트륨($NaHCO_3$) : 제1종 분말
3) 이산화탄소(CO_2)소화약제

보충 암모니아(NH_3) : 가연성 가스

50 상중하

분말소화약제 중 탄산수소칼륨($KHCO_3$)과 요소((NH_2)$_2$CO)와의 반응물을 주성분으로 하는 소화약제는?

① 제1종 분말
② 제2종 분말
③ 제3종 분말
④ 제4종 분말

해설 분말소화약제

종별	소화약제	약제색	적응 화재
1종	탄산수소나트륨 ($NaHCO_3$)	백색	B·C급
2종	탄산수소칼륨 ($KHCO_3$)	담자색 (담회색)	B·C급
3종	제1인산암모늄 ($NH_4H_2PO_4$)	담홍색	A·B·C급
4종	탄산수소칼륨 + 요소 ($KHCO_3$ + (NH_2)$_2$CO)	회(백)색	B·C급

암기 백담사 홍어회

51 상중하

소화약제의 방출수단에 대한 설명으로 가장 옳은 것은?

① 액체 화학반응을 이용하여 발생되는 열로 방출한다.
② 기체의 압력으로 폭발, 기화작용 등을 이용하여 방출한다.
③ 외기의 온도, 습도, 기압 등을 이용하여 방출한다.
④ 가스압력, 동력, 사람의 손 등에 의하여 방출한다.

해설 소화약제 방출

- 분말소화기 : 사람의 손
- 수계소화설비 : 펌프
- 가스계소화설비 : 가스압력

정답 48 ④ 49 ④ 50 ④ 51 ④

52 (중)

B급 화재 시 사용할 수 없는 소화방법은?

① CO₂소화약제로 소화한다.
② 봉상 주수로 소화한다.
③ 3종 분말약제로 소화한다.
④ 단백포로 소화한다.

해설 유류화재 소화방법

1) 유지는 물보다 비중이 가벼워 물 위에 뜸
2) 주수소화 시 유면이 확대되어 화재 확대
3) 포소화약제 등 유면을 덮어 질식소화

53 (중)

화재를 소화하는 방법 중 물리적 방법에 의한 소화가 아닌 것은?

① 억제소화
② 제거소화
③ 질식소화
④ 냉각소화

해설 소화의 형태

소화	내용
냉각소화	열 흡수, 발화점 이하로 낮추어 소화
질식소화	산소농도 15 [%] 이하로 낮춤
제거소화	가연물을 차단, 격리
억제소화	연쇄반응을 차단, 부촉매소화

보충 물리적 소화 : 냉각, 질식, 제거
화학적 소화 : 억제소화 (부촉매소화)

54 (중)

제3종 분말소화약제에 대한 설명으로 틀린 것은?

① A, B, C급 화재에 모두 적응한다.
② 주성분은 탄산수소칼륨과 요소이다.
③ 열분해 시 발생되는 불연성 가스에 의한 질식효과가 있다.
④ 분말운무에 의한 열방사를 차단하는 효과가 있다.

해설 분말소화약제

종별	소화약제	약제색	적응화재
1종	탄산수소나트륨 (NaHCO₃)	백색	B·C급
2종	탄산수소칼륨 (KHCO₃)	담자색 (담회색)	B·C급
3종	제1인산암모늄 (NH₄H₂PO₄)	담홍색	A·B·C급
4종	탄산수소칼륨 + 요소 (KHCO₃ + (NH₂)₂CO)	회(백)색	B·C급

암기 ▶ 백담사 홍어회

정답 52 ② 53 ① 54 ②

55 (상⦁중⦁하)

오존층 파괴 효과가 없는(ODP = 0) 소화약제는?

① Halon 1301
② HFC-227ea
③ HCFC BLEND A
④ Halon 1211

해설 오존파괴지수(ODP)

구분	오존파괴능력(ODP)
HFC-227ea	0
HCFC BLEND A	0.04
Halon 1211	3
Halon 1301	10.0

보충 HFC-227ea의 상품명 : FM-200

56 (상⦁중⦁하)

고비점유 화재 시 무상주수하여 가연성 증기의 발생을 억제함으로써 기름의 연소성을 상실시키는 소화효과는?

① 억제효과
② 제거효과
③ 유화효과
④ 파괴효과

해설 물의 소화 효과

효과	설명
냉각효과	증발(기화) 잠열에 의한 열 흡수
질식효과	기화 시 체적이 약 1650배 증가하여 주변 산소농도 낮춤
유화효과	에멀전 형성, 가연성 혼합기 생성 억제
희석효과	분해가스나 증기의 농도 낮춤

보충 부촉매효과 : 분말, 할로겐화합물

57 (상⦁중⦁하)

주성분이 인산염류인 제3종 분말소화약제가 다른 분말소화약제와 다르게 A급 화재에 적용할 수 있는 이유는?

① 열분해 생성물인 CO_2가 열을 흡수하므로 냉각에 의하여 소화된다.
② 열분해 생성물인 수증기가 산소를 차단하여 탈수작용한다.
③ 열분해 생성물인 메타인산(HPO_3)이 산소의 차단 역할을 하므로 소화가 된다.
④ 열분해 생성물인 암모니아가 부촉매 작용을 하므로 소화가 된다.

해설 제1인산암모늄($NH_4H_2PO_4$)

1) 제3종 분말소화약제
2) 열분해 시 생성되는 메타인산(HPO_3)이 표면에 부착해 피막 형성하여 산소 차단
3) 적응 화재 : A⦁B⦁C급 화재
4) 적응 대상 : 차고, 주차장

58 (상⦁중⦁하)

FM200이라는 상품명을 가지며 오존파괴 지수(ODP)가 0인 할론 대체 소화약제는 무슨 계열인가?

① HFC 계열
② HCFC 계열
③ FC 계열
④ Blend 계열

정답 55 ② 56 ③ 57 ③ 58 ①

해설 할로겐화합물 및 불활성기체소화약제의 계열

계열	소화약제	상품명	기타
FC	FC-3-1-10	CEA-410	C_4F_{10}
HFC	HFC-23	FE-13	CHF_3
HFC	HFC-125	FE-25	CHF_2CF_3
HFC	HFC-227ea	FM-200	CF_3CHFCF_3
HCFC	HCFC-124	FE-241	$CHClFCF_3$
HCFC	HCFC BLEND A	NAF-S-Ⅲ	• HCFC-22 : 82 [%] • HCFC-123 : 4.75 [%] • HCFC-124 : 9.5 [%] • $C_{10}H_{16}$: 3.75 [%]
IG	IG-541	Inergen	N_2, Ar, CO_2

보충 ▶ FM-200 : 친환경 소화약제, 전세계에서 가장 많이 사용

59 (상 중 **하**)

저팽창포와 고팽창포에 모두 사용할 수 있는 포소화약제는?

① 단백포소화약제
② 수성막포소화약제
③ 불화단백포소화약제
④ 합성계면활성제포소화약제

해설 포소화약제

저팽창포	고팽창포
단백포 수성막포 내알코올포 불화단백포 합성계면활성제포	합성계면활성제포

TIP ▶ 합성계면활성제포 : 저팽창, 고팽창 모두 사용 가능

60 (상 **중** 하)

분말소화약제에 관한 설명 중 틀린 것은?

① 제1종 분말은 담홍색 또는 황색으로 착색되어 있다.
② 분말의 고화를 방지하기 위하여 실리콘 수지 등으로 방습처리 한다.
③ 일반화재에도 사용할 수 있는 분말소화약제는 제3종 분말이다.
④ 제2종 분말의 열분해식은 $2KHCO_3 \rightarrow K_2CO_3 + CO_2 + H_2O$이다.

해설 분말소화약제

종별	소화약제	약제색	적응화재
1종	탄산수소나트륨 ($NaHCO_3$)	백색	BC급
2종	탄산수소칼륨 ($KHCO_3$)	담자색 (담회색)	BC급
3종	제1인산암모늄 ($NH_4H_2PO_4$)	담홍색	ABC급
4종	탄산수소칼륨 + 요소 ($KHCO_3$ + $(NH_2)_2CO$)	회(백)색	BC급

암기 ▶ 백담사 홍어회

61 (상 **중** 하)

화재 시 소화에 관한 설명으로 틀린 것은?

① 내알코올포소화약제는 수용성 용제의 화재에 적합하다.
② 물은 불에 닿을 때 증발하면서 다량의 열을 흡수하여 소화한다.
③ 제3종 분말소화약제는 식용유화재에 적합하다.
④ 할로겐화합물소화약제는 연쇄반응을 억제하여 소화한다.

정답 59 ④ 60 ① 61 ③

해설 제1종 분말소화약제 적응성

1) 비누화현상 : 유지를 알칼리로 처리하여 글리세린과 비누로 만드는 반응
2) 적용 : 식용유화재

62 (상 중 하)

할로겐원소의 소화효과가 큰 순서대로 배열된 것은?

① I > Br > Cl > F
② Br > I > F > Cl
③ Cl > F > I > Br
④ F > Cl > Br > I

해설 할로겐족 원소

1) 주기율표 17족 원소 : F, Cl, Br, I
2) 전기음성도(결합력) : F > Cl > Br > I
3) 부촉매효과(소화능력) : F < Cl < Br < I

암기 FC바르셀로나 아이

63 (상 중 하)

제2종 분말소화약제가 열분해되었을 때 생성되는 물질이 아닌 것은?

① CO_2
② H_2O
③ H_3PO_4
④ K_2CO_3

해설 분말소화약제 화학반응식

종별	소화약제	화학 반응식
1종	탄산수소나트륨 ($NaHCO_3$)	$2NaHCO_3 \rightarrow Na_2CO_3 + CO_2 + H_2O$
2종	탄산수소칼륨 ($KHCO_3$)	$2KHCO_3 \rightarrow K_2CO_3 + CO_2 + H_2O$
3종	제1인산암모늄 ($NH_4H_2PO_4$)	$NH_4H_2PO_4 \rightarrow NH_3 + HPO_3 + H_2O$
4종	탄산수소칼륨 + 요소 ($KHCO_3 + (NH_2)_2CO$)	$2KHCO_3 + (NH_2)_2CO \rightarrow K_2CO_3 + 2NH_3 + 2CO_2$

64 (상 중 하)

제거소화의 예가 아닌 것은?

① 유류화재 시 다량의 포를 방사한다.
② 전기화재 시 신속하게 전원을 차단한다.
③ 가연성 가스 화재 시 가스의 밸브를 닫는다.
④ 산림화재 시 확산을 막기 위하여 산림의 일부를 벌목한다.

해설 제거소화

방법	내용
격리	바람 불어 가연물과 불꽃 격리
소멸	• 가스밸브 차단하여 가스 공급 소멸 • 드레인밸브 개방하여 기름 배출 • 가연물을 다른 지역으로 이동
파괴	산불 화재 시 맞불, 벌목

보충 유류화재 시 다량의 포 방사 : 질식소화

65 (상 중 하)

화학적 소화방법에 해당하는 것은?

① 모닥불에 물을 뿌려 소화한다.
② 모닥불을 모래로 덮어 소화한다.
③ 유류화재를 할론 1301로 소화한다.
④ 지하실 화재를 이산화탄소로 소화한다.

해설 부촉매소화(억제소화)

1) 화학적 소화
2) 연쇄반응을 차단하여 소화
3) 활성기의 생성을 억제하는 소화방법
4) 할론·할로겐화합물소화약제

정답 62 ① 63 ③ 64 ① 65 ③

66

제1종 분말소화약제인 탄산수소나트륨은 어떤 색으로 착색되어 있는가?

① 담회색
② 담홍색
③ 회색
④ 백색

해설 분말소화약제

종별	소화약제	약제색	적응화재
1종	탄산수소나트륨 (NaHCO$_3$)	백색	B·C급
2종	탄산수소칼륨 (KHCO$_3$)	담자색 (담회색)	B·C급
3종	제1인산암모늄 (NH$_4$H$_2$PO$_4$)	담홍색	A·B·C급
4종	탄산수소칼륨 + 요소 (KHCO$_3$ + (NH$_2$)$_2$CO)	회(백)색	B·C급

암기 ▶ 백담사 홍어회

67

가연성 가스나 산소의 농도를 낮추어 소화하는 방법은?

① 질식소화
② 냉각소화
③ 제거소화
④ 억제소화

해설 소화의 형태

소화	내용
냉각소화	열 흡수, 발화점 이하로 낮추어 소화
질식소화	산소농도 15 [%] 이하로 낮춤
제거소화	가연물을 차단, 격리
억제소화	연쇄반응을 차단, 부촉매소화

68

할로겐화합물 및 불활성기체소화약제 중 HFC 계열인 펜타플루오로에탄(HFC-125, CHF$_2$CF$_3$)의 최대허용설계농도는?

① 0.2 [%]
② 1.0 [%]
③ 11.5 [%]
④ 9.0 [%]

해설 할로겐화합물 및 불활성기체소화약제 최대허용설계농도

소화약제	설계농도 [%]
FIC-13I1	0.3
FK-5-1-12	10
HFC-125	11.5
FC-3-1-10	40
IG-541	43

69

물의 물리·화학적 성질로 틀린 것은?

① 증발잠열은 539.6 [cal/g]으로 다른 물질에 비해 매우 큰 편이다.
② 대기압하에서 100 [℃]의 물이 액체에서 수증기로 바뀌면 체적은 약 1603배 정도 증가한다.
③ 수소 1분자와 산소 1/2분자로 이루어져 있으며 이들 사이의 화학결합은 극성 공유결합이다.
④ 분자 간 결합은 쌍극자 - 쌍극자 상호작용의 일종인 산소결합에 의해 이루어진다.

정답 66 ④ 67 ① 68 ③ 69 ④

해설 | 물의 물리·화학적 성질

구분	내용
물리적 성질	• 상온에서 물은 무겁고 안정된 액체 • 융해잠열 : 80 [kcal/kg] (= 334 [kJ/kg]) • 증발잠열 : 539.6 [kcal/kg] (= 2257 [kJ/kg]) • 비열 : 1 [kcal/kg·℃] (= 4.18 [kJ/kg·K]) • 잠열, 비열, 표면장력 크다 • 증발 시 체적 약 1650배 증가
화학적 성질	• 수소 2원자, 산소 1원자(H_2O) • 물은 극성 분자, 수소결합

70 (상 중 하)

불화단백포소화약제 소화작용의 장점이 아닌 것은?

① 내한용, 초내한용으로 적합하다.
② 포의 유동성이 우수하여 소화속도가 빠르다.
③ 유류에 오염이 되지 않으므로 표면하주입식, 포방출방식에 적합하다.
④ 내화성이 우수하여 대형의 유류저장탱크시설에 적합하다.

해설 | 불화단백포

1) 소화성능 가장 우수
2) 내화성 우수, 대형유류저장탱크시설 적합
3) 유동성 우수, 소화속도 빠름
4) 표면하주입방식
5) 단백포 + 수성막포

71 (상 중 하)

증발잠열을 이용하여 가연물의 온도를 떨어뜨려 화재를 진압하는 소화방법은?

① 제거소화 ② 억제소화
③ 질식소화 ④ 냉각소화

해설 | 물의 소화 효과

효과	설명
냉각효과	증발(기화) 잠열에 의한 열 흡수
질식효과	기화 시 체적이 약 1650배 증가하여 주변 산소농도 낮춤
유화효과	에멀전 형성, 가연성 혼합기 생성 억제
희석효과	분해가스나 증기의 농도 낮춤

72 (상 중 하)

분말소화약제의 열분해 반응식 중 다음 (   ) 안에 알맞은 화학식은?

$$2NaHCO_3 \rightarrow Na_2CO_3 + H_2O + (\quad)$$

① CO ② CO_2
③ Na ④ Na_2

해설 | 분말소화약제의 화학반응식

종별	소화약제	화학 반응식
1종	탄산수소나트륨 ($NaHCO_3$)	$2NaHCO_3 \rightarrow Na_2CO_3 + CO_2 + H_2O$
2종	탄산수소칼륨 ($KHCO_3$)	$2KHCO_3 \rightarrow K_2CO_3 + CO_2 + H_2O$
3종	제1인산암모늄 ($NH_4H_2PO_4$)	$NH_4H_2PO_4 \rightarrow NH_3 + HPO_3 + H_2O$
4종	탄산수소칼륨 + 요소 ($KHCO_3 + (NH_2)_2CO$)	$2KHCO_3 + (NH_2)_2CO$ $\rightarrow K_2CO_3 + 2NH_3 + 2CO_2$

정답 70 ① 71 ④ 72 ②

73 (하)

부촉매소화에 관한 설명으로 옳은 것은?

① 산소의 농도를 낮추어 소화하는 방법이다.
② 화학반응으로 발생한 탄산가스에 의한 소화방법이다.
③ 활성기(Free Radical)의 생성을 억제하는 소화방법이다.
④ 융용잠열에 의한 냉각효과를 이용하여 소화하는 방법이다.

해설 부촉매소화(억제소화)

1) 화학적 소화
2) 연쇄반응을 차단하여 소화
3) 활성기의 생성을 억제하는 소화방법
4) 할론·할로겐화합물소화약제

74 (중)

같은 원액으로 만들어진 포의 특성에 관한 설명으로 옳지 않은 것은?

① 발포배율이 커지면 환원시간은 짧아진다.
② 환원시간이 길면 내열성이 떨어진다.
③ 유동성이 좋으면 내열성이 떨어진다.
④ 발포배율이 작으면 유동성이 떨어진다.

해설 포의 특성

1) 발포배율이 커지면 환원시간은 짧아진다.
2) 환원시간이 길면 내열성이 좋아진다.
3) 유동성이 좋으면 내열성이 떨어진다.
4) 발포배율이 작으면 유동성이 떨어진다.

75 (하)

불활성기체소화약제인 IG-541의 성분이 아닌 것은?

① 질소
② 아르곤
③ 헬륨
④ 이산화탄소

해설 불활성기체소화약제

소화약제	분자식
IG-541	N_2 : 52 [%], Ar : 40 [%], CO_2 : 8 [%]
IG-01	Ar : 100 [%]
IG-55	N_2 : 50 [%], Ar : 50 [%]
IG-100	N_2 : 100 [%]

76 (중)

소화기의 소화약제에 관한 공통적 성질에 대한 설명으로 틀린 것은?

① 산알칼리소화약제는 양질의 유기산을 사용한다.
② 소화약제는 현저한 독성 또는 부식성이 없어야 한다.
③ 분말상의 소화약제는 고체화 및 변질 등 이상이 없어야 한다.
④ 액상의 소화약제는 결정의 석출, 용액의 분리, 부유물 또는 침전물 등 기타 이상이 없어야 한다.

해설 소화기소화약제

1) 산알칼리소화약제는 양질의 무기산 사용
2) 독성, 부식성이 없어야 함
3) 분말소화약제는 고체화, 변질이 없어야 함
4) 액상소화약제는 결정 석출, 용액 분리, 부유물 및 침전물 등이 없어야 함

정답 73 ③ 74 ② 75 ③ 76 ①

CHAPTER

07 안전관리 및 건축방재

3회독 월 일

2회독 월 일

1회독 월 일

학습목표

1 피난 시 인간의 본능과 안전구획에 대해 파악한다.
2 피난대책의 일반원칙의 특징에 대해 익힌다.
3 내화구조와 방화구조에 대한 기준을 암기한다.
4 건물의 주요구조부와 주요구조부가 아닌 것을 구분할 수 있도록 한다.
5 무창층과 개구부의 기준을 암기한다.
6 방화벽과 방화문의 기준을 익힌다.
7 방화구획 시 면적별 구획에 따른 면적기준을 암기한다.

학습MAP

- **안전관리**
  - 위험물제조소 등 주의사항 표시게시판 내용
  - 위험물 운반용기의 외부 표시사항
- **피난** ★★★
  - 피난 시 인간의 본능
  - 안전구획
  - 피난의 형태
  - 피난대책의 일반원칙
  - 피난동선 고려사항
  - 패닉의 발생원인
  - 피난기구 및 인명구조기구
- **건축방재**
  - 건축물의 방재계획 ★
  - 내화구조 ★★★
  - 방화구조
  - 건물의 주요구조부 ★★★
  - 건축내장재료
  - 무창층 ★
  - 방화벽과 방화문 ★★★
  - 방화구획 ★★★
  - 피난계단
  - 피난안전구역
  - 방염

01 안전관리

1 위험물제조소등 주의사항 표시 게시판 내용

구분		주의사항
제1류 위험물	알칼리금속의 과산화물	물기엄금
	그 밖	표시 없음
제2류 위험물	인화성 고체	화기엄금
	인화성 고체 제외	화기주의
제3류 위험물	금수성 물질	물기엄금
	자연발화성 물질	화기엄금
제4류 위험물		화기엄금
제5류 위험물		화기엄금
제6류 위험물		표시 없음

2 위험물 운반용기의 외부 표시사항

위험물안전관리법령상 제6류 위험물을 수납하는 운반용기의 외부에 주의사항을 표시하여야 할 경우 가연물접촉주의를 표시하여야 한다.

위험물		표시사항	
제1류 위험물	알칼리금속의 과산화물 함유	• 화기·충격주의 • 물기엄금	• 가연물접촉주의
	알칼리금속의 과산화물 제외	• 화기·충격주의	• 가연물접촉주의
제2류 위험물	철분·금속분·마그네슘 함유	• 화기주의	• 물기엄금
	인화성 고체	• 화기주의	• 화기엄금
제3류 위험물	자연발화성 물질	• 화기엄금	• 공기접촉엄금
	금수성 물질	• 물기엄금	
제4류 위험물		• 화기엄금	
제5류 위험물		• 화기엄금	• 충격주의
제6류 위험물		• 가연물접촉주의	

02 피난

1 피난 시 인간의 본능

구분	특성
귀소 본능	비상시 친숙한 경로를 따라 대피
지광 본능	화재나 정전 시 주위가 어두워지면 밝은 쪽으로 피난
추종 본능	비상시 많은 사람들이 리더를 추종
퇴피 본능	화염, 연기에 대한 공포감으로 발화의 반대방향으로 이동
좌회 본능	좌측통행과 시계 반대방향으로 회전
직진 본능	비상시 직진

○ P.163 문03
○ P.167 문14

2 안전구획(피난 경로) ★

1) 1차 안전구획 : 복도
2) 2차 안전구획 : 부속실
3) 3차 안전구획 : 계단

○ P.168 문19

2차 안전구획은 복도이다.
　　　　　　　　X 부속실

TIP ▶ 피난 시 거실 → 복도 → 부속실 → 계단 → 피난층

○ P.163 문02

3 피난의 형태

형태	피난방향	특징
X형	↑←↓→	피난이 분산되어 신속한 피난이 용이
Y형	↖↗↓	
T형	←↓→	피난방향을 확실히 분간하기 쉬움
I형	←→	
Z형	⌐_	중앙복도형으로 코어식 중 피난에 양호함
ZZ형	□	
CO형 ★	↓→□←↑	피난자들이 집중되어 병목현상 및 패닉의 우려가 큼 ★
H형 ★	←→|←→	

4 피난대책의 일반원칙

1) Fail - Safe
   (1) 1가지가 고장으로 실패하더라도 다른 수단에 의해 안전을 확보하는 것
   (2) 2방향 이상의 피난경로
   (3) 부분화, 다중화
2) Fool - Proof
   (1) 누구라도 안전하게 사용할 수 있도록 원시적 방법으로 그림 색채 등을 활용하는 것
   (2) 간단명료한 피난통로유도등, 유도표지
   (3) 피난설비는 고정식 설비로 설치
   (4) 피난경로는 간단명료할 것

5 피난동선 고려사항

1) 가급적 단순한 형태일 것(Fool - Proof)
2) 2방향 이상의 피난 고려(Fail - Safe)

6 패닉의 발생원인

1) 연기에 의한 가시거리 제한
2) 유독가스에 의한 호흡 장애
3) 외부와 단절된 심리적인 고립감

7 피난기구 및 인명구조기구

피난기구	인명구조기구
미끄럼대, 구조대, 완강기, 간이완강기, 피난사다리(하향식 피난구용 내림식사다리 포함), 피난교, 피난용 트랩, 다수인피난장비, 승강식 피난기, 공기안전매트	방열복 또는 방화복, 공기 호흡기, 인공소생기

🔗 P.164 문05
🔗 P.166 문13

🔗 P.164 문06
🔗 P.169 문23

🔗 P.170 문27

✅ **소화활동설비의 종류**
1) 연결송수관설비
2) 연결살수설비
3) 연소방지설비
4) 무선통신보조설비
5) 제연설비
6) 비상콘센트설비

암기▶ 3연무 제비콘

03 건축방재

1 건축물의 방재계획

구분		내용
공간적 대응	대항성	방화구획, 방연구획, 내화재료 등을 사용하여 초기 소화에 대응하는 화재사상 저항능력
	회피성	불연화, 난연화 등의 내장재 제한과 소방훈련 및 불조심 등 화재 확대 가능성을 줄여 위험성을 낮추는 것
	도피성	화재 시 피난자가 위험에 빠지지 않도록 구조적으로 배려하는 것
설비적 대응		공간적 대응을 보완하는 것으로 제연설비, 방화문, 방화셔터, 자동화재탐지설비, 자동소화설비, 스프링클러설비, 유도등, 비상전원, 피난기구 등

🔗 P.169 문22
🔗 P.172 문32

○ 건축방화계획에서 건축구조 및 재료를 불연화하여 화재를 미연에 방지하고자 하는 공간적 대응방법은 "회피성 대응"이다. [O]

암기 ▶ 도대회

2 내화구조

1) 정의

화재에 견딜 수 있는 성능을 가진 구조

🔗 P.166 문11

2) 바닥기준

구분	두께
철근콘크리트조 또는 철골철근콘크리트조	10 [cm] 이상
철재로 보강된 콘크리트블록조·벽돌조 또는 석조로서 철재에 덮은 콘크리트블록 등	5 [cm] 이상
철재의 양면을 철망모르타르 또는 콘크리트로 덮은 것	5 [cm] 이상

🔗 P.164 문04
🔗 P.171 문29

암기 ▶ 철철10

3) 벽기준

구분	내력벽 두께	외벽 중 비내력벽 두께
철근콘크리트조 또는 철골철근콘크리트조	10 [cm] 이상	7 [cm] 이상
골구를 철골조로 하고 그 양면을 철망모르타르로 덮은 것	4 [cm] 이상	3 [cm] 이상
골구를 철골조로 하고 그 양면을 콘크리트블록·벽돌 또는 석재로 덮은 것	5 [cm] 이상	4 [cm] 이상
철재로 보강된 콘크리트블록조·벽돌조 또는 석조로서 철재에 덮은 콘크리트블록 등	5 [cm] 이상	4 [cm] 이상
벽돌조	19 [cm] 이상	–

🔗 P.168 문16
🔗 P.170 문24

○ 내화구조의 기준 중 벽의 경우 벽돌조로서 두께가 최소 19 [cm] 이상이어야 한다. [O]

구분	내력벽 두께	외벽 중 비내력벽 두께
고온·고압의 증기로 양생된 경량기포 콘크리트패널 또는 경량기포 콘크리트블록조	10 [cm] 이상	-
무근콘크리트조·콘크리트블록조·벽돌조 또는 석조	-	7 [cm] 이상

4) 기둥기준

그 작은 지름이 25 [cm] 이상인 것으로서 다음 어느 하나에 해당하는 것. 다만 고강도 콘크리트를 사용하는 경우에는 고강도 콘크리트 내화성능 관리기준에 적합해야 한다.

(1) 철근콘크리트조 또는 철골철근콘크리트조
(2) 철골을 두께 6 [cm](경량골재를 사용하는 경우에는 5 [cm]) 이상의 철망모르타르 또는 두께 7 [cm] 이상의 콘크리트블록·벽돌 또는 석재로 덮은 것
(3) 철골을 두께 5 [cm] 이상의 콘크리트로 덮은 것

🔗 P.172 문33
🔗 P.173 문37

5) 지붕기준

(1) 철근콘크리트조 또는 철골철근콘크리트조
(2) 철재로 보강된 콘크리트블록조·벽돌조 또는 석조
(3) 철재로 보강된 유리블록 또는 망입유리(두꺼운 판유리에 철망을 넣은 것을 말한다)로 된 것

3 방화구조

1) 정의

화염확산을 막을 수 있는 성능을 가진 구조

🔗 P.169 문21
🔗 P.173 문34

2) 기준

심벽에 흙으로 맞벽치기 한 것은 "방화구조"이다. ◯

구분	두께
철망모르타르	2 [cm] 이상
석고판 위에 시멘트모르타르를 바른 것 석고판 위에 회반죽을 바른 것 시멘트모르타르 위에 타일을 붙인 것	2.5 [cm] 이상
심벽에 흙으로 맞벽치기 한 것	모두 해당
산업표준화법에 의한 한국산업표준이 정하는 바에 의하여 시험한 결과 방화 2급 이상에 해당하는 것	

4 건물의 주요구조부 ★★★

1) 바닥(최하층 바닥 제외) 2) 보(작은 보 제외)
3) 지붕틀(차양 제외) 4) 내력벽
5) 주계단(옥외계단 제외) 6) 기둥(사잇기둥 제외)

→ P.163 문01
→ P.172 문31
[암기] 바보지내주기

5 건축내장재료

구분	불연재료	준불연재료	난연재료
정의	불에 타지 않는 성질을 가진 재료	불연재료에 준하는 성질을 가진 재료	불에 잘 타지 않는 성능을 가진 재료
난연 등급	난연 1급	난연 2급	난연 3급
종류	콘크리트·석재·벽돌·기와·철강·알루미늄·유리·시멘트모르타르 및 회	석고보드, 목모시멘트판, 미네랄텍스	난연합판, 난연플라스틱판

6 무창층 ★★★

1) 정의
   지상층으로서 개구부의 면적합계가 해당 층 바닥면적의 1/30 이하가 되는 층
2) 개구부기준
   (1) 크기 : 지름 50 [cm] 이상의 원이 내접할 수 있을 것
   (2) 해당 층 바닥에서 개구부 밑부분까지의 높이가 1.2 [m] 이내일 것
   (3) 도로 또는 차량이 진입할 수 있는 빈터를 향할 것
   (4) 화재 시 쉽게 피난할 수 있도록 창살이나 장애물이 설치되지 아니할 것
   (5) 내부 또는 외부에서 쉽게 부수거나 열 수 있을 것

→ P.167 문15
→ P.171 문28

개구부기준 중 하나는 지름 40 [cm] 이상의 원이 내접할 수 있어야 한다. [X] 60 [cm] 이상

[TIP] 지하층
건축물의 바닥이 지표면 아래에 있는 층 바닥에서 지표면까지의 평균 높이가 해당층 높이의 1/2 이상인 것

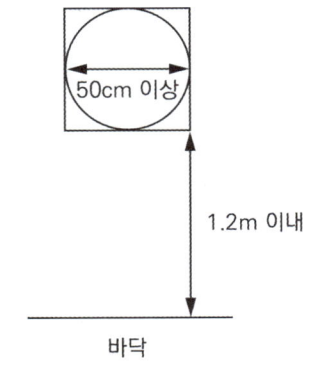

7 방화벽과 방화문

1) 방화벽의 정의

   화재 발생 시 화염확산을 방지하기 위하여 불에 잘 견디는 재료로 만든 벽

2) 방화벽의 설치 및 구조기준 ★★★

구분	설치 및 구조기준
대상 건축물	주요구조부가 내화구조 또는 불연재료가 아닌 연면적이 1000 [m²] 이상인 건축물
구조	• 내화구조로서 홀로 설 수 있는 구조일 것 • 방화벽의 양쪽 끝과 위쪽 끝을 건축물의 외벽면 및 지붕면으로부터 0.5 [m] 이상 튀어나오게 할 것 • 방화벽에 설치하는 출입문의 너비 및 높이는 각 2.5 [m] 이하로 하고 해당 출입문에는 60분+ 방화문 또는 60분 방화문을 설치할 것

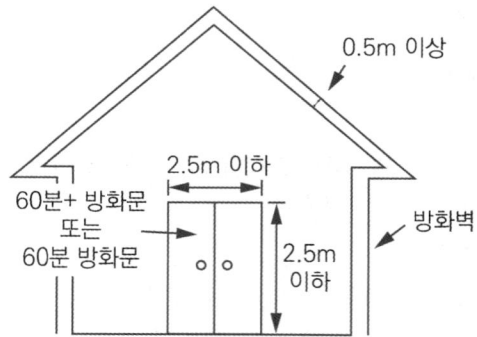

3) 방화문의 정의

   화재로 인한 연기의 발생 또는 온도의 상승에 따라 자동적으로 닫히는 구조

4) 방화문의 종류

구분	기준
60분+ 방화문	• 연기 및 불꽃 차단할 수 있는 시간 60분 이상 • 열 차단할 수 있는 시간 30분 이상
60분 방화문	연기 및 불꽃 차단할 수 있는 시간 60분 이상
30분 방화문	연기 및 불꽃 차단할 수 있는 시간 30분 이상 60분 미만

B 방화구획

1) 정의
   화재 발생 시 인접구역의 화염확산을 방지하기 위해 구획하는 것
2) 기준

구분	기준	구조
면적별 구획 (수평) ★	• 10층 이하의 층은 바닥면적 1000 [m²] 이내마다 구획 • 11층 이상의 층은 바닥면적 200 [m²] 이내마다 구획 (마감재가 불연재료 : 500 [m²] 이내) • 자동식 소화설비구역 : 기준 바닥면적의 3배 적용	① 내화구조의 바닥, 벽 ② 60분+ 방화문 또는 60분 방화문 ③ 자동방화셔터
층별 구획 (수직)	매 층마다 구획(단, 지하 1층에서 지상으로 직접 연결하는 경사로 부분 제외)	
용도별 구획	주요구조부를 내화구조로 해야 하는 대상 부분과 기타 부분 사이의 구획	

- P.164 문07
- P.166 문12
- P.170 문25
- P.173 문35

○ 방화구획의 설치기준 중 스프링클러 기타 이와 유사한 자동식 소화설비를 설치한 10층 이하의 층은 1000 [m²] 이내마다 구획하여야 한다. [X] 3000 [m²] 이내마다

3) 연소 우려가 있는 부분 및 구조 ★
   (1) 연소할 우려가 있는 부분 [건축물의 피난·방화구조 등의 기준에 관한 규칙]
       인접대지경계선·도로중심선 또는 동일한 대지 안에 있는 2동 이상의 건축물 상호의 외벽 간의 중심선으로부터 1층에 있어서는 3 [m] 이내, 2층 이상에 있어서는 5 [m] 이내의 거리에 있는 건축물의 각 부분
   (2) 연소 우려가 있는 건축물의 구조 [소방시설법 시행규칙]
       건축물대장의 건축물 현황도에 표시된 대지 경계선 안에 2 이상의 건축물이 있는 경우로서 각각의 건축물이 다른 건축물의 외벽으로부터 수평거리가 1층의 경우에는 6 [m] 이하이고, 2층 이상의 경우에는 10 [m] 이하이고, 개구부가 다른 건축물을 향하여 설치된 구조를 말한다.

- P.165 문08

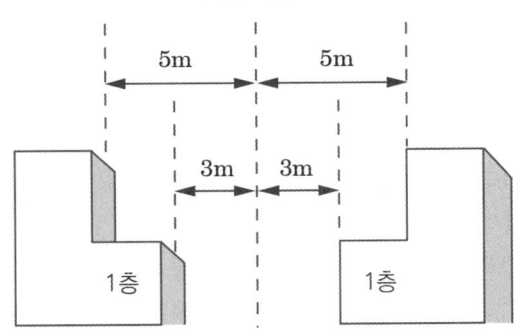

외벽 간 중심선

4) 연면적 1000 [m²] 이상 건축물을 목조로 건축한 경우
   (1) 외벽 및 처마 밑의 연소할 우려가 있는 부분 : 방화구조
   (2) 지붕 : 불연재료

9 피난계단

1) 계단의 종류
   (1) 직통계단 : 피난층, 지상층에 직통으로 통하는 계단
   (2) 피난계단 : 직통계단에 내화구조, 불연재료로 설치한 계단(5층 이상 또는 지하 2층 이하인 층에 설치)
   (3) 특별피난계단 : 부속실을 거쳐 계단실에 도달할 수 있도록 한 계단, 피난계단보다 더 높은 수준의 화재안전성능을 지님(11층 이상 또는 지하 3층 이하인 층에 설치)

2) 직통계단의 설치기준
건축물의 피난층 외의 층에서는 피난층 또는 지상으로 통하는 직통계단을 거실의 각 부분으로부터 계단에 이르는 보행거리가 아래 기준이 되도록 설치해야 한다.

구분	거실 각 부분으로부터 계단에 이르는 보행거리
일반건축물	30 [m] 이하
건축물의 주요구조부가 내화구조, 불연재료로 된 건축물	50 [m] 이하 (층수가 16층 이상인 공동주택의 경우 16층 이상인 층 : 40 [m] 이하)
자동화 생산시설에 스프링클러 등 자동식 소화설비를 설치한 공장	75 [m] 이하 (무인화 공장 : 100 [m] 이하)

3) 피난계단의 구조(건축물 내부에 설치하는 피난계단의 구조)
   (1) 계단실은 창문·출입구 기타 개구부를 제외한 당해 건축물의 다른 부분과 내화구조의 벽으로 구획할 것
   (2) 계단실의 실내에 접하는 부분의 마감은 불연재료로 할 것
   (3) 계단실에는 예비전원에 의한 조명 설비를 할 것
   (4) 계단실의 바깥쪽과 접하는 창문 등은 당해 건축물의 다른 부분에 설치하는 창문 등으로부터 2 [m] 이상의 거리를 두고 설치할 것
   (5) 건축물의 내부와 접하는 계단실의 창문 등은 망이 들어 있는 유리의 붙박이창으로서 그 면적을 각각 1 [m²] 이하로 할 것
   (6) 건축물의 내부에서 계단실로 통하는 출입구의 유효너비는 0.9 [m] 이상, 그 출입구에는 60분+ 방화문 또는 60분 방화문을 설치할 것
   (7) 계단은 내화구조로 하고 피난층 또는 지상까지 직접 연결되게 할 것

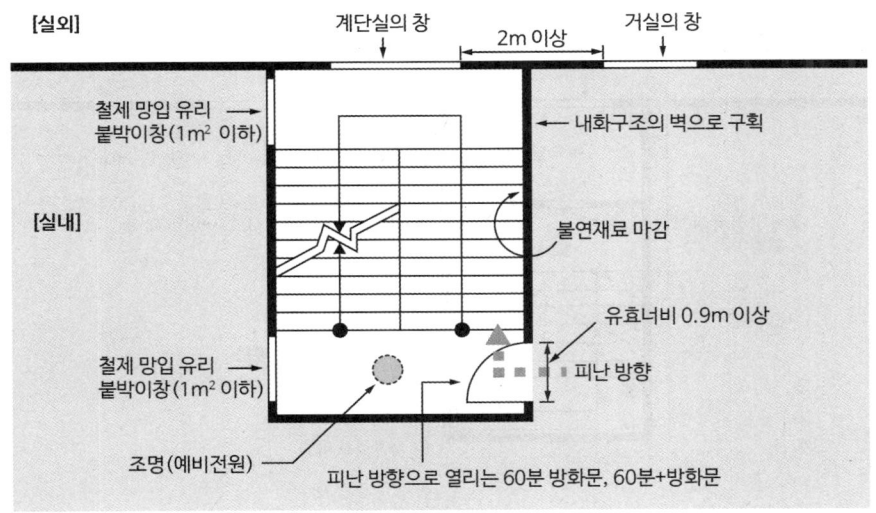

[피난계단의 구조]

4) 특별피난계단 구조
   (1) 계단실·노대 및 부속실은 창문 등을 제외하고는 내화구조의 벽으로 각각 구획할 것
   (2) 계단실 및 부속실의 실내에 접하는 부분은 불연재료로 할 것
   (3) 계단실에는 예비전원에 의한 조명 설비를 할 것
   (4) 건축물의 바깥쪽에 접하는 창문 등은 다른 부분에 설치하는 창문 등으로부터 2 [m] 이상의 거리를 두고 설치할 것
   (5) 계단실에는 노대 또는 부속실에 접하는 부분 외에는 건축물의 내부와 접하는 창문 등을 설치하지 아니할 것
   (6) 계단실의 노대 또는 부속실에 접하는 창문 등 면적을 각각 1 [m²] 이하로 할 것
   (7) 노대 및 부속실에는 계단실 외의 건축물의 내부와 접하는 창문 등을 설치금지
   (8) ① 건축물의 내부에서 노대 또는 부속실로 통하는 출입구 : 60분+ 방화문 또는 60분 방화문
       ② 노대 또는 부속실로부터 계단실로 통하는 출입구 : 60분+ 방화문, 60분 방화문 또는 30분 방화문을 설치할 것
   (9) 계단은 내화구조로 하되, 피난층 또는 지상까지 직접 연결되도록 할 것
   ⑩ 출입구의 유효너비는 0.9 [m] 이상으로 하고, 피난의 방향으로 열 수 있을 것

○ 노대
발코니처럼 외부로 돌출된 바닥구조물과 옥상광장처럼 외부에 개방된 구조로 된 바닥 구조물을 폭넓게 아우르는 개념

○ 발코니
건축물의 내부와 외부를 연결하는 완충공간으로, 전망이나 휴식 목적으로 건축물 외벽에 접해 부가적으로 설치되는 공간(발코니는 노대의 한 유형이다)

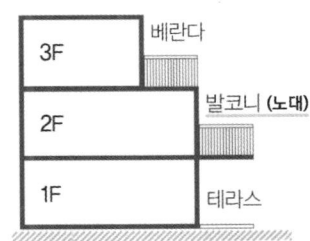

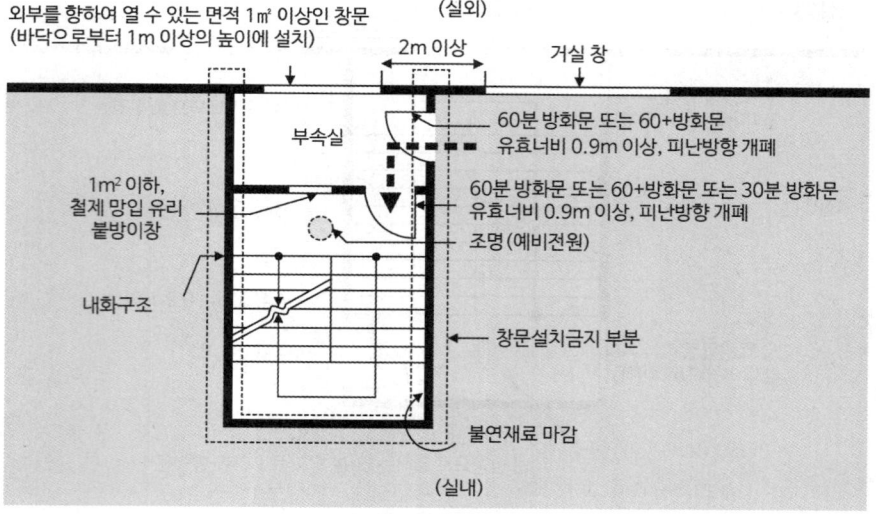

[특별피난계단 – 부속실]

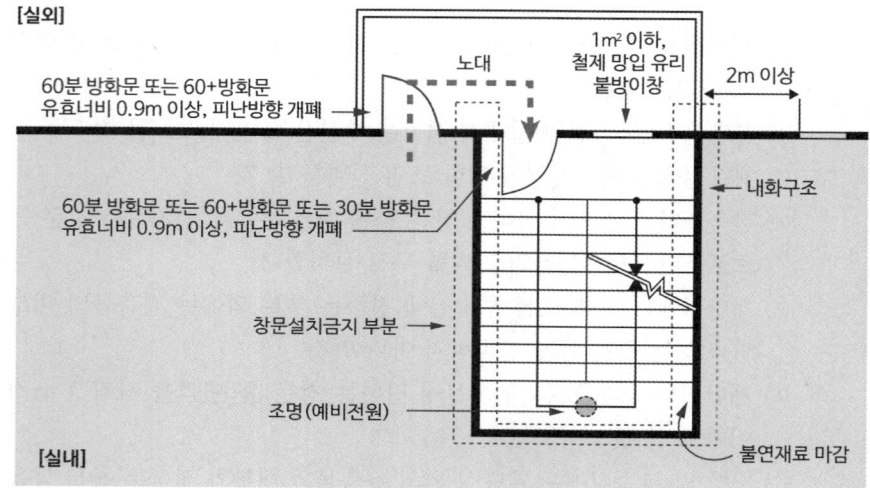

[특별피난계단 – 노대]

10 피난안전구역

1) 고층 건축물의 피난·안전을 위하여 설치하는 대피공간
   (1) 초고층 : 30층마다 설치
   (2) 준초고층 : 전체 층수의 1/2 부분에 해당하는 층으로부터 상하 5개 층 이내 설치

2) 설치기준 [건축물의 피난·방화구조 등의 기준에 관한 규칙]
   (1) 해당 건축물의 1개 층을 대피공간으로 하며, 대피에 장애가 되지 아니하는 범위에서 기계실, 보일러실, 전기실 등 건축설비를 설치하기 위한 공간과 같은 층에 설치할 수 있다. 이 경우 피난안전구역은 건축설비가 설치되는 공간과 내화구조로 구획하여야 한다.
   (2) 피난안전구역에 연결되는 특별피난계단은 피난안전구역을 거쳐서 상·하층으로 갈 수 있는 구조로 설치하여야 한다.

11 방염

1) 방염성능기준 이상의 실내장식물 등을 설치해야 하는 특정소방대상물
   (1) 근린생활시설 중 의원, 조산원, 산후조리원, 체력단련장, 공연장 및 종교집회장
   (2) 건축물의 옥내에 있는 시설 : 문화 및 집회시설, 종교시설, 운동시설 (수영장은 제외)
   (3) 의료시설
   (4) 교육연구시설 중 합숙소
   (5) 노유자시설
   (6) 숙박이 가능한 수련시설
   (7) 숙박시설
   (8) 방송통신시설 중 방송국 및 촬영소
   (9) 다중이용업소
   (10) 층수가 11층 이상인 것(아파트등은 제외) ★

2) 방염 대상 물품(제조·가공 공정에서 방염처리한 물품) → 선처리 물품
   (1) 창문에 설치하는 커튼(블라인드 포함)
   (2) 카펫
   (3) 벽지류(두께가 2 [mm] 미만인 종이벽지는 제외) ★
   (4) 전시용 합판·목재 또는 섬유판, 무대용 합판·목재 또는 섬유판(합판·목재류의 경우 불가피하게 설치 현장에서 방염처리한 것을 포함)
   (5) 암막·무대막(영화상영관 스크린, 가상체험 체육시설업의 스크린 포함)
   (6) 섬유류 또는 합성수지류 등을 원료로 하여 제작된 소파·의자(단란주점영업, 유흥주점영업, 노래연습장업의 영업장에 설치하는 것만 해당)
   (7) 소방본부장 또는 소방서장은 방염대상물품 외에 방염처리된 물품을 사용하도록 권장할 수 있다.

> P.173 문36

방염
본래 가연성인 물질의 표면에 난연성을 부여하는 약제처리를 한 것

☑ 방염 대상 물품
(건축물 내부의 천장이나 벽에 부착하거나 설치하는 다음의 것. 다만 가구류와 너비 10 [cm] 이하인 반자돌림대 등과 내부 마감재료는 제외) → 후처리 물품
(1) 종이류(두께 2 [mm] 이상인 것)·합성수지류·섬유류를 주원료로 한 물품
(2) 합판이나 목재
(3) 공간을 구획하기 위하여 설치하는 간이 칸막이
(4) 흡음(吸音)을 위하여 설치하는 흡음재(흡음용 커튼을 포함)
(5) 방음(防音)을 위하여 설치하는 방음재(방음용 커튼을 포함)

🔗 P.174 문38

✅ **방염성능기준**
(1) 버너의 불꽃을 제거한 때부터 불꽃을 올리며 연소하는 상태가 그칠 때까지 시간은 20초 이내일 것
(2) 버너의 불꽃을 제거한 때부터 불꽃을 올리지 않고 연소하는 상태가 그칠 때까지 시간은 30초 이내일 것
(3) 탄화한 면적은 50 [cm²] 이내, 탄화한 길이는 20cm 이내일 것
(4) 불꽃에 의하여 완전히 녹을 때까지 불꽃의 접촉 횟수는 3회 이상일 것
(5) 소방청장이 정하여 고시한 방법으로 발연량을 측정하는 경우 최대 연기밀도는 400 이하일 것

3) 잔염시간과 잔신시간

잔염시간	잔신시간
버너의 불꽃을 제거한 때부터 불꽃을 올리며 연소하는 상태가 끝날 때까지 경과시간	버너의 불꽃을 제거한 때부터 불꽃을 올리지 않고 연소하는 상태가 끝날 때까지 경과시간
20초 이내	30초 이내

예상문제

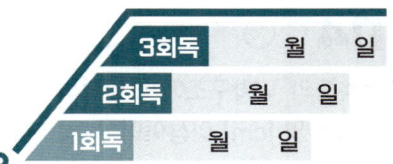

01 (하)

건축법령상 내력벽, 기둥, 바닥, 보, 지붕틀 및 주계단을 무엇이라 하는가?

① 내진구조부　　② 건축설비부
③ 보조구조부　　④ 주요구조부

해설 건물의 주요구조부

- 바닥(최하층 바닥 제외)
- 보(작은 보 제외)
- 지붕틀(차양 제외)
- 내력벽
- 주계단(옥외계단 제외)
- 기둥(사잇기둥 제외)

암기 바보지내주기

02 (하)

건축물의 화재 시 피난자들의 집중으로 패닉(Panic)현상이 일어날 수 있는 피난방향은?

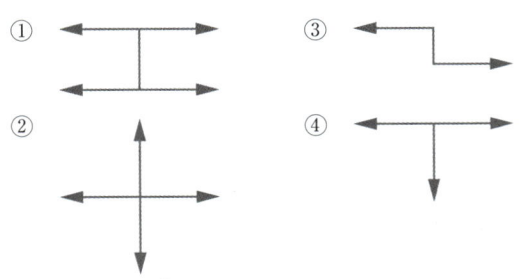

해설 피난형태

형태	피난방향	비고
X형	↑↓←→	분산하여 피난하므로 피난이 용이
Y형	↖↗↓	
CO형	→□←↑↓	피난자들이 집중되므로 병목현상의 발생 및 패닉 우려
H형	←│→ ←→	

03 (중)

화재 시 나타나는 인간의 피난특성으로 볼 수 없는 것은?

① 어두운 곳으로 대피한다.
② 최초로 행동한 사람을 따른다.
③ 발화지점의 반대방향으로 이동한다.
④ 평소에 사용하던 문, 통로를 사용한다.

해설 화재 시 인간의 피난특성

본능	특성
귀소본능	친숙한 경로를 따라 대피
지광본능	화재나 정전 시 밝은 쪽으로 피난
추종본능	많은 사람들이 리더를 추종
퇴피본능	화재 공포감으로 화염 반-대방향 이동
좌회본능	좌측통행, 시계반대방향 회전
직진본능	비상시 직진

정답 01 ④　02 ①　03 ①

04 상(중)하

건축물의 내화구조에서 바닥의 경우에는 철근콘크리트의 두께가 몇 [cm] 이상이어야 하는가?

① 7
② 10
③ 12
④ 15

해설 내화구조 바닥기준

[두께 : 이상]

구조	두께
철근 콘크리트조 또는 철골철근 콘크리트조	10 [cm]
철재로 보강된 콘크리트블록조·벽돌조 또는 석조로서 철재에 덮은 콘크리트블록등	5 [cm]
철재의 양면을 철망모르타르 또는 콘크리트로 덮은 것	5 [cm]

05 상(중)하

피난 시 하나의 수단이 고장 등으로 사용이 불가능하더라도 다른 수단 및 방법을 통해서 피난할 수 있도록 하는 것으로 2방향 이상의 피난통로를 확보하는 피난대책의 일반 원칙은?

① Risk - Down 원칙
② Feed - Back 원칙
③ Fool - Proof 원칙
④ Fail - Safe 원칙

해설 피난대책의 일반 원칙

1) Fail - Safe
 - 1가지 방법 실패 시 다른 수단 확보
 - 2방향 이상의 피난경로
 - 부분화, 다중화
2) Fool - Proof
 - 원시적 방법으로 그림 색채 등을 활용·간단명료한 피난통로유도등, 유도표지
 - 피난설비는 고정식 설비로 설치
 - 피난경로는 간단명료

06 상(중)하

건물 내 피난동선의 조건으로 옳지 않은 것은?

① 2개 이상의 방향으로 피난할 수 있어야 한다.
② 가급적 단순한 형태로 한다.
③ 통로의 말단은 안전한 장소이어야 한다.
④ 수직동선은 금하고 수평동선만 고려한다.

해설 피난동선(피난경로) 고려사항

1) 가급적 단순한 형태일 것(Fool - Proof)
2) 2방향 이상의 피난 고려(Fail - Safe)
3) 수평동선과 수직동선으로 구분
4) 통로의 말단은 안전한 장소일 것
5) 상호 반대방향으로 다수의 출구와 연결

07 상(중)하

방화구획의 설치기준 중 스프링클러 기타 이와 유사한 자동식 소화설비를 설치한 10층 이하의 층은 몇 [m²] 이내마다 구획하여야 하는가?

① 1000
② 1500
③ 2000
④ 3000

해설 방화구획 설치기준

분류	구획단위
면적별	• 10층 이하 : 바닥면적 1000 [m²] 이하 • 11층 이상 : 바닥면적 200 [m²] 이하 (마감재가 불연재료 : 500 [m²] 이하) • 자동식 소화설비구역 : 바닥면적 3배
층별	매 층마다(지하 1층에서 지상으로 직접 연결하는 경사로 부분 제외)

08 상(중)하

연면적이 1000 [m²] 이상인 목조건축물은 그 외벽 및 처마 밑의 연소할 우려가 있는 부분을 방화구조로 하여야 하는데 이때 연소 우려가 있는 부분은? (단, 동일한 대지 안에 2동 이상의 건물이 있는 경우이며, 공원·광장, 하천의 공지나 수면 또는 내화구조의 벽 기타 이와 유사한 것에 접하는 부분을 제외한다)

① 상호의 외벽 간 중심선으로부터 1층은 3 [m] 이내의 부분
② 상호의 외벽 간 중심선으로부터 2층은 7 [m] 이내의 부분
③ 상호의 외벽 간 중심선으로부터 3층은 11 [m] 이내의 부분
④ 상호의 외벽 간 중심선으로부터 4층은 13 [m] 이내의 부분

해설 연소 우려가 있는 부분

1) 연소할 우려가 있는 부분
인접대지경계선·도로중심선 또는 동일한 대지 안에 있는 2동 이상의 건축물 상호의 외벽 간의 중심선으로부터 1층에 있어서는 3 [m] 이내, 2층 이상에 있어서는 5 [m] 이내의 거리에 있는 건축물의 각 부분
[건축물의 피난·방화구조 등의 기준에 관한 규칙]

2) 연소 우려가 있는 건축물의 구조
건축물대장의 건축물 현황도에 표시된 대지 경계선 안에 2 이상의 건축물이 있는 경우로서 각각의 건축물이 다른 건축물의 외벽으로부터 수평거리가 1층의 경우에는 6 [m] 이하이고, 2층 이상의 경우에는 10 [m] 이하이고, 개구부가 다른 건축물을 향하여 설치된 구조를 말한다.
[소방시설법 시행규칙]

09 상(중)하

연면적이 1000 [m²] 이상인 건축물에 설치하는 방화벽이 갖추어야 할 기준으로 틀린 것은?

① 내화구조로서 홀로 설 수 있는 구조일 것
② 방화벽이 양쪽 끝과 위쪽 끝을 건축물의 외벽 면 및 지붕면으로부터 0.1 [m] 이상 튀어 나오게 할 것
③ 방화벽에 설치하는 출입문의 너비는 2.5 [m] 이하로 할 것
④ 방화벽에 설치하는 출입문의 높이는 2.5 [m] 이하로 할 것

해설 방화벽 설치기준

구분	설치 및 구조기준
대상 건축물	주요구조부가 내화구조, 불연재료 아닌 연면적 1000 [m²] 이상
구획	연면적 1000 [m²] 미만마다 구획
구조	• 내화구조로서 홀로 설 수 있는 구조일 것 • 방화벽 양쪽 끝과 위쪽 끝을 건축물의 외벽면 및 지붕면으로부터 0.5 [m] 이상 튀어나오게 할 것 • 출입문 너비와 높이 : 2.5 [m] 이하 • 60분+ 방화문 또는 60분 방화문

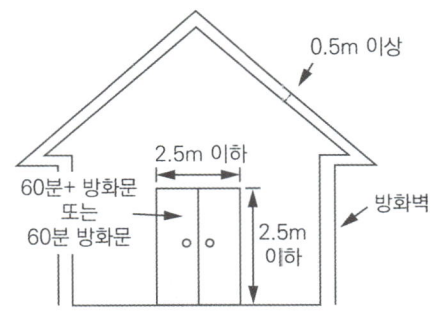

정답 08 ① 09 ②

10 ⑤중하

화재 발생 시 인명피해방지를 위한 건물로 적합한 것은?

① 피난설비가 없는 건물
② 특별피난계단의 구조로 된 건물
③ 피난기구가 관리되고 있지 않은 건물
④ 피난구 폐쇄 및 피난구유도등이 미비되어 있는 건물

해설 인명피해방지 건물

1) 피난설비가 있는 건물
2) 특별피난계단의 구조로 된 건물
3) 피난기구가 관리되고 있는 건물
4) 피난구 개방 및 피난구유도등이 잘 설치되어 있는 건물

11 상⑤하

철근콘크리트조, 연와조, 벽돌조 등과 같은 구조로 화재 시 상당시간 동안 변화를 일으키지 않으며 화재 후에도 수리하여 재사용할 수 있는 구조는?

① 방화구조
② 내화구조
③ 난연구조
④ 방열구조

해설 내화구조

1) 내화구조
  - 화재 시 건축물의 강도 및 성능을 일정시간 유지할 수 있는 구조
  - 철근 콘크리트조, 연와조, 기타 이와 유사한 구조
2) 방화구조
  - 일정시간 동안 일정구획에서 화재를 한정시킬 수 있는 구조
  - 철망모르타르, 회반죽 바르기 기타 이와 유사한 구조로서 화재에 대한 내력은 없고 화재 시 건축물의 인접부분으로 연소되는 것을 방지할 수 있는 정도의 구조

12 상⑤하

건축물에 설치하는 방화구획의 설치기준 중 스프링클러설비를 설치한 11층 이상의 층은 바닥면적 몇 [m²] 이내마다 방화구획을 하여야 하는가? (단, 벽 및 반자의 실내에 접하는 부분의 마감은 불연재료가 아닌 경우이다)

① 200
② 600
③ 1000
④ 3000

해설 방화구획 설치기준

분류	구획단위
면적별	• 10층 이하 : 바닥면적 1000 [m²] 이하 • 11층 이상 : 바닥면적 200 [m²] 이하 (마감재가 불연재료 : 500 [m²] 이하) • 자동식 소화설비구역 : 바닥면적 3배
층별	매 층마다(지하 1층에서 지상으로 직접 연결하는 경사로 부분 제외)

13 상⑤하

피난계획의 일반원칙 Fool-Proof 원칙에 대한 설명으로 옳은 것은?

① 1가지가 고장이 나도 다른 수단을 이용하는 원칙
② 2방향의 피난동선을 항상 확보하는 원칙
③ 피난수단을 이동식 시설로 하는 원칙
④ 피난수단을 조작이 간편한 원시적 방법으로 하는 원칙

해설 피난대책 일반 원칙

1) Fail-Safe
  - 1가지 방법 실패 시 다른 수단 확보
  - 2방향 이상의 피난경로
  - 부분화, 다중화

정답 10 ② 11 ② 12 ② 13 ④

2) Fool - Proof
- 원시적 방법으로 그림 색채 등을 활용
- 간단명료한 피난통로유도등, 유도표지
- 피난설비는 고정식 설비로 설치
- 피난경로는 간단명료

14 상(중)하

건축물의 화재 발생 시 인간의 피난 특성으로 틀린 것은?

① 평상시 사용하는 출입구나 통로를 사용하는 경향이 있다.
② 화재의 공포감으로 인하여 빛을 피해 어두운 곳으로 몸을 숨기는 경향이 있다.
③ 화염, 연기에 대한 공포감으로 발화지점의 반대방향으로 이동하는 경향이 있다.
④ 화재 시 최초로 행동을 개시한 사람을 따라 전체가 움직이는 경향이 있다.

해설 화재 시 인간의 피난 특성

본능	특성
귀소본능	친숙한 경로를 따라 대피
지광본능	화재나 정전 시 밝은 쪽으로 피난
추종본능	많은 사람들이 리더를 추종
퇴피본능	화재 공포감으로 화염 반대방향 이동
좌회본능	좌측통행, 시계반대방향 회전
직진본능	비상시 직진

15 상(중)하

화재예방, 소방시설 설치·유지 및 안전관리에 관한 법령에 따른 개구부의 기준으로 틀린 것은?

① 해당 층의 바닥면으로부터 개구부 밑부분까지의 높이가 1.5 [m] 이내일 것
② 크기는 지름 50 [cm] 이상의 원이 내접할 수 있는 크기일 것
③ 도로 또는 차량이 진입할 수 있는 빈터를 향할 것
④ 내부나 외부에서 쉽게 부수거나 열 수 있을 것

해설 개구부기준

1) 크기 : 지름 50 [cm] 이상의 원이 내접
2) 개구부 밑 부분까지의 높이 : 1.2 [m] 이내
3) 도로 또는 차량이 진입 가능한 빈터를 향할 것
4) 화재 시 쉽게 피난할 수 있도록 창살이나 장애물이 설치되지 아니할 것
5) 내부, 외부에서 쉽게 부수거나 열 수 있을 것

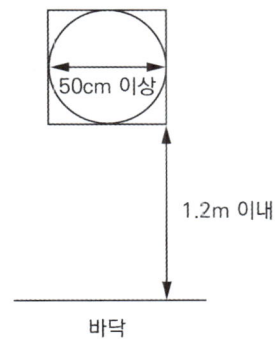

16 (중)

내화구조에 해당하지 않는 것은?

① 철근콘크리트조로 두께가 10 [cm] 이상인 벽
② 철근콘크리트조로 두께가 5 [cm] 이상인 외벽 중 비내력벽
③ 벽돌조로서 두께가 19 [cm] 이상인 벽
④ 철골철근콘크리트조로서 두께가 10 [cm] 이상인 벽

해설 내화구조 벽기준

[두께 : 이상]

구분	벽 두께	비내력벽
철근콘크리트조 또는 철골철근콘크리트조	10 [cm]	7 [cm]
골구를 철골조로 하고, 그 양면에 철망모르타르로 덮은 것	4 [cm]	3 [cm]
골구를 철골조로 하고, 그 양면에 콘크리트 블록·벽돌 또는 석재로 덮은 것	5 [cm]	4 [cm]
철재로 보강된 콘크리트블록조·벽돌조 또는 석조	5 [cm]	4 [cm]
벽돌조	19 [cm]	-

17 (중)

소방시설 중 피난설비에 해당하지 않는 것은?

① 무선통신보조설비   ② 완강기
③ 구조대   ④ 공기안전매트

해설 피난기구

미끄럼대, 구조대, 피난사다리, 완강기(간이완강기), 피난교, 피난용 트랩, 다수인피난장비, 승강식 피난기, 하향식 피난구, 공기안전매트

보충 무선통신보조설비 : 소화활동설비

18 (하)

건축물의 바깥쪽에 설치하는 피난 계단의 구조기준 중 계단의 유효 너비는 몇 [m] 이상으로 하여야 하는가?

① 0.6   ② 0.7
③ 0.8   ④ 0.9

해설 피난계단의 구조

1) 창문 등으로부터 2 [m] 이상의 거리에 설치
2) 건축물의 내부에서 계단으로 통하는 출입구에는 60분+ 방화문 또는 60분 방화문 설치
3) 계단의 유효너비 : 0.9 [m] 이상
4) 내화구조, 지상까지 직접 연결되도록 할 것

19 (하)

피난시설의 안전구획 중 1차 안전구획에 속하는 것은?

① 계단
② 복도
③ 계단부속실
④ 피난층에서 외부와 직면한 현관

해설 안전구획

- 1차 안전구획 : 복도
- 2차 안전구획 : 부속실
- 3차 안전구획 : 계단

보충 피난 시 거실 → 복도 → 부속실 → 계단

정답   16 ②   17 ①   18 ④   19 ②

20 (상 중 하)

건축물의 방재센터에 대한 설명으로 틀린 것은?

① 피난층에 두는 것이 가장 바람직하다.
② 화재 및 안전관리의 중추적 기능을 수행한다.
③ 방재센터는 직통 계단위치와 관계없이 안전한 곳에 설치한다.
④ 소방차의 접근이 용이한 곳에 두는 것이 바람직하다.

해설 방재센터

1) 화재 및 안전관리를 위해 조정, 통제
2) 소방차 접근, 외부 소방대 연락 용이한 곳에 설치
3) 피난층, 피난층 직상, 직하층인 곳에 설치
4) 비상엘리베이터, 피난계단 이용이 용이한 곳에 설치
5) 불연재료, 60분+ 방화문 또는 60분 방화문 2개 이상 설치

21 (상 중 하)

건축물의 피난·방화구조 등의 기준에 관한 규칙에 따른 철망모르타르로서 그 바름두께가 최소 몇 [cm] 이상인 것을 방화구조로 규정하는가?

① 2
② 2.5
③ 3
④ 3.5

해설 방화구조 설치기준

[두께 : 이상]

구조	두께
철망모르타르	2 [cm]
• 석고판 위에 시멘트모르타르를 바른 것 • 석고판 위에 회반죽을 바른 것 • 시멘트모르타르 위에 타일을 붙인 것	2.5 [cm]
심벽에 흙으로 맞벽치기 한 것	모두 해당
산업표준화법에 의한 한국산업표준이 정하는 바에 의하여 시험한 결과 방화 2급 이상에 해당하는 것	

22 (상 중 하)

건축방화계획에서 건축구조 및 재료를 불연화하여 화재를 미연에 방지하고자 하는 공간적 대응방법은?

① 회피성 대응
② 도피성 대응
③ 대항성 대응
④ 설비적 대응

해설 건축물의 방재계획

구분		설명
공간적 대응	도피성	안전하게 피난할 수 있는 시스템
	대항성	방화구획, 내화재료, 초기 소화 대응 등의 화재사상 저항능력
	회피성	불연화, 난연화, 내장재 제한, 소방훈련, 불조심 등 화재 확대 가능성 저감
설비적 대응		소화설비, 경보설비, 피난구조설비, 소화활동설비

암기 ▶ 도대회

23 (상 중 하)

건축물의 피난동선에 대한 설명으로 틀린 것은?

① 피난동선은 가급적 단순한 형태가 좋다.
② 피난동선은 가급적 상호 반대방향으로 다수의 출구와 연결되는 것이 좋다.
③ 피난동선은 수평동선과 수직동선으로 구분된다.
④ 피난동선은 복도, 계단을 제외한 엘리베이터와 같은 피난전용의 통행구조를 말한다.

해설 피난동선(피난경로) 고려사항

1) 가급적 단순한 형태일 것(Fool - Proof)
2) 2방향 이상의 피난 고려(Fail - Safe)
3) 수평동선과 수직동선으로 구분
4) 통로의 말단은 안전한 장소일 것
5) 상호 반대방향으로 다수의 출구와 연결

정답 20 ③ 21 ① 22 ① 23 ④

24 상 중 하

내화구조의 기준 중 벽의 경우 벽돌조로서 두께가 최소 몇 [cm] 이상이어야 하는가?

① 5
② 10
③ 12
④ 19

해설 내화구조 벽기준

[두께 : 이상]

구분	벽 두께	비내력벽
철근콘크리트조 또는 철골철근콘크리트조	10 [cm]	7 [cm]
골구를 철골조로 하고 그 양면에 철망모르타르로 덮은 것	4 [cm]	3 [cm]
골구를 철골조로 하고 그 양면에 콘크리트 블록·벽돌 또는 석재로 덮은 것	5 [cm]	4 [cm]
철재로 보강된 콘크리트블록조·벽돌조 또는 석조	5 [cm]	4 [cm]
벽돌조	19 [cm]	-

25 상 중 하

연소확대방지를 위한 방화구획과 관계없는 것은?

① 일반 승강기의 승강장 구획
② 층 또는 면적별 구획
③ 용도별 구획
④ 방화댐퍼

해설 방화구획

1) 층(수직) 또는 면적(수평)별 구획
2) 피난용 승강기의 승강로 구획
3) 용도별 구획
4) 방화댐퍼 설치

26 상 중 하

피난층에 대한 정의로 옳은 것은?

① 지상으로 통하는 피난계단이 있는 층
② 비상용 승강기의 승강장이 있는 층
③ 비상용 출입구가 설치되어 있는 층
④ 직접 지상으로 통하는 출입구가 있는 층

해설 피난층

직접 지상으로 통하는 출입구가 있는 층 및 기준에 따른 피난안전구역을 말한다.

27 상 중 하

건물화재 시 패닉(Panic)의 발생원인과 직접적인 관계가 없는 것은?

① 연기에 의한 시계 제한
② 유독가스에 의한 호흡 장애
③ 외부와 단절되어 고립
④ 불연내장재의 사용

해설 패닉의 발생원인

1) 연기에 의한 가시거리 제한
2) 유독가스에 의한 호흡 장애
3) 외부와 단절된 심리적인 고립감

보충 불연성 내장재 : 화재확대방지
시계(視界) : 시력이 미치는 범위

정답 24 ④ 25 ① 26 ④ 27 ④

28

무창층 여부를 판단하는 개구부로서 갖추어야 할 조건으로 옳은 것은?

① 개구부 크기가 지름 30 [cm]의 원이 내접할 수 있는 것
② 해당 층의 바닥면으로부터 개구부 밑부분까지의 높이가 1.5 [m]인 것
③ 내부 또는 외부에서 쉽게 파괴 또는 개방할 수 있을 것
④ 창에 방범을 위하여 40 [cm] 간격으로 창살을 설치한 것

해설 개구부기준

1) 크기 : 지름 50 [cm] 이상의 원이 내접
2) 개구부 밑 부분까지의 높이 : 1.2 [m] 이내
3) 도로 또는 차량이 진입 가능한 빈터를 향할 것
4) 화재 시 쉽게 피난할 수 있도록 창살이나 장애물이 설치되지 아니할 것
5) 내부, 외부에서 쉽게 부수거나 열 수 있을 것

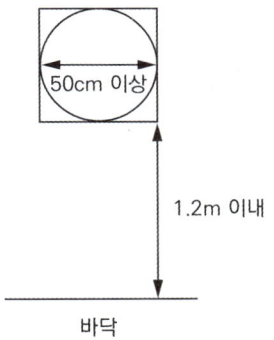

29

건축물의 내화구조 바닥이 철근콘크리트조 또는 철골철근 콘크리트조인 경우 두께가 몇 [cm] 이상이어야 하는가?

① 4　　② 5
③ 7　　④ 10

해설 내화구조 바닥기준

[두께 : 이상]

구조	두께
철근 콘크리트조 또는 철골철근 콘크리트조	10 [cm]
철재로 보강된 콘크리트블록조·벽돌조 또는 석조로서 철재에 덮은 콘크리트블록등	5 [cm]
철재의 양면을 철망모르타르 또는 콘크리트로 덮은 것	5 [cm]

30

주요구조부가 내화구조로 된 건축물에서 거실 각 부분으로부터 하나의 직통계단에 이르는 보행거리는 피난자의 안전상 몇 [m] 이하이어야 하는가?

① 50　　② 60
③ 70　　④ 80

해설 직통계단 설치기준

구분	거실 각 부분으로부터 계단에 이르는 보행거리
일반건축물	30 [m] 이하
건축물의 주요구조부가 내화구조, 불연재료로 된 건축물	50 [m] 이하 (층수가 16층 이상인 공동주택의 경우 16층 이상인 층 : 40 [m] 이하)
자동화 생산시설에 스프링클러 등 자동식 소화설비를 설치한 공장	75 [m] 이하 (무인화 공장 : 100 [m] 이하)

정답 28 ③　29 ④　30 ①

건축물의 피난층 외 층에서는 피난층 또는 지상으로 통하는 직통계단을 거실의 각 부분으로부터 계단에 이르는 보행거리가 30 [m] 이하가 되도록 설치해야 한다. 다만 건축물의 주요구조부가 내화구조 또는 불연재료로 된 건축물은 그 보행거리가 50 [m](층수가 16층 이상인 공동주택의 경우 16층 이상인 층에 대해서는 40 [m]) 이하가 되도록 설치할 수 있으며, 자동화 생산시설에 스프링클러 등 자동식 소화설비를 설치한 공장으로서 국토교통부령으로 정하는 공장인 경우에는 그 보행거리가 75 [m](무인화 공장인 경우에는 100 [m]) 이하가 되도록 설치할 수 있다. [건축법 시행령 제34조 제1항]

31 (상 중 하)

건축물의 주요구조부에 해당되지 않는 것은?

① 기둥　　② 작은 보
③ 지붕틀　④ 바닥

해설 건물의 주요구조부

- 바닥(최하층 바닥 제외)
- 보(작은 보 제외)
- 지붕틀(차양 제외)
- 내력벽
- 주계단(옥외계단 제외)
- 기둥(사잇기둥 제외)

암기 ▶ 바보지내주기

32 (상 중 하)

건축물의 방재계획 중에서 공간적 대응계획에 해당되지 않는 것은?

① 도피성 대응
② 대항성 대응
③ 회피성 대응
④ 소방시설방재 대응

해설 건축물의 방재계획

구분		설명
공간적 대응	도피성	안전하게 피난할 수 있는 시스템
	대항성	방화구획, 내화재료, 초기 소화 대응 등의 화재사상 저항능력
	회피성	불연화, 난연화, 내장재 제한, 소방훈련, 불조심 등 화재 확대 가능성 저감
설비적 대응		소화설비, 경보설비, 피난구조설비, 소화활동설비

암기 ▶ 도대회

33 (상 중 하) 신유형!

내화구조의 지붕에 해당하지 않는 구조는?

① 철근콘크리트조
② 철골철근콘크리트조
③ 철재로 보강된 유리블록
④ 무근콘크리트조

해설 내화구조 지붕

1) 철근콘크리트조
2) 철골철근콘크리트조
3) 철재로 보강된 콘크리트블록조·벽돌조·석조
4) 철재로 보강된 유리블록·망입유리로 된 것

정답 31 ②　32 ④　33 ④

34 방화구조의 기준이 아닌 것은?

① 심벽에 흙으로 맞벽치기한 것
② 철망모르타르로서 그 바름 두께가 2 [cm] 이상인 것
③ 시멘트모르타르 위에 타일을 붙인 것으로서 그 두께의 합계가 1.5 [cm] 이상인 것
④ 석고판 위에 시멘트모르타르 또는 회반죽을 바른 것으로서 그 두께의 합계가 2.5 [cm] 이상인 것

해설 방화구조의 설치기준

[두께 : 이상]

구조	두께
철망모르타르	2 [cm]
• 석고판 위에 시멘트모르타르를 바른 것 • 석고판 위에 회반죽을 바른 것 • 시멘트모르타르 위에 타일을 붙인 것	2.5 [cm]
심벽에 흙으로 맞벽치기한 것	모두 해당
산업표준화법에 의한 한국산업표준이 정하는 바에 의하여 시험한 결과 방화 2급 이상에 해당하는 것	

36 다음 중 방염대상물품이 아닌 것은?

① 카펫
② 무대용 합판
③ 창문에 설치하는 커튼
④ 두께 2 [mm] 미만의 종이벽지

해설 방염대상물품

1) 창문에 설치하는 커튼(블라인드 포함)
2) 카펫
3) 벽지류(두께가 2 [mm] 미만인 종이벽지는 제외)
4) 전시용 합판·목재 또는 섬유판, 무대용 합판·목재 또는 섬유판(합판·목재류의 경우 불가피하게 설치 현장에서 방염 처리한 것을 포함)
5) 암막·무대막(영화상영관 스크린, 가상 체험체육시설의 스크린 포함)
6) 섬유류 또는 합성수지류 등을 원료로 하여 제작된 소파·의자(단란주점영업, 유흥주점영업, 노래연습장업의 영업장에 설치하는 것만 해당)
7) 소방본부장 또는 소방서장은 방염대상물품 외에 방염처리된 물품을 사용하도록 권장할 수 있다.

35 건축물에서 방화구획의 구획기준이 아닌 것은?

① 피난구획
② 수평구획
③ 층간구획
④ 용도구획

해설 방화구획

1) 층(수직) 또는 면적(수평)별 구획
2) 피난용 승강기의 승강로 구획
3) 용도별 구획
4) 방화댐퍼 설치

37 내화구조기준에 적합한 지붕의 구조로 옳지 않은 것은?

① 철근콘크리트조
② 샌드위치 패널
③ 철재로 보강된 벽돌조
④ 철재로 보강된 유리블록

정답 34 ③ 35 ① 36 ④ 37 ②

해설 내화구조기준에 적합한 지붕

건축법 제50조에 따라 주요구조부와 지붕을 내화구조로 해야 한다.
내화구조의 지붕의 경우에는 다음 어느 하나에 해당하는 것
1) 철근콘크리트조 또는 철골철근콘크리트조
2) 철재로 보강된 콘크리트블록조·벽돌조 또는 석조
3) 철재로 보강된 유리블록 또는 망입유리로 된 것

보충 샌드위치 패널 : 양면에 강판과 내부 심재인 단열재로 구성된 복합패널

38 (상 중 하)

버너의 불꽃을 제거한 때부터 불꽃을 올리며 연소하는 상태가 끝날 때까지의 시간은?

① 10초 이내
② 20초 이내
③ 30초 이내
④ 40초 이내

해설 잔신시간, 잔염시간

잔신시간	잔염시간
버너의 불꽃을 제거한 때부터 불꽃을 올리지 않고 연소하는 상태가 끝날 때까지 경과시간	버너의 불꽃을 제거한 때부터 불꽃을 올리며 연소하는 상태가 끝날 때까지 경과시간
30초 이내	20초 이내

39 (상 중 하)

방화벽의 구조기준 중 다음 ( ) 안에 알맞은 것은?

- 방화벽의 양쪽 끝과 위쪽 끝을 건축물의 외벽면 및 지붕면으로부터 (㉠) [m] 이상 튀어나오게 할 것
- 방화벽에 설치하는 출입문의 너비 및 높이는 각각 (㉡) [m] 이하로 하고, 해당 출입문에는 60분+ 방화문 또는 60분 방화문을 설치할 것

① ㉠ 0.3, ㉡ 2.5
② ㉠ 0.3, ㉡ 3.0
③ ㉠ 0.5, ㉡ 2.5
④ ㉠ 0.5, ㉡ 3.0

해설 방화벽의 설치기준

구분	설치 및 구조기준
대상 건축물	주요구조부가 내화구조, 불연재료 아닌 연면적 1000 [m²] 이상
구획	연면적 1000 [m²] 미만마다 구획
구조	• 내화구조로서 홀로 설 수 있는 구조일 것 • 방화벽 양쪽 끝과 위쪽 끝을 건축물의 외벽면 및 지붕면으로부터 0.5 [m] 이상 튀어나오게 할 것 • 출입문 너비와 높이 : 2.5 [m] 이하 • 60분+ 방화문 또는 60분 방화문

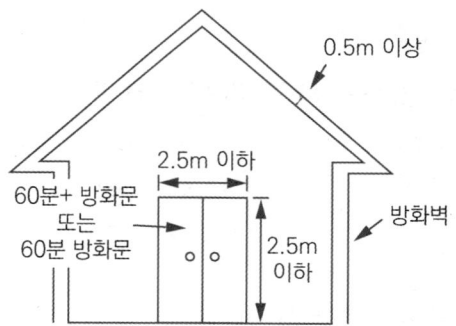

모아바 www.moa-ba.com
모아소방전기학원 www.moate.co.kr

PART 02 소방관계법규

7개년 회차별 출제빈도 분석

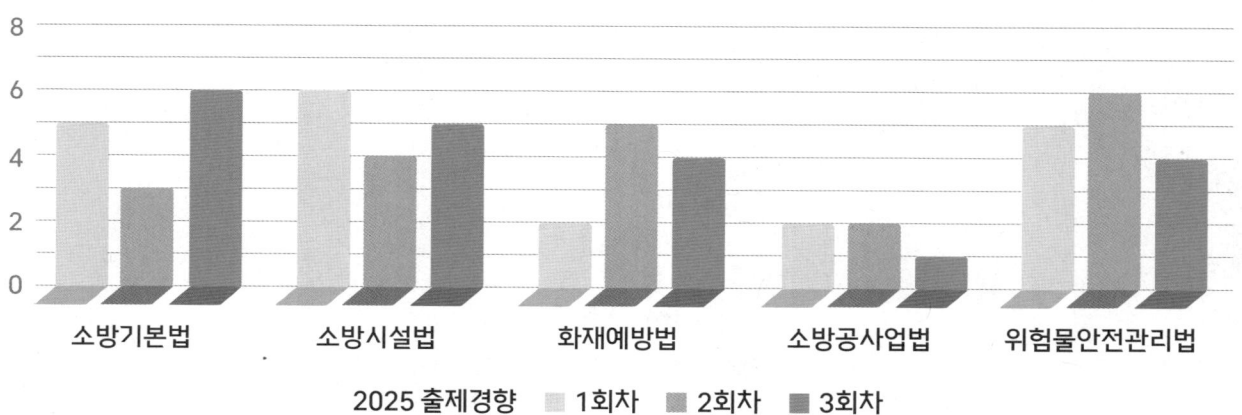

CHAPTER 연도 및 회차	2025년 1	2	3	2024년 1	2	3	2023년 1	2	4	2022년 1	2	4	2021년 1	2	4	2020년 1,2	3	4	2019년 1	2	4
소방기본법	5	3	6	5	6	5	5	5	4	3	4	7	5	3	3	4	3	2	5	6	4
소방시설법	6	4	5	5	5	5	6	3	6	4	6	3	7	7	4	6	8	7	4	5	4
화재예방법	2	5	4	3	4	2	3	4	2	3	4	4	2	4	5	3	3	5	5	2	6
소방공사업법	2	2	1	2	2	4	4	5	4	6	2	2	2	2	3	3	2	2	2	3	2
위험물안전관리법	5	6	4	5	3	4	2	3	4	4	4	4	4	4	5	4	4	4	4	4	4
합계	20	20	20	20	20	20	20	20	20	20	20	20	20	20	20	20	20	20	20	20	20

격차를 뛰어넘어 압도적인 격차를 만들다

CHAPTER 01	소방기본법-1
CHAPTER 02	소방기본법-2
CHAPTER 03	소방시설법-1
CHAPTER 04	소방시설법-2
CHAPTER 05	화재예방법
CHAPTER 06	소방시설공사업법
CHAPTER 07	위험물안전관리법

○ 출제경향 및 학습방법

소방관계법규는 상대적으로 학습량이 많은데, 법조문을 이해하고 암기해야 하므로 투여한 시간만큼 점수를 얻을 수 있는 과목이다. 특히 기간이나 벌금과 같이 숫자가 지문으로 나오는 경우가 많아 나만의 암기법을 활용하면 도움이 될 수 있다. 이처럼 학습량과 암기량이 많은 과목이라 고득점이 어려울 수 있지만 자주 출제되는 부분을 중심으로 학습한다면 원하는 결과를 얻을 수 있을 것이다.

CHAPTER 01 소방기본법-1

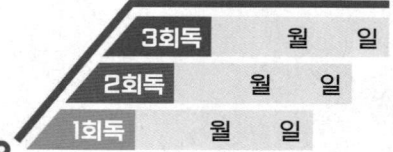

학습목표

1 소방기본법의 목적과 용어의 정의에 대해 학습한다.
2 소방박물관과 소방체험관을 비교할 수 있다.
3 소방업무에 관한 종합계획과 세부계획을 비교할 수 있다.
4 소방력과 소방장비에 대해 학습한다.
5 소방용수시설의 설치기준에 대해 학습한다.

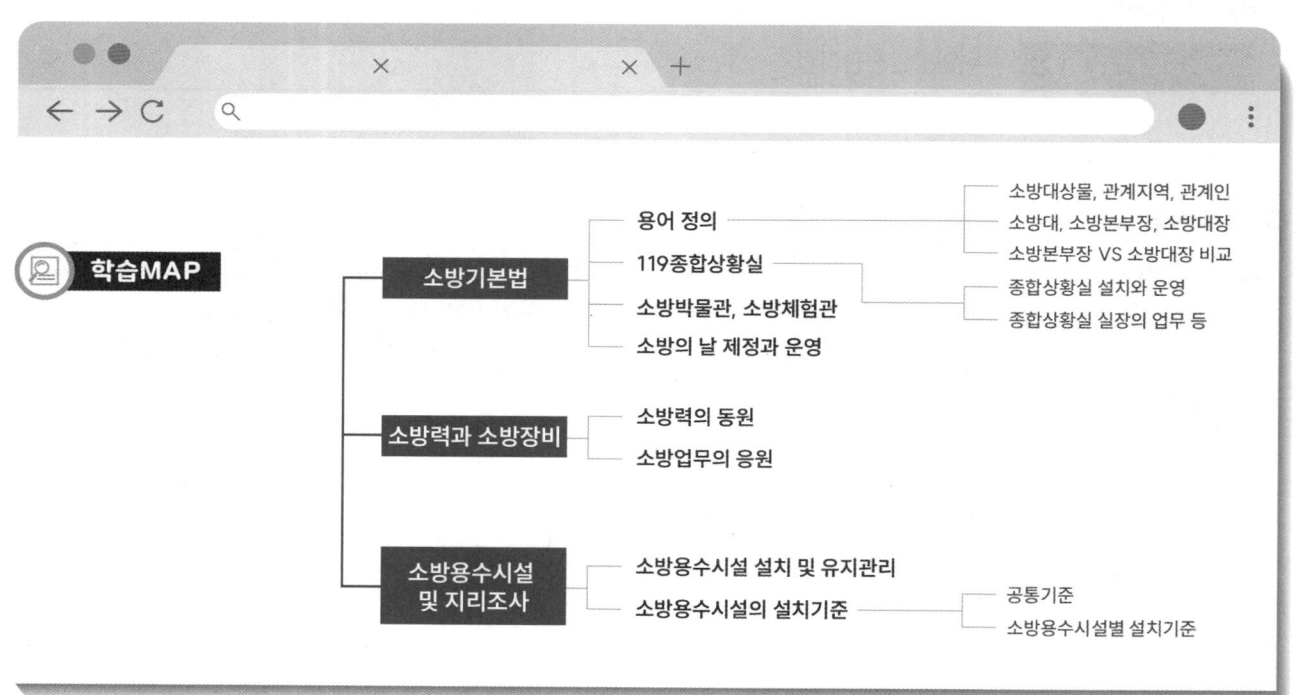

01 소방기본법

1 목적 ★★★

1) 화재 예방·경계·진압
2) 화재, 재난·재해, 그 밖의 위급한 상황에서의 구조·구급활동
3) 국민의 생명·신체 및 재산을 보호함으로써 공공의 안녕 및 질서 유지와 복리증진

🔗 P.178 문 26

2 용어 정의 ★★★

1) 소방대상물
   (1) 건축물
   (2) 차량
   (3) 선박(항구에 매어 둔 것)
   (4) 산림, 그 밖의 인공구조물 또는 물건

🔗 P.189 문 03
🔗 P.198 문 25

2) 관계지역
   소방대상물이 있는 장소 및 그 이웃 지역으로 화재의 예방·경계·진압, 구조·구급 등의 활동에 필요한 지역

3) 관계인
   소방대상물의 소유자·관리자·점유자

4) 소방대
   화재 진압 및 화재, 재난·재해, 그 밖의 위급한 상황에서 구조·구급활동
   (1) 소방공무원
   (2) 의무소방원
   (3) 의용소방대원

🔗 P.189 문 02

암기 ▶ 공무용

○ 소방대의 종류로는 소방공무원, 의무소방원, 의용소방대원이 있다. **O**

5) 소방본부장
   특별시·광역시·특별자치시·도 또는 특별자치도(이하 "시·도"라 한다)에서 화재의 예방·경계·진압·조사 및 구조·구급 등의 업무를 담당하는 부서의 장

6) 소방대장
   소방본부장 또는 소방서장 등 화재, 재난·재해, 그 밖의 위급한 상황이 발생한 현장에서 소방대를 지휘하는 사람

○ 소방본부장 vs 소방대장 비교 ★★★

소방본부장	소방대장
시·도에서 화재의 예방·경계·진압·조사 및 구조·구급 등의 업무를 담당하는 부서의 장	소방본부장 또는 소방서장 등 화재, 재난·재해, 그 밖의 위급한 상황이 발생한 현장에서 소방대를 지휘하는 사람

🔗 P.191 문 10
🔗 P.195 문 18
🔗 P.195 문 20

❸ 119종합상황실 ★★★

1) 종합상황실 설치와 운영

    소방청장, 소방본부장 또는 소방서장은 신속한 소방활동을 위한 정보를 수집·전파하기 위하여 종합상황실에 전산·통신요원을 배치하고, 소방청장이 정하는 유·무선통신시설을 갖추고 24시간 운영체제를 유지하여야 한다.

    ※ 소방본부에 설치하는 119종합상황실에는 「지방자치단체에 두는 국가공무원의 정원에 관한 법률」에도 불구하고 대통령령으로 정하는 바에 따라 경찰공무원을 둘 수 있다.

    ⑴ 설치·운영에 필요한 사항 : 행정안전부령
    ⑵ 설치·운영자 : 소방청장, 소방본부장, 소방서장
    ⑶ 설치대상 : 소방청, 소방본부, 소방서

2) 종합상황실 실장의 업무 등

    ⑴ 종합상황실의 실장
    ① 화재, 재난·재해 그 밖에 구조·구급이 필요한 상황(이하 "재난상황"이라 한다)의 발생의 신고접수
    ② 접수된 재난상황을 검토하여 가까운 소방서에 인력 및 장비의 동원을 요청하는 등의 사고수습
    ③ 하급소방기관에 대한 출동지령 또는 동급 이상의 소방기관 및 유관기관에 대한 지원요청
    ④ 재난상황의 전파 및 보고
    ⑤ 재난상황이 발생한 현장에 대한 지휘 및 피해현황의 파악
    ⑥ 재난상황의 수습에 필요한 정보수집 및 제공

    ⑵ 종합상황실의 실장은 다음에 해당하는 상황이 발생하는 때에는 그 사실을 지체 없이 서면·팩스 또는 컴퓨터통신 등으로 소방서의 종합상황실의 경우는 소방본부의 종합상황실에, 소방본부의 종합상황실의 경우는 소방청의 종합상황실에 각각 보고해야 한다.

    ① 다음에 해당하는 화재
        ㉠ 사망자가 5인 이상 발생한 화재
        ㉡ 사상자가 10인 이상 발생한 화재
        ㉢ 이재민이 100인 이상 발생한 화재
        ㉣ 재산피해액이 50억 원 이상 발생한 화재
        ㉤ 관공서·학교·정부미도정공장·국가유산·지하철 또는 지하구의 화재
        ㉥ 관광호텔, 층수가 11층 이상인 건축물, 지하상가, 시장, 백화점

암기 ▶ 망상에 빠진 이재민의 재산은 5의 10배인 50억이다.

- ⓢ 지정수량의 3천 배 이상의 위험물의 제조소·저장소·취급소
- ⓞ 층수가 5층 이상이거나 객실이 30실 이상인 숙박시설, 층수가 5층 이상이거나 병상이 30개 이상인 종합병원·정신병원·한방병원·요양소
- ⓩ 연면적 15000 [m^2] 이상인 공장 또는 화재예방강화지구에서 발생한 화재
- ⓒ 철도차량, 항구에 매어 둔 총 톤수가 1천 톤 이상인 선박, 항공기, 발전소 또는 변전소에서 발생한 화재
- ⓚ 가스 및 화약류의 폭발에 의한 화재
- ⓣ 다중이용업소의 화재
- ② 통제단장의 현장지휘가 필요한 재난상황
- ③ 언론에 보도된 재난상황
- ④ 그 밖에 소방청장이 정하는 재난상황

(3) 종합상황실의 운영에 관하여 필요한 사항 : 소방청장, 소방본부장 또는 소방서장이 각각 정할 것

4 소방정보통신망

1) 소방청장 및 시·도지사는 119종합상황실 등의 효율적 운영을 위하여 소방정보통신망을 구축·운영할 수 있다.
2) 소방청장 및 시·도지사는 소방정보통신망의 안정적 운영을 위하여 소방정보통신망의 회선을 이중화할 수 있다. 이 경우 이중화된 각 회선은 서로 다른 사업자로부터 제공받아야 한다.
3) 소방정보통신망의 구축 및 운영에 필요한 사항 : 행정안전부령

5 소방정보통신망의 구축·운영

1) 소방정보통신망(이하 "소방정보통신망"이라 한다)은 회선 수, 구간별 용도 및 속도 등을 고려하여 설계·구축해야 한다.
2) 소방정보통신망의 회선을 이중화한 경우 하나의 회선에 장애가 발생하면 다른 회선으로 즉시 전환되도록 구축·운영해야 한다.
3) 소방청장 및 시·도지사는 소방정보통신망이 안정적으로 운영될 수 있도록 연 1회 이상 소방정보통신망을 주기적으로 점검·관리해야 한다.
4) 소방정보통신망의 속도, 점검 주기 등에 관한 세부 사항은 소방청장이 정한다.

6 소방기술민원센터

1) 소방시설, 소방공사 및 위험물 안전관리 등과 관련된 법령해석 등의 민원을 종합적으로 접수하여 처리할 수 있는 기구

2) 설치 · 운영
  (1) 설치 · 운영 : 소방청장 또는 소방본부장
  (2) 설치 · 운영에 필요한 사항 : 대통령령
  (3) 센터장 포함하여 18명 이내로 구성
  (4) 수행 업무
    ① 소방시설, 소방공사와 위험물 안전관리 등과 관련된 법령해석 등의 민원(이하 "소방기술민원"이라 한다)의 처리
    ② 소방기술민원과 관련된 질의회신집 및 해설서 발간
    ③ 소방기술민원과 관련된 정보시스템의 운영 · 관리
    ④ 소방기술민원과 관련된 현장 확인 및 처리
    ⑤ 그 밖에 소방기술민원과 관련된 업무로서 소방청장 또는 소방본부장이 필요하다고 인정하여 지시하는 업무
3) 소방청장 또는 소방본부장은 소방기술민원센터의 업무수행을 위하여 필요하다고 인정하는 경우에는 관계 기관의 장에게 소속 공무원 또는 직원의 파견을 요청
4) 그 외에 소방기술민원센터의 설치 · 운영에 필요한 사항
  (1) 소방청에 설치하는 경우 : 소방청장이 정함
  (2) 소방본부에 설치하는 경우 : 시 · 도의 규칙으로 정함

> TIP 민원은 욕나오니까 18

P.192 문 12
P.196 문 22

소방박물관의 설치 · 운영권자는 시 · 도지사이다.   **X** 소방청장이다.

7 소방박물관, 소방체험관 ★★★

구분	소방박물관	소방체험관
설치 · 운영	소방청장	시 · 도지사
설립 · 운영 필요사항	행정안전부령	시 · 도 조례
역할	① 국내 · 외의 소방의 역사, ② 소방공무원의 복장 및 소방장비 등의 변천 및 발전에 관한 자료를 수집 · 보관 및 전시	① 재난 · 안전사고 유형에 따른 예방, 대처, 대응 등에 관한 체험교육 ② 체험교육 프로그램의 개발 및 국민 안전의식 향상을 위한 홍보 · 전시 ③ 체험교육 인력의 양성 및 유관기관 · 단체 등과 협력 ④ 시 · 도지사가 인정하는 사업
설립과 운영	① 소방박물관장 1인(소방공무원 중 소방청장이 임명), 부관장 1인 ② 운영위원회 : 7인 이내	없음

B 소방업무에 관한 종합계획 및 세부계획

1) 종합계획 및 세부계획 ★★
   (1) 소방청장은 화재, 재난·재해, 그 밖의 위급한 상황으로부터 국민의 생명·신체 및 재산을 보호하기 위하여 소방업무에 관한 종합계획을 5년마다 수립·시행하여야 하고, 이에 필요한 재원을 확보하도록 노력하여야 함(계획 시행 전년도 10월 31일까지 수립)
   (2) 소방청장은 수립한 종합계획을 관계 중앙행정기관의 장, 시·도지사에게 통보
   (3) 시·도지사는 관할 지역의 특성을 고려하여 종합계획의 시행에 필요한 세부계획을 매년 수립하여 소방청장에게 제출하여야 하며, 세부계획에 따른 소방업무를 성실히 수행하여야 함(계획 시행 전년도 12월 31일까지 수립)
   (4) 소방청장은 소방업무의 체계적인 수행을 위하여 필요한 경우 시·도지사가 제출한 세부계획의 보완 또는 수정을 요청할 수 있음

2) 종합계획 포함 사항
   (1) 소방서비스 질 향상 위한 정책방향
   (2) 소방업무 체계 구축, 소방기술 연구·개발·보급
   (3) 소방업무에 필요한 장비 구비
   (4) 소방 전문인력 양성
   (5) 소방업무 필요 기반 조성
   (6) 소방업무의 교육 및 홍보(소방자동차의 우선 통행 등에 관한 홍보 포함)
   (7) 그 밖에 대통령령으로 정하는 사항
      ① 재난·재해 환경 변화에 따른 소방업무에 필요한 대응체계 마련
      ② 장애인, 노인, 임산부, 영유아 및 어린이 등 이동이 어려운 사람을 대상으로 한 소방활동에 필요한 조치

보충▶

구분	종합계획	세부계획
수립·시행자	소방청장 (수립 : 전년 10월 31일)	시·도지사 (수립 : 전년 12월 31일)
수립·시행 시기	5년마다	매년
통보·제출	중앙행정기관의 장, 시·도지사에게 통보	소방청장에게 제출 (소방청장은 세부계획 보완 또는 수정을 요청)

9 소방의 날 제정과 운영 ★★★

1) 목적 : 국민의 안전의식과 화재에 대한 경각심을 높이고 안전문화를 정착시키기 위함
2) 소방의 날 : 매년 11월 9일
3) 소방의 날 행사 필요사항 : 소방청장 또는 시·도지사가 따로 정할 수 있음
4) 소방청장은 다음에 해당하는 사람을 명예직 소방대원으로 위촉할 수 있음
   (1) 「의사상자 등 예우 및 지원에 관한 법률」에 따른 의사상자(義死傷者)에 해당하는 사람
   (2) 소방행정 발전에 공로가 있다고 인정되는 사람

> 소방의 날은 매년 1월 19일이다.
> ✗ 11월 9일

🔗 P.190 문 07

02 소방력과 소방장비

1 소방력

1) 소방력 : 소방기관이 소방업무 수행 시 필요한 인력과 장비
2) 소방력 확충에 필요한 계획 수립 및 시행 : 시·도지사
3) 소방력기준 : 행정안전부령

🔗 P.195 문 19

2 소방력의 동원 ★★★

1) 소방청장 → 시·도지사에게 요청
2) 동원요청 인정사항
   (1) 시·도 소방력으로 소방활동이 어려운 화재
   (2) 재난·재해
   (3) 그 밖에 구조구급 필요사항
   (4) 국가적 차원의 소방활동 필요
3) 동원요청방법 : 소방청장은 시·도지사에게 동원 요청 사실과 다음의 요청사항을 팩스 또는 전화 등의 방법으로 통지(단, 긴급을 요하는 경우 시·도 소방본부 또는 소방서의 종합실장에게 직접 요청)
   (1) 동원을 요청하는 인력 및 장비
   (2) 소방력 이송 수단 및 집결장소
   (3) 소방활동을 수행하게 될 재난의 규모, 원인 등 소방활동에 필요한 정보

> 소방력의 동원은 소방본부장이 시·도지사에게 요청한다.
> ✗ 소방청장이 요청

4) 요청을 받은 시·도지사는 정당한 사유 없이 요청을 거절하여서는 아니 됨
5) 소방청장은 필요한 경우 직접 소방대를 편성하여 소방에 필요한 활동을 하게 할 수 있음
6) 동원된 소방력은 지역 관할하는 소방본부장·서장의 지휘에 따라야 함. 다만 소방청장이 직접 소방대를 편성하여 소방활동을 하는 경우에는 소방청장의 지휘에 따라야 함
7) 소방활동을 수행하는 과정에서 발생하는 경비 부담, 보상주체, 보상기준, 소방력 운용에 관한 사항 : 대통령령

3 소방업무의 응원 ★★★

1) 소방업무 응원 요청 : 소방본부장·서장이 이웃한 소방본부장·서장에게 요청
2) 응원 요청을 받은 소방본부장, 소방서장은 정당한 사유 없이 요청을 거절하면 안 됨
3) 소방업무의 응원을 위하여 파견된 소방대원은 응원을 요청한 소방본부장 또는 소방서장의 지휘에 따라야 함
4) 시·도지사는 출동 대상지역과 규모, 필요경비 부담 등 필요사항을 행정안전부령에 따라 협의하여 미리 규약으로 정해야 함

4 소방업무의 상호응원협정

1) 상호응원협정 체결 : 시·도지사
2) 상호응원협정 포함사항
   (1) 소방활동에 관한 사항
      ① 화재의 경계·진압 활동
      ② 구조·구급업무의 지원
      ③ 화재조사활동
   (2) 응원출동대상지역 및 규모
   (3) 소요경비의 부담에 관한 사항
      ① 출동대원의 수당·식사 및 피복의 수선
      ② 소방장비 및 기구의 정비와 연료의 보급
      ③ 그 밖의 경비
   (4) 응원출동의 요청방법
   (5) 응원출동훈련 및 평가

보충

(1) 동원된 소방력의 소방활동 수행 과정에서 발생하는 경비 : 화재, 재난·재해나 그 밖의 구조·구급이 필요한 상황이 발생한 시·도에서 부담
(2) 동원된 민간 소방인력이 소방활동 수행 중 사망하거나 부상 입은 경우 : 화재, 재난·재해 또는 그 밖의 구조·구급이 필요한 상황이 발생한 시·도가 해당 시·도의 조례로 정하는 바에 따라 보상

🔗 P.189 문 04
🔗 P.192 문 11
🔗 P.193 문 15

상호응원협정 체결은 청장이 한다.
   [X] 시·도지사가 한다.

5 소방장비 국고보조

1) 국고보조
   (1) 국가는 시·도 소방장비구입 등의 경비를 일부 보조함
   (2) 국고보조 대상사업의 범위와 기준 보조율 : 대통령령인「보조금관리에 관한 법률 시행령」
   (3) 소방활동장비 및 설비의 종류와 규격 : 행정안전부령
2) 국고보조 대상사업의 범위 ★★★
   (1) 소방활동장비와 설비의 구입 및 설치
      ① 소방자동차
      ② 소방헬리콥터 및 소방정
      ③ 소방전용통신설비 및 전산설비
      ④ 그 밖에 방화복 등 소방활동에 필요한 소방장비
   (2) 소방관서용 청사의 건축

03 소방용수시설 및 지리조사

1 소방용수시설 설치 및 유지관리 ★★★

1) 소방용수시설 : 소화전, 급수탑, 저수조
2) 소방용수시설 설치·유지·관리 : 시·도지사
3) 시·도지사는 소방자동차의 진입이 곤란한 지역 등 화재발생 시에 초기 대응이 필요한 지역으로서 "대통령령으로 정하는 지역"에 소방호스 또는 호스 릴 등을 소방용수시설에 연결하여 화재를 진압하는 시설이나 장치(비상소화장치)를 설치하고 유지·관리할 수 있다.

> 보충 ▶「수도법」에 따라 소화전을 설치하는 일반수도사업자는 관할 소방서장과 사전협의를 거친 후 소화전을 설치하여야 하며, 설치 사실을 관할 소방서장에게 통지하고, 그 소화전을 유지·관리할 것
>
> 대통령령으로 정하는 지역
> 화재예방강화지구, 시·도지사가 비상소화장치의 설치가 필요하다고 인정하는 지역

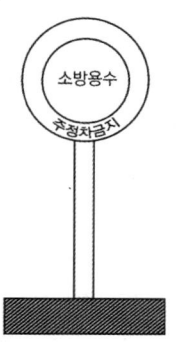

2 소방용수표지(지상에 설치하는 소화전, 저수조, 급수탑의 경우) ★

1) 문자·바탕색(반사재료 사용)
   (1) 안쪽 문자 : 흰색
   (2) 바깥쪽 문자 : 노란색
   (3) 안쪽 바탕 : 붉은색
   (4) 바깥쪽 바탕 : 파란색
2) 소방용수표지를 세우는 것이 매우 어렵거나 부적당한 경우는 그 규격 등을 다르게 할 수 있음

3 소방용수시설의 설치기준 ★★★

1) 공통기준
    (1) 주거지역·상업지역·공업지역 설치 : 소방대상물과의 수평거리 100 [m] 이하
    (2) 그 외의 지역 설치 : 소방대상물과의 수평거리 140 [m] 이하

2) 소방용수시설별 설치기준
    (1) 소화전
        ① 상수도와 연결하여 지하식 또는 지상식의 구조로 할 것
        ② 소화전의 연결금속구 구경 : 65 [mm]
    (2) 급수탑
        ① 급수배관 구경 : 100 [mm] 이상
        ② 개폐밸브 : 지상에서 1.5 [m] 이상 1.7 [m] 이하
    (3) 저수조
        ① 지면으로부터의 낙차 : 4.5 [m] 이하
        ② 흡수부분 수심 : 0.5 [m] 이상
        ③ 흡수관 투입구 : 사각형의 경우에는 한 변의 길이 60 [cm] 이상, 원형의 경우에는 지름 60 [cm] 이상
        ④ 소방펌프자동차가 쉽게 접근할 수 있도록 할 것
        ⑤ 흡수에 지장이 없도록 토사 및 쓰레기 등을 제거할 수 있는 설비를 갖출 것
        ⑥ 저수조에 물을 공급하는 방법 : 상수도에 연결하여 자동으로 급수되는 구조

4 소방용수시설 및 지리조사 ★

1) 소방용수시설 및 지리조사기준
    (1) 실시자 : 소방본부장·서장
    (2) 횟수 및 보관 : 월 1회 이상 실시, 결과 2년 보관

2) 소방용수시설 및 지리조사 내용
    (1) 소방용수시설에 대한 조사
    (2) 소방대상물에 인접한 도로의 폭·교통상황
    (3) 도로주변의 토지의 고저·건축물의 개황
    (4) 그 밖의 소방활동에 필요한 지리조사

○ P.190 문 05
○ P.191 문 08

○ 소화전의 연결금속구 구경은 100 [mm]이다. X 65 [mm]

소화전

○ 저수조의 낙차는 지면으로부터 4.5 [m] 이상이다. X 이하

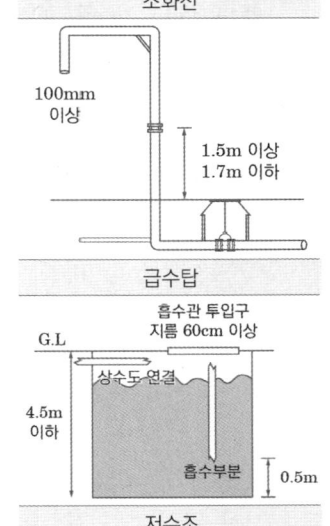
급수탑

저수조

5 비상소화장치

1) 비상소화장치 : 소방자동차 진입 곤란한 지역에 설치
2) 구성
    (1) 비상소화장치함
    (2) 소화전
    (3) 소방호스
    (4) 관창
3) 설치지역 : 대통령령으로 정함
    (1) 화재예방강화지구
    (2) 시·도지사가 비상소화장치의 설치가 필요하다고 인정하는 지역
4) 그 외 설치기준의 세부사항 : 소방청장이 정함

소방용수시설과 소화용수설비 비교 ★

구분	소방용수시설	소화용수설비
종류	소화전, 급수탑, 저수조	상수도소화용수설비, 소화수조, 저수조
법규	소방기본법	소방시설법, NFTC 401
기준	주거·상업·공업지역에 소방대상물과의 수평거리 100[m] 이하(그 외 140[m])	특정소방대상물 수평투영면 140[m] 이하(수도관 75[mm] 이상에 100[mm] 이상 소화전 접속)
목적관리	공공 소화전으로서, • 설치 : 시·도지사 • 관리 : 시·도지사	소화하는 데 사용하며, • 설치 : 관계인(건물주) • 관리 : 관계인(건물주)

예상문제

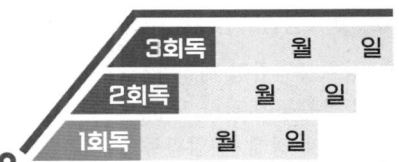

01 상 중 하
소방기본법령상 저수조의 설치기준으로 틀린 것은?

① 지면으로부터의 낙차가 4.5 [m] 이상일 것
② 흡수부분의 수심이 0.5 [m] 이상일 것
③ 흡수에 지장이 없도록 토사 및 쓰레기 등을 제거할 수 있는 설비를 갖출 것
④ 흡수관의 투입구가 사각형의 경우에는 한 변의 길이가 60 [cm] 이상, 원형의 경우에는 지름이 60 [cm] 이상일 것

해설 소방용수시설의 설치기준

1) 소화전
 - 상수도와 연결, 지하식·지상식 구조
 - 연결금속구 구경 : 65 [mm]
2) 급수탑
 - 급수배관 구경 : 100 [mm] 이상
 - 개폐밸브 : 지상 1.5 [m] 이상 1.7 [m] 이하
3) 저수조
 - 지면으로부터의 낙차 : 4.5 [m] 이하
 - 흡수부분 수심 : 0.5 [m] 이상일 것
 - 흡수관 투입구 : 사각형 한 변 60 [cm] 원형 지름 60 [cm] 이상

02 상 중 하
소방기본법에서 정의하는 소방대의 조직 구성원이 아닌 것은?

① 의무소방원
② 소방공무원
③ 의용소방대원
④ 공항소방대원

해설 소방대 구성원

소방대 : 화재 진압 및 화재, 재난·재해, 그 밖의 위급한 상황에서 구조·구급활동
- 소방공무원
- 의무소방원
- 의용소방대원

암기 공무용

03 상 중 하
소방기본법에서 정의하는 소방대상물에 해당하지 않는 것은?

① 산림
② 차량
③ 건축물
④ 항해 중인 선박

해설 소방대상물

- 건축물
- 차량
- 선박(항구에 매어 둔 것)
- 산림, 그 밖의 인공구조물 또는 물건

04 상 중 하
소방기본법령상 소방업무 상호응원협정 체결 시 포함되어야 하는 사항이 아닌 것은?

① 응원출동의 요청방법
② 응원출동훈련 및 평가
③ 응원출동대상지역 및 규모
④ 응원출동 시 현장지휘에 관한 사항

정답 01 ① 02 ④ 03 ④ 04 ④

해설 소방업무 상호응원협정

1) 상호응원협정 체결 : 시·도지사
2) 소방활동에 관한 사항
   - 화재 경계·진압활동
   - 구조·구급업무 지원
   - 화재조사활동
3) 응원출동대상지역 및 규모
4) 소요경비 부담에 관한 사항
   - 출동대원 수당·식사 및 피복 수선
   - 소방장비 및 기구 정비와 연료 보급
5) 응원출동 요청방법
6) 응원출동훈련 및 평가

06 상중하

소방기본법령에 따라 주거지역·상업지역 및 공업지역에 소방용수시설을 설치하는 경우 소방대상물과의 수평거리를 몇 [m] 이하가 되도록 해야 하는가?

① 50
② 100
③ 150
④ 200

해설 소방용수시설 수평거리

- 주거지역·상업지역·공업지역 : 100 [m] 이하
- 그 외의 지역 : 140 [m] 이하

05 상중하

소방기본법령상 소방용수시설의 설치기준 중 급수탑의 급수배관의 구경은 최소 몇 [mm] 이상이어야 하는가?

① 100
② 150
③ 200
④ 250

해설 소방용수시설의 설치기준

1) 소화전
   - 상수도와 연결, 지하식·지상식 구조
   - 연결금속구 구경 : 65 [mm]
2) 급수탑
   - 급수배관 구경 : 100 [mm] 이상
   - 개폐밸브 : 지상 1.5 [m] 이상 1.7 [m] 이하
3) 저수조
   - 지면으로부터의 낙차 : 4.5 [m] 이하
   - 흡수부분 수심 : 0.5 [m] 이상일 것
   - 흡수관 투입구 : 사각형 한 변 60 [cm]
                    원형 지름 60 [cm] 이상

07 상중하

국민의 안전의식과 화재에 대한 경각심을 높이고 안전문화를 정착시키기 위한 소방의 날은 몇 월 며칠인가?

① 1월 19일
② 10월 9일
③ 11월 9일
④ 12월 19일

해설 소방의 날 제정과 운영

1) 목적 : 국민의 안전의식과 화재에 대한 경각심을 높이고 안전문화를 정착시키기 위함
2) 소방의 날 : 매년 11월 9일
3) 소방의 날 행사 필요사항 : 소방청장 또는 시·도지사가 따로 정할 수 있음
4) 소방청장은 다음에 해당하는 사람을 명예직 소방대원으로 위촉할 수 있음
   (1) 「의사상자 등 예우 및 지원에 관한 법률」에 따른 의사상자(義死傷者)에 해당하는 사람
   (2) 소방행정 발전에 공로가 있다고 인정되는 사람

정답 05 ① 06 ② 07 ③

08 상중하

소방용수시설 중 소화전과 급수탑의 설치기준으로 틀린 것은?

① 급수탑 급수배관의 구경은 100 [mm] 이상으로 할 것
② 소화전은 상수도와 연결하여 지하식 또는 지상식의 구조로 할 것
③ 소방용 호스와 연결하는 소화전의 연결금속구의 구경은 65 [mm]로 할 것
④ 급수탑의 개폐밸브는 지상에서 1.5 [m] 이상 1.8 [m] 이하의 위치에 설치할 것

해설 소방용수시설의 설치기준

1) 소화전
  - 상수도와 연결, 지하식·지상식 구조
  - 연결금속구 구경 : 65 [mm]
2) 급수탑
  - 급수배관 구경 : 100 [mm] 이상
  - 개폐밸브 : 지상 1.5 [m] 이상 1.7 [m] 이하
3) 저수조
  - 지면으로부터의 낙차 : 4.5 [m] 이하
  - 흡수부분 수심 : 0.5 [m] 이상일 것
  - 흡수관 투입구 : 사각형 한 변 60 [cm]
    원형 지름 60 [cm] 이상

09 상중하

소방장비 등에 대한 국고보조 대상사업의 범위와 기준 보조율은 무엇으로 정하는가?

① 총리령
② 대통령령
③ 시·도의 조례
④ 국토교통부령

해설 소방장비 등에 대한 국고보조

1) 국고보조
  (1) 국가는 시·도 소방장비구입 등의 경비를 일부 보조함
  (2) 국가보조 대상사업의 범위와 기준 보조율 : 대통령령인 「보조금관리에 관한 법률 시행령」
  (3) 소방활동장비 및 설비의 종류와 규격 : 행정안전부령
2) 국고보조 대상사업의 범위
  (1) 소방활동장비와 설비의 구입 및 설치
    ① 소방자동차
    ② 소방헬리콥터 및 소방정
    ③ 소방전용통신설비 및 전산설비
    ④ 그 밖에 방화복 등 소방활동에 필요한 소방장비
  (2) 소방관서용 청사의 건축

10 상중하

소방기본법령상 소방본부 종합상황실 실장이 소방청의 종합상황실에 서면·팩스 또는 컴퓨터통신 등으로 보고하여야 하는 화재의 기준에 해당하지 않는 것은?

① 항구에 매어 둔 총 톤수가 1000톤 이상인 선박에서 발생한 화재
② 연면적 15000 [m²] 이상인 공장 또는 화재예방강화지구에서 발생한 화재
③ 지정수량 1000배 이상의 위험물 제조소·저장소·취급소에서 발생한 화재
④ 층수가 5층 이상이거나 병상이 30개 이상인 종합병원·정신병원·한방병원·요양소에서 발생한 화재

해설 종합상황실 실장 보고 화재

종합상황실의 실장은 다음에 해당하는 상황이 발생하는 때에는 그 사실을 지체 없이 서면·팩스 또는 컴퓨터통신 등으로 소방서의 종합상황실의 경우는 소방본부의 종합상황실에, 소방본부의 종합상황실의 경우는 소방청의 종합상황실에 각각 보고해야 한다.

1) 다음에 해당하는 화재
   (1) 사망자가 5인 이상 발생한 화재
   (2) 사상자가 10인 이상 발생한 화재
   (3) 이재민이 100인 이상 발생한 화재
   (4) 재산피해액이 50억 원 이상 발생한 화재
   (5) 관공서·학교·정부미도정공장·국가유산·지하철 또는 지하구의 화재
   (6) 관광호텔, 층수가 11층 이상인 건축물, 지하상가, 시장, 백화점
   (7) 지정수량의 3천 배 이상의 위험물의 제조소·저장소·취급소
   (8) 층수가 5층 이상이거나 객실이 30실 이상인 숙박시설, 층수가 5층 이상이거나 병상이 30개 이상인 종합병원·정신병원·한방병원·요양소
   (9) 연면적 15000 [m²] 이상인 공장 또는 화재예방강화지구에서 발생한 화재
   (10) 철도차량, 항구에 매어 둔 총 톤수가 1천 톤 이상인 선박, 항공기, 발전소 또는 변전소에서 발생한 화재
   (11) 가스 및 화약류의 폭발에 의한 화재
   (12) 다중이용업소의 화재
2) 통제단장의 현장지휘가 필요한 재난상황
3) 언론에 보도된 재난상황
4) 그 밖에 소방청장이 정하는 재난상황

11 (상·중·하)

소방기본법령상 인접하고 있는 시·도 간 소방업무의 상호응원협정을 체결하고자 할 때 포함되어야 하는 사항으로 틀린 것은?

① 소방교육·훈련의 종류에 관한 사항
② 화재의 경계·진압활동에 관한 사항
③ 출동대원의 수당·식사 및 피복의 수선의 소요경비의 부담에 관한 사항
④ 화재조사활동에 관한 사항

해설 소방업무 상호응원협정

1) 상호응원협정 체결 : 시·도지사
2) 소방활동에 관한 사항
   - 화재 경계·진압활동
   - 구조·구급업무 지원
   - 화재조사활동
3) 응원출동대상지역 및 규모
4) 소요경비 부담에 관한 사항
   - 출동대원 수당·식사 및 피복 수선
   - 소방장비 및 기구 정비와 연료 보급
5) 응원출동 요청방법
6) 응원출동훈련 및 평가

12 (상·중·하)

소방기본법상 화재 현장에서의 피난 등을 체험할 수 있는 소방체험관의 설립·운영권자는?

① 시·도지사
② 행정안전부장관
③ 소방본부장 또는 소방서장
④ 소방청장

해설 소방박물관, 체험관

소방박물관	소방체험관
소방청장	시·도지사
행정안전부령	시·도 조례
① 국내·외의 소방의 역사 ② 소방공무원의 복장 및 소방장비 등의 변천 및 발전에 관한 자료를 수집·보관 및 전시	① 재난·안전사고 유형에 따른 예방, 대처, 대응 등에 관한 체험교육 ② 체험교육 프로그램의 개발 및 국민 안전의식 향상을 위한 홍보·전시 ③ 체험교육 인력의 양성 및 유관기관·단체 등과 협력 ④ 시·도지사가 인정하는 사업
① 소방박물관장 1인(소방공무원 중 소방청장이 임명), 부관장 1인 ② 운영위원회 : 7인 이내	–

정답 11 ① 12 ①

13 (상)(중)(하)

소방기본법상 소방대의 구성원에 속하지 않는 자는?

① 소방공무원법에 따른 소방공무원
② 의용소방대 설치 및 운영에 관한 법률에 따른 의용소방대원
③ 위험물안전관리법에 따른 자체소방대원
④ 의무소방대설치법에 따라 임용된 의무소방원

해설 소방대 구성원

소방대 : 화재 진압 및 화재, 재난·재해, 그 밖의 위급한 상황에서 구조·구급활동
- 소방공무원
- 의무소방원
- 의용소방대원

암기 공무용

14 (상)(중)(하)

소방기본법령상 국고보조 대상사업의 범위 중 소방활동장비와 설비에 해당하지 않는 것은?

① 소방자동차
② 소방헬리콥터 및 소방정
③ 소화용수설비 및 피난구조설비
④ 방화복 등 소방활동에 필요한 소방장비

해설 국고보조

1) 국고보조
  (1) 국가는 시·도·소방장비구입 등의 경비를 일부 보조함
  (2) 국가보조 대상사업의 범위와 기준 보조율 : 대통령령인 「보조금관리에 관한 법률 시행령」
  (3) 소방활동장비 및 설비의 종류와 규격 : 행정안전부령

2) 국고보조 대상사업의 범위
  (1) 소방활동장비와 설비의 구입 및 설치
    ① 소방자동차
    ② 소방헬리콥터 및 소방정
    ③ 소방전용통신설비 및 전산설비
    ④ 그 밖에 방화복 등 소방활동에 필요한 소방장비
  (2) 소방관서용 청사의 건축

15 (상)(중)(하)

소방기본법상 소방업무의 응원에 대한 설명 중 틀린 것은?

① 소방본부장이나 소방서장은 소방활동을 할 때에 긴급한 경우에는 이웃한 소방본부장 또는 소방서장에게 소방업무의 응원을 요청할 수 있다.
② 소방업무의 응원 요청을 받은 소방본부장 또는 소방서장은 정당한 사유 없이 그 요청을 거절하여서는 아니 된다.
③ 소방업무의 응원을 위하여 파견된 소방대원은 응원을 요청한 소방본부장 또는 소방서장의 지휘에 따라야 한다.
④ 시·도지사는 소방업무의 응원을 요청하는 경우를 대비하여 출동 대상지역 및 규모와 필요한 경비의 부담 등에 관하여 필요한 사항을 대통령령으로 정하는 바에 따라 이웃하는 시·도지사와 협의하여 미리 규약으로 정하여야 한다.

해설 소방업무 응원

- 소방본부장·소방서장은 긴급 시 이웃 소방본부장·소방서장에게 소방업무 응원 요청
- 응원 요청 받은 소방본부장·소방서장은 정당한 사유 없이 요청 거절 금지
- 응원 위해 파견된 소방대원은 응원 요청한 소방본부장·소방서장의 지휘에 따라야 함
- 시·도지사는 출동 대상지역과 규고, 필요 경비 부담 등 필요사항을 행정안전부령에 따라 협의하여 미리 규약으로 정해야 함

정답 13 ③ 14 ③ 15 ④

16 ㉠㉡㉢

소방기본법령상 소방용수시설별 설치기준 중 옳은 것은?

① 저수조는 지면으로부터의 낙차가 4.5 [m] 이상일 것
② 소화전은 상수도와 연결하여 지하식 또는 지상식의 구조로 하고, 소방용 호스와 연결하는 소화전의 연결금속구의 구경은 50 [mm]로 할 것
③ 저수조 흡수관의 투입구가 사각형의 경우에는 한 변의 길이가 60 [cm] 이상일 것
④ 급수탑 급수배관의 구경은 65 [mm] 이상으로 하고, 개폐밸브는 지상에서 0.8 [m] 이상 1.5 [m] 이하의 위치에 설치하도록 할 것

해설 소방용수시설의 설치기준

1) 소화전
 • 상수도와 연결, 지하식·지상식 구조
 • 연결금속구 구경 : 65 [mm]
2) 급수탑
 • 급수배관 구경 : 100 [mm] 이상
 • 개폐밸브 : 지상 1.5 [m] 이상 1.7 [m] 이하
3) 저수조
 • 지면으로부터의 낙차 : 4.5 [m] 이하
 • 흡수부분 수심 : 0.5 [m] 이상일 것
 • 흡수관 투입구 : 사각형 한 변 60 [cm]
   원형 지름 60 [cm] 이상

17 ㉠㉡㉢

소방기본법에 규정된 내용에 관한 설명으로 옳은 것은?

① 소방대상물에는 항해 중인 선박도 포함된다.
② 관계인이란 소방대상물의 관리자와 점유자를 제외한 실제 소유자를 말한다.
③ 소방대의 임무는 구조와 구급활동을 제외한 화재현장에서의 화재진압활동이다.
④ 의용소방대원과 의무소방원도 소방대의 구성원이다.

해설 소방용어 정의

1) 소방대상물
 (1) 건축물
 (2) 차량
 (3) 선박(항구에 매어 둔 것)
 (4) 산림, 그 밖의 인공구조물 또는 물건
2) 관계지역
 소방대상물이 있는 장소 및 그 이웃 지역으로 화재의 예방·경계·진압, 구조·구급 등의 활동에 필요한 지역
3) 관계인
 소방대상물의 소유자·관리자·점유자
4) 소방대
 화재 진압 및 화재, 재난·재해, 그 밖의 위급한 상황에서 구조·구급활동
 (1) 소방공무원
 (2) 의무소방원
 (3) 의용소방대원

암기▶ 공무용

18 상㊥하

소방서의 119 종합상황실 실장이 서면·팩스 또는 컴퓨터통신 등으로 소방본부의 119 종합상황실에 보고하여야 하는 화재가 아닌 것은?

① 사상자가 10명 발생한 화재
② 이재민이 100명 발생한 화재
③ 관공서·학교·정부미도정공장의 화재
④ 재산피해액이 10억 원 발생한 일반화재

해설 종합상황실 실장 보고 화재

종합상황실의 실장은 다음에 해당하는 상황이 발생하는 때에는 그 사실을 지체 없이 서면·팩스 또는 컴퓨터통신 등으로 소방서의 종합상황실의 경우는 소방본부의 종합상황실에, 소방본부의 종합상황실의 경우는 소방청의 종합상황실에 각각 보고해야 한다.
1) 다음에 해당하는 화재
   (1) 사망자가 5인 이상 발생한 화재
   (2) 사상자가 10인 이상 발생한 화재
   (3) 이재민이 100인 이상 발생한 화재
   (4) 재산피해액이 50억 원 이상 발생한 화재
   (5) 관공서·학교·정부미도정공장·국가유산·지하철 또는 지하구의 화재
   (6) 관광호텔, 층수가 11층 이상인 건축물, 지하상가, 시장, 백화점
   (7) 지정수량의 3천 배 이상의 위험물의 제조소·저장소·취급소
   (8) 층수가 5층 이상이거나 객실이 30실 이상인 숙박시설, 층수가 5층 이상이거나 병상이 30개 이상인 종합병원·정신병원·한방병원·요양소
   (9) 연면적 15000 [m²] 이상인 공장 또는 화재예방강화지구에서 발생한 화재
   (10) 철도차량, 항구에 매어 둔 총 톤수가 1천 톤 이상인 선박, 항공기, 발전소 또는 변전소에서 발생한 화재
   (11) 가스 및 화약류의 폭발에 의한 화재
   (12) 다중이용업소의 화재
2) 통제단장의 현장지휘가 필요한 재난상황
3) 언론에 보도된 재난상황
4) 그 밖에 소방청장이 정하는 재난상황

19 상㊥하

소방기본법에 따른 소방력의 기준에 따라 관할구역의 소방력을 확충하기 위하여 필요한 계획을 수립하여 시행하여야 하는 자는?

① 소방서장
② 소방본부장
③ 시·도지사
④ 행정안전부장관

해설 소방력

1) 소방력: 소방기관이 소방업무 수행 시 필요한 인력과 장비
2) 소방력 확충에 필요한 계획 수립 및 시행: 시·도지사
3) 소방력기준: 행정안전부령
※ 소방청장은 해당 시·도의 소방력만으로는 소방활동을 효율적으로 수행하기 어려운 화재, 재난·재해, 그 밖의 구조·구급이 필요한 상황이 발생하거나 특별히 국가적 차원에서 소방활동을 수행할 필요가 인정될 때에는 각 시·도지사에게 행정안전부령으로 정하는 바에 따라 소방력을 동원할 것을 요청할 수 있음

20 상㊥하

소방기본법령상 소방서 종합상황실의 실장이 서면·팩스 또는 컴퓨터통신 등으로 소방본부의 종합상황실에 지체 없이 보고하여야 하는 기준으로 틀린 것은?

① 사망자가 5인 이상 발생하거나 사상자가 10인 이상 발생한 화재
② 층수가 11층 이상인 건축물에서 발생한 화재
③ 이재민이 50인 이상 발생한 화재
④ 재산피해액이 50억 원 이상 발생한 화재

정답 18 ④ 19 ③ 20 ③

해설 종합상황실 실장 보고 화재

종합상황실의 실장은 다음에 해당하는 상황이 발생하는 때에는 그 사실을 지체 없이 서면·팩스 또는 컴퓨터통신 등으로 소방서의 종합상황실의 경우는 소방본부의 종합상황실에, 소방본부의 종합상황실의 경우는 소방청의 종합상황실에 각각 보고해야 한다.

1) 다음에 해당하는 화재
   (1) 사망자가 5인 이상 발생한 화재
   (2) 사상자가 10인 이상 발생한 화재
   (3) 이재민이 100인 이상 발생한 화재
   (4) 재산피해액이 50억 원 이상 발생한 화재
   (5) 관공서·학교·정부미도정공장·국가유산·지하철 또는 지하구의 화재
   (6) 관광호텔, 층수가 11층 이상인 건축물, 지하상가, 시장, 백화점
   (7) 지정수량의 3천 배 이상의 위험물의 제조소·저장소·취급소
   (8) 층수가 5층 이상이거나 객실이 30실 이상인 숙박시설, 층수가 5층 이상이거나 병상이 30개 이상인 종합병원·정신병원·한방병원·요양소
   (9) 연면적 15000 [m²] 이상인 공장 또는 화재예방강화지구에서 발생한 화재
   (10) 철도차량, 항구에 매어 둔 총 톤수가 1천 톤 이상인 선박, 항공기, 발전소 또는 변전소에서 발생한 화재
   (11) 가스 및 화약류의 폭발에 의한 화재
   (12) 다중이용업소의 화재
2) 통제단장의 현장지휘가 필요한 재난상황
3) 언론에 보도된 재난상황
4) 그 밖에 소방청장이 정하는 재난상황

21 (상중**하**)

시·도지사가 설치하고 유지·관리하여야 하는 소방용수시설이 아닌 것은?

① 저수조　　② 상수도
③ 소화전　　④ 급수탑

해설 소방용수시설 설치 및 관리

1) 소방용수시설 : 소화전, 급수탑, 저수조
2) 소방용수시설 설치·유지·관리 : 시·도지사
   ※ 「수도법」에 따라 소화전을 설치하는 일반수도사업자는 관할 소방서장과 사전협의를 거친 후 소화전을 설치하여야 하며, 설치 사실을 관할 소방서장에게 통지하고, 그 소화전을 유지·관리
3) 시·도지사는 소방자동차의 진입이 곤란한 지역 등 화재발생 시에 초기 대응이 필요한 지역으로서 "대통령령으로 정하는 지역"에 소방호스 또는 호스 릴 등을 소방용수시설에 연결하여 화재를 진압하는 시설이나 장치(비상소화장치)를 설치하고 유지·관리할 수 있다.
   ※ 대통령령으로 정하는 지역 : 화재예방강화지구, 시·도지사가 비상소화장치의 설치가 필요하다고 인정하는 지역

22 (상**중**하)

소방의 역사와 안전문화를 발전시키고 국민의 안전의식을 높이기 위하여 ㉠ 소방박물관과 ㉡ 소방체험관을 설립 및 운영할 수 있는 사람은?

① ㉠ 소방청장　　㉡ 소방청장
② ㉠ 소방청장　　㉡ 시·도지사
③ ㉠ 시·도지사　　㉡ 시·도지사
④ ㉠ 소방본부장　　㉡ 시·도지사

정답 21 ②　22 ②

해설 소방박물관, 체험관

소방박물관	소방체험관
소방청장	시·도지사
행정안전부령	시·도 조례
① 국내·외의 소방의 역사, ② 소방공무원의 복장 및 소방장비 등의 변천 및 발전에 관한 자료를 수집·보관 및 전시	① 재난·안전사고 유형에 따른 예방, 대처, 대응 등에 관한 체험교육 ② 체험교육 프로그램의 개발 및 국민 안전의식 향상을 위한 홍보·전시 ③ 체험교육 인력의 양성 및 유관기관·단체 등과 협력 ④ 시·도지사가 인정하는 사업
① 소방박물관장 1인(소방공무원 중 소방청장이 임명), 부관장 1인 ② 운영위원회 : 7인 이내	–

23 상(중)하

소방기본법상 소방용수시설의 저수조는 지면으로부터 낙차가 몇 [m] 이하가 되어야 하는가?

① 3.5 ② 4
③ 4.5 ④ 6

해설 소방용수시설의 설치기준

1) 소화전
   • 상수도와 연결, 지하식·지상식 구조
   • 연결금속구 구경 : 65 [mm]
2) 급수탑
   • 급수배관 구경 : 100 [mm] 이상
   • 개폐밸브 : 지상 1.5 [m] 이상 1.7 [m] 이하
3) 저수조
   • 지면으로부터의 낙차 : 4.5 [m] 이하
   • 흡수부분 수심 : 0.5 [m] 이상일 것
   • 흡수관 투입구 : 사각형 한 변 60 [cm]
     원형 지름 60 [cm] 이상

24 상(중)하

소방기본법에서 규정하는 소방용수시설에 대한 설명으로 틀린 것은?

① 시·도지사는 소방활동에 필요한 소화전·급수탑·저수조를 설치하고 유지·관리하여야 한다.
② 소방본부장 또는 소방서장은 원활한 소방활동을 위하여 소방용수시설에 대한 조사를 월 1회 이상 실시하여야 한다.
③ 소방용수시설 조사의 결과는 2년간 보관하여야 한다.
④ 수도법의 규정에 따라 설치된 소화전도 시·도지사가 유지·관리해야 한다.

해설 소방용수시설 설치 및 관리

1) 소방용수시설 : 소화전, 급수탑, 저수조
2) 소방용수시설 설치·유지·관리 : 시·도지사
   ※ 「수도법」에 따라 소화전을 설치하는 일반수도사업자는 관할 소방서장과 사전협의를 거친 후 소화전을 설치하여야 하며, 설치 사실을 관할 소방서장에게 통지하고, 그 소화전을 유지·관리
3) 시·도지사는 소방자동차의 진입이 곤란한 지역 등 화재발생 시에 초기 대응이 필요한 지역으로서 "대통령령으로 정하는 지역"에 소방호스 또는 호스 릴 등을 소방용수시설에 연결하여 화재를 진압하는 시설이나 장치(비상소화장치)를 설치하고 유지·관리할 수 있다.
   ※ 대통령령으로 정하는 지역 : 화재예방강화지구, 시·도지사가 비상소화장치의 설치가 필요하다고 인정하는 지역
4) 소방용수시설 및 지리조사기준
   (1) 실시자 : 소방본부장·서장
   (2) 횟수 및 보관 : 월 1회 이상 실시, 결과 2년 보관

25 (하)

소방대상물이 아닌 것은?

① 산림
② 항해 중인 선박
③ 건축물
④ 차량

해설 소방대상물 ────────────

- 건축물
- 차량
- 선박(항구에 매어 둔 것)
- 산림, 그 밖의 인공구조물 또는 물건

26 (중)

다음은 소방기본법의 목적을 기술한 것이다. (가), (나), (다)에 들어갈 내용으로 알맞은 것은?

> 화재를 ((가))·((나))하거나 ((다))하고 화재, 재난·재해 그 밖의 위급한 상황에서의 구조·구급활동 등을 통하여 국민의 생명·신체 및 재산을 보호함으로써 공공의 안녕질서 유지와 복리증진에 이바지함을 목적으로 한다.

① (가) 예방, (나) 경계, (다) 복구
② (가) 경보, (나) 소화, (다) 복구
③ (가) 예방, (나) 경계, (다) 진압
④ (가) 경계, (나) 통제, (다) 진압

해설 소방기본법 목적 ────────────

- 화재 예방·경계·진압
- 화재, 재난·재해, 위급 상황에서 구조·구급활동
- 국민의 생명·신체 및 재산을 보호함으로써 공공의 안녕 및 질서 유지와 복리 증진

27 (중)

소화활동을 위한 소방용수시설 및 지리조사의 실시 횟수는?

① 주 1회 이상
② 주 2회 이상
③ 월 1회 이상
④ 분기별 1회 이상

해설 소방용수시설 및 지리조사 ────────────

1) 소방용수시설 및 지리조사기준
   (1) 실시자 : 소방본부장·서장
   (2) 횟수 및 보관 : 월 1회 이상 실시, 결과 2년 보관
2) 소방용수시설 및 지리조사 내용
   (1) 소방용수시설에 대한 조사
   (2) 소방대상물에 인접한 도로의 폭·교통상황
   (3) 도로주변의 토지의 고저·건축물의 개황
   (4) 그 밖의 소방활동에 필요한 지리조사

28 (중)

소방기본법령상에 따른 급수탑 및 지상에 설치하는 소화전·저수조의 경우 소방용수표시기준 중 다음 ( ) 안에 알맞은 것은?

> 문자는 (㉠), 내측바탕은 (㉡), 외측바탕은 (㉢)으로 하고 반사재료를 사용하여야 한다.

① ㉠ 검은색, ㉡ 청색, ㉢ 적색
② ㉠ 검은색, ㉡ 적색, ㉢ 청색
③ ㉠ 백색, ㉡ 청색, ㉢ 적색
④ ㉠ 백색, ㉡ 적색, ㉢ 청색

정답 25 ② 26 ③ 27 ③ 28 ④

해설 소방용수표지

1) 문자·바탕색(반사재료 사용)
   (1) 안쪽 문자 : 흰색
   (2) 바깥쪽 문자 : 노란색
   (3) 안쪽 바탕 : 붉은색
   (4) 바깥쪽 바탕 : 파란색
2) 소방용수표지를 세우는 것이 매우 어렵거나 부적당한 경우는 그 규격 등을 다르게 할 수 있음

30 상(중)하

소방기본법령상 상업지역에 소방용수시설 설치 시 소방대상물과의 수평거리기준은 몇 [m] 이하인가?

① 100   ② 120
③ 140   ④ 160

해설 소방용수시설 수평거리

- 주거지역·상업지역·공업지역 : 100 [m] 이하
- 그 외의 지역 : 140 [m] 이하

29 상(중)하

소방기본법령상 이웃하는 다른 시·도지사와 소방업무에 관하여 시·도지사가 체결할 상호응원협정 사항이 아닌 것은?

① 화재조사활동
② 응원출동의 요청방법
③ 소방교육 및 응원출동훈련
④ 응원출동대상지역 및 규모

해설 소방업무 상호응원협정

1) 상호응원협정 체결 : 시·도지사
2) 소방활동에 관한 사항
   - 화재 경계·진압활동
   - 구조·구급업무 지원
   - 화재조사활동
3) 응원출동대상지역 및 규모
4) 소요경비 부담에 관한 사항
   - 출동대원 수당·식사 및 피복 수선
   - 소방장비 및 기구 정비와 연료 보급
5) 응원출동 요청방법
6) 응원출동훈련 및 평가

정답 29 ③ 30 ①

# CHAPTER 02 소방기본법-2

학습목표

1. 소방활동과 소방지원활동, 생활안전활동에 대해 학습한다.
2. 소방교육과 훈련, 소방신호, 소방활동구역에 대해 학습한다.
3. 소방활동 종사명령과 강제처분, 피난명령, 긴급조치에 대해 학습한다.
4. 한국소방안전원에 대한 사항과 소방청장, 소방본부장, 소방서장, 소방대장의 권한을 말할 수 있다.
5. 벌칙 및 과태료를 암기한다.

학습MAP

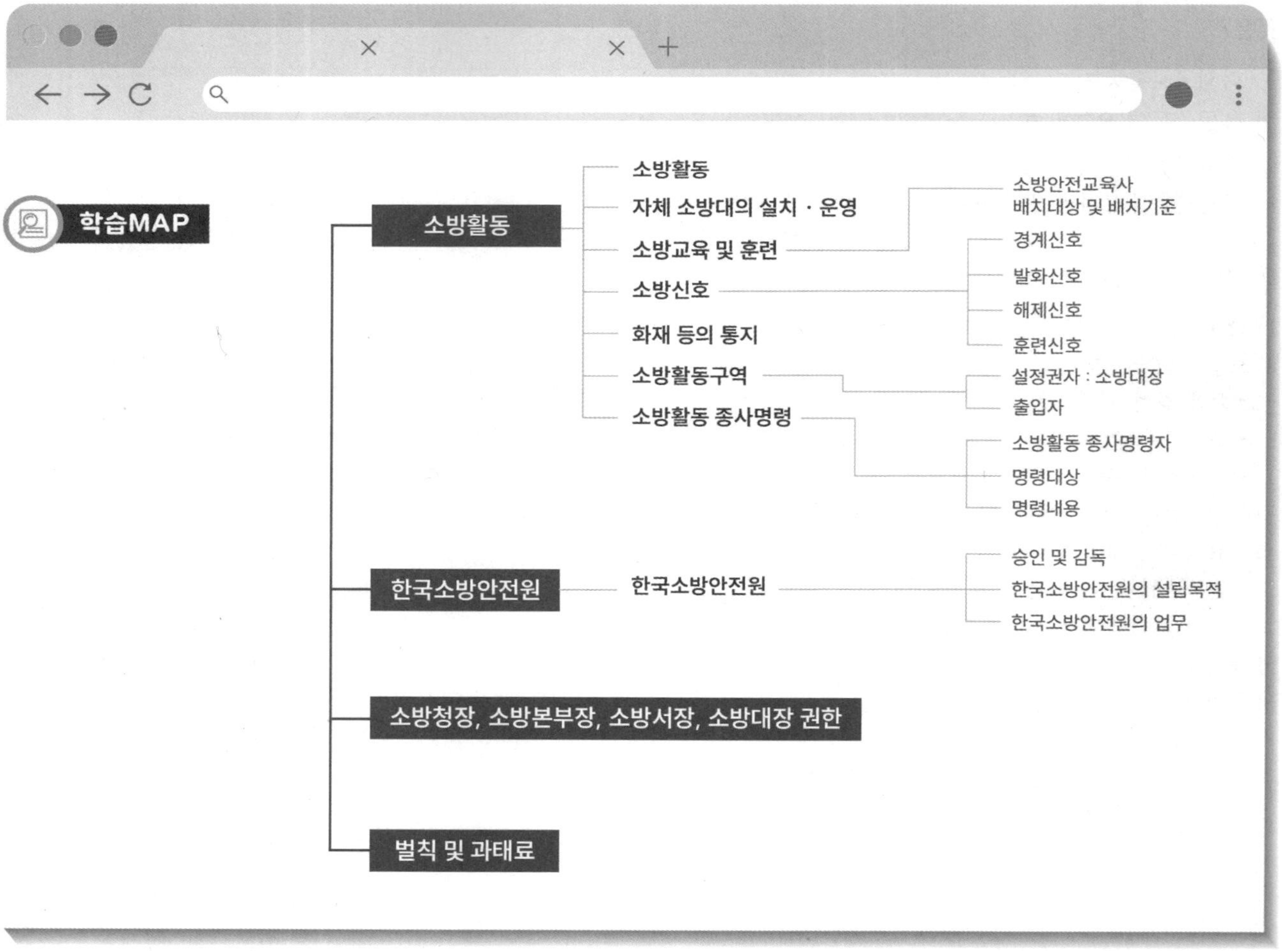

- 소방활동
  - 소방활동
  - 자체 소방대의 설치·운영 — 소방안전교육사 배치대상 및 배치기준
  - 소방교육 및 훈련
  - 소방신호
    - 경계신호
    - 발화신호
    - 해제신호
    - 훈련신호
  - 화재 등의 통지
  - 소방활동구역
    - 설정권자 : 소방대장
    - 출입자
  - 소방활동 종사명령
    - 소방활동 종사명령자
    - 명령대상
    - 명령내용
- 한국소방안전원
  - 한국소방안전원
    - 승인 및 감독
    - 한국소방안전원의 설립목적
    - 한국소방안전원의 업무
- 소방청장, 소방본부장, 소방서장, 소방대장 권한
- 벌칙 및 과태료

01 소방활동

1 소방활동

1) 정의
   (1) 소방청장, 소방본부장 또는 소방서장은 화재, 재난·재해, 그 밖의 위급한 상황이 발생하였을 때에는 소방대를 현장에 신속하게 출동시켜 화재진압과 인명구조·구급 등 소방에 필요한 활동(이하 "소방활동"이라 한다)을 하게 하여야 한다.
   (2) 누구든지 정당한 사유 없이 제1항에 따라 출동한 소방대의 소방활동을 방해하여서는 아니 된다.

2) 화재 등의 통지
   (1) 소방대상물에 화재, 재난·재해, 그 밖의 위급한 상황이 발생한 경우 소방본부, 소방서, 관계 행정기관에 지체 없이 알려야 한다.
   (2) 다음 각 호의 어느 하나에 해당하는 지역 또는 장소에서 화재로 오인할 만한 우려가 있는 불을 피우거나 연막(煙幕) 소독을 하려는 자는 시·도의 조례로 정하는 바에 따라 관할 소방본부장 또는 소방서장에게 신고하여야 한다.
      ① 시장지역
      ② 공장·창고가 밀집한 지역
      ③ 목조건물이 밀집한 지역
      ④ 위험물의 저장 및 처리시설이 밀집한 지역
      ⑤ 석유화학제품을 생산하는 공장이 있는 지역
      ⑥ 그 밖에 시·도의 조례로 정하는 지역 또는 장소

> 관계인의 소방활동 ★★★
> (1) 소방대가 현장에 도착할 때까지 경보울림
> (2) 대피를 유도하는 방법으로 사람을 구출하는 조치
> (3) 불을 끄거나 불이 번지지 않도록 필요한 조치

2 자체소방대의 설치·운영 ★★★

1) 관계인은 화재를 진압하거나 구조·구급활동을 하기 위하여 상설 조직체를 설치·운영할 수 있다.
2) 자체소방대는 소방대가 현장에 도착한 경우 소방대장의 지휘·통제에 따라야 한다.
3) 소방청장, 소방본부장 또는 소방서장은 자체소방대의 역량 향상을 위하여 필요한 교육·훈련 등을 지원할 수 있다.
4) 3)에 따른 교육·훈련 등의 지원에 필요한 사항은 행정안전부령으로 정한다.

3 소방지원활동 ★

1) 공공의 안녕질서 유지, 복리증진을 위하여 필요한 경우 소방활동 외에 <u>소방지원활동</u>을 하게 할 수 있음
2) 실시권자 : <u>소방청장·본부장·서장</u>
3) 종류
   (1) 산불에 대한 예방·진압 등 지원활동
   (2) 자연재해에 따른 급수·배수·제설 등 지원활동
   (3) 집회·공연 등 각종 행사의 사고에 대비한 근접대기 등 지원활동
   (4) 화재·재난·재해로 인한 피해복구 지원활동
   (5) 그 밖에 행정안전부령으로 정하는 활동
      ① 군·경찰 등 유관기관의 훈련지원 활동
      ② 소방시설 오작동 신고에 따른 조치활동
      ③ 방송제작 또는 촬영 관련 지원활동
4) 소방지원활동은 소방활동 수행에 지장을 주지 아니하는 범위에서 할 수 있음
5) 유관기관·단체 등의 요청에 따른 소방지원활동에 드는 비용은 지원요청을 한 유관기관·단체 등에게 부담하게 할 수 있음. 다만 부담금액 및 부담방법에 관하여는 지원요청을 한 유관기관·단체 등과 협의하여 결정함

4 생활안전활동 ★★

1) 신고가 접수된 생활안전 및 위험제거 활동에 대응하기 위하여 소방대를 출동시켜 <u>생활안전활동</u>을 하게 하여야 함
2) 실시권자 : 소방청장·본부장·서장
3) 종류
   (1) 붕괴, 낙하 등이 우려되는 고드름, 나무, 위험 구조물 등의 제거 활동
   (2) 위해동물, 벌 등의 포획 및 퇴치 활동
   (3) 끼임, 고립 등에 따른 위험제거 및 구출 활동
   (4) 단전사고 시 비상전원 또는 조명의 공급
   (5) 그 밖에 방치하면 급박해질 우려가 있는 위험을 예방하기 위한 활동
4) 누구든지 정당한 사유 없이 출동하는 소방대의 생활안전활동을 방해하여서는 아니 됨

소방지원활동의 실시권자는 소방청장·본부장·서장에게 있다. [O]

🔗 P.223 문 28

끼임, 고립 등에 따른 위험제거는 소방지원활동이다.
[X] 생활안전활동

5 소방교육 및 훈련 ★★★

소방청장, 소방본부장 또는 소방서장은 소방업무를 전문적이고 효과적으로 수행하기 위하여 소방대원에게 필요한 교육·훈련을 실시하여야 한다.

1) 소방대원에게 실시할 교육·훈련
   (1) 횟수 : 2년마다 1회
   (2) 기간 : 2주 이상
   (3) 교육·훈련 실시자 : 소방청장·본부장·서장
   (4) 교육·훈련의 종류 및 대상자

종류	대상자	
화재진압훈련	소방공무원(화재진압 업무)	의무소방원, 의용소방대원
인명구조훈련	소방공무원(구조 업무)	의무소방원, 의용소방대원
응급처치훈련	소방공무원(구급 업무)	의무소방원, 의용소방대원
인명대피훈련	소방공무원	의무소방원, 의용소방대원
현장지휘훈련	소방공무원(소방정, 소방령, 소방경, 소방위)	

> 소방대원에게는 3년마다 1회 교육과 훈련을 실시한다.
> ✗ 2년마다 1회

2) 소방안전교육사
   소방안전교육의 기획·진행·분석 및 교수업무를 수행
   (1) 소방안전교육사 시험 실시 및 자격부여 : 소방청장
   (2) 소방안전교육사 시험 관련 필요사항 : 대통령령
   (3) 시험 주기 : 2년마다 1회 시행 원칙. 다만 소방청장이 필요하다고 인정하는 때에는 그 횟수를 증감
   (4) 소방안전교육사 배치대상 및 배치기준 ★★★

배치대상	배치기준
소방청	2명 이상
소방본부	2명 이상
소방서	1명 이상
한국소방안전원	본회 : 2명 이상 시·도지부 : 1명 이상
한국소방산업기술원	2명 이상

> TIP 규모가 크면 소방안전교육사 2명 이상 배치, 작으면 1명 이상 배치

6 소방신호 ★★★

화재예방, 소방활동, 소방훈련을 위하여 사용되며, 행정안전부령으로 정한다.

1) 종류
   (1) 경계신호 : 화재예방상 필요하다고 인정되거나 화재위험경보 시 발령

(2) 발화신호 : 화재가 발생한 때 발령
(3) 해제신호 : 소화활동이 필요 없다고 인정되는 때 발령
(4) 훈련신호 : 훈련상 필요하다고 인정되는 때 발령

2) 방법

종별	타종신호	사이렌신호
경계신호	1타와 연 2타 반복	5초 간격 두고 30초씩 3회
발화신호	난타	5초 간격 두고 5초씩 3회
해제신호	상당한 간격 두고 1타씩 반복	1분간 1회
훈련신호	연 3타 반복	10초 간격 두고 1분씩 3회

7 화재 등의 통지 ★★★

1) 화재현장 또는 구조·구급이 필요한 사고 현장을 발견한 사람은 그 현장 상황을 소방본부, 소방서, 관계행정기관에 지체 없이 알려야 한다.
2) 화재로 오인할 만한 우려가 있는 장소에 불을 피우거나 연막소독하려는 자는 관할 소방본부장 또는 소방서장에게 신고(시·도 조례로 정함)
   (1) 시장지역
   (2) 공장·창고가 밀집한 지역
   (3) 목조건물이 밀집한 지역
   (4) 위험물의 저장 및 처리시설이 밀집한 지역
   (5) 석유화학제품을 생산하는 공장이 있는 지역
   (6) 그 밖에 시·도 조례로 정하는 지역·장소

8 소방자동차 ★

1) 소방자동차 우선통행
   (1) 모든 차와 사람은 소방자동차(지휘를 위한 자동차와 구조·구급차를 포함)가 화재진압 및 구조·구급을 위하여 출동을 할 때에는 이를 방해하여서는 아니 된다.
   (2) 소방자동차가 화재진압 및 구조·구급 활동을 위하여 출동하거나 훈련을 위하여 필요할 때에는 사이렌을 사용할 수 있다.
   (3) 모든 차와 사람은 소방자동차가 화재진압 및 구조·구급 활동을 위하여 사이렌을 사용하여 출동하는 경우에는 다음 각 호의 행위를 하여서는 아니 된다.
      ① 소방자동차에 진로를 양보하지 아니하는 행위
      ② 소방자동차 앞에 끼어들거나 소방자동차를 가로막는 행위
      ③ 그 밖에 소방자동차의 출동에 지장을 주는 행위

암기 | 경발해훈

소방신호의 종류 중에는 경보신호가 있다. Ⓧ 경계신호

시장지역에서 불을 피우려는 자는 시·도지사에게 신고한다.
Ⓧ 관할 소방본부장 또는 소방서장에게 신고

(4) (3)의 사항을 제외하고 소방자동차 우선통행에 관하여는 「도로교통법」에서 정하는 바에 따른다.
2) 소방자동차 전용구역
소방활동의 원활한 수행을 위하여 설치
(1) 전용구역 설치대상 및 제외대상
① 설치대상 ★★
㉠ 공동주택으로 100세대 이상 아파트
㉡ 공동주택으로 3층 이상 기숙사
② 제외대상 : 하나의 대지에 하나의 동으로 구성되고 정차 또는 주차가 금지된 편도 2차선 이상의 도로에 직접 접하여 소방자동차가 도로에서 직접 소방활동이 가능한 공동주택
(2) 누구든지 전용구역에 차를 주차하거나 전용구역에 진입을 가로막는 등의 행위를 하여서는 아니 된다.
(3) 전용구역 설치기준·방법
① 공동주택의 건축주는 소방자동차가 접근하기 쉽고, 소방활동이 원활하게 수행될 수 있도록 각 동별 전면 또는 후면에 소방자동차 전용구역을 1개소 이상 설치해야 한다.
② 다만 하나의 전용구역에서 여러 동의 접근이 가능한 경우 각 동별 설치를 하지 않을 수 있다.
③ 전용구역의 설치방법

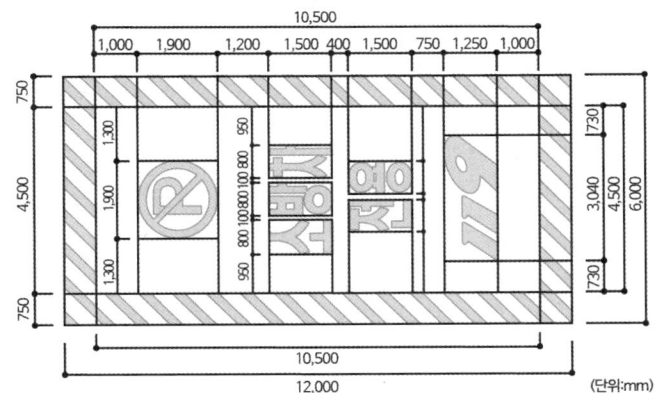

- 전용구역 노면표지 외곽선 : 빗금무늬
- 외곽선 빗금
  - 두께 30 [cm]
  - 간격 50 [cm]
- 노면표지
  - 도료 기본색체 : 황색
  - 문자(P, 소방차 전용)색채 : 백색

암기 ▶ 아백삼기

(4) 전용구역 방해행위의 기준
  ① 전용구역에 물건 등을 쌓거나 주차하는 행위
  ② 전용구역의 앞면, 뒷면 또는 양 측면에 물건 등을 쌓거나 주차하는 행위, 다만 부설주차장의 주차구획 내에 주차하는 경우 제외
  ③ 전용구역 진입로에 물건 등을 쌓거나 주차하여 진입을 가로막는 행위
  ④ 전용구역 노면표지를 지우거나 훼손하는 행위
  ⑤ 그 밖의 방법으로 소방자동차가 전용구역에 주차하는 것을 방해하거나 전용구역으로 진입하는 것을 방해하는 행위
(5) 소방대의 긴급통행 : 소방대는 화재, 재난·재해, 그 밖의 위급한 상황이 발생한 현장에 신속하게 출동하기 위하여 긴급할 때에는 일반적인 통행에 쓰이지 아니하는 도로·빈터 또는 물 위로 통행할 수 있다.

3) 소방자동차 운행기록장치
(1) 소방청장 또는 소방본부장은 소방자동차에 운행기록장치를 장착하고 운행하여야 한다.
(2) 운행기록장치 장착 소방자동차의 범위
  ① 소방펌프차   ② 소방물탱크차
  ③ 소방화학차   ④ 소방고가차
  ⑤ 무인방수차   ⑥ 구조차
  ⑦ 그 밖에 소방청장이 필요하다고 인정하여 정하는 소방자동차
(3) 소방청장, 소방본부장 및 소방서장은 소방자동차 운행기록장치에 기록된 데이터(이하 "운행기록장치 데이터"라 한다)를 6개월 동안 저장·관리해야 한다.
(4) 소방청장은 소방자동차의 안전한 운행 및 교통사고 예방을 위하여 소방본부장 또는 소방서장에게 운행기록장치 데이터 및 그 분석 결과 등 관련 자료의 제출을 요청할 수 있다.
(5) 소방본부장은 관할 구역 안의 소방서장에게 운행기록장치 데이터 등 관련 자료의 제출을 요청할 수 있다.
(6) 소방본부장 또는 소방서장은 제1항 또는 제2항에 따라 자료의 제출을 요청받은 경우에는 소방청장 또는 소방본부장에게 해당 자료를 제출해야 한다. 이 경우 소방서장이 소방청장에게 자료를 제출하는 경우에는 소방본부장을 거쳐야 한다.
(7) 소방청장 및 소방본부장은 운행기록장치 데이터 중 과속, 급감속, 급출발 등의 운행기록을 점검·분석해야 한다.

(8) 소방청장, 소방본부장 및 소방서장은 제1항에 따른 분석 결과를 소방자동차의 안전한 소방활동 수행에 필요한 교통안전정책의 수립, 교육·훈련 등에 활용할 수 있다.

9 소방활동구역 ★★★

1) 설정
   (1) 설정권자 : 소방대장 ★★★
   (2) 소방활동구역을 정하여 소방활동에 필요한 사람으로서 대통령령으로 정하는 사람 외에는 그 구역에 출입하는 것을 제한
2) 출입자 ★★★
   (1) 소방활동구역 안에 있는 소방대상물의 소유자·관리자·점유자
   (2) 전기·가스·수도·통신·교통의 업무 종사자로서 소방활동을 위해 필요한 사람
   (3) 의사·간호사 그 밖의 구조·구급업무 종사자
   (4) 취재인력 등 보도업무 종사자
   (5) 수사업무 종사자
   (6) 그 밖에 소방대장이 소방활동을 위해 출입을 허가한 사람
3) 경찰공무원은 소방대가 소방활동구역에 있지 않거나, 소방대장의 요청이 있을 때에는 출입제한 조치를 할 수 있다.

10 소방활동 종사명령 ★★★

소방활동을 위해 그 관할구역에 사는 사람 또는 그 현장에 있는 사람을 통해 사람을 구출하는 일 또는 불을 끄거나 불이 번지지 않도록 하는 일

1) 소방활동 종사명령자 : 소방본부장, 소방서장, 소방대장
2) 명령대상 : 화재·재난 시 그 관할구역에 사는 사람, 그 현장에 있는 사람
3) 명령내용 : 사람을 구출하는 일, 불을 끄거나 불이 번지지 않도록 하는 일
4) 종사명령 시 소방본부장·서장·대장은 소방활동에 필요한 보호장구 지급하는 등 안전을 위한 조치할 것
5) 소방활동에 종사한 사람은 시·도지사로부터 소방활동비용을 지급받을 수 있다.
   다만 다음 경우는 제외한다.
   (1) 소방대상물에 화재, 재난·재해, 그 밖의 위급상황 발생한 경우 그 관계인
   (2) 고의 또는 과실로 화재 또는 구조, 구급활동이 필요한 상황을 발생시킨 사람
   (3) 화재 또는 구조·구급 현장에서 물건을 가져간 사람

P.220 문 20

소방활동구역의 설정권자는 소방대장이다. O

소방서장이 소방활동을 위해 출입을 허가한 사람은 소방활동구역에 출입 가능하다.
X 소방대장이 허가한 사람

P.212 문 03

🔗 P.214 문 07

방해행위의 제지 등
소방대원은 소방활동 또는 생활안전활동을 방해하는 행위를 하는 사람에게 필요한 경고를 하고, 그 행위로 인하여 사람의 생명·신체에 위해를 끼치거나 재산에 중대한 손해를 끼칠 우려가 있는 긴급한 경우에는 그 행위를 제지할 수 있다.

11 강제처분

1) 강제처분 실시권자 : 소방본부장, 소방서장 또는 소방대장 ★★★
2) 사람을 구출하거나 불이 번지는 것을 막기 위하여 필요할 때에는 화재가 발생하거나 불이 번질 우려가 있는 소방대상물 및 토지를 일시적으로 사용하거나 그 사용의 제한 또는 소방활동에 필요한 처분을 할 수 있다.
3) 사람을 구출하거나 불이 번지는 것을 막기 위하여 긴급하다고 인정할 때에는 2)에 따른 소방대상물 또는 토지 외의 소방대상물과 토지에 대하여 2)에 따른 처분을 할 수 있다.
4) 소방활동을 위하여 긴급하게 출동할 때에는 소방자동차의 통행과 소방활동에 방해가 되는 주차 또는 정차된 차량 및 물건 등을 제거하거나 이동시킬 수 있다.
5) 4)에 따른 소방활동에 방해가 되는 주차 또는 정차된 차량의 제거나 이동을 위하여 관할 지방자치단체 등 관련 기관에 견인차량과 인력 등에 대한 지원을 요청할 수 있고, 요청을 받은 관련 기관의 장은 정당한 사유가 없으면 이에 협조하여야 한다.
6) 시·도지사는 5)에 따라 견인차량과 인력 등을 지원한 자에게 시·도의 조례로 정하는 바에 따라 비용을 지급할 수 있다.

12 피난 명령

1) 피난명령 실시권자 : 소방본부장, 소방서장 또는 소방대장
2) 화재, 재난·재해, 그 밖의 위급한 상황이 발생하여 사람의 생명을 위험하게 할 것으로 인정할 때에는 일정한 구역을 지정하여 그 구역에 있는 사람에게 그 구역 밖으로 피난할 것을 명할 수 있다.
3) 2)에 따른 명령을 할 때 필요하면 관할 경찰서장 또는 자치경찰단장에게 협조를 요청할 수 있다.

13 위험시설 등에 대한 긴급조치

위험시설 등에 대한 긴급조치 실시권자 : 소방본부장, 소방서장 또는 소방대장

1) 소방용수 외에 댐·저수지·수영장 등의 물 사용, 수도의 개폐장치 등 조작
2) 화재 발생을 막거나 폭발 등으로 화재가 확대되는 것을 막기 위하여 가스·전기·유류 등의 시설에 대하여 위험물질의 공급을 차단하는 등 필요한 조치

14 소방용수시설 또는 비상소화장치의 사용금지 등

누구든지 다음의 어느 하나에 해당하는 행위를 하여서는 아니 된다.
1) 정당한 사유 없이 소방용수시설 또는 비상소화장치를 사용하는 행위
2) 정당한 사유 없이 손상·파괴, 철거 또는 그 밖의 방법으로 소방용수시설 또는 비상소화장치의 효용(效用)을 해치는 행위
3) 소방용수시설 또는 비상소화장치의 정당한 사용을 방해하는 행위

02 한국소방안전원

1 한국소방안전원 ★★★

1) 승인 및 감독 : 소방청장
2) 한국소방안전원의 설립목적
   (1) 소방기술과 안전관리기술의 향상·홍보
   (2) 교육·훈련 등 행정기관이 위탁하는 업무의 수행
   (3) 소방관계 종사자의 기술 향상
3) 한국소방안전원의 업무
   (1) 소방기술과 안전관리에 관한 교육 및 조사·연구
   (2) 소방기술과 안전관리에 관한 각종 간행물 발간
   (3) 화재 예방과 안전관리의식 고취를 위한 대국민 홍보
   (4) 소방업무에 관하여 행정기관이 위탁하는 업무
   (5) 소방안전에 관한 국제협력
   (6) 그 밖에 회원에 대한 기술지원 등 정관으로 정하는 사항
4) 한국소방안전원은 법인으로 하고, 소방기본법에 규정된 것을 제외하고는 민법 중 재단법인에 관한 규정 준용

○ P.216 문 10
○ 한국소방안전원의 승인 및 감독은 소방청장이다. O

○ 소방청장, 소방본부장, 소방서장, 소방대장 권한 ★★★

구분	권한
소방청장	• 소방박물관 설립(소방체험관 : 시·도지사) • 한국소방안전원 감독 • 소방력 동원 요청
소방청장, 소방본부장, 소방서장	• 소방활동
소방본부장, 소방서장	• 소방업무 응원요청 • 지리조사
소방본부장, 소방서장, 소방대장	• 소방활동 종사명령 • 강제처분 • 피난명령 • 위험시설 긴급조치
소방대장	• 소방활동구역 설정

03 벌칙 및 과태료 ★★★

1 벌칙

1) 5년 이하의 징역 또는 5000만 원 이하의 벌금
   (1) 위력을 사용하여 출동한 소방대의 화재진압·인명구조·구급활동을 방해하는 행위
   (2) 소방대가 화재진압·인명구조·구급활동을 위하여 현장에 출동하거나 현장에 출입하는 것을 고의로 방해하는 행위
   (3) 출동한 소방대원에게 폭행·협박을 행사하여 화재진압·인명구조·구급활동 방해(음주 또는 약물로 인한 심신장애 상태에서 위반 시 형법의 감경 미적용)
   (4) 출동한 소방대의 소방장비를 파손하거나 그 효용을 해하여 화재진압·인명구조·구급활동 방해하는 행위
   (5) 소방자동차의 출동을 방해한 사람
   (6) 사람을 구출하는 일 또는 불을 끄거나 불이 번지지 않도록 하는 일을 방해한 사람
   (7) 정당한 사유 없이 소방용수시설·비상소화장치를 사용하거나 소방용수시설·비상소화장치의 효용을 해치거나 그 정당한 사용을 방해한 사람

2) 3년 이하의 징역 또는 3000만 원 이하의 벌금
   강제처분을 방해한 자 또는 정당한 사유 없이 그 처분에 따르지 않은 자

3) 300만 원 이하의 벌금
   (1) 소방대상물과 토지, 차량 및 물건 등의 처분을 방해한 자 또는 정당한 사유 없이 그 처분에 따르지 않은 자
   (2) 소방활동을 위하여 긴급하게 출동할 때에는 소방자동차의 통행과 소방활동에 방해가 되는 주차, 정차된 차량 및 물건 등을 제거, 이동시키는 것을 방해하거나 정당한 사유 없이 그 처분에 따르지 아니한 자

4) 100만 원 이하의 벌금
   (1) 정당한 사유 없이 소방대의 생활안전활동을 방해한 자
   (2) 정당한 사유 없이 소방대가 현장에 도착할 때까지 사람을 구출하는 조치 또는 불을 끄거나 불이 번지지 않도록 하는 조치를 하지 않은 관계인

🔗 P.219 문 17
🔗 P.219 문 18
🔗 P.219 문 19
🔗 P.220 문 20
🔗 P.220 문 21
🔗 P.220 문 22

소방자동차의 출동을 방해한 사람에게는 3년 이하의 징역 또는 3000만 원 이하의 벌금이 주어진다.
✗ 5년 이하의 징역 또는 5000만 원 이하의 벌금

⑶ 피난 명령을 위반한 사람
⑷ 정당한 사유 없이 물 사용 및 수도 개폐장치 사용·조작을 못하게 하거나 방해한 자
⑸ 위험물질의 공급을 차단하는 등 필요한 조치를 정당한 사유 없이 방해한 자

2 과태료

1) 500만 원 이하의 과태료
   ⑴ 화재 또는 구조·구급이 필요한 상황을 거짓으로 알린 사람
   ⑵ 정당한 사유 없이 화재, 재난·재해, 그 밖의 위급한 상황을 소방본부, 소방서 또는 관계 행정기관에 알리지 아니한 관계인
2) 200만 원 이하의 과태료
   ⑴ 소방자동차의 출동에 지장을 준 자
   ⑵ 소방활동구역을 출입한 사람
   ⑶ 한국119청소년단, 한국소방안전원 또는 이와 유사한 명칭을 사용한 자
3) 100만 원 이하의 과태료
   전용구역에 차를 주차하거나 전용구역에의 진입을 가로막는 등의 방해행위를 한 자
4) 20만 원 이하의 과태료 : 소방본부장/소방서장에게 부과
   화재로 오인할 만한 우려가 있는 불을 피우거나 연막 소독을 하기 전에 신고를 하지 않아 소방자동차를 출동하게 한 자

> 화재로 오인할 만한 우려가 있는 불을 피우면 50만 원 이하의 과태료이다. **X** 20만 원 이하의 과태료

5) 과태료 부과기준

위반행위	금액(만 원)		
	1회	2회	3회 이상
화재, 구조·구급 상황 거짓으로 알린 경우	200	400	500
전용구역 주차, 진입을 가로막는 등 방해 행위	50	100	100
한국119청소년단 또는 이와 유사한 명칭을 사용한 자	100	150	200
소방자동차 출동에 지장, 소방활동구역 출입	100		
한국소방안전원 또는 이와 유사한 명칭을 사용한 자	200		
정당한 사유 없이 화재, 재난·재해, 그 밖의 위급한 상황을 소방본부, 소방서 또는 관계 행정기관에 알리지 않은 경우	500		

01 상 중 하

다음 중 소방기본법령에 따라 화재예방상 필요하다고 인정되거나 화재위험경보 시 발령하는 소방신호의 종류로 옳은 것은?

① 발화신호
② 경계신호
③ 경보신호
④ 훈련신호

해설 소방신호

1) 종류
  (1) 경계신호 : 화재예방상 필요하다고 인정되거나 화재위험경보 시 발령
  (2) 발화신호 : 화재가 발생한 때 발령
  (3) 해제신호 : 소화활동이 필요 없다고 인정되는 때 발령
  (4) 훈련신호 : 훈련상 필요하다고 인정되는 때 발령
2) 방법

종별	타종신호	사이렌신호
경계신호	1타, 연 2타 반복	5초 간격 30초씩 3회
발화신호	난타	5초 간격 5초씩 3회
해제신호	상당한 간격 1타씩 반복	1분간 1회
훈련신호	연 3타 반복	10초 간격 1분씩 3회

암기 경발해훈

02 상 중 하

소방기본법령상 소방신호의 방법으로 틀린 것은?

① 타종에 의한 훈련신호는 연 3타 반복
② 사이렌에 의한 발화신호는 5초 간격을 두고, 10초씩 3회
③ 타종에 의한 해제신호는 상당한 간격을 두고 1타씩 반복
④ 사이렌에 의한 경계신호는 5초 간격을 두고, 30초씩 3회

해설 소방신호

1번 해설 참조

03 상 중 하

소방기본법에 따라 화재 등 그 밖의 위급한 상황이 발생한 현장에서 소방활동을 위하여 필요한 때에는 그 관할구역에 사는 사람 또는 그 현장에 있는 사람으로 하여금 사람을 구출하는 일 또는 불을 끄는 등의 일을 하도록 명령할 수 있는 권한이 없는 사람은?

① 소방서장
② 소방대장
③ 시·도지사
④ 소방본부장

해설 소방활동 종사명령

소방활동을 위해 그 관할구역에 사는 사람 또는 그 현장에 있는 사람을 통해 사람을 구출하는 일 또는 불을 끄거나 불이 번지지 않도록 하는 일

1) 소방활동 종사명령자 : 소방본부장, 소방서장, 소방대장
2) 명령대상 : 화재·재난 시 그 관할구역에 사는 사람, 그 현장에 있는 사람
3) 명령내용 : 사람을 구출하는 일, 불을 끄거나 불이 번지지 않도록 하는 일

정답 01 ② 02 ② 03 ③

4) 종사명령 시 소방본부장·서장·대장은 소방활동에 필요한 보호장구 지급하는 등 안전을 위한 조치할 것
5) 소방활동에 종사한 사람은 시·도지사로부터 소방활동비용을 지급 받을 수 있음. 다만 다음 경우는 제외함
   (1) 소방대상물에 화재, 재난·재해, 그 밖의 위급상황 발생한 경우 그 관계인
   (2) 고의 또는 과실로 화재 또는 구조, 구급활동이 필요한 상황을 발생시킨 사람
   (3) 화재 또는 구조·구급 현장에서 물건을 가져간 사람

04 상중하

소방기본법상 명령권자가 소방본부장, 소방서장 또는 소방대장에게 있는 사항은?

① 소방활동을 할 때에 긴급한 경우에는 이웃한 소방본부장 또는 소방서장에게 소방업무의 응원을 요청할 수 있다.
② 화재, 재난·재해, 그 밖의 위급한 상황이 발생한 현장에서 소방활동을 위하여 필요할 때에는 그 관할구역에 사는 사람 또는 그 현장에 있는 사람으로 하여금 사람을 구출하는 일 또는 불을 끄거나 불이 번지지 아니하도록 하는 일을 하게 할 수 있다.
③ 수사기관이 방화 또는 실화의 혐의가 있어서 이미 피의자를 체포하였거나 증거물을 압수하였을 때에 화재조사를 위하여 필요한 경우에는 수사에 지장을 주지 아니하는 범위에서 그 피의자 또는 압수된 증거물에 대한 조사를 할 수 있다.
④ 화재, 재난·재해, 그 밖의 위급한 상황이 발생하였을 때에는 소방대를 현장에 신속하게 출동시켜 화재진압과 인명구조·구급 등 소방에 필요한 활동을 하게 하여야 한다.

해설 소방본부장, 소방서장, 소방대장의 권한

1) 소방활동 종사명령
   소방활동을 위해 그 관할구역에 사는 사람 또는 그 현장에 있는 사람을 통해 사람을 구출하는 일 또는 불을 끄거나 불이 번지지 않도록 하는 일
2) 강제처분
   사람을 구출하거나 불이 번지는 것을 막기 위하여 필요할 때에는 화재가 발생하거나 불이 번질 우려가 있는 소방대상물 및 토지를 일시적으로 사용하거나 그 사용의 제한 또는 소방활동에 필요한 처분을 할 수 있음
3) 피난 명령
   화재, 재난·재해, 그 밖의 위급한 상황이 발생하여 사람의 생명을 위험하게 할 것으로 인정할 때에는 일정한 구역을 지정하여 그 구역에 있는 사람에게 그 구역 밖으로 피난할 것을 명령할 수 있음
4) 위험시설 등에 대한 긴급조치
   소방용수 외에 댐·저수지·수영장 등의 물 사용, 수도의 개폐장치 등 조작하거나 가스·전기·유류 등의 시설에 대하여 위험물질의 공급을 차단하는 등 필요한 조치를 할 수 있음

05 상중하

소방기본법령상 시장지역에서 화재로 오인할 만한 우려가 있는 불을 피우거나 연막소독을 하려는 자가 신고를 하지 아니하여 소방자동차를 출동하게 한 자에 대한 과태료 부과·징수권자는?

① 국무총리
② 시·도지사
③ 행정안전부 장관
④ 소방본부장 또는 소방서장

해설 20만 원 이하의 과태료

화재로 오인할 만한 우려가 있는 불을 피우거나 연막 소독을 하기 전에 신고를 하지 않아 소방자동차를 출동하게 한 자
- 부과권자 : <u>소방본부장, 소방서장</u>
- 과태료 : 20만 원 이하

정답 04 ② 05 ④

06 (상⟨중⟩하)

소방기본법상 소방대장의 권한이 아닌 것은?

① 소방활동을 할 때에 긴급한 경우에는 이웃한 소방본부장 또는 소방서장에게 소방업무의 응원을 요청할 수 있다.
② 화재, 재난재해, 그 밖의 위급한 상황이 발생한 현상에서 소방활동을 위하여 필요할 때 그 관할구역에 사는 사람 또는 현장에 있는 사람으로 하여금 사람을 구출하는 일 또는 불을 끄거나 불이 번지지 아니하도록 하는 일을 하게 할 수 있다.
③ 사람을 구출하거나 불이 번지는 것을 막기 위하여 필요할 대에는 화재가 발생하거나 불이 번질 우려가 있는 소방대상물 및 토지를 일시적으로 사용하거나 그 사용의 제한 또는 소방활동에 필요한 처분을 할 수 있다.
④ 소방활동을 위하여 긴급하게 출동할 때에는 소방자동차의 통행과 소방활동에 방해가 되는 주차 또는 정차된 차량 및 물건 등을 제거하거나 이동시킬 수 있다.

해설 소방본부장, 소방서장, 소방대장 권한

구분	권한
소방청장	• 소방박물관 설립 • 한국소방안전원 감독 • 소방력 동원 요청
소방청장, 소방본부장, 소방서장	• 소방활동
소방본부장, 소방서장	• 소방업무 응원요청 • 지리조사
소방본부장, 소방서장, 소방대장	• 소방활동 종사명령 • 강제처분 • 피난명령 • 위험시설 긴급조치
소방대장	• 소방활동구역 설정

07 (상⟨중⟩하)

불이 번질 우려가 있는 소방대상물 및 토지의 일부를 일시적으로 사용하거나 그 사용의 제한 또는 소방활동에 필요한 처분을 하는 강제처분권자로 옳지 않은 것은?

① 소방본부장
② 소방서장
③ 소방대장
④ 시·도지사

해설 강제처분

1) 강제처분 실시권자 : 소방본부장·서장·대장
2) 사람을 구출하거나 불이 번지는 것을 막기 위하여 필요한 때에는 화재가 발생하거나 불이 번질 우려가 있는 소방대상물 및 토지를 일시적으로 사용하거나 사용의 제한 또는 소방활동에 필요한 처분을 할 수 있음
3) 사람을 구출하거나 불이 번지는 것을 막기 위하여 긴급하다고 인정할 때에는 2)에 따른 소방대상물 또는 토지 외의 소방대상물과 토지에 대하여 강제처분을 할 수 있음
4) 소방활동을 위하여 긴급하게 출동할 때에는 소방자동차의 통행과 소방활동에 방해가 되는 주차 또는 정차된 차량 및 물건 등을 제거하거나 이동시킬 수 있음
5) 소방활동에 방해가 되는 주차 또는 정차된 차량의 제거나 이동을 위하여 관할 지방단체 등 관련 기관에 견인차량과 인력 등에 대한 지원을 요청할 수 있고, 요청을 받은 관련 기관의 장은 정당한 사유가 없으면 이에 협조하여야 함
6) 시·도지사는 견인차량과 인력 등을 지원한 자에게 시·도 조례에 따라 비용을 지급할 수 있음

정답 06 ① 07 ④

08 (중)

소방기본법령상 소방안전교육사의 배치대상별 배치기준으로 틀린 것은?

① 소방청 : 2명 이상 배치
② 소방서 : 1명 이상 배치
③ 소방본부 : 2명 이상 배치
④ 한국소방안전원(본회) : 1명 이상 배치

해설 소방안전교육사

소방안전교육의 기획·진행·분석 및 교수업무를 수행
1) 소방안전교육사 시험 실시 및 자격부여 : 소방청장
2) 소방안전교육사 시험 관련 필요사항 : 대통령령
3) 시험 주기 : 2년마다 1회 시행 원칙. 다만 소방청장이 필요하다고 인정하는 때에는 그 횟수를 증감
4) 소방안전교육사 배치대상 및 배치기준

배치대상	배치기준(이상)
소방청	2명
소방본부	2명
소방서	1명
한국소방안전원	본회 : 2명 시·도지부 : 1명
한국소방산업기술원	2명

09 (중)

소방기본법령상 소방활동구역의 출입자에 해당되지 않는 자는?

① 소방활동구역 안에 있는 소방대상물의 소유자·관리자 또는 점유자
② 전기·가스·수도·통신·교통의 업무에 종사하는 사람으로서 원활한 소방활동을 위하여 필요한 자
③ 화재건물과 관련 있는 부동산업자
④ 취재인력 등 보도업무에 종사하는 자

해설 소방활동구역

1) 설정
   (1) 설정권자 : 소방대장
   (2) 소방활동구역을 정하여 소방활동에 필요한 사람으로서 대통령령으로 정하는 사람 외에는 그 구역에 출입하는 것을 제한
2) 출입자
   (1) 소방활동구역 안에 있는 소방대상물의 소유자·관리자·점유자
   (2) 전기·가스·수도·통신·교통의 업무 종사자로서 소방활동을 위해 필요한 사람
   (3) 의사·간호사 그 밖의 구조·구급업무 종사자
   (4) 취재인력 등 보도업무 종사자
   (5) 수사업무 종사자
   (6) 그 밖에 소방대장이 소방활동을 위해 출입을 허가한 사람
3) 경찰공무원은 소방대가 소방활동구역에 있지 않거나 소방대장의 요청이 있을 때에는 출입제한 조치를 할 수 있음

10 상 중 하

다음 중 한국소방안전원의 업무에 해당하지 않는 것은?

① 소방용 기계·기구의 형식승인
② 소방업무에 관하여 행정기관이 위탁하는 업무
③ 화재예방과 안전관리의식 고취를 위한 대국민 홍보
④ 소방기술과 안전관리에 관한 교육, 조사·연구 및 각종 간행물 발간

해설 한국소방안전원

1) 승인 및 감독 : 소방청장
2) 한국소방안전원의 설립목적
   (1) 소방기술과 안전관리기술의 향상·홍보
   (2) 교육·훈련 등 행정기관이 위탁하는 업무 수행
   (3) 소방관계 종사자의 기술 향상
3) 한국소방안전원의 업무
   (1) 소방기술과 안전관리에 관한 교육 및 조사·연구
   (2) 소방기술과 안전관리에 관한 각종 간행물 발간
   (3) 화재 예방과 안전관리의식 고취를 위한 대국민 홍보
   (4) 소방업무에 관하여 행정기관이 위탁하는 업무
   (5) 소방안전에 관한 국제협력
   (6) 그 밖에 회원에 대한 기술지원 등 정관으로 정하는 사항

11 상 중 하

소방활동구역의 출입자로서 대통령령으로 정하는 자에 속하지 않는 사람은?

① 취재인력 등 보도업무에 종사하는 자
② 수사업무에 종사하는 자
③ 의사·간호사 그 밖의 구조 구급업무에 종사하는 자
④ 소방활동구역 밖에 있는 소방대상물의 소유자·관리자 또는 점유자

해설 소방활동 구역의 설정

1) 설정
   (1) 설정권자 : 소방대장
   (2) 소방활동구역을 정하여 소방활동에 필요한 사람으로서 대통령령으로 정하는 사람 외에는 그 구역에 출입하는 것을 제한
2) 출입자
   (1) 소방활동구역 안에 있는 소방대상물의 소유자·관리자·점유자
   (2) 전기·가스·수도·통신·교통의 업무 종사자로서 소방활동을 위해 필요한 사람
   (3) 의사·간호사 그 밖의 구조·구급업무 종사자
   (4) 취재인력 등 보도업무 종사자
   (5) 수사업무 종사자
   (6) 그 밖에 소방대장이 소방활동을 위해 출입을 허가한 사람
3) 경찰공무원은 소방대가 소방활동구역에 있지 않거나 소방대장의 요청이 있을 때에는 출입제한 조치를 할 수 있음

12 상(중)하

소방기본법상 소방본부장, 소방서장 또는 소방대장의 권한이 아닌 것은?

① 화재, 재난·재해, 그 밖의 위급한 상황이 발생한 현장에서 소방활동을 위하여 필요할 때에는 그 관할구역에 사는 사람 또는 그 현장에 있는 사람으로 하여금 사람을 구출하는 일 또는 불을 끄거나 불이 번지지 아니하도록 하는 일을 하게 할 수 있다.
② 소방활동을 할 때에 긴급한 경우에는 이웃한 소방본부장 또는 소방서장에게 소방업무의 응원을 요청할 수 있다.
③ 사람을 구출하거나 불이 번지는 것을 막기 위하여 필요할 때에는 화재가 발생하거나 불이 번질 우려가 있는 소방대상물 및 토지를 일시적으로 사용하거나 그 사용의 제한 또는 소방활동에 필요한 처분을 할 수 있다.
④ 소방활동을 위하여 긴급하게 출동할 때에는 소방자동차의 통행과 소방활동에 방해가 되는 주차 또는 정차된 차량 및 물건 등을 제거하거나 이동시킬 수 있다.

해설 소방본부장, 소방서장, 소방대장 권한

구분	권한
소방청장	• 소방박물관 설립 • 한국소방안전원 감독 • 소방력 동원 요청
소방청장, 소방본부장, 소방서장	• 소방활동
소방본부장, 소방서장	• 소방업무 응원요청 • 지리조사
소방본부장, 소방서장, 소방대장	• 소방활동 종사명령 • 강제처분 • 피난명령 • 위험시설 긴급조치
소방대장	• 소방활동구역 설정

13 상(중)하

소방자동차 전용구역 설치 대상이 되는 공동주택이란 어떤 주택을 말하는가?

① 아파트 중 세대수가 100세대 이상인 아파트 및 기숙사 중 3층 이상의 기숙사
② 아파트 중 세대수가 200세대 이상인 아파트 및 기숙사 중 4층 이상의 기숙사
③ 아파트 중 세대수가 300세대 이상인 아파트 및 기숙사 중 5층 이상의 기숙사
④ 아파트 중 세대수가 400세대 이상인 아파트 및 기숙사 중 6층 이상의 기숙사

해설 소방자동차 전용구역
1) 전용구역 설치 목적 : 소방활동의 원활한 수행을 위하여 설치
2) 전용구역 설치대상 및 제외대상
   (1) 설치대상
      ① 공동주택으로 100세대 이상 아파트
      ② 공동주택으로 3층 이상 기숙사
   (2) 제외대상 : 하나의 대지에 하나의 동으로 구성되고 정차 또는 주차가 금지된 편도 2차선 이상의 도로에 직접 접하여 소방자동차가 도로에서 직접 소방활동이 가능한 공동주택
3) 누구든지 전용구역에 차를 주차하거나 전용구역에 진입을 가로막는 등의 행위를 하여서는 아니 됨

14 상 중(하)

소방기본법상 소방활동구역의 설정권자로 옳은 것은?

① 소방본부장
② 소방서장
③ 소방대장
④ 시·도지사

해설 소방본부장, 소방서장, 소방대장 권한

구분	권한
소방청장	• 소방박물관 설립 • 한국소방안전원 감독 • 소방력 동원 요청
소방청장, 소방본부장, 소방서장	• 소방활동
소방본부장, 소방서장	• 소방업무 응원요청 • 지리조사
소방본부장, 소방서장, 소방대장	• 소방활동 종사명령 • 강제처분 • 피난명령 • 위험시설 긴급조치
소방대장	• 소방활동구역 설정

해설 5년 이하 징역 또는 5000만 원 이하 벌금

1) 위력을 사용하여 출동한 소방대의 화재진압·인명구조·구급활동을 방해하는 행위
2) 소방대가 화재진압·인명구조·구급활동을 위하여 현장에 출동하거나 현장에 출입하는 것을 고의로 방해하는 행위
3) 출동한 소방대원에게 폭행·협박을 행사하여 화재진압·인명구조·구급활동 방해(음주 또는 약물로 인한 심신장애 상태에서 위반 시 형법의 감경 미적용)
4) 출동한 소방대의 소방장비를 파손하거나 그 효용을 해하여 화재진압·인명구조·구급활동 방해하는 행위
5) 소방자동차의 출동을 방해한 사람
6) 사람을 구출하는 일 또는 불을 끄거나 불이 번지지 않도록 하는 일을 방해한 사람
7) 정당한 사유 없이 소방용수시설·비상소화장치를 사용하거나 소방용수시설·비상소화장치의 효용을 해치거나 그 정당한 사용을 방해한 사람

보충 ① : 화재예방법에 해당

15 (상**중**하)

소방기본법에 따른 벌칙의 기준이 다른 것은?

① 정당한 사유 없이 불장난, 모닥불, 흡연, 화기 취급, 풍등 등 소형 열기구 날리기, 그 밖에 화재예방상 위험하다고 인정되는 행위의 금지 또는 제한에 따른 명령에 따르지 아니하거나 이를 방해한 사람
② 소방활동 종사명령에 따른 사람을 구출하는 일 또는 불을 끄거나 불이 번지지 아니하도록 하는 일을 방해한 사람
③ 정당한 사유 없이 소방용수시설 또는 비상소화장치를 사용하거나 소방용수시설 또는 비상소화장치의 효용을 해치거나 그 정당한 사용을 방해한 사람
④ 출동한 소방대의 소방장비를 파손하거나 그 효용을 해하여 화재진압·인명구조 또는 구급활동을 방해하는 행위를 한 사람

16 (상**중**하)

소방기본법령에 따른 소방대원에게 실시할 교육·훈련 횟수 및 기간의 기준 중 다음 ( ) 안에 알맞은 것은?

횟수	기간
(㉠)년마다 1회	(㉡)주 이상

① ㉠ 2, ㉡ 2
② ㉠ 2, ㉡ 4
③ ㉠ 1, ㉡ 2
④ ㉠ 1, ㉡ 4

해설 소방대원에게 실시할 교육·훈련

소방업무를 전문적이고 효과적으로 수행하기 위하여 소방대원에게 필요한 교육·훈련을 실시하여야 함

횟수	기간
2년마다 1회	2주 이상

1) 횟수 : 2년마다 1회
2) 기간 : 2주 이상
3) 교육·훈련 실시자 : 소방청장·본부장·서장

정답 15 ① 16 ①

4) 교육·훈련의 종류 및 대상자

종류	대상자
화재진압훈련	소방공무원(화재진압 업무), 의무소방원, 의용소방대원
인명구조훈련	소방공무원(구조 업무), 의무소방원, 의용소방대원
응급처치훈련	소방공무원(구급 업무), 의무소방원, 의용소방대원
인명대피훈련	소방공무원(모든 업무), 의무소방원, 의용소방대원
현장지휘훈련	소방공무원(지방소방정, 지방소방령, 지방소방경, 지방소방위)

17 상 중 하

소방기본법상 관계인의 소방활동을 위반하여 정당한 사유 없이 소방대가 현장에 도착할 때까지 사람을 구출하는 조치 또는 불을 끄거나 불이 번지지 아니하도록 하는 조치를 하지 아니한 자에 대한 벌칙기준으로 옳은 것은?

① 100만 원 이하의 벌금
② 200만 원 이하의 벌금
③ 300만 원 이하의 벌금
④ 400만 원 이하의 벌금

해설 100만 원 이하 벌금

1) 정당한 사유 없이 소방대의 생활안전활동을 방해한 자
2) 정당한 사유 없이 소방대가 현장에 도착할 때까지 사람을 구출하는 조치 또는 불을 끄거나 불이 번지지 않도록 하는 조치를 하지 않은 관계인
3) 피난 명령을 위반한 사람
4) 정당한 사유 없이 물 사용 및 수도 개폐장치 사용·조작을 못하게 하거나 방해한 자
5) 위험물질의 공급을 차단하는 등 필요한 조치를 정당한 사유 없이 방해한 자

18 상 중 하

시장지역에서 화재로 오인할 만한 우려가 있는 불을 피우거나 연막 소독을 한 자가 소방본부장 또는 소방서장에게 신고를 하지 아니하여 소방자동차를 출동하게 한 때에 과태료 부과 금액기준으로 옳은 것은?

① 20만 원 이하
② 50만 원 이하
③ 100만 원 이하
④ 200만 원 이하

해설 20만 원 이하의 과태료

화재로 오인할 만한 우려가 있는 불을 피우거나 연막 소독을 하기 전에 신고를 하지 않아 소방자동차를 출동하게 한 자
• 부과권자 : 소방본부장, 소방서장
• 과태료 : 20만 원 이하

19 상 중 하

소방기본법상 화재 또는 구조·구급이 필요한 상황을 거짓으로 알린 사람의 과태료는?

① 100만 원 이하
② 200만 원 이하
③ 300만 원 이하
④ 500만 원 이하

해설 과태료

1) 500만 원 이하의 과태료
   (1) 화재 또는 구조·구급이 필요한 상황을 거짓으로 알린 사람
   (2) 정당한 사유 없이 화재, 재난·재해, 그 밖의 위급한 상황을 소방본부, 소방서 또는 관계 행정기관에 알리지 아니한 관계인
2) 200만 원 이하의 과태료
   (1) 소방자동차의 출동에 지장을 준 자
   (2) 소방활동구역을 출입한 사람
   (3) 한국119청소년단, 한국소방안전원 또는 이와 유사한 명칭을 사용한 자

정답 17 ① 18 ① 19 ④

3) 100만 원 이하의 과태료
   전용구역에 차를 주차하거나 전용구역에의 진입을 가로막는 등의 방해 행위를 한 자
4) 20만 원 이하의 과태료
   화재로 오인할 만한 우려가 있는 불을 피우거나 연막 소독을 하기 전에 신고를 하지 않아 소방자동차를 출동하게 한 자

20 상(중)하

소방대장은 화재, 재난·재해, 그 밖의 위급한 상황이 발생한 현장에 소방활동구역을 정하여 지정한 사람 외에는 그 구역에 출입하는 것을 제한할 수 있다. 소방활동구역을 출입할 수 없는 사람은?

① 의사·간호사 그 밖의 구조·구급업무에 종사하는 사람
② 수사업무에 종사하는 사람
③ 소방활동구역 밖의 소방대상물을 소유한 사람
④ 전기·가스 등의 업무에 종사하는 사람으로서 원활한 소방활동을 위하여 필요한 사람

해설 소방활동구역

1) 설정
   (1) 설정권자 : 소방대장
   (2) 소방활동구역을 정하여 소방활동에 필요한 사람으로서 대통령령으로 정하는 사람 외에는 그 구역에 출입하는 것을 제한
2) 출입자
   (1) 소방활동구역 안에 있는 소방대상물의 소유자·관리자·점유자
   (2) 전기·가스·수도·통신·교통의 업무 종사자로서 소방활동을 위해 필요한 사람
   (3) 의사·간호사 그 밖의 구조·구급업무 종사자
   (4) 취재인력 등 보도업무 종사자
   (5) 수사업무 종사자
   (6) 그 밖에 소방대장이 소방활동을 위해 출입을 허가한 사람
3) 경찰공무원은 소방대가 소방활동구역에 있지 않거나 소방대장의 요청이 있을 때에는 출입제한 조치를 할 수 있음

21 상(중)하

위력을 사용하여 출동한 소방대의 화재진압·인명구조 또는 구급활동을 방해하는 행위를 한 자에 대한 벌칙기준은?

① 200만 원 이하의 벌금
② 300만 원 이하의 벌금
③ 3년 이하의 징역 또는 3000만 원 이하의 벌금
④ 5년 이하의 징역 또는 5000만 원 이하의 벌금

해설 5년 이하 징역 또는 5000만 원 이하 벌금

1) 위력을 사용하여 출동한 소방대의 화재진압·인명구조·구급활동을 방해하는 행위
2) 소방대가 화재진압·인명구조·구급활동을 위하여 현장에 출동하거나 현장에 출입하는 것을 고의로 방해하는 행위
3) 출동한 소방대원에게 폭행·협박을 행사하여 화재진압·인명구조·구급활동 방해(음주 또는 약물로 인한 심신장애 상태에서 위반 시 형법의 감경 미적용)
4) 출동한 소방대의 소방장비를 파손하거나 그 효용을 해하여 화재진압·인명구조·구급활동을 방해하는 행위
5) 소방자동차의 출동을 방해한 사람
6) 사람을 구출하는 일 또는 불을 끄거나 불이 번지지 않도록 하는 일을 방해한 사람
7) 정당한 사유 없이 소방용수시설·비상소화장치를 사용하거나 소방용수시설·비상소화장치의 효용을 해치거나 그 정당한 사용을 방해한 사람

22 상(중)하

화재, 재난·재해 그 밖의 위급한 사항이 발생한 경우 소방대가 현장에 도착할 때까지 관계인의 소방활동에 포함되지 않는 것은?

① 불을 끄거나 불이 번지지 아니하도록 필요한 조치
② 소방활동에 필요한 보호장구 지급 등 안전을 위한 조치
③ 경보를 울리는 방법으로 사람을 구출하는 조치
④ 대피를 유도하는 방법으로 사람을 구출하는 조치

정답 20 ③ 21 ④ 22 ②

해설 소방활동

1) 정의
   (1) 화재, 재난·재해, 그 밖의 위급한 상황이 발생하였을 때 화재진압과 인명구조·구급 등 소방에 필요한 활동
   (2) 누구든지 정당한 사유 없이 제1항에 따라 출동한 소방대의 소방활동을 방해하여서는 아니 된다.
2) 관계인의 소방활동
   (1) 소방대가 현장에 도착할 때까지 경보울림
   (2) 대피를 유도하는 방법으로 사람을 구출하는 조치
   (3) 불을 끄거나 불이 번지지 않도록 필요한 조치
3) 화재 등의 통지
   (1) 화재 현장, 구조·구급이 필요한 사고 현장을 발견한 사람은 소방본부, 소방서, 관계 행정기관에 지체 없이 알려야 한다.
   (2) 화재로 오인할 만한 우려가 있는 불을 피우거나 연막 소독을 하려는 자는 소방본부장, 소방서장에게 신고해야 한다.

3) 한국소방안전원의 업무
   (1) 소방기술과 안전관리에 관한 교육 및 조사·연구
   (2) 소방기술과 안전관리에 관한 각종 간행물 발간
   (3) 화재 예방과 안전관리의식 고취를 위한 대국민 홍보
   (4) 소방업무에 관하여 행정기관이 위탁하는 업무
   (5) 소방안전에 관한 국제협력
   (6) 그 밖에 회원에 대한 기술지원 등 정관으로 정하는 사항

24 (상 중 **하**)

소방기본법령상 소방신호의 종류가 아닌 것은?

① 발화신호
② 해제신호
③ 훈련신호
④ 소화신호

해설 소방신호

1) 종류
   (1) 경계신호 : 화재예방상 필요하다고 인정되거나 화재위험경보 시 발령
   (2) 발화신호 : 화재가 발생한 때 발령
   (3) 해제신호 : 소화활동이 필요 없다고 인정되는 때 발령
   (4) 훈련신호 : 훈련상 필요하다고 인정되는 때 발령
2) 방법

23 (상 **중** 하)

소방기본법에 의한 한국소방안전협회의 업무 감독권한은 누구에게 있는가?

① 시·도지사
② 소방청장
③ 소방본부장
④ 관할 소방서장

해설 한국소방안전원

1) 승인 및 감독 : 소방청장
2) 한국소방안전원의 설립목적
   (1) 소방기술과 안전관리기술의 향상·홍보
   (2) 교육·훈련 등 행정기관이 위탁하는 업무의 수행
   (3) 소방관계 종사자의 기술 향상

종별	타종신호	사이렌신호
경계신호	1타, 연 2타 반복	5초 간격 30초씩 3회
발화신호	난타	5초 간격 5초씩 3회
해제신호	상당한 간격 1타씩 반복	1분간 1회
훈련신호	연 3타 반복	10초 간격 1분씩 3회

암기 경발해훈

25 상(중)하

출동한 소방대의 화재진압 및 인명구조·구급 등 소방활동 방해에 따른 벌칙이 5년 이하의 징역 또는 5000만 원 이하의 벌금에 처하는 행위가 아닌 것은?

① 위력을 사용하여 출동한 소방대의 구급활동을 방해하는 행위
② 화재진압을 마치고 소방서로 복귀 중인 소방자동차 통행을 고의로 방해하는 행위
③ 출동한 소방대원에게 협박을 행사하여 구급활동을 방해하는 행위
④ 출동한 소방대의 소방장비를 파손하거나 그 효용을 해하여 구급활동을 방해하는 행위

해설 5년 이하 징역 또는 5000만 원 이하 벌금

1) 위력을 사용하여 출동한 소방대의 화재진압·인명구조·구급활동을 방해하는 행위
2) 소방대가 화재진압·인명구조·구급활동을 위하여 현장에 출동하거나 현장에 출입하는 것을 고의로 방해하는 행위
3) 출동한 소방대원에게 폭행·협박을 행사하여 화재진압·인명구조·구급활동 방해(음주 또는 약물로 인한 심신장애 상태에서 위반 시 형법의 감경 미적용)
4) 출동한 소방대의 소방장비를 파손하거나 그 효용을 해하여 화재진압·인명구조·구급활동 방해하는 행위
5) 소방자동차의 출동을 방해한 사람
6) 사람을 구출하는 일 또는 불을 끄거나 불이 번지지 않도록 하는 일을 방해한 사람
7) 정당한 사유 없이 소방용수시설·비상소화장치를 사용하거나 소방용수시설·비상소화장치의 효용을 해치거나 그 정당한 사용을 방해한 사람

26 상(중)하

소방기본법상 벌칙으로 5년 이하의 징역 또는 5000만 원 이하의 벌금에 해당하지 않는 것은?

① 소방자동차의 출동을 방해한 자
② 강제처분을 방해하거나 강제처분에 따르지 아니한 자
③ 화재 등 현장에서 사람을 구출하거나 불을 끄거나 불이 번지지 아니하도록 하는 일을 방해한 자
④ 정당한 사유 없이 소방용수시설의 효용을 해하거나 방해한 자

해설 5년 이하 징역 또는 5000만 원 이하 벌금

1) 위력을 사용하여 출동한 소방대의 화재진압·인명구조·구급활동을 방해하는 행위
2) 소방대가 화재진압·인명구조·구급활동을 위하여 현장에 출동하거나 현장에 출입하는 것을 고의로 방해하는 행위
3) 출동한 소방대원에게 폭행·협박을 행사하여 화재진압·인명구조·구급활동 방해(음주 또는 약물로 인한 심신장애 상태에서 위반 시 형법의 감경 미적용)
4) 출동한 소방대의 소방장비를 파손하거나 그 효용을 해하여 화재진압·인명구조·구급활동 방해하는 행위
5) 소방자동차의 출동을 방해한 사람
6) 사람을 구출하는 일 또는 불을 끄거나 불이 번지지 않도록 하는 일을 방해한 사람
7) 정당한 사유 없이 소방용수시설·비상소화장치를 사용하거나 소방용수시설·비상소화장치의 효용을 해치거나 그 정당한 사용을 방해한 사람

정답 25 ② 26 ②

27 (상 ⓒ 하)

소방기본법령상 소방지원활동으로 명시되지 않은 것은?

① 산불에 대한 예방·진압 등 지원
② 단전사고 시 비상전원 또는 조명의 공급지원
③ 자연재해에 따른 급수·배수 및 제설 등 지원
④ 집회·공연 등 각종 행사 시 사고에 대비한 근접대기 등 지원

해설 소방지원활동

1) 정의 : 소방청장·본부장·서장은 공공의 안녕질서 유지, 복리증진을 위하여 필요한 경우 소방활동 외에 소방지원활동을 하게 할 수 있음
2) 소방지원활동의 종류
   (1) 산불에 대한 예방·진압 등 지원활동
   (2) 자연재해에 따른 급수·배수·제설 등 지원활동
   (3) 집회·공연 등 각종 행사의 사고에 대비한 근접대기 등 지원활동
   (4) 화재·재난·재해로 인한 피해복구 지원활동
   (5) 그 밖에 행정안전부령으로 정하는 활동
       ① 군·경찰 등 유관기관의 훈련지원 활동
       ② 소방시설 오작동 신고에 따른 조치활동
       ③ 방송제작 또는 촬영 관련 지원활동
3) 소방지원활동은 소방활동의 수행에 지장을 주지 아니하는 범위에서 할 수 있음

보충 ② : 생활안전활동

28 (상 ⓒ 하)

다음 중 생활안전활동이 아닌 것은?

① 위해동물, 벌 등의 포획 및 퇴치 활동
② 끼임, 고립 등에 따른 위험제거 및 구출활동
③ 자연재해 단수 시 물을 공급
④ 단전사고 시 비상전원 또는 조명의 공급

해설 생활안전활동

1) 정의 : 소방청장·본부장·서장은 신고가 접수된 생활안전 및 위험제거 활동에 대응하기 위하여 소방대를 출동시켜 생활안전활동을 하게 하여야 함
2) 생활안전활동의 종류
   (1) 붕괴, 낙하 등이 우려되는 고드름, 나무, 위험 구조물 등의 제거활동
   (2) 위해동물, 벌 등의 포획 및 퇴치 활동
   (3) 끼임, 고립 등에 따른 위험제거 및 구출 활동
   (4) 단전사고 시 비상전원 또는 조명의 공급
   (5) 그 밖에 방치하면 급박해질 우려가 있는 위험을 예방하기 위한 활동
3) 누구든지 정당한 사유 없이 출동하는 소방대의 생활안전활동을 방해하여서는 아니 됨

보충 ③ : 소방지원활동

CHAPTER

03 소방시설법-1

3회독 월 일
2회독 월 일
1회독 월 일

학습목표

1 소방시설의 종류와 특정소방대상물, 그리고 소방시설의 설치대상에 대해 학습한다.
2 건축허가등의 동의에 대해 학습한다.
3 성능위주설계에 대해 학습한다.
4 수용인원을 산정할 수 있다.
5 특정소방대상물의 소방시설 설치 면제기준과 소방시설을 설치하지 않는 특정소방대상물에 대해 학습한다.

학습MAP

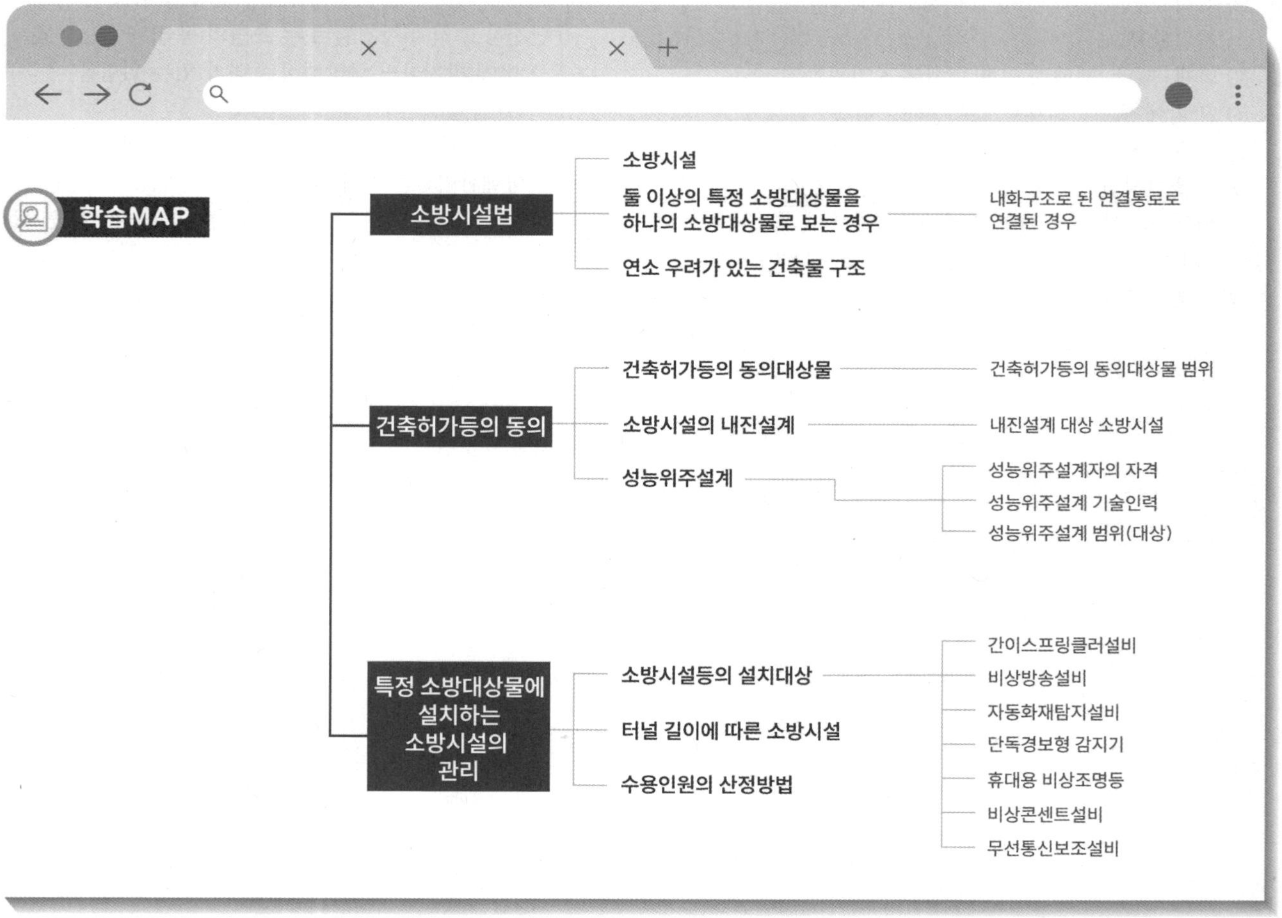
소방시설법
소방시설
둘 이상의 특정 소방대상물을 하나의 소방대상물로 보는 경우
내화구조로 된 연결통로로 연결된 경우
연소 우려가 있는 건축물 구조
건축허가등의 동의
건축허가등의 동의대상물
건축허가등의 동의대상물 범위
소방시설의 내진설계
내진설계 대상 소방시설
성능위주설계
성능위주설계자의 자격
성능위주설계 기술인력
성능위주설계 범위(대상)
특정 소방대상물에 설치하는 소방시설의 관리
소방시설등의 설치대상
간이스프링클러설비
비상방송설비
자동화재탐지설비
단독경보형 감지기
휴대용 비상조명등
비상콘센트설비
무선통신보조설비
터널 길이에 따른 소방시설
수용인원의 산정방법

01 소방시설법

1 소방시설법

1) 용어

구분	정의
소방시설	소화설비, 경보설비, 피난구조설비, 소화용수설비, 소화활동설비(대통령령)
소방시설등	소방시설과 비상구, 그 밖에 소방 관련 시설(방화문, 자동방화셔터)(대통령령)
특정소방대상물	건축물등의 규모·용도 및 수용인원 등을 고려하여 소방시설을 설치하여야 하는 소방대상물(대통령령)
소방용품	소방시설등을 구성하거나 소방용으로 사용되는 제품 또는 기기(대통령령)
화재안전성능	화재를 예방하고 화재발생 시 피해를 최소화하기 위하여 소방대상물의 재료, 공간 및 설비 등에 요구되는 안전성능
성능위주설계	건축물등의 재료. 공간, 이용자, 화재 특성 등을 종합적으로 고려하여 공학적방법으로 화재 위험성을 평가하고 그 결과에 따라 화재안전성능이 확보될 수 있도록 특정소방대상물을 설계하는 것
화재안전기준	성능기준 : 화재안전 확보를 위하여 재료, 공간 및 설비 등에 요구되는 안전성능(소방청장 고시)
	기술기준 : 성능기준을 충족하는 상세한 규격, 특정한 수치 및 시험방법 등에 관한 기준(소방청장 승인)

2) 무창층과 피난층 ★★★
  (1) 무창층 : 지상층 중 다음 요건을 모두 갖춘 개구부의 면적의 합계가 해당 층의 바닥면적 30분의 1 이하가 되는 층
  (2) 피난층 : 곧바로 지상으로 갈 수 있는 출입구가 있는 층

3) 개구부기준(유효한 개구부 조건 : 모두 만족 조건임)
  (1) 크기 : 지름 50 [cm] 이상의 원이 통과할 수 있는 크기
  (2) 높이 : 해당 층의 바닥면으로부터 개구부 밑 부분까지 1.2 [m] 이내
  (3) 도로 또는 차량이 진입할 수 있는 빈터를 향할 것
  (4) 화재 시 건물로부터 쉽게 피난할 수 있도록 창살이나 그 밖의 장애물이 설치되지 않을 것
  (5) 내부·외부에서 쉽게 부수거나 열 수 있을 것

    🔗 P.269 문 27

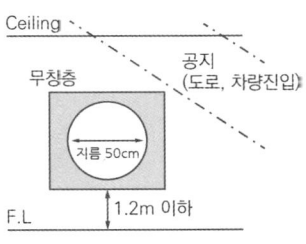

○ 개구부는 지름 30 [cm] 이상의 원이 통과할 수 있는 크기일 것
    ✗ 50 [cm] 이상

소방시설
소방시설의 내진설계와 성능위주로 설계한 소방시설 포함

암기 ▶ 소경피 용활

2 소방시설 ★★★

1) 종류

구분	정의
소화설비	물 또는 그 밖의 소화약제를 사용하여 소화하는 기계·기구·설비
경보설비	화재 발생 사실을 통보하는 기계·기구·설비
피난구조설비	화재 시 피난하기 위해 사용하는 기구·설비
소화용수설비	화재를 진압하는 데 필요한 물을 공급·저장하는 설비
소화활동설비	화재를 진압하거나 인명구조 활동을 위해 사용하는 설비

2) 소화설비

구분	종류
소화기구	• 소화기 • 간이소화용구 • 자동확산소화기
자동소화장치	• 주거용 주방자동소화장치 • 상업용 주방자동소화장치 • 캐비닛형 자동소화장치 • 가스자동소화장치 • 분말자동소화장치 • 고체에어로졸자동소화장치
옥내소화전설비	(호스릴 포함)
스프링클러설비등	• 스프링클러설비 • 간이스프링클러설비(캐비닛형 포함) • 화재조기진압용 스프링클러설비
물분무등소화설비	• 물분무소화설비 • 미분무소화설비 • 포소화설비 • 이산화탄소소화설비 • 할론소화설비 • 할로겐화합물 및 불활성기체소화설비 • 분말소화설비 • 강화액소화설비 • 고체에어로졸소화설비
옥외소화전설비	–

암기 ▶ 주상캐가분고

3) 경보설비
   (1) 단독경보형 감지기
   (2) 비상경보설비
       ① 비상벨설비
       ② 자동식 사이렌설비
   (3) 시각경보기
   (4) 자동화재탐지설비
   (5) 비상방송설비
   (6) 자동화재속보설비
   (7) 통합감시시설
   (8) 누전경보기
   (9) 가스누설경보기
   (10) 화재알림설비

→ 통합감시시설은 피난구조설비이다. [X] 경보설비이다.

4) 피난구조설비

구분	종류
피난기구	• 피난사다리 • 구조대 • 완강기, 간이완강기
인명구조기구	• 방열복, 방화복(안전모, 보호장갑, 안전화 포함) • 공기호흡기 • 인공소생기
유도등	• 피난유도선 • 피난구유도등 • 통로유도등 • 객석유도등 • 유도표지
비상조명등 및 휴대용 비상조명등	–

5) 소화활동설비
   (1) 연결송수관설비
   (2) 연결살수설비
   (3) 연소방지설비
   (4) 무선통신보조설비
   (5) 제연설비
   (6) 비상콘센트설비

암기▶ 3연무 제비콘

6) 소화용수설비
   (1) 상수도소화용수설비
   (2) 소화수조·저수조, 그 밖의 소화용수설비

3 특정소방대상물

1) 공동주택
   (1) 아파트등 : 주택으로 쓰는 층수가 5층 이상인 주택
   (2) 연립주택 : 주택으로 쓰는 1개 동의 바닥면적(2개 이상의 동을 지하 주차장으로 연결하는 경우에는 각각의 동으로 본다) 합계가 660 [m²]를 초과하고, 층수가 4개 층 이하인 주택

(3) 다세대주택 : 주택으로 쓰는 1개 동의 바닥면적(2개 이상의 동을 지하주차장으로 연결하는 경우에는 각각의 동으로 본다) 합계가 660 [m^2] 이하이고, 층수가 4개 층 이하인 주택

(4) 기숙사 : 학교 또는 공장 등의 학생 또는 종업원 등을 위하여 쓰는 것으로서 1개 동의 공동취사시설 이용 세대 수가 전체의 50 [%] 이상인 것

2) 근린생활시설

바닥면적 [m^2] 합계 미만	특정소방대상물	바닥면적 합계 이상 시 용도
전부 해당	이용원, 미용원, 목욕장, 세탁소, 의원, 치과의원, 한의원, 침술원, 접골원, 조산원, 산후조리원, 안마원, 장의사, 동물병원, 총포판매사	-
150	노래연습장 및 단란주점	위락시설
	휴게음식점, 제과점, 일반음식점, 기원(棋院)	
300	공연장, 비디오물감상실업	문화 및 집회시설
	종교집회장	종교시설
500	탁구장, 테니스장, 체육도장, 체력단련장, 에어로빅장, 볼링장, 당구장, 실내낚시터, 골프연습장, 물놀이형 시설	운동시설
	금융업소, 사무소, 부동산중개사무소, 결혼 상담 등 소개업소	업무시설
	제조업소, 수리점	공장
	출판사, 서점, 청소년·일반게임 제공업, 복합유통게임 제공업, 사진관, 표구점, 인터넷컴퓨터게임시설제공업	판매시설
	학원(자동차학원 및 무도학원 제외)	교육연구시설 (도서관)
	독서실, 고시원	숙박시설
1000	슈퍼마켓, 일용품(식품, 잡화, 의류, 완구, 서적, 건축자재, 의약품, 의료기기 등) 등의 소매점, 의약품판매소, 의료기기판매소, 자동차영업소	판매시설

3) 문화 및 집회시설

구분	종류
공연장	근린생활시설에 해당하지 않는 것(바닥면적 합계 300 [m^2] 이상)
집회장	예식장, 공회당, 회의장, 마권장외발매소, 마권전화투표소(바닥면적 합계 300 [m^2] 이상)
관람장	경마장, 경륜장, 경정장, 자동차경기장, 체육관, 운동장으로서 관람석의 바닥면적 합계 1000 [m^2] 이상
전시장	박물관, 미술관, 과학관, 문화관, 체험관, 기념관, 산업전시장, 박람회장, 견본주택
동·식물원	동물원, 식물원, 수족관

4) 종교시설

   종교집회장으로서 근린생활시설에 해당하지 않는 것(바닥면적 합계 300 [m^2] 이상), 종교집회장에 설치하는 봉안당

5) 판매시설

   도매시장, 소매시장, 전통시장, 상점

6) 운수시설

   여객자동차터미널, 철도 및 도시철도 시설(정비창 포함), 공항시설(항공관제탑 포함), 항만시설 및 종합여객시설

7) 의료시설

   (1) 병원 : 종합병원, 병원, 치과병원, 한방병원, 요양병원

   (2) 격리병원 : 전염병원, 마약진료소

   (3) 정신의료기관

   (4) 장애인 의료재활시설

8) 교육연구시설

   학교(초·중·고등학교, 특수학교, 대학교), 교육원(연수원), 직업훈련소, 학원, 연구소, 도서관

○ 요양병원은 노유자시설이다.
   [X] 의료시설

P.277 문 48

9) 노유자시설

구분	종류
노인 관련 시설	노인주거복지시설, 노인의료복지시설, 노인여가복지시설, 재가노인복지시설, 노인보호전문기관, 노인일자리지원기관, 학대피해노인 전용쉼터
아동 관련 시설	아동복지시설, 어린이집, 유치원
장애인 관련 시설	장애인 거주시설, 장애인 지역사회재활시설, 장애인 직업재활시설
정신질환자 관련 시설	정신재활시설(생산품 판매시설 제외), 정신요양시설
노숙인 관련 시설	노숙인 복지시설(노숙인일시보호시설, 노숙인자활시설, 노숙인재활시설, 노숙인요양시설 및 쪽방상담소만 해당한다), 노숙인종합지원센터
사회복지시설	결핵환자 또는 한센인 요양시설

10) 운동시설
   (1) 탁구장, 체육도장, 테니스장, 체력단련장, 에어로빅장, 볼링장, 당구장, 실내낚시터, 골프연습장, 물놀이형 시설, 그 밖에 이와 비슷한 것으로서 근린생활시설에 해당하지 않는 것(바닥면적 합계 500 [m²] 이상)
   (2) 체육관으로서 관람석이 없거나 관람석의 바닥면적 1000 [m²] 미만
   (3) 운동장(육상장, 구기장, 볼링장. 수영장, 스케이트장, 롤러스케이트장, 사격장, 승마장, 궁도장, 골프장)과 이에 딸린 건축물로서 관람석이 없거나 관람석의 바닥면적 1000 [m²] 미만

11) 업무시설 ★★★
   (1) 공공업무시설 : 국가 또는 지방자치단체의 청사, 외국공관의 건축물
   (2) 일반업무시설 : 금융업소, 사무소, 신문사, 오피스텔
   (3) 주민자치센터(동사무소), 경찰서, 지구대, 파출소, 소방서, 119안전센터, 우체국, 보건소, 공공도서관, 국민건강보험공단
   (4) 마을회관, 마을공동작업소, 마을공동구판장
   (5) 변전소, 양수장, 정수장, 대피소, 공중화장실

TIP ▶ 오피스텔이 가장 자주 출제되었다.

12) 숙박시설
   (1) 일반형 숙박시설 : 호텔, 모텔, 여관
   (2) 생활형 숙박시설 : 관광호텔, 한국전통호텔
   (3) 고시원(근린생활시설에 해당되지 않는 것)

13) 창고시설
   창고, 하역장, 물류터미널, 집배송시설

14) 항공기 및 자동차 관련 시설(건설기계 관련 시설 포함)

항공기격납고, 차고, 주차용 건축물, 철골 조립식 주차시설, 기계장치에 의한 주차시설, 세차장, 폐차장, 자동차 검사장, 자동차 매매장, 자동차 정비공장, 운전학원·정비학원, 건축물의 내부에 설치된 주차장, 운수사업법 및 건설기계관리법에 따른 차고 및 주기장

> 운전학원은 교육연구시설이다.
> ✗ 항공기 및 자동차 관련 시설

15) 수련시설

(1) 생활권 수련시설 : 청소년수련관, 청소년문화의집, 청소년특화시설

(2) 자연권 수련시설 : 청소년수련원, 청소년야영장

(3) 유스호스텔

16) 위락시설 개정

(1) 단란주점

(2) 유흥주점

(3) 테마파크업의 시설 〈시행 2025.8.28.〉

(4) 무도장 및 무도학원

(5) 카지노영업소

17) 공장

물품의 제조·가공[세탁·염색·도장(塗裝)·표백·재봉·건조·인쇄 등을 포함한다] 또는 수리에 계속적으로 이용되는 건축물로서 근린생활시설, 위험물 저장 및 처리시설, 항공기 및 자동차 관련 시설, 자원순환 관련 시설, 묘지 관련 시설 등으로 따로 분류되지 않는 것

18) 창고시설

창고, 하역장, 물류터미널, 집배송시설

19) 항공기 및 자동차 관련 시설(건설기계 관련시설 포함)

항공기 격납고, 차고, 주차용 건축물, 철골 조립식 주차시설 및 기계장치에 의한 주차시설, 세차장, 폐차장, 자동차 검사장, 자동차 매매장, 자동차 정비공장, 운전학원, 정비학원

20) 동물 및 식물 관련 시설

축사, 가축시설(가축용 운동시설, 인공수정센터, 관리사(管理舍), 가축용 창고, 가축시장, 동물검역소, 실험동물 사육시설), 도축장, 도계장, 작물 재배사, 종묘배양시설, 화초 및 분재 등의 온실(동물원 식물원 제외)

> 동물원은 동물 및 식물 관련 시설이다.
> ✗ 문화 및 집회시설

21) 자원순환 관련 시설

하수 등 처리시설, 고물상, 폐기물재활용 시설, 폐기물처분시설, 폐기물감량화시설

22) 교정 및 군사시설

　보호감호소, 교도소, 구치소 및 그 지소, 보호관찰소, 갱생보호시설, 치료감호시설, 소년원 및 소년분류심사원, 유치장, 국방시설, 군사시설

23) 방송통신시설

　방송국, 전신전화국, 촬영소, 통신용 시설, 데이터센터

24) 발전시설

　원자력발전소, 화력발전소, 수력발전소(조력발전소를 포함), 풍력발전소, 전기저장시설

25) 묘지 관련 시설

　화장시설, 봉안당, 묘지와 자연장지에 부수되는 건축물, 동물화장시설, 동물건조장시설 및 동물 전용의 납골시설

26) 관광 휴게시설

　야외음악당, 야외극장, 어린이회관, 관망탑, 휴게소, 공원·유원지 또는 관광지에 부수되는 건축물

27) 장례시설

　장례식장, 동물 전용의 장례식장

28) 지하상가

　지하의 인공구조물 안에 설치되어 있는 상점, 사무실, 그 밖에 이와 비슷한 시설이 연속하여 지하도에 면하여 설치된 것과 그 지하도를 합한 것

28의2) 터널 : 차량(궤도차량 제외) 등의 통행을 목적으로 지하, 수저(水底), 산을 뚫어서 만든 것, 방음터널

29) 지하구

　(1) 전력·통신용의 전선이나 가스·냉난방용의 배관 또는 이와 비슷한 것을 집합수용하기 위하여 설치한 인공구조물로서 사람이 점검 또는 보수하기 위하여 출입이 가능한 것 중 다음의 어느 하나에 해당하는 것

　　① 전력·통신사업용 지하 인공구조물로서 전력구 또는 통신구방식으로 설치된 것

　　② ① 외의 지하 인공구조물로서 폭 1.8 [m] 이상, 높이 : 2 [m] 이상, 길이 : 50 [m] 이상인 것

　(2) 공동구

30) 국가유산

　(1) 「문화유산의 보존 및 활용에 관한 법률」에 따른 지정문화유산 중 건축물

(2) 「자연유산의 보존 및 활용에 관한 법률」에 따른 천연기념물등 중 건축물

3) 복합건축물

　(1) 하나의 건축물이 둘 이상의 용도로 사용되는 것

　(2) 하나의 건축물이 근린생활시설, 판매시설, 업무시설, 숙박시설 또는 위락시설의 용도와 주택의 용도로 함께 사용되는 것

　(3) 복합건축물이 아닌 경우

　　① 관계법령에서 주된 용도의 부수시설로서 그 설치를 의무화하고 있는 용도 또는 시설

　　② 주택 안에 부대시설 또는 복리시설이 설치되는 특정소방대상물

　　③ 건축물의 주된 용도의 기능에 필수적인 용도로서 다음 어느 하나에 해당하는 용도

　　　㉠ 건축물의 설비, 대피 드는 위생을 위한 용도

　　　㉡ 사무, 작업, 집회, 물품저장 또는 주차를 위한 용도

　　　㉢ 구내식당, 구내세탁소, 구내운동시설 등 종업원후생복리시설(기숙사 제외) 또는 구내소각시설의 용도

4 둘 이상의 특정소방대상물을 하나의 소방대상물로 보는 경우

1) 내화구조로 된 연결통로로 연결된 경우 ★★★

　(1) 벽이 없는 구조 : 길이 6 [m] 이하

　(2) 벽이 있는 구조 : 길이 10 [m] 이하

　　다만 벽 높이가 바닥에서 천장 높이의 1/2 이상 : 벽이 있는 구조
　　벽 높이가 바닥에서 천장 높이의 1/2 미만 : 벽이 없는 구조

2) 내화구조가 아닌 연결통로로 연결된 경우

3) 컨베이어로 연결되거나 플랜트설비의 배관 등으로 연결되어 있는 경우

4) 지하보도, 지하상가, 터널로 연결된 경우

5) 자동방화셔터 또는 60분+ 방화문이 설치되지 않은 피트(전기설비 또는 배관설비 등이 설치되는 공간)로 연결된 경우

6) 지하구로 연결된 경우

5 연소 우려가 있는 건축물 구조(행정안전부령) ★★★

1) 건축물대장의 건축물 현황도에 표시된 대지경계선 안에 둘 이상의 건축물이 있는 경우

2) 다른 건축물의 외벽으로부터 수평거리 : 1층은 6 [m] 이하, 2층 이상 10 [m] 이하

3) 개구부가 다른 건축물을 향하여 설치되어 있는 경우

○ ⧉ P.266 문 18

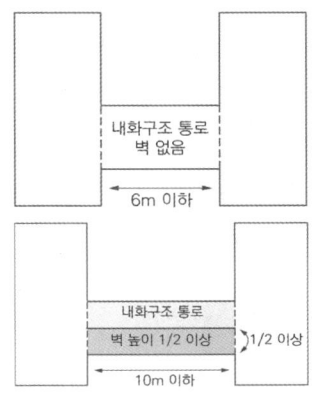

○ 60분+ 방화문
연기 및 불꽃을 차단할 수 있는 시간이 60분 이상이고, 열을 차단할 수 있는 시간이 30분 이상인 방화문

○ ⧉ P.276 문 45

6 국가 및 지방자치단체의 책무

1) 국가와 지방자치단체는 소방시설등의 설치·관리와 소방용품의 품질 향상 등을 위하여 필요한 정책을 수립하고 시행하여야 한다.
2) 국가와 지방자치단체는 새로운 소방 기술·기준의 개발 및 조사·연구, 전문인력 양성 등 필요한 노력을 하여야 한다.
3) 국가와 지방자치단체는 1) 및 2)에 따른 정책을 수립·시행하는 데 있어 필요한 행정적·재정적 지원을 하여야 한다.

7 소방용품

1) 소화설비 구성하는 제품·기기
   (1) 소화기구(소화약제 외의 것을 이용한 간이소화용구 제외)
   (2) 자동소화장치
   (3) 소화설비를 구성하는 소화전, 관창, 소방호스, 스프링클러헤드, 기동용 수압개폐장치, 유수제어밸브, 가스관선택밸브

> 소화약제 외의 것을 이용한 간이소화용구도 소화기구이다.
> ✗ 소화약제 외의 것을 이용한 간이소화용구 제외

2) 경보설비 구성하는 제품·기기
   (1) 누전경보기, 가스누설경보기
   (2) 경보설비를 구성하는 발신기, 수신기, 중계기, 감지기, 음향장치(경종만 해당)
3) 피난구조설비를 구성하는 제품·기기
   (1) 피난사다리, 구조대, 완강기(지지대 포함), 간이완강기(지지대 포함)
   (2) 공기호흡기(충전기 포함)
   (3) 피난구유도등, 통로유도등, 객석유도등, 예비전원이 내장된 비상조명등
4) 소화용으로 사용하는 제품·기기
   (1) 소화약제(다만 다음에 해당하는 소화설비용만 해당)
      ① 상업용 주방자동소화장치, 캐비닛형 주방자동소화장치

    ② 포, 이산화탄소, 할론, 할로겐화합물 및 불활성기체, 분말, 강화액소화설비
  (2) 방염제(방염액·방염도료, 방염성 물질)
 5) 그 밖에 행정안전부령으로 정하는 소방 관련 제품·기기

02 건축허가등의 동의

1 건축허가등의 동의 ★★

1) 건축물등의 신축·증축·개축·재축·이전·용도변경 또는 대수선의 허가·협의 및 사용승인의 권한이 있는 행정기관은 건축허가등을 할 때 미리 그 건축물등의 시공지 또는 소재지를 관할하는 <u>소방본부장·서장</u>의 동의를 받아야 함
2) 건축물등의 대수선·증축·개축·재축 또는 용도변경의 신고를 수리할 권한이 있는 행정기관은 그 신고를 수리하면 그 건축물등의 시공지 또는 소재지를 관할하는 <u>소방본부장·서장</u>에게 지체 없이 그 사실을 알려야 함
3) 건축허가등의 권한이 있는 행정기관과 신고를 수리할 권한이 있는 행정기관은 건축허가등의 동의를 받거나 신고를 수리한 사실을 알릴 때 관할 소방본부장·서장에게 건축허가등을 하거나 신고를 수리할 때 건축허가등을 받으려는 자 또는 신고를 한 자가 제출한 설계도서 중 건축물의 내부구조를 알 수 있는 설계도면을 제출하여야 함. 다만 국가안보상 중요하거나 국가기밀에 속하는 건축물을 건축하는 경우로서 관계 법령에 따라 행정기관이 설계도면을 확보할 수 없는 경우에는 그러하지 아니함
4) 소방본부장 또는 소방서장은 1)에 따른 동의를 요구받은 경우 해당 건축물등이 다음의 사항을 따르고 있는지를 검토하여 행정안전부령으로 정하는 기간 내에 해당 행정기관에 동의 여부를 알려야 함
  (1) 이 법 또는 이 법에 따른 명령
  (2) 소방자동차 전용구역의 설치
5) 소방본부장 또는 소방서장은 4)에 따른 건축허가등의 동의 여부를 알릴 경우에는 원활한 소방활동 및 건축물등의 화재안전성능을 확보하기 위하여 필요한 다음의 사항에 대한 검토 자료 또는 의견서를 첨부할 수 있음

> 보충
> - 일반 건축물 : 5일 이내
> - 특급 대상 : 10일 이내
> - 동의요구서 및 첨부서류 보완기간 : 4일 이내)

(1) 피난시설, 방화구획(防火區劃)

(2) 소방관 진입창

(3) 방화시설(방화벽, 마감재료 등)

(4) 소방자동차의 접근이 가능한 통로의 설치 등 대통령령으로 정하는 사항

　① 소방자동차의 접근이 가능한 통로의 설치

　② 승강기의 설치

　③ 주택단지 안 도로의 설치

　④ 비상문자동개폐장치 또는 헬리포트의 설치

　⑤ 그 밖의 소방본부장 또는 소방서장이 소화활동 및 피난을 위해 필요하다고 인정하는 사항

6) 사용승인에 대한 동의를 할 때에는 소방시설공사의 완공검사증명서를 발급하는 것으로 동의를 갈음할 수 있음. 이 경우 행정기관은 소방시설공사의 완공검사증명서를 확인하여야 함

7) 소방본부장이나 소방서장의 동의를 받아야 하는 건축물등의 범위 : 대통령령

8) 다른 법령에 따른 인가·허가 또는 신고 등의 시설기준에 소방시설등의 설치·관리 등에 관한 사항이 포함되어 있는 경우 해당 인허가 등의 권한이 있는 행정기관은 인허가 등을 할 때 미리 그 시설의 소재지를 관할하는 소방본부장·서장에게 그 시설이 이 법 또는 이 법에 따른 명령을 따르고 있는지를 확인하여 줄 것을 요청할 수 있음. 이 경우 요청을 받은 소방본부장·소방서장은 7일 이내에 확인 결과를 알려야 함

9) 건축허가등의 동의를 요구한 기관이 그 건축허가등을 취소했을 때에는 취소한 날부터 7일 이내에 건축물등의 시공지 또는 소재지를 관할하는 소방본부장 또는 소방서장에게 그 사실을 통보해야 함

🔗 P.268 문 23

☑ 보완기간(4일)은 회신기간(5일 또는 10일)에 산입하지 않음

[건축허가등의 동의 정리] ★★★

- 허가동의 요청
- 기관의 허가 취소 시 통보 : 7일

건축허가 신청

```
건축주                    행정기관                소방본부장·서장
(관계인, 민원인)  ⇄    (시·군·구청)    ⇄
```

허가 및 사용승인
- 허가동의 회신 : 5일(특급대상 10일)
- 건축주에게 보완요구 : 4일
- 다른 법령의 행정기관의 요청 시 : 7일

2) 건축허가등의 동의요구 첨부서류
　(1) 건축허가서 또는 건축·대수선·용도변경신고서
　(2) 설계도서
　　① 건축물 설계도서
　　　㉠ 건축물 개요 및 배치도
　　　㉡ 주단면도 및 입면도(물체를 정면에서 본 대로 그린 그림)
　　　㉢ 층별 평면도(용도별 기준층 평면도를 포함)
　　　㉣ 방화구획도(창호도를 포함)
　　　㉤ 실내·실외 마감재료표
　　　㉥ 소방자동차 진입 동선도 및 부서 공간 위치도(조경계획을 포함)
　　② 소방시설 설계도서
　　　㉠ 소방시설(기계·전기분야의 시설을 말한다)의 계통도(시설별 계산서를 포함)
　　　㉡ 소방시설별 층별 평면도
　　　㉢ 실내장식물 방염대상물품 설치계획
　　　㉣ 소방시설의 내진설계 계통도 및 기준층 평면도(내진 시방서 및 계산서 등 세부 내용이 포함된 상세 설계도면은 제외)
　(3) 소방시설 설치계획표
　(4) 임시소방시설 설치계획서
　(5) 소방시설설계업등록증과 소방시설을 설계한 기술인력자의 기술자격증 사본
　(6) 소방시설설계계약서 사본

2 건축허가등의 동의대상물

1) 건축허가등의 동의대상물 범위 ★★★

구분	기준
학교시설	연면적 100 [m²] 이상
노유자(老幼者)시설 및 수련시설	연면적 200 [m²] 이상
지하층·무창층이 있는 건축물	바닥면적 150 [m²] (공연장 100 [m²]) 이상
정신의료기관, 장애인 의료재활시설	연면적 300 [m²] 이상
일반용도의 특정소방대상물	연면적 400 [m²] 이상
차고, 주차장 또는 주차용도로 사용되는 시설	바닥면적 200 [m²] 이상 기계식 주차시설 자동차 20대 이상

암기 ▶ 노수2
암기 ▶ 공백
암기 ▶ 정신/장애인은 숫자 3
암기 ▶ 일4
암기 ▶ 자동차는 숫자 2와 관련

구분	기준
• 노인 관련 시설 중 노인주거복지시설, 노인의료복지시설, 재가노인복지시설, 학대피해노인 전용쉼터 • 아동복지시설(아동상담소, 아동전용시설 및 지역아동센터는 제외한다) • 장애인 거주시설 • 정신질환자 관련 시설(공동생활가정을 제외한 재활훈련시설과 종합시설 중 24시간 주거를 제공하지 않는 시설은 제외한다) • 노숙인 관련 시설 중 노숙인자활시설·노숙인재활시설·노숙인요양시설 • 결핵환자나 한센인이 24시간 생활하는 노유자시설	단독주택, 공동주택에 설치되는 시설 제외
• 6층 이상 건축물 • 항공기격납고, 관망탑, 항공관제탑, 방송용 송수신탑 • 요양병원(의료재활시설제외) • 위험물 저장 및 처리시설, 발전시설 중 풍력발전소·전기저장시설, 지하구 • 조산원, 산후조리원, 의원(입원실 또는 인공신장실이 있는 것)	-
• 공장 또는 창고시설로서 지정 수량의 750배 이상의 특수가연물을 저장·취급하는 것 • 가스시설로서 지상에 노출된 탱크의 저장용량의 합계가 100톤 이상인 것	-

2) 건축허가등의 동의대상물 제외
   (1) 특정소방대상물에 설치되는 소화기구, 자동소화장치, 누전경보기, 단독경보형 감지기, 가스누설경보기, 피난구조설비(비상조명등은 제외한다)가 화재안전기준에 적합한 경우
   (2) 증축·용도변경으로 특정소방대상물에 추가로 소방시설이 설치되지 않은 경우
   (3) 소방시설공사의 착공신고 대상에 해당하지 않는 경우 해당 특정소방대상물

3 소방시설의 내진설계

1) 특정소방대상물에 대통령령으로 정하는 소방시설을 설치하려는 자는 지진이 발생할 경우 소방시설이 정상적으로 작동될 수 있도록 소방청장이 정하는 내진설계기준에 맞게 소방시설을 설치하여야 함
2) 내진설계 대상 소방시설(대통령령으로 정하는 소방시설) ★★★
   (1) 옥내소화전설비
   (2) 스프링클러설비
   (3) 물분무등소화설비

> **암기** ▶ 옥스등

4 성능위주설계 ★★★

연면적·높이·층수 등이 일정 규모 이상인 특정소방대상물(신축하는 것만 해당한다)에 소방시설을 설치하려는 자는 성능위주설계를 하여야 한다.

1) 성능위주설계자의 자격
   (1) 전문 소방시설설계업을 등록한 자
   (2) 전문 소방시설설계업 등록기준에 따른 기술인력을 갖춘 자로서 소방청장이 정하여 고시하는 연구기관 또는 단체
2) 성능위주설계 기술인력 : 소방기술사 2명 이상 ★★
3) 성능위주설계 범위(대상) ★★★
   (1) 연면적 20만 [m²] 이상 특정소방대상물, 다만 아파트등(공동주택 중 주택으로 쓰이는 층수가 5층 이상인 주택) 제외
   (2) 다음 어느 하나에 해당하는 특정소방대상물
      ① 50층 이상(지하층 제외)이거나 지상으로부터 높이가 200 [m] 이상인 아파트등
      ② 30층 이상(지하층 포함)이거나 지상으로부터 높이가 120 [m] 이상인 특정소방대상물(아파트등은 제외)
   (3) 연면적 3만 [m²] 이상 특정소방대상물로서 다음 어느 하나에 해당하는 특정소방대상물
      ① 철도 및 도시철도 시설
      ② 공항시설
   (4) 하나의 건축물에 영화상영관이 10개 이상 특정소방대상물
   (5) 지하연계 복합건축물에 해당하는 특정소방대상물
   (6) 연면적 10만 [m²] 이상이거나 지하 2층 이하이고 지하층의 바닥면적의 합이 3만 [m²] 이상인 창고시설
   (7) 터널 중 수저(水底)터널 또는 길이가 5000 [m] 이상인 것

> **TIP** ▶ 50층과 30층만 기억하고 한 층당 높이 4 [m]임을 이용하면 200 [m], 120 [m]는 암기하지 않아도 된다.

> 하나의 건축물에 영화상영관이 5개 이상인 특정소방대상물은 성능위주설계 대상이다. **X** 10개 이상

5 성능위주설계평가단

1) 성능위주설계에 대한 전문적·기술적인 검토 및 평가를 위하여 소방청 또는 소방본부에 성능위주설계 평가단을 둠
2) 평가단에 소속되거나 소속되었던 사람은 평가단의 업무를 수행하면서 알게 된 비밀을 이 법에서 정한 목적 외의 용도로 사용하거나 다른 사람 또는 기관에 제공하거나 누설하여서는 안 됨
3) 평가단의 구성 및 운영 등에 필요한 사항 : 행정안전부령
   (1) 구성 : 평가단장 1명 포함 50 이내의 단원
   (2) 평가단장은 소방청장 또는 관할 소방본부장이 임명하되, 해당 업무를 처리하는 부서의 장으로 함. 다만 부득이한 사유로 직무를 수행할 수 없는 경우에는 평가단장이 학식·경험·능력 등을 종합적으로 고려하여 대리자를 지정할 수 있음.
   (3) 평가단원 : 소방청장 또는 관할 소방본부장이 성별을 고려하여 임명·위촉
      ① 소방공무원 중 다음의 어느 하나에 해당하는 사람
         ㉠ 소방기술사, 소방시설관리사
         ㉡ 다음의 어느 하나에 해당하는 자격을 갖춘 사람으로서 중앙소방학교에서 실시하는 성능위주설계 교육을 이수한 사람
            • 소방설비기사 이상의 자격을 가진 자로서 건축허가동의 업무를 1년 이상
            • 건축 또는 소방 관련 석사학위 이상을 취득한 자로서 건축허가동의 업무를 1년 이상
      ② 건축 및 소방방재분야 전문가 중 다음의 어느 하나에 해당하는 사람
         ㉠ 위원회 위원 또는 지방소방기술심의위원회 위원
         ㉡ 학교나 공인된 연구기관에서 부교수 이상의 직(職) 또는 이에 상당하는 직에 있거나 있었던 사람으로서 화재안전 또는 관련 법령이나 정책에 전문성이 있는 사람
         ㉢ 소방기술사
         ㉣ 소방시설관리사
         ㉤ 건축계획, 건축구조 또는 도시계획과 관련된 업종에 종사하는 사람으로서 건축사 또는 건축구조기술사 자격을 취득한 사람
         ㉥ 특급감리원 자격을 취득한 사람으로 소방공사 현장 감리업무를 10년 이상 수행한 사람

(4) 임기 : 2년, 2회
(5) 평가단 회의
　① 평가단의 회의는 평가단장과 평가단장이 회의마다 지명하는 6명 이상 8명 이하의 평가단원으로 구성·운영하며, 과반수의 출석으로 개의(開議)하고 출석 평가단원 과반수의 찬성으로 의결함
　② 다만 성능위주설계의 변경신고에 대한 심의·의결을 하는 경우 성능위주설계를 검토·평가한 평가단원 중 5명 이상으로 평가단을 구성·운영할 수 있음
(6) 평가단 운영에 필요한 세부적인 사항 : 소방청장 또는 관할 소방본부장이 정함

> 2회 연임 가능 ★

6 성능위주설계기준

1) 소방자동차 진입(통로) 동선 및 소방관 진입 경로 확보
2) 화재·피난 모의실험을 통한 화재위험성 및 피난안전성 검증
3) 건축물의 규모와 특성을 고려한 최적의 소방시설 설치
4) 소화수 공급시스템 최적화를 통한 화재피해 최소화 방안 마련
5) 특별피난계단을 포함한 피난경로의 안전성 확보
6) 건축물의 용도별 방화구획의 적정성
7) 침수 등 재난상황을 포함한 지하층 안전확보 방안 마련

> 성능위주설계의 세부기준은 소방청장이 정한다.

7 주택에 설치하는 소방시설

1) 주택용 소방시설의 종류 : 소화기, 단독경보형 감지기
2) 설치대상
　(1) 단독주택
　(2) 공동주택(아파트 및 기숙사는 제외) ★★★
3) 기타사항
　(1) 국가 및 지방자치단체는 주택용 소방시설의 설치 및 국민의 자율적인 안전관리를 촉진하기 위하여 필요한 시책을 마련하여야 한다.
　(2) 주택용 소방시설의 설치기준 및 자율적인 안전관리 등에 관한 사항은 특별시·광역시·특별자치시·도 또는 특별자치도(이하 "시·도"라 한다)의 조례로 정한다.

8 자동차에 설치 또는 비치하는 소화기

1) 소화기 설치(비치)대상 : 자동차를 제작·조립·수입·판매하려는 자, 해당 자동차의 소유자
　(1) 5인승 이상의 승용자동차
　(2) 승합자동차

(3) 화물자동차

(4) 특수자동차

2) 설치기준 : 행정안전부령

3) 국토교통부장관은 자동차검사 시 차량용 소화기의 설치 또는 비치 여부 등을 확인하여야 하며, 그 결과를 매년 12월 31일까지 소방청장에게 통보

4) 차량용 소화기의 설치(비치)기준

자동차의 종류		설치 또는 비치기준
승용자동차(5인승 이상)		능력단위 1 이상의 소화기 1개 이상
승합자동차	경형승합자동차	능력단위 1 이상의 소화기 1개 이상
	승차정원 15인 이하	능력단위 2 이상인 소화기 1개 이상 또는 능력단위 1 이상인 소화기 2개 이상을 설치(이 경우 승차정원 11인 이상 승합자동차는 운전석 또는 운전석과 옆으로 나란한 좌석 주위에 1개 이상을 설치)
	승차정원 16인 이상 35인 이하	능력단위 2 이상인 소화기 2개 이상을 설치(이 경우 승차정원 23인을 초과하는 승합자동차로서 너비 2.3[m]를 초과하는 경우에는 운전자 좌석 부근에 가로 600[mm], 세로 200[mm] 이상의 공간을 확보하고 1개 이상의 소화기를 설치)
	승차정원 36인 이상	능력단위 3 이상인 소화기 1개 이상 및 능력단위 2 이상인 소화기 1개 이상을 설치(다만 2층 대형승합자동차의 경우에는 위층 차실에 능력단위 3 이상인 소화기 1개 이상을 추가 설치)
화물자동차 (피견인자동차 제외)	중형 이하	능력단위 1 이상인 소화기 1개 이상
	대형 이상	능력단위 2 이상인 소화기 1개 이상 또는 능력단위 1 이상인 소화기 2개 이상을 사용하기 쉬운 곳에 설치
특수자동차 (위험물 또는 고압가스 운송)		무상의 강화액 8[L] 이상, 이산화탄소 3.2[kg] 이상, CF_2ClBr 2[L]이상, CF_3Br 2[L] 이상, $C_2F_4Br_2$ 1[L] 이상, 분말소화기 3.3[kg] 이상 중에서 2개 이상

03 특정 소방대상물에 설치하는 소방시설의 관리

1 특정 소방대상물에 설치하는 소방시설 관리

1) 특정소방대상물의 관계인은 대통령령으로 정하는 소방시설을 화재안전기준에 따라 설치·관리하여야 한다. 이 경우 장애인등이 사용하는 소방시설(경보설비 및 피난구조설비)은 <u>대통령령</u>으로 정하는 바에 따라 장애인등에 적합하게 설치·관리하여야 한다.
2) 1)에 따른 소방시설이 화재안전기준에 따라 설치·관리되고 있지 아니할 때에는 해당 특정소방대상물의 관계인에게 필요한 조치를 명하는 자 : 소방본부장, 소방서장
3) <u>관계인</u>은 소방시설을 설치·관리하는 경우 화재 시 소방시설의 기능과 성능에 지장을 줄 수 있는 폐쇄(잠금을 포함)·차단 등의 행위를 하여서는 아니 된다.
4) 특정소방대상물의 관계인이 소방시설의 점검·정비를 위해 폐쇄·차단을 하는 경우 안전을 확보하기 위하여 필요한 행동요령에 관한 지침을 마련하여 고시하는 자 : 소방청장
5) <u>소방청장, 소방본부장 또는 소방서장</u>은 소방시설의 작동정보 등을 실시간으로 수집·분석할 수 있는 시스템(이하 "소방시설정보관리시스템"이라 한다)을 구축·운영할 수 있다.
6) <u>소방청장, 소방본부장 또는 소방서장</u>은 5)에 따른 작동정보를 해당 특정소방대상물의 관계인에게 통보하여야 한다.

2 소방시설정보관리시스템

1) 소방청장, 소방본부장 또는 소방서장은 소방시설의 작동정보 등을 실시간으로 수집·분석할 수 있는 시스템(소방시설정보관리시스템)을 구축·운영할 수 있음
2) 소방시설정보관리시스템으로 수집되는 소방시설의 작동정보 등을 분석하여 해당 특정소방대상물의 관계인에게 해당 소방시설의 정상적인 작동에 필요한 사항과 관리방법 등 개선사항에 관한 정보를 제공할 수 있다.
3) 소방청장, 소방본부장 또는 소방서장은 소방시설정보관리시스템을 통하여 소방시설의 고장 등 비정상적인 작동정보를 수집한 경우에는 해당 특정소방대상물의 관계인에게 그 사실을 알려주어야 한다.
4) 소방청장, 소방본부장 또는 소방서장은 소방시설정보관리시스템의 체계적·효율적·전문적인 운영을 위해 전담인력을 둘 수 있다.

☑ 다만 소방시설의 점검·정비를 위하여 필요한 경우 폐쇄·차단은 할 수 있다.

보충▶
- 소방시설정보관리시스템 구축·운영의 대상 : 대통령령
- 그 밖에 운영방법 및 통보 절차 등에 필요한 사항 : 행정안전부령

> 소방시설정보관리시스템 운영 대상은 행정안정부령을 따른다. ⓧ 대통령령

5) 소방시설정보관리시스템의 운영방법 및 통보 절차 등에 관하여 필요한 세부 사항은 소방청장이 정한다.
6) 소방시설정보관리시스템 운영 대상 : 대통령령
   (1) 문화 및 집회시설
   (2) 종교시설
   (3) 판매시설
   (4) 의료시설
   (5) 노유자시설
   (6) 숙박이 가능한 수련시설
   (7) 숙박시설
   (8) 업무시설
   (9) 공장, 창고시설
   (10) 위험물 저장 및 처리시설
   (11) 지하상가
   (11의2) 터널
   (12) 지하구
   (13) 기타 소방청장. 소방본부장 또는 소방서장이 필요하다고 인정하는 대상
7) 운영방법 및 통보 절차 등 필요한 사항 : 행정안전부령

3 소방시설등의 설치대상 ★★★

1) 소화기구
   (1) 연면적 33 [m²] 이상(노유자시설 : 투척용 소화용구 등을 산정된 소화기 수량의 1/2 이상 설치)
   (2) 가스시설, 발전시설 중 전기저장시설 및 국가유산
   (3) 터널, 지하구

> 연면적 10 [m²] 이상에는 소화기구를 설치한다. ⓧ 33 [m²] 이상

2) 자동소화장치
   (1) 주거용 주방자동소화장치 설치 : 아파트등 및 오피스텔의 모든 층
   (2) 상업용 수방자동소화장치
       ① 판매시설 중 대규모 점포에 입점해 있는 일반음식점
       ② 집단 급식소
   (3) 캐비닛형·가스·분말·고체에어로졸 자동소화장치 설치대상 : 화재안전기준에서 정하는 장소

3) 옥내소화전설비

설치대상	기준
특정소방대상물(위험물 저장 및 처리시설 중 가스시설, 스프링클러설비 또는 물분무등소화설비 원격 조정 가능한 업무시설 중 무인변전소 제외)	• 연면적 3000 [m²] 이상(터널 제외) • 지하층·무창층(축사 제외)으로서 바닥면적 600 [m²] 이상인 층이 있는 것 • 4층 이상인 것 중 바닥면적 600 [m²] 이상인 층이 있는 것은 모든 층
• 근린생활시설, 판매시설, 운수시설, 의료시설, 노유자시설, 업무시설, 숙박시설, 위락시설, 공장, 창고시설, 항공기 및 자동차 관련 시설, 국방·군사시설, 방송통신시설, 발전시설, 장례시설 • 복합건축물	• 연면적 1500 [m²] 이상 • 지하층·무창층 또는 4층 이상인 층 중 모든 바닥면적 300 [m²] 이상인 층이 있는 모든 층
옥상 설치 차고·주차장	차고·주차 용도 사용 부분 면적 200 [m²] 이상 해당 부분
터널	• 길이 1000 [m] 이상 • 예상교통량, 경사도 등 터널의 특성을 고려하여 행정안전부령으로 정하는 터널
공장 또는 창고시설	750배 이상의 특수가연물 저장·취급

☑ **옥내소화전설비 설치 제외**
① 위험물 저장 및 처리시설 중 가스시설
② 지하구 및 업무시설 중 무인변전소(방재실 등에서 SP 또는 물분무등소화설비를 원격으로 조정할 수 있는 무인변전소로 한정)

○ 길이가 500 [m] 이상인 터널에는 옥내소호·전설비를 설치한다.
  ✗ 1000 [m] 이상

4) 스프링클러설비

설치대상	기준
• 문화 및 집회시설(동·식물원 제외) • 종교시설 • 운동시설(물놀이형 시설 및 바닥이 불연재료이고 관람석이 없는 운동시설은 제외)	• 수용인원 100명 이상 • 영화상영관 바닥면적 : 지하층·무창층 500 [m²](그 외 1000 [m²]) 이상 • 무대부 : 지하층·무창층, 4층 이상 300 [m²] (그 외 500 [m²]) 이상
• 판매시설, 운수시설 • 창고시설(물류터미널)	• 수용인원 500명 이상 • 바닥면적 합계 5000 [m²] 이상
6층 이상인 특정소방대상물	전 층
• 의료시설(정신의료기관, 종합병원, 병원, 치과병원, 한방병원, 요양병원) • 노유자시설 • 숙박 가능한 수련시설 • 숙박시설 • 산후조리원, 조산원	바닥면적 합계 600 [m²] 이상인 것은 모든 층

☑ **스프링클러설비 설치 제외**
① 위험물 저장 및 처리시설 중 가스시설
② 지하구

🔗 P.259 문 03

○ 의료시설로서 바닥면적 합계 600 [m²] 이상인 것은 모든 층에 스프링클러설비를 설치한다. ○

설치대상	기준
지하상가	연면적 1000 [m²] 이상
기숙사(교육연구시설·수련시설 내에 있는 학생 수용을 위한 것), 복합건축물	연면적 5000 [m²] 이상인 모든 층
특수가연물 저장·취급시설	지정수량 1000배 이상
랙식 창고의 높이가 10 [m] 초과	바닥면적 또는 랙이 설치된 부분의 합계가 1500 [m²] 이상인 경우 모든 층
전기저장시설, 교정 및 군사시설 중 보호감호소, 교도소, 구치소 및 그 지소, 보호관찰소, 갱생보호시설, 치료감호시설, 소년원 및 소년분류심사원의 수용거실, 보호시설(외국인보호소의 경우에는 보호대상자의 생활공간으로 한정), 유치장	-

🔗 P.268 문 25

5) 간이스프링클러설비 ★★★

설치대상	기준
근린생활시설	• 바닥면적 합계 1000 [m²] 이상인 것은 모든 층 • 의원, 치과의원, 한의원으로서 입원실 또는 인공신장실이 있는 것 • 조산원 및 산후조리원 연면적 600 [m²] 미만 시설
교육시설 내 합숙소	연면적 100 [m²] 이상인 경우에는 모든 층
의료시설(종합병원, 병원, 치과병원, 요양병원)	바닥면적 합계 600 [m²] 미만
• 정신의료기관, 의료재활시설 • 노유자시설	• 바닥면적 합계 300 [m²] 이상 600 [m²] 미만 • 바닥면적 합계 300 [m²] 미만, 창살*) 설치
복합건축물	연면적 1000 [m²] 이상 전 층
연립주택 및 다세대주택	-
숙박시설	바닥면적 합계 300 [m²] 이상 600 [m²] 미만

*) 창살 : 철재·플라스틱·목재 등으로 사람의 탈출을 막기 위하여 설치하는 것을 말하며, 화재 시 자동으로 열리는 구조로 되어 있는 창살을 제외함

6) 물분무등소화설비

설치대상	기준
차고, 주차용 건축물, 철골 조립식 주차시설	연면적 800 [m^2] 이상
전기실·발전실·변전실·축전지실·전산실·통신기기실	바닥면적 300 [m^2] 이상
건물 내부에 설치된 차고·주차장	사용되는 면적의 합계가 바닥면적 200 [m^2] 이상인 경우 해당 부분(50세대 미만 연립주택 및 다세대 주택은 제외)
기계식 주차장	20대 이상
항공기 격납고, 소화수 수집·처리 설비가 설치되어 있지 않은 중·저준위방사성폐기물저장시설, 국가유산 중 소방청장이 국가유산청장과 협의하여 정하는 것	–

☑ **물분무등소화설비 설치 제외**
① 위험물 저장 및 처리시설 중 가스시설, 발전시설의 전기저장시설 중 무정전전원공급장치(UPS)의 시설
② 지하구

7) 옥외소화전설비
(1) 지상 1층 및 2층의 바닥면적의 합계가 9000 [m^2] 이상인 것
(2) 문화유산 중 보물 또는 국보로 지정된 목조건축물
(3) 공장 또는 창고시설로서 750배 이상의 특수가연물을 저장·취급하는 것

☑ **옥외소화전설비 설치 제외**
① 아파트등
② 위험물 저장 및 처리시설 중 가스시설
③ 지하구 및 터널

8) 비상경보설비

설치대상	기준
일반 (지하구, 축사, 동·식물 관련 시설 제외)	연면적 400 [m^2] 이상인 것은 모든 층
지하층·무창층	바닥면적 150 [m^2](공연장 100 [m^2]) 이상인 것은 모든 층
터널	500 [m] 이상
50명 이상 근로자가 작업하는 옥내 작업장	–

☑ **비상경보설비 설치 제외**
① 모래, 석재 등 불연재료 공장 및 창고시설
② 위험물 저장 및 처리시설 중 가스시설
③ 사람이 거주하지 않거나 벽이 없는 축사 등 동물 및 식물 관련 시설 및 지하구

9) 비상방송설비 ★★
(1) 연면적 3500 [m^2] 이상인 것은 모든 층
(2) 층수 11층 이상인 것은 모든 층
(3) 지하층의 층수 3층 이상인 것은 모든 층

☑ **비상방송설비 설치 제외**
① 위험물 저장 및 처리시설 중 가스시설
② 사람이 거주하지 않거나 벽이 없는 축사 등 동물 및 식물 관련 시설
③ 터널
④ 지하구

P.266 문 19

10) 자동화재탐지설비 ★★★

설치대상	기준
• 교육연구시설(교육시설 내에 있는 기숙사 및 합숙소를 포함한다), 수련시설(기숙사·합숙소 포함, 숙박시설 제외) • 동·식물 관련 시설 • 자원순환 관련 시설 • 교정 및 군사시설 • 묘지 관련 시설	연면적 2000 [m²] 이상인 경우에는 모든 층
목욕장, 문화 및 집회시설, 종교시설, 판매시설, 운수시설, 운동시설, 업무시설, 창고시설, 공장, 지하상가, 위험물 저장 및 처리시설, 항공기 및 자동차 관련 시설, 교정 및 군사시설 중 국방·군사시설, 방송통신시설, 발전시설, 관광 휴게시설	연면적 1000 [m²] 이상인 경우에는 모든 층
• 근린생활시설(목욕장 제외) • 의료시설(정신의료기관, 요양병원 제외) • 위락시설, 장례시설 및 복합건축물	연면적 600 [m²] 이상인 경우에는 모든 층
정신의료기관, 의료재활시설	• 바닥면적 합계 300 [m²] 이상 • 바닥면적 합계 300 [m²] 미만, 창살 설치
터널	길이 1000 [m] 이상
공장 및 창고시설	500배 이상 특수가연물
요양병원, 지하구, 전통시장, 조산원, 산후조리원	-
전기저장시설, 노유자생활시설	-
공동주택 중 아파트등·기숙사, 숙박시설, 6층 이상인 건축물	-
노유자시설	연면적 400 [m²] 이상인 경우에는 모든 층
숙박시설이 있는 수련시설	수용인원 100명 이상인 경우에는 모든 층

> 🔗 P.260 문 04

> 목욕장은 연면적 600 [m²] 이상인 경우 모든 층에 자동화재탐지설비를 설치한다. ☒ 1000 [m²] 이상

11) 자동화재속보설비

방재실 등 화재 수신기가 설치된 장소에 24시간 화재를 감시할 수 있는 사람이 근무하고 있는 경우 자동화재속보설비를 설치하지 않을 수 있다.

설치대상	기준
• 노유자시설 • 숙박 가능한 수련시설 • 의료재활시설, 정신병원	바닥면적 500 [m²] 이상
• 종합병원, 병원, 치과병원, 한방병원, 요양병원 • 근린생활시설 중 의원, 치과의원, 한의원으로서 입원실이 있는 것 • 전통시장 • 노유자생활시설 • 보물·국보 지정 목조건축물 • 조산원, 산후조리원	–

12) 단독경보형 감지기 ★★★

설치대상	기준
교육연구시설 및 수련시설 내에 있는 합숙소·기숙사	연면적 2000 [m²] 미만
유치원	연면적 400 [m²] 미만
수련시설(숙박시설 있는 것)	수용인원 100명 미만
공동주택 중 연립주택 및 다세대주택	–

13) 화재알림설비 : 판매시설 중 전통시장

○ 판매시설 중 소매시장에는 화재알림설비를 설치한다. ✗ 전통시장

14) 휴대용 비상조명등 ★★

설치대상	기준
숙박시설, 다중이용업소	구획된 실마다 1개 이상 설치
수용인원 100명 이상의 영화상영관, 대규모점포	보행거리 50 [m] 이내마다 3개 이상 설치
지하상가, 지하역사	보행거리 25 [m] 이내마다 3개 이상 설치

15) 제연설비

설치대상	기준
문화 및 집회시설, 종교시설, 운동시설	• 무대부 바닥면적 200 [m²] 이상인 경우에는 해당 무대부 • 영화상영관 수용인원 100명 이상인 경우에는 해당 영화상영관
지하층·무창층에 설치된 근린생활시설, 판매시설, 숙박시설, 운수시설, 의료시설, 위락시설, 노유자시설, 창고시설(물류터미널로 한정)	바닥면적 합계 1000 [m²] 이상인 경우 해당 부분
지하상가	연면적 1000 [m²] 이상
공항시설 대기실, 항만시설 대기실, 휴게시설, 시외버스정류장, 철도 및 도시철도 시설	지하층·무창층 바닥면적 1000 [m²] 이상인 경우에는 모든 층
특정소방대상물(갓복도형 아파트등 제외)에 부설된 특별피난계단, 비상용 승강기의 승강장, 피난용 승강기의 승강장	

☑ **연결살수설비 설치 제외**
지하구

16) 연결살수설비

설치대상	기준
판매시설, 운수시설, 물류터미널	바닥면적 합계 1000 [m²] 이상인 경우에는 해당 시설
지하층	바닥면적 합계 150 [m²]인 경우에는 지하층의 모든 층(아파트, 학교 700 [m²] 이상)
가스시설 중 지상에 노출된 탱크	30톤 이상

☑ **비상콘센트설비 설치 제외**
① 위험물 저장 및 처리시설 중 가스시설
② 지하구

17) 비상콘센트설비 ★★

설치대상	기준
11층 이상 특정소방대상물	11층 이상의 층
지하층 층수가 3층 이상	바닥면적의 합계가 1000 [m²] 이상인 것은 지하층 전 층
터널	길이 500 [m] 이상

18) 무선통신보조설비 ★★

설치대상	기준
30층 이상 특정소방대상물	16층 이상 부분의 모든 층
• 지하층의 바닥면적 합계가 3000 [m²] 이상인 것 • 지하층 층수가 3층 이상이고, 지하층의 바닥면적 합계가 1000 [m²] 이상인 것	지하층 전 층
터널	길이 500 [m] 이상
지하상가	연면적 1000 [m²] 이상
지하구 중 공동구	–

☑ 무선통신보조설비 설치 제외
위험물 저장 및 처리시설 중 가스시설

4 터널 길이에 따른 소방시설 ★★★

1) 500 [m] 이상
  (1) 비상경보설비
  (2) 비상조명등설비
  (3) 비상콘센트설비
  (4) 무선통신보조설비

2) 1000 [m] 이상
  (1) 옥내소화전설비
  (2) 연결송수관설비
  (3) 자동화재탐지설비

🔗 P.261 문 08

5 수용인원의 산정방법 ★★★

구분	조건	수용인원 산정방법
숙박시설	침대 있음	종사자 수 + 침대 수(2인용 : 2인)
	침대 없음	종사자 수 + 바닥면적 합계 / 3 [m²]
숙박시설 이외	강의실·교무실·상담실·실습실·휴게실 용도로 쓰이는 특정소방대상물	바닥면적 합계 / 1.9 [m²]
	강당·문화 및 집회시설·운동시설·종교시설	바닥면적 합계 / 4.6 [m²]
	관람석에 고정식 의자가 있는 경우	의자 수
	관람석에 긴 의자가 있는 경우	의자의 정면너비 / 0.45 [m]
	그 밖의 대상물	바닥면적 합계 / 3 [m²]

🔗 P.262 문 10

👨‍🏫 선생님 TIP
1) 바닥면적 산정 시 복도, 계단 및 화장실은 바닥면적을 포함하지 않는다.
2) 소수점 이하의 수는 반올림한다.

☑ 내용연수를 설정하여야 하는 소방용품의 종류 및 그 내용연수 연한에 필요한 사항
대통령령

🔗 P.272 문 34

6 내용연수 설정 대상 소방용품

1) 특정소방대상물의 관계인은 내용연수가 경과한 소방용품을 교체하여야 함
   (1) 내용연수 설정하여야 하는 소방용품 : 분말형태의 소화약제를 사용하는 소화기
   (2) 소방용품의 내용연수 : 10년 ★★★
2) 행정안전부령으로 정하는 절차 및 방법 등에 따라 소방용품의 성능을 확인받은 경우에는 그 사용기한을 연장할 수 있음

7 임시소방시설의 종류와 설치기준

종류		공사의 규모와 종류	유사소방시설
소화기	-	화재위험작업현장에 설치	-
간이 소화 장치	물을 방사하여 화재를 진화할 수 있는 장치로서 소방청장이 정하는 성능을 갖추고 있을 것	다음 어느 하나에 해당하는 작업현장 ① 연면적 3000 [m²] 이상 ② 지하층·무창층·4층 이상의 층(이 경우 해당 층의 바닥면적이 600 [m²] 이상인 경우만 해당)	소방청장이 정하여 고시하는 기준에 맞는 소화기(연결송수관설비의 방수구 인근에 설치한 경우로 한정한다) 또는 옥내소화전설비
비상 경보 장치	화재가 발생한 경우 주변에 있는 작업자에게 화재사실을 알릴 수 있는 장치로서 소방청장이 정하는 성능을 갖추고 있을 것	다음 어느 하나에 해당하는 작업현장 ① 연면적 400 [m²] 이상 ② 지하층·무창층(이 경우 해당 층의 바닥면적이 150 [m²] 이상인 경우만 해당)	① 비상방송설비 ② 자동화재탐지설비
간이 피난 유도선	화재가 발생한 경우 피난구 방향을 안내할 수 있는 장치로서 소방청장이 정하는 성능을 갖추고 있을 것	바닥면적이 150 [m²] 이상인 지하층·무창층의 작업현장에 설치	① 피난유도선 ② 피난구유도등 ③ 통로유도등 ④ 비상조명등
가스 누설 경보기	가연성 가스가 누설 또는 발생된 경우 탐지하여 경보하는 장치로서 소방청장이 실시하는 형식승인 및 제품검사를 받은 것	바닥면적이 150 [m²] 이상인 지하층·무창층의 작업현장에 설치	

종류		공사의 규모와 종류	유사소방시설
비상조명등	화재 발생 시 안전하고 원활한 피난활동을 할 수 있도록 거실 및 피난통로 등에 설치하여 자동 점등되는 조명장치로서 소방청장이 정하는 성능을 갖추고 있을 것	바닥면적이 150 [m²] 이상인 지하층·무창층의 작업현장에 설치	
방화포	용접·용단 등 작업 시 발생하는 금속성 불티로부터 가연물이 점화되는 것을 방지해주는 천 또는 불연성 물품으로서 소방청장이 정하는 성능을 갖추고 있을 것	용접·용단 작업이 진행되는 작업장에 설치	

B 특정소방대상물의 소방시설 설치 면제기준 ★★

설치 면제되는 소방시설	설치 면제 요건
1. 스프링클러설비	• 적응성 있는 자동소화장치 및 물분무등소화설비 설치한 경우 • 전기저장시설에 소화설비를 소방청장이 정하여 고시하는 방법에 따라 설치한 경우
2. 물분무등소화설비	차고·주차장에 S/P 설치한 경우
3. 간이스프링클러설비	S/P·물분무·미분무소화설비 설치한 경우
4. 비상경보설비 또는 단독경보감지기	자동화재탐지설비 또는 화재알림설비를 설치한 경우
5. 비상경보설비	단독경보형 감지기를 2개 이상의 단독경보형 감지기와 연동하여 설치한 경우
6. 비상방송설비	자동화재탐지설비 또는 비상경보설비와 같은 수준 이상의 음향을 발하는 장치를 부설한 방송설비를 설치한 경우
7. 피난구조설비	위치·구조·설비의 상황에 따라 피난상 지장이 없다고 인정되는 경우

P.260 문 05

설치 면제되는 소방시설	설치 면제 요건
8. 연결살수설비	• 송수구를 부설한 S/P·간이S/P·물분무·미분무소화설비를 설치한 경우 • 가스관계 법령에 따라 설치되는 물분무장치 등에 소방대가 사용할 수 있는 연결송수구가 설치되거나, 물분무장치 등에 6시간 이상 공급할 수 있는 수원이 확보된 경우
9. 제연설비	1. 제연설비를 설치하여야 하는 특정소방대상물에 다음 어느 하나에 해당하는 설비를 설치한 경우 설치가 면제됨 • 공조설비를 화재안전기준의 제연설비기준에 적합하게 설치하고, 화재 시 제연설비기능으로 자동 전환되는 구조인 경우 • 직접 외부 공기와 통하는 배출구 면적의 합계가 해당제연구역 바닥면적의 1/100 이상이고, 배출구로부터 각 부분까지의 수평거리가 30 [m] 이내이며, 공기유입구가 화재안전기준에 적합하게 설치되어 있는 경우 2. 제연설비 설치대상 중 노대와 연결된 특별피난계단, 노대가 설치된 비상용 승강기의 승강장, 배연설비가 설치된 피난용 승강기의 승강장
10. 비상조명등	피난구유도등 또는 통로유도등 설치한 경우
11. 누전경보기	아크경보기 또는 지락차단장치를 설치한 경우 ※ 아크경보기 : 옥내 배전선로의 단선이나 선로 손상 등으로 인하여 발생하는 아크를 감지하고 경보하는 장치
12. 무선통신보조설비	이동통신 구내 중계기 선로설비 또는 무선이동중계기 등 설치한 경우
13. 상수도소화용수설비	• 상수도소화용수설비를 설치하여야 하는 특정소방대상물의 각 부분으로부터 수평거리 140 [m] 이내에 공공의 소방을 위한 소화전이 설치된 경우 • 소방본부장·서장이 상수도소화용수설비의 설치가 곤란하다고 인정하는 경우로서 소화수조 또는 저수조가 설치되어 있거나 설치하는 경우
14. 연소방지설비	S/P, 물분무, 미분무소화설비 설치한 경우
15. 연결송수관설비	옥외에 연결송수구 및 옥내에 방수구가 부설된 옥내소화전설비·S/P·간이S/P, 연결살수설비 설치한 경우
16. 자동화재탐지설비	자동화재탐지설비의 기능과 성능을 가진 화재알림설비·S/P·물분무등소화설비를 설치한 경우

☑ **제연설비 면제 제외**
특정소방대상물(갓복도형 아파트등 제외)에 부설된 특별피난계단, 비상용승강기의 승강장, 피난용 승강기의 승강장

☑ **연결송수관설비 면제 제외**
지표면에서 최상층 방수구까지 높이가 70 [m] 이상인 경우

설치 면제되는 소방시설	설치 면제 요건
17. 옥외소화전설비	문화유산인 목조건축물에 상수도소화용수설비를 옥외소화전 설비의 방수압력·방수량·옥외소화전함·호스기준에 적합하게 설치한 경우
18. 옥내소화전설비	소방본부장·서장이 옥내소화전설비의 설치가 곤란하다고 인정하는 경우로서 호스릴방식의 미분무·옥외소화전 설비를 설치한 경우
19. 자동소화장치	자동소화장치를 설치하여야 하는 특정소방대상물에 물분무등소화설비를 설치한 경우
20. 화재알림설비	자동화재탐지설비를 화재안전기준에 적합하게 설치한 경우
21. 자동화재속보설비	화재알림설비를 화재안전기준에 적합하게 설치한 경우

☑ 자동소화장치 면제 제외
주거용 및 상업용 자동주방소화장치

9 피난시설·방화구획 및 방화시설의 관리 ★★

1) 명령권자 : 소방본부장, 소방서장
2) 금지행위
   (1) 피난시설, 방화구획, 방화시설 폐쇄·훼손 행위
   (2) 피난시설, 방화구획, 방화시설 주위에 물건을 쌓아 두거나 장애물을 설치하는 행위
   (3) 피난시설, 방화구획, 방화시설 용도에 장애를 주거나 소방활동에 지장을 주는 행위
   (4) 피난시설, 방화구획, 방화시설 변경 행위

10 소방시설기준 적용 특례

1) 대통령령 또는 화재안전기준이 변경되어 그 기준이 강화되는 경우 기존의 특정소방대상물(건축물의 신축·개축·재축·이전 및 대수선 중인 특정소방대상물을 포함)의 소방시설은 변경 전의 대통령령 또는 화재안전기준을 적용한다.
2) 1)에도 불구하고 다음에 해당하는 소방시설의 경우에는 대통령령 또는 화재안전기준 변경 시 강화된 기준을 적용할 수 있다.
   (1) 다음 소방시설 중 대통령령 또는 화재안전기준으로 정하는 것 ★★★
      ① 소화기구
      ② 비상경보설비
      ③ 자동화재속보설비
      ④ 자동화재탐지설비
      ⑤ 피난구조설비

🔗 P.258 문 01

(2) 다음의 특정소방대상물에 설치하는 소방시설 중 대통령령 또는 화재안전기준으로 정하는 것
  ① 공동구 : 소화기, 자동소화장치, 자동화재탐지설비, 통합감시시설, 유도등 및 연소방지설비
  ② 전력 및 통신사업용 지하구 : 소화기, 자동소화장치, 자동화재탐지설비, 통합감시시설, 유도등 및 연소방지설비
  ③ 노유자시설 : 간이스프링클러설비, 자동화재탐지설비 및 단독경보형 감지기
  ④ 의료시설 : 스프링클러설비, 간이스프링클러설비, 자동화재탐지설비 및 자동화재속보설비

3) 특정소방대상물의 증축 또는 용도변경 시의 소방시설기준 적용의 특례 ★★★
  (1) 특정소방대상물이 증축되거나 용도변경되는 경우에는 증축 또는 용도변경 당시의 소방시설의 설치에 관한 대통령령 또는 화재안전기준을 적용하되, 다음의 경우에는 제외한다.
    ① 기존 부분과 증축 부분이 내화구조로 된 바닥과 벽으로 구획된 경우
    ② 기존 부분과 증축 부분이 자동방화셔터 또는 60분+ 방화문으로 구획되어 있는 경우
    ③ 자동차 생산공장 등 화재 위험이 낮은 특정소방대상물 내부에 연면적 33 [m²] 이하의 직원휴게실을 증축하는 경우
    ④ 자동차 생산공장 등 화재 위험이 낮은 특정소방대상물에 캐노피(기둥으로 받치거나 매달아 놓은 덮개를 말하며, 3면 이상에 벽이 없는 구조의 것을 말한다)를 설치하는 경우
  (2) 특정소방대상물 전체에 대하여 용도변경 전 소방시설 적용의 경우
    ① 특정소방대상물의 구조·설비가 화재연소 확대 요인이 적어지거나 피난 또는 화재진압활동이 쉬워지도록 변경되는 경우
    ② 용도변경으로 인하여 천장·바닥·벽 등에 고정되어 있는 가연성 물질의 양이 줄어드는 경우

4) 소방시설을 설치하지 않는 특정소방대상물의 범위

구분	특정소방대상물	소방시설
1. 화재위험도가 낮은 특정소방대상물	석재, 불연성금속, 불연성 건축 재료 등의 가공공장, 기계조립공장, 불연성물품 저장 창고	옥외소화전설비, 연결살수설비
2. 화재안전기준 적용이 어려운 특정소방대상물	펄프공장의 작업장, 음료수 공장의 세정·충전 작업장 등	스프링클러설비, 상수도소화용수설비, 연결살수설비
	정수장, 수영장, 목욕장, 농예·축산·어류양식용 시설 등	자동화재탐지, 상수도소화용수, 연결살수설비
3. 화재안전기준을 달리 적용하여야 하는 특수한 용도·구조의 특정소방대상물	• 원자력발전소 • 중·저준위방사성폐기물의 저장시설	연결송수관설비, 연결살수설비
4. 위험물안전관리법에 따라 자체소방대 설치된 특정소방대상물	자체소방대가 설치된 위험물 제조소등에 부속된 사무실	옥내소화전설비, 소화용수설비, 연결살수설비 및 연결송수관설비

> P.266 문 20
>
> ✅ 특정소방대상물에 구조 및 원리 등에서 공법이 특수한 설계로 인정된 소방시설을 설치하는 경우에는 중앙소방기술심의위원회의 심의를 거쳐 화재안전기준을 적용하지 아니할 수 있음

11 소방기술심의위원회 ★

1) 소방기술심의위원회
   (1) 소방청 : 중앙소방기술심의위원회
   (2) 시·도 : 지방소방기술심의 위원회

2) 중앙소방기술심의위원회 심의사항
   (1) 화재안전기준에 관한 사항
   (2) 소방시설의 구조 및 원리 등에서 공법이 특수한 설계 및 시공에 관한 사항
   (3) 소방시설의 설계 및 공사감리의 방법에 관한 사항
   (4) 소방시설공사의 하자를 판단하는 기준에 관한 사항
   (5) 신기술·신공법 등 검토·평가에 고도의 기술이 필요한 경우로서 중앙위원회에 심의를 요청한 사항
   (6) 그 밖에 소방기술 등에 관하여 대통령령으로 정하는 사항

3) 지방소방기술심의위원회 심의사항
   (1) 소방시설에 하자가 있는지의 판단에 관한 사항
   (2) 소방기술 등에 관하여 대통령령으로 정하는 사항

4) 중앙위원회 및 지방위원회의 구성·운영 등에 필요한 사항 : 대통령령

예상문제

01 상(중)하

소방시설 설치 및 관리에 관한 법령상 대통령령 또는 화재안전기준이 변경되어 그 기준이 강화되는 경우 기존 특정소방대상물의 소방시설 중 강화된 기준을 적용하여야 하는 소방시설은?

① 비상경보설비
② 비상방송설비
③ 비상콘센트설비
④ 옥내소화전설비

해설 소방시설기준 적용 특례(강화기준)

1) 대통령령 또는 화재안전기준으로 정하는 것
   - 소화기구
   - 비상경보설비
   - 자동화재속보설비
   - 피난구조설비
   - 자동화재탐지설비
2) 공동구 설치 소방시설(지하구)
3) 노유자시설, 의료시설 설치 소방시설

02 (상)중 하

소방시설 설치 및 관리에 관한 법령상 건축허가등의 동의 대상물의 범위기준 중 틀린 것은?

① 건축 등을 하려는 학교시설 : 연면적 200 [m²] 이상
② 노유자시설 : 연면적 200 [m²] 이상
③ 정신의료기관(입원실이 없는 정신건강의학과 의원은 제외) : 연면적 300 [m²] 이상
④ 장애인 의료재활시설 : 연면적 300 [m²] 이상

해설 건축허가 동의대상물 범위

구분	기준
학교시설	연면적 100 [m²] 이상
노유자(老幼者)시설 및 수련시설	연면적 200 [m²] 이상
지하층·무창층이 있는 건축물	바닥면적 150 [m²](공연장 100 [m²]) 이상
정신의료기관, 장애인 의료재활시설	연면적 300 [m²] 이상
일반용도의 특정소방대상물	연면적 400 [m²] 이상
차고, 주차장 또는 주차용도로 사용되는 시설	바닥면적 200 [m²] 이상
	기계식 주차시설 자동차 20대 이상
• 노인 관련 시설 중 노인주거복지시설, 노인의료복지시설, 재가노인복지시설, 학대피해노인 전용쉼터 • 아동복지시설(아동상담소, 아동전용시설 및 지역아동센터는 제외한다) • 장애인 거주시설 • 정신질환자 관련 시설(공동생활가정을 제외한 재활훈련시설과 종합시설 중 24시간 주거를 제공하지 않는 시설은 제외한다)	단독주택, 공동주택에 설치되는 시설 제외

정답 01 ① 02 ①

구분	기준
• 노숙인 관련 시설 중 노숙인자활시설·노숙인재활시설·노숙인요양시설 • 결핵환자나 한센인이 24시간 생활하는 노유자시설	
• 6층 이상 건축물 • 항공기격납고, 관망탑, 항공관제탑, 방송용송수신탑 • 요양병원(의료재활시설 제외) • 위험물 저장 및 처리시설, 지하구, 전기저장시설, 풍력발전소 • 조산원, 산후조리원, 의원(입원실 있는 것) • 공장 또는 창고시설로서 지정 수량의 750배 이상의 특수가연물을 저장·취급하는 것 • 가스시설로서 지상에 노출된 탱크의 저장용량의 합계가 100톤 이상인 것	—

03 (상)

소방시설 설치 및 관리에 관한 법령상 지하상가는 연면적이 최소 몇 [m²] 이상이어야 스프링클러설비를 설치하여야 하는 특정소방대상물에 해당하는가? (단, 터널은 제외한다)

① 100　　② 200
③ 1000　　④ 2000

해설 스프링클러설비 설치대상

설치대상	기준
• 문화 및 집회시설(동·식물원 제외) • 종교시설 • 운동시설(물놀이형 시설 및 바닥이 불연재료이고, 관람석이 없는 운동시설은 제외)	• 수용인원 100명 이상 • 영화상영관 바닥면적 : 지하층·무창층 500 [m²](그 외 1000 [m²]) 이상 • 무대부 : 지하층·무창층, 4층 이상 300 [m²](그 외 500 [m²]) 이상
• 판매시설, 운수시설 • 창고시설(물류터미널)	• 수용인원 500명 이상 • 바닥면적 합계 5000 [m²] 이상
6층 이상인 특정소방대상물	전 층
• 의료시설(정신의료기관, 종합병원, 병원, 치과병원, 한방병원, 요양병원) • 노유자시설 • 숙박 가능한 수련시설 • 숙박시설 • 산후조리원, 조산원	바닥면적 합계 600 [m²] 이상인 것은 모든 층
지하상가	연면적 1000 [m²] 이상
기숙사(교육연구시설·수련시설 내에 있는 학생 수용을 위한 것), 복합건축물	연면적 5000 [m²] 이상인 모든 층
특수가연물 저장·취급시설	지정수량 1000배 이상
랙식 창고의 높이가 10 [m] 초과	바닥면적 또는 랙이 설치된 부분의 합계가 1500 [m²] 이상인 경우 모든 층
전기저장시설, 교정 및 군사시설 중 보호감호소, 교도소, 구치소 및 그 지소, 보호관찰소, 갱생보호시설, 치료감호시설, 소년원 및 소년분류심사원의 수용거실, 보호시설(외국인보호소의 경우에는 보호대상자의 생활공간으로 한정), 유치장	—

정답 03 ③

04 상중하

소방시설 설치 및 관리에 관한 법령상 자동화재탐지설비를 설치하여야 하는 특정소방대상물에 대한 기준 중 (   )에 알맞은 것은?

> 근린생활시설(목욕탕 제외), 의료시설(의료기관 또는 요양병원 제외), 위락시설, 장례시설 및 복합건축물로서 연면적 (   ) [m²] 이상인 것

① 400
② 600
③ 1000
④ 3500

해설 자동화재탐지설비 설치대상

설치대상	기준
• 교육연구시설(교육시설 내에 있는 기숙사 및 합숙소를 포함한다), 수련시설(기숙사·합숙소 포함, 숙박시설 제외) • 동·식물 관련 시설, 교정 및 군사시설 • 자원순환 관련 시설 • 교정 및 군사시설 • 묘지 관련 시설	연면적 2000 [m²] 이상인 경우에는 모든 층
목욕장, 문화 및 집회시설, 종교시설, 판매시설, 운수시설, 운동시설, 업무시설, 창고시설, 공장, 지하상가, 위험물 저장 및 처리시설, 항공기 및 자동차 관련 시설, 교정 및 군사시설 중 국방·군사시설, 방송통신시설, 발전시설, 관광 휴게시설	연면적 1000 [m²] 이상인 경우에는 모든 층
• 근린생활시설(목욕장 제외) • 의료시설(정신의료기관, 요양병원 제외) • 위락시설, 장례시설 및 복합건축물	연면적 600 [m²] 이상인 경우에는 모든 층
정신의료기관, 의료재활시설	• 바닥면적 합계 300 [m²] 이상 • 바닥면적 합계 300 [m²] 미만, 창살 설치
터널	길이 1000 [m] 이상
공장 및 창고시설	500배 이상 특수가연물

설치대상	기준
요양병원, 지하구, 전통시장, 조산원, 산후조리원	–
전기저장시설, 노유자생활시설	–
공동주택 중 아파트등·기숙사, 숙박시설, 6층 이상인 건축물	–
노유자시설	연면적 400 [m²] 이상인 경우에는 모든 층
숙박시설이 있는 수련시설	수용인원 100명 이상인 경우에는 모든 층

05 상중하

소방시설 설치 및 관리에 관한 법령상 특정소방대상물의 소방시설 설치의 면제기준 중 다음 (   ) 안에 알맞은 것은?

> 물분무등소화설비를 설치하여야 하는 차고·주차장에 (   )를 설치한 경우에는 그 설비의 유효범위에서 설치가 면제된다.

① 옥내소화전설비
② 스프링클러설비
③ 간이스프링클러설비
④ 청정소화약제소화설비

해설 소방시설 설치 면제기준

설치 면제	설치 면제기준
물분무등소화설비	차고·주차장 : 스프링클러설비 설치
비상경보설비, 단독경보형 감지기	자동화재탐지설비 설치
연소방지설비	스프링클러설비, 간이스프링클러설비, 연결살수설비
자동화재탐지설비	자동화재탐지설비의 기능·성능 가진 화재알림설비 스프링클러설비, 물분무등소화설비 설치

정답 04 ② 05 ②

06 (상 중 하)

다음 소방시설 중 경보설비가 아닌 것은?

① 통합감시시설 ② 가스누설경보기
③ 비상콘센트설비 ④ 자동화재속보설비

해설 경보설비
1) 단독경보형 감지기
2) 비상경보설비
   - 비상벨설비
   - 자동식사이렌설비
3) 시각경보기
4) 자동화재탐지설비
5) 비상방송설비
6) 자동화재속보설비
7) 통합감시시설
8) 누전경보기
9) 가스누설경보기
10) 화재알림설비

보충 비상콘센트설비 : 소화활동설비

해설 소방시설 설치 제외 특정소방대상물

구분	특정소방대상물	소방시설
화재위험도가 낮은 특정소방대상물	석재, 불연성금속, 불연성 건축 재료 등의 가공공장, 기계조립공장, 불연성물품 저장 창고	옥외소화전설비, 연결살수설비
화재안전기준 적용 어려운 특정소방대상물	펄프공장의 작업장, 음료수 공장의 세정·충전 작업장 등	스프링클러설비, 상수도소화용수설비, 연결살수설비
	정수장, 수영장, 목욕장, 농예·축산·어류양식용 시설 등	자동화재탐지, 상수도소화용수, 연결살수설비
화재안전기준을 달리 적용하여야 하는 특수한 용도·구조의 특정소방대상물	• 원자력발전소 • 중·저준위방사성 폐기물의 저장시설	연결송수관설비, 연결살수설비
위험물안전관리법에 따라 자체소방대 설치된 특정소방대상물	자체소방대가 설치된 위험물 제조소등에 부속된 사무실	옥내소화전설비, 소화용수설비, 연결살수설비 및 연결송수관설비

07 (상 중 하)

소방시설 설치 및 관리에 관한 법령상 화재위험도가 낮은 특정소방대상물 중 불연성물품 저장 창고에 설치하지 아니할 수 있는 소방시설인 것은?

① 스프링클러설비
② 상수도소화용수설비
③ 자동화재탐지설비
④ 옥외소화전설비

08 (상 중 하)

소방시설 설치 및 관리에 관한 법령상 터널로서 길이가 1천 미터일 때 설치하지 않아도 되는 소방시설은?

① 인명구조기구
② 옥내소화전설비
③ 연결송수관설비
④ 무선통신보조설비

정답 06 ③ 07 ④ 08 ①

해설 터널길이에 따른 소방시설

터널길이	적용설비
500 [m] 이상	• 비상경보설비 • 비상조명등설비 • 비상콘센트설비 • 무선통신보조설비
1000 [m] 이상	• 옥내소화전설비 • 연결송수관설비 • 자동화재탐지설비

09 (상)중 하

소방시설 설치 및 관리에 관한 법령상 단독경보형 감지기를 설치하여야 하는 특정소방대상물의 기준으로 옳은 것은?

① 연면적 400 [m²] 미만의 유치원
② 연면적 600 [m²] 미만의 숙박시설
③ 연면적 1000 [m²] 미만의 아파트
④ 교육연구시설 또는 수련시설 내에 있는 합숙소 또는 기숙사로서 연면적 1000 [m²] 미만인 것

해설 단독경보형 감지기 설치대상

설치대상	기준
교육연구시설 및 수련시설 내에 있는 합숙소·기숙사	연면적 2000 [m²] 미만
유치원	연면적 400 [m²] 미만
수련시설(숙박시설 있는 것)	수용인원 100명 미만
공동주택 중 연립주택 및 다세대주택	–

10 상(중)하

소방시설 설치 및 관리에 관한 법령상 수용인원 산정방법 중 침대가 없는 숙박시설로 해당 특정소방대상물 종사자의 수는 5명, 복도, 계단 및 화장실의 바닥면적을 제외한 바닥면적 158 [m²]인 경우 수용인원은 약 몇 명인가?

① 37
② 45
③ 58
④ 84

해설 수용인원 산정방법

※ 숙박시설이 있는 특정소방대상물
• 침대 있는 경우 : 종사자 수 + 침대 수
• 침대 없는 경우 : 종사자 수 + $\dfrac{바닥면적 합계}{3 [m^2]}$

∴ 수용인원 = $5 + \dfrac{158}{3}$ → 반올림하여 58명

※ 숙박시설 이외의 특정소방대상물
• 강의실·교무실·상담실·실습실·휴게실 용도로 쓰이는 특정소방대상물 : 바닥면적 합계 / 1.9 [m²]
• 강당·문화집회시설·운동시설·종교시설 : 바닥면적 합계 / 4.6 [m²]
• 관람석에 고정식 의자가 있는 경우 : 의자 수
• 관람석에 긴 의자가 있는 경우 : 의자의 정면너비 / 0.45 [m]
• 그 밖의 대상물 : 바닥면적 합계 / 3 [m²]

정답 09 ① 10 ③

11 (중)

소방시설 설치 및 관리에 관한 법령상 주택의 소유자가 소방시설을 설치하여야 하는 대상이 아닌 것은?

① 아파트 ② 연립주택
③ 다세대주택 ④ 다가구주택

해설 주택에 설치하는 소방시설

1) 주택용 소방시설의 종류 : 소화기, 단독경보형 감지기
2) 설치대상
   - 단독주택
   - 공동주택(아파트 및 기숙사 제외)(연립주택, 다세대주택, 다가구주택)

12 (중)

소방시설 설치 및 관리에 관한 법령상 건축허가등의 동의 대상물이 아닌 것은?

① 항공기 격납고
② 연면적이 300 [m²]인 공연장
③ 바닥면적이 300 [m²]인 차고
④ 연면적이 300 [m²]인 노유자시설

해설 건축허가 동의대상물 범위

구분	기준
학교시설	연면적 100 [m²] 이상
노유자(老幼者)시설 및 수련시설	연면적 200 [m²] 이상
지하층·무창층이 있는 건축물	바닥면적 150 [m²] (공연장 100 [m²]) 이상
정신의료기관, 장애인 의료재활시설	연면적 300 [m²] 이상
일반용도의 특정소방대상물	연면적 400 [m²] 이상
차고, 주차장 또는 주차용도로 사용되는 시설	바닥면적 200 [m²] 이상 / 기계식 주차시설 자동차 20대 이상

구분	기준
• 노인 관련 시설 중 노인주거복지시설, 노인의료복지시설, 재가노인복지시설, 학대피해노인 전용쉼터 • 아동복지시설(아동상담소, 아동전용시설 및 지역아동센터는 제외한다) • 장애인 거주시설 • 정신질환자 관련 시설(공동생활가정을 제외한 재활훈련시설과 종합시설 중 24시간 주거를 제공하지 않는 시설은 제외한다) • 노숙인 관련 시설 중 노숙인자활시설·노숙인재활시설·노숙인요양시설 • 결핵환자나 한센인이 24시간 생활하는 노유자시설	단독주택, 공동주택에 설치되는 시설 제외
• 6층 이상 건축물 • 항공기격납고, 관망탑, 항공관제탑, 방송용송수신탑 • 요양병원(의료재활시설 제외) • 위험물 저장 및 처리시설, 지하구, 전기저장시설, 풍력발전소 • 조산원, 산후조리원, 의원(입원실 또는 인공신장실이 있는 것으로 한정한다) • 공장 또는 창고시설로서 지정 수량의 750배 이상의 특수가연물을 저장·취급하는 것 • 가스시설로서 지상에 노출된 탱크의 저장용량의 합계가 100톤 이상인 것	–

정답 11 ① 12 ②

13 (중)

소방시설 설치 및 관리에 관한 법령상 특정소방대상물로서 숙박시설에 해당되지 않는 것은?

① 오피스텔
② 일반형 숙박시설
③ 생활형 숙박시설
④ 근린생활시설에 해당하지 않는 고시원

해설 숙박시설

- 일반형 숙박시설 : 호텔, 여관, 모텔
- 생활형 숙박시설 : 관광호텔, 한국전통호텔
- 고시원(근린생활시설에 해당되지 않는 것)

보충 ▶ 오피스텔 : 업무시설

14 (하)

소방시설 설치 및 관리에 관한 법령상 소방시설이 아닌 것은?

① 소화설비
② 경보설비
③ 방화설비
④ 소화활동설비

해설 소방시설 종류

구분	정의
소화설비	물, 소화약제를 사용하여 소화
경보설비	화재 발생을 통보하는 설비
피난구조설비	화재 발생 시 피난 목적 설비
소화용수설비	화재를 진압하는 데 필요한 물을 공급·저장하는 설비
소화활동설비	화재진압에 필요한 물 공급·저장

암기 ▶ 소경피 용활

15 (중)

소방시설 설치 및 관리에 관한 법령상 스프링클러설비를 설치하여야 하는 특정소방대상물의 기준으로 틀린 것은? (단, 위험물 저장 및 처리시설 중 가스시설 또는 지하구는 제외한다)

① 복합건축물로서 연면적 3500 [m²] 이상인 경우에는 모든 층
② 창고시설(물류터미널은 제외)로서 바닥면적 합계가 5000 [m²] 이상인 경우에는 모든 층
③ 숙박이 가능한 수련시설 용도로 사용되는 시설의 바닥면적의 합계가 600 [m²] 이상인 것은 모든 층
④ 판매시설, 운수시설 및 창고시설(물류터미널에 한정)로서 바닥면적의 합계가 5000 [m²] 이상이거나 수용인원이 500명 이상인 경우에는 모든 층

해설 스프링클러설비 설치대상

설치대상	기준
• 문화 및 집회시설(동·식물원 제외) • 종교시설 • 운동시설(물놀이형 시설 및 바닥이 불연재로이고 관람석이 없는 운동시설은 제외)	• 수용인원 100명 이상 • 영화상영관 바닥면적 : 지하층·무창층 500 [m²](그 외 1000 [m²]) 이상 • 무대부 : 지하층·무창층, 4층 이상 300 [m²](그 외 500 [m²]) 이상
• 판매시설, 운수시설 • 창고시설(물류터미널)	• 수용인원 500명 이상 • 바닥면적 합계 5000 [m²] 이상
6층 이상인 특정소방대상물	전 층
• 의료시설(정신의료기관, 종합병원, 병원, 치과병원, 한방병원, 요양병원) • 노유자시설 • 숙박 가능한 수련시설 • 숙박시설 • 산후조리원, 조산원	바닥면적 합계 600 [m²] 이상인 것은 모든 층
지하상가	연면적 1000 [m²] 이상

정답 13 ① 14 ③ 15 ①

설치대상	기준
기숙사(교육연구시설·수련시설 내에 있는 학생 수용을 위한 것), 복합건축물	연면적 5000 [m²] 이상인 모든 층
특수가연물 저장·취급시설	지정수량 1000배 이상
랙식 창고의 높이가 10 [m] 초과	바닥면적 또는 랙이 설치된 부분의 합계가 1500 [m²] 이상인 경우 모든 층
전기저장시설, 교정 및 군사시설 중 보호감호소, 교도소, 구치소 및 그 지소, 보호관찰소, 갱생보호시설, 치료감호시설, 소년원 및 소년분류심사원의 수용거실, 보호시설(외국인보호소의 경우에는 보호대상자의 생활공간으로 한정), 유치장	-

구분	종류
스프링클러설비등	• 스프링클러설비 • 간이스프링클러설비(캐비닛형 포함) • 화재조기진압용 스프링클러설비
물분무등소화설비	• 물분무소화설비 • 미분무소화설비 • 포소화설비 • 이산화탄소소화설비 • 할론소화설비 • 할로겐화합물 및 불활성기체소화설비 • 분말소화설비 • 강화액소화설비 • 고체에어로졸소화설비
옥외소화전설비	-

16 (하)

소방시설을 구분하는 경우 소화설비에 해당되지 않는 것은?

① 스프링클러설비 ② 제연설비
③ 자동확산소화기 ④ 옥외소화전설비

해설 소화설비

구분	종류
소화기구	• 소화기 • 간이소화용구 • 자동확산소화기
자동소화장치	• 주거용 주방자동소화장치 • 상업용 주방자동소화장치 • 캐비닛형 자동소화장치 • 가스자동소화장치 • 분말자동소화장치 • 고체에어로졸자동소화장치
옥내소화전설비	(호스릴 포함)

17 (중)

소방시설 설치 및 관리에 관한 법령상 수용인원 산정방법 중 다음과 같은 시설의 수용인원은 몇 명인가?

> 숙박시설이 있는 특정소방대상물로서 종사자 수는 5명, 숙박시설은 모두 2인용 침대이며 침대수량은 50개이다.

① 55 ② 75
③ 85 ④ 105

해설 수용인원 산정방법

※ 숙박시설이 있는 특정소방대상물
• 침대 있는 경우 : 종사자 수 + 침대 수
• 침대 없는 경우 : 종사자 수 + $\dfrac{\text{바닥면적 합계}}{3\,[m^2]}$

∴ 수용인원 = 5 + (50 × 2) = 105명

정답 16 ② 17 ④

※ 숙박시설 이외의 특정소방대상물
- 강의실·교무실·상담실·실습실·휴게실 용도로 쓰이는 특정소방대상물 : 바닥면적 합계 / 1.9 [m^2]
- 강당·문화집회시설·운동시설·종교시설 : 바닥면적 합계 / 4.6 [m^2]
- 관람석에 고정식 의자가 있는 경우 : 의자 수
- 관람석에 긴 의자가 있는 경우 : 의자의 정면너비 / 0.45 [m]
- 그 밖의 대상물 : 바닥면적 합계 / 3 [m^2]

TIP ▶ 2인용 침대는 2인으로 산정

18 상중하

소방시설 설치 및 관리에 관한 법령상 둘 이상의 특정소방대상물이 내화구조로 된 연결통로가 벽이 없는 구조로서 그 길이가 몇 [m] 이하인 경우 하나의 소방대상물로 보는가?

① 6
② 9
③ 10
④ 12

해설 하나의 소방대상물로 보는 경우

1) 내화구조로 된 연결통로로 연결된 경우
   (1) 벽이 없는 구조 : 길이 6 [m] 이하
   (2) 벽이 있는 구조 : 길이 10 [m] 이하
   - 벽 높이가 바닥에서 천장 높이의 1/2 이상 : 벽이 있는 구조
   - 벽 높이가 바닥에서 천장 높이의 1/2 미만 : 벽이 없는 구조

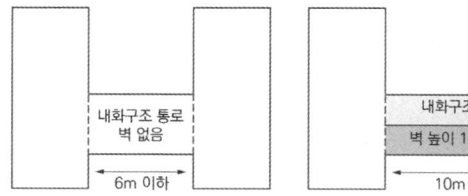

2) 내화구조가 아닌 연결통로로 연결된 경우
3) 컨베이어로 연결되거나 플랜트설비의 배관 등으로 연결되어 있는 경우
4) 지하보도, 지하상가, 터널로 연결된 경우

5) 자동방화셔터 또는 60분 + 방화문이 설치되지 않은 피트(전기설비 또는 배관설비 등이 설치되는 공간)로 연결된 경우
6) 지하구로 연결된 경우

19 상중하

소방시설 설치 및 관리에 관한 법령에 따른 비상방송설비를 설치하여야 하는 특정소방대상물의 기준 중 틀린 것은? (단, 위험물 저장 및 처리시설 중 가스시설, 사람이 거주하지 않는 동물 및 식물 관련 시설, 터널, 축사 및 지하구는 제외한다)

① 연면적 3500 [m^2] 이상인 것
② 연면적 1000 [m^2] 미만의 기숙사
③ 지하층의 층수가 3층 이상인 것
④ 지하층을 제외한 층수가 11층 이상인 것

해설 비상방송설비 설치대상
- 연면적 3500 [m^2] 이상인 것은 모든 층
- 층수 11층 이상(지하층 제외)인 것은 모든 층
- 지하층 층수 3층 이상인 것은 모든 층

20 상중하

음료수 공장의 충전을 하는 작업장 등과 같이 화재안전기준을 적용하기 어려운 특정소방대상물에 설치하지 아니할 수 있는 소방시설이 아닌 것은?

① 연결송수관설비
② 스프링클러설비
③ 상수도소화용수설비
④ 연결살수설비

정답 18 ① 19 ② 20 ①

해설 화재안전기준 적용 어려운 특정소방대상물

구분	특정소방대상물	소방시설
화재위험도가 낮은 특정소방대상물	석재, 불연성금속, 불연성 건축 재료 등의 가공 공장, 기계조립공장, 불연성물품 저장 창고	옥외소화전설비, 연결살수설비
화재안전기준 적용 어려운 특정소방대상물	펄프공장의 작업장, 음료수 공장의 세정·충전 작업장 등	스프링클러설비, 상수도소화용수설비, 연결살수설비
	정수장, 수영장, 목욕장, 농예·축산·어류양식용 시설 등	자동화재탐지, 상수도소화용수, 연결살수설비
화재안전기준을 달리 적용하여야 하는 특수한 용도·구조의 특정소방대상물	• 원자력발전소 • 중·저준위방사성 폐기물의 저장 시설	연결송수관설비, 연결살수설비
위험물안전관리법에 따라 자체소방대 설치된 특정소방대상물	자체소방대가 설치된 위험물 제조소등에 부속된 사무실	옥내소화전설비, 소화용수설비, 연결살수설비 및 연결송수관설비

21

특정소방대상물에 소방시설을 설치하는 경우 소방청장이 정하는 내진설계기준에 맞게 설치해야 하는 설비가 아닌 것은?

① 옥내소화전설비　② 연결살수설비
③ 스프링클러설비　④ 물분무등소화설비

해설 내진설계 대상 소방시설

지진이 발생할 경우 소방시설이 정상적으로 작동될 수 있도록 소방청장이 정하는 내진설계기준에 맞게 소방시설을 설치
• 옥내소화전설비
• 스프링클러설비
• 물분무등소화설비

22

소방시설 설치 및 관리에 관한 법령상 용어의 정의 중 다음 ( ) 안에 알맞은 것은?

> 특정소방대상물이란 소방시설을 설치하여야 하는 소방대상물로서 (　　　)으로 정하는 것을 말한다.

① 행정안전부령　② 국토교통부령
③ 고용노동부령　④ 대통령령

해설 소방용어 정의(대통령령)

구분	정의
소방시설	소화설비, 경보설비, 피난구조설비, 소화용수설비, 소화활동설비
소방시설등	소방시설과 비상구, 그 밖에 소방 관련 시설(방화문, 자동방화셔터)
특정소방대상물	건축물등의 규모·용도 및 수용인원 등을 고려하여 소방시설을 설치하여야 하는 소방대상물
소방용품	소방시설등을 구성하거나 소방용으로 사용되는 제품 또는 기기
화재안전성능	화재를 예방하고 화재 발생 시 피해를 최소화하기 위하여 소방대상물의 재료, 공간 및 설비 등에 요구되는 안전성능
화재안전기준	성능기준 : 화재안전 확보를 위하여 재료, 공간 및 설비 등에 요구되는 안전성능
	기술기준 : 성능기준을 충족하는 상세한 규격, 특정한 수치 및 시험방법 등에 관한 기준

23 (상 중 하)

소방시설 설치 및 관리에 관한 법령상 건축허가등의 동의를 요구한 기관이 그 건축허가등을 취소하였을 때, 최소한 날부터 최대 며칠 이내에 건축물등의 시공지 또는 소재지를 관할하는 소방본부장 또는 소방서장에게 그 사실을 통보하여야 하는가?

① 3일
② 4일
③ 7일
④ 10일

해설 건축허가 동의요구

- 승인자 : 소방본부장, 소방서장
- 회신 : 동의요구서류 접수한 날로부터 5일(특급소방안전관리대상물 10일) 이내
- 동의요구서·첨부서류 보완 : 4일 이내
- 건축허가 취소 사실 통보 : 7일 이내(관할 시공지·소재지 소방본부장, 소방서장)

24 (상 중 하)

소방시설 설치 및 관리에 관한 법령상 특정소방대상물 중 오피스텔은 어느 시설에 해당하는가?

① 숙박시설
② 일반업무시설
③ 공동주택
④ 근린생활시설

해설 업무시설

1) 공공업무시설 : 국가 또는 지방자치단체의 청사, 외국공관의 건축물
2) 일반업무시설 : 금융업소, 사무소, 신문사, 오피스텔
3) 주민자치센터(동사무소), 경찰서, 지구대, 파출소, 소방서, 119안전센터, 우체국, 보건소, 공공도서관, 국민건강보험공단
4) 마을회관, 마을공동작업소, 마을공동구판장
5) 변전소, 양수장, 정수장, 대피소, 공중화장실

25 (상 중 하)

소방시설 설치 및 관리에 관한 법령상 간이스프링클러설비를 설치하여야 하는 특정소방대상물의 기준으로 옳은 것은?

① 근린생활시설로 사용하는 부분의 바닥면적 합계가 1000 [m^2] 이상인 것은 모든 층
② 교육연구시설 내에 있는 합숙소로서 연면적 500 [m^2] 이상인 것
③ 정신병원과 의료재활시설을 제외한 요양병원으로 사용되는 바닥면적의 합계가 300 [m^2] 이상 600 [m^2] 미만인 시설
④ 정신의료기관 또는 의료재활시설로 사용되는 바닥면적의 합계가 600 [m^2] 미만인 시설

해설 간이스프링클러설비 설치대상

설치대상	기준
근린생활시설	• 바닥면적 합계 1000 [m^2] 이상인 것은 모든 층 • 의원, 치과의원, 한의원으로서 입원실이 있는 것 • 조산원 및 산후조리원 연면적 600 [m^2] 미만 시설
교육시설 내 합숙소	연면적 100 [m^2] 이상인 경우에는 모든 층
의료시설(종합병원, 병원, 치과병원, 요양병원)	바닥면적 합계 600 [m^2] 미만
• 정신의료기관, 의료재활시설 • 노유자시설	• 바닥면적 합계 300 [m^2] 이상 600 [m^2] 미만 • 바닥면적 합계 300 [m^2] 미만, 창살 설치
복합건축물	연면적 1000 [m^2] 이상 전 층
연립주택 및 다세대주택	–
숙박시설	바닥면적 합계 300 [m^2] 이상 600 [m^2] 미만

정답 23 ③ 24 ② 25 ①

26 (상 중 하) 신유형!

항공기격납고는 특정소방대상물 중 어느 시설에 해당하는가?

① 위험물 저장 및 처리시설
② 항공기 및 자동차 관련 시설
③ 창고시설
④ 업무시설

해설 항공기 및 자동차 관련 시설

- 항공기격납고
- 차고, 주차용 건축물, 철골 조립식 주차시설, 기계장치 주차시설
- 세차장
- 폐차장
- 자동차 검사장, 자동차 매매장
- 자동차 정비공장, 운전학원·정비학원

27 (상 중 하)

"무창층"이라 함은 지상층 중 개구부 면적의 합계가 해당 층의 바닥면적의 얼마 이하가 되는 층을 말하는가?

① 1/3
② 1/10
③ 1/30
④ 1/300

해설 무창층, 개구부

1) 무창층 : 개구부 면적 합계가 해당 층 바닥면적의 1/30 이하가 되는 층
2) 개구부기준
   - 크기 : 지름 50 [cm] 이상 원이 통과
   - 높이 : 1.2 [m] 이내
   - 도로, 차량 진입 가능한 빈터 향할 것
   - 창살이나 장애물 설치되지 않을 것
   - 내·외부에서 쉽게 부수거나 열 수 있을 것

28 (상 중 하)

소방본부장 또는 소방서장은 건축허가등의 동의요구 서류를 접수한 날부터 최대 며칠 이내에 건축허가등의 동의 여부를 회신하여야 하는가? (단, 허가 신청한 건축물은 지상으로부터 높이가 200 [m]인 아파트이다)

① 5일
② 7일
③ 10일
④ 15일

해설 건축허가 동의요구

- 승인자 : 소방본부장, 소방서장
- 회신 : 동의요구서류 접수한 날로부터 5일(특급소방안전관리대상물 10일) 이내
- 동의요구서·첨부서류 보완 : 4일 이내
- 건축허가 취소 사실 통보 : 7일 이내(관할 시공지·소재지 소방본부장, 소방서장)

보충 200 [m] 이상 아파트 : 특급소방안전관리대상물

29 (상 중 하)

소방시설 설치 및 관리에 관한 법령상 화재안전기준을 달리 적용하여야 하는 특수한 용도 또는 구조를 가진 특정소방 대상물인 원자력발전소에 설치하지 아니할 수 있는 소방시설은?

① 물분무등소화시설
② 스프링클러설비
③ 상수도소화용수설비
④ 연결살수설비

정답 26 ② 27 ③ 28 ③ 29 ④

해설 화재안전기준 달리 적용 특정소방대상물

구분	특정소방대상물	소방시설
화재위험도가 낮은 특정소방대상물	석재, 불연성금속, 불연성 건축 재료 등의 가공공장, 기계조립공장, 불연성물품 저장 창고	옥외소화전설비, 연결살수설비
화재안전기준 적용 어려운 특정소방대상물	펄프공장의 작업장, 음료수 공장의 세정·충전 작업장 등	스프링클러설비, 상수도소화용수설비, 연결살수설비
	정수장, 수영장, 목욕장, 농예·축산·어류양식용 시설 등	자동화재탐지, 상수도소화용수, 연결살수설비
화재안전기준을 달리 적용하여야 하는 특수한 용도·구조의 특정소방대상물	• 원자력발전소 • 중·저준위방사성폐기물의 저장시설	연결송수관설비, 연결살수설비
위험물안전관리법에 따라 자체소방대 설치된 특정소방대상물	자체소방대가 설치된 위험물 제조소등에 부속된 사무실	옥내소화전설비, 소화용수설비, 연결살수설비 및 연결송수관설비

30 ⓐ ⓑ ⓒ

소방시설 설치 및 관리에 관한 법령상 비상경보설비를 설치하여야 할 특정소방대상물의 기준 중 옳은 것은? (단, 지하구, 모래·석재 등 불연재료 창고 및 위험물 저장·처리 시설 중 가스시설은 제외한다)

① 지하층 또는 무창층의 바닥면적이 50 [m²] 이상인 것
② 연면적 400 [m²] 이상인 것
③ 터널로서 길이가 300 [m] 이상인 것
④ 30명 이상의 근로자가 작업하는 옥내 작업장

해설 비상경보설비 설치대상

설치대상	기준
일반(터널, 축사, 동·식물 관련 시설 제외)	연면적 400 [m²] 이상인 것은 모든 층
지하층·무창층	바닥면적 150 [m²](공연장 100 [m²]) 이상인 것은 모든 층
터널	500 [m] 이상
50명 이상 근로자가 작업하는 옥내 작업장	–

31 ⓐ ⓑ ⓒ

소방시설 설치 및 관리에 관한 법령상 특정소방대상물에 소방시설이 화재안전기준에 따라 설치 또는 유지·관리되어 있지 아니할 때 해당 특정소방대상물의 관계인에게 필요한 조치를 명할 수 있는 자는?

① 소방본부장
② 소방청장
③ 시·도지사
④ 행정안전부장관

해설 특정소방대상물 소방시설 유지·관리

• 기준 : 대통령령
• 설치·유지·관리되어 있지 않을 때 해당 관계인에게 필요한 조치 명령 : 소방본부장, 소방서장
• 관계인은 소방시설을 설치·관리하는 경우 화재 시 소방시설의 기능과 성능에 지장을 줄 수 있는 폐쇄(잠금을 포함)·차단 등의 행위를 하여서는 안 됨

정답 30 ② 31 ①

32 상(중)하

소방시설 설치 및 관리에 관한 법령상 소방용품이 아닌 것은?

① 소화약제 외의 것을 이용한 간이소화용구
② 자동소화장치
③ 가스누설경보기
④ 소화용으로 사용하는 방염제

해설 소방용품

1) 소화설비 구성 제품·기기
   - 소화기구(소화약제 외의 것 제외)
   - 자동소화장치
   - 소화전, 관창, 소방호스, 스프링클러헤드, 기동용 수압개폐장치, 유수제어밸브 및 가스관선택밸브
2) 경보설비 구성 제품·기기
   - 누전경보기 및 가스누설경보기
   - 발신기, 수신기, 중계기, 감지기, 경종
3) 피난구조설비 구성 제품·기기
   - 피난사다리, 구조대, 완강기(간이완강기 및 지지대 포함)
   - 공기호흡기(충전기 포함)
   - 피난구유도등, 통로유도등, 객석유도등 및 예비전원 내장된 비상조명등
4) 소화용 제품·기기
   - 소화약제(소화설비용만 해당)
   - 방염제(방염액·방염도료·방염성 물질)

33 상(중)하

소방시설 설치 및 관리에 관한 법령에 따른 특정소방대상물의 수용 인원의 산정방법기준 중 틀린 것은?

① 침대가 있는 숙박시설의 경우는 해당 특정소방대상물의 종사자 수에 침대 수(2인용 침대는 2인으로 산정)를 합한 수
② 침대가 없는 숙박시설의 경우는 해당 특정소방대상물의 종사자 수에 숙박시설 바닥면적의 합계를 3 $[m^2]$로 나누어 얻은 수를 합한 수
③ 강의실 용도로 쓰이는 특정소방대상물의 경우는 해당 용도로 사용하는 바닥면적의 합계를 1.9 $[m^2]$로 나누어 얻은 수
④ 문화 및 집회시설의 경우는 해당 용도로 사용하는 바닥면적의 합계를 2.6 $[m^2]$로 나누어 얻은 수

해설 수용인원 산정방법

※ 숙박시설이 있는 특정소방대상물
- 침대 있는 경우 : 종사자 수 + 침대 수
- 침대 없는 경우 : 종사자 수 + $\dfrac{바닥면적 합계}{3\,[m^2]}$

∴ 수용인원 = 5 + (50 × 2) = 105명

※ 숙박시설 이외의 특정소방대상물
- 강의실·교무실·상담실·실습실·휴게실 용도로 쓰이는 특정소방대상물 : 바닥면적 합계 /1.9 $[m^2]$
- 강당·문화집회시설·운동시설·종교시설 : 바닥면적 합계 / 4.6 $[m^2]$
- 관람석에 고정식 의자가 있는 경우 : 의자 수
- 관람석에 긴 의자가 있는 경우 : 의자의 정면너비 / 0.45 [m]
- 그 밖의 대상물 : 바닥면적 합계 / 3 $[m^2]$

TIP 2인용 침대는 2인으로 산정

34 상(중)하

소방시설 설치 및 관리에 관한 법령에 따른 임시소방시설 중 간이소화장치를 설치하여야 하는 공사의 작업현장의 규모의 기준 중 다음 ( ) 안에 알맞은 것은?

- 연면적 (㉠) [m²] 이상
- 지하층, 무창층 또는 (㉡)층 이상의 층의 경우 해당 층의 바닥면적이 (㉢) [m²] 이상 경우만 해당

① ㉠ 1000, ㉡ 6, ㉢ 150
② ㉠ 1000, ㉡ 6, ㉢ 600
③ ㉠ 3000, ㉡ 4, ㉢ 150
④ ㉠ 3000, ㉡ 4, ㉢ 600

해설 임시소방시설의 종류와 설치기준

종류	기준
소화기	화재위험작업현장에 설치
간이소화장치	다음 어느 하나에 해당하는 작업현장 ① 연면적 3000 [m²] 이상 ② 지하층·무창층·4층 이상의 층(이 경우 해당 층의 바닥면적이 600 [m²] 이상인 경우만 해당)
비상경보장치	다음 어느 하나에 해당하는 작업현장 ① 연면적 400 [m²] 이상 ② 지하층·무창층(이 경우 해당 층의 바닥면적이 150 [m²] 이상인 경우만 해당)
간이피난유도선	바닥면적이 150 [m²] 이상인 지하층·무창층의 작업현장에 설치
가스누설경보기	바닥면적이 150 [m²] 이상인 지하층·무창층의 작업현장에 설치
비상조명등	바닥면적이 150 [m²] 이상인 지하층·무창층의 작업현장에 설치
방화포	용접·용단 작업이 진행되는 작업장에 설치

35 상(중)하

소방시설 설치 및 관리에 관한 법령에 따른 특정소방대상물 중 의료시설에 해당하지 않는 것은?

① 요양병원
② 마약진료소
③ 한방병원
④ 노인의료복지시설

해설 의료시설

- 병원 : 종합병원, 병원, 치과병원, 한방병원, 요양병원
- 격리병원 : 전염병원, 마약진료소
- 정신의료기관
- 장애인 의료재활시설

보충 노인의료복지시설 → 노유자시설

36 상(중)하

특정소방대상물이 증축되는 경우 기존 부분에 대해서 증축 당시의 소방시설의 설치에 관한 대통령령 또는 화재안전기준을 적용하지 않는 경우가 아닌 것은?

① 증축으로 인하여 천장·바닥·벽 등에 고정되어 있는 가연성 물질의 양이 줄어드는 경우
② 기존 부분과 증축 부분이 내화구조로 된 바닥과 벽으로 구획
③ 기존 부분과 증축 부분이 60분+ 방화문(자동방화셔터 포함)으로 구획되어 있는 경우
④ 증축되는 범위가 경미하여 관할 소방본부장 또는 소방서장이 화재 위험도가 낮다고 인정하는 경우

해설 특정소방대상물 증축 소방시설기준 특례

기존 부분에 대해서 증축 당시 기준 미적용된 경우
1) 기존 부분과 증축 부분이 내화구조로 된 바닥과 벽으로 구획된 경우
2) 기존 부분과 증축 부분이 60분+ 방화문(자동방화셔터 포함)으로 구획되어 있는 경우
3) 자동차 생산공장 등 화재 위험이 낮은 특정소방대상물 내부에 연면적 33 [m²] 이하의 직원휴게실을 증축하는 경우
4) 자동차 생산공장 등 화재 위험이 낮은 특정소방대상물에 캐노피(기둥으로 받치거나 매달아 놓은 덮개를 말하며, 3면 이상에 벽이 없는 구조의 것을 말한다)를 설치하는 경우

37 상㊥하

대통령령 또는 화재안전기준이 변경되어 그 기준이 강화되는 경우에 기존 특정소방대상물의 소방시설에 대하여 변경으로 강화된 기준을 적용하여야 하는 소방시설은?

① 비상경보설비
② 비상콘센트설비
③ 비상방송설비
④ 옥내소화전설비

해설 소방시설기준 적용 특례(강화기준)

1) 대통령령 또는 화재안전기준으로 정하는 것
   • 소화기구
   • 비상경보설비
   • 자동화재속보설비
   • 피난구조설비
   • 자동화재탐지설비
2) 공동구 설치 소방시설(지하구)
3) 노유자시설, 의료시설 설치 소방시설

38 상㊥하

소방시설 설치 및 관리에 관한 법령상 건축허가등의 동의를 요구하는 때 동의요구서에 첨부하여야 하는 설계도서가 아닌 것은? (단, 소방시설공사 착공신고대상에 해당하는 경우이다)

① 창호도
② 실내 전개도
③ 건축물의 단면도
④ 건축물의 주단면 상세도(내장재료를 명시한 것)

해설 건축허가 동의요구 첨부서류

1) 건축허가서 또는 건축·대수선·용도변경신고서
2) 설계도서
   (1) 건축물 설계도서
      ① 건축물 개요 및 배치도
      ② 주단면도 및 입면도(立面圖 : 물체를 정면에서 본 대로 그린 그림)
      ③ 층별 평면도(용도별 기준층 평면도를 포함)
      ④ 방화구획도(창호도를 포함)
      ⑤ 실내·실외 마감재료표
      ⑥ 소방자동차 진입 동선도 및 부서 공간 위치도(조경계획을 포함)
   (2) 소방시설 설계도서
      ① 소방시설(기계·전기분야의 시설을 말한다)의 계통도(시설별 계산서를 포함)
      ② 소방시설별 층별 평면도
      ③ 실내장식물 방염대상물품 설치계획
      ④ 소방시설의 내진설계 계통도 및 기준층 평면도(내진시방서 및 계산서 등 세부 내용이 포함된 상세 설계도면은 제외)
3) 소방시설 설치계획표
4) 임시소방시설 설치계획서
5) 소방시설설계업등록증과 소방시설을 설계한 기술인력자의 기술자격증 사본
6) 소방시설설계계약서 사본

정답 37 ① 38 ②

39 (상중하)

건축물의 공사 현장에 설치하여야 하는 임시소방시설과 기능 및 성능이 유사하여 임시소방시설을 설치한 것으로 보는 소방시설로 연결이 틀린 것은? (단, 임시소방시설 – 임시소방시설을 설치한 것으로 보는 소방시설 순이다)

① 간이소화장치 – 옥내소화전
② 간이피난유도선 – 유도표지
③ 비상경보장치 – 비상방송설비
④ 비상경보장치 – 자동화재탐지설비

해설 임시소방시설 대체 소방시설

종류	기준
간이소화장치	• 옥내소화전 • 소방청장 고시기준 소화기
비상경보장치	• 비상방송설비 • 자동화재탐지설비
간이피난유도선	• 피난유도선 • 피난구유도등 또는 통로유도등 • 비상조명등

해설 화재위험도 낮은 특정소방대상물

구분	특정소방대상물	소방시설
화재위험도가 낮은 특정소방대상물	석재, 불연성금속, 불연성 건축 재료 등의 가공공장, 기계조립공장, 불연성물품 저장 창고	옥외소화전설비, 연결살수설비
화재안전기준 적용 어려운 특정소방대상물	펄프공장의 작업장, 음료수 공장의 세정·충전 작업장 등	스프링클러설비, 상수도소화용수설비, 연결살수설비
	정수장, 수영장, 목욕장, 농예·축산·어류양식용 시설 등	자동화재탐지, 상수도소화용수, 연결살수설비
화재안전기준을 달리 적용하여야 하는 특수한 용도·구조의 특정소방대상물	• 원자력발전소 • 중·저준위방사성 폐기물의 저장시설	연결송수관설비, 연결살수설비
위험물안전관리법에 따라 자체소방대 설치된 특정소방대상물	자체소방대가 설치된 위험물 제조소등에 부속된 사무실	옥내소화전설비, 소화용수설비, 연결살수설비 및 연결송수관설비

40 (상중하)

소방시설기준 적용의 특례 중 특정소방대상물의 관계인이 소방시설을 갖추어야 함에도 불구하고 관련 소방시설을 설치하지 아니할 수 있는 소방시설의 범위로 옳은 것은? (단, 화재 위험도가 낮은 특정소방대상물로서 석재, 불연성금속, 불연성 건축재료 등의 가공공장·기계조립공장·주물공장 또는 불연성 물품을 저장하는 창고이다)

① 옥외소화전 및 연결살수설비
② 연결송수관설비 및 연결살수설비
③ 자동화재탐지설비, 상수도소화용수설비 및 연결살수설비
④ 스프링클러설비, 상수도소화용수설비 및 연결살수설비

41 (상중하)

소방시설 설치 및 관리에 관한 법령상 자동화재탐지설비를 설치하여야 하는 특정소방대상물의 기준으로 틀린 것은?

① 문화 및 집회시설로서 연면적이 1000 [m²] 이상인 것
② 지하상가로서 연면적이 1000 [m²] 이상인 것
③ 의료시설(정신의료기관 또는 요양병원은 제외)로서 연면적이 1000 [m²] 이상인 것
④ 터널로서 길이 1000 [m] 이상인 것

정답 39 ② 40 ① 41 ③

해설 자동화재탐지설비 설치대상

설치대상	기준
• 교육연구시설(교육시설 내에 있는 기숙사 및 합숙소를 포함한다), 수련시설(기숙사·합숙소 포함, 숙박시설 제외) • 동·식물 관련 시설, 교정 및 군사시설 • 자원순환 관련 시설 • 교정 및 군사시설 • 묘지 관련 시설	연면적 2000 [m²] 이상인 경우에는 모든 층
목욕장, 문화 및 집회시설, 종교시설, 판매시설, 운수시설, 운동시설, 업무시설, 창고시설, 공장, 지하상가, 위험물 저장 및 처리시설, 항공기 및 자동차 관련 시설, 교정 및 군사시설 중 국방·군사시설, 방송통신시설, 발전시설, 관광 휴게시설	연면적 1000 [m²] 이상인 경우에는 모든 층
• 근린생활시설(목욕장 제외) • 의료시설(정신의료기관, 요양병원 제외) • 위락시설, 장례시설 및 복합건축물	연면적 600 [m²] 이상인 경우에는 모든 층
정신의료기관, 의료재활시설	• 바닥면적 합계 300 [m²] 이상 • 바닥면적 합계 300 [m²] 미만, 창살 설치
터널	길이 1000 [m] 이상
공장 및 창고시설	500배 이상 특수가연물
요양병원, 지하구, 전통시장, 조산원, 산후조리원	–
전기저장시설, 노유자생활 시설	–
공동주택 중 아파트등·기숙사, 숙박시설, 6층 이상인 건축물	–
노유자시설	연면적 400 [m²] 이상인 경우에는 모든 층
숙박시설이 있는 수련시설	수용인원 100명 이상인 경우에는 모든 층

42

특정소방대상물의 소방시설 설치의 면제기준 중 다음 (   ) 안에 알맞은 것은?

> 비상경보설비 또는 단독경보형 감지기를 설치하여야 하는 특정소방대상물에 (   )를 화재안전기준에 적합하게 설치한 경우에는 그 설비의 유효범위에서 설치가 면제된다.

① 자동화재탐지설비
② 스프링클러설비
③ 비상조명등
④ 무선통신보조설비

해설 소방시설 설치 면제기준

설치 면제	설치 면제 기준
물분무등소화설비	차고·주차장 : 스프링클러설비 설치
비상경보설비, 단독경보형 감지기	자동화재탐지설비 설치
연소방지설비	스프링클러설비, 물분무, 미분무설비 설치
자동화재탐지설비	자동화재탐지설비의 기능·성능 가진 화재알림설비, 스프링클러설비, 물분무등소화설비 설치

43

교육연구시설 중 학교 지하층은 바닥면적의 합계가 몇 [m²] 이상인 경우 연결살수설비를 설치해야 하는가?

① 500 ② 600
③ 700 ④ 1000

정답 42 ① 43 ③

해설 연결살수설비 설치대상

설치대상	기준
판매시설, 운수시설, 창고시설 중 물류터미널	바닥면적 합계 1000 [m²] 이상인 경우에는 해당 시설
지하층	바닥면적 합계가 150 [m²] 이상인 경우에는 지하층의 모든 층(아파트, 학교 700 [m²] 이상)
지상 노출 탱크	30톤 이상

44 상중하

소방시설 설치 및 관리에 관한 법령상 중앙소방기술 심의위원회의 심의사항이 아닌 것은?

① 화재안전기준에 관한 사항
② 소방시설의 설계 및 공사감리의 방법에 관한 사항
③ 소방시설에 하자가 있는지의 판단에 관한 사항
④ 소방시설공사의 하자를 판단하는 기준에 관한 사항

해설 소방기술심의위원회

1) 소방기술심의위원회
  (1) 소방청 : 중앙소방기술심의위원회
  (2) 시·도 : 지방소방기술심의 위원회
2) 중앙소방기술심의위원회 심의사항
  (1) 화재안전기준에 관한 사항
  (2) 소방시설의 구조 및 원리 등에서 공법이 특수한 설계 및 시공에 관한 사항
  (3) 소방시설의 설계 및 공사감리의 방법에 관한 사항
  (4) 소방시설공사의 하자를 판단하는 기준에 관한 사항
  (5) 신기술·신공법 등 검토·평가에 고도의 기술이 필요한 경우로서 중앙위원회에 심의를 요청한 사항
  (6) 그 밖에 소방기술 등에 관하여 대통령령으로 정하는 사항
3) 지방소방기술심의위원회 심의사항
  (1) 소방시설에 하자가 있는지의 판단에 관한 사항
  (2) 소방기술 등에 관하여 대통령령으로 정하는 사항

45 상중하

행정안전부령으로 정하는 연소 우려가 있는 구조에 대한 기준 중 다음 ( ) 안에 알맞은 것은?

> 건축물대장의 건축물 현황도에 표시된 대지 경계선 안에 2 이상의 건축물이 있는 경우로서 각각의 건축물이 다른 건축물의 외벽으로부터 수평거리가 1층의 경우에는 (㉠) [m] 이하, 2층 이상의 경우에는 (㉡) [m] 이하이고, 개구부가 다른 건축물을 향하여 설치된 구조를 말한다.

① ㉠ 3, ㉡ 5
② ㉠ 5, ㉡ 8
③ ㉠ 6, ㉡ 8
④ ㉠ 6, ㉡ 10

해설 연소우려가 있는 구조

- 대지경계선 안 2 이상의 건축물
- 다른 건축물 외벽으로부터 수평거리가 1층 6 [m] 이하, 2층 이상 10 [m] 이하
- 개구부가 다른 건축물 향하여 설치

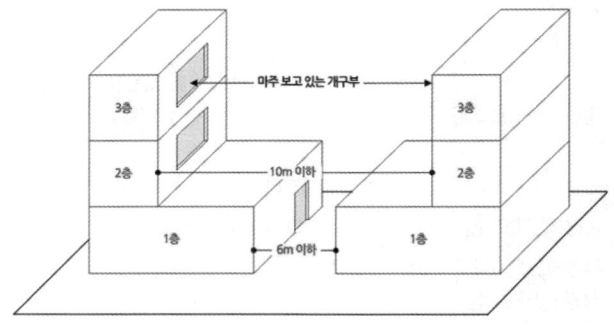

46 (중)

소방시설 중 화재를 진압하거나 인명구조활동을 위하여 사용하는 설비로 나열된 것은?

① 상수도소화용수설비, 연결송수관설비
② 연결살수설비, 제연설비
③ 연소방지설비, 피난설비
④ 무선통신보조설비, 통합감시시설

해설 소화활동설비

- 연결송수관설비
- 연결살수설비
- 연소방지설비
- 무선통신보조설비
- 제연설비
- 비상콘센트설비

암기 ▶ 3연무 제비콘

47 (중)

무창층 여부 판단 시 개구부 요건기준으로 옳은 것은?

① 해당 층의 바닥면으로부터 개구부 밑 부분까지의 높이가 1.5 [m] 이내일 것
② 개구부의 크기가 지름 50 [cm] 이상의 원이 통과할 수 있을 것
③ 개구부는 도로 또는 차량이 진입할 수 없는 빈터를 향할 것
④ 내부 또는 외부에서 쉽게 파괴 또는 개방할 수 없을 것

해설 무창층, 개구부

1) 무창층 : 개구부 면적 합계가 해당 층 바닥면적의 1/30 이하가 되는 층
2) 개구부기준
   - 크기 : 지름 50 [cm] 이상 원이 통과
   - 높이 : 1.2 [m] 이내
   - 도로, 차량 진입 가능한 빈터 향할 것
   - 창살이나 장애물 설치되지 않을 것
   - 내·외부에서 쉽게 부수거나 열 수 있을 것

48 (중)

특정소방대상물 중 노유자시설에 해당되지 않는 것은?

① 요양병원
② 아동복지시설
③ 장애인직업재활시설
④ 노인의료복지시설

해설 노유자시설

구분	종류
노인 관련 시설	노인주거복지시설, 노인의료복지시설, 노인여가복지시설, 재가노인복지시설, 노인보호전문기관, 노인일자리지원기관, 학대피해노인 전용쉼터
아동 관련 시설	아동복지시설, 어린이집, 유치원
장애인 관련 시설	장애인 거주시설, 장애인 지역사회재활시설, 장애인 직업재활시설
정신질환자 관련 시설	정신재활시설(생산품 판매시설 제외), 정신요양시설
노숙인 관련 시설	노숙인 복지시설, (노숙인일시보호시설, 노숙인자활시설, 노숙인재활시설, 노숙인요양시설 및 쪽방상담소만 해당한다) 노숙인종합지원센터
사회복지시설	결핵환자 또는 한센인 요양시설

보충 ▶ 요양병원 : 의료시설

정답 46 ② 47 ② 48 ①

49 상중하

형식승인을 얻어야 할 소방용품이 아닌 것은?

① 감지기
② 휴대용 비상조명등
③ 소화기
④ 방염액

해설 소방용품

1) 소화설비 구성 제품·기기
   - 소화기구(소화약제 외의 것 제외)
   - 자동소화장치
   - 소화전, 관창, 소방호스, 스프링클러헤드, 기동용 수압개폐장치, 유수제어밸브 및 가스관선택밸브
2) 경보설비 구성 제품·기기
   - 누전경보기 및 가스누설경보기
   - 발신기, 수신기, 중계기, 감지기, 경종
3) 피난설비 구성 제품·기기
   - 피난사다리, 구조대, 완강기(간이완강기 및 지지대 포함)
   - 공기호흡기(충전기 포함)
   - 피난구유도등, 통로유도등, 객석유도등 및 예비전원 내장된 비상조명등
4) 소화용 제품·기기
   - 소화약제(소화설비용만 해당)
   - 방염제(방염액·방염도료·방염성 물질)

정답 49 ②

CHAPTER 04 소방시설법-2

3회독	월	일
2회독	월	일
1회독	월	일

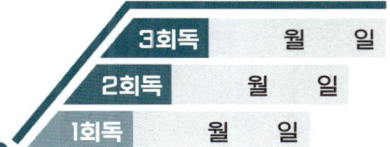

학습목표

1 소방대상물의 방염에 대해 학습한다.

2 소방시설등의 작동점검과 종합점검에 대해 구분한다.

3 소방시설관리사와 소방시설관리업에 대해 학습한다.

4 소방용품의 형식승인과 우수품질인증, 청문에 관해 학습한다.

5 소방시설법의 벌칙 및 과태료를 암기한다.

학습MAP

- 방염
  - 방염대상물품
    - 제조·공정에서 방염처리한 물품
    - 건축물 내부의 천장이나 벽에 부착하거나 설치하는 것
- 소방시설등의 자체점검
  - 소방시설등의 자체점검
  - 자체점검의 구분
    - 작동점검, 종합점검, 종합점검 대상
  - 점검인력의 배치기준
    - 점검인력단위
    - 점검한도 면적
    - 점검한도 세대수
  - 소방시설등의 자체점검 결과의 조치 등
- 소방시설관리사
  - 소방시설관리사 시험
    - 소방시설관리사
    - 응시자격
    - 시험의 시행 및 공고
  - 소방시설관리사 결격사유
  - 소방시설관리사 자격의 취소 · 정지
- 소방시설관리업
  - 등록의 결격사유
  - 등록취소와 영업정지
    - 명령권자
    - 등록취소 및 6개월 이내의 기간 영업 정지
    - 영업정지 과징금
- 소방용품 품질관리와 청문
  - 청문
    - 청문 실시자
    - 청문 실시하는 경우
  - 소방위탁기관
    - 한국소방안전원
    - 소방시설(업자)협회
    - 소방시설관리협회
    - 한국소방산업기술원
- 행정처분 기준 및 과징금의 부가기준
- 벌칙 및 과태료

01 방염

1 소방대상물의 방염

1) 대통령령으로 정하는 특정소방대상물에 실내장식 등의 목적으로 설치 또는 부착하는 물품으로서 방염대상물품은 방염성능기준 이상의 것으로 설치하여야 함
2) 방염대상물품이 방염성능기준에 미치지 못하거나 방염성능검사를 받지 아니한 것이면 소방대상물의 관계인에게 방염대상물품을 제거하도록 하거나 방염성능검사를 받도록 하는 등 필요한 조치를 명할 수 있는 자 : 소방본부장·서장
3) 방염성능기준 : 대통령령 ★★
4) 방염성능기준 이상의 실내장식물 등을 설치해야 하는 특정소방대상물
   (1) 근린생활시설 중 의원, 조산원, 산후조리원, 체력단련장, 공연장 및 종교집회장, 치과의원, 한의원
   (2) 건축물의 옥내에 있는 시설
      ① 문화 및 집회시설
      ② 종교시설
      ③ 운동시설(수영장 제외)
   (3) 의료시설
   (4) 교육연구시설 중 합숙소
   (5) 노유자시설
   (6) 숙박이 가능한 수련시설
   (7) 숙박시설
   (8) 방송통신시설 중 방송국 및 촬영소
   (9) 다중이용업소
   (10) 층수가 11층 이상인 것(아파트 제외) ★★★

2 방염대상물품 ★★★

1) 제조·가공 공정에서 방염처리한 물품
   (1) 창문에 설치하는 커튼류(블라인드 포함)
   (2) 카펫
   (3) 벽지류(두께 2 [mm] 미만인 종이벽지 제외)

선생님 TIP
특정소방대상물에 사용하는 방염대상물품은 소방청장이 실시하는 방염성능검사를 받은 것이어야 합니다.

(4) 전시용 합판·목재 또는 섬유판, 무대용 합판·목재 또는 섬유판(합판·목재류의 경우 불가피하게 설치 현장에서 방염처리한 것을 포함한다)
(5) 암막·무대막(영화상영관 스크린, 가상체험체육시설의 스크린 포함)
(6) 섬유류, 합성수지류 등을 원료로 하여 제작된 소파·의자(단란주점영업, 유흥주점, 노래연습장업의 영업장에 설치하는 것만 해당)

2) 건축물 내부의 천장이나 벽에 부착하거나 설치하는 것
(1) 종이류(두께 2 [mm] 이상)·합성수지류·섬유류를 주원료로 한 물품
(2) 합판, 목재
(3) 공간을 구획하는 간이 칸막이(접이식 등 이동 가능한 벽체나 천장 또는 반자가 실내에 접하는 부분까지 구획하지 않는 벽체를 말한다)
(4) 흡음(吸音)을 위하여 설치하는 흡음재(흡음용 커튼을 포함한다)
(5) 방음(防音)을 위하여 설치하는 방음재(방음용 커튼을 포함한다)

3 방염성능기준 ★

1) 버너 불꽃을 제거한 때부터 불꽃을 올리며 연소상태가 그칠 때까지 시간 20초 이내
2) 버너 불꽃을 제거한 때부터 불꽃을 올리지 않고 연소상태가 그칠 때까지 시간 30초 이내
3) 탄화 면적 50 [cm^2] 이내, 탄화 길이 20 [cm] 이내
4) 불꽃에 의해 완전히 녹을 때까지 불꽃 접촉 횟수 3회 이상
5) 소방청장이 정하여 고시한 방법으로 발연량 측정하는 경우 최대 연기밀도 400 이하

4 방염성능의 검사

1) 특정소방대상물에서 사용하는 방염대상물품은 소방청장(대통령령으로 정하는 방염대상물품의 경우에는 시·도지사)이 실시하는 방염성능검사를 받은 것이어야 함
(1) 소방청장 실시하는 방염검사 대상 : 방염대상물품
(2) 시·도지사 실시하는 방염검사 대상 : 설치 현장에서 방염처리하는 합판·목재
2) 방염처리업의 등록을 한 자는 1)에 따른 방염성능검사를 할 때에 거짓 시료를 제출하여서는 아니 됨
3) 방염성능검사의 방법과 검사 결과에 따른 합격 표시 등에 필요한 사항 : 행정안전부령

선생님 TIP

전시용 합판·목재 또는 무대용 합판·목재 중 설치 현장에서 방염처리를 하는 합판·목재류, 방염대상물품 중 설치 현장에서 방염처리를 하는 합판·목재류의 경우에는 특별시장·광역시장·특별자치시장·도지사 또는 특별자치도지사(이하 "시·도지사"라 한다)가 실시하는 방염성능검사를 받은 것이어야 합니다. 다만 가구류(옷장·찬장·식탁·식탁용 의자·사무용 책상·사무용 의자·계산대 등)와 너비 10 [cm] 이하 반자돌림대 등과 내부 마감자료는 제외합니다.

방염성능기준은 탄화 면적 50 [cm^2] 이내, 탄화 길이 20 [cm] 이내이다.

방염대상물품 사용 권장

소방본부장 또는 소방서장은 방염대상물품 외에 다음의 물품은 방염처리된 물품을 사용하도록 권장할 수 있다.
1) 다중이용업소, 의료시설, 노유자시설, 숙박시설 또는 장례식장에서 사용하는 침구류·소파 및 의자
2) 건축물 내부의 천장 또는 벽에 부착하거나 설치하는 가구류

02 소방시설등의 자체점검

1 소방시설등의 자체점검 ★★

1) 특정소방대상물의 관계인은 그 대상물에 설치되어 있는 소방시설등이 이 법에 적합하게 설치·관리되고 있는지에 대하여 각 호의 구분에 따른 기간 내에 스스로 점검하거나 점검능력 평가를 받은 관리업자 또는 행정안전부령으로 정하는 기술자격자(관리업자 등)로 하여금 정기적으로 점검하게 하여야 한다. 이 경우 관리업자 등이 점검한 경우에는 그 점검결과를 행정안전부령으로 정하는 바에 따라 <u>관계인에게 제출</u>하여야 함
   - (1) 소방시설등이 <u>신설</u>된 경우 : 건축물을 사용할 수 있게 된 날부터 <u>60일</u>
   - (2) (1) 외의 경우 : 행정안전부령으로 정하는 기간
2) 자체점검의 구분 및 대상, 점검인력의 배치기준, 점검자의 자격, 점검장비, 점검방법 및 횟수 등 자체점검 시 준수하여야 할 사항 : 행정안전부령
3) 관계인은 천재지변이나 그 밖에 대통령령으로 정하는 사유로 자체점검을 실시하기 곤란한 경우에는 대통령령으로 정하는 바에 따라 소방본부장 또는 소방서장에게 면제 또는 연기 신청을 할 수 있음. 이 경우 소방본부장 또는 소방서장은 그 면제 또는 연기 신청 승인 여부를 결정하고 그 결과를 관계인에게 알려주어야 함
   - (1) 면제 또는 연기 신청 사유
     - ① 재난이 발생한 경우(이 경우에만 면제 신청 가능)
     - ② 경매 등의 사유로 소유권이 변동 중이거나 변동된 경우
     - ③ 관계인의 질병, 사고, 장기출장의 경우
     - ④ 시장·상가·복합건축물 등 소방대상물의 관계인이 여러 명으로 구성되어 조치명령 또는 이행명령(이하 "조치명령등"이라 한다)의 이행에 대한 의견을 조정하기 어려운 경우
     - ⑤ 그 밖에 관계인이 운영하는 사업에 부도 또는 도산 등 중대한 위기가 발생하여 자체점검을 실시하기 곤란한 경우
   - (2) 이행계획 완료의 연기를 신청하려는 관계인은 행정안전부령으로 정하는 면제 또는 연기의 사유 및 기간 등을 적어 소방본부장 또는 소방서장에게 제출
   - (3) 연기 신청 및 신청서의 처리절차에 필요한 사항 : 행정안전부령

> **선생님 TIP**
> 소방시설관리업자는 자체점검을 실시하는 경우 점검 대상과 점검 인력 배치상황을 점검인력을 배치한 날 이후 자체점검이 끝난 날부터 5일 이내에 평가기관에 통보해야 합니다.

2 자체점검의 구분 ★★★

1) 작동점검 : 소방시설등을 인위적으로 조작하여 정상적으로 작동하는지를 작동점검표에 따라 점검하는 것
2) 종합점검 : 소방시설등의 작동점검을 포함하여 소방시설등의 설비별 주요 구성 부품의 구조기준이 화재안전기준과 건축법 등 관련 법령에서 정하는 기준에 적합한지 여부를 종합점검표에 따라 점검하는 것
   (1) 최초점검 : 소방시설이 새로 설치되는 경우 건축물을 사용할 수 있게 된 날부터 60일 이내 점검
   (2) 그 밖의 종합점검 : 최초점검을 제외한 종합점검
3) 종합점검 대상 ★★★

대상	기준
가. 최초점검 대상물 나. 스프링클러설비가 설치된 특정소방대상물 다. 물분무등소화설비[호스릴방식의 물분무등소화설비만을 설치한 경우는 제외]가 설치된 연면적 5000 [m^2] 이상인 특정소방대상물(위험물 제조소등은 제외) 라. 다중이용업의 영업장이 설치된 특정소방대상물로서 연면적이 2000 [m^2] 이상인 것(단란주점과 유흥주점, 영화상영관, 비디오물감상실업, 복합영상물제공업, 노래연습장, 산후조리원, 고시원, 안마시술소) 마. 제연설비가 설치된 터널 바. 공공기관 중 연면적(터널·지하구의 경우 그 길이와 평균폭을 곱하여 계산된 값)이 1000 [m^2] 이상인 것으로서 옥내소화전설비 또는 자동화재탐지설비가 설치된 것(소방대가 근무하는 공공기관은 제외)	가. 관리업에 등록된 소방시설관리사 나. 소방안전관리자로 선임된 소방시설관리사 또는 소방기술사

4) 자체점검의 횟수·시기

점검구분	점검 횟수 및 점검 시기 등
작동점검	작동점검 : 연 1회 이상 실시 1. 종합점검 대상 : 종합점검을 받은 달부터 6개월이 되는 달에 실시 2. 그 외 : 특정소방대상물의 사용승인일이 속하는 달의 말일까지 실시(다만 건축물관리대장 또는 건물 등기사항증명서 등에 기입된 날이 다른 경우에는 건축물관리대장에 기재되어 있는 날을 기준으로 점검)

○ P.299 문 03

보충
(1) 신축·증축·개축·재축·이전·용도변경 또는 대수선 등으로 소방시설이 새로 설치된 경우에는 해당 특정소방대상물의 소방시설 전체에 대하여 실시한다.
(2) 작동점검 및 종합점검(최초점검은 제외)은 건축물 사용승인 후 그 다음 해부터 실시한다.
(3) 특정소방대상물이 증축·용도변경 또는 대수선 등으로 사용승인일이 달라지는 경우 사용승인일이 빠른 날을 기준으로 자체점검을 실시한다.

종합점검	1. 점검 횟수 　가. 연 1회 이상(특급 소방안전관리대상물은 반기에 1회 이상) 실시 　나. 우수대상물 : 3년 범위 내 정한 기간 면제(면제기간 중 화재 발생 시 제외) 2. 점검 시기 　가. 최초 점검 : 소방시설이 새로 설치되는 경우 건축물을 사용할 수 있게 된 날부터 60일 이내 실시 　나. '가'를 제외한 특정소방대상물 : 건축물의 사용승인일이 속하는 달에 연 1회 이상(특급은 반기에 1회 이상) 실시 　학교 : 해당 건축물의 사용승인일이 1 ~ 6월 사이에 있는 경우 6월 30일까지 실시 　다. 건축물 사용승인일 이후 다음 항목에 따라 종합점검 대상에 해당하게 된 경우에는 그 다음 해부터 실시 　물분무등소화설비[호스릴방식의 물분무등소화설비만을 설치한 경우는 제외]가 설치된 연면적 5000 [m^2] 이상인 특정소방대상물(제조소등은 제외) 　라. 하나의 대지경계선 안에 2개 이상의 점검 대상 건축물등이 있는 경우에는 그 건축물 중 사용승인일이 가장 빠른 연도의 건축물의 사용승인일을 기준으로 점검할 수 있음

3 점검인력의 배치기준 ★★★

1) 점검인력단위

구분	소방시설관리업자	소방안전관리자로 선임된 관리사 · 기술사
점검 1단위	특급점검자 1명 + 주된 기술인력 또는 보조 기술인력 2명	관리사 또는 기술사 1명 + 보조점검인력 2명
보조 인력 추가	• 점검인력 1단위에 2명 이내 추가 • 하루에 하나의 건축물만 점검하는 경우에는 4명 이내 추가	• 점검인력 1단위에 2명 이내 추가 • 보조인력으로 관계인 · 소방안전관리보조자 가능

2) 점검한도 면적 : 점검인력 1단위가 하루에 점검할 수 있는 특정소방대상물 연면적 ★★★
    (1) 종합점검 : 8000 [m^2](보조인력 1명 추가 2000 [m^2])
    (2) 작동점검 : 10000 [m^2](보조인력 1명 추가 2500 [m^2])
3) 점검한도 세대수 : 점검인력 1단위가 하루에 점검할 수 있는 아파트의 세대수
    (1) 종합점검 : 250세대(보조인력 1명 추가 60세대)
    (2) 작동점검 : 250세대(보조인력 1명 추가 60세대)

보충

1. "주된 점검인력"이란 해당 점검업무 전반을 총괄하는 사람을 말한다.
2. "보조 점검인력"이란 주된 점검인력을 보조하고, 주된 점검인력의 지시를 받아 점검 업무를 수행하는 사람을 말한다.
3. 점검인력의 등급구분(특급점검자, 고급점검자, 중급점검자, 초급점검자)은 「소방시설공사업법 시행규칙」 별표 4의2에서 정하는 기준에 따른다.

특급점검자
• 소방시설관리사, 소방기술사
• 소방설비기사 자격을 취득한 후 8년 이상 소방 관련 업무를 수행한 사람
• 소방설비산업기사 자격을 취득한 후 소방시설관리업체에서 10년 이상 점검업무를 수행한 사람

4 공동주택(아파트) 세대별 점검방법

1) 관리자(관리소장, 입주자대표회의 및 소방안전관리자 포함) 및 입주민은 2년 이내 모든 세대에 대하여 점검 실시함
2) 아날로그감지기 등 특수감지기가 설치되어 있는 경우 수신기에서 원격점검할 수 있으며, 점검할 때마다 모든 세대를 점검해야 함. 다만 자동화재탐지설비의 선로 단선이 확인되는 때에는 단선이 난 세대 또는 그 경계구역에 대하여 현장점검을 해야 함
3) 관리자는 수신기에서 원격 점검이 불가능한 경우 매년 작동점검만 실시하는 공동주택은 1회 점검 시마다 전체 세대수의 50 [%] 이상, 종합점검을 실시하는 공동주택은 1회 점검 시마다 전체 세대수의 30 [%] 이상 점검하도록 자체점검 계획을 수립·시행해야 함
4) 관리자 또는 해당 공동주택을 점검하는 관리업자는 입주민이 세대 내에 설치된 소방시설등을 스스로 점검할 수 있도록 공동주택 세대별 점검 동영상을 입주민이 시청할 수 있도록 안내하고, 점검서식(소방시설 외관점검표)을 사전에 배부해야 함
5) 입주민은 점검서식에 따라 스스로 점검하거나 관리자 또는 관리업자로 하여금 대신 점검하게 할 수 있음. 입주민이 스스로 점검한 경우에는 그 점검결과를 관리자에게 제출하고 관리자는 그 결과를 관리업자에게 알려주어야 함
6) 관리자는 관리업자로 하여금 세대별 점검을 하고자 하는 경우에는 사전에 점검 일정을 입주민에게 공지하고 세대별 점검 일자를 파악하여 관리업자에게 알려주어야 함. 관리업자는 사전 파악된 일정에 따라 세대별 점검을 한 후 관리자에게 점검 현황을 제출해야 함
7) 관리자는 관리업자가 점검하기로 한 세대에 대하여 입주민의 사정으로 점검을 하지 못한 경우 입주민이 스스로 점검할 수 있도록 다시 안내해야 함. 이 경우 입주민이 관리업자로 하여금 다시 점검받기를 원하는 경우 관리업자로 하여금 추가로 점검하게 할 수 있음
8) 관리자는 세대별 점검현황(입주민 부재 등 불가피한 사유로 점검을 하지 못한 세대 현황을 포함)을 작성하여 자체점검이 끝난 날부터 2년간 자체 보관해야 함

5 소방시설등의 자체점검 결과의 조치 등 ★★

1) 관계인은 자체점검 결과 소화펌프 고장 등 대통령령으로 정하는 중대위반사항이 발견된 경우에는 지체 없이 수리 등 필요한 조치를 하여야 함

(1) 소화펌프 고장 등 대통령령으로 정하는 중대위반사항 경우
① 소화펌프(가압송수장치를 포함한다. 이하 같다), 동력·감시 제어반 또는 소방시설용 전원(비상전원을 포함한다)의 고장으로 소방시설이 작동되지 않는 경우
② 화재 수신기의 고장으로 화재경보음이 자동으로 울리지 않거나 화재 수신기와 연동된 소방시설의 작동이 불가능한 경우
③ 소화배관 등이 폐쇄·차단되어 소화수(消火水) 또는 소화약제가 자동 방출되지 않는 경우
④ 방화문 또는 자동방화셔터가 훼손되거나 철거되어 본래의 기능을 못하는 경우

2) 관리업자 등은 자체점검 결과 중대위반사항을 발견한 경우 즉시 관계인에게 알려야 함. 이 경우 관계인은 지체 없이 수리 등 필요한 조치를 하여야 함

3) 관계인은 자체점검을 한 경우에는 그 점검결과를 <u>행정안전부령</u>으로 정하는 바에 따라 소방시설등에 대한 수리·교체·정비에 관한 이행계획(중대위반사항에 대한 조치사항을 포함)을 첨부하여 소방본부장 또는 소방서장에게 보고하여야 함. 이 경우 <u>소방본부장 또는 소방서장</u>은 점검결과 및 이행계획이 적합하지 아니하다고 인정되는 경우에는 관계인에게 <u>보완을 요구</u>할 수 있음

4) 관리업자 또는 소방안전관리자로 선임된 소방시설관리사 및 소방기술사(이하 "관리업자 등"이라 한다)는 자체점검을 실시한 경우에는 점검이 끝난 날부터 <u>10일 이내</u>에 소방시설등 <u>자체점검 실시결과 보고서</u>(전자문서로 된 보고서 포함)에 소방청장이 정하여 고시하는 소방시설등 점검표를 첨부하여 관계인에게 제출해야 함

5) 자체점검 실시결과 보고서를 제출받거나 스스로 자체점검을 실시한 관계인은 자체점검이 끝난 날부터 <u>15일 이내</u>에 <u>소방시설등 자체점검 실시결과 보고서(전자문서로 된 보고서 포함)</u>에 다음의 서류를 첨부하여 소방본부장 또는 소방서장에게 서면이나 소방청장이 지정하는 전산망을 통하여 보고해야 함

6) 소방시설등의 자체점검 결과 이행계획서를 보고받은 소방본부장 또는 소방서장은 이행계획의 완료 기간을 정하여 관계인에게 통보해야 한다. 다만 소방시설등에 대한 수리·교체·정비의 규모 또는 절차가 복잡하여 다음 기간 내에 이행을 완료하기가 어려운 경우에는 그 기간을 달리 정할 수 있음

보충
(1) 첨부서류
① 점검인력 배치확인서(관리업자가 점검한 경우만 해당)
② 소방시설등의 자체점검 결과 이행계획서
(2) 자체점검 실시결과의 보고기간에는 공휴일 및 토요일은 산입하지 않음
(3) 소방본부장 또는 소방서장에게 자체점검 실시결과 보고를 마친 관계인은 관계인은 소방시설등 자체점검 실시결과 보고서(소방시설등 점검표 포함)를 점검이 끝난 날부터 2년간 자체 보관

(1) 소방시설등을 구성하고 있는 기계·기구를 수리하거나 정비하는 경우 : 보고일부터 10일 이내
(2) 소방시설등의 전부 또는 일부를 철거하고 새로 교체하는 경우 : 보고일부터 20일 이내

7) 이행계획을 완료한 관계인은 이행을 완료한 날부터 <u>10일 이내</u>에 소방시설등의 자체점검 결과 이행완료 보고서(전자문서로 된 보고서 포함)에 다음 각 호의 서류(전자문서 포함)를 첨부하여 소방본부장 또는 소방서장에게 보고해야 함
(1) 이행계획 건별 전·후 사진 증명자료
(2) 소방시설공사 계약서

8) 특정소방대상물의 관계인은 천재지변이나 그 밖에 대통령령으로 정하는 사유로 이행계획을 완료하기 곤란한 경우에는 소방본부장 또는 소방서장에게 대통령령으로 정하는 바에 따라 이행계획 완료를 연기하여 줄 것을 신청할 수 있음. 이 경우 소방본부장 또는 소방서장은 연기 신청 승인 여부를 결정하고 그 결과를 관계인에게 알려주어야 함

6 점검기록표 게시 등

〈소방시설등 자체점검기록표[시행규칙 별표5]〉

소방시설등 자체점검기록표

- 대상물명 :
- 주　　소 :
- 점검구분 :　　　　　[ ] 작동점검　　　　[ ] 종합점검
- 점 검 자 :
- 점검기간 :　　　　년　월　일　～　년　월　일
- 불량사항 : [ ] 소화설비　　[ ] 경보설비　　[ ] 피난구조설비
　　　　　　[ ] 소화용수설비 [ ] 소화활동설비 [ ] 기타설비 [ ] 없음
- 정비기간 :　　　　년　월　일　～　년　월　일

　　　　　　　　　　　　　　　　　　　　년　월　일

「소방시설 설치 및 관리에 관한 법률」제24조제1항 및 같은 법 시행규칙 제25조에 따라 소방시설등 자체점검결과를 게시합니다.

☑ 소방본부장 또는 소방서장은 관계인이 이행계획을 완료하지 아니한 경우에는 필요한 조치의 이행을 명할 수 있고, 관계인은 이에 따라야 함

03 소방시설관리사

1 소방시설관리사 시험 ★

1) 소방시설관리사
    (1) 소방시설관리사시험 실시권자 : 소방청장(소방청장이 필요하다고 인정하는 경우에는 그 횟수를 늘리거나 줄일 수 있다)
    (2) 관리사시험의 응시자격, 시험방법, 시험과목, 시험위원, 그 밖에 관리사시험에 필요한 사항 : 대통령령
    (3) 관리사시험의 최종 합격자 발표일을 기준으로 결격사유에 해당하는 사람은 관리사시험에 응시할 수 없음
    (4) 소방기술사 등 대통령령으로 정하는 사람에 대하여는 대통령령으로 정하는 바에 따라 관리사시험 과목 가운데 일부를 면제할 수 있음
    (5) 소방청장은 관리사시험에 합격한 사람에게 소방시설관리사증의 발급·재발급에 관한 업무를 위탁받은 법인 또는 단체(소방시설관리사증발급자)는 소방시설관리사증을 발급하여야 함(소방시설관리사 시험 합격자 공고일로부터 1개월 이내에 발급)
    (6) 소방시설관리사증을 발급받은 사람이 소방시설관리사증을 잃어버렸거나 못 쓰게 된 경우에는 소방시설관리사증발급자에게 소방시설관리사증을 재발급받을 수 있음
    (7) 관리사는 발급 또는 재발급받은 소방시설관리사증을 다른 사람에게 빌려주거나 빌려서는 아니 되며, 이를 알선하여서도 안 됨
    (8) 관리사는 동시에 둘 이상의 업체에 취업하여서는 안 됨
    (9) 기술자격자 및 관리업의 기술인력으로 등록된 관리사는 성실하게 자체점검 업무를 수행하여야 함
    (10) 소방청장은 시험에서 부정한 행위를 한 응시자에 대하여는 그 시험을 정지 또는 무효로 하고, 그 처분이 있은 날부터 2년간 시험 응시자격 정지

2) 응시자격
    (1) 소방기술사·위험물기능장·건축사·건축기계설비기술사·건축전기설비기술사 또는 공조냉동기계기술사
    (2) 소방설비기사 자격을 취득한 후 2년 이상 소방청장이 정하여 고시하는 소방에 관한 실무경력(이하 "소방실무경력"이라 한다)이 있는 사람
    (3) 소방설비산업기사 자격을 취득한 후 3년 이상 소방실무경력이 있는 사람

P.299 문 02

📝 **시험의 시행 및 공고**
① 관리사시험은 매년 1회 시행하는 것을 원칙으로 하되, 소방청장이 필요하다고 인정하는 경우에는 그 횟수를 늘리거나 줄일 수 있음
② 소방청장은 관리사시험을 시행하려면 응시자격, 시험 과목, 일시·장소 및 응시절차 등을 모든 응시 희망자가 알 수 있도록 관리사시험 시행일 90일 전까지 인터넷 홈페이지에 공고해야 한다.

보충
(1) 발급/재발급 : 소방시설관리사증 발급자
(2) 재발급 : 3일 이내

(4) 「국가과학기술 경쟁력 강화를 위한 이공계지원 특별법」 제2조 제1호에 따른 이공계(이하 "이공계"라 한다) 분야를 전공한 사람으로서 다음 각 목의 어느 하나에 해당하는 사람
① 이공계 분야의 박사학위를 취득한 사람
② 이공계 분야의 석사학위를 취득한 후 2년 이상 소방실무경력이 있는 사람
③ 이공계 분야의 학사학위를 취득한 후 3년 이상 소방실무경력이 있는 사람

(5) 소방안전공학(소방방재공학, 안전공학을 포함한다) 분야를 전공한 후 다음 각 목의 어느 하나에 해당하는 사람
① 해당 분야의 석사학위 이상을 취득한 사람
② 2년 이상 소방실무경력이 있는 사람

(6) 위험물산업기사 또는 위험물기능사 자격을 취득한 후 3년 이상 소방실무경력이 있는 사람

(7) 소방공무원으로 5년 이상 근무한 경력이 있는 사람

(8) 소방안전 관련 학과의 학사학위를 취득한 후 3년 이상 소방실무경력이 있는 사람

(9) 산업안전기사 자격을 취득한 후 3년 이상 소방실무경력이 있는 사람

(10) 다음 각 목의 어느 하나에 해당하는 사람
① 특급 소방안전관리대상물의 소방안전관리자로 2년 이상 근무한 실무경력이 있는 사람
② 1급 소방안전관리대상물의 소방안전관리자로 3년 이상 근무한 실무경력이 있는 사람
③ 2급 소방안전관리대상물의 소방안전관리자로 5년 이상 근무한 실무경력이 있는 사람
④ 3급 소방안전관리대상물의 소방안전관리자로 7년 이상 근무한 실무경력이 있는 사람
⑤ 10년 이상 소방실무경력이 있는 사람

2 소방시설관리사 결격사유 ★★★

1) 피성년후견인
2) 금고 이상의 실형을 선고받고 그 집행이 끝나거나(집행이 끝난 것으로 보는 경우를 포함한다) 면제된 날부터 2년이 지나지 않은 자
3) 금고 이상의 형의 집행유예를 선고받고 그 유예기간 중에 있는 자
4) 자격이 취소된 날부터 2년이 지나지 않은 자

☑ 2년이 지나면 결격사유에 해당하지 않는다.

3 소방시설관리사 자격의 취소·정지 ★★★

소방청장은 관리사가 다음의 어느 하나에 해당할 때에는 행정안전부령으로 정하는 바에 따라 그 자격을 취소하거나 1년 이내의 기간을 정하여 그 자격의 정지를 명할 수 있다. 다만 1), 4), 5) 또는 7)에 해당하면 그 자격을 취소하여야 한다.

1) 거짓이나 그 밖의 부정한 방법으로 시험에 합격한 경우
2) 대행인력의 배치기준·자격·방법 등 준수사항을 지키지 아니한 경우
3) 점검을 하지 아니하거나 거짓으로 한 경우
4) 소방시설관리사증을 다른 사람에게 빌려준 경우
5) 동시에 둘 이상의 업체에 취업한 경우
6) 성실하게 자체점검 업무를 수행하지 아니한 경우
7) 결격사유에 해당하게 된 경우

04 소방시설관리업

1) 소방시설등의 점검 및 관리를 업으로 하려는 자 또는 소방안전관리업무의 대행을 하려는 자는 대통령령으로 정하는 업종별로 시·도지사에게 소방시설관리업(이하 "관리업"이라 한다) 등록을 하여야 함
2) 업종별 기술인력 등 관리업의 등록기준 및 영업범위 등에 필요한 사항 : 대통령령
3) 관리업의 등록신청과 등록증·등록수첩의 발급·재발급 신청, 그 밖에 관리업의 등록에 필요한 사항 : 행정안전부령

1 소방시설관리업의 업종별 등록기준 및 영업범위

업종별 \ 기술인력 등	기술인력	영업범위

전문
소방시설관리업
	가. 주된 기술인력
	  1) 소방시설관리사 자격을 취득한 후 소방 관련 실무경력이 5년 이상인 사람 1명 이상
	  2) 소방시설관리사 자격을 취득한 후 소방 관련 실무경력이 3년 이상인 사람 1명 이상
	나. 보조 기술인력
	  1) 고급점검자 이상의 기술인력 : 2명 이상
	  2) 중급점검자 이상의 기술인력 : 2명 이상
	  3) 초급점검자 이상의 기술인력 : 2명 이상
		모든 특정소방대상물

기술인력 등 업종별	기술인력	영업범위

일반
소방시설관리업
	가. 주된 기술인력 : 소방시설관리사 자격을 취득한 후 소방 관련 실무경력이 1년 이상인 사람 1명 이상
	나. 보조 기술인력
	  1) 중급점검자 이상의 기술인력 : 1명 이상
	  2) 초급점검자 이상의 기술인력 : 1명 이상
		특정소방대상물 중 「화재의 예방 및 안전관리에 관한 법률」 시행령 별표 4에 따른 1급, 2급, 3급 소방안전관리대상물

2 등록사항 변경신고

1) 변경신고 : 30일 이내 시·도지사에게 신고 ★★★
2) 변경신고 사항 및 제출 서류

변경신고 사항	제출 서류
명칭·상호·영업소소재지	소방시설관리업등록증 및 등록수첩
대표자	소방시설관리업등록증 및 등록수첩
기술인력	① 소방시설관리업등록수첩 ② 변경된 기술인력 기술자격증(경력수첩 포함) ③ 소방기술인력대장

3 소방시설관리업자의 지위승계

1) 신고 : 30일 이내에 시·도지사에게 신고
2) 지위승계
  (1) 관리업자가 사망한 경우 그 상속인
  (2) 관리업자가 그 영업을 양도한 경우 그 양수인
  (3) 법인인 관리업자가 합병한 경우 합병 후 존속하는 법인이나 합병으로 설립되는 법인

> 소방시설관리업자의 지위승계신고는 30일 이내에 소방본부장 또는 서장에게 한다. ✗ 시·도지사에게

4 등록의 결격사유 ★★★

1) 피성년후견인
2) 소방·위험물 법에 따른 금고 이상의 실형을 선고받고 그 집행이 끝나거나(집행 끝난 것으로 보는 경우 포함) 집행이 면제된 날부터 2년이 지나지 아니한 사람
3) 소방·위험물 법에 따른 금고 이상의 형의 집행유예를 선고받고 그 유예기간 중에 있는 사람
4) 관리업 등록이 취소된 날부터 2년이 지나지 아니한 사람(피성년후견인이 되어 자격이 취소된 경우 제외)
5) 임원 중에 1)부터 4)까지의 어느 하나에 해당하는 사람이 있는 법인

🔗 P.302 문 10

☑ **영업정지 과징금**
시·도지사는 영업정지가 국민에게 심한 불편을 주거나 그 밖에 공익을 해칠 우려가 있을 때에는 영업정지 처분을 갈음하여 3000만 원 이하의 과징금 부과할 수 있다.

5 등록취소와 영업정지 ★★★

1) 명령권자 : 시·도지사(행정안전부령)
2) 등록취소 및 6개월 이내의 기간 영업정지((1), (4), (5) : 등록취소)
   (1) 거짓이나 그 밖의 부정한 방법으로 등록한 경우
   (2) 점검을 하지 않거나 거짓으로 한 경우
   (3) 등록기준에 미달하게 된 경우
   (4) 등록 결격사유에 해당하게 된 경우(결격사유에 해당하게 된 날부터 2개월 이내에 그 임원을 결격사유가 없는 임원으로 바꾸어 선임한 경우는 제외)
   (5) 다른 자에게 등록증이나 등록수첩 빌려준 경우
   (6) 점검능력 평가를 받지 아니하고 자체점검을 한 경우

05 소방용품 품질관리와 청문

1 소방용품의 형식승인

1) 형식승인
   (1) 대통령령으로 정하는 소방용품을 제조·수입하려는 자는 소방청장의 형식승인을 받아야 한다(다만 연구개발 목적으로 제조하거나 수입하는 소방용품은 그러하지 아니하다).
   (2) 형식승인을 받으려는 자는 행정안전부령으로 정하는 기준에 따라 형식승인을 위한 시험시설을 갖추고 소방청장의 심사를 받아야 한다. 다만 소방용품을 수입하는 자가 판매를 목적으로 하지 아니하고 자신의 건축물에 직접 설치하거나 사용하려는 경우 등 행정안전부령으로 정하는 경우에는 시험시설을 갖추지 아니할 수 있다.
   (3) 형식승인 받은 자는 소방용품에 대해 소방청장이 실시하는 제품검사를 받아야 한다.
   (4) 형식승인의 방법·절차 등과 제품검사의 구분·방법·순서·합격표시 등에 필요한 사항 : 행정안전부령
   (5) 소방용품의 형상·구조·재질·성분·성능 등(이하 "형상 등"이라 한다)의 형식승인 및 제품검사의 기술기준 등에 필요한 사항은 소방청장이 정하여 고시한다.
   (6) 누구든지 다음의 어느 하나에 해당하는 소방용품을 판매하거나 판매 목적으로 진열하거나 소방시설공사에 사용할 수 없다.

① 형식승인을 받지 않은 것
② 형상 등을 임의로 변경한 것
③ 제품검사를 받지 않거나 합격표시를 하지 않은 것
(7) 소방청장, 소방본부장, 소방서장은 위 사항을 위반한 소방용품에 대하여 그 제조자·수입자·판매자·시공자에게 수거·폐기·교체 등 필요한 조치를 명할 수 있다.

2) 형식승인 취소 및 6개월 이내 기간 제품검사 중지((1) ~ (3) : 형식승인 취소)
　(1) 거짓이나 부정한 방법으로 형식승인 받은 경우
　(2) 거짓이나 부정한 방법으로 제품검사 받은 경우
　(3) 변경승인 받지 않거나 거짓 또는 부정한 방법으로 변경승인을 받은 경우
　(4) 제품검사 시 기술기준에 미달되는 경우
　(5) 시험시설의 시설기준에 미달되는 경우

2 우수품질 제품에 대한 인증

1) 형식승인의 대상이 되는 소방용품 중 품질이 우수하다고 인정하는 소방용품에 대하여 인증 : 소방청장 ★★★
2) 우수품질인증 : 행정안전부령
3) 우수품질인증을 받은 소방용품에는 우수품질인증 표시를 할 수 있다.
4) 우수품질인증의 유효기간 : 5년 ★★★
5) 소방청장은 다음에 해당하는 경우에는 우수품질인증을 취소할 수 있다. 다만 (1)에 해당하는 경우 우수품질인증 취소
　(1) 거짓이나 그 밖의 부정한 방법으로 우수품질인증을 받은 경우
　(2) 우수품질인증을 받은 제품이 「발명진흥법」에 따른 산업재산권 등 타인의 권리를 침해하였다고 판단되는 경우
6) 1)부터 5)까지에서 규정한 사항 외에 우수품질인증을 위한 기술기준, 제품의 품질관리 평가, 우수품질인증의 갱신, 수수료, 인증표시 등 우수품질인증에 필요한 사항 : 행정안전부령

3 청문 ★★

1) 청문 실시자 : 소방청장, 시·도지사
2) 청문 실시하는 경우
　(1) 관리사 자격 취소 및 정지
　(2) 관리업 등록취소 및 영업정지
　(3) 소방용품 형식승인 취소 및 제품검사 중지

선생님 TIP

거짓이나 부정한 방법을 쓰면 형식승인 취소입니다.

P.301 문 07

우수품질인증의 유효기간은 2년이다. ✗ 5년

TIP ▶ 실무적 인증 용어설명
1) 형식승인 : 소방용품과 소방장비가 의무적으로 받아야 하는 검정기준
2) 성능인증 : 형식승인 이외, 제조자의 신청에 의해서 받는 검정기준
3) 제품검사 : 형식승인·성능인증, 제조자가 양산 시 받는 검정기준

(4) 성능인증 취소
(5) 우수품질인증 취소
(6) 전문기관 지정취소 및 업무정지

소방위탁기관 정리 ★★★

위탁기관	위탁지정자	업무
한국소방안전원	소방청장	소방기술자 실무교육, 소방안전관리자 교육
소방시설(업자)협회	소방청장, 시·도지사	소방시설업 등록, 경력수첩발급·관리, 지위승계
소방시설관리협회	소방청장	관리사 자격증·관리업 발급, 배치확인, 점검능력 평가
한국소방산업기술원	소방청장	방염성능검사, 형식승인, 성능인증, 우수품질인증

06 행정처분기준 및 과징금의 부과기준

1 소방시설관리사에 대한 행정처분기준

위반사항	행정처분기준		
	1차 위반	2차 위반	3차 이상 위반
1) 거짓이나 그 밖의 부정한 방법으로 시험에 합격한 경우	자격취소		
2) 대행인력의 배치기준·자격·방법 등 준수사항을 지키지 않은 경우	경고(시정명령)	자격정지 6개월	자격취소
3) 점검을 하지 않거나 거짓으로 한 경우			
가) 점검을 하지 않은 경우	자격정지 1개월	자격정지 6개월	자격취소
나) 거짓으로 점검한 경우	경고(시정명령)	자격정지 6개월	자격취소
4) 소방시설관리사증을 다른 사람에게 빌려준 경우	자격취소		
5) 시에 둘 이상의 업체에 취업한 경우	자격취소		
6) 성실하게 자체점검 업무를 수행하지 않은 경우	경고(시정명령)	자격정지 6개월	자격취소
7) 결격사유에 해당하게 된 경우	자격취소		

2 소방시설관리업자에 대한 행정처분기준

위반사항	행정처분기준		
	1차 위반	2차 위반	3차 이상 위반
1) 거짓이나 그 밖의 부정한 방법으로 등록을 한 경우	등록취소		
2) 점검을 하지 않거나 거짓으로 한 경우			

위반사항	행정처분기준		
	1차 위반	2차 위반	3차 이상 위반
가) 점검을 하지 않은 경우	영업정지 1개월	영업정지 3개월	등록취소
나) 거짓으로 점검한 경우	경고 (시정명령)	영업정지 3개월	등록취소
3) 등록기준에 미달하게 된 경우. 다만 기술인력이 퇴직하거나 해임되어 30일 이내에 재선임하여 신고한 경우는 제외한다.	경고 (시정명령)	영업정지 3개월	등록취소
4) 법 제30조 각 호의 어느 하나의 등록의 결격사유에 해당하게 된 경우. 다만 제30조 제5호에 해당하는 법인으로서 결격사유에 해당하게 된 날부터 2개월 이내에 그 임원을 결격사유가 없는 임원으로 바꾸어 선임한 경우는 제외한다.	등록취소		
5) 등록증 또는 등록수첩을 빌려준 경우	등록취소		
6) 점검능력 평가를 받지 않고 자체점검을 한 경우	영업정지 1개월	영업정지 3개월	등록취소

❸ 과징금의 부과기준

위반사항	행정처분기준		
	1차 위반	2차 위반	3차 이상 위반
1) 점검을 하지 않거나 거짓으로 한 경우	영업정지 1개월	영업정지 3개월	
2) 법 제29조 제2항에 따른 등록기준에 미달하게 된 경우. 다만 기술인력이 퇴직하거나 해임되어 30일 이내에 재선임하여 신고한 경우는 제외한다.		영업정지 3개월	
3) 점검능력 평가를 받지 않고 자체점검을 한 경우	영업정지 1개월	영업정지 3개월	

🔗 P.299 문 01
🔗 P.301 문 06
🔗 P.303 문 11
🔗 P.305 문 17

👨‍🏫 선생님 TIP
- 행위 : 5
- 상해 : 7
- 사망 : 10

소방시설 폐쇄·차단으로 사람이 사망 시 5년 이하 또는 5000만 원 이하의 벌금이다. ❌ 10년 1억

암기 ▶ 삼삼한 조치

07 벌칙 및 과태료 ★★★

1 벌칙 및 벌금

징역 (이하)	벌금 (또는, 이하)	위반행위
5년	5000만 원	1. 소방시설에 폐쇄·차단 등의 행위를 한 자
7년	7000만 원	2. 소방시설 폐쇄·차단으로 사람이 상해 시
10년	1억 원	3. 소방시설 폐쇄·차단으로 사람이 사망 시
3년	3000만 원	1. 조치명령 위반사항에 대한 명령을 정당한 사유 없이 위반 2. 관리업 등록을 하지 않고 영업을 한 자 3. 소방용품 형식승인 받지 아니하고 제조·수입 또는 거짓이나 그 밖의 부정한 방법으로 형식승인을 받은 자 4. 제품검사를 받지 아니한 자 또는 거짓이나 그 밖의 부정한 방법으로 제품검사를 받은 자 5. 소방용품을 판매·진열하거나 소방시설공사에 사용한 자 6. 거짓이나 그 밖의 부정한 방법으로 성능인증 또는 제품검사를 받은 자 7. 제품검사를 받지 아니하거나 합격표시를 하지 아니한 소방용품을 판매·진열하거나 소방시설공사에 사용한 자 8. 구매자에게 명령을 받은 사실을 알리지 아니하거나 필요한 조치를 하지 아니한 자 9. 거짓이나 그 밖의 부정한 방법으로 전문기관으로 지정을 받은 자
1년	1000만 원	1. 자체점검을 하지 않거나 관리업자에게 정기점검하게 하지 아니한 자 2. 소방시설관리사증을 빌려주거나 빌리거나 이를 알선한 자 3. 동시에 둘 이상의 업체에 취업한 자 4. 자격정지처분을 받고 자격정지기간 중에 관리사의 업무를 한 자 5. 관리업 등록증·등록수첩을 다른 자에게 빌려주거나 빌리거나 이를 알선한 자 6. 영업정지처분을 받고 영업정지기간 중에 관리업의 업무를 한 자 7. 제품검사 합격표시 허위·위조·변조한 자 8. 형식승인의 변경승인을 받지 아니한 자

징역 (이하)	벌금 (또는, 이하)	위반행위
1년	1000만 원	9. 제품검사에 합격하지 아니한 소방용품에 성능인증을 받았다는 표시 또는 제품검사에 합격하였다는 표시를 하거나 성능인증을 받았다는 표시 또는 제품검사에 합격하였다는 표시를 위조 또는 변조하여 사용한 자 10. 성능인증의 변경인증을 받지 아니한 자 11. 우수품질 표시 허위·위조·변조하여 사용한 자 12. 관계인의 업무 방해하거나 출입·검사 시 알게 된 비밀을 누설한 자
-	300만 원	1. 업무를 수행하면서 알게 된 비밀을 이 법에서 정한 목적 외의 용도로 사용하거나 다른 사람 또는 기관에 제공하거나 누설한 자 2. 방염성능검사에 합격하지 아니한 물품에 합격표시를 하거나 합격표시를 위조하거나 변조하여 사용한 자 3. 방염성능검사 시 거짓 시료 제출 4. 자체점검 결과의 조치를 하지 아니한 관계인 또는 관계인에게 중대위반사항을 알리지 아니한 관리업자 등

> **선생님 TIP**
> 일에 곤한 건 숫자 1

2 과태료 개별기준

위반행위	과태료(만 원)		
	1차	2차	3차 이상
1. 법 제12조 제1항 전단을 위반한 경우			
1) 소모성 부품의 수명 경과 등 경미한 고장·불량 사항을 제외하고 최근 1년 이내에 2회 이상 소방시설을 화재안전기준에 따라 관리하지 않은 경우	100		
2) 소방시설을 다음에 해당하는 고장 상태 등으로 방치한 경우 ① 소화펌프를 고장 상태로 방치한 경우 ② 화재 수신기, 동력(감시)제어반 또는 소방시설용 전원(비상전원 포함) 차단하거나, 고장 난 상태로 방치하거나, 임의로 조작하여 자동으로 작동이 되지 않도록 한 경우 ③ 소방시설이 작동하는 경우 소화배관을 통하여 소화수가 방수되지 않는 상태 또는 소화약제가 방출되지 않는 상태로 방치한 경우	200		
3) 소방시설을 설치하지 않은 경우	300		

위반행위	과태료(만 원)		
	1차	2차	3차 이상
2. 피난시설, 방화구획 또는 방화시설을 폐쇄·훼손·변경하는 등의 행위를 한 경우	100	200	300
3. 점검기록표를 기록하지 아니하거나 특정소방대상물의 출입자가 쉽게 볼 수 있는 장소에 게시하지 아니한 관계인			
4. 임시소방시설을 설치·관리하지 않은 경우	300		
5. 점검능력평가를 받지 아니하고 점검을 한 관리업자			
6. 관계인에게 점검결과를 제출하지 아니한 관리업자 등			
7. 점검인력의 배치기준 등 자체점검 시 준수사항을 위반한 관리업자 등			
8. 방염대상물품을 방염성능기준 이상으로 설치하지 아니한 자	200		
9. 선임신고, 변경신고, 지위승계 신고를 하지 않거나 거짓으로 신고한 경우			
1) 지연신고기간이 1개월 미만인 경우	50		
2) 지연신고기간이 1개월 이상 3개월 미만인 경우	100		
3) 지연신고기간이 3개월 이상이거나 신고를 하지 않은 경우	200		
4) 거짓으로 신고한 경우	300		
10. 소방시설등의 점검결과를 보고하지 않거나 거짓으로 보고한 관계인 또는 이행계획을 기간 내에 완료하지 않거나 거짓으로 보고한 관계인			
1) 지연보고기간이 10일 미만인 경우	50		
2) 지연보고기간이 10일 이상 1개월 미만인 경우	100		
3) 지연보고기간이 1개월 이상 또는 보고하지 않은 경우	200		
4) 관리업자 등이 점검한 결과를 축소. 삭제 등 거짓으로 보고한 경우(이행계획을 기간 내에 완료하지 않거나 거짓으로 보고한 관계인)	300		
11. 관리업자가 지위승계, 행정처분 또는 휴업·폐업의 사실을 관계인에게 알리지 않거나 거짓으로 알린 경우	300		
12. 관리업자가 기술인력의 참여 없이 자체점검을 실시한 경우			
13. 관리업자가 점검능력평가 서류를 거짓으로 제출한 경우			
14. 감독 업무 시 보고 또는 자료제출을 하지 않거나 거짓으로 보고 또는 자료제출을 한 관계인 또는 정당한 사유 없이 관계 공무원의 출입 또는 조사·검사를 거부·방해 또는 기피한 관계인	50	100	300

예상문제

01 (상 중 하)

소방시설 설치 및 관리에 관한 법령상 형식승인을 받지 아니한 소방용품을 판매하거나 판매목적으로 진열하거나 소방시설공사에 사용한 자에 대한 벌칙기준은?

① 3년 이하의 징역 또는 3000만 원 이하의 벌금
② 2년 이하의 징역 또는 1500만 원 이하의 벌금
③ 1년 이하의 징역 또는 1000만 원 이하의 벌금
④ 1년 이하의 징역 또는 500만 원 이하의 벌금

해설 3년 이하 징역 또는 3000만 원 이하 벌금

1) 조치명령 위반사항에 대한 명령을 정당한 사유 없이 위반
2) 관리업 등록을 하지 않고 영업을 한 자
3) 소방용품의 형식승인을 받지 아니하고 제조·수입 또는 거짓이나 그 밖의 부정한 방법으로 형식승인을 받은 자
4) 제품검사를 받지 아니한 자 또는 거짓이나 그 밖의 부정한 방법으로 제품검사를 받은 자
5) 소방용품을 판매·진열하거나 소방시설공사에 사용한 자
6) 거짓이나 그 밖의 부정한 방법으로 성능인증 또는 제품검사를 받은 자
7) 제품검사를 받지 아니하거나 합격표시를 하지 아니한 소방용품을 판매·진열하거나 소방시설공사에 사용한 자
8) 구매자에게 명령을 받은 사실을 알리지 아니하거나 필요한 조치를 하지 아니한 자
9) 거짓이나 그 밖의 부정한 방법으로 전문기관으로 지정을 받은 자

02 (상 중 하)

소방시설관리사 시험을 시행하고자 하는 때에는 응시자격 등 필요한 사항을 시험 시행일 며칠 전까지 소방청 홈페이지 등에 공고하여야 하는가?

① 15 ② 30
③ 60 ④ 90

해설 소방시설관리사 시험

- 횟수 : 1년마다 1회 시행
- 공고 : 시험 시행일 90일 전까지

03 (상 중 하)

소방시설 설치 및 관리에 관한 법령상 소방시설등에 대한 자체점검 중 종합점검 대상인 것은?

① 제연설비가 설치되지 않은 터널
② 스프링클러설비가 설치된 연면적이 5000 [m²]이고 12층인 아파트
③ 물분무등소화설비가 설치된 연면적이 5000 [m²]인 위험물 제조소
④ 호스릴방식의 물분무등소화설비만을 설치한 연면적 3000 [m²]인 특정소방대상물

해설 종합점검 대상

1) 최초점검 대상물
2) 스프링클러설비가 설치된 특정소방대상물
3) 물분무등소화설비[호스릴방식의 물분무등소화설비만을 설치한 경우는 제외]가 설치된 연면적 5000 [m²] 이상인 특정소방대상물(위험물 제조소등은 제외)

정답 01 ① 02 ④ 03 ②

4) 다중이용업의 영업장이 설치된 특정소방대상물로서 연면적이 2000 [m²] 이상인 것(단란주점과 유흥주점, 영화상영관, 비디오물감상실업, 복합영상물제공업, 노래연습장, 산후조리원, 고시원, 안마시술소)
5) 제연설비가 설치된 터널
6) 공공기관 중 연면적(터널·지하구의 경우 그 길이와 평균폭을 곱하여 계산된 값)이 1000 [m²] 이상인 것으로서 옥내소화전설비 또는 자동화재탐지설비가 설치된 것(소방대가 근무하는 공공기관은 제외)

04 상중하

소방시설 설치 및 관리에 관한 법령상 방염성능기준 이상의 실내장식물 등을 설치해야 하는 특정소방대상물이 아닌 것은?

① 숙박이 가능한 수련시설
② 층수가 11층 이상인 아파트
③ 건축물 옥내에 있는 종교시설
④ 방송통신시설 중 방송국 및 촬영소

해설 방염성능기준 이상 실내장식물 설치

1) 근린생활시설 중 의원, 체력단련장, 공연장 및 종교집회장
2) 옥내에 있는 시설
   - 문화 및 집회시설
   - 종교시설
   - 운동시설(수영장 제외)
3) 의료시설
4) 교육연구시설 중 합숙소
5) 노유자시설
6) 숙박이 가능한 수련시설
7) 숙박시설
8) 방송통신시설 중 방송국 및 촬영소
9) 다중이용업소
10) <u>층수 11층 이상인 것(아파트 제외)</u>

05 상중하

소방시설 설치 및 관리에 관한 법령상 1년 이하의 징역 또는 1천만 원 이하의 벌금기준에 해당하는 경우는?

① 소방용품의 형식승인을 받지 아니하고 소방용품을 제조하거나 수입한 자
② 형식승인을 받은 소방용품에 대하여 제품검사를 받지 아니한 자
③ 거짓이나 그 밖의 부정한 방법으로 제품검사 전문기관으로 지정을 받은 자
④ 소방용품에 대하여 형상 등의 일부를 변경한 후 형식승인의 변경승인을 받지 아니한 자

해설 1년 이하 징역 또는 1000만 원 이하 벌금

1) 자체점검을 하지 않거나 관리업자에게 정기점검하게 하지 아니한 자
2) 소방시설관리사증을 빌려주거나 빌리거나 이를 알선한 자
3) 동시에 둘 이상의 업체에 취업한 자
4) 자격정지처분을 받고 자격정지기간 중에 관리사의 업무를 한 자
5) 관리업 등록증·등록수첩을 다른 자에게 빌려주거나 빌리거나 이를 알선한 자
6) 영업정지처분을 받고 영업정지기간 중에 관리업의 업무를 한 자
7) 제품검사 합격표시 허위·위조·변조한 자
8) 형식승인의 변경승인을 받지 아니한 자
9) 제품검사에 합격하지 아니한 소방용품에 성능인증을 받았다는 표시 또는 제품검사에 합격하였다는 표시를 하거나 성능인증을 받았다는 표시 또는 제품검사에 합격하였다는 표시를 위조 또는 변조하여 사용한 자
10) 성능인증의 변경인증을 받지 아니한 자
11) 우수품질 표시 허위·위조·변조하여 사용한 자
12) 관계인의 업무 방해하거나 출입·검사 시 알게 된 비밀 누설한 자

보충 ① ~ ③ : 3년 이하 징역 또는 3000만 원 이하 벌금

정답 04 ② 05 ④

06 상(중)하

소방시설 설치 및 관리에 관한 법령상 정당한 사유 없이 피난시설, 방화구획 및 방화시설의 유지관리에 필요한 조치명령을 위반한 경우 이에 대한 벌칙기준으로 옳은 것은?

① 200만 원 이하의 벌금
② 300만 원 이하의 벌금
③ 1년 이하의 징역 또는 1000만 원 이하의 벌금
④ 3년 이하의 징역 또는 3000만 원 이하의 벌금

해설 3년 이하 징역 또는 3000만 원 이하 벌금

1) 조치명령 위반사항에 대한 명령을 정당한 사유 없이 위반
2) 관리업 등록을 하지 않고 영업을 한 자
3) 소방용품 형식승인 받지 아니하고 제조·수입 또는 거짓이나 그 밖의 부정한 방법으로 형식승인을 받은 자
4) 제품검사를 받지 아니한 자 또는 거짓이나 그 밖의 부정한 방법으로 제품검사를 받은 자
5) 소방용품을 판매·진열하거나 소방시설공사에 사용한 자
6) 거짓이나 그 밖의 부정한 방법으로 성능인증 또는 제품검사를 받은 자
7) 제품검사를 받지 아니하거나 합격표시를 하지 아니한 소방용품을 판매·진열하거나 소방시설공사에 사용한 자
8) 구매자에게 명령을 받은 사실을 알리지 아니하거나 필요한 조치를 하지 아니한 자
9) 거짓이나 그 밖의 부정한 방법으로 전문기관으로 지정을 받은 자

07 상 중(하)

다음 중 품질이 우수하다고 인정되는 소방용품에 대하여 우수품질인증을 할 수 있는 자는?

① 산업통상자원부장관
② 시·도지사
③ 소방청장
④ 소방본부장 또는 소방서장

해설 우수품질 제품 인증

1) 소방청장은 형식승인의 대상이 되는 소방용품 중 품질이 우수하다고 인정하는 소방용품에 대하여 인증(이하 "우수품질인증"이라 한다)을 할 수 있다.
2) 우수품질인증을 받으려는 자는 행정안전부령으로 정하는 바에 따라 소방청장에게 신청하여야 한다.
3) 우수품질인증을 받은 소방용품에는 우수품질인증 표시를 할 수 있다.
4) 우수품질인증의 유효기간은 5년의 범위에서 행정안전부령으로 정한다.
5) 소방청장은 다음 각 호의 어느 하나에 해당하는 경우에는 우수품질인증을 취소할 수 있다. 다만 제1호에 해당하는 경우에는 우수품질인증을 취소하여야 한다.
   ⑴ 거짓이나 그 밖의 부정한 방법으로 우수품질인증을 받은 경우
   ⑵ 우수품질인증을 받은 제품이 「발명진흥법」에 따른 산업재산권 등 타인의 권리를 침해하였다고 판단되는 경우
6) 1)부터 5)까지에서 규정한 사항 외에 우수품질인증을 위한 기술기준, 제품의 품질관리 평가, 우수품질인증의 갱신, 수수료, 인증표시 등 우수품질인증에 필요한 사항은 행정안전부령으로 정한다.

08 상중하

소방시설 설치 및 관리에 관한 법령상 소방시설등의 자체점검 시 점검인력 배치기준 중 종합점검에 대한 점검인력 1단위가 하루 동안 점검할 수 있는 특정소방대상물의 연면적기준으로 옳은 것은? (단, 보조인력을 추가하는 경우는 제외한다)

① 3500 [m²] ② 8000 [m²]
③ 10000 [m²] ④ 12000 [m²]

해설 점검인력 배치기준

1) 점검인력 1단위 : 소방시설관리사 1명, 보조 기술인력 2명
2) 점검한도 면적 : 점검인력 1단위가 하루에 점검할 수 있는 특정소방대상물 연면적
   (1) 종합점검 : 8000 [m²](보조인력 1명 추가 2000 [m²])
   (2) 작동점검 : 10000 [m²](보조인력 1명 추가 2500 [m²])
3) 점검한도 세대수 : 점검인력 1단위가 하루에 점검할 수 있는 아파트의 세대수
   (1) 종합점검 : 250세대(보조인력 1명 추가 60세대)
   (2) 작동점검 : 250세대(보조인력 1명 추가 60세대)

09 상중하

소방대상물의 방염 등과 관련하여 방염성능기준은 무엇으로 정하는가?

① 대통령령 ② 행정안전부령
③ 소방청훈령 ④ 소방청예규

해설 방염

1) 방염성능기준 : 대통령령
2) 방염성능기준 이상의 실내장식물 등을 설치해야 하는 특정소방대상물
   (1) 근린생활시설 중 의원, 조산원, 산후조리원, 체력단련장, 공연장 및 종교집회장
   (2) 건축물의 옥내에 있는 시설
      ① 문화 및 집회시설
      ② 종교시설
      ③ 운동시설(수영장 제외)
   (3) 의료시설
   (4) 교육연구시설 중 합숙소
   (5) 노유자시설
   (6) 숙박이 가능한 수련시설
   (7) 숙박시설
   (8) 방송통신시설 중 방송국 및 촬영소
   (9) 다중이용업소
   ⑩ 층수가 11층 이상인 것(아파트 제외)

10 상중하

소방시설 설치 및 관리에 관한 법령상 소방시설관리업을 등록할 수 있는 자는?

① 피성년후견인
② 소방시설관리업의 등록이 취소된 날부터 2년이 경과된 자
③ 금고 이상의 형의 집행유예를 선고받고 그 유예기간 중에 있는 자
④ 금고 이상의 실형을 선고받고 그 집행이 면제된 날부터 2년이 지나지 아니한 자

해설 소방시설관리업 등록취소

1) 거짓이나 그 밖의 부정한 방법으로 등록한 경우
2) 등록 결격사유에 해당하게 된 경우
3) 다른 자에게 등록증이나 등록수첩 빌려준 경우
※ 2)의 결격사유
- 피성년후견인
- 금고 이상 실형을 선고받고 집행이 끝나거나 면제된 날부터 2년이 지나지 않은 자
- 금고 이상 형의 집행유예 선고받고 유예기간 중인 자
- 소방시설업 등록이 취소된 날부터 2년이 지나지 않은 자

정답 08 ② 09 ① 10 ②

11 (상중하)

소방시설 설치 및 관리에 관한 법령상 소방시설등에 대한 자체점검을 하지 아니하거나 관리업자 등으로 하여금 정기적으로 점검하게 하지 아니한 자에 대한 벌칙기준으로 옳은 것은?

① 6개월 이하의 징역 또는 1000만 원 이하의 벌금
② 1년 이하의 징역 또는 1000만 원 이하의 벌금
③ 3년 이하의 징역 또는 1500만 원 이하의 벌금
④ 3년 이하의 징역 또는 3000만 원 이하의 벌금

해설 1년 이하 징역 또는 1000만 원 이하 벌금

1) 자체점검을 하지 않거나 관리업자에게 정기점검하게 하지 아니한 자
2) 소방시설관리사증을 빌려주거나 빌리거나 이를 알선한 자
3) 동시에 둘 이상의 업체에 취업한 자
4) 자격정지처분을 받고 자격정지기간 중에 관리사의 업무를 한 자
5) 관리업 등록증·등록수첩을 다른 자에게 빌려주거나 빌리거나 이를 알선한 자
6) 영업정지처분을 받고 영업정지기간 중에 관리업의 업무를 한 자
7) 제품검사 합격표시 허위·위조·변조한 자
8) 형식승인의 변경승인을 받지 아니한 자
9) 제품검사에 합격하지 아니한 소방용품에 성능인증을 받았다는 표시 또는 제품검사에 합격하였다는 표시를 하거나 성능인증을 받았다는 표시 또는 제품검사에 합격하였다는 표시를 위조 또는 변조하여 사용한 자
10) 성능인증의 변경인증을 받지 아니한 자
11) 우수품질 표시 허위·위조·변조하여 사용한 자
12) 관계인의 업무를 방해하거나 출입·검사 시 알게 된 비밀을 누설한 자

12 (상중하)

소방시설 설치 및 관리에 관한 법령상 종합점검 실시 대상이 되는 특정소방대상물의 기준 중 다음 (   ) 안에 알맞은 것은?

- 물분무등소화설비(호스릴방식의 물분무등소화설비만을 설치한 경우는 제외)가 설치된 연면적 (㉠) [m²] 이상인 특정소방대상물(위험물 제조소등은 제외)
- 다중이용업의 영업장이 설치된 특정소방대상물로서 연면적이 (㉡) [m²] 이상인 것

① ㉠ 2000, ㉡ 2000
② ㉠ 2000, ㉡ 5000
③ ㉠ 5000, ㉡ 2000
④ ㉠ 5000, ㉡ 5000

해설 종합점검 대상

1) 최초점검 대상물
2) 스프링클러설비가 설치된 특정소방대상물
3) 물분무등소화설비[호스릴방식의 물분무등소화설비만을 설치한 경우는 제외]가 설치된 연면적 5000 [m²] 이상인 특정소방대상물(위험물 제조소등은 제외)
4) 다중이용업의 영업장이 설치된 특정소방대상물로서 연면적이 2000 [m²] 이상인 것(단란주점과 유흥주점, 영화상영관, 비디오물감상실업, 복합영상물제공업, 노래연습장, 산후조리원, 고시원, 안마시술소)
5) 제연설비가 설치된 터널
6) 공공기관 중 연면적(터널·지하구의 경우 그 길이와 평균폭을 곱하여 계산된 값)이 1000 [m²] 이상인 것으로서 옥내소화전설비 또는 자동화재탐지설비가 설치된 것(소방대가 근무하는 공공기관은 제외)

정답 11 ② 12 ③

13 (중)

소방시설 설치 및 관리에 관한 법령상 특정소방대상물의 피난시설, 방화구획 또는 방화시설의 폐쇄·훼손·변경 등의 행위를 한 자에 대한 과태료기준으로 옳은 것은?

① 200만 원의 이하의 과태료
② 300만 원의 이하의 과태료
③ 500만 원의 이하의 과태료
④ 600만 원의 이하의 과태료

해설 300만 원 이하 과태료

1) 소방시설을 설치하지 않은 경우
2) 피난시설, 방화구획 또는 방화시설을 폐쇄·훼손·변경하는 등의 행위를 한 경우
3) 점검기록표를 기록하지 아니하거나 특정소방대상물의 출입자가 쉽게 볼 수 있는 장소에 게시하지 아니한 관계인
4) 임시소방시설을 설치·관리하지 않은 경우
5) 점검능력평가를 받지 아니하고 점검을 한 관리업자
6) 관계인에게 점검결과를 제출하지 아니한 관리업자 등
7) 점검인력의 배치기준 등 자체점검 시 준수사항을 위반한 관리업자 등
8) 선임신고, 변경신고, 지위승계 신고를 거짓으로 한 경우
9) 관리업자 등이 점검한 결과를 축소. 삭제 등 거짓으로 보고한 경우(이행계획을 기간 내에 완료하지 않거나 거짓으로 보고한 관계인)
10) 관리업자가 지위승계, 행정처분 또는 휴업·폐업의 사실을 관계인에게 알리지 않거나 거짓으로 알린 경우
11) 관리업자가 기술인력의 참여 없이 자체점검을 실시한 경우
12) 관리업자가 점검능력평가 서류를 거짓으로 제출한 경우
13) 감독 업무 시 보고 또는 자료제출을 하지 않거나 거짓으로 보고 또는 자료제출을 한 관계인 또는 정당한 사유 없이 관계 공무원의 출입 또는 조사·검사를 거부·방해 또는 기피한 관계인

14 (중)

소방시설 설치 및 관리에 관한 법령상 시·도지사가 실시하는 방염대상으로 옳은 것은?

① 설치 현장에서 방염처리를 하는 합판·목재
② 제조 또는 가공 공정에서 방염처리를 한 카펫
③ 제조 또는 가공 공정에서 방염처리를 한 창문에 설치하는 블라인드
④ 설치 현장에서 방염처리를 하는 암막·무대막

해설 방염대상물품

1) 제조·가공 공정에서 방염처리한 물품(합판·목재류 설치 현장에서 방염처리한 것 포함)
   (1) 창문에 설치하는 커튼류(블라인드 포함)
   (2) 카펫
   (3) 벽지류(두께 2 [mm] 미만인 종이벽지 제외)
   (4) 전시용 합판·목재 또는 섬유판, 무대용 합판·목재 또는 섬유판(합판·목재류의 경우 불가피하게 설치 현장에서 방염처리한 것을 포함한다)
   (5) 암막·무대막(영화상영관 스크린, 가상체험체육시설의 스크린 포함)
   (6) 섬유류, 합성수지류 등을 원료로 하여 제작된 소파·의자(단란주점영업, 유흥주점, 노래연습장업의 영업장에 설치하는 것만 해당)
2) 건축물 내부의 천장이나 벽에 부착하거나 설치하는 것. 다만 가구류(옷장·찬장·식탁·식탁용 의자·사무용 책상·사무용 의자·계산대 등)와 너비 10 [cm] 이하 반자돌림대 등과 내부 마감재료는 제외
   (1) 종이류(두께 2 [mm] 이상)·합성수지류·섬유류를 주원료로 한 물품
   (2) 합판, 목재
   (3) 공간 구획하는 간이 칸막이
   (4) 흡음·방음을 위하여 설치하는 흡음재, 방음재

보충 시·도지사 : 설치현장 방염처리 합판·목재

정답 13 ② 14 ①

15 상(중)하

특정소방대상물에서 사용하는 방염대상물품의 방염성능검사방법과 검사 결과에 따른 합격표시 등에 필요한 사항은 무엇으로 정하는가?

① 대통령령
② 행정안전부령
③ 소방청장령
④ 시·도의 조례

해설 방염성능검사

1) 특정소방대상물에서 사용하는 방염대상물품은 소방청장(대통령령으로 정하는 방염대상물품의 경우에는 시·도지사)이 실시하는 방염성능검사를 받은 것이어야 함
   (1) 소방청장 실시하는 방염검사 대상 : 방염대상물품
   (2) 시·도지사 실시하는 방염검사 대상 : 설치 현장에서 방염처리하는 합판·목재
2) 방염처리업의 등록을 한 자는 1)에 따른 방염성능검사를 할 때에 거짓 시료를 제출하여서는 아니 됨
3) 방염성능검사의 방법과 검사 결과에 따른 합격 표시 등에 필요한 사항은 행정안전부령으로 정함

16 상(중)하

소방시설 설치 및 관리에 관한 법령상 시·도지사는 관리업자에게 영업정지를 명하는 경우로서 그 영업정지가 국민에게 심한 불편을 주거나 그 밖에 공익을 해칠 우려가 있을 때에는 영업정지처분을 갈음하여 얼마 이하의 과징금을 부과할 수 있는가?

① 1000만 원
② 2000만 원
③ 3000만 원
④ 5000만 원

해설 소방시설관리업의 등록취소와 영업정지

1) 명령권자 : 시·도지사(행정안전부령)
2) 등록취소 및 6개월 이내의 기간 영업정지((1), (4), (5) : 등록취소)
   (1) 거짓이나 그 밖의 부정한 방법으로 등록한 경우
   (2) 점검을 하지 않거나 거짓으로 한 경우
   (3) 등록기준에 미달하게 된 경우
   (4) 등록 결격사유에 해당하게 된 경우
   (5) 다른 자에게 등록증이나 등록수첩 빌려준 경우
   (6) 점검능력 평가를 받지 아니하고 자체점검을 한 경우
3) 영업정지 과징금
   시·도지사는 영업정지가 국민에게 심한 불편을 주거나 그 밖에 공익을 해칠 우려가 있을 때에는 영업정지처분을 갈음하여 3000만 원 이하의 과징금을 부과할 수 있음

17 상(중)하

소방시설 설치 및 관리에 관한 법령상 특정소방대상물의 관계인이 소방시설에 폐쇄(잠금을 포함)·차단 등의 행위를 하여서 사람을 상해에 이르게 한 때에 대한 벌칙기준으로 옳은 것은?

① 10년 이하의 징역 또는 1억 원 이하의 벌금
② 7년 이하의 징역 또는 7000만 원 이하의 벌금
③ 5년 이하의 징역 또는 5000만 원 이하의 벌금
④ 3년 이하의 징역 또는 3000만 원 이하의 벌금

해설 소방시설 폐쇄·차단 벌칙

징역 (이하)	벌금 (또는, 이하)	위반행위
5년	5000만 원	소방시설 폐쇄·차단 등의 행위를 한 자
7년	7000만 원	소방시설 폐쇄·차단으로 사람이 상해 시
10년	1억 원	소방시설 폐쇄·차단으로 사람이 사망 시

정답 15 ② 16 ③ 17 ②

18

소방시설의 자체점검에 관한 설명으로 옳지 않은 것은?

① 작동점검은 소방시설등을 인위적으로 조작하여 정상적으로 작동하는 것을 점검하는 것이다.
② 종합점검은 설비별 주요 구성부품의 구조기준이 화재안전기준 및 관련 법령에 적합한지 여부를 점검하는 것이다.
③ 종합점검에는 작동점검의 사항이 해당되지 않는다.
④ 종합점검은 소방시설관리사가 참여한 경우 소방시설관리업자 또는 소방안전관리자로 선임된 소방시설관리사·소방기술사 1명 이상을 점검자로 한다.

해설 소방시설 자체점검

1) 작동점검 : 소방시설등을 인위적으로 조작하여 정상적으로 작동하는지를 작동점검표에 따라 점검하는 것
2) 종합점검 : 소방시설등의 작동점검을 포함하여 소방시설등의 설비별 주요 구성 부품의 구조기준이 화재안전기준과 건축법 등 관련 법령에서 정하는 기준에 적합한지 여부를 종합점검표에 따라 점검하는 것
   (1) 최초점검 : 소방시설이 새로 설치되는 경우 건축물을 사용할 수 있게 된 날부터 60일 이내 점검
   (2) 그 밖의 종합점검 : 최초점검을 제외한 종합점검
   (3) 종합점검 점검자
       ① 관리업에 등록된 소방시설관리사
       ② 소방안전관리자로 선임된 소방시설관리사 또는 소방기술사

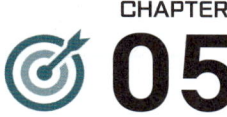

CHAPTER

05 화재예방법

3회독	월	일
2회독	월	일
1회독	월	일

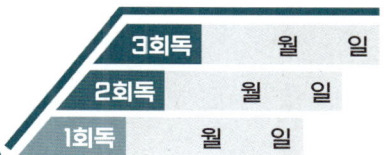

학습목표

1 화재예방법의 목적과 용어 정의에 대해 학습한다.
2 화재안전조사에 대해 학습한다.
3 화재의 예방조치와 화재예방강화지구, 소방대상물의 안전관리에 대해 학습한다.
4 소방안전관리자와 소방관계인에 대해 학습한다.
5 화재예방법의 벌칙 및 과태료를 암기한다.

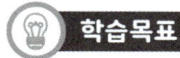

학습MAP

- 총칙 및 화재의 예방 및 안전관리 기본계획 등의 수립, 시행
  - 화재예방법(화재의 예방 및 안전관리에 관한 법률)
  - 국가와 지방자치단체 등의 책무
  - 화재예방정책
  - 실태조사
- 화재안전조사
  - 화재안전조사 실시
  - 화재안전조사 결과에 따른 조치명령
  - 손실보상
    - 손실보상 의무자
    - 손실보상
    - 손실브상청구서 첨부서류
- 화재의 예방조치 등
  - 화재의 예방조치
    - 조치권자
    - 금지 행위
    - 물건의 보관 및 처리
  - 화재예방강화지구
- 소방대상물의 안전관리
  - 소방안전관리자의 선임
    - 선임권자 : 관계인
    - 선임 : 30일 이내
    - 선임신고
    - 선임신고 기준일
  - 특정소방대상물의 관계인에 대한 소방안전교육
    - 실시 : 소방본부장, 소방서장
    - 통보 : 교육실시 10일 전까지
    - 교육대상자
    - 행정안부령
- 특별관리시설물의 소방안전관리
  - 소방안전 특별관리시설물
    - 소방안전 특별관리
    - 소방안전 특별관리시설물
    - 대통령령
- 벌칙 및 과태료

01 총칙 및 화재의 예방 및 안전관리 기본계획 등의 수립·시행

1 화재예방법(화재의 예방 및 안전관리에 관한 법률)

1) 목적 : 화재로부터 국민의 생명·신체·재산을 보호하고 공공의 안전과 복리증진에 이바지
2) 용어 정의

구분	정의
예방	화재의 위험으로부터 사람의 생명·신체 및 재산을 보호하기 위하여 화재발생을 사전에 제거하거나 방지하기 위한 모든 활동
안전관리	화재로 인한 피해를 최소화하기 위한 예방, 대비, 대응 등의 활동
화재안전조사	소방청장, 소방본부장 또는 소방서장이 소방대상물, 관계지역 또는 관계인에 대하여 소방시설등이 소방 관계 법령에 적합하게 설치·관리되고 있는지, 소방대상물에 화재의 발생 위험이 있는지 등을 확인하기 위하여 실시하는 현장조사·문서열람·보고요구 등을 하는 활동
화재예방강화지구	시·도지사가 화재 발생 우려가 크거나 화재가 발생할 경우 피해가 클 것으로 예상되는 지역에 대하여 화재의 예방 및 안전관리를 강화하기 위해 지정·관리하는 지역
화재예방안전진단	화재가 발생할 경우 사회·경제적으로 피해 규모가 클 것으로 예상되는 소방대상물에 대하여 화재위험요인을 조사하고 그 위험성을 평가하여 개선대책을 수립하는 것

2 국가와 지방자치단체 등의 책무

1) 국가는 화재로부터 국민의 생명과 재산을 보호할 수 있도록 화재의 예방 및 안전관리에 관한 정책(이하 "화재예방정책"이라 한다)을 수립·시행하여야 한다.
2) 지방자치단체는 국가의 화재예방정책에 맞추어 지역의 실정에 부합하는 화재예방정책을 수립·시행하여야 한다.
3) 관계인은 국가와 지방자치단체의 화재예방정책에 적극적으로 협조하여야 한다.

3 화재예방정책

1) 계획의 수립·시행과 통보

구분	분류	수립	수립·시행자	통보·협의	통보기간	법
화재예방정책	기본계획	5년	소방청장이 중장과 협의	중장, 시·도지사	협의 : 전년 8월 31일 수립 : 전년 9월 30일	예방법
	시행계획	매년	소방청장	중장, 시·도지사	전년 : 10월 31일	
	세부시행계획	매년	중장, 시·도지사	소방청장	통보 : 전년 12월 31일	

> ☑ 중장
> 중앙행정기관의 장

2) 기본계획, 시행계획 및 세부시행계획 등의 수립·시행에 필요한 사항 : 대통령령

4 실태조사

1) 조사자 : 소방청장(중앙행정기관의 장의 요청이 있는 때에는 합동 조사)
   (1) 소방대상물의 용도별·규모별 현황
   (2) 소방대상물의 화재의 예방 및 안전관리 현황
   (3) 소방대상물의 소방시설등 설치·관리 현황
   (4) 그 밖에 기본계획 및 시행계획의 수립·시행을 위하여 필요한 사항

2) 실태조사의 방법 및 절차 : 행정안전부령
   (1) 실태조사는 통계조사, 문헌조사 또는 현장조사방법으로 하며, 정보통신망 또는 전자적인 방식을 사용할 수 있다.
   (2) 소방청장은 제1항에 따른 실태조사를 실시하려는 경우 실태조사 시작 7일 전까지 조사 일시, 조사 사유 및 조사 내용 등 조사계획을 조사대상자에게 서면 또는 전자우편 등의 방법으로 미리 알려야 한다.
   (3) 관계 공무원 및 실태조사를 의뢰받은 관계 전문가 등이 실태조사를 위하여 소방대상물에 출입할 때에는 그 권한 또는 자격을 표시하는 증표를 지니고 이를 관계인에게 내보여야 한다.
   (4) 소방청장은 실태조사를 전문연구기관·단체나 관계 전문가에게 의뢰하여 실시할 수 있다.
   (5) 소방청장은 실태조사의 결과를 인터넷 홈페이지 등에 공표할 수 있다.

> ☑ 규정한 사항 외에 실태조사방법 및 절차에 필요한 사항을 정하는 자
> 소방청장

02 화재안전조사

1 화재안전조사 실시 ★★

1) 조사권자 : 소방관서장
2) 화재안전조사를 실시할 수 있는 경우(다만 개인의 주거에 대한 화재안전조사는 관계인의 승낙이 있거나 화재발생의 우려가 뚜렷하여 긴급한 필요가 있는 때에 한정)
   (1) 자체점검 등이 불성실하거나 불완전하다고 인정되는 경우
   (2) 화재예방강화지구 등 법령에서 화재안전조사를 하도록 규정되어 있는 경우
   (3) 화재예방안전진단이 불성실하거나 불완전하다고 인정되는 경우
   (4) 국가적 행사 등 주요 행사가 개최되는 장소 및 그 주변의 관계 지역에 대하여 소방안전관리 실태를 점검할 필요가 있는 경우
   (5) 화재가 자주 발생하였거나 발생할 우려가 뚜렷한 곳에 대한 점검이 필요한 경우
   (6) 재난예측정보, 기상예보 등을 분석한 결과 소방대상물에 화재의 발생 위험이 크다고 판단되는 경우
   (7) 그 밖의 긴급한 상황이 발생한 경우 인명 또는 재산 피해의 우려가 현저하다고 판단되는 경우
3) 화재안전조사 항목
   (1) 화재의 예방조치 등에 관한 사항
   (2) 소방안전관리 업무 수행에 관한 사항
   (3) 피난계획의 수립 및 시행에 관한 사항
   (4) 소화·통보·피난 등의 훈련 및 소방안전관리에 필요한 교육에 관한 사항
   (5) 소방자동차 전용구역의 설치에 관한 사항
   (6) 소방시설공사업법에 따른 시공, 감리 및 감리원의 배치에 관한 사항
   (7) 소방시설의 설치 및 관리에 관한 사항
   (8) 건설현장 임시소방시설의 설치 및 관리에 관한 사항
   (9) 피난시설, 방화구획 및 방화시설의 관리에 관한 사항
   (10) 방염에 관한 사항
   (11) 소방시설등의 자체점검에 관한 사항
   (12) 「다중이용업소의 안전관리에 관한 특별법」에 따른 안전관리에 관한 사항
   (13) 「위험물안전관리법」에 따른 위험물 안전관리에 관한 사항

🔗 P.343 문 24
🔗 P.343 문 25
🔗 P.343 문 26
🔗 P.345 문 29
🔗 P.345 문 30

보충
① 화재안전조사의 항목 : 대통령령 (화재안전조사의 항목에는 화재의 예방조치 상황, 소방시설등의 관리 상황 및 소방대상물의 화재 등의 발생 위험과 관련된 사항이 포함)
② 소방관서장은 화재안전조사를 실시하는 경우 다른 목적을 위해 조사권을 남용하지 않을 것

⑭ 「초고층 및 지하연계 복합건축물 재난관리에 관한 특별법」에 따른 초고층 및 지하연계 복합건축물의 안전관리에 관한 사항
⑮ 그 밖에 소방대상물에 화재의 발생 위험이 있는지 등을 확인하기 위해 소방관서장이 화재안전조사가 필요하다고 인정하는 사항

2 화재안전조사의 방법·절차

1) 방법
   (1) 종합조사 : 화재안전조사 항목 전부를 확인하는 조사
   (2) 부분조사 : 화재안전조사 항목 중 일부를 확인하는 조사

2) 화재안전조사 절차
   (1) 소방관서장은 화재안전조사를 실시하려는 경우 사전에 관계인에게 조사대상, 조사기간 및 조사사유 등을 우편, 전화, 전자메일 또는 문자전송 등을 통하여 통지하고 이를 대통령령으로 정하는 바에 따라 인터넷 홈페이지나 전산시스템 등을 통하여 7일 이상 공개하여야 한다. 다만 다음 각 호의 어느 하나에 해당하는 경우에는 그러하지 아니하다.
      ① 화재가 발생할 우려가 뚜렷하여 긴급하게 조사할 필요가 있는 경우
      ② 제1호 외에 화재안전조사의 실시를 사전에 통지하거나 공개하면 조사목적을 달성할 수 없다고 인정되는 경우
   (2) 소방관서장은 사전 통지 없이 화재안전조사를 실시하는 경우에는 화재안전조사를 실시하기 전에 관계인에게 조사사유 및 조사범위 등을 현장에서 설명해야 한다.
   (3) 소방관서장은 화재안전조사를 위하여 소속 공무원으로 하여금 관계인에게 보고 또는 자료의 제출을 요구하거나 소방대상물의 위치·구조·설비 또는 관리 상황에 대한 조사·질문을 하게 할 수 있다.

3) 화재안전조사 결과에 따른 조치명령 : 소방관서장
   (1) 소방대상물의 개수·이전·제거
   (2) 사용의 금지 또는 제한, 사용 폐쇄
   (3) 공사의 정지 또는 중지

4) 소방관서장은 화재안전조사 결과 소방대상물이 법령을 위반하여 건축 또는 설비되었거나 소방시설등, 피난시설·방화구획, 방화시설 등이 법령에 적합하게 설치 또는 관리되고 있지 아니한 경우에는 관계인에게 조치를 명하거나 관계 행정기관의 장에게 필요한 조치를 하여 줄 것을 요청할 수 있다.

TIP ▶ 소방대상물의 신설은 없음!

☑ 연기의 사유
(1) 재난이 발생한 경우
(2) 관계인의 질병, 사고, 장기출장의 경우
(3) 권한 있는 기관에 자체점검기록부, 교육·훈련일지 등 화재안전조사에 필요한 장부·서류 등이 압수되거나 영치되어 있는 경우
(4) 소방대상물의 증축·용도변경 또는 대수선 등의 공사로 화재안전조사를 실시하기 어려운 경우

보충▶ 소방관서장은 화재안전조사의 연기를 승인한 경우라도 연기기간이 끝나기 전에 연기사유가 없어졌거나 긴급히 조사를 해야 할 사유가 발생하였을 때는 관계인에게 미리 알리고 화재안전조사를 할 수 있다.

5) 화재안전조사 연기
관계인은 연기의 사유 및 기간 등을 적어 제출 : 화재안전조사 시작 3일 전까지

3 화재안전조사단

1) 조사단의 구성
   (1) 소방청 : 중앙화재안전조사단
       소방본부 및 소방서 : 지방화재안전조사단을 편성·운영
   (2) 단장 포함 50명 이내의 단원으로 성별 고려하여 구성(단장은 단원 중에서 소방관서장이 임명 혹은 위촉)

2) 단원의 자격
   (1) 소방공무원
   (2) 소방업무와 관련된 단체 또는 연구기관 등의 임직원
   (3) 소방 관련 분야에서 전문적인 지식이나 경험이 풍부한 사람

4 화재안전조사위원회

1) 구성
   (1) 위원장 : 소방관서장
   (2) 위원장 1명을 포함한 7명 이내의 위원으로 성별을 고려하여 구성

2) 위원의 자격
   (1) 과장급 직위 이상의 소방공무원
   (2) 소방기술사
   (3) 소방시설관리사
   (4) 소방 관련 분야의 석사학위 이상을 취득한 사람
   (5) 소방 관련 법인 또는 단체에서 소방 관련 업무에 5년 이상 종사자
   (6) 소방공무원 교육훈련기관, 학교, 연구소에서 소방 관련 교육·연구에 5년 이상 종사자

3) 위촉위원의 임기 : 2년, 1차례 연임

화재안전조사위원회 위원의 임기는 3년이다. ☒ 2년

4) 소방관서장은 위원회의 위원이 다음의 어느 하나에 해당하는 경우에는 해당 위원을 해임하거나 해촉할 수 있음
   (1) 심신장애로 직무를 수행할 수 없게 된 경우
   (2) 직무와 관련된 비위사실이 있는 경우
   (3) 직무태만, 품위손상이나 그 밖의 사유로 위원으로 적합하지 않다고 인정되는 경우
   (4) 위원의 제척·기피·회피사항에 해당함에도 불구하고 회피하지 않은 경우
   (5) 위원 스스로 직무를 수행하기 어렵다는 의사를 밝히는 경우

5 **화재안전조사 결과에 따른 조치명령 : 소방관서장 ★★**

1) 관계인에게 그 소방대상물의 개수·이전·제거, 사용의 금지 또는 제한, 사용 폐쇄, 공사의 정지 또는 중지, 그 밖에 필요한 조치를 명할 수 있는 경우
   (1) 소방대상물의 위치·구조·설비 또는 관리에 보완 필요 시
   (2) 화재 발생 시 인명 또는 재산 피해가 클 것으로 예상될 때
2) 관계인에게 1)에 따른 조치를 명하거나 관계 행정기관의 장에게 필요한 조치를 요청할 수 있는 경우
   (1) 소방대상물이 법령을 위반하여 건축 또는 설비되었을 때
   (2) 소방시설등, 피난시설·방화구획, 방화시설 등이 법령에 적합하게 설치·관리되지 아니한 때

6 **손실보상 ★★★**

1) 손실보상 의무자 : 소방청장, 시·도지사
2) 화재안전조사 결과에 따른 조치명령으로 인해 손실을 입은 자가 있는 경우 대통령령으로 정하는 바에 따라 보상
3) 손실보상
   (1) 소방청장, 시·도지사가 손실을 보상하는 경우 : 시가로 보상
   (2) 손실 보상에 관하여 소방청장, 시·도지사와 손실을 입은 자가 협의
   (3) 보상금액에 관한 협의가 성립되지 않은 경우 소방청장, 시·도지사는 그 보상금액을 지급하거나 공탁하고 상대방에게 통지
   (4) 보상금의 지급 또는 공탁의 통지에 불복하는 자는 지급 또는 공탁의 통지를 받은 날부터 30일 이내에 중앙토지수용위원회 또는 관할 지방 토지수용위원회에 재결 신청

7 **화재안전조사 결과 공개**

1) 소방관서장은 화재안전조사를 실시하려는 경우 사전에 관계인에게 조사대상, 조사기간 및 조사사유 등을 우편, 전화, 전자메일 또는 문자전송 등을 통하여 통지하고 이를 대통령령으로 정하는 바에 따라 인터넷 홈페이지나 전산시스템 등을 통하여 공개하여야 한다.
2) 소방관서장은 화재안전조사를 실시한 경우 다음 각 호의 전부 또는 일부를 인터넷 홈페이지나 전산시스템 등을 통하여 공개할 수 있다.
   (1) 소방대상물의 위치, 연면적, 용도 등 현황
   (2) 소방시설등의 설치 및 관리 현황
   (3) 피난시설, 방화구획 및 방화시설의 설치 및 관리 현황

손실보상청구서 첨부서류
(1) 소방대상물의 관계인임을 증명할 수 있는 서류(건축물대장 제외)
(2) 손실을 증명할 수 있는 사진 그 밖의 증빙자료

> 보충

1. 소방관서장의 화재안전조사 결과 공개 : 30일 이상 해당 소방관서 인터넷 홈페이지나 전산시스템을 통해 공개
2. 소방관서장은 화재안전조사 결과를 공개하려는 경우 공개 기간, 공개 내용 및 공개방법을 해당 소방대상물의 관계인에게 미리 알려야 한다.
3. 소방대상물의 관계인은 공개 내용 등을 통보받은 날부터 10일 이내에 소방관서장에게 이의신청을 할 수 있다.
4. 소방관서장은 이의신청을 받은 날부터 10일 이내에 심사·결정하여 그 결과를 지체 없이 신청인에게 알려야 한다.
5. 화재안전조사 결과의 공개가 제3자의 법익을 침해하는 경우에는 제3자와 관련된 사실을 제외하고 공개해야 한다.

🔗 P.341 문 20

(4) 그 밖에 대통령령으로 정하는 사항
  ① 제조소등 설치 현황
  ② 소방안전관리자 선임 현황
  ③ 화재예방안전진단 실시 결과
3) 공개 절차, 공개 기간 및 공개방법 등에 필요한 사항 : 대통령령
4) 소방청장은 화재안전조사 결과를 체계적으로 관리하고 활용하기 위하여 전산시스템을 구축·운영하여야 한다.
5) 소방청장은 건축, 전기 및 가스 등 화재안전과 관련된 정보를 소방활동 등에 활용하기 위하여 전산시스템과 관계 중앙행정기관, 지방자치단체 및 공공기관 등에서 구축·운용하고 있는 전산시스템을 연계, 구축할 수 있다.

03 화재의 예방조치 등

1 화재의 예방조치 ★★★

1) 조치권자 : 소방관서장
2) 금지 행위
  (1) 모닥불, 흡연 등 화기의 취급
  (2) 풍등 등 소형열기구 날리기
  (3) 용접·용단 등 불꽃을 발생시키는 행위
  (4) 그 밖에 대통령령으로 정하는 화재 발생 위험이 있는 행위
3) 물건의 보관 및 처리 ★★★
  (1) 소방관서장은 화재 발생 위험이 크거나 소화활동에 지장을 줄 수 있다고 인정되는 행위나 물건에 대하여 행위 당사자나 그 물건의 소유자, 관리자 또는 점유자에게 다음 각 호의 명령을 할 수 있다. 다만 물건의 소유자, 관리자 또는 점유자를 알 수 없는 경우 소속 공무원으로 하여금 그 물건을 옮기거나 보관하는 등 필요한 조치를 하게 할 수 있다.
    ① 목재, 플라스틱 등 가연성이 큰 물건의 제거, 이격, 적재 금지 등
    ② 소방차량의 통행이나 소화활동에 지장을 줄 수 있는 물건의 이동
  (2) 옮기거나 치운 물건 등은 보관해야 한다.
  (3) 공고기간 : 그 날부터 14일 동안 소방관서의 인터넷 홈페이지에 그 사실 공고

(4) 보관기간 : 공고기간의 종료일 다음 날부터 7일
(5) 보관기간이 종료되는 때에는 보관하고 있는 옮긴 물건을 매각 : 소방관서장
  단, 보관하고 있는 옮긴 물건이 부패·파손 또는 이와 유사한 사유로 정해진 용도에 계속 사용할 수 없는 경우 보관기간 종료 이전에 매각 또는 폐기
(6) 소방관서장은 보관하던 옮긴 물건을 매각한 경우 지체 없이 「국가재정법」에 따라 세입조치할 것
(7) 소방관서장은 매각되거나 폐기된 옮긴 물건의 소유자가 보상 요구 시 보상금액에 대하여 소유자와 협의를 거쳐 보상할 것

2 불을 사용하는 설비 관리기준(대통령령)

1) 불꽃을 사용하는 용접·용단기구 ★★★
  (1) 용접·용단 작업장 주변 반경 5 [m] 이내 소화기 갖출 것
  (2) 용접·용단 작업장 주변 반경 10 [m] 이내에는 가연물을 쌓아 두거나 놓아두지 말 것

2) 보일러
  (1) 가연성 벽·바닥·천장과 접촉하는 증기기관·연통의 부분은 규조토 등 단열성 단열재로 덮어씌울 것
  (2) 액체연료(경유·등유 등)을 사용하는 경우 ★★
    ① 연료탱크는 보일러 본체로부터 수평거리 1 [m] 이상
    ② 연료차단 개폐밸브는 연료탱크로부터 0.5 [m] 이내
    ③ 연료탱크 또는 연료공급 배관에는 여과장치 설치
    ④ 사용이 허용된 연료만 사용
    ⑤ 불연재료 받침대를 설치하여 넘어짐 방지

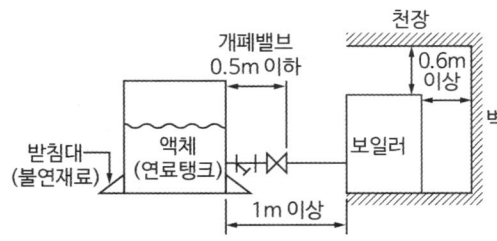

  (3) 기체연료 설치기준
    ① 환기구 설치 등 가연성 가스가 머무르지 않도록 함
    ② 연료를 공급하는 배관은 금속관
    ③ 연료차단 개폐밸브는 연료용기 등으로부터 0.5 [m] 이내
    ④ 가스누설경보기 설치

3) 난로 ★★
   (1) 연통은 천장으로부터 0.6 [m] 이상 떨어지고, 건물 밖으로 0.6 [m] 이상 나오게 설치
   (2) 가연성 벽·바닥·천장과 접촉하는 연통의 부분은 규조토 등 난연성 단열재로 덮어씌울 것
   (3) 이동식 난로 사용 금지 장소
      ① 다중이용업의 영업소
      ② 학원, 독서실, 영화상영관
      ③ 숙박업·목욕장업·세탁업의 영업장
      ④ 종합병원, 병원, 정신병원, 치과병원, 한방병원, 요양병원, 의원, 치과의원, 한의원, 조산원
      ⑤ 식품접객업의 영업장
      ⑥ 공연장, 박물관, 미술관, 상점가, 가설건축물, 역·터미널

4) 건조설비 설치 시
   (1) 건조설비와 벽 천장 사이 거리는 0.5 [m] 이상 이격
   (2) 건조물품이 열원과 직접 접촉하지 않도록 함
   (3) 실내 설치 시 벽·천장·바닥은 불연재료

5) 음식조리를 위해 설치하는 설비 ★★★
   (1) 주방설비에 부속된 배출덕트는 0.5 [mm] 이상의 아연도금강판 또는 이와 동등 이상의 내식성 불연재료로 설치
   (2) 주방시설에는 동·식물의 기름을 제거할 수 있는 필터 등을 설치
   (3) 열을 발생하는 조리기구는 반자 또는 선반으로부터 0.6 [m] 이상 떨어지게 할 것
   (4) 열을 발생하는 조리기구로부터 0.15 [m] 이내의 거리에 있는 가연성 주요구조부는 석면판 또는 단열성이 있는 불연재료로 덮어씌울 것

6) 가스·전기시설
   (1) 가스시설의 경우 「고압가스 안전관리법」, 「도시가스사업법」 및 「액화석유가스의 안전관리 및 사업법」에서 정하는 바에 따른다.
   (2) 전기시설의 경우 「전기사업법」 및 「전기안전관리법」에서 정하는 바에 따른다.

❸ 특수가연물

1) 특수가연물 종류 ★★★

품명		수량
면화류		200 [kg] 이상
나무껍질 및 대팻밥		400 [kg] 이상
넝마 및 종이부스러기		1000 [kg] 이상
사류		1000 [kg] 이상
볏짚류		1000 [kg] 이상
가연성 고체류		3000 [kg] 이상
석탄·목탄류		10000 [kg] 이상
가연성 액체류		2 [m³] 이상
목재가공품 및 나무부스러기		10 [m³] 이상
고무류·플라스틱류	발포시킨 것	20 [m³] 이상
	그 밖의 것	3000 [kg] 이상

○ P.335 문 02
○ P.337 문 06
○ P.339 문 13

암기 ▶ 면이 나대싸 넘사벽 천 가고 삼 석목만 가액이 고발이

2) 특수가연물의 저장·취급기준(대통령령) ★★★

　(1) 품명별로 구분하여 쌓을 것
　(2) 일반적인 경우
　　① 쌓는 높이 : 10 [m] 이하
　　② 쌓는 부분 바닥 : 50 [m²] 이하(석탄·목탄류 : 200 [m²] 이하)
　(3) 살수설비, 대형 수동식 소화기를 설치하는 경우
　　① 쌓는 높이 : 15 [m] 이하
　　② 쌓는 부분의 바닥면적 : 200 [m²] 이하(석탄·목탄류 : 300 [m²] 이하)
　(4) 실외에 쌓아 저장하는 경우
　　쌓는 부분과 대지경계선 또는 도로, 인접 건축물과 최소 6 [m] 이상 이격(쌓은 높이보다 0.9 [m] 이상. 단 높은 내화구조 벽체 설치 시 예외)
　(5) 실내에 쌓아 저장하는 경우 주요구조부는 내화구조이면서 불연재료일 것. 다른 종류의 특수가연물과 같은 공간에 보관금지, 다만 내화구조의 벽으로 분리 시 예외
　(6) 쌓는 부분의 바닥면적 사이
　　① 실내 : 1.2 [m] 또는 쌓는 높이의 1/2 중 큰 값 이상으로 이격
　　② 실외 : 3 [m] 또는 쌓는 높이 중 큰 값 이상으로 이격

○ P.337 문 08

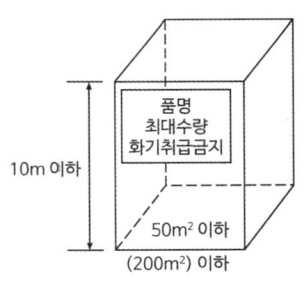
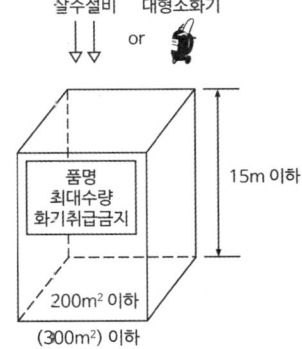

[특수가연물 설치개념]

특수가연물	
화기엄금	
품명	합성수지류
최대저장수량 (배수)	000톤 (00배)
단위부피당 질량 (단위체적당 질량)	000 [kg/m³]
관리책임자 (직책)	홍길동 팀장
연락처	02-000-0000

🔗 P.336 문 03
🔗 P.336 문 04
🔗 P.337 문 07
🔗 P.338 문 10

화재예방강화지구의 지정 요청은 소방본부장 / 소방서장이다.
  ✗ 소방청장

암기 ▶ 시공창에 빠진 목조가 위험하다.

3) 특수가연물 표지
  (1) 특수가연물 표지
    ① 한 변의 길이 0.3 [m] 이상, 다른 한 변의 길이 0.6 [m] 이상 직사각형
    ② "화기엄금"
    ③ 기재사항 : 품명, 최대수량(배수), 단위체적당 질량, 관리책임자 성명 및 직책, 연락처
    ④ 백색 바탕, 흑색 문자(단, "화기엄금" 표시부분은 제외)
    ⑤ 화기엄금 표시부분 : 적색 바탕 백색 문자
  (2) 표지는 특수가연물을 저장 또는 취급하는 장소 중 보기 쉬운 곳에 설치

4 화재예방강화지구 ★★★

화재 발생 우려가 크거나 화재가 발생할 경우 피해가 클 것으로 예상되는 지역에 대하여 화재의 예방 및 안전관리를 강화하기 위해 지정·관리하는 지역

1) 지정권자 : 시·도지사
2) 화재예방강화지구 지정 요청 : 소방청장
3) 화재예방강화지구
  (1) 시장지역
  (2) 공장·창고가 밀집한 지역
  (3) 목조건물이 밀집한 지역
  (4) 노후·불량건축물이 밀집한 지역
  (5) 위험물의 저장 및 처리시설이 밀집한 지역
  (6) 석유화학제품을 생산하는 공장이 있는 지역
  (7) 산업입지 및 개발에 관한 법률에 따른 산업단지
  (8) 소방시설·소방용수시설·소방출동로가 없는 지역
  (9) 물류단지
  (10) (1) ~ (9)까지 준하는 지역으로서 소방관서장이 화재예방강화지구로 지정할 필요가 있다고 인정하는 지역
4) 시·도지사가 화재예방강화지구로 지정할 필요가 있는 지역을 화재예방강화지구로 지정하지 아니하는 경우 소방청장은 해당 시·도지사에게 해당 지역의 화재예방강화지구 지정을 요청할 수 있다.
5) 소방관서장은 대통령령으로 정하는 바에 따라 화재예방강화지구 안의 소방대상물의 위치·구조 및 설비 등에 대하여 화재안전조사를 하여야 한다.
6) 소방관서장은 화재안전조사를 한 결과 화재의 예방강화를 위하여 필요하다고 인정할 때에는 관계인에게 소화기구, 소방용수시설 또는 그 밖에 소방에 필요한 설비(이하 "소방설비등"이라 한다)의 설치(보수, 보강을 포함한다. 이하 같다)를 명할 수 있다.

7) 소방관서장은 화재예방강화지구 안의 관계인에 대하여 대통령령으로 정하는 바에 따라 소방에 필요한 훈련 및 교육을 실시할 수 있다.

8) 시·도지사는 대통령령으로 정하는 바에 따라 화재예방강화지구의 지정 현황, 화재안전조사의 결과, 소방설비등의 설치 명령 현황, 소방훈련 및 교육 현황 등이 포함된 화재예방강화지구에서의 화재예방에 필요한 자료를 매년 작성·관리하여야 한다.

5 화재예방강화지구의 관리 ★★

1) 관리자 : 소방관서장
2) 화재안전조사 : 연 1회 이상
3) 훈련 및 교육 : 화재예방강화지구 안의 관계인에 대하여 연 1회 이상 실시
4) 훈련 및 교육 통보 : 화재예방강화지구 안의 관계인에게 교육 10일 전까지 통보

> 화재예방강화지구 안의 관계인에게 훈련과 교육의 통보는 5일 전까지 한다. [X] 10일 전

6 화재에 대한 위험경보 ★★

1) 소방관서장은 「기상법」에 따른 이상기상의 예보·특보·태풍예보에 따라 화재의 발생 위험이 높다고 분석·판단되는 경우에는 행정안전부령으로 정하는 바에 따라 화재에 관한 위험경보를 발령하고 그에 따른 필요한 조치를 할 수 있음
2) 소방관서장은 기상청에서 한파·건조·폭염·강풍 등에 대한 예보 또는 특보가 있는 경우 화재 위험경보를 발령하고, 그 발령 사실을 언론 등을 통해 일반인에게 알릴 것
3) 화재 위험경보 발령 절차 및 조치사항 등에 필요한 사항 : 소방청장

7 화재안전영향평가

화재발생 원인 및 연소과정을 조사·분석하는 과정에서 법령이나 정책의 개선이 필요하다고 인정되는 경우 그 법령이나 정책에 대한 화재 위험성의 유발요인 및 완화 방안에 대한 화재안전영향평가를 실시할 수 있다.

1) 평가자 : 소방청장
2) 화재안전영향평가의 방법·절차·기준 등 필요한 사항 : 대통령령

> 화재안전영향평가 내용에 포함될 사항
> (1) 법령이나 정책의 화재위험 유발요인
> (2) 법령이나 정책이 소방대상물의 재료, 공간, 이용자 특성 분석 및 화재 확산 경로에 미치는 영향
> (3) 법령이나 정책이 화재에 미치는 영향 등 사회경제적 파급효과
> (4) 화재위험 유발요인을 제어 또는 관리할 수 있는 법령이나 정책의 개선방안

8 화재안전영향평가 심의회

1) 구성, 운영자 : 소방청장
2) 구성, 운영사항 : 대통령령
3) 위원회 구성 : 위원장 1명을 포함한 12명 이내의 위원
   임기 : 위촉위원의 임기는 2년, 1회 연임
4) 위원장이 직무를 수행할 수 없을 시 위원장이 지명한 위원이 그 직무를 대행

5) 소방청장은 심의회의 위원이 다음 중 어느 하나에 해당하는 경우에는 해당 위원을 해촉할 수 있다.
   (1) 심신장애로 직무를 수행할 수 없게 된 경우
   (2) 직무와 관련된 비위사실이 있는 경우
   (3) 직무태만, 품위손상이나 그 밖의 사유로 위원으로 적합하지 않다고 인정되는 경우
   (4) 위원 스스로 직무를 수행하기 어렵다는 의사를 밝히는 경우

9 화재안전취약자에 대한 지원 : 소방관서장 ★

화재안전취약자의 안전한 생활환경을 조성하기 위하여 소방용품의 제공 및 소방시설의 개선 등 필요한 사항을 지원하기 위하여 노력하여야 함

1) 지원의 대상·범위·방법 및 절차 등에 필요한 사항 : 대통령령
2) 화재안전취약자에 대한 지원 대상
   (1) 「국민기초생활보장법」에 따른 수급자
   (2) 중증장애인
   (3) 「한부모가족지원법」에 따른 지원 대상자
   (4) 홀로 사는 노인
   (5) 다문화가족
   (6) 그 밖에 화재안전에 취약하다고 소방관서장이 인정하는 사람

☑ 화재안전취약자에 대한 지원 사항
(1) 소방시설등의 설치 및 개선
(2) 소방시설등의 안전점검
(3) 소방용품의 제공
(4) 전기·가스 등 화재위험설비의 점검 및 개선
(5) 그 밖에 화재안전을 위하여 필요하다고 인정되는 사항

04 소방대상물의 안전관리

1 특정소방대상물의 소방안전관리

1) 소방안전관리대상물의 관계인은 소방안전관리업무를 수행하기 위하여 소방안전관리자 자격증을 발급받은 사람을 소방안전관리자로 선임하며, 소방안전관리자의 업무에 대한 보조가 필요한 소방안전관리대상물의 경우 소방안전관리보조자를 추가로 선임해야 함
2) 다른 안전관리자(전기·가스·위험물 등 안전관리 종사자)는 소방안전관리대상물 중 소방안전관리업무의 전담이 필요한 소방안전관리대상물의 소방안전관리자 겸직 금지, 다만 다른 법령에 특별한 규정이 있는 경우 예외
3) 소방안전관리대상물의 관계인은 소방안전관리업무를 대행하는 관리업자를 감독할 수 있는 사람을 지정하여 소방안전관리자로 선임할 수 있음. 이 경우 소방안전관리자로 선임된 자는 선임된 날부터 3개월 이내에 소방청장이 실시하는 강습교육 또는 실무교육을 받아야 함

4) 소방안전관리자 및 소방안전관리보조자의 선임 대상별 자격 및 인원기준 : 대통령령
선임 절차 등 그 밖에 필요한 사항 : 행정안전부령

2 소방안전관리 대상물

1) 소방안전관리업무 <u>전담</u> 대상물
   (1) 특급 소방안전관리대상물
   (2) 1급 소방안전관리대상물

2) 소방안전관리자를 선임해야 하는 소방안전관리대상물 ★★★

구분	기준
특급	• 50층 이상(지하층 제외), 높이 200 [m] 이상 아파트 • 30층 이상(지하층 포함), 높이 120 [m] 이상 특정소방대상물(아파트 제외) • 연면적 100000 [m²] 이상 특정소방대상물(아파트 제외)
1급	• 30층 이상(지하층 제외), 높이 120 [m] 이상 아파트 • 11층 이상 특정소방대상물(아파트 제외) • 연면적 15000 [m²] 이상 특정소방대상물(아파트 및 연립주택 제외) • 가연성 가스 1000톤 이상 저장·취급시설
2급	• 지하구, 공동주택(옥내·SP설치), 보물·국보로 지정된 목조건축물 • 가연성 가스 100톤 이상 1000톤 미만 저장·취급시설 • 옥내소화전, 스프링클러설비, 물분무등소화설비 설치대상(호스릴방식 물분무등소화설비만을 설치한 경우 제외)
3급	간이스프링클러설비 또는 자동화재탐지설비를 설치하여야 하는 특정소방대상물
비고	동·식물원, 철강 등 불연성 물품 저장·취급 창고, 위험물 제조소등, 지하구는 특급 및 1급 소방안전관리대상물에서 제외

🔗 P.347 문 34
🔗 P.349 문 40

─ 높이 220 [m]인 아파트는 특급이다.
O

─ 층수가 13층인 특정소방대상물은 2급이다. ✗ 1급

3 소방안전관리자 ★

1) 특급 소방안전관리자 선임 자격(다음 어느 하나에 해당하는 사람으로서 특급 소방안전관리자 자격증을 발급 받은 사람)
   (1) 소방기술사, 소방시설관리사 자격
   (2) 소방설비기사 자격 취득 후 5년 이상 1급 소방안전관리자로 근무한 실무 경력
   (3) 소방설비산업기사 자격 취득 후 7년 이상 1급 소방안전관리자 근무자
   (4) 소방공무원 20년 이상 근무 경력
   (5) 소방청장 실시 특급 소방안전관리시험 합격자(특급 소방안전관리시험 응시자격 요건)

CHAPTER 05 | 화재예방법

① 1급 소방안전관리자로 5년(소방설비기사 2년, 소방설비산업기사 3년) 이상 근무한 실무 경력

② 1급 소방안전관리자로 선임 가능한 자격자로서 특급·1급 소방안전관리보조자 7년 이상 근무자

③ 소방공무원 10년 이상 근무 경력

④ 소방안전관리학과 졸업 후 2년 이상 1급 소방안전관리자 근무 경력자

⑤ 특급 소방안전관리보조자 10년 이상 근무한 실무경력

⑥ 특급 소방안전관리 강습교육 수료자

⑦ 총괄재난관리자로 지정되어 1년 이상 근무자

2) 1급 소방안전관리자 선임 자격(다음 어느 하나에 해당하는 사람으로서 1급 소방안전관리자 자격증을 발급 받은 사람 또는 특급 소방안전관리대상물의 소방안전관리자 자격증을 발급받은 사람)

  (1) 소방설비기사, 소방설비산업기사 자격

  (2) 소방공무원 7년 이상 근무 경력

  (3) 소방청장 실시 1급 소방안전관리시험 합격자(1급 소방안전관리시험 응시자격 요건)

    ① 소방안전관리학과 전공 졸업자로서 졸업 후 2년 이상 2급·3급 소방안전관리자로 근무한 실무경력

    ② 소방안전 관련 학과 전공 졸업자로서 졸업 후 3년 이상 2급·3급 소방안전관리자로 근무한 실무경력

    ③ 5년 이상 2급 소방안전관리자로 근무한 실무경력

    ④ 특급·1급 소방안전관리 강습교육 수료자

    ⑤ 2급 소방안전관리자 선임 가능한 자격자로서 특급·1급 소방안전관리보조자로 5년 이상 근무한 실무경력

3) 2급 소방안전관리자(다음 어느 하나에 해당하는 사람으로서 2급 소방안전관리자 자격증을 발급 받은 사람 또는 특급, 1급 소방안전관리대상물의 소방안전관리자 자격증을 발급받은 사람)

  (1) 위험물기능장·위험물산업기사·위험물기능사 자격자

  (2) 소방공무원으로 3년 이상 근무 경력

  (3) 「기업활동규제완화에 관한 특별조치법」에 따라 소방안전관리자로 선임된 사람

  (4) 소방청장 실시 2급 소방안전관리시험 합격자(2급 소방안전관리시험 응시자격 요건)

    ① 소방안전관리학과 전공 졸업자

소방공무원으로서 경력이 5년 이상 있으면 1급 소방안전관리자 선임 자격에 해당한다. ✗ 7년 이상

산업안전기사 자격증을 취득한 자는 2급 소방안전관리자 선임 자격에 해당한다. ✗ 위험물기능사, 위험물산업기사, 위험물기능장 취급자

② 의용소방대원·자체소방대 소방대원·경찰공무원으로 3년 이상 근무 경력
③ 군부대·의무소방대 소방대원으로 1년 이상 근무 경력
④ 소방본부·소방서에서 1년 이상 화재진압 업무에 종사한 경력
⑤ 2년 이상 3급 소방안전관리자로 근무한 실무경력
⑥ 특급·1급·2급 소방안전관리 강습교육 수료자
⑦ 소방안전관리보조자 선임 가능한 자격자로서 특급·1급·2급·3급 소방안전관리보조자로 3년 이상 근무한 실무경력

4) 3급 소방안전관리자(다음 어느 하나에 해당하는 사람으로서 3급 소방안전관리자 자격증을 발급 받은 사람 또는 특급, 1급, 2급 소방안전관리대상물의 소방안전관리자 자격증을 발급받은 사람)
   (1) 소방공무원으로 1년 이상
   (2) 「기업활동규제완화에 관한 특별조치법」에 따라 소방안전관리자로 선임된 사람
   (3) 소방청장 실시 3급 소방안전관리시험 합격자

4 소방안전관리보조자 선임 대상물

보조자 선임대상물	보조자 최소 선임기준
① 아파트 300세대 이상	1명 + 300세대 초과마다 1명 추가 선임
② 연면적 15000 $[m^2]$ 이상(아파트 및 연립주택 제외)	1명 + 연 15000 $[m^2]$ 초과마다 1명 추가 선임 다만 특정소방대상물의 종합방재실에 자위소방대가 24시간 상시 근무하고, 소방자동차 중 소방펌프차, 소방물탱크차, 소방화학차, 무인방수차를 운용하는 경우 30000 $[m^2]$ 초과마다 1명 추가 선임
③ - ①, ②를 제외한 특정소방대상물 중 다음 어느 하나에 해당하는 특정소방대상물 • 공동주택 중 기숙사 • 의료시설 • 노유자시설 • 수련시설 • 숙박시설(숙박시설로 사용되는 바닥면적 합계가 1500 $[m^2]$ 미만이고, 관계인이 24시간 상시 근무하고 있는 숙박시설 제외)	1명

✔ 소방안전관리자 자격 요약(해당 소방안전관리자 자격증을 발급받아야 함) ★

자격사항	특급	1급	2급
소방기술사, 소방시설관리사	해당	해당	해당
소방설비기사	1급 5년 이상	해당	해당
소방설비산업기사	1급 7년 이상	해당	해당
소방공무원	20년 이상	7년 이상	3년 이상
위험물기능장·기능사·산업기사	–	–	해당
소방청장 실시 소방안전관리시험 합격자	특급 합격자	1급 합격자	2급 합격자

보조자 선임대상물	보조자 최소 선임기준
– 다만 해당 특정소방대상물이 소재하는 지역을 관할하는 소방서장이 야간이나 휴일에 해당 특정소방대상물이 이용되지 아니한다는 것을 확인한 경우 소방안전관리보조자를 선임하지 아니할 수 있음	1명
보조자 선임자격	
① 특급, 1급, 2급, 3급 소방안전관리자 ② 건축, 기계제작, 기계장비설비·설치, 화공, 위험물, 전기, 안전관리에 해당하는 국가기술자격자 ③ 「공공기관의 소방안전관리에 관한 규정」에 따른 강습교육 수료자 ④ 특급, 1급, 2급, 3급 소방안전관리 강습교육 수료자 ⑤ 소방안전관리대상물에서 소방안전 관련 업무 2년 이상 근무자	

5 소방안전관리자와 특정소방대상물 소방관계인 업무

1) 소방안전관리자의 업무 ★★★
   (1) 피난계획 관련 사항과 대통령령으로 정하는 사항이 포함된 소방계획서 작성 및 시행
   (2) 자위소방대 및 초기대응체계 구성·운영·교육
   (3) 피난시설, 방화구획, 방화시설의 관리
   (4) 소방훈련 및 교육
   (5) 소방시설이나 그 밖의 소방 관련 시설의 관리
   (6) 화기 취급의 감독
   (7) 소방안전관리에 관한 업무수행에 관한 기록·유지((3), (5), (6)항 업무)
   (8) 화재 발생 시 초기대응
   (9) 그 밖에 소방안전관리에 필요한 업무

2) 특정소방대상물 관계인의 업무 ★★★
   (1) 피난시설, 방화구획, 방화시설의 관리
   (2) 소방시설이나 그 밖의 소방 관련 시설의 관리
   (3) 화기 취급의 감독
   (4) 화재 발생 시 초기대응
   (5) 그 밖에 소방안전관리에 필요한 업무

3) 소방계획서의 포함사항
   (1) 소방안전관리대상물 위치·구조·연면적·용도·수용인원 등 일반현황

> TIP ▶ 관계인은 할 수 없고, 소방안전관리자만 할 수 있는 업무를 알아둘 것

(2) 소방안전관리대상물에 설치한 소방·방화·전기·가스·위험물 시설 현황

(3) 화재 예방을 위한 자체점검계획 및 대응대책

(4) 소방시설·피난시설·방화시설 점검·정비계획

(5) 피난층·피난시설 위치, 피난경로 설정, 화재안전취약자의 피난계획 등을 포함한 피난계획

(6) 방화구획, 제연구획, 건축물 내부 마감재료·방염물품 사용현황, 방화구조 및 설비유지·관리계획

(7) 관리의 권원이 분리된 특정소방대상물의 소방안전관리에 관한 사항

(8) 소방훈련·교육에 관한 계획

(9) 소방안전관리대상물의 근무자 및 거주자의 자위소방대 조직과 대원의 임무(화재안전취약자의 피난 보조 임무를 포함)에 관한 사항

(10) 화기 취급 작업에 대한 사전 안전조치 및 감독 등 공사 중 소방안전관리에 관한 사항

(11) 소화에 관한 사항과 연소 방지에 관한 사항

(12) 위험물의 저장·취급에 관한 사항(예방규정을 정하는 제조소등은 제외)

(13) 소방안전관리에 대한 업무수행에 관한 기록 및 유지에 관한 사항(월 1회 이상 작성, 2년간 보관)

(14) 화재 발생 시 화재경보, 초기소화 및 피난유도 등 초기대응에 관한 사항

(15) 그 밖에 소방본부장 또는 소방서장이 소방안전관리대상물의 위치·구조·설비 또는 관리 상황 등을 고려하여 소방안전관리에 필요하여 요청하는 사항

6 소방안전관리업무의 대행

대통령령으로 정하는 소방안전관리대상물의 관계인은 관리업자로 하여금 소방안전관리업무 중 대통령령으로 정하는 업무를 대행하게 할 수 있다. 이 경우 선임된 소방안전관리자는 관리업자의 대행업무 수행을 감독하고 대행업무 외의 소방안전관리업무는 직접 수행하여야 한다.

1) 소방안전관리업무 대행 대상(대통령령으로 정하는 소방안전관리대상물)

(1) 지상의 층수가 11층 이상인 1급 소방안전관리대상물(연면적 15000[m²] 이상인 특정소방대상물과 아파트 제외)

(2) 2급 소방안전관리대상물

(3) 3급 소방안전관리대상물

TIP ▶ 층수만 높고 호리호리한 1급 소방안전관리대상물은 업무 대행 대상이다.

2) 소방안전관리대행 업무(대통령령으로 정하는 업무) ★★
  ⑴ 피난시설, 방화구획 및 방화시설의 관리
  ⑵ 소방시설이나 그 밖의 소방 관련 시설의 관리

7 건설현장 소방안전관리

1) 특정소방대상물을 신축·증축·개축·재축·이전·용도변경 또는 대수선하는 경우 소방안전관리자 교육 받은 사람을 소방시설공사 착공 신고일부터 건축물 사용승인일까지 소방안전관리자로 선임하고 소방본부장 또는 소방서장에게 신고
  ⑴ 공사시공자가 소방본부장 또는 소방서장에게 제출할 첨부서류
    ① 소방안전관리자 자격증
    ② 건설현장 소방안전관리자 강습교육 수료증
    ③ 건설현장 소방안전관리대상물의 공사계약서 사본
  ⑵ <u>선임신고일 : 선임한 날로부터 14일 이내</u>

2) 건설현장 소방안전관리자의 업무
  ⑴ 건설현장의 소방계획서의 작성
  ⑵ 임시소방시설의 설치 및 관리에 대한 감독
  ⑶ 공사진행 단계별 피난안전구역, 피난로 등의 확보와 관리
  ⑷ 건설현장의 작업자에 대한 소방안전 교육 및 훈련
  ⑸ 초기대응체계의 구성·운영 및 교육
  ⑹ 화기취급의 감독, 화재위험작업의 허가 및 관리
  ⑺ 그 밖에 건설현장의 소방안전관리와 관련하여 소방청장이 고시하는 업무

3) 건설현장 소방안전관리대상물(신축·증축·개축·재축·이전·용도 변경 또는 대수선을 하려는 부분으로) ★★
  ⑴ 연면적 15000 [m²] 이상
  ⑵ 연면적 5000 [m²] 이상인 것으로서 다음 각 목의 어느 하나에 해당하는 것
    ① 지하층의 층수가 2개 층 이상인 것
    ② 지상층의 층수가 11층 이상인 것
    ③ 냉동창고, 냉장창고 또는 냉동·냉장창고

> 연면적 7000 [m²]인 냉동창고는 건설현장 소방안전관리대상물에 해당한다. ○

8 소방안전관리자의 선임 ★★★

1) 선임권자 : 관계인

2) <u>선임 : 30일 이내</u>

3) 선임신고 : 14일 이내 소방본부장, 소방서장에게 신고하고, 소방안전관리대상물의 출입자가 쉽게 알 수 있도록 소방안전관리자의 성명과 그 밖에 행정안전부령으로 정하는 사항을 게시하여야 함

4) 선임신고 기준일

   (1) 신축·증축·개축·재축·대수선·용도변경으로 특정소방대상물 소방안전관리자 신규 선임해야 하는 경우 : 해당 특정소방대상물의 사용승인일

   (2) 증축·용도변경으로 특정소방대상물이 소방안전관리대상물로 된 경우 : 증축공사사용승인일, 용도변경 사실을 건축물관리대장에 기재한 날

   (3) 특정소방대상물 양수, 경매, 환가, 매각 등에 의해 관계인의 권리 취득한 경우 : 해당 권리를 취득한 날, 관할 소방서장으로부터 소방안전관리자 선임 안내받은 날

   (4) 관리의 권원이 분리된 특정소방대상물 경우 : 관리의 권원이 분리되거나 소방본부장 또는 소방서장이 관리의 권원을 조정한 날

   (5) 소방안전관리자 해임, 퇴직한 경우 : 소방안전관리자 해임, 퇴직한 날

   (6) 소방안전관리업무를 대행하는 자를 감독할 수 있는 사람을 소방안전관리자로 선임한 경우로서 그 업무대행 계약이 해지 또는 종료된 경우 : 소방안전관리업무 대행이 끝난 날

   (7) 소방안전관리자 자격이 정지 또는 취소된 경우 : 소방안전관리자 자격이 정지 또는 취소된 날

5) 소방본부장 또는 소방서장은 특정소방대상물의 관계인이 소방안전관리자 등을 선임하여 신고하는 경우 신고인에게 소방안전관리자 선임증을 발급하여야 함. 이 경우 소방본부장 또는 소방서장은 신고인이 종전의 선임이력에 관한 확인을 요청하는 경우 소방안전관리자 선임 이력 확인서를 발급하여야 함

9 소방안전관리자 등에 대한 교육

1) 승인자 : 소방청장(강습교육 및 실무교육의 대상, 일정·횟수 등을 포함한 교육의 실시 계획을 매년 수립·시행해야 함)

> 보충 ▶ 소방본부장 또는 소방서장은 소방안전관리자를 선임신고를 접수하거나 해임 사실을 확인한 경우에는 지체 없이 관련 사실을 종합정보망에 입력해야 함

보충 ▶
① 소방안전관리 강습교육 또는 실무교육을 받은 후 1년 이내에 소방안전관리자로 선임된 사람은 해당 강습교육을 수료하거나 실무교육을 이수한 날에 실무교육을 이수한 것으로 본다.
② 소방안전관리보조자의 경우 소방안전관리자 강습교육 또는 실무교육이나 소방안전관리보조자 실무교육을 받은 후 1년 이내에 소방안전관리보조자로 선임된 사람은 해당 강습교육을 수료하거나 실무교육을 이수한 날에 실무교육을 이수한 것으로 본다.

🔗 P.347 문 35

암기 ▶ 복지판매시장

2) 강습교육
 (1) 강습교육 실시 20일 전까지 인터넷 홈페이지에 공고
 (2) 대상자
  ① 소방안전관리자의 자격을 인정받으려는 사람으로서 대통령령으로 정하는 사람
  ② 소방안전관리자로 선임되고자 하는 사람
3) 실무교육 ★★
 (1) 실무교육 실시 30일 전까지 인터넷 홈페이지에 공고하고 교육대상자에게 통보
 (2) 교육주기 : 선임된 날부터 6개월 이내에 실무교육을 받아야 하며, 그 후 2년마다 1회 이상
 (3) 대상자 : 소방안전관리자 및 소방안전관리보조자

10 관리의 권원이 분리된 특정소방대상물의 소방안전관리

1) 관리의 권원이 분리된 특정소방대상물의 소방안전관리 : 대통령령
2) 소방안전관리자 선임 대상 ★★★
 (1) 복합건축물(지하층 제외한 층수가 11층 이상 또는 연면적 3만 [m^2] 이상)
 (2) 지하가(지하 인공구조물 안에 설치된 상점 및 사무실, 그 밖에 이와 비슷한 시설이 연속하여 지하도에 접하여 설치된 것과 그 지하도를 합한 것)
 (3) 판매시설 중 도매시장, 소매시장 및 전통시장
3) 선임된 소방안전관리자 및 총괄소방안전관리자는 공동소방안전관리협의회를 구성하고, 해당 특정소방대상물에 대한 소방안전관리를 공동으로 수행하여야 한다. 이 경우 공동소방안전관리협의회의 구성·운영 및 공동소방안전관리의 수행 등에 필요한 사항은 대통령령으로 정한다.
4) 공동소방안전관리 협의회 업무사항 구성 및 운영
 (1) 공동소방안전관리협의회는 선임된 소방안전관리자 및 총괄소방안전관리자로 구성
 (2) 총괄소방안전관리자 등은 공동소방안전관리 업무를 협의회의 협의를 거쳐 다음 업무를 공동으로 수행
  ① 특정소방대상물 전체의 소방계획 수립 및 시행에 관한 사항
  ② 특정소방대상물 전체의 소방훈련 및 교육의 실시에 관한 사항
  ③ 공용 부분의 소방시설 및 피난·방화 시설의 유지·관리에 관한 사항
  ④ 그 밖에 공동 소방안전관리업무 수행에 필요한 사항

(3) 협의회는 공동소방안전관리 업무의 수행에 필요한 기준을 정하여 운영할 수 있다.

11 피난계획의 수립 및 시행

1) 소방안전관리대상물의 관계인은 그 장소에 근무하거나 거주 또는 출입하는 사람들이 화재 발생 시 안전하게 피난할 수 있도록 피난계획을 수립하여 시행하여야 함
2) 피난계획에는 그 소방안전관리대상물의 구조, 피난시설 등을 고려하여 설정한 피난경로가 포함되어야 함
3) 소방안전관리대상물의 관계인은 피난시설의 위치, 피난경로 또는 대피요령이 포함된 피난유도 안내정보를 근무자 또는 거주자에게 정기적으로 제공하여야 함
4) 피난계획의 수립·시행, 피난유도 안내정보 제공에 필요한 사항 : 행정안전부령
5) 피난계획의 포함사항
    (1) 화재경보의 수단 및 방식
    (2) 층별, 구역별 피난대상 인원의 연령별, 성별 현황
    (3) 피난약자의 현황
    (4) 각 거실에서 옥외(옥상 또는 피난안전구역 포함)로 이르는 피난경로
    (5) 피난약자 및 피난약자를 동반한 사람의 피난동선과 피난방법
    (6) 피난시설, 방화구획, 그 밖에 피난에 영향을 줄 수 있는 제반 사항
6) 소방안전관리대상물의 관계인은 해당 소방안전관리대상물의 구조·위치, 소방시설등을 고려하여 피난계획을 수립하여야 함
7) 소방안전관리대상물의 관계인은 해당 소방안전관리대상물의 피난시설이 변경된 경우 그 변경사항을 반영하여 피난계획을 정비하여야 함
8) 규정한 사항 외에 피난계획의 수립·시행에 필요한 세부사항 : 소방청장이 정함

12 불시 소방훈련 및 교육 특정소방대상물 ★★

불시에 소방훈련 및 교육을 실시할 수 있는 대통령령으로 정하는 특정소방대상물

1) 의료시설
2) 교육연구시설
3) 노유자시설
4) 그 밖에 화재 시 불특정다수의 인명피해가 예상되어 소방본부장 또는 소방서장이 소방훈련, 교육이 필요하다고 인정하는 특정소방대상물

피난유도 안내정보의 제공방법
(1) 연 2회 피난안내 교육을 실시하는 방법
(2) 분기별 1회 이상 피난안내방송을 실시하는 방법
(3) 피난안내도를 층마다 보기 쉬운 위치에 게시하는 방법
(4) 엘리베이터, 출입구 등 시청이 용이한 장소에 피난안내영상을 제공하는 방법

13 특정소방대상물의 관계인에 대한 소방안전교육 ★★★

1) 실시 : 소방본부장, 소방서장
2) 통보 : <u>교육실시 10일 전까지</u> 교육대상자에게 소방안전교육 계획서를 작성, 통보
3) 교육대상자(특정소방대상물의 관계인)
   (1) 소화기 및 비상경보설비가 설치된 공장·창고 등 특정소방대상물
   (2) 그 밖에 화재에 대하여 취약성이 높다고 관할 소방본부장 또는 소방서장이 인정하는 특정소방대상물
4) 교육대상자 및 특정소방대상물의 범위 등에 필요한 사항 : 행정안전부령

05 특별관리시설물의 소방안전관리

1 소방안전 특별관리시설물 ★★★

1) 소방안전 특별관리 : 소방청장
2) 소방안전 특별관리시설물
   (1) 공항시설
   (2) 철도시설·도시철도시설
   (3) 항만시설
   (4) 지정문화유산 및 천연기념물인 시설
   (5) 산업기술단지·산업단지
   (6) 초고층 건축물·지하연계 복합건축물
   (7) 수용인원 1000명 이상 영화상영관
   (8) 전력용·통신용 지하구
   (9) 석유비축시설
   (10) 천연가스 인수기지 및 공급망
   (11) 대통령령으로 정하는 점포가 500개 이상인 전통시장
   (12) 그 밖의 대통령령으로 정하는 시설물
     ① 발전소
     ② 물류창고로서 연면적 10만 [m^2] 이상
     ③ 가스공급시설
3) 소방청장은 특별관리를 체계적이고 효율적으로 하기 위하여 시·도지사와 협의하여 소방안전 특별관리기본계획을 기본계획에 포함하여 수립 및 시행하여야 함

☑ 시·도지사는 소방안전 특별관리기본계획에 저촉되지 않는 범위에서 관할 구역에 있는 소방안전 특별관리시설물의 안전관리에 적합한 소방안전 특별관리시행계획을 세부시행계획에 포함하여 수립 및 시행하여야 함

☑ 특별관리기본계획 및 특별관리시행계획의 수립·시행에 필요한 사항 : 대통령령

2 화재예방안전진단

화재가 발생할 경우 사회·경제적으로 피해 규모가 클 것으로 예상되는 소방대상물에 대하여 화재위험요인을 조사하고 그 위험성을 평가하여 개선대책을 수립하는 것

1) 화재예방안전진단의 범위
   (1) 화재위험요인의 조사에 관한 사항
   (2) 소방계획 및 피난계획 수립에 관한 사항
   (3) 소방시설등의 유지·관리에 관한 사항
   (4) 비상대응조직 및 교육훈련에 관한 사항
   (5) 화재 위험성 평가에 관한 사항
   (6) 그 밖에 화재예방진단을 위하여 대통령령으로 정하는 사항
       ① 화재 등의 재난 발생 후 재발방지 대책의 수립 및 그 이행에 관한 사항
       ② 지진 등 외부 환경 위험요인 등에 대한 예방·대비·대응에 관한 사항
       ③ 화재예방안전진단 결과 보수·보강 등 개선요구 사항 등에 대한 이행 여부

2) 화재예방안전진단 대상
   (1) 공항시설 중 여객터미널 연면적이 1000 [m^2] 이상인 공항시설
   (2) 철도시설 중 역 시설의 연면적이 5000 [m^2] 이상인 철도시설
   (3) 도시철도시설 중 역사 및 역 시설의 연면적이 5000 [m^2] 이상인 도시철도시설
   (4) 항만시설 중 여객이용시설 및 지원시설의 연면적이 5000 [m^2] 이상인 항만시설
   (5) 전력용 및 통신용 지하구 중 공동구
   (6) 천연가스의 인수기지 및 공급망 중 가스시설
   (7) 발전소 중 연면적이 5000 [m^2] 이상인 발전소
   (8) 가연성 가스탱크 저장용량 합계가 100톤 이상이거나 저장용량이 30톤 이상인 가연성 가스탱크가 있는 가스공급시설

3) 안전원 또는 진단기관의 화재예방안전진단을 받은 연도에는 소방훈련과 교육 및 자체점검을 받은 것으로 본다.

4) 안전원 또는 진단기관은 화재예방안전진단 결과를 행정안전부령으로 정하는 바에 따라 소방본부장 또는 소방서장, 관계인에게 제출하여야 한다.

☑ 소방본부장 또는 소방서장은 제출받은 화재예방안전진단 결과에 따라 보수·보강 등의 조치가 필요하다고 인정하는 경우에는 해당 소방안전 특별관리시설물의 관계인에게 보수·보강 등의 조치를 취할 것을 명할 수 있다.

☑ 화재예방안전진단 업무에 종사하고 있거나 종사하였던 사람은 업무를 수행하면서 알게 된 비밀을 이 법에서 정한 목적 외의 용도로 사용하거나 다른 사람 또는 기관에 제공하거나 누설하여서는 아니 된다.

3 안전진단기관의 지정 및 취소

1) 소방청장으로부터 화재예방안전진단기관으로 지정을 받으려는 자는 대통령령으로 정하는 시설과 전문인력 등 지정기준을 갖추어 소방청장에게 지정을 신청하여야 한다.
2) 소방청장은 진단기관으로 지정받은 자가 다음의 어느 하나에 해당하는 경우에는 그 지정을 취소하거나 6개월 이내의 기간을 정하여 업무의 전부 또는 일부의 정지를 명할 수 있다. 다만 (1) 또는 (4)에 해당하는 경우에는 그 지정을 취소하여야 한다.
   (1) 거짓이나 그 밖의 부정한 방법으로 지정을 받은 경우
   (2) 화재예방안전진단 결과를 소방본부장 또는 소방서장, 관계인에게 제출하지 아니한 경우
   (3) 지정기준에 미달하게 된 경우
   (4) 업무정지기간에 화재예방안전진단 업무를 한 경우
3) 진단기관의 지정신청 제출 서류
   (1) 정관 사본
   (2) 시설요건을 증명하는 서류 및 장비 명세서
   (3) 경력증명서 또는 재직증명서 등 기술인력의 자격요건을 증명하는 서류

06 벌칙 및 과태료 ★★★

1 벌칙 및 벌금

🔗 P.348 문 38

징역 (이하)	벌금 (또는, 이하)	위반행위
3년	3000만 원	1. 화재안전조사 결과에 대한 조치명령 위반사항에 대한 명령을 정당한 사유 없이 위반한 자 2. 소방안전관리자 선임 또는 업무 이행에 따른 명령을 정당한 사유 없이 위반한 자 3. 화재예방안전진단 결과에 따른 보수·보강 등의 조치명령을 정당한 사유 없이 위반한 자 4. 거짓, 그 밖의 부정한 방법으로 진단기관으로 지정을 받은 자

화재안전조사 결과에 대한 조치명령 위반사항에 대한 명령을 정당한 사유 없이 위반한 자는 1년 이하의 징역 또는 1000만 원 이하의 벌금에 해당한다. ☒ 3년 3000만 원

징역 (이하)	벌금 (또는, 이하)	위반행위
1년	1000만 원	1. 관계인의 정당한 업무방해, 조사업무를 수행하면서 취득자료나 알게 된 비밀 제공·누설·목적 외 용도 사용 2. 소방안전관리자 자격증을 다른 사람에게 빌려 주거나 빌리거나 이를 알선한 자 3. 진단기관으로부터 화재예방안전진단을 받지 아니한 자

–	300만 원	1. 화재안전조사를 정당한 사유 없이 거부·방해 또는 기피한 자
		2. 화재 발생 위험이 크거나 소화활동에 지장을 줄 수 있다고 인정되는 행위나 물건에 따른 명령을 정당한 사유 없이 따르지 아니하거나 방해한 자
		  1) 다음에 해당하는 행위의 금지 또는 제한
		    ① 모닥불, 흡연 등 화기의 취급
		    ② 풍등 등 소형열기구 날리기
		    ③ 용접·용단 등 불꽃을 발생시키는 행위
		    ④ 그 밖에 대통령령으로 정하는 화재 발생 위험이 있는 행위
		  2) 목재, 플라스틱 등 가연성이 큰 물건의 제거, 이격, 적재 금지 등
		  3) 소방차량의 통행이나 소화활동에 지장을 줄 수 있는 물건의 이동
		3. 소방안전관리자, 총괄소방안전관리자 또는 소방안전관리보조자를 선임하지 아니한 자
		4. 소방시설·피난시설·방화시설 및 방화구획 등이 법령에 위반된 것을 발견하였음에도 필요한 조치를 할 것을 요구하지 아니한 소방안전관리자
		5. 소방안전관리자에게 불이익한 처우를 한 관계인
		6. 화재예방안전진단, 위탁받은 업무를 위반하여 업무를 수행하면서 알게 된 비밀을 정한 목적 외의 용도로 사용하거나 다른 사람, 기관에 제공, 누설한 자

2 과태료 개별기준

위반행위	과태료 금액(만 원)		
	1차	2차	3차 이상
1. 화재예방강화지구에서 법을 위반하여 화기취급 등을 한 경우		300	
1) 모닥불, 흡연 등 화기취급을 한 경우		300	
2) 풍등 등 소형열기구 날리기를 한 경우		300	
3) 용접·용단 등 불꽃을 발생시키는 행위를 한 경우		300	

◦ P.351 문 45

◦ 화재예방강화지구에서 법을 위반하여 화기취급 등을 한 경우 과태료는 500만 원 이하이다. ✗ 300 만 원

위반행위	과태료 금액(만 원)		
	1차	2차	3차 이상
2. 소방안전관리자를 겸한 경우	300		
3. 소방안전관리업무를 하지 아니한 관계인 또는 소방안전관리자	100	200	300
4. 소방안전관리업무의 지도·감독을 하지 아니한 경우	300		
5. 건설현장 소방안전관리대상물의 소방안전관리자의 업무를 하지 아니한 경우	100	200	300
6. 피난유도 안내정보를 제공하지 아니한 경우	100	200	300
7. 소방훈련 및 교육을 하지 아니한 경우	100	200	300
8. 화재예방진단 결과를 제출하지 아니한 경우	–		
1) 지연제출기간이 1개월 미만인 경우	100		
2) 지연제출기간이 1개월 이상 3개월 미만인 경우	200		
3) 지연제출기간이 3개월 이상 또는 제출하지 않은 경우	300		
9. 불을 사용할 때 지켜야 하는 사항 및 특수가연물의 저장 및 취급기준을 위반한 경우	200		
10. 소방설비 등의 설치 명령을 정당한 사유 없이 따르지 아니한 경우	200		
11. 기간 내에 선임신고를 하지 아니하거나 소방안전관리자의 성명 등을 게시하지 아니한 경우			
1) 지연신고기간이 1개월 미만인 경우	50		
2) 지연신고기간이 1개월 이상 3개월 미만인 경우	100		
3) 지연신고기간이 3개월 이상이거나 신고하지 않은 경우	200		
4) 소방안전관리자의 성명 등을 게시하지 않은 경우	50	100	200
12. 기간 내에 건설현장 소방안전관리자 선임신고를 하지 않거나 소방안전관리자의 성명 등을 게시하지 않은 경우			
1) 지연신고기간이 1개월 미만인 경우	50		
2) 지연신고기간이 1개월 이상 3개월 미만인 경우	100		
3) 지연신고기간이 3개월 이상이거나 신고하지 않은 경우	200		
13. 기간 내에 소방훈련 및 교육결과를 제출하지 아니한 경우			
1) 지연제출기간이 1개월 미만인 경우	50		
2) 지연제출기간이 1개월 이상 3개월 미만인 경우	100		
3) 지연제출기간이 3개월 이상이거나 제출을 하지 않은 경우	200		
14. 소방안전관리자 실무교육을 받지 아니한 경우	50		

예상문제

01 상 중 하

화재의 예방 및 안전관리에 관한 법률상 불꽃을 사용하는 용접·용단 기구의 용접 또는 용단 작업장에서 지켜야 하는 사항 중 다음 ( ) 안에 알맞은 것은?

> 용접 또는 용단 작업장 주변부터 반경 (㉠) [m] 이내에 소화기를 갖추어 둘 것. 용접 또는 용단 작업장 주변 반경 (㉡) [m] 이내에는 가연물을 쌓아 두거나 놓아두지 말 것. 다만 가연물의 제거가 곤란하여 방지포 등으로 방호조치를 한 경우는 제외한다.

① ㉠ 3, ㉡ 5
② ㉠ 5, ㉡ 3
③ ㉠ 5, ㉡ 10
④ ㉠ 10, ㉡ 5

해설 불꽃 사용 용접·용단 기구

- 용접, 용단 작업장 주변부터 반경 5 [m] 이내 소화기를 갖출 것
- 용접, 용단 작업장 주변 반경 10 [m] 이내 가연물을 쌓아 두거나 놓아두지 말 것

02 상 중 하

다음 중 화재의 예방 및 안전관리에 관한 법률상 특수가연물에 해당하는 품명별 기준수량으로 틀린 것은?

① 사류 1000 [kg] 이상
② 면화류 200 [kg] 이상
③ 나무껍질 및 대팻밥 400 [kg] 이상
④ 넝마 및 종이부스러기 500 [kg] 이상

해설 특수가연물

품명		수량
면화류		200 [kg] 이상
나무껍질 및 대팻밥		400 [kg] 이상
넝마 및 종이부스러기		1000 [kg] 이상
사류, 볏짚류		1000 [kg] 이상
가연성 고체류		3000 [kg] 이상
석탄·목탄류		10000 [kg] 이상
가연성 액체류		2 [m³] 이상
목재가공품 및 나무부스러기		10 [m³] 이상
고무류·플라스틱류	발포시킨 것	20 [m³] 이상
	그 밖의 것	3000 [kg] 이상

암기 면이 나대싸 넘사벽 천 가고삼 석목만 가액이 고발이

정답 01 ③ 02 ④

03 (중)

화재의 예방 및 안전관리에 관한 법률상 화재예방강화지구 지정권자는?

① 소방서장
② 시·도지사
③ 소방본부장
④ 행정자치부장관

해설 화재예방강화지구 지정
1) 화재예방강화지구 지정 : 시·도지사
2) 화재예방강화지구 지정 요청 : 소방청장
3) 화재예방강화지구
 • 시장지역
 • 공장·창고 밀집지역
 • 목조건물 밀집지역
 • 노후·불량건축물이 밀집한 지역
 • 위험물 저장 및 처리시설 밀집지역
 • 석유화학제품 생산 공장이 있는 지역
 • 산업입지 및 개발 법률에 따른 산업단지
 • 소방시설·소방용수시설·소방출동로 없는 지역
 • 물류단지
 • 소방관서장이 화재예방강화지구로 지정할 필요가 있다고 인정하는 지역

04 (중)

화재의 예방 및 안전관리에 관한 법률상 소방본부장 또는 소방서장은 소방상 필요한 훈련 및 교육을 실시하고자 하는 때에는 화재예방강화지구 안의 관계인에게 훈련 또는 교육 며칠 전까지 그 사실을 통보하여야 하는가?

① 5
② 7
③ 10
④ 14

해설 화재예방강화지구 관리
• 관리자 : 소방관서장
• 화재안전조사 : 연 1회 이상
• 훈련 및 교육 : 화재예방강화지구 안의 관계인에 대하여 연 1회 이상 실시
• 훈련 및 교육 통보 : 화재예방강화지구 안의 관계인에게 교육 10일 전까지 통보

05 (중)

화재의 예방 및 안전관리에 관한 법률상 보일러, 난로, 건조설비, 가스·전기시설, 그 밖에 화재 발생 우려가 있는 설비 또는 기구 등의 위치·구조 및 관리와 화재 예방을 위하여 불을 사용할 때 지켜야 하는 사항은 무엇으로 정하는가?

① 총리령
② 대통령령
③ 시·도 조례
④ 행정안전부령

해설 불을 사용하는 설비 관리기준
• 제정 : 대통령령
 1) 불꽃을 사용하는 용접·용단기구
 2) 보일러
 3) 난로
 4) 건조설비 설치 시
 5) 음식조리를 위해 설치하는 설비

정답 03 ② 04 ③ 05 ②

06 (중)

화재의 예방 및 안전관리에 관한 법률상 특수가연물의 품명과 지정수량기준의 연결이 틀린 것은?

① 사류 - 1000 [kg] 이상
② 볏짚류 - 3000 [kg] 이상
③ 석탄·목탄류 - 10000 [kg] 이상
④ 고무류 중 발포시킨 것 - 20 [m³] 이상

해설 특수가연물

품명		수량
면화류		200 [kg] 이상
나무껍질 및 대팻밥		400 [kg] 이상
넝마 및 종이부스러기		1000 [kg] 이상
사류, 볏짚류		1000 [kg] 이상
가연성 고체류		3000 [kg] 이상
석탄·목탄류		10000 [kg] 이상
가연성 액체류		2 [m³] 이상
목재가공품 및 나무부스러기		10 [m³] 이상
고무류·플라스틱류	발포시킨 것	20 [m³] 이상
	그 밖의 것	3000 [kg] 이상

암기 ▶ 면이 나대싸 넘사벽 천 가고삼 석목만 가액이 고발이

07 (중)

화재의 예방 및 안전관리에 관한 법률상 화재예방강화지구의 지정대상이 아닌 것은? (단, 소방청장 소방본부장 또는 소방서장이 화재예방강화지구로 지정할 필요가 있다고 인정하는 지역은 제외한다)

① 시장지역
② 농촌지역
③ 목조건물이 밀집한 지역
④ 공장 창고가 밀집한 지역

해설 화재예방강화지구 지정

1) 화재예방강화지구 지정 : 시·도지사
2) 화재예방강화지구 지정 요청 : 소방청장
3) 화재예방강화지구
   - 시장지역
   - 공장·창고 밀집지역
   - 목조건물 밀집지역
   - 노후·불량건축물이 밀집한 지역
   - 위험물 저장 및 처리시설 밀집지역
   - 석유화학제품 생산 공장이 있는 지역
   - 산업입지 및 개발 법률에 따른 산업단지
   - 소방시설·소방용수시설·소방출동로 없는 지역
   - 물류단지
   - 소방관서장이 화재예방강화지구로 지정할 필요가 있다고 인정하는 지역

08 (중)

화재의 예방 및 안전관리에 관한 법률상 특수가연물의 저장 및 취급기준 중 석탄·목탄류를 저장하는 경우 쌓는 부분의 바닥면적은 몇 [m²] 이하인가? (단, 살수설비를 설치하거나, 방사능력 범위에 해당 특수가연물이 포함되도록 대형 수동식 소화기를 설치하는 경우이다)

① 200
② 250
③ 300
④ 350

해설 특수가연물 저장·취급기준

1) 품명별로 구분하여 쌓을 것
2) 일반적인 경우
   (1) 쌓는 높이 : 10 [m] 이하
   (2) 쌓는 부분 바닥 : 50 [m²] 이하(석탄·목탄류 : 200 [m²] 이하)
3) 살수설비, 대형 수동식 소화기 설치하는 경우
   (1) 쌓는 높이 : 15 [m] 이하
   (2) 쌓는 부분의 바닥면적 : 200 [m²] 이하(석탄·목탄류 : 300 [m²] 이하)

정답 06 ② 07 ② 08 ③

09 (상 중 하)

화재의 예방 및 안전관리에 관한 법률상 위험물 또는 물건의 보관기간은 소방 본부 또는 소방서의 게시판에 공고하는 기간의 종료일 다음 날부터 며칠로 하는가?

① 3일　　② 5일
③ 7일　　④ 14일

해설 위험물 또는 물건의 보관

- 다음 물건의 소유자·관리자·점유자를 알 수 없는 경우 소속 공무원으로 하여금 그 물건을 옮기거나 보관하는 등 필요한 조치를 하게 할 수 있음
  ① 목재, 플라스틱 등 가연성이 큰 물건의 제거, 이격, 적재 금지 등
  ② 소방차량의 통행이나 소화활동에 지장을 줄 수 있는 물건의 이동
- 옮기거나 치운 물건 등은 보관해야 함
- 공고기간 : 14일 동안
- 보관기간 : 공고기간 종료일 다음 날부터 7일
- 보관기간이 종료되는 때에는 보관하고 있는 옮긴 물건을 매각 : 소방관서장
- 소방관서장은 보관하던 옮긴 물건을 매각한 경우 지체 없이 「국가재정법」에 따라 세입 조치할 것
- 소방관서장은 매각되거나 폐기된 옮긴 물건의 소유자가 보상 요구 시 보상금액에 대하여 소유자와 협의를 거쳐 보상할 것

10 (상 중 하)

화재예방강화지구로 지정할 수 있는 대상이 아닌 것은?

① 시장지역
② 소방출동로가 있는 지역
③ 공장·창고가 밀집한 지역
④ 목조건물이 밀집한 지역

해설 화재예방강화지구 지정

1) 화재예방강화지구 지정 : 시·도지사
2) 화재예방강화지구 지정 요청 : 소방청장
3) 화재예방강화지구
   - 시장지역
   - 공장·창고 밀집지역
   - 목조건물 밀집지역
   - 노후·불량건축물이 밀집한 지역
   - 위험물 저장 및 처리시설 밀집지역
   - 석유화학제품 생산 공장이 있는 지역
   - 산업입지 및 개발 법률에 따른 산업단지
   - 소방시설·소방용수시설·소방출동로 없는 지역
   - 물류단지
   - 소방관서장이 화재예방강화지구로 지정할 필요가 있다고 인정하는 지역

11 (상 중 하)

소방본부장 또는 소방서장은 화재예방강화지구안의 관계인에 대하여 소방상 필요한 훈련 및 교육은 연 몇 회 이상 실시할 수 있는가?

① 1　　② 2
③ 3　　④ 4

해설 화재예방강화지구 관리

- 관리자 : 소방관서장
- 화재안전조사 : 연 1회 이상
- 훈련 및 교육 : 화재예방강화지구 안의 관계인에 대하여 연 1회 이상 실시
- 훈련 및 교육 통보 : 화재예방강화지구 안의 관계인에게 교육 10일 전까지 통보

정답　09 ③　10 ②　11 ①

12 상(중)하

화재의 예방 및 안전관리에 관한 법률상 일반음식점에서 조리를 위하여 불을 사용하는 설비를 설치하는 경우 지켜야 하는 사항 중 다음 ( ) 안에 알맞은 것은?

- 주방설비에 부속된 배기닥트는 (㉠) [mm] 이상의 아연도금 강판 또는 이와 동등 이상의 내식성 불연재료로 설치할 것
- 열을 발생하는 조리기구로부터 (㉡) [m] 이내의 거리에 있는 가연성 주요구조부는 석면판 또는 단열성이 있는 불연재료로 덮어씌울 것

① ㉠ 0.5, ㉡ 0.15
② ㉠ 0.5, ㉡ 0.6
③ ㉠ 0.6, ㉡ 0.15
④ ㉠ 0.6, ㉡ 0.5

해설 음식조리를 위하여 설치하는 설비

- 주방설비에 부속된 배출덕트는 0.5 [mm] 이상 아연도금강판 또는 동등 이상의 내식성 불연재료로 설치
- 동·식물 기름 제거 가능한 필터 설치
- 열 발생 조리기구는 반자 또는 선반으로부터 0.6 [m] 이상 떨어지게 할 것
- 열 발생 조리기구로부터 0.15 [m] 이내 거리의 가연성 주요구조부는 석면판 또는 단열성 있는 불연재료로 덮어씌울 것

13 상(중)하

화재의 예방 및 안전관리에 관한 법률상 특수가연물의 품명별 수량기준으로 틀린 것은?

① 플라스틱류(발포시킨 것) : 20 [m³] 이상
② 가연성 액체류 : 2 [m³] 이상
③ 넝마 및 종이부스러기 : 400 [kg] 이상
④ 볏짚류 : 1000 [kg] 이상

해설 특수가연물

품명		수량
면화류		200 [kg] 이상
나무껍질 및 대팻밥		400 [kg] 이상
넝마 및 종이부스러기		1000 [kg] 이상
사류, 볏짚류		1000 [kg] 이상
가연성 고체류		3000 [kg] 이상
석탄·목탄류		10000 [kg] 이상
가연성 액체류		2 [m³] 이상
목재가공품 및 나무부스러기		10 [m³] 이상
고무류·플라스틱류	발포시킨 것	20 [m³] 이상
	그 밖의 것	3000 [kg] 이상

암기 ▶ 면이 나대싸 넘사벽 천 가고삼 석목만 가액이 고발이

14 상(중)하

화재의 예방 및 안전관리에 관한 법률상 시·도지사가 화재예방강화지구로 지정할 필요가 있는 지역을 화재예방강화지구로 지정하지 아니하는 경우 해당 시·도지사에게 해당 지역의 화재예방강화지구 지정을 요청할 수 있는 자는?

① 행정안전부장관
② 소방청장
③ 소방본부장
④ 소방서장

해설 화재예방강화지구

1) 화재예방강화지구 지정 : 시·도지사
2) 화재예방강화지구 지정 요청 : 소방청장
3) 화재예방강화지구
   - 시장지역
   - 공장·창고 밀집지역
   - 목조건물 밀집지역
   - 노후·불량건축물이 밀집한 지역
   - 위험물 저장 및 처리시설 밀집지역
   - 석유화학제품 생산 공장이 있는 지역
   - 산업입지 및 개발 법률에 따른 산업단지
   - 소방시설·소방용수시설·소방출동로 없는 지역
   - 물류단지
   - 소방관서장이 화재예방강화지구로 지정할 필요가 있다고 인정하는 지역

정답 12 ① 13 ③ 14 ②

15 상중하

화재의 예방 및 안전관리에 관한 법률상 특수가연물의 저장 및 취급의 기준 중 다음 ( ) 안에 알맞은 것은? (단, 석탄·목탄류를 발전용으로 저장하는 경우는 제외한다)

> 살수설비를 설치하거나, 방사능력 범위에 해당 특수가연물이 포함되도록 대형 수동식 소화기를 설치하는 경우에는 쌓는 높이를 (㉠) [m] 이하, 석탄·목탄류의 경우에는 쌓는 부분의 바닥면적을 (㉡) [m²] 이하로 할 수 있다.

① ㉠ 10, ㉡ 50
② ㉠ 10, ㉡ 200
③ ㉠ 15, ㉡ 200
④ ㉠ 15, ㉡ 300

해설 특수가연물 저장기준
1) 품명별로 구분하여 쌓을 것
2) 일반적인 경우
  (1) 쌓는 높이 : 10 [m] 이하
  (2) 쌓는 부분 바닥 : 50 [m²] 이하(석탄·목탄류 : 200 [m²] 이하)
3) 살수설비, 대형 수동식 소화기 설치하는 경우
  (1) 쌓는 높이 : 15 [m] 이하
  (2) 쌓는 부분의 바닥면적 : 200 [m²] 이하(석탄·목탄류 : 300 [m²] 이하)

16 상중하

화재의 예방 및 안전관리에 관한 법률에 따른 용접 또는 용단 작업장에서 불꽃을 사용하는 용접·용단기구 사용에 있어서 작업장 주변부터 반경 몇 [m] 이내에 소화기를 갖추어야 하는가? (단, 산업안전보건법에 따른 안전조치의 적용을 받는 사업장의 경우는 제외한다)

① 1
② 3
③ 5
④ 7

해설 불꽃 사용 용접·용단 기구
- 용접, 용단 작업장 주변부터 반경 5 [m] 이내 소화기 갖출 것
- 용접, 용단 작업장 주변 반경 10 [m] 이내 가연물 쌓아 두거나 놓아두지 말 것

17 상중하

화재의 예방 및 안전관리에 관한 법률에 따른 화재예방강화지구의 관리기준 중 다음 ( ) 안에 알맞은 것은?

> - 소방본부장 또는 소방서장은 화재예방강화지구 안의 소방대상물의 위치, 구조 및 설비 등에 대한 화재안전조사를 (㉠)회 이상 실시하여야 한다.
> - 소방본부장 또는 소방서장은 소방상 필요한 훈련 및 교육을 실시하고자 하는 때에는 화재예방강화지구 안의 관계인에게 훈련 또는 교육 (㉡)일 전까지 그 사실을 통보하여야 한다.

① ㉠ 월 1, ㉡ 7
② ㉠ 월 1, ㉡ 10
③ ㉠ 연 1, ㉡ 7
④ ㉠ 연 1, ㉡ 10

해설 화재예방강화지구 관리
- 관리자 : 소방관서장
- 화재안전조사 : 연 1회 이상
- 훈련 및 교육 : 화재예방강화지구 안의 관계인에 대하여 연 1회 이상 실시
- 훈련 및 교육 통보 : 화재예방강화지구 안의 관계인에게 교육 10일 전까지 통보

18 (상 중 하)

보일러 등의 위치·구조 및 관리와 화재예방을 위하여 불의 사용에 있어서 지켜야 하는 사항 중 보일러에 경유·등유 등 액체연료를 사용하는 경우에 연료탱크는 보일러 본체로부터 수평거리 최소 몇 [m] 이상의 간격을 두어 설치해야 하는가?

① 0.5
② 0.6
③ 1
④ 2

해설 보일러 화재예방

1) 가연성 벽·바닥·천장과 접촉하는 증기기관·연통의 부분은 규조토 등 난연성 단열재로 덮어씌울 것
2) 액체연료(경유·등유 등)을 사용하는 경우
   (1) 연료탱크는 보일러 본체로부터 수평거리 1 [m] 이상
   (2) 연료차단 개폐밸브는 연료탱크로부터 0.5 [m] 이내
   (3) 연료탱크 또는 연료공급 배관에는 여과장치 설치
   (4) 사용이 허용된 연료만 사용
   (5) 불연재료 받침대를 설치하여 넘어짐 방지
3) 기체연료 설치기준
   (1) 환기구 설치 등 가연성 가스가 머무르지 않도록 함
   (2) 연료를 공급하는 배관은 금속관
   (3) 연료차단 개폐밸브는 연료용기 등으로부터 0.5 [m] 이내
   (4) 가스누설경보기 설치

19 (상 중 하)

일반음식점에서 조리를 위해 불을 사용하는 설비를 설치할 때 지켜야 할 사항의 기준으로 옳지 않은 것은?

① 주방시설에는 동물 또는 식물의 기름을 제거할 수 있는 필터 등을 설치할 것
② 열을 발생하는 조리기구는 반자 또는 선반에서 50 [cm] 이상 떨어지게 할 것
③ 주방시설에 부속된 배기덕트는 0.5 [mm] 이상의 아연도금강판 또는 이와 동등 이상의 내식성 불연재료로 설치할 것
④ 열을 발생하는 조리기구로부터 15 [cm] 이내의 거리에 있는 가연성 주요구조부는 석면판 또는 단열성이 있는 불연재료로 덮어씌울 것

해설 음식조리를 위하여 설치하는 설비

- 주방설비에 부속된 배출덕트는 0.5 [mm] 이상 아연도금강판 또는 동등 이상의 내식성 불연재료로 설치
- 동·식물 기름 제거 가능한 필터 설치
- 열 발생 조리기구는 반자 또는 선반으로부터 0.6 [m] 이상 떨어지게 할 것
- 열 발생 조리기구로부터 0.15 [m] 이내 거리의 가연성 주요구조부는 석면판 또는 단열성 있는 불연재료로 덮어씌울 것

20 (상 중 하)

화재의 예방 및 안전관리에 관한 법률상 화재의 예방조치 명령이 아닌 것은?

① 모닥불·흡연 및 화기 취급의 금지 또는 제한
② 목재, 플라스틱 등 가연성이 큰 물건의 제거, 이격, 적재 금지 등
③ 소방차량의 통행이나 소화활동에 지장을 줄 수 있는 물건의 이동
④ 불이 번지는 것을 막기 위하여 불이 번질 우려가 있는 소방대상물의 사용 제한

정답 18 ③ 19 ② 20 ④

해설 화재 예방조치

1) 조치권자 : 소방관서장
2) 행위금지 명령사항
   (1) 모닥불, 흡연 등 화기의 취급
   (2) 풍등 등 소형열기구 날리기
   (3) 용접·용단 등 불꽃을 발생시키는 행위
   (4) 그 밖에 대통령령으로 정하는 화재 발생 위험이 있는 행위

21 (상**중**하)

보일러 등의 위치 구조 및 관리와 화재 예방을 위하여 불의 사용에 있어서 지켜야 하는 사항 중 난로의 연통은 천장으로부터 최소 몇 [m] 이상 떨어지게 설치하여야 하는가?

① 0.3 ② 0.6
③ 1   ④ 2

해설 난로 화재예방

1) 연통은 천장으로부터 0.6 [m] 이상 떨어지고, 건물 밖으로 0.6 [m] 이상 나오게 설치
2) 가연성 벽·바닥·천장과 접촉하는 연통의 부분은 규조토 등 난연성 단열재로 덮어씌울 것
3) 이동식 난로 사용 금지 장소
   다만 난로가 쓰러지지 않도록 받침대를 두어 고정시키거나 쓰러지는 경우 즉시 소화되고, 연료 누출 차단 장치가 부착된 경우 제외
   (1) 다중이용업의 영업소
   (2) 학원, 독서실, 영화상영관
   (3) 숙박업·목욕장업·세탁업의 영업장
   (4) 종합병원, 병원, 정신병원, 치과병원, 한방병원, 요양병원, 의원, 치과의원, 한의원, 조산원
   (5) 식품접객업의 영업장
   (6) 공연장, 박물관, 미술관, 상점가, 가설건축물, 역·터미널

22 (상**중**하)

소방안전관리자 및 소방안전관리보조자에 대한 실무교육의 교육대상, 교육일정 등 실무교육에 필요한 계획을 수립하여 매년 누구의 승인을 얻어 교육을 실시하는가?

① 한국소방안전원장   ② 소방본부장
③ 소방청장   ④ 시·도지사

해설 소방안전관리자 실무교육

실무교육의 대상, 일정·횟수 등을 포함한 실무교육의 실시 계획을 매년 수립·시행해야 함
• 승인자 : 소방청장
• 통보 : 교육실시 30일 전까지 교육대상자에게 통보
• 주기 : 선임된 날부터 6개월 이내, 교육실시 후 2년마다 1회 이상 실시

23 (상**중**하)

화재의 예방 및 안전관리에 관한 법률상 특수가연물의 저장 및 취급기준을 위반한 경우 과태료 부과기준은?

① 200만 원   ② 100만 원
③ 150만 원   ④ 50만 원

해설 과태료 부과기준(200만 원 이하)

1) 불을 사용할 때 지켜야 하는 사항 및 특수가연물의 저장 및 취급기준을 위반한 경우
2) 소방설비 등의 설치 명령을 정당한 사유 없이 따르지 아니한 경우
3) 기간 내에 선임신고를 하지 아니하거나 소방안전관리자의 성명 등을 게시하지 아니한 경우
4) 기간 내에 선임신고를 하지 아니한 자
5) 기간 내에 소방훈련 및 교육결과를 제출하지 아니한 경우

정답 21 ② 22 ③ 23 ①

24 상(중)하

화재의 예방 및 안전관리에 관한 법령상 화재안전조사 결과 소방대상물의 위치 상황이 화재 예방을 위하여 보완될 필요가 있을 것으로 예상되는 때에 소방대상물의 개수·이전·제거, 그 밖의 필요한 조치를 관계인에게 명령할 수 있는 사람은?

① 소방서장
② 경찰청장
③ 시·도지사
④ 해당구청장

해설 화재안전조사 결과에 따른 조치명령

1) 명령권자 : 소방관서장
2) 관계인에게 그 소방대상물의 개수·이전·제거, 사용의 금지 또는 제한, 사용 폐쇄, 공사의 정지 또는 중지, 그 밖에 필요한 조치
   (1) 소방대상물의 위치·구조·설비 또는 관리에 보완 필요 시
   (2) 화재 발생 시 인명 또는 재산 피해가 클 것으로 예상될 때
3) 관계인에게 조치를 명령 또는 관계 행정기관의 장에게 필요한 조치 요청
   (1) 법령을 위반하여 건축 또는 설비
   (2) 소방시설등, 피난시설·방화구획, 방화시설 등이 법령에 적합하게 설치·관리되지 않은 경우

25 상(중)하

화재의 예방 및 안전관리에 관한 법령상 화재안전조사위원회의 위원에 해당하지 아니하는 사람은?

① 소방기술사
② 소방시설관리사
③ 소방 관련 분야의 석사학위 이상을 취득한 사람
④ 소방 관련 법인 또는 단체에서 소방 관련 업무에 3년 이상 종사한 사람

해설 화재안전조사위원회

1) 구성
   • 위원장 1명
   • 7명 이내의 위원(성별 고려)
2) 위원 자격 : 소방본부장 임명 및 위촉
   • 과장급 직위 이상의 소방공무원
   • 소방기술사
   • 소방시설관리사
   • 소방 관련 분야 석사 이상 취득한 자
   • 소방 관련 법인·단체에서 소방 관련 업무 5년 이상 종사자
   • 소방공무원 교육기관, 학교, 연구소에서 소방 관련 교육·연구 5년 이상 종사자
3) 위촉위원 임기 : 2년, 1차례 연임

26 상(중)하

화재의 예방 및 안전관리에 관한 법령상 화재안전조사 결과에 따른 조치명령으로 손실을 입어 손실을 보상하는 경우 그 손실을 입은 자는 누구와 손실보상을 협의하여야 하는가?

① 소방서장
② 시·도지사
③ 소방본부장
④ 행정안전부장관

해설 화재안전조사 손실보상

1) 손실보상 의무자 : 소방청장, 시·도지사
2) 화재안전조사 결과에 따른 조치명령으로 인해 손실을 입은 자가 있는 경우 대통령령으로 정하는 바에 따라 보상
3) 손실보상
   (1) 소방청장, 시·도지사가 손실을 보상하는 경우 : 시가로 보상
   (2) 손실 보상에 관하여 소방청장, 시·도지사와 손실을 입은 자가 협의
   (3) 보상금액에 관한 협의가 성립되지 않은 경우 소방청장, 시·도지사는 그 보상금액을 지급하거나 공탁하고 상대방에게 통지

정답 24 ① 25 ④ 26 ②

(4) 보상금의 지급 또는 공탁의 통지에 불복하는 자는 지급 또는 공탁의 통지를 받은 날부터 30일 이내에 중앙토지수용위원회 또는 관할 지방 토지수용위원회에 재결 신청
4) 손실보상청구서 첨부서류
   (1) 소방대상물의 관계인임을 증명할 수 있는 서류(건축물대장 제외)
   (2) 손실을 증명할 수 있는 사진 그 밖의 증빙자료

27 상중하

화재의 예방 및 안전관리에 관한 법령상 소방대상물의 개수·이전·제거, 사용의 금지 또는 제한, 사용 폐쇄, 공사의 정지 또는 중지, 그 밖의 필요한 조치로 인하여 손실을 받은 자가 손실보상청구서에 첨부하여야 하는 서류로 틀린 것은?

① 손실보상 합의서
② 손실을 증명할 수 있는 사진
③ 손실을 증명할 수 있는 증빙자료
④ 소방대상물의 관계인임을 증명할 수 있는 서류(건축물대장은 제외)

해설 손실보상청구서 첨부서류

1) 손실보상 의무자 : 소방청장, 시·도지사
2) 손실보상청구서 첨부서류
   (1) 소방대상물의 관계인임을 증명할 수 있는 서류(건축물대장 제외)
   (2) 손실을 증명할 수 있는 사진 그 밖의 증빙자료

보충 손실보상합의서 : 협의 이후 작성

28 상중하

화재의 예방 및 안전관리에 관한 법령상 소방청장, 소방본부장 또는 소방서장은 관할구역에 있는 소방대상물에 대하여 화재안전조사를 실시할 수 있다. 화재안전조사 대상과 거리가 먼 것은? (단, 개인 주거에 대하여는 관계인의 승낙을 득한 경우이다)

① 화재예방강화지구에 대한 화재안전조사 등 다른 법률에서 화재안전조사를 실시하도록 한 경우
② 관계인이 법령에 따라 실시하는 소방시설등, 방화시설, 피난시설 등에 대한 자체점검 등이 불성실하거나 불완전하다고 인정되는 경우
③ 화재가 발생할 우려는 없으나 소방대상물의 정기점검이 필요한 경우
④ 국가적 행사 등 주요행사가 개최되는 장소에 대하여 소방안전관리 실태를 점검할 필요가 있는 경우

해설 화재안전조사 대상

1) 조사권자 : 소방관서장
2) 개인의 주거에 대한 화재안전조사는 관계인의 승낙이 있거나 화재 발생의 우려가 뚜렷하여 긴급한 필요가 있는 때로 한정
3) 화재안전조사 실시할 수 있는 경우
   (1) 관계인이 실시하는 자체점검 등이 불성실하거나 불완전하다고 인정되는 경우
   (2) 화재예방강화지구 등 법령에서 화재안전조사를 하도록 규정되어 있는 경우
   (3) 화재예방안전진단이 불성실하거나 불완전하다고 인정되는 경우
   (4) 국가적 행사 등 주요 행사가 개최되는 장소 및 그 주변의 관계 지역에 대하여 소방안전관리 실태를 점검할 필요가 있는 경우
   (5) 화재가 자주 발생하였거나 발생할 우려가 뚜렷한 곳에 대한 점검이 필요한 경우
   (6) 재난예측정보, 기상예보 등을 분석한 결과 소방대상물에 화재의 발생 위험이 높다고 판단되는 경우
   (7) 그 밖의 긴급한 상황이 발생한 경우 인명 또는 재산 피해의 우려가 현저하다고 판단되는 경우
      ① 화재안전조사의 항목 : 대통령령
      ② 소방관서장은 화재안전조사를 실시하는 경우 다른 목적을 위해 조사권을 남용하지 않은 것

정답 27 ① 28 ③

29 (하)

화재안전조사의 연기를 신청하려는 자는 화재안전조사 시작 며칠 전까지 소방청장, 소방본부장 또는 소방서장에게 화재안전조사 연기신청서에 증명서류를 첨부하여 제출해야 하는가? (단, 천재지변 및 그 밖에 대통령령으로 정하는 사유로 화재안전조사를 받기 곤란한 경우이다)

① 3
② 5
③ 7
④ 10

해설 화재안전조사 연기

연기의 사유 및 기간 등을 적어 소방관서장에게 <u>3일 전</u> 제출

※ 연기의 사유
1) 재난이 발생한 경우
2) 관계인의 질병, 사고, 장기출장의 경우
3) 권한 있는 기관에 자체점검기록부, 교육·훈련일지 등 화재안전조사에 필요한 장부·서류 등이 압수되거나 영치되어 있는 경우
4) 소방대상물의 증축·용도변경 또는 대수선 등의 공사로 화재안전조사를 실시하기 어려운 경우

30 (중)

소방청장, 소방본부장 또는 소방서장이 화재안전조사 조치명령서를 해당 소방대상물의 관계인에게 발급하는 경우가 아닌 것은?

① 소방대상물의 신축
② 소방대상물의 개수
③ 소방대상물의 이전
④ 소방대상물의 제거

해설 화재안전조사 결과에 따른 조치명령

1) 명령권자 : 소방관서장
2) 관계인에게 그 소방대상물의 개수·이전·제거, 사용의 금지 또는 제한, 사용 폐쇄, 공사의 정지 또는 중지, 그 밖에 필요한 조치
   (1) 소방대상물의 위치·구조·설비 또는 관리에 보완 필요시
   (2) 화재 발생 시 인명 또는 재산 피해가 클 것으로 예상될 때
3) 관계인에게 조치를 명령 또는 관계 행정기관의 장에게 필요한 조치 요청
   (1) 법령을 위반하여 건축 또는 설비
   (2) 소방시설등, 피난시설·방화구획, 방화시설 등이 법령에 적합하게 설치·관리되지 않은 경우

31 (중)

소방본부장 또는 소방서장이 화재안전조사를 하고자 하는 때에는 조사대상, 조사기간 및 조사사유 등을 며칠 이상 인터넷 홈페이지나 전산시스템을 통해 공개해야 하는가?

① 1일
② 3일
③ 5일
④ 7일

해설 화재안전조사방법·절차

- 조사권자 : 소방청장, 소방본부장, 소방서장
- 절차 : 조사대상, 조사기간 및 조사사유 등 조사계획을 소방청, 소방본부 또는 소방서(이하 "소방관서"라 한다)의 인터넷 홈페이지나 전산시스템을 통해 7일 이상 공개해야 한다.

정답 29 ① 30 ① 31 ④

32 상(중)하

화재의 예방 및 안전관리에 관한 법령상 특정소방대상물의 관계인이 수행하여야 하는 소방안전관리 업무가 아닌 것은?

① 소방훈련의 지도/감독
② 화기 취급의 감독
③ 피난시설, 방화구획 및 방화시설의 관리
④ 소방시설이나 그 밖의 소방 관련 시설의 관리

해설 특정소방대상물 소방안전관리자와 관계인의 업무

1) 소방안전관리자의 업무
  (1) 피난계획 관련 사항과 대통령령으로 정하는 사항이 포함된 소방계획서 작성 및 시행
  (2) 자위소방대 및 초기대응체계 구성·운영·교육
  (3) 피난시설, 방화구획, 방화시설의 관리
  (4) 소방훈련 및 교육
  (5) 소방시설이나 그 밖의 소방 관련 시설의 관리
  (6) 화기 취급의 감독
  (7) 소방안전관리에 관한 업무수행에 관한 기록·유지((3), (5), (6)항 업무)
  (8) 화재 발생 시 초기대응
  (9) 그 밖에 소방안전관리에 필요한 업무
2) 특정소방대상물 관계인의 업무
  (1) 피난시설, 방화구획, 방화시설의 관리
  (2) 소방시설이나 그 밖의 소방 관련 시설의 관리
  (3) 화기 취급의 감독
  (4) 화재 발생 시 초기대응
  (5) 그 밖에 소방안전관리에 필요한 업무

33 상(중)하

화재의 예방 및 안전관리에 관한 법령상 소방안전관리대상물의 소방계획서에 포함되어야 하는 사항이 아닌 것은?

① 소방시설·피난시설 및 방화시설의 점검·정비계획
② 위험물안전관리법에 따라 예방규정을 정하는 제조소 등의 위험물 저장·취급에 관한 사항
③ 특정소방대상물의 근무자 및 거주자의 자위소방대 조직과 대원의 임무에 관한 사항
④ 방화구획, 제연구획, 건축물의 내부마감재료(불연재료·준불연재료 또는 난연재료로 사용된 것) 및 방염물품의 사용현황과 그 밖의 방화구조 및 설비의 유지·관리계획

해설 소방계획서 포함사항

1) 소방안전관리대상물 위치·구조·연면적·용도·수용인원 등 일반 현황
2) 소방안전관리대상물에 설치한 소방·방화·전기·가스·위험물 시설 현황
3) 화재 예방을 위한 자체점검계획 및 대응대책
4) 소방시설·피난시설·방화시설 점검·정비계획
5) 피난층·피난시설 위치, 피난경로 설정, 장애인·노약자 피난계획 등 피난계획
6) 방화구획, 제연구획, 건축물 내부 마감재료·방염물품 사용현황, 방화구조 및 설비유지·관리계획
7) 관리의 권원이 분리된 특정소방대상물의 소방안전관리에 관한 사항
8) 소방훈련·교육에 관한 계획
9) 특정소방대상물의 근무자 및 거주자의 자위소방대 조직과 대원의 임무(화재안전취약자의 피난 보조 임무를 포함)에 관한 사항
10) 화기 취급 작업에 대한 사전 안전조치 및 감독 등 공사 중 소방안전관리에 관한 사항
11) 소화에 관한 사항과 연소 방지에 관한 사항
12) 위험물의 저장·취급에 관한 사항(예방규정을 정하는 제조소등은 제외)
13) 소방안전관리에 대한 업무수행에 관한 기록 및 유지에 관한 사항(월 1회 이상 작성. 2년간 보관)
14) 화재 발생 시 화재경보, 초기소화 및 피난유도 등 초기대응에 관한 사항

정답 32 ① 33 ②

15) 그 밖에 소방본부장 또는 소방서장이 소방안전관리대상물의 위치·구조·설비 또는 관리 상황 등을 고려하여 소방안전관리에 필요하여 요청하는 사항

34 (상(중)하)

화재의 예방 및 안전관리에 관한 법령상 1급 소방안전관리대상물에 해당하는 건축물은?

① 지하구
② 층수가 15층인 공공업무시설
③ 연면적 15000 [m²] 이상인 동물원
④ 층수가 20층이고, 지상으로부터 높이가 100 [m]인 아파트

해설 소방안전관리대상물

구분	기준
특급	• 50층 이상(지하층 제외), 높이 200 [m] 이상 아파트 • 30층 이상(지하층 포함), 높이 120 [m] 이상 특정소방대상물(아파트 제외) • 연면적 100000 [m²] 이상 특정소방대상물(아파트 제외)
1급	• 30층 이상(지하층 제외), 높이 120 [m] 이상 아파트 • 11층 이상 특정소방대상물(아파트 제외) • 연면적 15000 [m²] 이상 특정소방대상물(아파트 및 연립주택 제외) • 가연성 가스 1000톤 이상 저장·취급시설
2급	• 지하구, 공동주택(옥내·SP설치), 보물·국보로 지정된 목조건축물 • 가연성 가스 100톤 이상 1000톤 미만 저장·취급시설 • 옥내소화전, 스프링클러, 간이, 물분무등소화설비 설치대상 (호스릴방식 물분무등소화설비만을 설치한 경우 제외)
3급	간이스프링클러설비 또는 자동화재탐지설비를 설치하여야 하는 특정소방대상물
비고	동·식물원, 철강 등 불연성 물품 저장·취급 창고, 위험물 제조소등, 지하구는 특급 및 1급 소방안전관리대상물에서 제외

35 (상(중)하)

화재의 예방 및 안전관리에 관한 법령상 관리의 권원이 분리된 특정소방대상물의 소방안전관리자를 선임해야 할 대상이 아닌 것은?

① 판매시설 중 도매시장 및 소매시장
② 전통시장
③ 지하층을 제외한 층수가 7층 이상인 고층 건축물
④ 복합건축물로서 연면적이 3만 [m²] 이상인 것

해설 관리의 권원이 분리된 특정소방대상물의 소방안전관리자 선임 대상

1) 관리의 권원이 분리된 특정소방대상물의 소방안전관리 : 대통령령
2) 소방안전관리자 선임 대상
   ⑴ 복합건축물(지하층 제외한 층수가 11층 이상 또는 연면적 3만 [m²] 이상)
   ⑵ 지하가(지하 인공구조물 안에 설치된 상점 및 사무실, 그 밖에 이와 비슷한 시설이 연속하여 지하도에 접하여 설치된 것과 그 지하도를 합한 것)
   ⑶ 판매시설 중 도매시장, 소매시장 및 전통시장

36 (상(중)하)

특정소방대상물의 관계인이 소방안전관리자를 해임한 경우 재선임신고를 해야 하는 기준은? (단, 선임한 날부터를 기준일로 한다)

① 14일 이내
② 20일 이내
③ 30일 이내
④ 40일 이내

해설 소방안전관리자 선임신고

1) 선임권자 : 관계인
2) 선임 : 30일 이내
3) 선임신고 : 14일 이내 소방본부장, 소방서장에게 신고하고, 소방안전관리대상물의 출입자가 쉽게 알 수 있도록 소방안전관리자의 성명과 그 밖에 행정안전부령으로 정하는 사항을 게시하여야 함
4) 선임신고 기준일
   (1) 신축·증축·개축·재축·대수선·용도변경으로 특정소방대상물 소방안전관리자 신규 선임해야 하는 경우 : 해당 특정소방대상물의 사용승인일
   (2) 증축·용도변경으로 특정소방대상물이 소방안전관리대상물로 된 경우 : 증축공사사용승인일, 용도변경 사실을 건축물관리대장에 기재한 날
   (3) 특정소방대상물 양수, 경매, 환가, 매각 등에 의해 관계인의 권리 취득한 경우 : 해당 권리를 취득한 날, 관할 소방서장으로부터 소방안전관리자 선임 안내 받은 날
   (4) 관리의 권원이 분리된 경우 : 관리의 권원이 분리되거나 소방본부장 또는 소방서장이 관리의 권원을 조정한 날
   (5) 소방안전관리자 해임, 퇴직한 경우 : 소방안전관리자 해임, 퇴직한 날
   (6) 소방안전관리업무를 대행하는 자를 감독할 수 있는 사람을 소방안전관리자로 선임한 경우로서 그 업무대행 계약이 해지 또는 종료된 경우 : 소방안전관리업무 대행이 끝난 날
   (7) 소방안전관리자 자격이 정지 또는 취소된 경우 : 소방안전관리자 자격이 정지 또는 취소된 날

37 상중하

소방안전관리자 및 소방안전관리보조자에 대한 실무교육의 교육대상, 교육일정 등 실무교육에 필요한 계획을 수립하여 매년 누구의 승인을 얻어 교육을 실시하는가?

① 한국소방안전원장   ② 소방본부장
③ 소방청장   ④ 시·도지사

해설 소방안전관리자에 대한 교육

1) 승인자 : 소방청장(강습교육 및 실무교육의 대상, 일정·횟수 등을 포함한 교육의 실시 계획을 매년 수립·시행해야 함)
2) 강습교육
   (1) 강습교육 실시 20일 전까지 인터넷 홈페이지에 공고
   (2) 강습교육을 수료하려는 사람은 교육시간 합계의 90 [%] 이상을 출석하고, 실습내용 평가에 합격해야 하며, 결강시간은 1일 최대 3시간을 초과할 수 없음
3) 실무교육
   (1) 실무교육 실시 30일 전까지 인터넷 홈페이지에 공고하고 교육대상자에게 통보
   (2) 교육주기 : 선임된 날부터 6개월 이내에 실무교육을 받아야 하며, 그 후 2년마다 1회 이상

38 상중하

화재의 예방 및 안전관리에 관한 법령상 정당한 사유 없이 화재안전조사결과에 따른 조치명령을 위반한 자에 대한 벌칙으로 옳은 것은?

① 100만 원 이하의 벌금
② 300만 원 이하의 벌금
③ 1년 이하의 징역 또는 1천만 원 이하의 벌금
④ 3년 이하의 징역 또는 3천만 원 이하의 벌금

해설 3년 이하 징역 또는 3000만 원 이하 벌금

1) 화재안전조사 결과에 대한 조치명령 위반사항에 대한 명령을 정당한 사유 없이 위반한 자
2) 소방안전관리자 선임 또는 업무 이행에 따른 명령을 정당한 사유 없이 위반한 자
3) 화재예방안전진단 결과에 따른 보수·보강 등의 조치명령을 정당한 사유 없이 위반한 자
4) 거짓, 그 밖의 부정한 방법으로 진단기관으로 지정을 받은 자

※ 1년 이하 징역 또는 1000만 원 이하 벌금
1) 관계인의 정당한 업무방해, 조사업무를 수행하면서 취득자료나 알게 된 비밀 제공·누설·목적 외 용도 사용
2) 소방안전관리자 자격증을 다른 사람에게 빌려 주거나 빌리거나 이를 알선한 자
3) 진단기관으로부터 화재예방안전진단을 받지 아니한 자

39 상 중 하

화재의 예방 및 안전관리에 관한 법률상 소방안전관리대상물의 소방안전관리자의 업무가 아닌 것은?

① 소방시설공사
② 소방훈련 및 교육
③ 소방계획서의 작성 및 시행
④ 자위소방대의 구성·운영·교육

해설 특정소방대상물 소방안전관리자와 관계인의 업무

1) 소방안전관리자의 업무
   (1) 피난계획 관련 사항과 대통령령으로 정하는 사항이 포함된 소방계획서 작성 및 시행
   (2) 자위소방대 및 초기대응체계 구성·운영·교육
   (3) 피난시설, 방화구획, 방화시설의 관리
   (4) 소방훈련 및 교육
   (5) 소방시설이나 그 밖의 소방 관련 시설의 관리
   (6) 화기 취급의 감독
   (7) 소방안전관리에 관한 업무수행에 관한 기록·유지((3), (5), (6)항 업무)
   (8) 화재 발생 시 초기대응
   (9) 그 밖에 소방안전관리에 필요한 업무
2) 특정소방대상물 소방관계인의 업무
   (1) 피난시설, 방화구획, 방화시설의 관리
   (2) 소방시설이나 그 밖의 소방 관련 시설의 관리
   (3) 화기 취급의 감독
   (4) 화재 발생 시 초기대응
   (5) 그 밖에 소방안전관리에 필요한 업무

40 상 중 하

1급 소방안전관리대상물이 아닌 것은?

① 15층인 특정소방대상물(아파트 제외)
② 가연성 가스 2000톤 저장·취급하는 시설
③ 21층인 아파트로서 300세대인 것
④ 연면적 20000 [m²]인 문화집회 및 운동시설

해설 소방안전관리대상물

구분	기준
특급	• 50층 이상(지하층 제외), 높이 200 [m] 이상 아파트 • 30층 이상(지하층 포함), 높이 120 [m] 이상 특정소방대상물(아파트 제외) • 연면적 100000 [m²] 이상 특정소방대상물(아파트 제외)
1급	• 30층 이상(지하층 제외), 높이 120 [m] 이상 아파트 • 11층 이상 특정소방대상물(아파트 제외) • 연면적 15000 [m²] 이상 특정소방대상물(아파트 및 연립주택 제외) • 가연성 가스 1000톤 이상 저장·취급시설
2급	• 지하구, 공동주택(옥내·SP설치), 보물·국보로 지정된 목조건축물 • 가연성 가스 100톤 이상 1000톤 미만 저장·취급시설 • 옥내소화전, 스프링클러, 간이, 물분무등소화설비 설치대상(호스릴방식 물분무등소화설비만을 설치한 경우 제외)
3급	간이스프링클러설비 또는 자동화재탐지설비를 설치하여야 하는 특정소방대상물
비고	동·식물원, 철강 등 불연성 물품 저장·취급 창고, 위험물 제조소등, 지하구는 특급 및 1급 소방안전관리대상물에서 제외

41

화재의 예방 및 안전관리에 관한 법령상 소방안전관리대상물의 소방안전관리자가 소방훈련 및 교육을 하지 않은 경우 1차 위반 시 과태료 금액기준으로 옳은 것은?

① 200만 원
② 100만 원
③ 50만 원
④ 30만 원

해설 과태료

1) 소방훈련 및 교육을 하지 않은 경우
   - 1차 : 100만 원
   - 2차 : 200만 원
   - 3차 : 300만 원
2) 소방안전관리업무를 하지 아니한 관계인 또는 소방안전관리자
   - 1차 : 100만 원
   - 2차 : 200만 원
   - 3차 : 300만 원
3) 화재예방강화지구에서 법을 위반하여 화기취급 등을 한 경우 : 300만 원
4) 소방안전관리자를 겸한 경우 : 300만 원
5) 불을 사용할 때 지켜야 하는 사항 및 특수가연물의 저장 및 취급기준을 위반한 경우 : 200만 원

42

화재의 예방 및 안전관리에 관한 법상 소방안전 특별관리시설물의 대상기준 중 틀린 것은?

① 수련시설
② 항만시설
③ 전력용 및 통신용 지하구
④ 지정문화유산인 시설

해설 소방안전 특별관리시설물

- 공항·항만시설
- 철도·도시철도시설
- 지정문화유산 및 천연기념물
- 산업기술단지·석유비축시설
- 초고층 건축물 및 지하연계 복합건축물
- 영화상영관 중 수용인원 1000명 이상
- 전력용 및 통신용 지하구
- 대통령령으로 정하는 전통시장
- 그 밖에 대통령령으로 정하는 시설물
  ① 발전소
  ② 물류창고로서 연면적 10만 [m^2] 이상
  ③ 가스공급시설

43

화재의 예방 및 안전관리에 관한 법령상 소방안전관리대상물의 소방계획서에 포함되어야 하는 사항이 아닌 것은?

① 예방규정을 정하는 제조소등의 위험물 저장·취급에 관한 사항
② 소방시설·피난시설 및 방화시설의 점검·정비계획
③ 특정소방대상물의 근무자 및 거주자의 자위소방대 조직과 대원의 임무에 관한 사항
④ 방화구획, 제연구획, 건축물의 내부 마감 재료(불연재료·준불연재료 또는 난연재료로 사용된 것) 및 방염물품의 사용현황과 그 밖의 방화구조 및 설비의 유지·관리계획

해설 소방계획서 포함사항

1) 소방안전관리대상물 위치·구조·연면적·용도·수용인원 등 일반 현황
2) 소방안전관리대상물에 설치한 소방·방화·전기·가스·위험물 시설 현황
3) 화재 예방을 위한 자체점검계획 및 대응대책

정답 41 ② 42 ① 43 ①

4) 소방시설·피난시설·방화시설 점검·정비계획
5) 피난층·피난시설 위치, 피난경로 설정, 장애인·노약자 피난계획 등 피난계획
6) 방화구획, 제연구획, 건축물 내부 마감재료·방염물품 사용현황, 방화구조 및 설비유지·관리계획
7) 관리의 권원이 분리된 특정소방대상물의 소방안전관리에 관한 사항
8) 소방훈련·교육에 관한 계획
9) 특정소방대상물의 근무자 및 거주자의 자위소방대 조직과 대원의 임무(화재안전취약자의 피난 보조 임무를 포함)에 관한 사항
10) 화기 취급 작업에 대한 사전 안전조치 및 감독 등 공사 중 소방안전관리에 관한 사항
11) 소화에 관한 사항과 연소 방지에 관한 사항
12) 위험물의 저장·취급에 관한 사항(예방규정을 정하는 제조소등은 제외)
13) 소방안전관리에 대한 업무수행에 관한 기록 및 유지에 관한 사항(월 1회 이상 작성, 2년간 보관)
14) 화재 발생 시 화재경보, 초기소화 및 피난유도 등 초기대응에 관한 사항
15) 그 밖에 소방본부장 또는 소방서장이 소방안전관리대상물의 위치·구조·설비 또는 관리 상황 등을 고려하여 소방안전관리에 필요하여 요청하는 사항

44 상 중 하

화재의 예방 및 안전관리에 관한 법령에 따른 소방안전 특별관리시설물의 안전관리 대상 전통시장의 기준 중 다음 ( ) 안에 알맞은 것은?

전통시장으로서 대통령령으로 정하는 전통 점포가 ( )개 이상인 전통시장

① 100
② 300
③ 500
④ 600

해설 소방안전 특별관리시설물

- 공항·항만시설
- 철도·도시철도시설
- 지정문화유산
- 산업기술단지·석유비축시설
- 초고층 건축물 및 지하연계 복합건축물
- 영화상영관 중 수용인원 1000명 이상
- 전력용 및 통신용 지하구
- 대통령령으로 정하는 점포가 500개 이상인 전통시장
- 그 밖에 대통령령으로 정하는 시설물
  ① 발전소
  ② 물류창고로서 연면적 10만 [m²] 이상
  ③ 가스공급시설

45 상 중 하

다음 중 과태료 대상이 아닌 것은?

① 소방안전관리대상물의 소방안전관리자를 선임하지 아니한 자
② 소방안전관리 업무를 수행하지 아니한 자
③ 특정소방대상물의 근무자 및 거주자에 대한 소방훈련 및 교육을 하지 아니한 자
④ 화재예방강화지구에서 법을 위반하여 화기취급 등을 한 경우

해설 300만 원 이하 과태료

1) 소방훈련 및 교육을 하지 않은 경우
   - 1차 : 100만 원
   - 2차 : 200만 원
   - 3차 : 300만 원
2) 소방안전관리업무를 하지 아니한 관계인 또는 소방안전관리자
   - 1차 : 100만 원
   - 2차 : 200만 원
   - 3차 : 300만 원

3) 화재예방강화지구에서 법을 위반하여 화기취급 등을 한 경우 : 300만 원
4) 소방안전관리자를 겸한 경우 : 300만 원
5) 불을 사용할 때 지켜야 하는 사항 및 특수가연물의 저장 및 취급기준을 위반한 경우 : 200만 원

보충 ① : 300만 원 이하 벌금

46

화재의 예방 및 안전관리에 관한 법령상 특정소방대상물의 관계인이 소방안전관리자를 30일 이내에 선임하여야 하는 기준일 중 틀린 것은?

① 신축으로 해당 특정소방대상물의 소방안전관리자를 신규로 선임하여야 하는 경우 : 해당 특정소방대상물의 사용승인일
② 특정소방대상물을 양수하여 관계인의 권리를 취득한 경우 : 해당 권리를 취득한 날
③ 증축으로 인하여 특정소방대상물이 소방안전관리대상물로 된 경우 : 증축공사의 개시일
④ 소방안전관리자를 해임한 경우 : 소방안전관리자를 해임한 날

해설 소방안전관리자 선임신고

1) 선임권자 : 관계인
2) 선임 : 30일 이내
3) 선임신고 : 14일 이내 소방본부장, 소방서장에게 신고하고, 소방안전관리대상물의 출입자가 쉽게 알 수 있도록 소방안전관리자의 성명과 그 밖에 행정안전부령으로 정하는 사항을 게시하여야 함
4) 선임신고 기준일
   (1) 신축·증축·개축·재축·대수선·용도변경으로 특정소방대상물 소방안전관리자 신규 선임해야 하는 경우 : 해당 특정소방대상물의 사용승인일
   (2) 증축·용도변경으로 특정소방대상물이 소방안전관리대상물로 된 경우 : 증축공사사용승인일, 용도변경 사실을 건축물관리대장에 기재한 날
   (3) 특정소방대상물 양수, 경매, 환가, 매각 등에 의해 관계인의 권리 취득한 경우 : 해당 권리를 취득한 날, 관할 소방서장으로부터 소방안전관리자 선임 안내 받은 날
   (4) 관리의 권원이 분리된 특정소방대상물 경우 : 관리의 권원이 분리되거나 소방본부장 또는 소방서장이 관리의 권원을 조정한 날
   (5) 소방안전관리자 해임, 퇴직한 경우 : 소방안전관리자 해임, 퇴직한 날
   (6) 소방안전관리업무를 대행하는 자를 감독할 수 있는 사람을 소방안전관리자로 선임한 경우로서 그 업무대행 계약이 해지 또는 종료된 경우 : 소방안전관리업무 대행이 끝난 날
   (7) 소방안전관리자 자격이 정지 또는 취소된 경우 : 소방안전관리자 자격이 정지 또는 취소된 날

정답 46 ③

CHAPTER 06 소방시설공사업법

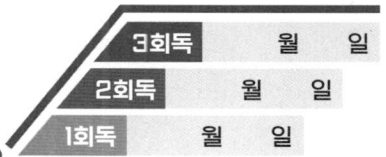

학습목표

1. 소방시설업의 종류와 등록, 운영, 등록취소, 영업정지에 관한 사항을 학습한다.
2. 소방시설공사의 착공신고부터 완공검사, 하자보수에 관한 사항을 이해한다.
3. 소방기술자의 등급과 배치기준에 관한 사항을 학습한다.
4. 소방공사감리업자의 업무와 감리대상, 감리원의 배치기준에 대해 학습한다.
5. 소방공사업법의 벌칙 및 과태료를 암기한다.

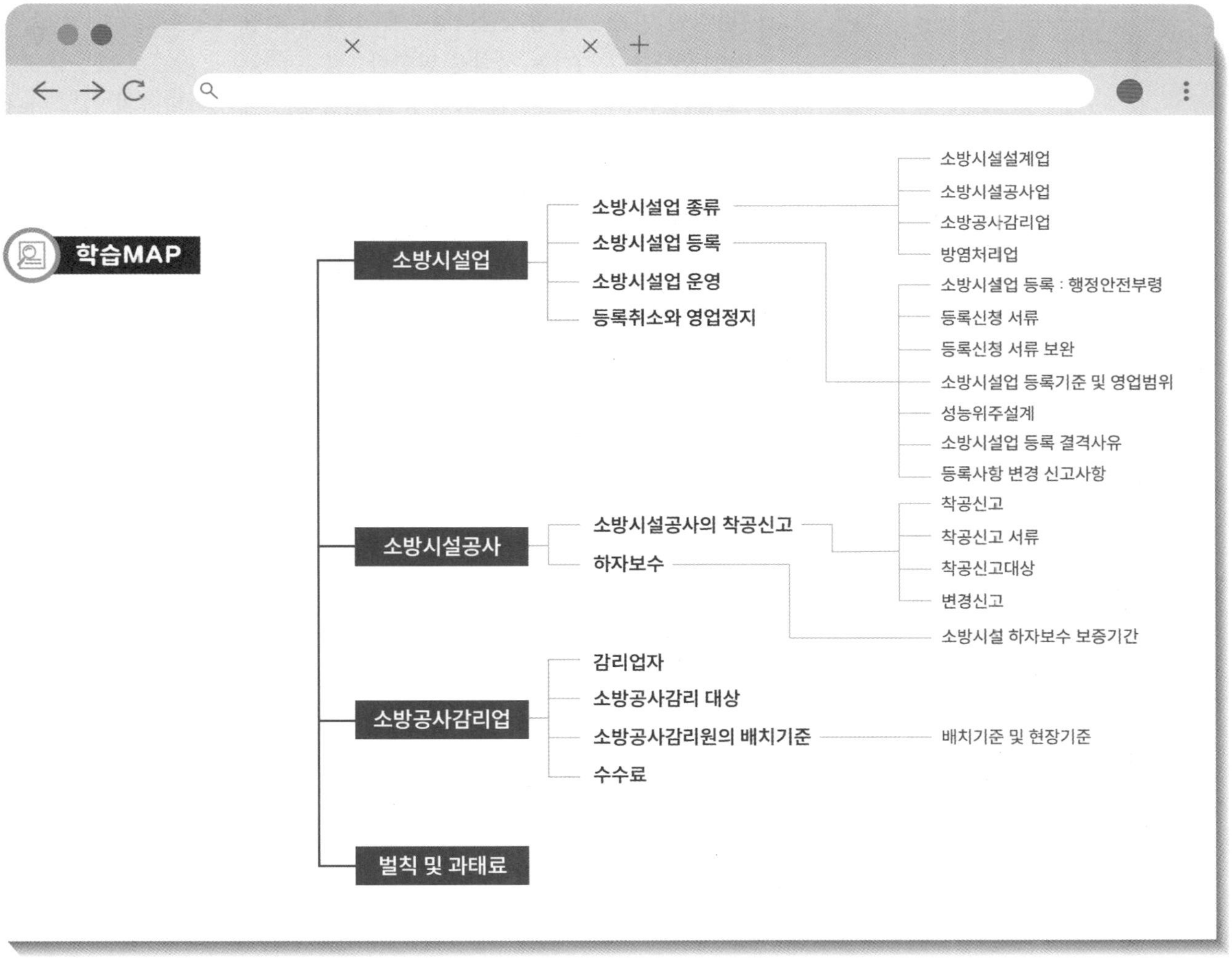

학습MAP

- **소방시설업**
  - 소방시설업 종류
    - 소방시설설계업
    - 소방시설공사업
    - 소방공사감리업
    - 방염처리업
  - 소방시설업 등록
    - 소방시설업 등록 : 행정안전부령
    - 등록신청 서류
    - 등록신청 서류 보완
    - 소방시설업 등록기준 및 영업범위
    - 성능위주설계
    - 소방시설업 등록 결격사유
    - 등록사항 변경 신고사항
  - 소방시설업 운영
  - 등록취소와 영업정지

- **소방시설공사**
  - 소방시설공사의 착공신고
    - 착공신고
    - 착공신고 서류
    - 착공신고대상
    - 변경신고
  - 하자보수
    - 소방시설 하자보수 보증기간

- **소방공사감리업**
  - 감리업자
  - 소방공사감리 대상
  - 소방공사감리원의 배치기준 — 배치기준 및 현장기준
  - 수수료

- **벌칙 및 과태료**

01 소방시설업

1 소방시설업 종류 ★★★

구분	정의
소방시설설계업	공사계획, 설계도면, 설계 설명서, 기술계산서 등 설계도서 작성
소방시설공사업	설계도서에 따라 소방시설을 신설, 증설, 개설, 이전 및 정비(이하 "시공"이라 한다)
소방공사감리업	발주자의 권한을 대행하여 소방시설공사가 설계도서와 관계 법령에 따라 적법하게 시공되는지 확인, 품질·시공 관리 기술지도
방염처리업	방염대상물품에 대하여 방염처리

☑ 소방시설업 vs 소방시설관리업 ★

구분	소방시설업	소방시설관리업
법	소방시설공사업법	소방시설법
주인력	소방기술사, 소방설비기사	소방시설관리사
업무범위	설계, 공사, 감리, 방염	자체점검, 안전관리 대행

1) "소방시설업자"란 소방시설업을 경영하기 위하여 소방시설업을 등록한 자를 말한다.
2) "감리원"이란 소방공사감리업자에 소속된 소방기술자로서 해당 소방시설공사를 감리하는 사람을 말한다.
3) "소방기술자"란 소방기술 경력 등을 인정받은 사람과 다음의 어느 하나에 해당하는 사람으로서 소방시설업과 「소방시설 설치 및 관리에 관한 법률」에 따른 소방시설관리업의 기술인력으로 등록된 사람을 말한다.
   (1) 「소방시설 설치 및 관리에 관한 법률」에 따른 소방시설관리사
   (2) 국가기술자격 법령에 따른 소방기술사, 소방설비기사, 소방설비산업기사, 위험물기능장, 위험물산업기사, 위험물기능사
4) "발주자"란 소방시설의 설계, 시공, 감리 및 방염(이하 "소방시설공사 등"이라 한다)을 소방시설업자에게 도급하는 자를 말한다. 다만 수급인으로서 도급받은 공사를 하도급하는 자는 제외한다.

2 소방시설업 등록 ★★★

🔗 P.377 문 05

☑ 소방시설업 등록에 필요한 사항 : 행정안전부령

☑ 소방시설공사업의 등록을 하려는 자는 소방청장이 지정하는 금융회사 또는 「소방산업의 진흥에 관한 법률」 제23조에 따른 소방산업공제조합이 자본금 기준금액의 100분의 20 이상에 해당하는 금액의 담보를 제공받거나 현금의 예치 또는 출자를 받은 사실을 증명하여 발행하는 확인서를 특별시장·광역시장·특별자치시장·도지사 또는 특별자치도지사(이하 "시·도지사"라 한다)에게 제출하여야 한다.

1) 소방시설업 등록 : 시·도지사(자본금, 기술인력 등) → 소방시설협회에 제출(업무의 위탁)
2) 등록신청 서류 : 소방시설업 등록신청서 + 다음 각 호의 첨부서류
   (1) 신청인의 성명, 주민등록번호 및 주소지 등의 인적사항이 적힌 서류
   (2) 기술인력 증빙서류
      ① 국가기술자격증
      ② 소방기술 인정 자격수첩 또는 소방기술자 경력수첩

(3) 소방청장 지정 금융회사 또는 소방산업공제조합 출자·예치·담보 금액 확인서(소방시설공사업만 해당). 다만 소방청장이 지정하는 금융회사 또는 소방산업공제조합에 해당 금액을 확인할 수 있는 경우에는 그 확인으로 갈음할 수 있다.
(4) 최근 90일 이내 작성한 자산평가액 또는 기업진단 보고서(소방시설공사업만 해당)

3) 등록신청 서류 보완 ★
   (1) 기간 : 10일 이내
   (2) 해당 경우
      ① 첨부서류(전자문서를 포함한다)가 첨부되지 않은 경우
      ② 신청서(전자문서로 된 소방시설업 등록신청서를 포함한다) 및 첨부서류(전자문서를 포함한다)에 기재 내용이 기재되어 있지 않거나 명확하지 않은 경우

4) 소방시설업 등록기준 및 영업범위
   ※ 기계분야 및 전기분야의 대상이 되는 소방시설의 범위(설계·공사·감리 동일)

기계분야	전기분야
① 소화기구, 자동소화장치 ② 옥내/옥외소화전 ③ 스프링클러설비등 ④ 물분무등소화설비 ⑤ 피난기구, 인명구조기구 ⑥ 상수도소화용수설비, 소화수조, 저수조 ⑦ 제연설비 ⑧ 연결송수관/연결살수/연소방지설비 ⑨ 소화용수설비	① 단독경보형 감지기 ② 자동화재탐지설비 및 시각경보기 ③ 비상경보설비 ④ 비상방송설비 ⑤ 자동화재속보설비 ⑥ 가스누설경보기, 누전경보기 ⑦ 통합감시시설 ⑧ 유도등, 비상조명등, 휴대용 비상조명등 ⑨ 비상콘센트설비, 무선통신보조설비 ⑩ 화재알림설비
기계분야에 부설되는 전기시설 [제외 시설] ① 비상전원, 동력회로, 제어회로 ② 기계분야 소방시설을 작동하기 위하여 설치하는 화재감지기에 의한 화재감지장치 ③ 전기신호에 의한 소방시설의 작동장치	① 비상전원, 동력회로, 제어회로 ② 기계분야 소방시설을 작동하기 위하여 설치하는 화재감지기에 의한 화재감지장치 ③ 전기신호에 의한 소방시설의 작동장치

(1) 소방시설설계업 ★★★

소방시설 설계업		기술인력(이상)	영업범위
전문		• 주 인력 : 소방기술사 1인 • 보조인력 : 1명	모든 특정소방대상물

일반	기계
	분야
		• 주 인력 : 소방기술사 또는
		  소방기사[기계] 1명
		• 보조인력 : 1명
			• 아파트 소방 기계분야(제연 제외)
			• 연 3만 [m²](공장 1만 [m²]) 미만
			  (제연 제외)
			• 위험물제조소등

	전기 분야	• 주 인력 : 소방기술사 또는 소방기사[전기] 1명 • 보조인력 : 1명	• 아파트 소방 전기분야 • 연 3만 [m²](공장 1만 [m²]) 미만 • 위험물제조소등

🔗 P.385 문 23

(2) 소방시설공사업 ★★

소방시설 공사업		기술인력(이상)	자본금(이상) [자산평가액]	영업범위

전문		• 주 인력 : 소방기술사 또는
		  소방기사[전기·기계] 각 1
		  명(소방기사 전기·기계 동
		  시 보유자 1명)
		• 보조인력 : 2명
			• 법인 : 1억 원
			• 개인 : 1억 원
				특정소방대상물
				에 설치되는 기
				계·전기분야

일반	기계
	분야
		• 주 인력 : 소방기술사 또는
		  소방기사[기계] 1명
		• 보조인력 : 1명
			• 법인 : 1억 원
			• 개인 : 1억 원
				• 연 1만 [m²]
				  미만
				• 위험물제조소등

	전기
	분야
		• 주 인력 : 소방기술사 또는
		  소방기사[전기] 1명
		• 보조인력 : 1명
			• 법인 : 1억 원
			• 개인 : 1억 원
				• 연 1만 [m²]
				  미만
				• 위험물제조소등

소방시설공사업의 자본금은 개인 3억 원 이상이 필요하다. ✗ 1억 원

(3) 소방공사감리업 ★★★

소방시설 감리업	기술인력(이상)	영업범위
전문	• 소방기술사 1인 • 특급감리원[전기·기계] 각 1명 • 고급감리원[전기·기계] 각 1명 • 중급감리원[전기·기계] 각 1명 • 초급감리원[전기·기계] 각 1명 ※ 전기·기계 동시 자격자는 1명	모든 특정소방대상물에 설치되 는 소방시설공사 감리

소방시설 감리업		기술인력(이상)	영업범위
일반	기계 분야	• 특급감리원[기계] 1명 • 고급 또는 중급감리원[기계] 1명 • 초급감리원[기계] 1명	• 아파트 소방 기계분야(제연 제외) • 연 3만 [m²](공장 1만 [m²]) 미만(제연 제외) • 위험물제조소등
	전기 분야	• 특급감리원[전기] 1명 • 고급 or 중급감리원 [전기] 1명 • 초급감리원[전기] 1명	• 아파트 소방 전기분야 • 연 3만 [m²](공장 1만 [m²]) 미만 • 위험물제조소등

(4) 방염처리업

방영업	실험실	영업범위	비고
섬유류 방염업	1개 이상 갖출 것	커튼·카펫 등 섬유류를 주된 원료로 하는 방염대상물품을 제조 또는 가공 공정에서 방염처리	방염처리업자가 2개 이상의 방염업을 함께 하는 경우 ① 실험실은 1개 이상 ② 공통되는 방염처리시설 및 시험기기는 중복하여 갖추지 아니할 수 있음 ③ 방염처리업자가 실험실·방염처리시설 및 시험기기에 대하여 임차계약을 체결하고 공증을 받은 경우에는 해당 실험실·방염처리시설 및 시험기기를 갖춘 것으로 봄
합성수지류 방염업		합성수지류를 주된 원료로 하는 방염대상물품을 제조 또는 가공 공정에서 방염처리	
합판· 목재류 방염업		합판 또는 목재류를 제조·가공 공정 또는 설치 현장에서 방염처리	

5) 성능위주설계
  (1) 자격
    ① 전문 소방시설설계업 등록한 자
    ② 전문 소방시설설계업 등록기준의 기술인력을 갖춘 자로 소방청장이 정하여 고시하는 연구기관·단체
  (2) 기술인력 : 소방기술사 2명 이상 ★★

6) 소방시설업 등록 결격사유 ★★★
  (1) 피성년후견인
  (2) 금고 이상의 실형을 선고받고 집행이 끝나거나 면제된 날부터 2년이 지나지 않은 사람
  (3) 금고 이상의 형의 집행유예를 선고받고 그 유예기간 중에 있는 사람

(4) 등록하려는 소방시설업 등록이 취소된 날부터 2년이 지나지 않은 자
(5) 법인 대표가 위 규정에 해당하는 경우 그 법인
(6) 법인 임원이 위 규정에 해당하는 경우 그 법인

7) 등록사항 변경신고사항
행정안전부령으로 정하는 중요사항 변경 시 <u>시·도지사</u>에게 신고
(1) 상호(명칭) 또는 영업소 소재지
(2) 대표자
(3) 기술인력

> 소방시설업의 상호 변경 시 소방청장에게 신고한다.
> ✗ 시·도지사에게 신고

3 소방시설업 운영 ★★★

1) 소방시설업자는 다른 자에게 자기의 성명이나 상호를 사용하여 소방시설공사 등을 수급·시공하게 하거나 소방시설업의 등록증·등록수첩을 다른 자에게 빌려주어서는 아니 됨
2) 영업정지·등록취소처분 받은 소방시설업자는 그날부터 소방시설공사 등을 하면 안 됨(다만 소방시설의 착공신고가 수리되어 공사를 하고 있는 자로서 도급계약이 해지되지 아니한 소방시설공사업자 또는 소방공사감리업자가 그 공사를 하는 동안이나 방염처리업을 등록한 자가 도급을 받아 방염 중인 것으로서 도급계약이 해지되지 아니한 상태에서 그 방염을 하는 동안에는 그러하지 않음)
3) 소방시설업자는 하자보수 보증기간 동안 관계서류 보관해야 함
4) 소방시설업자는 다음의 경우 특정소방대상물 관계인에게 지체 없이 그 사실을 알려야 함
   (1) 소방시설업자의 지위 승계
   (2) 소방시설업 등록취소처분·영업정지처분
   (3) 휴업 및 폐업

4 등록취소와 영업정지 ★★★

1) 명령권자 : 시·도지사(행정안전부령)
2) 등록취소 및 6개월 이내의 기간 영업정지((1), (3), (6) : 등록취소)
   (1) 거짓이나 그 밖의 부정한 방법으로 등록한 경우
   (2) 등록기준에 미달하게 된 후 30일이 경과한 경우
   (3) 등록 결격사유에 해당하게 된 경우. 다만 법인이 그 사유가 발생한 날부터 3개월 이내에 그 사유를 해소한 경우는 제외
   (4) 등록 후 정당한 사유 없이 1년 지날 때까지 영업을 시작하지 않거나 1년 이상 휴업한 때

(5) 다른 자에게 소방시설업 등록증이나 등록수첩을 빌려준 경우
(6) 영업정지 기간 중에 소방시설공사 등을 한 경우
(7) 소방시설업자가 통지를 하지 아니하거나 관계서류를 보관하지 아니한 경우
(8) 화재안전기준 등에 적합하게 설계·시공·감리하지 않은 경우
(9) 소방시설공사등의 업무수행의무 등을 고의 또는 과실로 위반하여 다른 자에게 상해를 입히거나 재산피해를 입힌 경우
(10) 소속 소방기술자를 공사현장에 배치하지 않거나 거짓으로 한 경우
(11) 착공신고(변경신고를 포함한다)를 하지 아니하거나 거짓으로 한 때 또는 완공검사(부분완공검사를 포함한다)를 받지 아니한 경우
(12) 착공신고사항 중 중요한 사항에 해당하지 아니하는 변경사항을 같은 항 각 호의 어느 하나에 해당하는 서류에 포함하여 보고하지 아니한 경우
(13) 하자보수 기간 내에 하자보수를 하지 아니하거나 하자보수계획을 통보하지 아니한 경우
〈이하 생략〉

3) 1차 영업정지 3개월 ★★
(1) 사업수행 능력 평가에 관한 서류 위조·변조 등 거짓이나 부정한 방법으로 입찰에 참여한 경우
(2) 소방시설업 감독을 위해 필요한 보고나 자료제출을 하지 않거나 거짓으로 보고 또는 자료 제출한 경우
(3) 정당한 사유 없이 관계 공무원의 출입 또는 검사·조사를 거부·방해·기피한 경우

4) 시·도지사는 위의 어느 하나에 해당하는 경우로서 영업정지가 그 이용자에게 불편을 주거나 그 밖에 공익을 해칠 우려가 있을 때에는 영업정지처분을 갈음하여 2억 원 이하의 과징금을 부과할 수 있다.
5) 과징금을 부과하는 위반행위의 종류와 위반 정도 등에 따른 과징금과 그 밖에 필요한 사항은 행정안전부령으로 정한다.

5 설계·감리업자의 선정

1) 국가, 지방자치단체 또는 대통령령으로 정하는 공공기관은 그가 발주하는 소방시설의 설계·공사 감리 용역 중 소방청장이 정하여 고시하는 금액 이상의 사업에 대하여는 대통령령으로 정하는 바에 따라 집행계획을 작성하여 공고하여야 한다. 이 경우 공고된 사업을 하려면 기술능력, 경영능력, 그 밖에 대통령령으로 정하는 사업수행능력 평가기준에 적합한 설계·감리업자를 선정하여야 한다.

> 시·도지사는 과징금을 내야 할 자가 납부기한까지 과징금을 내지 아니하면 「지방행정제재·부과금의 징수 등에 관한 법률」에 따라 징수한다.

☑ 설계·감리업자의 선정 절차 등에 필요한 사항은 대통령령으로 정한다.

2) 시·도지사 또는 시장·군수가 주택건설사업계획을 승인하거나 특별자치시장, 특별자치도지사, 시장, 군수 또는 자치구의 구청장이 사업시행계획을 인가할 때에는 그 주택건설공사에서 소방시설공사의 감리를 할 감리업자를 사업수행능력 평가기준에 따라 선정하여야 한다. 이 경우 감리업자를 선정하는 주택건설공사의 규모 및 대상 등에 관하여 필요한 사항은 대통령령으로 정한다.

02 소방시설공사

1 소방시설공사의 도급

1) 도급
  (1) 특정소방대상물의 관계인, 발주자는 소방시설공사 등을 도급할 때 소방시설업자에게 도급
  (2) 소방시설공사는 다른 업종의 공사와 분리하여 도급, 다만 공사의 성질상 또는 기술관리상 분리하여 도급하는 것이 곤란한 경우로서 대통령령으로 정하는 경우에는 다른 업종의 공사와 분리하지 아니하고 도급할 수 있다.
    ① 재난의 발생으로 긴급하게 착공해야 하는 공사인 경우
    ② 국방 및 국가안보 등과 관련하여 기밀을 유지해야 하는 공사인 경우
    ③ 착공신고 대상 소방시설공사에 해당하지 않는 공사인 경우
    ④ 연면적 1천 [m^2] 이하인 특정소방대상물에 비상경보설비를 설치하는 공사인 경우
    ⑤ 다음 어느 하나에 해당하는 입찰로 시행되는 공사인 경우
      ㉠ 대안입찰 또는 일괄입찰
      ㉡ 실시설계 기술제안입찰 또는 기본설계 기술제안입찰
    ⑥ 그 밖에 국가유산수리 및 재개발·재건축 등의 공사로서 공사의 성질상 분리하여 도급하는 것이 곤란하다고 소방청장이 인정하는 경우

2) 공사대금의 지급보증 등
  (1) 수급인이 발주자에게 계약의 이행을 보증하는 때에는 발주자도 수급인에게 공사대금의 지급을 보증하거나 담보를 제공(예외 : 공기업 및 준정부기관, 지방공사, 지방공단)

(2) 소규모공사 등 소방시설공사의 경우 계약이행의 보증이나 공사대금의 지급보증, 담보의 제공 또는 보험료 등의 지급 제외
(3) 상기 위반 시 수급인은 10일 이내 발주자에게 이행 촉구 및 공사 중지할 수 있음. 미이행 시 수급인은 도급계약을 해지할 수 있음
(4) 이에 따른 손해배상을 청구할 수 없음

3) 부정한 청탁에 의한 재물 등의 취득 및 제공 금지
(1) 발주자·수급인·하수급인 또는 이해관계인은 도급계약의 체결 또는 소방시설공사 등의 시공 및 수행과 관련하여 부정한 청탁을 받고 재물 또는 재산상의 이익을 취득하거나 부정한 청탁을 하면서 재물 또는 재산상의 이익을 제공하여서는 아니 됨
(2) 국가, 지방자치단체 또는 대통령령으로 정하는 공공기관이 발주한 소방시설공사 등의 업체 선정에 심사위원으로 참여한 사람은 그 직무와 관련하여 부정한 청탁을 받고 재물 또는 재산상의 이익을 취득하여서는 아니 됨
(3) 국가, 지방자치단체 또는 대통령령으로 정하는 공공기관이 발주한 소방시설공사 등의 업체 선정에 참여한 법인, 해당 법인의 대표자, 상업사용인, 그 밖의 임원 또는 직원은 그 직무와 관련하여 부정한 청탁을 받고 재물 또는 재산상의 이익을 취득하거나 부정한 청탁을 하면서 재물 또는 재산상의 이익을 제공하여서는 아니 됨

4) 도급계약 해지 ★★★
특정소방대상물의 관계인 또는 발주자는 해당 도급계약의 수급인이 다음에 해당하는 경우에는 도급계약을 해지할 수 있음
(1) 소방시설업이 등록취소되거나 영업정지된 경우
(2) 소방시설업을 휴업하거나 폐업한 경우
(3) 정당한 사유 없이 30일 이상 소방시설공사를 계속하지 않는 경우
(4) 하도급계약 자료에 따른 요구에 정당한 사유 없이 따르지 않는 경우

2 소방시설공사의 착공신고 ★★★

1) 착공신고 : 공사업자는 소방시설공사를 하려면 그 공사의 내용, 시공 장소, 그 밖에 필요한 사항을 <u>소방본부장이나 소방서장</u>에게 신고
2) 착공신고 서류(소방본부장 또는 소방서장에게 신고)
(1) 소방시설공사 착공(변경) 신고서
(2) 소방시설공사업 등록증 사본 1부 및 등록수첩 사본 1부
(3) 기술인력의 기술등급을 증명하는 서류 사본 1부
(4) 소방시설공사 계약서 사본 1부

소규모공사 등 대통령령으로 정하는 소방시설공사
① 공사 1건의 도급금액이 1천만원 미만인 소규모 소방시설공사
② 공사기간이 3개월 이내인 단기의 소방시설공사

위반사실의 통보
국가, 지방자치단체 또는 대통령령으로 정하는 공공기관은 소방시설업자가 3)을 위반한 사실을 발견하면 시·도지사가 그 등록을 취소하거나 6개월 이내의 기간을 정하여 그 영업의 정지를 명할 수 있도록 그 사실을 시·도지사에게 통보할 것

P.385 문 22

(5) 설계도서(설계설명서 포함) 1부. 단, 건축허가등의 동의요구서에 첨부된 서류 중 설계도서가 변경되지 않은 경우 설계도서 첨부 제외
(6) 소방시설 공사를 하도급하는 경우 다음 서류
   ① 소방시설공사 등의 하도급통지서 사본
   ② 하도급대금 지급에 관한 다음의 어느 하나에 해당하는 서류
      ㉠ 공사대금 지급을 보증한 경우에는 하도급대금 지급보증서 사본
      ㉡ 보증이 필요하지 않거나 적합하지 않다고 인정되는 경우 이를 증빙하는 서류 사본

3) 착공신고대상 ★★★
   (1) 특정소방대상물에 다음의 설비를 신설(제조소등 또는 다중이용업소 제외)
      ① 옥내소화전설비(호스릴옥내소화전설비를 포함), 옥외소화전설비, 스프링클러설비·간이스프링클러설비(캐비닛형 간이스프링클러설비를 포함) 및 화재조기진압용 스프링클러설비, 물분무소화설비·포소화설비·이산화탄소소화설비·할론소화설비·할로겐화합물 및 불활성기체소화설비·미분무소화설비·강화액소화설비 및 분말소화설비, 연결송수관설비, 연결살수설비, 제연설비, 소화용수설비, 연소방지설비
      ② 자동화재탐지, 비상경보설비, 화재알림설비, 비상방송설비, 비상콘센트, 무선통신보조설비
   (2) 특정소방대상물에 다음의 설비·구역 등을 증설
      ① 옥내·옥외소화전설비
      ② SP·간이SP·물분무등소화설비의 방호구역
      ③ 자동화재탐지설비, 화재알림설비의 경계구역
      ④ 제연설비의 제연구역
      ⑤ 연결살수설비의 살수구역
      ⑥ 연결송수관설비의 송수구역
      ⑦ 비상콘센트설비의 전용회로
      ⑧ 연소방지설비의 살수구역
   (3) 특정소방대상물에 설치된 소방시설등을 구성하는 다음에 해당하는 것의 전부 또는 일부를 개설, 이전, 정비하는 공사. 다만 고장·파손 등으로 인하여 작동시킬 수 없는 소방시설을 긴급히 교체하거나 보수하여야 하는 경우에는 신고하지 않을 수 있음 ★★★

🔗 P.381 문 13

① 수신반
② 소화펌프
③ 동력제어반
④ 감시제어반

4) 변경신고

(1) 공사업자가 신고한 사항 가운데 행정안전부령으로 정하는 중요한 사항(시공자·설치되는 소방시설의 종류·책임시공 및 기술관리 소방기술자)을 변경하였을 때에는 변경신고를 하여야 함

(2) 이 경우 중요한 사항에 해당하지 아니하는 변경 사항은 다음의 어느 하나에 해당하는 서류에 포함하여 소방본부장·서장에게 보고하여야 함
① 완공검사 또는 부분완공검사를 신청하는 서류
② 공사감리 결과보고서

(3) 변경신고를 하는 경우 변경일로부터 30일 이내에 착공신고 서류 중 변경된 서류를 첨부하여 소방본부장·소방서장에게 신고

(4) 소방본부장·서장은 착공·변경신고를 받은 날부터 2일 이내 신고수리 여부를 신고인에게 통지하여야 함

❸ 소방시설공사 완공검사

1) 완공검사 : 소방본부장, 소방서장

2) 완공검사를 위한 현장 확인 대상 특정소방대상물 범위

(1) 문화 및 집회시설, 종교시설, 판매시설, 노유자시설, 수련시설, 운동시설, 숙박시설, 창고시설, 지하상가, 다중이용업소

(2) 스프링클러설비등 또는 물분무등소화설비(호스릴방식 제외)가 설치된 특정소방대상물

(3) 연면적 10000 [m^2] 이상이거나 11층 이상인 특정소방대상물(아파트 제외)

(4) 가연성 가스 제조·저장·취급시설 중 지상에 노출된 가연성 가스탱크의 저장용량 합계가 1000톤 이상

❹ 하자보수 ★★★

1) 관계인은 하자보수 보증기간 이내에 소방시설 하자 발생 시 공사업자에게 그 사실을 알려야 함

2) 통보받은 공사업자는 3일 이내 하자보수 또는 하자보수계획을 관계인에게 서면으로 알려야 함

3) 관계인은 공사업자가 다음에 해당하는 경우에는 소방본부장·서장에게 그 사실을 알릴 수 있음

암기 ▶ 수소동감

○ 공사업자가 신고한 사항 가운데 중요한 사항을 변경하는 경우 변경일로부터 15일 이내에 시·도지사에게 신고한다.
[X] 소방본부장·소방서장에게 신고

🧑‍🏫 선생님 TIP

- 증축 : 건물면적, 연면적, 층수, 높이 증가
- 개축 : 건축물 전부·일부(내력벽, 기둥, 보, 지붕틀 중 3가지 포함)를 철거하고 동일 규모로 다시 건축
- 재축 : 천재지변 및 재해로 없어진 경우 동일 규모로 다시 건축
- 대수선 : 주요구조부에 대한 수선, 변경, 외부형태 변경(건축신고 후 공사)

(1) 3일 이내에 하자보수를 이행하지 아니한 경우
(2) 3일 이내에 하자보수계획을 서면으로 알리지 아니한 경우
(3) 하자보수계획이 불합리하다고 인정되는 경우

4) 소방시설 하자보수 보증기간 ★★★

2년	3년
• 피난기구, 유도등 • 비상경보설비, 비상조명등, 비상방송설비 • 무선통신보조설비	• 자동소화장치 • 옥내·옥외소화전설비 • 스프링클러설비, 간이스프링클러설비 • 물분무등소화설비 • 자동화재탐지설비 • 상수도소화용수설비 • 소화활동설비(무선통신보조설비 제외) • 화재알림설비

5 시공능력 평가방법

구분	평가방법
시공능력평가액	실적평가액 + 자본금평가액 + 기술력평가액 + 경력평가액 ± 신인도평가액
실적평가액 (연평균공사실적액)	공사업 기간이 산정일기준으로 3년 이상인 경우 최근 3년간 공사실적을 합산하여 3으로 나눈 금액
자본금평가액	(실질자본금 × 실질자본금 평점 + 소방청장이 지정한 금융회사 또는 소방산업봉제조합에 출자·예치·담보한 금액) × 70/100
기술력평가액	전년도 공사업계 기술자 1인당 평균생산액 × 보유기술인력 가중치 합계 × 30/100 + 전년도 기술개발투자액
경력평가액	실적평가액 × 공사업 경영기간 평점 × 20/100
신인도평가액	(실적평가액 + 자본금평가액 + 기술력평가액 + 경력평가액) × 신인도 반영비율 합계

6 소방기술경력 등의 인정

1) 소방청장은 소방기술의 효율적인 활용과 소방기술의 향상을 위하여 소방기술과 관련된 자격·학력 및 경력을 가진 사람을 소방기술자로 인정할 수 있음
2) 소방청장은 1)에 따라 자격·학력 및 경력을 인정받은 사람에게 소방기술 인정 자격수첩과 경력수첩을 발급할 수 있음
3) 1)에 따른 소방기술과 관련된 자격·학력 및 경력의 인정 범위와 2)에 따른 자격수첩 및 경력수첩의 발급 절차 등에 관하여 필요한 사항은 행정안전부령으로 정함

(1) 소방기술과 관련된 자격
   ① 소방기술사, 소방시설관리사, 소방설비(산업)기사
   ② 건축사, 건축(산업)기사
   ③ 건축기계설비기술사, 건축설비(산업)기사
   ④ 건설기계기술사, 건설기계설비(산업)기사, 일반기계기사
   ⑤ 공조냉동기계기술사, 공조냉동기계(산업)기사
   ⑥ 화공기술사, 화공(산업)기사
   ⑦ 가스기술사, 가스기능장, 가스(산업)기사
   ⑧ 건축전기설비기술사, 전기기능장, 전기(산업)기사, 전기공사(산업)기사
   ⑨ 산업안전기사, 산업안전산업기사
   ⑩ 위험물기능장, 위험물산업기사, 위험물기능사
(2) 소방기술과 관련된 학력
   ① 소방안전관리학과
   ② 전기공학과
   ③ 산업안전공학과
   ④ 기계공학과
   ⑤ 건축공학과
   ⑥ 화학공학과
(3) 소방기술과 관련된 경력
   ① 소방시설공사업, 소방시설설계업, 소방공사감리업, 소방시설관리업에서 소방시설의 설계·시공·감리 또는 소방시설의 점검 및 유지관리업무를 수행한 경력
   ② 소방공무원으로서 다음 어느 하나에 해당하는 업무를 수행한 경력
      ㉠ 건축허가등의 동의 관련 업무
      ㉡ 소방시설 착공·감리·완공검사 관련 업무
      ㉢ 위험물 설치허가 및 완공검사 관련 업무
      ㉣ 다중이용업소 완비증명서 발급 및 방염 관련 업무
      ㉤ 소방시설점검 및 화재안전조사 관련 업무
      ㉥ ㉠부터 ㉤까지의 업무와 관련된 법령의 제도개선 및 지도·감독 관련 업무
   ③ 국가, 지방자치단체, 공공기관, 지방공사, 지방공단에서 소방시설의 공사감독 업무를 수행한 경력
   ④ 한국소방안전원, 한국소방산업기술원, 한국화재보험협회 또는 협회에서 소방 관련 법령에 따라 소방시설과 관련된 정부 위탁 업무를 수행한 경력

⑤ 소방기술사, 소방시설관리사, 소방설비기사, 소방설비산업기사 자격을 취득한 사람이 소방안전관리자 또는 소방안전관리보조자로 선임되거나 총괄재난관리자로 지정되어 소방안전관리 업무를 수행한 경력
⑥ 안전관리대행기관에서 위험물안전관리 업무를 수행하거나 위험물기능장, 위험물산업기사, 위험물기능사 자격을 취득한 사람이 위험물안전관리자로 선임되어 위험물안전관리 업무를 수행한 경력

4) 소방기술자 기술등급 및 배치기준

(1) 소방기술 관련 학력·경력에 따른 기술등급 ★★★

등급	소방기술 관련 학력·경력자	소방기술 관련 외의 경력자
특급 기술자	• 박사학위 + 3년 • 석사학위 + 7년 • 학사학위 + 11년 • 전문학사학위 + 15년	
고급 기술자	• 박사학위 + 1년 • 석사학위 + 4년 • 학사학위 + 7년 • 전문학사학위 + 10년 • 고등학교 소방학과 + 13년 • 고등학교 졸업 + 15년	• 학사 이상의 학위 + 12년 • 전문학사학위 + 15년 • 고등학교 졸업 + 18년 • 소방경력 22년
중급 기술자	• 박사학위 • 석사학위 + 2년 • 학사학위 + 5년 • 전문학사학위 + 8년 • 고등학교 소방학과 + 10년 • 고등학교 졸업 + 12년	• 학사 이상의 학위 + 9년 • 전문학사학위 + 12년 이상 • 고등학교 졸업 + 15년 • 소방경력 18년
초급 기술자	• 석사학위 또는 학사학위 • 소방안전관리학과를 졸업한 사람 • 전문학사학위 + 2년 • 고등학교 소방학과 + 3년 • 고등학교 졸업 + 5년 이상	• 학사 이상의 학위 + 3년 • 전문학사학위 + 5년 • 고등학교 졸업 + 7년 • 소방경력 9년

P.379 문 10

TIP ▶ 소방기술 관련 학력, 경력자에 대한 문제 위주로 출제된다.

(2) 소방기술자 배치기준 ★★★

배치기준	소방시설공사 현장기준
특급기술자인 소방기술자 (기계분야 및 전기분야)	• 연면적 200000 [m²] 이상 특정소방대상물 공사현장 • 지하층 포함 층수 40층 이상 특정소방대상물 공사현장
고급기술자 이상 소방기술자 (기계분야 및 전기분야)	• 연면적 30000 [m²] 이상 200000 [m²] 미만 특정소방대상물 공사현장(아파트 제외) • 지하층 포함 층수 16층 이상 40층 미만 특정소방대상물 공사현장
중급기술자 이상 소방기술자 (기계분야 및 전기분야)	• 물분무등소화설비(호스릴방식 제외) 또는 제연설비 설치되는 특정소방대상물 공사현장 • 연면적 5000 [m²] 이상 30000 [m²] 미만 특정소방대상물 공사현장(아파트 제외) • 연면적 10000 [m²] 이상 200000 [m²] 미만 아파트 공사현장
초급기술자 이상 소방기술자 (기계분야 및 전기분야)	• 연면적 1000 [m²] 이상 5000 [m²] 미만 특정소방대상물 공사현장(아파트 제외) • 연면적 1000 [m²] 이상 10000 [m²] 미만 아파트 공사현장 • 지하구 공사 현장
자격수첩 발급받은 소방기술자	연면적 1000 [m²] 미만 특정소방대상물 공사현장

5) 소방기술자 자격 취소 및 자격 정지

(1) 자격 취소 및 6개월 이상 2년 이하의 기간 자격 정지

위반행위		1차	2차	3차
거짓이나 그 밖의 부정한 방법으로 자격수첩 또는 경력수첩을 발급받은 경우		자격취소		
자격수첩 또는 경력수첩을 다른 사람에게 빌려준 경우		자격취소		
동시에 둘 이상의 업체에 취업한 경우		자격정지 1년	자격취소	
법 또는 법에 따른 명령을 위반한 경우	업무수행 중 해당 자격과 관련하여 고의 또는 중대한 과실로 다른 자에게 손해를 입히고 형의 선고를 받은 경우	자격취소		
	자격정지처분을 받고도 같은 기간에 자격증을 사용한 경우	자격정지 1년	자격정지 2년	자격취소

P.389 문 31
P.390 문 36

청문 ★★
(1) 소방시설업 등록취소처분 및 영업정지처분
(2) 소방기술 인정 자격취소처분

(2) 자격이 취소된 사람은 취소된 날부터 2년간 자격수첩·경력수첩을 발급받을 수 없음

03 소방공사감리업

1 감리업자

1) 감리업자 업무 ★★
   (1) 소방시설등 설치계획표 적법성 검토
   (2) 소방시설등 설계도서 적합성 검토
   (3) 소방시설등 설계 변경 사항 적합성 검토
   (4) 소방용품 위치·규격 및 사용 자재 적합성 검토
   (5) 공사업자가 한 소방시설 시공이 설계도서와 화재안전기준에 맞는지 지도·감독
   (6) 완공된 소방시설등의 성능시험
   (7) 공사업자가 작성한 시공 상세 도면 적합성 검토
   (8) 피난시설 및 방화시설 적법성 검토
   (9) 실내장식물의 불연화와 방염 물품의 적법성 검토
2) 감리업자가 아닌 자가 감리할 수 있는 보안성 등이 요구되는 소방대상물 시공 장소
   「원자력안전법」에 따른 관계시설이 설치되는 장소

2 소방공사감리 대상

1) 공사감리 대상 ★★★

종류	대상	방법
상주 감리	• 연면적 3만 [m^2] 이상(아파트 제외) • 16층(지하층 포함) 이상으로 500세대 이상 아파트	• 정한 기간에 현장 상주 • 감리업무 수행, 감리일지 작성 • 1일 이상 일탈 시 발주확인·업무대행
일반 감리	• 상주감리 이외 공사현장	• 배치기간에 현장 업무, 주 1회 이상 • 감리업무 수행, 감리일지 작성 • 14일 이내 수행 불가 시 대행자 지정 • 대행자 주 2회 이상 배치, 업무내용 통보

[보충] 감리업자는 업무를 수행할 때에는 대통령령으로 정하는 감리의 종류 및 대상에 따라 공사기간 동안 소방시설공사 현장에 소속 감리원을 배치하고 업무수행 내용을 감리일지에 기록하는 등 대통령령으로 정하는 감리의 방법에 따라야 한다.

P.379 문 09

연면적 1만 [m^2] 이상이면 상주감리 대상이다. **X** 3만 [m^2]

2) 공사감리자 지정대상 특정소방대상물 범위
   대통령령으로 정하는 특정소방대상물의 관계인이 특정소방대상물에 대하여 대통령령으로 정하는 소방시설을 시공할 때에는 소방시설공사의 감리를 위하여 감리업자를 공사감리자로 지정하여야 함
   (1) 공사감리자 지정대상 특정소방대상물 범위
      ① 옥내소화전설비 신설·개설·증설
      ② 스프링클러설비등(캐비닛형 간이SP 제외) 신설·개설하거나 방호·방수구역을 증설
      ③ 물분무등소화설비(호스릴 제외) 신설·개설하거나 방호·방수구역을 증설
      ④ 옥외소화전설비 신설·개설·증설
      ⑤ 자동화재탐지설비 신설·개설
      ⑥ 화재알림설비 신설·개설
      ⑦ 비상방송설비 신설·개설
      ⑧ 통합감시시설 신설·개설
      ⑨ 소화용수설비 신설·개설
      ⑩ 다음 각 목에 따른 소화활동설비에 대하여 각 목에 따른 시공을 할 때
         ㉠ 제연설비 신설·개설하거나 제연구역 증설
         ㉡ 연결송수관설비 신설·개설
         ㉢ 연결살수설비 신설·개설하거나 송수구역 증설
         ㉣ 비상콘센트설비 신설·개설하거나 전용회로 증설
         ㉤ 무선통신보조설비 신설·개설
         ㉥ 연소방지설비를 신설·개설하거나 살수구역 증설
3) 관계인은 공사감리자를 지정·변경하였을 때에는 소방본부장·서장에게 신고하여야 함
   (1) 감리자 지정·변경신고 서류
      ① 소방공사감리자 지정 신고서
      ② 소방공사감리업 등록증·등록수첩 사본 1부
      ③ 소속 감리원의 감리원 등급을 증명하는 서류 1부
      ④ 소방공사감리계획서 1부
      ⑤ 소방시설설계 계약서 사본 및 소방공사 감리 계약서 사본 1부

P.376 문 01

4) 관계인이 공사감리자를 변경하였을 때에는 새로 지정된 공사감리자와 종전의 공사감리자는 감리 업무 수행에 관한 사항과 관계 서류를 인수·인계하여야 함
5) 소방본부장·서장은 공사감리자 지정·변경신고를 받은 날부터 2일 이내에 신고수리 여부를 신고인에게 통지

3 소방공사감리원의 배치기준

1) 배치기준 및 현장기준 ★★★

배치기준		소방시설공사 현장기준
책임감리원	보조감리원	
특급감리원 중 소방기술사	초급감리원 이상 소방공사 감리원 (기계분야 및 전기분야)	• 연면적 200000 [m²] 이상 특정소방대상물 공사현장 • 지하층을 포함한 층수가 40층 이상 특정소방대상물 공사현장
특급감리원 이상 소방공사 감리원 (기계분야 및 전기분야)	초급감리원 이상 소방공사 감리원 (기계분야 및 전기분야)	• 연면적 30000 [m²] 이상 200000 [m²] 미만 특정소방대상물 공사현장 (아파트 제외) • 지하층 포함한 층수가 16층 이상 40층 미만 특정소방대상물 공사현장
고급감리원 이상 소방공사 감리원 (기계분야 및 전기분야)	초급감리원 이상 소방공사 감리원 (기계분야 및 전기분야)	• 물분무등소화설비(호스릴방식 제외) 또는 제연설비 설치되는 특정소방대상물 공사현장 • 연면적 30000 [m²] 이상 200000 [m²] 미만 아파트 공사현장
중급감리원 이상 소방공사 감리원 (기계분야 및 전기분야)		• 연면적 5000 [m²] 이상 30000 [m²] 미만 특정소방대상물 공사현장
초급감리원 이상 소방공사 감리원 (기계분야 및 전기분야)		• 연면적 5000 [m²] 미만 특정소방대상물 공사현장 • 지하구 공사현장

2) 감리원의 세부 배치기준

상주 공사감리 대상	일반 공사감리 대상
• 기계분야 감리원 자격 취득자와 전기분야 감리원 자격 취득자 각 1명 이상 감리원으로 배치(쌍기사 1명 이상) • 소방시설용 배관(전선관을 포함)을 설치하거나 매립하는 때부터 소방시설 완공검사증명서 발급받을 때까지 소방공사감리현장에 감리원 배치	• 기계분야 감리원 자격 취득자와 전기분야 감리원 자격 취득자 각 1명 이상 감리원으로 배치(쌍기사 1명 이상) • 일반공사감리기간에 따라 감리원 배치 • 감리원은 주 1회 이상 소방공사감리현장에 배치되어 감리 ★★ • 감리원 1명이 담당하는 소방공사감리현장은 5개 이하로서 감리현장 연면적 총 합계가 100000 [m²] 이하(아파트 경우 연면적 합계 관계없이 감리원 1명이 5개 이내 공사현장 감리) ★★

TIP ▶ 일반 공사감리 대상의 감리원은 주 1회 이상 배치되어 감리하므로 일주일 5일 근무 시 감리원 1명이 담당하는 소방공사감리현장이 5개 이하이다.

4 소방공사감리 기간 및 결과 통보

1) 일반 공사감리 기간

P.381 문 15

소방시설	일반 공사감리 기간
옥내소화전설비, 스프링클러설비, 포소화설비, 물분무소화설비, 연결살수설비, 연소방지설비	• 가압송수장치 설치, 가지배관 설치 • 개폐밸브·유수검지장치·체크밸브 설치, 탬퍼스위치의 설치, 앵글밸브, 소화전함의 매립 • 스프링클러헤드·포방출구·포노즐·포호스릴·물분무헤드·연결살수헤드·방수구 설치 • 도소화약제 탱크 및 포혼합기의 설치, 포소화약제의 충전, 입상배관과 옥상탱크의 접속, 옥외 연결송수구의 설치, 제어반의 설치, 동력전원 및 각종 제어회로의 접속, 음향장치의 설치 및 수동조작함의 설치를 하는 기간
이산화탄소소화설비, 할로겐화합물소화설비, 청정소화약제소화설비 및 분말소화설비	• 소화약제 저장용기와 집합관의 접속 • 제어반·화재표시반 설치 • 기동용기 등 작동장치의 설치 • 동력전원 및 각종 제어회로의 접속, 가지배관의 설치, 선택밸브의 설치, 분사헤드의 설치, 수동기동장치의 설치 및 음향경보장치의 설치를 하는 기간
자동화재탐지설비, 시각경보기, 비상방송설비, 통합감시시설, 유도등, 비상콘센트설비, 무선통신보조설비	• 전선관 매립 ★★ • 감지기·유도등·조명등·비상콘센트 설치 • 증폭기 접속, 누설동축케이블 부설 • 무선기기 접속단자·분배기·증폭기 설치 • 동력전원의 접속 공사를 하는 기간

소방시설	일반 공사감리 기간
피난기구	고정금속구 설치
제연설비	• 가동식 제연경계벽·배출구·공기유입구 설치 • 각종 댐퍼 및 유입구 폐쇄장치의 설치, 배출기 및 공기유입기의 설치 및 풍도와의 접속 • 배출풍도 및 유입풍도의 설치·단열조치, 동력전원 및 제어회로의 접속 • 제어반의 설치를 하는 기간
비상전원	비상전원 설치 및 소방시설과의 접속

2) 감리업자는 소방공사의 감리를 마쳤을 때에는 감리결과를 통보 및 제출(7일 이내에 특정소방대상물의 관계인, 소방시설공사의 도급인 및 특정소방대상물의 공사를 감리한 건축사에게 알리고, 소방본부장 또는 소방서장에게 보고)

   (1) 서면 통보
      ① 특정소방대상물의 관계인
      ② 소방시설공사의 도급인
      ③ 특정소방대상물의 공사를 감리한 건축사
   (2) 감리결과보고서 제출 : 소방본부장·서장
   (3) 제출 서류
      ① 소방공사감리 결과보고(통보)서
      ② 소방시설 성능시험조사표
      ③ 착공신고 후 변경된 소방시설설계도면(변경사항이 있는 경우만 첨부하되, 설계업자가 설계한 도면만 해당됨)
      ④ 소방공사 감리 일지(소방본부장·서장에게 보고하는 경우에만 첨부)
      ⑤ 특정소방대상물의 사용승인(건축법에 따른 사용승인으로서 주택법에 따른 사용검사 또는 학교시설촉진법에 따른 사용승인을 포함한다) 신청서 등 사용승인 신청을 증빙할 수 있는 서류

3) 감리결과의 통보절차

소방공사 감리업자 —(공사가 완료된 날부터 7일 이내)→ 소방본부장·서장

5 수수료 ★

1) 기준 : 행정안전부령으로 정하는 바에 따라 수수료나 교육비 납부
2) 수수료 납부 대상
   (1) 소방시설업을 등록하려는 자
   (2) 소방시설업 등록증 또는 등록수첩을 재발급 받으려는 자
   (3) 소방시설업자의 지위승계 신고를 하려는 자
   (4) 방염처리능력 평가를 받으려는 자
   (5) 시공능력 평가를 받으려는 자
   (6) 자격수첩 또는 경력수첩을 발급받으려는 사람
   (7) 소방기술자 양성·인정 교육훈련을 받으려는 사람
   (8) 실무교육을 받으려는 사람

> 소방공사감리업자는 공사업자에게 해당 공사의 시정 또는 보완을 요구하였으나 이행하지 아니하고, 그 공사를 계속할 때에는 시정 또는 보완을 이행하지 아니하고 공사를 계속하는 날부터 3일 이내에 소방시설공사 위반사항보고서(전자문서로 된 소방시설공사 위반사항보고서를 포함한다)를 소방본부장 또는 소방서장에게 제출하여야 한다.

04 벌칙 및 과태료 ★★★

1 벌칙

징역	벌금	위반행위
3년 이하	3000만 원 이하	1. 소방시설업 등록하지 아니하고 영업을 한 자 2. 부정한 청탁을 받고 재물 또는 재산상의 이익을 취득하거나 부정한 청탁을 하면서 재물 또는 재산상의 이익을 제공한 자
1년 이하	1000만 원 이하	3. 영업정지 처분을 받고 그 기간에 영업한 자 4. 법과 NFTC를 위반한 설계·시공자 5. 적법하지 않게 감리를 하거나 거짓으로 감리한 자 6. 공사 감리자를 지정하지 아니한 관계인 7. 공사업자가 감리업자의 시정보완 요구를 무시하고 그 공사를 계속할 경우 감리업자는 그 사실을 소방본부장 또는 소방서장에게 보고하여야 함. 이 사실을 거짓으로 보고한 감리업자 8. 공사감리 결과보고서의 제출을 거짓으로 한 감리업자 9. 무등록 소방시설업자에게 소방공사 도급한 관계인 또는 발주자 10. 도급받은 소방시설의 설계, 시공, 감리를 하도급한 자 11. 하도급 받은 소방시설공사를 다시 하도급한 하수급인 12. 소방기술자가 법 또는 명령을 따르지 않고 업무를 수행한 자
–	300만 원 이하	13. 다른 자에게 자기의 성명이나 상호를 사용하여 소방시설공사 등을 수급 또는 시공하게 하거나 소방시설업의 등록증이나 등록수첩을 빌려준 자 14. 소방시설공사 현장에 감리원을 배치하지 아니한 감리업자 15. 감리업자의 보완 요구에 따르지 아니한 공사업자 16. 감리업자가 공사업자의 위반사항을 소방서장에게 보고했다는 사유로 감리업자와의 공사감리 계약을 해지하거나 대가 지급을 거부하거나 지연시키거나 불이익을 준 관계인 17. 소방시설공사를 다른 업종의 공사와 분리하여 도급하지 아니한 관계인 또는 발주자 18. 자격수첩 또는 경력수첩을 빌려 준 사람 19. 동시에 둘 이상의 업체에 취업한 사람 20. 관계인의 정당한 업무를 방해하거나 업무상 알게 된 비밀을 누설한 관계 공무원
–	100만 원 이하	21. 감독업무를 하는 관계공무원의 명령을 위반하여 보고 또는 자료 제출을 하지 아니하거나 거짓으로 한 관계인 22. 정당한 사유 없이 감독업무를 하는 관계공무원의 출입 또는 검사·조사를 거부·방해 또는 기피한 관계인

🔗 P.376 문 02
🔗 P.378 문 08
🔗 P.391 문 37
🔗 P.396 문 50

공사 감리자를 지정하지 아니한 관계인은 3년 이하의 징역 또는 3000만 원 이하의 벌금이다.
   ✗ 1년 이하의 징역 또는 1000만 원 이하의 징역

2 과태료

위반·행위	과태료(만 원)		
	1차	2차	3차
1. 등록·휴폐업·지위승계·착공·감리지정 신고하지 않거나 거짓신고 2. 관계인에게 지위승계·행정처분·휴폐업 사실을 거짓 알림 3. 소방감리 배치통보 및 변경통보 않거나 거짓통보 4. 하도급 등의 통지를 하지 않은 경우 5. 소방공무원 감독 명령 위반하여 미보고, 자료 미제출, 거짓보고·제출	60	100	200
6. 하자보수기간에 관계서류 보관하지 않은 공사업자 7. 소방기술자 공사현장에 배치하지 않은 공사업자 8. 완공검사 받지 않은 공사업자 9. 감리 변경 시 감리 관계 서류를 인수·인계하지 않은 경우 10. 방염성능기준 미만으로 방염한 경우 11. 방염처리능력 평가 관련 서류를 거짓으로 제출한 경우 12. 도급(하도급)계약 체결 시 의무를 이행하지 않은 경우 13. 시공능력평가 서류를 거짓으로 제출한 경우 14. 사업수행능력평가 서류를 위조·변조하여 거짓·부정한 방법으로 입찰에 참여한 자 15. 공사대금의 지급보증, 담보의 제공 또는 보험료 등의 지급을 정당한 사유 없이 이행하지 아니한 자	200		
16. 3일 이내 하자보수 안 하거나 보수계획 거짓통보	4일 이상 ~ 30일 이내	30일 초과	거짓 알림
	60	100	200

> **선생님 TIP**
> 소방시설공사업법의 과태료 부분은 출제 비중이 낮습니다. 따라서 과태료보다는 벌칙을 더 중점적으로 암기합시다!

예상문제

01 (상중하)

소방시설공사업법령상 공사감리자 지정대상 특정소방대상물의 범위가 아닌 것은?

① 물분무등소화설비(호스릴방식의 소화설비는 제외)를 신설·개설하거나 방호·방수구역을 증설할 때
② 제연설비를 신설·개설하거나 제연구역을 증설할 때
③ 연소방지설비를 신설·개설하거나 살수구역을 증설할 때
④ 캐비닛형 간이스프링클러설비를 신설·개설하거나 방호·방수구역을 증설할 때

해설 공사감리자 지정대상 특정소방대상물 범위

1) 옥내소화전설비 신설·개설·증설
2) 스프링클러설비등(캐비닛형 간이SP 제외) 신설·개설하거나 방호·방수구역을 증설
3) 물분무등소화설비(호스릴 제외) 신설·개설하거나 방호·방수구역을 증설
4) 옥외소화전설비 신설·개설·증설
5) 자동화재탐지설비 신설·개설
6) 화재알림설비 신설·개설
7) 비상방송설비 신설·개설
8) 통합감시시설 신설·개설
9) 소화용수설비 신설·개설
10) 다음 각 목에 따른 소화활동설비에 대하여 각 목에 따른 시공을 할 때
    (1) 제연설비 신설·개설하거나 제연구역 증설
    (2) 연결송수관설비 신설·개설
    (3) 연결살수설비 신설·개설하거나 송수구역 증설
    (4) 비상콘센트설비 신설·개설하거나 전용회로 증설
    (5) 무선통신보조설비 신설·개설
    (6) 연소방지설비를 신설·개설하거나 살수구역 증설

02 (상중하)

소방시설공사업법령상 소방시설업 등록을 하지 아니하고 영업을 한 자에 대한 벌칙은?

① 500만 원 이하의 벌금
② 1년 이하의 징역 또는 1000만 원 이하의 벌금
③ 3년 이하의 징역 또는 3000만 원 이하의 벌금
④ 5년 이하의 징역

해설 벌금

[3년 이하 3000만 원 이하]
1) 소방시설업을 등록하지 아니하고 영업한 자
2) 부정한 청탁을 받고 재물 또는 재산상의 이익을 취득하거나 부정한 청탁을 하면서 재물 또는 재산상의 이익을 제공한 자

[1년 이하 1000만 원 이하]
1) 영업정지 처분을 받고 그 기간에 영업한 자
2) 법과 NFTC를 위반한 설계·시공자
3) 적법하지 않게 감리를 하거나 거짓으로 감리한 자
4) 공사 감리자를 지정하지 아니한 관계인
5) 공사업자가 감리업자의 시정보완 요구를 무시하고 그 공사를 계속할 경우 감리업자는 그 사실을 소방본부장 또는 소방서장에게 보고하여야 함. 이 사실을 거짓으로 보고한 감리업자
6) 공사감리 결과보고서의 제출을 거짓으로 한 감리업자
7) 무등록 소방시설업자에게 소방공사 도급한 관계인 또는 발주자
8) 도급받은 소방시설의 설계, 시공, 감리를 하도급한 자
9) 하도급받은 소방시설공사를 다시 하도급한 하수급인
10) 소방기술자가 법 또는 명령을 따르지 않고 업무를 수행한 자

정답 01 ④ 02 ③

03 상중하

소방시설공사업법령상 소방공사감리를 실시함에 있어 용도와 구조에서 특별히 안전성과 보안성이 요구되는 소방대상물로서 소방시설물에 대한 감리를 감리업자가 아닌 자가 감리할 수 있는 장소는?

① 정보기관의 청사
② 교도소 등 교정 관련 시설
③ 국방 관계시설 설치장소
④ 원자력안전법상 관계시설이 설치되는 장소

해설 감리업자

1) 감리업자 업무
 (1) 소방시설등 설치계획표 적법성 검토
 (2) 소방시설등 설계도서 적합성 검토
 (3) 소방시설등 설계 변경 사항 적합성 검토
 (4) 소방용품 위치·규격 및 사용 자재 적합성 검토
 (5) 공사업자가 한 소방시설 시공이 설계도서와 화재안전기준에 맞는지 지도·감독
 (6) 완공된 소방시설등의 성능시험
 (7) 공사업자가 작성한 시공 상세도면 적합성 검토
 (8) 피난시설 및 방화시설 적법성 검토
 (9) 실내장식물의 불연화와 방염 물품의 적법성 검토
2) 감리업자가 아닌 자가 감리할 수 있는 보안성 등이 요구되는 소방대상물 시공 장소 : 「원자력안전법」에 따른 관계시설이 설치되는 장소

04 상중하

소방시설공사업법령에 따른 소방시설업 등록이 가능한 사람은?

① 피성년후견인
② 위험물안전관리법에 따른 금고 이상의 형의 집행 유예를 선고받고 그 유예기간 중에 있는 사람
③ 등록하려는 소방시설업 등록이 취소된 날부터 3년이 지난 사람
④ 소방기본법에 따른 금고 이상의 실형을 선고받고 그 집행이 면제된 날부터 1년이 지난 사람

해설 소방시설업 등록 결격사유

1) 피성년후견인
2) 금고 이상의 실형을 선고받고 집행이 끝나거나 면제된 날부터 2년이 지나지 않은 사람
3) 금고 이상의 형의 집행유예를 선고받고 그 유예기간 중에 있는 사람
4) 등록하려는 소방시설업 등록이 취소된 날부터 2년이 지나지 않은 자
5) 법인 대표가 위 규정에 해당하는 경우 그 법인
6) 법인 임원이 위 규정에 해당하는 경우 그 법인

05 상중하

소방시설공사업법령에 따른 소방시설업의 등록권자는?

① 국무총리
② 소방서장
③ 시·도지사
④ 한국소방안전협회장

해설 소방시설업 등록

시·도지사(자본금, 기술인력 등) → 소방시설협회에 제출(업무의 위탁)
※ 이때 소방시설업 등록에 필요한 사항 : 행정안전부령

06 (중)

소방시설공사업법령상 소방시설공사의 하자보수 보증기간이 3년이 아닌 것은?

① 자동소화장치
② 무선통신보조설비
③ 자동화재탐지설비
④ 간이스프링클러설비

해설 소방시설 하자보수 보증기간

소방시설	기간
• 피난기구·유도등 • 비상경보설비 • 비상조명등 • 비상방송설비 • 무선통신보조설비	2년
• 자동소화장치 • 옥내·외소화전설비 • 스프링클러·간이스프링클러설비 • 물분무등소화설비 • 자동화재탐지설비 • 상수도소화용수설비 • 소화활동설비(무선통신보조설비 제외) • 화재알림설비	3년

암기 이년 피비무

07 (하)

소방시설공사업법령상 정의된 업종 중 소방시설업의 종류로 해당되지 않는 것은?

① 소방시설설계업
② 소방시설공사업
③ 소방시설경비업
④ 소방공사감리업

해설 소방시설업 종류

구분	정의
소방시설설계업	공사계획, 설계도면, 설계 설명서, 기술계산서 등의 서류 작성
소방시설공사업	설계도서에 따라 소방시설 신설, 증설, 개설, 이전 및 시공
소방공사감리업	발주자 권한 대행, 소방시설공사 적법 시공 확인, 품질·시공관리 기술지도
방염처리업	방염대상물품에 대하여 방염처리

08 (중)

소방시설공사업법상 도급을 받은 자가 제3자에게 소방시설공사의 시공을 하도급한 경우에 대한 벌칙기준으로 옳은 것은? (단, 대통령령으로 정하는 경우는 제외한다)

① 100만 원 이하의 벌금
② 300만 원 이하의 벌금
③ 1년 이하 징역 또는 1000만 원 이하 벌금
④ 3년 이하 징역 또는 1500만 원 이하 벌금

해설 벌금

[3년 이하 3000만 원 이하]
1) 소방시설업을 등록하지 아니하고 영업한 자
2) 부정한 청탁을 받고 재물 또는 재산상의 이익을 취득하거나 부정한 청탁을 하면서 재물 또는 재산상의 이익을 제공한 자

정답 06 ② 07 ③ 08 ③

[1년 이하 1000만 원 이하]
1) 영업정지 처분을 받고 그 기간에 영업한 자
2) 법과 NFTC를 위반한 설계·시공자
3) 적법하지 않게 감리를 하거나 거짓으로 감리한 자
4) 공사 감리자를 지정하지 아니한 관계인
5) 공사업자가 감리업자의 시정보완 요구를 무시하고 그 공사를 계속할 경우 감리업자는 그 사실을 소방본부장 또는 소방서장에게 보고하여야 함. 이 사실을 거짓으로 보고한 감리업자
6) 공사감리 결과보고서의 제출을 거짓으로 한 감리업자
7) 무등록 소방시설업자에게 소방공사 도급한 관계인 또는 발주자
8) 도급받은 소방시설의 설계, 시공, 감리를 하도급한 자
9) 하도급받은 소방시설공사를 다시 하도급한 하수급인
10) 소방기술자가 법 또는 명령을 따르지 않고 업무를 수행한 자

해설 공사감리 대상

종류	대상	방법
상주 감리	• 연 3만 [m²] 이상(아파트 제외) • 16층(지하층 포함) 이상으로 500세대 이상 아파트	• 정한 기간에 현장 상주 • 감리업무 수행, 감리일지 작성 • 1일 이상 일탈 시 발주확인·업무대행
일반 감리	• 상주감리 이외 공사현장	• 배치기간에 현장 업무, 주 1회 이상 • 감리업무 수행, 감리일지 작성 • 14일 이내 수행 불가 시 대행자 지정 • 대행자 주 2회 이상 배치, 업무내용통보

09

소방시설공사업법령상 상주 공사감리 대상기준 중 다음 ㉠, ㉡, ㉢에 알맞은 것은?

- 연면적 (㉠) [m²] 이상의 특정소방대상물 (아파트는 제외)에 대한 소방시설의 공사
- 지하층을 포함한 층수가 (㉡)층 이상으로서 (㉢)세대 이상인 아파트에 대한 소방시설의 공사

① ㉠ 10000, ㉡ 11, ㉢ 600
② ㉠ 10000, ㉡ 16, ㉢ 500
③ ㉠ 30000, ㉡ 11, ㉢ 600
④ ㉠ 30000, ㉡ 16, ㉢ 500

10

다음 중 중급기술자의 학력·경력자에 대한 기준으로 옳은 것은? (단, "학력·경력자"란 고등학교·대학 또는 이와 같은 수준 이상의 교육기관의 소방 관련학과의 정해진 교육과정을 이수하고 졸업하거나 그 밖의 관계법령에 따라 국내 또는 외국에서 이와 같은 수준 이상의 학력이 있다고 인정되는 사람을 말한다)

① 고등학교를 졸업 후 10년 이상 소방 관련 업무를 수행한 자
② 학사학위를 취득한 후 6년 이상 소방 관련 업무를 수행한 자
③ 석사학위를 취득한 후 2년 이상 소방 관련 업무를 수행한 자
④ 박사학위를 취득한 후 1년 이상 소방 관련 업무를 수행한 자

해설 소방기술자 학력·경력에 따른 기술등급

등급	소방 관련학력·경력자	소방 관련 외의경력자
특급	• 박사 + 3년 이상 • 석사 + 7년 이상 • 학사 + 11년 이상 • 전문학사학위 + 15년 이상	-
고급	• 박사 + 1년 이상 • 석사 + 4년 이상 • 학사 + 7년 이상 • 전문학사학위 + 10년 이상 • 고등학교 소방학과 + 13년 • 고등학교 졸업 + 15년 이상	• 학사 + 12년 이상 • 전문학사학위 + 15년 이상 • 고등학교 졸업 + 18년 이상 • 22년 이상 소방 관련 업무
중급	• 박사 • 석사 + 2년 이상 • 학사 + 5년 이상 • 전문학사학위 + 8년 이상 • 고등학교 소방학과 + 10년 • 고등학교 졸업 + 12년 이상	• 학사 + 9년 이상 • 전문학사학위 + 12년 이상 • 고등학교 졸업 + 15년 이상 • 18년 이상 소방 관련 업무
초급	• 석사, 학사 • 관련 학과 졸업 • 전문학사학위 + 2년 이상 • 고등학교 소방학과 + 3년 • 고등학교 졸업 +5년 이상	• 학사 + 3년 이상 • 전문학사학위 + 5년 이상 • 고등학교 졸업 + 7년 이상 • 9년 이상 소방 관련 업무

11 상중하

소방시설공사업법령상 소방시설공사 완공검사를 위한 현장 확인 대상 특정소방대상물의 범위가 아닌 것은?

① 위락시설
② 판매시설
③ 운동시설
④ 창고시설

해설 완공검사 현장 확인 특정소방대상물

1) 문화 및 집회시설, 종교시설, 판매시설, 노유자시설, 수련시설, 운동시설, 숙박시설, 창고시설, 지하상가 및 다중이용업소
2) 설비가 설치되는 특정소방대상물
   • 스프링클러설비등
   • 물분무등소화설비(호스릴방식 제외)
3) 연면적 10000 [m^2] 이상, 11층 이상의 특정소방대상물(아파트 제외)
4) 가연성 가스 제조·저장·취급시설 중 지상에 노출된 가연성 가스탱크의 저장용량 합계 1000톤 이상

12 상중하

소방시설공사업법상 특정소방대상물의 관계인 또는 발주자가 해당 도급계약의 수급인을 도급계약 해지할 수 있는 경우의 기준 중 틀린 것은?

① 하도급 계약의 적정성 심사 결과 하수급인 또는 하도급계약 내용의 변경 요구에 정당한 사유 없이 따르지 아니하는 경우
② 정당한 사유 없이 15일 이상 소방시설공사를 계속하지 아니하는 경우
③ 소방시설업이 등록취소되거나 영업정지된 경우
④ 소방시설업을 휴업하거나 폐업한 경우

해설 도급계약 해지

특정소방대상물의 관계인 또는 발주자는 해당 도급계약의 수급인이 다음 어느 하나에 해당하는 경우에는 도급계약을 해지할 수 있음
1) 소방시설업이 등록취소되거나 영업정지된 경우
2) 소방시설업을 휴업하거나 폐업한 경우
3) 정당한 사유 없이 30일 이상 소방시설공사를 계속하지 않는 경우
4) 하도급계약 자료에 따른 요구에 정당한 사유 없이 따르지 않는 경우

정답 11 ① 12 ②

13 (중)

소방시설공사업법령에 따른 소방시설공사 중 특정소방대상물에 설치된 소방시설등을 구성하는 것의 전부 또는 일부를 개설, 이전 또는 정비하는 공사의 착공신고 대상이 아닌 것은?

① 수신반
② 소화펌프
③ 동력(감시) 제어반
④ 제연설비의 제연구역

해설 착공신고대상

- 수신반
- 소화펌프
- 동력제어반
- 감시제어반

※ 다만 고장·파손 등으로 인하여 작동시킬 수 없는 소방시설을 긴급히 교체하거나 보수하여야 하는 경우에는 신고하지 않을 수 있음

14 (중)

고급감리원 이상의 소방공사감리원의 소방시설공사 배치 현장기준으로 옳은 것은?

① 연면적 5000 [m²] 이상 30000 [m²] 미만인 특정소방대상물의 공사 현장
② 연면적 30000 [m²] 이상 200000 [m²] 미만인 아파트의 공사 현장
③ 연면적 30000 [m²] 이상 200000 [m²] 미만 특정소방대상물(아파트 제외) 공사 현장
④ 연면적 200000 [m²] 이상인 특정소방대상물의 공사 현장

해설 감리원 배치기준

감리원 배치기준	소방시설공사 현장기준
특급감리원 중 소방기술사	• 연면적 200000 [m²] 이상 특정소방대상물 공사현장 • 지하층을 포함한 층수가 40층 이상 특정소방대상물 공사현장
특급감리원 이상 소방공사 감리원 (기계분야 및 전기분야)	• 연면적 30000 [m²] 이상 200000 [m²] 미만 특정소방대상물 공사현장(아파트 제외) • 지하층 포함한 층수가 16층 이상 40층 미만 특정소방대상물 공사현장
고급감리원 이상 소방공사 감리원 (기계분야 및 전기분야)	• 물분무등소화설비(호스릴방식 제외) 또는 제연설비 설치되는 특정소방대상물 공사현장 • 연면적 30000 [m²] 이상 200000 [m²] 미만 아파트 공사현장

15 (중)

자동화재 탐지설비의 일반 공사감리기간으로 포함시켜 산정할 수 있는 항목은?

① 고정금속구를 설치하는 기간
② 전선관의 매립을 하는 공사기간
③ 공기유입구의 설치기간
④ 소화약제 저장용기 설치기간

해설 일반 공사감리기간

소방시설	일반 공사감리 기간
옥내소화전설비, 스프링클러설비, 포소화설비, 물분무소화설비, 연결살수설비, 연소방지설비	• 가압송수장치 설치, 가지배관 설치 • 개폐밸브·유수검지장치·체크밸브 설치, 탬퍼스위치의 설치, 앵글밸브, 소화전함의 매립 • 스프링클러헤드·포방출구·포노즐·포호스릴·물분무헤드·연결살수헤드·방수구 설치 • 포소화약제 탱크 및 포혼합기의 설치, 포소화약제의 충전, 입상배관과 옥상탱크의 접속, 옥외 연결송수구의 설치, 제어반의 설치, 동력전원 및 각종 제어회로의 접속, 음향장치의 설치 및 수동조작함의 설치를 하는 기간

소방시설	일반 공사감리 기간
이산화탄소소화설비, 할로겐화합물소화설비, 청정소화약제소화설비 및 분말소화설비	• 소화약제 저장용기와 집합관의 접속 • 제어반·화재표시반 설치 • 기동용기 등 작동장치의 설치 • 동력전원 및 각종 제어회로의 접속, 가지배관의 설치, 선택밸브의 설치, 분사헤드의 설치, 수동기동장치의 설치 및 음향경보장치의 설치를 하는 기간
자동화재탐지설비, 시각경보기, 비상방송설비, 통합감시시설, 유도등, 비상콘센트설비, 무선통신보조설비	• 전선관 매립 ★★ • 감지기·유도등·조명등·비상콘센트 설치 • 증폭기 접속, 누설동축케이블 부설 • 무선기기 접속단자·분배기·증폭기 설치 • 동력전원의 접속 공사를 하는 기간
피난기구	고정금속구 설치
제연설비	• 가동식 제연경계벽·배출구·공기유입구 설치 • 각종 댐퍼 및 유입구 폐쇄장치의 설치, 배출기 및 공기유입기의 설치 및 풍도와의 접속 • 배출풍도 및 유입풍도의 설치·단열조치, 동력전원 및 제어회로의 접속 • 제어반의 설치를 하는 기간
비상전원	비상전원 설치 및 소방시설과의 접속

16 상 중 하

소방시설업의 반드시 등록취소에 해당하는 경우는?

① 거짓이나 그 밖의 부정한 방법으로 등록한 경우
② 다른 자에게 등록증 또는 등록수첩을 빌려주는 경우
③ 소속 소방기술자를 공사현장에 배치하지 아니하거나 거짓으로 하는 경우
④ 등록을 한 후 정당한 사유 없이 1년이 지날 때까지 영업을 시작하지 아니하거나 계속 1년 이상 휴업한 경우

해설 등록취소와 영업정지

1) 명령권자 : 시·도지사(행정안전부령)
2) 등록취소 및 6개월 이내의 기간 영업정지((1), (3), (6) : 등록취소)
   (1) 거짓이나 그 밖의 부정한 방법으로 등록한 경우
   (2) 등록기준에 미달하게 된 후 30일이 경과한 경우
   (3) 등록 결격사유에 해당하게 된 경우. 다만 법인이 그 사유가 발생한 날부터 3개월 이내에 그 사유를 해소한 경우는 제외
   (4) 등록 후 정당한 사유 없이 1년 지날 때까지 영업을 시작하지 않거나 1년 이상 휴업한 때
   (5) 다른 자에게 소방시설업 등록증이나 등록수첩을 빌려준 경우
   (6) 영업정지 기간 중에 소방시설공사 등을 한 경우
   (7) 소방시설업자가 통지를 하지 아니하거나 관계서류를 보관하지 아니한 경우
   (8) 화재안전기준 등에 적합하게 설계·시공·감리하지 않은 경우
   (9) 소속 소방기술자를 공사현장에 배치하지 않거나 거짓으로 한 경우
   (10) 하자보수 기간 내 하자보수를 하지 않거나 하자보수계획을 통보하지 않은 경우
   (11) 도급받은 소방시설의 설계, 시공, 감리를 하도급한 경우
   (12) 하도급받은 소방시설공사를 재하도급한 경우
   〈이하 생략〉

보충 ▶ (2), (3), (4) : 등록취소 또는 영업정지

정답 16 ①

17 ⓗ

소방시설공사업법령상 하자를 보수하여야 하는 소방시설과 소방시설별 하자보수 보증기간으로 옳은 것은?

① 유도등 : 1년
② 자동소화장치 : 3년
③ 자동화재탐지설비 : 2년
④ 상수도소화용수설비 : 2년

해설 소방시설 하자보수 보증기간

소방시설	기간
• 피난기구 · 유도등 • 비상경보설비 • 비상조명등 • 비상방송설비 • 무선통신보조설비	2년
• 자동소화장치 • 옥내 · 외소화전설비 • 스프링클러 · 간이스프링클러설비 • 물분무등소화설비 • 자동화재탐지설비 • 상수도소화용수설비 • 소화활동설비(무선통신보조설비 제외) • 화재알림설비	3년

암기 이년 피비무

18 ⓗ

완공된 소방시설등의 성능시험을 수행하는 자는?

① 소방시설공사업자
② 소방공사감리업자
③ 소방시설설계업자
④ 소방기구제조업자

해설 감리업자

1) 감리업자 업무
 (1) 소방시설등 설치계획표 적법성 검토
 (2) 소방시설등 설계도서 적합성 검토
 (3) 소방시설등 설계 변경 사항 적합성 검토
 (4) 소방용품 위치 · 규격 및 사용 자재 적합성 검토
 (5) 공사업자가 한 소방시설 시공이 설계도서와 화재안전기준에 맞는지 지도 · 감독
 (6) 완공된 소방시설등의 성능시험
 (7) 공사업자가 작성한 시공 상세도면 적합성 검토
 (8) 피난시설 및 방화시설 적법성 검토
 (9) 실내장식물의 불연화와 방염 물품의 적법성 검토
2) 감리업자가 아닌 자가 감리할 수 있는 보안성 등이 요구되는 소방대상물 시공 장소 : 「원자력안전법」에 따른 관계시설이 설치되는 장소

정답 17 ② 18 ②

19 ⓢ ⓜ ⓗ

지하층을 포함한 층수가 16층 이상 40층 미만인 특정소방대상물의 소방시설공사현장에 배치하여야 할 소방공사 책임감리원의 배치기준으로 옳은 것은?

① 행정안전부령으로 정하는 특급감리원 중 소방기술사
② 행정안전부령으로 정하는 특급감리원 이상의 소방공사 감리원(기계분야 및 전기분야)
③ 행정안전부령으로 정하는 고급감리원 이상의 소방공사 감리원(기계분야 및 전기분야)
④ 행정안전부령으로 정하는 중급감리원 이상의 소방공사 감리원(기계분야 및 전기분야)

해설 감리원 배치기준

감리원 배치기준	소방시설공사 현장기준
특급감리원 중 소방기술사	• 연면적 200000 [m²] 이상 특정소방대상물 공사현장 • 지하층을 포함한 층수가 40층 이상 특정소방대상물 공사현장
특급감리원 이상 소방공사 감리원 (기계분야 및 전기분야)	• 연면적 30000 [m²] 이상 200000 [m²] 미만 특정소방대상물 공사현장(아파트 제외) • 지하층 포함한 층수가 16층 이상 40층 미만 특정소방대상물 공사현장
고급감리원 이상 소방공사 감리원 (기계분야 및 전기분야)	• 물분무등소화설비(호스릴방식 제외) 또는 제연설비 설치되는 특정소방대상물 공사현장 • 연면적 30000 [m²] 이상 200000 [m²] 미만 아파트 공사현장

20 ⓢ ⓜ ⓗ

소방시설공사업자의 시공능력평가방법에 대한 설명 중 틀린 것은?

① 시공능력평가액은 실적평가액 + 자본금평가액 + 기술력평가액 + 경력평가액 ± 신인도평가액으로 산출한다.
② 신인도평가액 산정 시 최근 1년간 국가기관으로부터 우수시공업자로 선정된 경우에는 3 [%] 가산한다.
③ 신인도평가액 산정 시 최근 1년간 부도가 발생된 사실이 있는 경우에는 2 [%]를 감산한다.
④ 실적평가액은 최근 5년간의 연평균공사 실적액을 의미한다.

해설 시공능력 평가방법

1) 시공능력평가액 = 실적평가액 + 자본금평가액 + 기술력평가액 + 경력평가액 ± 신인도 평가액
2) 신인도 평가액 산정(최근 1년간)
   • 국가기관·지방자치단체·공공기관으로부터 우수시공업자 선정(+3 [%])
   • 국가기관·지방자치단체·공공기관으로부터 부정당업자 제재처분(-3 [%])
   • 부도 발생(-2 [%])
3) 공사업 기간이 산정일기준 3년 이상인 경우 <u>최근 3년간 공사실적 합산하여 3으로 나눈 금액이 연평균공사실적액</u>

21 ⓢ ⓜ ⓗ

소방시설공사업법상 소방시설업 등록신청 신청서 및 첨부서류에 기재되어야 할 내용이 명확하지 아니한 경우 서류의 보완기간은 며칠 이내인가?

① 14 ② 10
③ 7   ④ 5

정답 19 ② 20 ④ 21 ②

해설 등록신청 서류 보완

1) 기간 : 10일 이내
2) 보완 가능한 경우
   - 첨부서류가 첨부되지 않은 경우
   - 신청서 및 첨부서류에 기재내용이 기재되어 있지 않거나 명확하지 않은 경우

22 (상·중·하)

소방시설공사의 착공신고 시 첨부서류가 아닌 것은?

① 공사업자의 소방시설공사업 등록증 사본
② 공사업자의 소방시설공사업 등록수첩 사본
③ 해당 소방시설공사의 책임시공 및 기술관리를 하는 기술인력의 기술등급을 증명하는 서류 사본
④ 해당 소방시설을 설계한 기술인력자의 기술자격증 사본

해설 착공신고

1) 착공신고 : 소방본부장, 소방서장
2) 첨부서류
   (1) 소방시설공사 착공(변경) 신고서
   (2) 소방시설공사업 등록증 사본 1부 및 등록수첩 사본 1부
   (3) 기술인력의 기술등급을 증명하는 서류 사본 1부
   (4) 소방시설공사 계약서 사본 1부
   (5) 설계도서(설계설명서 포함) 1부, 단 건축허가등의 동의 요구서에 첨부된 서류 중 설계도서가 변경되지 않은 경우 설계도서 첨부 제외
   (6) 소방시설 공사를 하도급하는 경우 다음 서류
      ① 소방시설공사 등의 하도급통지서 사본
      ② 하도급대금 지급에 관한 다음의 어느 하나에 해당하는 서류
         ㉠ 공사대금 지급을 보증한 경우에는 하도급대금 지급보증서 사본
         ㉡ 보증이 필요하지 않거나, 적합하지 않다고 인정되는 경우 이를 증빙하는 서류 사본
3) 변경신고 : 변경일부터 30일 이내

23 (상·중·하)

일반 소방시설 설계업(기계분야)의 영업범위는 공장의 경우 연면적 몇 [m²] 미만의 특정소방대상물에 설치되는 기계분야 소방시설의 설계에 한하는가? (단, 제연설비가 설치되는 특정소방대상물은 제외한다)

① 10000 [m²]
② 20000 [m²]
③ 30000 [m²]
④ 40000 [m²]

해설 소방시설설계업 등록기준

소방시설 설계업		기술인력(이상)	영업범위
전문		• 주 인력 : 소방기술사 1인 • 보조인력 : 1명	모든 특정소방대상물
일반	기계 분야	• 주 인력 : 소방기술사 또는 소방기사 [기계] 1명 • 보조인력 : 1명	• 아파트 소방 기계분야(제연 제외) • 연 3만 [m²](공장 1만 [m²]) 미만(제연 제외) • 위험물제조소등
	전기 분야	• 주 인력 : 소방기술사 또는 소방기사 [전기] 1명 • 보조인력 : 1명	• 아파트 소방 전기분야 • 연 3만 [m²](공장 1만 [m²]) 미만 • 위험물제조소등

정답 22 ④ 23 ①

24 상(중)하

다음 중 고급기술자에 해당하는 학력·경력기준으로 옳은 것은?

① 박사학위를 취득한 후 2년 이상 소방 관련 업무를 수행한 사람
② 석사학위를 취득한 후 4년 이상 소방 관련 업무를 수행한 사람
③ 학사학위를 취득한 후 8년 이상 소방 관련 업무를 수행한 사람
④ 고등학교를 졸업 후 10년 이상 소방 관련 업무를 수행한 사람

해설 소방기술자 학력·경력에 따른 기술등급

등급	소방 관련 학력·경력자	소방 관련 이외 경력자
특급	• 박사 + 3년 이상 • 석사 + 7년 이상 • 학사 + 11년 이상 • 전문학사학위 + 15년 이상	–
고급	• 박사 + 1년 이상 • 석사 + 4년 이상 • 학사 + 7년 이상 • 전문학사학위 + 10년 이상 • 고등학교 소방학과 + 13년 • 고등학교 졸업 + 15년 이상	• 학사 + 12년 이상 • 전문학사학위 + 15년 이상 • 고등학교 졸업 + 18년 이상 • 22년 이상 소방 관련 업무
중급	• 박사 • 석사 + 2년 이상 • 학사 + 5년 이상 • 전문학사학위 + 8년 이상 • 고등학교 소방학과 + 10년 • 고등학교 졸업 + 12년 이상	• 학사 + 9년 이상 • 전문학사학위 + 12년 이상 • 고등학교 졸업 + 15년 이상 • 18년 이상 소방 관련 업무
초급	• 석사, 학사 • 관련 학과 졸업 • 전문학사학위 + 2년 이상 • 고등학교 소방학과 + 3년 • 고등학교 졸업 + 5년 이상	• 학사 + 3년 이상 • 전문학사학위 + 5년 이상 • 고등학교 졸업 + 7년 이상 • 9년 이상 소방 관련 업무

25 상(중)하

소방시설공사업자가 소방시설공사를 하고자 하는 경우 소방시설공사 착공신고서를 누구에게 제출해야 하는가?

① 시·도지사
② 소방청장
③ 한국소방시설협회장
④ 소방본부장 또는 소방서장

해설 착공신고

1) 착공신고 : 소방본부장, 소방서장
2) 첨부서류
   (1) 소방시설공사 착공(변경) 신고서
   (2) 소방시설공사업 등록증 사본 1부 및 등록수첩 사본 1부
   (3) 기술인력의 기술등급을 증명하는 서류 사본 1부
   (4) 소방시설공사 계약서 사본 1부
   (5) 설계도서(설계설명서 포함) 1부, 단 건축허가등의 동의 요구서에 첨부된 서류 중 설계도서가 변경되지 않은 경우 설계도서 첨부 제외
   (6) 소방시설 공사를 하도급하는 경우 다음 서류
      ① 소방시설공사 등의 하도급통지서 사본
      ② 하도급대금 지급에 관한 다음의 어느 하나에 해당하는 서류
         ㉠ 공사대금 지급을 보증한 경우에는 하도급대금 지급보증서 사본
         ㉡ 보증이 필요하지 않거나 적합하지 않다고 인정되는 경우 이를 증빙하는 서류 사본
3) 변경신고 : 변경일부터 30일 이내

정답 24 ② 25 ④

26 다음 중 상주 공사감리를 하여야 할 대상의 기준으로 옳은 것은?

① 지하층을 포함한 층수가 16층 이상으로서 300세대 이상인 아파트에 대한 소방시설의 공사
② 지하층을 포함한 층수가 16층 이상으로서 500세대 이상인 아파트에 대한 소방시설의 공사
③ 지하층을 포함하지 않은 층수가 16층 이상으로서 300세대 이상인 아파트에 대한 소방시설의 공사
④ 지하층을 포함하지 않은 층수가 16층 이상으로서 500세대 이상인 아파트에 대한 소방시설의 공사

해설 공사감리 대상

종류	대상	방법
상주 감리	• 연 3만 [m²] 이상(아파트 제외) • 16층(지하층 포함) 이상으로 500세대 이상 아파트	• 정한 기간에 현장 상주 • 감리업무 수행, 감리일지 작성 • 1일 이상 일탈 시 발주확인·업무대행
일반 감리	• 상주감리 이외 공사현장	• 배치기간에 현장 업무, 주 1회 이상 • 감리업무 수행, 감리일지 작성 • 14일 이내 수행 불가 시 대행자 지정 • 대행자 주 2회 이상 배치, 업무내용통보

27 소방공사업법령상 공사감리자 지정대상 특정 소방대상물의 범위가 아닌 것은?

① 캐비닛형 간이스프링클러설비를 신설·개설하거나 방호·방수구역을 증설할 때
② 물분무등소화설비(호스릴방식의 소화설비는 제외)를 신설·개설하거나 방호·방수구역을 증설할 때
③ 제연설비를 신설·개설하거나 지연구역을 증설할 때
④ 연소방지설비를 신설·개설하거나 살수구역을 증설할 때

해설 공사감리자 지정대상 특정소방대상물 범위

1) 옥내소화전설비 신설·개설·증설
2) 스프링클러설비등(캐비닛형 간이SP 제외) 신설·개설하거나 방호·방수구역을 증설
3) 물분무등소화설비(호스릴 제외) 신설·개설하거나 방호·방수구역을 증설
4) 옥외소화전설비 신설·개설·증설
5) 자동화재탐지설비 신설·개설
6) 화재알림설비 신설·개설
7) 비상방송설비 신설·개설
8) 통합감시시설 신설·개설
9) 소화용수설비 신설·개설
10) 다음 각 목에 따른 소화활동설비에 대하여 각 목에 따른 시공을 할 때
　(1) 제연설비 신설·개설하거나 제연구역 증설
　(2) 연결송수관설비 신설·개설
　(3) 연결살수설비 신설·개설하거나 송수구역 증설
　(4) 비상콘센트설비 신설·개설하거나 전용회로 증설
　(5) 무선통신보조설비 신설·개설
　(6) 연소방지설비를 신설·개설하거나 살수구역 증설

정답 26 ② 27 ①

28 (중)

소방공사업자가 소방시설공사를 마친 때에는 완공검사를 받아야 하는데 완공검사를 위한 현장 확인을 할 수 있는 특정 소방대상물의 범위에 속하지 않는 것은? (단, 가스계소화설비를 설치하지 않는 경우이다)

① 문화 및 집회시설
② 노유자시설
③ 지하상가
④ 의료시설

해설 완공검사 현장 확인 특정소방대상물

1) <u>문화 및 집회시설</u>, 종교시설, 판매시설, <u>노유자시설</u>, 수련시설, 운동시설, 숙박시설, 창고시설, <u>지하상가</u> 및 다중이용업소
2) 설비가 설치되는 특정소방대상물
   - 스프링클러설비등
   - 물분무등소화설비(호스릴방식 제외)
3) 연면적 10000 [m²] 이상, 11층 이상의 특정소방대상물(아파트 제외)
4) 가연성 가스 제조·저장·취급시설 중 지상에 노출된 가연성 가스탱크의 저장용량 합계 1000톤 이상

29 (중)

시·도지사가 소방시설업의 등록취소처분이나 영업정지처분을 하고자 할 경우 실시하여야 하는 것은?

① 청문을 실시하여야 한다.
② 징계위원회의 개최를 요구하여야 한다.
③ 직권으로 취소 처분을 결정하여야 한다.
④ 소방기술심의위원회의 개최를 요구하여야 한다.

해설 청문

1) 청문실시자 : 소방청장, 시·도지사
2) 청문 실시하는 경우
   - 소방시설업 등록취소처분 및 영업정지처분
   - 소방기술 인정 자격취소처분

30 (중)

다음 소방시설 중 하자보수보증기간이 다른 것은?

① 옥내소화전설비
② 비상방송설비
③ 자동화재탐지설비
④ 상수도소화용수설비

해설 소방시설 하자보수 보증기간

소방시설	기간
• 피난기구·유도등 • 비상경보설비 • 비상조명등 • 비상방송설비 • 무선통신보조설비	2년
• 자동소화장치 • 옥내·외소화전설비 • 스프링클러·간이스프링클러설비 • 물분무등소화설비 • 자동화재탐지설비 • 상수도소화용수설비 • 소화활동설비(무선통신보조설비 제외) • 화재알림설비	3년

암기 ▶ 이년 피비무

정답 28 ④ 29 ① 30 ②

31 (상 ⓒ 하)

소방기술자의 자격의 정지 및 취소에 관한 기준 중 1차 행정처분기준이 자격정지 1년에 해당되는 경우는?

① 자격수첩을 다른 자에게 빌려준 경우
② 동시에 둘 이상의 업체에 취업한 경우
③ 거짓이나 그 밖의 부정한 방법으로 자격수첩을 발급받은 경우
④ 업무수행 중 해당 자격과 관련하여 중대한 과실로 다른 자에게 손해를 입히고 형의 선고를 받은 경우

해설 소방기술자 자격정지 및 취소기준

[자격 취소 및 6개월 이상 2년 이하의 기간 자격 정지]

위반항위	기준		
	1회	2회	3회
거짓·부정한 방법으로 자격수첩, 경력수첩 발급	자격취소		
자격수첩, 경력수첩 빌려준 경우	자격취소		
동시에 둘 이상 업체 취업한 경우	자격정지 1년	자격취소	
업무수행 중 고의 또는 과실로 손해를 입히고 형의 선고 받은 경우	자격취소		
자격정지처분 기간 내에 자격증 사용	자격정지 1년	자격정지 2년	자격취소

※ 자격이 취소된 사람은 취소된 날부터 2년간 자격수첩·경력수첩을 발급받을 수 없음

32 (상 ⓒ 하)

소방시설공사업법상 소방시설공사에 관한 발주자의 권한을 대행하여 소방시설공사가 설계도서 및 관계 법령에 따라 적법하게 시공되는지 여부의 확인과 품질·시공 관리에 대한 기술지도를 수행하는 영업은 무엇인가?

① 소방시설유지업
② 소방시설설계업
③ 소방시설공사업
④ 소방공사감리업

해설 소방시설업 종류

구분	정의
소방시설설계업	공사계획, 설계도면, 설계 설명서, 기술계산서 등의 서류 작성
소방시설공사업	설계도서에 따라 소방시설 신설, 증설, 개설, 이전 및 시공
소방공사감리업	발주자 권한 대행, 소방시설공사 적법 시공 확인, 품질·시공관리 기술지도
방염 처리업	방염대상물품에 대하여 방염처리

33 (상 ⓒ 하)

소방시설업자가 특정소방대상물의 관계인에 대한 통보 의무사항이 아닌 것은?

① 지위를 승계한 때
② 등록취소 또는 영업정지 처분을 받은 때
③ 휴업 또는 폐업한 때
④ 주소지가 변경된 때

정답 31 ② 32 ④ 33 ④

해설 소방시설업 운영

1) 소방시설업자는 다른 자에게 자기의 성명이나 상호를 사용하여 소방시설공사 등을 수급·시공하게 하거나 소방시설업의 등록증·등록수첩을 다른 자에게 빌려주어서는 안 됨
2) 영업정지·등록취소처분 받은 소방시설업자는 그날부터 소방시설공사 등을 하면 안 됨
3) 소방시설업자는 하자보수 보증기간 동안 관계서류 보관해야 함
4) 소방시설업자는 다음의 경우 특정소방대상물 관계인에게 지체 없이 그 사실을 알려야 함
   (1) 소방시설업자의 지위 승계
   (2) 소방시설업 등록취소처분·영업정지처분
   (3) 휴업 및 폐업

34 상 중 하

공사업자가 소방시설공사를 마친 때에는 누구에게 완공검사를 받는가?

① 소방본부장 또는 소방서장
② 군수
③ 시·도지사
④ 소방청장

해설 완공검사

1) 완공검사 : 소방본부장, 소방서장
2) 완공검사를 위한 현장 확인 대상 특정소방대상물 범위
   (1) 문화 및 집회시설, 종교시설, 판매시설, 노유자시설, 수련시설, 운동시설, 숙박시설, 창고시설, 지하상가, 다중이용업소
   (2) 스프링클러설비등 또는 물분무등소화설비(호스릴방식 제외) 설치된 특정소방대상물
   (3) 연면적 10000 [m²] 이상이거나 11층 이상인 특정소방대상물(아파트 제외)
   (4) 가연성 가스 제조·저장·취급시설 중 지상에 노출된 가연성 가스탱크의 저장용량 합계가 1000톤 이상

35 상 중 하

소방시설공사업법상 소방시설공사 결과 소방시설의 하자 발생 시 통보를 받은 공사업자는 며칠 이내에 하자를 보수해야 하는가?

① 3
② 5
③ 7
④ 10

해설 하자보수

1) 관계인은 소방시설 하자 발생 시 공사업자에게 그 사실을 알려야 함
2) 통보받은 공사업자는 3일 이내 하자보수 또는 하자보수계획을 관계인에게 서면으로 알려야 함
3) 관계인은 공사업자가 다음 각 호의 어느 하나에 해당하는 경우에는 소방본부장·서장에게 그 사실을 알릴 수 있음
   (1) 3일 이내에 하자보수를 이행하지 아니한 경우
   (2) 3일 이내에 하자보수계획을 서면으로 알리지 아니한 경우
   (3) 하자보수계획이 불합리하다고 인정되는 경우

36 상 중 하

소방시설공사업법에 따른 소방기술 인정 자격수첩 또는 소방기술자 경력수첩의 기준 중 다음 (   ) 안에 알맞은 것은? (단, 소방기술자 업무에 영향을 미치지 아니하는 범위에서 근무시간 외에 소방시설업이 아닌 다른 업종에 종사하는 경우는 제외한다)

- 소방기술 인정 자격수첩 또는 소방기술자 경력수첩을 발급받는 사람이 동시에 둘 이상의 업체에 취업한 경우는 (㉠)의 기간을 정하여 그 자격을 정지시킬 수 있다.
- 소방기술 인정 자격수첩 또는 소방기술자 경력수첩을 다른 사람에게 빌려 준 경우에는 그 자격을 취소하여야 하며 빌려 준 사람은 (㉡) 이하의 벌금에 처한다.

① ㉠ 6개월 이상 1년 이하, ㉡ 200만 원
② ㉠ 6개월 이상 1년 이하, ㉡ 300만 원
③ ㉠ 6개월 이상 2년 이하, ㉡ 200만 원
④ ㉠ 6개월 이상 2년 이하, ㉡ 300만 원

정답 34 ① 35 ① 36 ④

해설 자격수첩·경력수첩기준

[자격 취소 및 6개월 이상 2년 이하의 기간 자격 정지]

위반행위	기준		
	1회	2회	3회
거짓·부정한 방법으로 자격수첩, 경력수첩 발급	자격취소		
자격수첩, 경력수첩 빌려준 경우	자격취소		
동시에 둘 이상 업체 취업한 경우	자격정지 1년	자격취소	
업무수행 중 고의 또는 과실로 손해를 입히고 형의 선고 받은 경우	자격취소		
자격정지처분 기간 내에 자격증 사용	자격정지 1년	자격정지 2년	자격취소

[300만 원 이하 벌금]
1) 다른 자에게 자기의 성명이나 상호를 사용하여 소방시설공사 등을 수급 또는 시공하게 하거나 소방시설업의 등록증이나 등록수첩을 빌려준 자
2) 소방시설공사 현장에 감리원을 배치하지 아니한 감리업자
3) 감리업자의 보완 요구에 따르지 아니한 공사업자
4) 감리업자가 공사업자의 위반사항을 소방서장에게 보고했다는 사유로 감리업자와의 공사감리 계약을 해지하거나 대가 지급을 거부하거나 지연시키거나 불이익을 준 관계인
5) 소방시설공사를 다른 업종의 공사와 분리하여 도급하지 아니한 관계인 또는 발주자
6) 자격수첩 또는 경력수첩을 빌려 준 사람
7) 동시에 둘 이상의 업체에 취업한 사람
8) 관계인의 정당한 업무를 방해하거나 업무상 알게 된 비밀을 누설한 관계 공무원

37 상**중**하

소방시설공사 현장에 감리원을 배치하지 아니한 자의 벌칙 기준은?

① 100만 원 이하의 벌금
② 300만 원 이하의 벌금
③ 500만 원 이하의 벌금
④ 1000만 원 이하의 벌금

해설 300만 원 이하 벌금

1) 다른 자에게 자기의 성명이나 상호를 사용하여 소방시설공사 등을 수급 또는 시공하게 하거나 소방시설업의 등록증이나 등록수첩을 빌려준 자
2) 소방시설공사 현장에 감리원을 배치하지 아니한 감리업자
3) 감리업자의 보완 요구에 따르지 아니한 공사업자
4) 감리업자가 공사업자의 위반사항을 소방서장에게 보고했다는 사유로 감리업자와의 공사감리 계약을 해지하거나 대가 지급을 거부하거나 지연시키거나 불이익을 준 관계인
5) 소방시설공사를 다른 업종의 공사와 분리하여 도급하지 아니한 관계인 또는 발주자
6) 자격수첩 또는 경력수첩을 빌려 준 사람
7) 동시에 둘 이상의 업체에 취업한 사람
8) 관계인의 정당한 업무를 방해하거나 업무상 알게 된 비밀을 누설한 관계 공무원

38 **상**중하

소방시설공사업법에 따른 행정안전부령으로 정하는 수수료 등의 납부 대상으로 틀린 것은?

① 소방시설업의 기술자 변경신고를 하려는 사람
② 소방시설업을 등록하려는 사람
③ 소방시설업자의 지위승계 신고를 하려는 사람
④ 소방시설업 등록증을 재발급 받으려는 사람

정답 37 ② 38 ①

해설 수수료

1) 기준 : 행정안전부령으로 정하는 바에 따라 수수료나 교육비 납부
2) 수수료 납부 대상
   (1) 소방시설업을 등록하려는 자
   (2) 소방시설업 등록증 또는 등록수첩을 재발급 받으려는 자
   (3) 소방시설업자의 지위승계 신고를 하려는 자
   (4) 방염처리능력 평가를 받으려는 자
   (5) 시공능력 평가를 받으려는 자
   (6) 자격수첩 또는 경력수첩을 발급받으려는 사람
   (7) 소방기술자 양성·인정 교육훈련을 받으려는 사람
   (8) 실무교육을 받으려는 사람

39 (상중하)

전문 소방시설공사업의 등록기준 중 보조기술인력은 최소 몇 인 이상 있어야 하는가?

① 1
② 2
③ 3
④ 4

해설 소방시설공사업 등록기준

소방시설 공사업		기술인력(이상)	영업범위
전문		• 주 인력 : 소방기술사 또는 소방기사[전기·기계] 각 1명(소방기사 전기·기계 동시 보유자 1명) • 보조인력 : 2명	특정소방대상물에 설치되는 기계·전기분야
일반	기계 분야	• 주 인력 : 소방기술사 또는 소방기사[기계] 1명 • 보조인력 : 1명	• 연 1만 [m²] 미만 • 위험물제조소등
	전기 분야	• 주 인력 : 소방기술사 또는 소방기사[전기] 1명 • 보조인력 : 1명	• 연 1만 [m²] 미만 • 위험물제조소등

40 (상중하)

소방기술자의 배치기준 중 중급기술자 이상의 소방기술자(기계분야 및 전기분야) 소방시설공사 현장의 기준으로 틀린 것은?

① 지하층을 포함한 층수가 16층 이상 40층 미만인 특정소방대상물의 공사 현장
② 연면적 5000 [m²] 이상, 30000 [m²] 미만인 특정소방대상물(아파트는 제외)의 공사 현장
③ 연면적 10000 [m²] 이상, 200000 [m²] 미만인 아파트의 공사현장
④ 물분무등소화설비(호스릴방식의 소화설비는 제외) 또는 제연설비가 설치되는 특정소방대상물의 공사현장

해설 소방기술자 배치기준

배치기준	소방시설공사 현장기준
특급기술자인 소방기술자 (기계분야 및 전기분야)	• 연면적 200000 [m²] 이상 특정소방대상물 공사현장 • 지하층 포함 층수 40층 이상 특정소방대상물 공사현장
고급기술자 이상 소방기술자(기계분야 및 전기분야)	• 연면적 30000 [m²] 이상 200000 [m²] 미만 특정소방대상물 공사현장 (아파트 제외) • 지하층 포함 층수 16층 이상 40층 미만 특정소방대상물 공사현장
중급기술자 이상 소방기술자(기계분야 및 전기분야)	• 물분무등소화설비(호스릴방식 제외) 또는 제연설비 설치되는 특정소방대상물 공사현장 • 연면적 5000 [m²] 이상 30000 [m²] 미만 특정소방대상물 공사현장(아파트 제외) • 연면적 10000 [m²] 이상 200000 [m²] 미만 아파트 공사현장

정답 39 ② 40 ①

41 (상)(중)(하)

소방시설공사업 등록신청 시 제출하여야 할 자산평가액 또는 기업진단보고서는 신청일 전 최근 며칠 이내에 작성한 것이어야 하는가?

① 90일
② 120일
③ 150일
④ 180일

해설 소방시설공사업 등록

1) 소방시설업 등록 : 시·도지사(자본금, 기술인력 등) → 소방시설협회에 제출(업무의 위탁)
   ※ 이때 소방시설업 등록에 필요한 사항 : 행정안전부령
2) 등록신청 서류 : 소방시설업 등록신청서 + 다음 각 호의 첨부서류
   (1) 신청인의 성명, 주민등록번호 및 주소지 등의 인적사항이 적힌 서류
   (2) 기술인력 증빙서류
      ① 국가기술자격증
      ② 소방기술 인정 자격수첩 또는 소방기술자 경력수첩
   (3) 소방청장 지정 금융회사 또는 소방산업공제조합 출자·예치·담보 금액 확인서(소방시설공사업만 해당)
   (4) 최근 90일 이내 작성한 자산평가액 또는 기업진단 보고서(소방시설공사업만 해당)
3) 등록신청 서류 보완
   (1) 기간 : 10일 이내
   (2) 해당 경우
      ① 첨부서류가 첨부되지 않은 경우
      ② 신청서 및 첨부서류에 기재 내용이 기재되어 있지 않거나 명확하지 않은 경우

42 (상)(중)(하)

성능위주설계를 할 수 있는 자의 기술인력에 대한 기준으로 옳은 것은?

① 소방기술사 1명 이상
② 소방기술사 2명 이상
③ 소방기술사 3명 이상
④ 소방기술사 4명 이상

해설 성능위주설계 자격·기술인력

1) 자격
   • 소방시설설계업 등록한 자
   • 소방시설설계업 등록기준 기술인력 갖춘 자로 소방청장이 정하여 고시하는 연구기관·단체
2) 기술인력 : 소방기술사 2명 이상

43 (상)(중)(하)

소방시설업에 대한 행정처분기준 중 1차 처분이 영업정지 3개월이 아닌 경우는?

① 국가, 지방자치단체 또는 공공기관이 발주하는 소방시설의 설계·감리업자 선정에 따른 사업수행능력 평가에 관한 서류를 위조하거나 변조하는 등 거짓이나 그 밖의 부정한 방법으로 입찰에 참여한 경우
② 소방시설업의 감독을 위하여 필요한 보고나 자료제출 명령을 위반하여 보고 또는 자료제출을 하지 아니하거나 거짓으로 보고 또는 자료 제출을 한 경우
③ 정당한 사유 없이 출입·검사 업무에 따른 관계 공무원의 출입 또는 검사·조사를 거부·방해 또는 기피한 경우
④ 감리업자의 감리 시 소방시설공사가 설계도서에 맞지 아니하여 공사업자에게 공사의 시정 또는 보완 등의 요구를 하였으나 따르지 아니한 경우

정답 41 ① 42 ② 43 ④

해설 1차 영업정지 3개월

- 국가, 지방자치단체, 공공기관이 발주하는 소방시설 설계·감리업자 선정에 따른 사업수행능력 평가 관련 서류 위조·변조 등 거짓이나 부정한 방법으로 입찰 참여
- 소방시설업 감독을 위해 필요한 보고나 자료제출 명령 위반하여 보고, 자료 미제출, 거짓 보고 및 거짓 자료 제출
- 정당한 사유 없이 관계 공무원 출입, 검사·조사 거부·방해·기피

보충 ④ : 영업정지 1개월

44 상중하

감리업자가 소방공사의 감리를 완료할 때 그 감리결과를 통보해야 하는 대상자가 아닌 것은?

① 시·도지사
② 소방시설공사의 도급인
③ 특정소방대상물의 관계인
④ 특정소방대상물의 공사를 감리한 건축사

해설 감리결과 통보

감리업자는 소방공사의 감리를 마쳤을 때에는 행정안전부령으로 정하는 바에 따라 그 감리결과를 통보 및 제출(7일 이내)
1) 서면 통보
  (1) 특정소방대상물의 관계인
  (2) 소방시설공사의 도급인
  (3) 특정소방대상물의 공사를 감리한 건축사
2) 감리결과보고서 제출 : 소방본부장·서장
3) 제출 서류
  (1) 소방공사감리 결과보고(통보)서
  (2) 소방시설 성능시험조사표
  (3) 착공신고 후 변경된 소방시설설계도면(변경사항이 있는 경우만 첨부하되, 설계업자가 설계한 도면만 해당됨)
  (4) 소방공사 감리 일지(소방본부장·서장에게 보고하는 경우에만 첨부)
  (5) 특정소방대상물의 사용승인(건축법에 따른 사용승인으로서 주택법에 따른 사용검사 또는 학교시설촉진법에 따른 사용승인을 포함한다) 신청서 등 사용승인 신청을 증빙할 수 있는 서류

45 상중하

소방시설공사업법령상 완공검사를 위한 현장 확인 대상 특정소방대상물의 범위기준 중 틀린 것은?

① 문화 및 집회시설
② 가스계(이산화탄소·할로젠화합물·청정소화약제) 소화설비(호스릴소화설비는 제외)가 설치되는 것
③ 가연성 가스를 제조·저장 또는 취급하는 시설 중 지상에 노출된 가연성 가스탱크의 저장용량합계가 1000톤 이상인 시설
④ 연면적 1000 [m²] 이상이거나 11층 이상인 특정소방대상물 아파트

해설 완공검사 현장

1) 완공검사 : 소방본부장, 소방서장
2) 완공검사를 위한 현장 확인 대상 특정소방대상물 범위
  (1) 문화 및 집회시설, 종교시설, 판매시설, 노유자시설, 수련시설, 운동시설, 숙박시설, 창고시설, 지하상가, 다중이용업소
  (2) 스프링클러설비등 또는 물분무등소화설비(호스릴방식 제외) 설치된 특정소방대상물
  (3) 연면적 10000 [m²] 이상이거나 11층 이상인 특정소방대상물(아파트 제외)
  (4) 가연성 가스 제조·저장·취급시설 중 지상에 노출된 가연성 가스탱크의 저장용량 합계가 1000톤 이상

정답 44 ① 45 ④

46 ⓢⓩⓗ

소방시설업의 업종별 등록기준 및 영업범위 중 소방시설설계업에 대한 설명으로 틀린 것은? (단, 제연설비가 설치되는 특정소방대상물은 제외한다)

① 일반소방시설설계업의 보조 기술인력은 1인 이상이다.
② 전문소방시설설계업의 주된 기술인력은 소방기술사 1인 이상이다.
③ 일반소방시설설계업의 경우 소방설비기사도 주된 기술인력이 될 수 있다.
④ 일반소방시설설계업의 영업범위는 연면적 50000 [m²] 미만의 특정소방대상물에 설치되는 소방시설의 설계를 할 수 있다.

해설 소방시설설계업 등록기준, 영업범위

소방시설 설계업		기술인력(이상)	영업범위
전문		• 주 인력 : 소방기술사 1인 • 보조인력 : 1명	모든 특정소방대상물
일반	기계분야	• 주 인력 : 소방기술사 또는 소방기사[기계] 1명 • 보조인력 : 1명	• 아파트 소방 기계분야 (제연 제외) • 연 3만 [m²](공장 1만 [m²]) 미만(제연 제외) • 위험물제조소등
	전기분야	• 주 인력 : 소방기술사 또는 소방기사[전기] 1명 • 보조인력 : 1명	• 아파트 소방 전기분야 • 연 3만 [m²](공장 1만 [m²]) 미만 • 위험물제조소등

47 ⓢⓩⓗ

소방시설공사업법령상 소방시설업 등록의 결격사유에 해당되지 않는 법인은?

① 법인의 대표자가 피성년후견인인 경우
② 법인의 임원이 피성년후견인인 경우
③ 법인의 대표자가 소방시설공사업법에 따라 소방시설업 등록이 취소된 지 2년이 지나지 아니한 자인 경우
④ 법인의 임원이 소방시설공사업법에 따라 소방시설업 등록이 취소된 지 2년이 지나지 아니한 자인 경우

해설 소방시설업 등록 결격사유

1) 피성년후견인
2) 금고 이상의 실형을 선고받고 집행이 끝나거나 면제된 날부터 2년이 지나지 않은 사람
3) 금고 이상의 형의 집행유예를 선고받고 그 유예기간 중에 있는 사람
4) 등록하려는 소방시설업 등록이 취소된 날부터 2년이 지나지 않은 자
5) 법인 대표가 위 규정에 해당하는 경우 그 법인
6) 법인 임원이 위 규정에 해당하는 경우 그 법인

48 ⓢⓩⓗ

소방시설공사업법령상 소방공사감리업을 등록한 자가 수행하여야 할 업무가 아닌 것은?

① 완공된 소방시설등의 성능시험
② 소방시설등 설계 변경 사항의 적합성 검토
③ 소방시설등의 설치계획표의 적법성 검토
④ 소방용품 형식승인 및 제품검사의 기술기준에 대한 적합성 검토

정답 46 ④ 47 ② 48 ④

해설 감리업자

1) 감리업자 업무
   (1) 소방시설등 설치계획표 적법성 검토
   (2) 소방시설등 설계도서 적합성 검토
   (3) 소방시설등 설계 변경 사항 적합성 검토
   (4) 소방용품 위치·규격 및 사용 자재 적합성 검토
   (5) 공사업자가 한 소방시설 시공이 설계도서와 화재안전기준에 맞는지 지도·감독
   (6) 완공된 소방시설등의 성능시험
   (7) 공사업자가 작성한 시공 상세도면 적합성 검토
   (8) 피난시설 및 방화시설 적법성 검토
   (9) 실내장식물의 불연화와 방염 물품의 적법성 검토
2) 감리업자가 아닌 자가 감리할 수 있는 보안성 등이 요구되는 소방대상물 시공 장소 : 「원자력안전법」에 따른 관계시설이 설치되는 장소

4) 소방시설업자는 다음의 경우 특정소방대상물 관계인에게 지체 없이 그 사실을 알려야 함
   (1) 소방시설업자의 지위 승계
   (2) 소방시설업 등록취소처분·영업정지처분
   (3) 휴업 및 폐업

49 상(중)하

소방시설공사업법령상 소방시설업자가 소방시설공사 등을 맡긴 특정소방대상물의 관계인에게 지체 없이 그 사실을 알려야 하는 경우가 아닌 것은?

① 소방시설업자의 지위를 승계한 경우
② 소방시설업의 등록취소처분 또는 영업정지처분을 받은 경우
③ 휴업하거나 폐업한 경우
④ 소방시설업의 주소지가 변경된 경우

해설 소방시설업 운영

1) 소방시설업자는 다른 자에게 자기의 성명이나 상호를 사용하여 소방시설공사 등을 수급·시공하게 하거나 소방시설업의 등록증·등록수첩을 다른 자에게 빌려주어서는 안 됨
2) 영업정지·등록취소처분 받은 소방시설업자는 그날부터 소방시설공사 등을 하면 안 됨
3) 소방시설업자는 하자보수 보증기간 동안 관계서류 보관해야 함

50 상(중)하

소방시설공사업법령상 소방시설업의 등록을 하지 아니하고 영업을 한 자에 대한 벌칙기준으로 옳은 것은?

① 1년 이하의 징역 또는 1천만 원 이하의 벌금
② 2년 이하의 징역 또는 2천만 원 이하의 벌금
③ 3년 이하의 징역 또는 3천만 원 이하의 벌금
④ 5년 이하의 징역 또는 5천만 원 이하의 벌금

해설 벌금

[3년 이하 3000만 원 이하]
1) 소방시설업 등록하지 아니하고 영업을 한 자
2) 부정한 청탁을 받고 재물 또는 재산상의 이익을 취득하거나 부정한 청탁을 하면서 재물 또는 재산상의 이익을 제공한 자

[1년 이하 1000만 원 이하]
1) 영업정지 처분을 받고 그 기간에 영업한 자
2) 법과 NFTC를 위반한 설계·시공자
3) 적법하지 않게 감리를 하거나 거짓으로 감리한 자
4) 공사 감리자를 지정하지 아니한 관계인
5) 공사업자가 감리업자의 시정보완 요구를 무시하고 그 공사를 계속할 경우 감리업자는 그 사실을 소방본부장 또는 소방서장에게 보고하여야 한다. 이 사실을 거짓으로 보고한 감리업자
6) 공사감리 결과보고서의 제출을 거짓으로 한 감리업자
7) 무등록 소방시설업자에게 소방공사 도급한 관계인 또는 발주자
8) 도급받은 소방시설의 설계, 시공, 감리를 하도급한 자
9) 하도급받은 소방시설공사를 다시 하도급한 하수급인
10) 소방기술자가 법 또는 명령을 따르지 않고 업무를 수행한 자

정답 49 ④ 50 ③

CHAPTER 07 위험물안전관리법

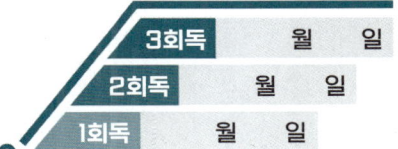

학습목표

1 위험물안전관리법의 목적과 용어에 관해 학습한다.
2 위험물의 분류와 지정수량, 저장 및 취급에 관한 사항을 학습한다.
3 위험물시설과 위험물안전관리자에 관한 사항을 학습한다.
4 예방규정을 정해야 하는 제조소와 정기점검 대상이 되는 제조소, 자체소방대에 대한 사항을 학습한다.
5 위험물안전관리법의 벌칙 및 과태료를 암기한다.

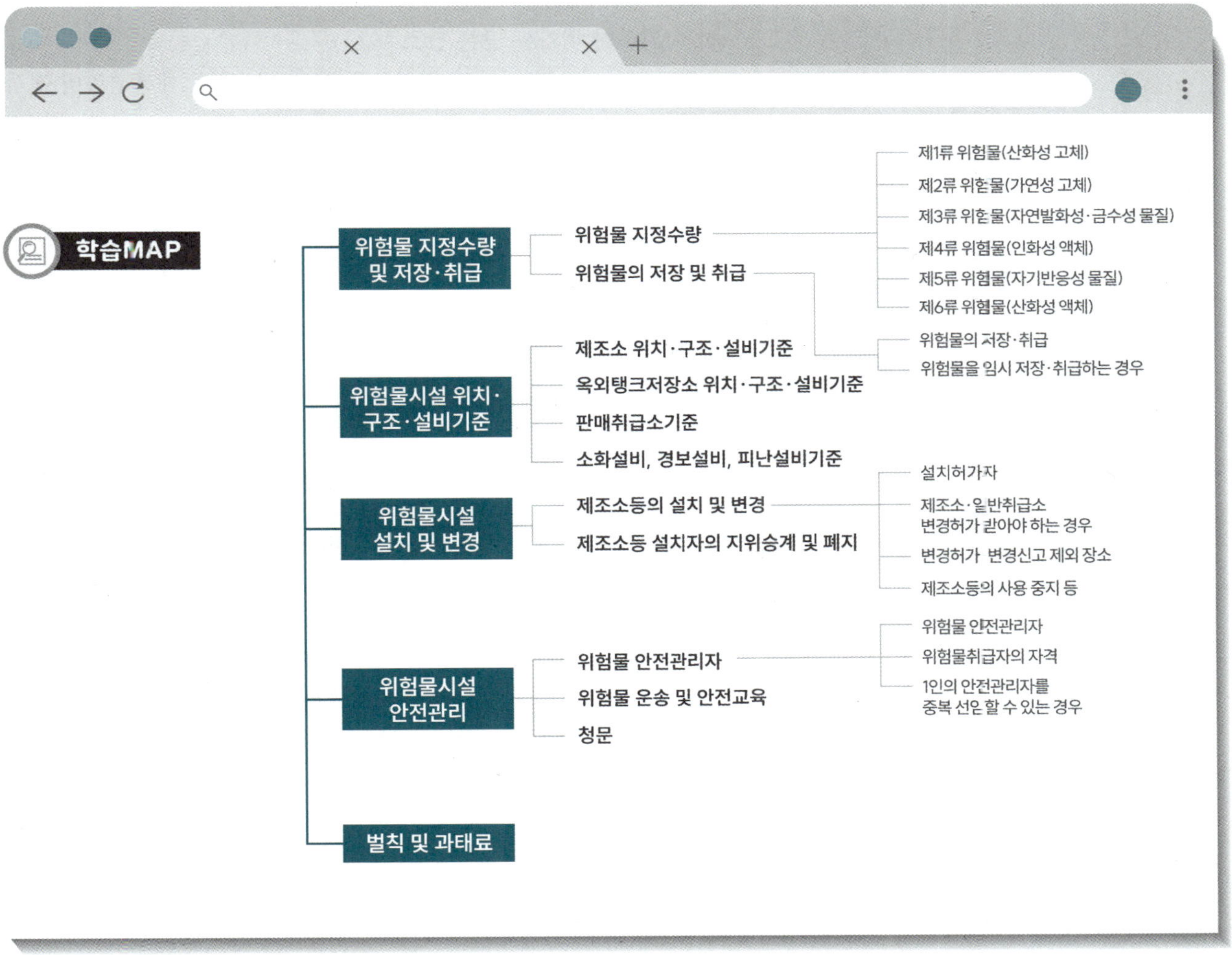

학습MAP

- 위험물 지정수량 및 저장·취급
  - 위험물 지정수량
    - 제1류 위험물(산화성 고체)
    - 제2류 위험물(가연성 고체)
    - 제3류 위험물(자연발화성·금수성 물질)
    - 제4류 위험물(인화성 액체)
    - 제5류 위험물(자기반응성 물질)
    - 제6류 위험물(산화성 액체)
  - 위험물의 저장 및 취급
    - 위험물의 저장·취급
    - 위험물을 임시 저장·취급하는 경우

- 위험물시설 위치·구조·설비기준
  - 제조소 위치·구조·설비기준
  - 옥외탱크저장소 위치·구조·설비기준
  - 판매취급소기준
  - 소화설비, 경보설비, 피난설비기준

- 위험물시설 설치 및 변경
  - 제조소등의 설치 및 변경
    - 설치허가자
    - 제조소·일반취급소 변경허가를 받아야 하는 경우
    - 변경허가 변경신고 제외 장소
    - 제조소등의 사용 중지 등
  - 제조소등 설치자의 지위승계 및 폐지

- 위험물시설 안전관리
  - 위험물 안전관리자
    - 위험물 안전관리자
    - 위험물취급자의 자격
    - 1인의 안전관리자를 중복 선임 할 수 있는 경우
  - 위험물 운송 및 안전교육
  - 청문

- 벌칙 및 과태료

01 위험물 지정수량 및 저장·취급

1 위험물

1) 위험물안전관리법 : 위험물의 저장·취급 및 운반과 이에 따른 안전관리에 관한 사항을 규정함으로써 위험물로 인한 위해를 방지하여 공공의 안전을 확보함을 목적으로 한다.
2) 용어 정의
   (1) 위험물 : 인화성 또는 발화성 등의 성질을 가지는 것으로서 대통령령이 정하는 물품
   (2) 지정수량 : 위험물의 종류별로 위험성을 고려하여 대통령령이 정하는 수량으로서 제조소등의 설치허가 등에 있어서 최저의 기준이 되는 수량
   (3) 제조소 : 위험물을 제조할 목적으로 지정수량 이상의 위험물을 취급하기 위하여 허가를 받은 장소
   (4) 저장소 : 지정수량 이상의 위험물을 저장하기 위한 대통령령이 정하는 장소
   (5) 취급소 : 지정수량 이상의 위험물을 제조외의 목적으로 취급하기 위한 대통령령이 정하는 장소로서 제6조 제1항의 규정에 따른 허가를 받은 장소
   (6) 제조소등

구분		내용
제조소		위험물을 제조할 목적으로 지정수량 이상의 위험물을 취급하기 위하여 허가를 받은 장소
저장소	옥외저장소	옥외에 위험물을 저장하는 장소 • 제2류 위험물 : 황 또는 인화성 고체 (인화점 0 [℃] 이상인 것에 한함) • 제4류 위험물 : 제1석유류(인화점 0 [℃] 이상인 것에 한함)·알코올류·제2석유류·제3석유류·제4석유류·동식물유류 • 제6류 위험물
	옥내저장소	옥내에 위험물을 저장하는 장소
	옥외탱크저장소	옥외에 있는 탱크에 위험물을 저장하는 장소
	옥내탱크저장소	건축물 내부에 설치된 탱크에 위험물을 저장하는 장소
	지하탱크저장소	지하에 설치된 탱크에 위험물을 저장하는 장소

🔗 P.419 문 09

구분		내용
저장소	간이탱크저장소	간이탱크에 위험물을 저장하는 장소
	이동탱크저장소	차량에 고정된 탱크에 위험물을 저장하는 장소
	암반탱크저장소	암반 내의 공간을 이용한 탱크에 액체의 위험물을 저장하는 장소
취급소	주유취급소	고정된 주유설비를 통해 자동차, 항공기, 선박에 직접 주유하는 장소
	판매취급소	용기에 위험물을 담아 판매하기 위해 지정수량 40배 이하 취급소
	이송취급소	배관 및 이에 부속된 설비에 의하여 위험물을 이송하는 장소
	일반취급소	주유취급소, 판매취급소 및 이송취급소에 해당하지 않는 취급소

○ 판매취급소는 용기에 위험물을 담아 판매하기 위한 지정수량 20배 이하으 취급소이다. [X] 40배

3) 위험물의 분류

구분	성질
제1류 위험물	산화성 고체(강산화성 물질)
제2류 위험물	가연성 고체(환원성 물질)
제3류 위험물	자연발화성·금수성 물질
제4류 위험물	인화성 액체
제5류 위험물	자기반응성 물질
제6류 위험물	산화성 액체

암기 ▶ 산가자 인자산

4) 위험물 용어 정의

(1) 고체 위험물

구분	정의
산화성 고체	산화력의 잠재적인 위험성 또는 충격에 대한 민감성을 판단하기 위하여 소방청장이 정하여 고시하는 시험에서 고시로 정하는 성질과 상태
가연성 고체	화염에 의한 발화의 위험성 또는 인화의 위험성을 판단하기 위하여 고시로 정하는 시험에서 고시로 정하는 성질과 상태
인화성 고체	고형알코올 그 밖에 1기압에서 인화점이 40 [℃] 미만인 고체 ★★★

○ 인화성 고체는 고형알코올 그 밖에 1기압에서 인화점이 50 [℃] 미만인 고체이다.
[X] 40 [℃] 미만인 고체

(2) 금속분 ★★★
① 알칼리금속·알칼리토류금속·철·마그네슘 외의 금속 분말
② 구리분·니켈분 및 150 [μm]의 체를 통과하는 것이 50중량퍼센트(wt%) 미만인 것 제외

2 위험물 지정수량 ★★

1) 제1류 위험물(산화성 고체)

위험물	지정수량	위험물	지정수량
아염소산 염류	50 [kg]	브로민산 염류	300 [kg]
염소산 염류		질산 염류	
과염소산 염류		아이오드산 염류	
무기과산화물		과망가니즈산 염류	1000 [kg]
-	-	다이크로뮴산염류	

2) 제2류 위험물(가연성 고체)

(1) 지정수량

위험물	지정수량	위험물	지정수량
황화인	100 [kg]	마그네슘	500 [kg]
적린		철분	
황		금속분	
-	-	인화성 고체	1000 [kg]

(2) 저장·취급 공통기준
① 산화제와의 접촉·혼합이나 불티·불꽃·고온체와의 접근 또는 과열 금지
② 철분·금속분·마그네슘 및 이를 함유한 것에 있어서 물이나 산과의 접촉 금지
③ 인화성 고체에 있어서는 함부로 증기 발생 금지

P.434 문 59

암기 ▶ 아염과무 브질아과다

P.417 문 05
P.429 문 43

암기 ▶ 황적 마철금 인고

3) 제3류 위험물(자연발화성·금수성 물질)
   (1) 지정수량

위험물	지정수량	위험물	지정수량
칼륨	10 [kg]	알칼리금속 및 알칼리토금속	50 [kg]
나트륨		유기금속화합물	
알킬알루미늄		금속의 수소화물	300 [kg]
알킬리튬		금속의 인화물	
황린	20 [kg]	칼슘·알루미늄의 탄화물	

   (2) 금수성 물질 ★★★
   ① 물과 접촉하여 발화, 가연성 가스 발생
   ② 소화 : 마른모래, 팽창질석, 팽창진주암에 의한 질식소화

4) 제4류 위험물(인화성 액체)
   (1) 지정수량

위험물		지정수량	위험물		지정수량
특수인화물		50 [ℓ]	제3석유류	비수용성	2000 [ℓ]
제1석유류	비수용성	200 [ℓ]		수용성	4000 [ℓ]
	수용성	400 [ℓ]	제4석유류		6000 [ℓ]
알코올류		400 [ℓ]	동·식물 유류		10000 [ℓ]
제2석유류	비수용성	1000 [ℓ]			
	수용성	2000 [ℓ]			

   (2) 인화점 및 종류

위험물	인화점	종류
특수인화물	-	다이에틸에테르, 이황화탄소, 아세트알데하이드, 산화프로필렌
제1석유류	21 [℃] 미만	아세톤, 휘발유, 벤젠
제2석유류	21 ~ 70 [℃] 미만	등유, 경유, 초산, 아세트산, 아크릴산
제3석유류	70 ~ 200 [℃] 미만	중유, 크레오소트유
제4석유류	200 ~ 250 [℃] 미만	기어유, 실린더유

TIP ▶ 동·식물 유류가 지정수량이 가장 많다.

5) 제5류 위험물(자기반응성 물질)

위험물	위험물	지정수량
유기과산화물	나이트로화합물	제1종 : 10 [kg] 제2종 : 100 [kg]
질산에스터류	나이트로소화합물	
하이드록실아민	아조화합물	
하이드록실아민염류	다이아조화합물	
-	하이드라진유도체	

☑ 자기반응성 물질의 위험성 유무와 등급에 따라 제1종 또는 제2종으로 분류한다.

6) 제6류 위험물(산화성 액체)

위험물	지정수량
과염소산, 과산화수소, 질산	300 [kg]

🔗 P.420 문 13

❸ 위험물의 저장 및 취급 ★★

1) 위험물의 저장·취급
   (1) 지정수량 미만인 위험물의 저장·취급에 관한 기술상의 기준 : 시·도의 조례
   (2) 지정수량 이상의 위험물을 저장소가 아닌 장소에서 저장하거나 제조소등이 아닌 장소에서 취급해서는 안 된다.
   (3) 임시 저장·취급 장소의 위치·구조·설비의 기준 : 시·도의 조례

2) 위험물을 임시 저장·취급하는 경우
   (1) 시·도 조례가 정하는 바에 따라 관할소방서장의 승인을 받아 지정수량 이상의 위험물을 <u>90일 이내</u> 기간 동안 임시 저장·취급
   (2) 군부대가 지정수량 이상의 위험물을 군사목적으로 임시 저장·취급

지정수량 미만인 위험물의 저장·취급에 관한 기술상의 기준은 대통령령을 따른다.
　　🅇 시·도의 조례를 따른다.

02 위험물시설 위치·구조·설비기준

1 제조소 위치·구조·설비기준

1) 안전거리(제6류 위험물 취급하는 제조소 제외) ★

대상		안전거리
특고압가공전선 사용전압	7000 [V] 초과 35000 [V] 이하	3 [m] 이상
	35000 [V] 초과	5 [m] 이상
주거용으로 사용되는 것(제조소가 설치된 부지 내에 있는 것 제외)		10 [m] 이상
고압가스·액화석유가스·도시가스 저장 또는 취급하는 시설		20 [m] 이상
학교·병원·극장·다수 수용시설		30 [m] 이상
지정문화재		50 [m] 이상

> **선생님 TIP**
> 관련 법령 개정(2024.5.7.)에 따라 다음과 같이 병행하여 학습합니다.
> (1) 문화재보호법 → 문화유산법
> (2) 유형문화재 → 유형문화유산
> (3) 지정문화재 → 지정문화유산

2) 보유공지 ★★

취급하는 위험물 최대수량	공지 너비
지정수량 10배 이하	3 [m] 이상
지정수량 10배 초과	5 [m] 이상

3) 게시판 ★★

분류	주의사항	색상
• 제1류 위험물 중 알칼리금속의 과산화물 • 제3류 위험물 중 금수성 물질	물기엄금	청색바탕 백색문자
제2류 위험물(인화성 고체 제외)	화기주의	적색바탕 백색문자
• 제2류 위험물 중 인화성 고체 • 제3류 위험물 중 자연발화성 물질 • 제4류 위험물 • 제5류 위험물	화기엄금	
제6류 위험물		–

[암기] 물청바, 화적바

4) 환기설비

(1) 환기 : 자연배기방식

(2) 급기구 ★★

① 급기구가 설치된 실의 바닥면적 : 150 [m^2]마다 1개 이상

② 급기구 크기 : 800 [cm^2] 이상

③ 바닥면적 150 [m²] 미만인 경우

바닥면적	급기구 크기
60 [m²] 미만	150 [cm²] 이상
60 [m²] 이상 90 [m²] 미만	300 [cm²] 이상
90 [m²] 이상 120 [m²] 미만	450 [cm²] 이상
120 [m²] 이상 150 [m²] 미만	600 [cm²] 이상

5) 피뢰설비(제6류 위험물 취급하는 위험물제조소 제외) ★★

지정수량 10배 이상의 위험물을 취급하는 제조소·옥내저장소에는 피뢰침 설치

6) 위험물취급탱크 방유제 용량 ★★
  (1) 탱크 1기 : 탱크용량 50 [%] 이상
  (2) 탱크 2기 이상 : 최대 탱크 용량 50 [%] + 나머지 10 [%] 이상

2 옥외탱크저장소 위치·구조·설비기준

1) 보유공지

저장·취급하는 위험물 최대수량	공지 너비
지정수량 500배 이하	3 [m] 이상
지정수량 500배 초과 1000배 이하	5 [m] 이상
지정수량 1000배 초과 2000배 이하	9 [m] 이상
지정수량 2000배 초과 3000배 이하	12 [m] 이상
지정수량 3000배 초과 4000배 이하	15 [m] 이상
지정수량 4000배 초과	당해 탱크 수평단면의 최대지름과 높이 중 큰 것과 같은 거리 이상

2) 방유제 ★★★
  (1) 방유제 용량
    ① 탱크 1기 : 탱크용량 110 [%] 이상
    ② 탱크 2기 이상 : 최대 탱크 용량 110 [%] 이상
  (2) 방유제 높이 : 0.5 [m] 이상 3 [m] 이하
  (3) 방유제 두께 : 0.2 [m] 이상
  (4) 지하매설길이 : 1 [m] 이상
  (5) 방유제 면적 : 80000 [m²] 이하
  (6) 방유제 내에 설치하는 옥외저장탱크 수 : 10기 이하
  (7) 방유제 재질 : 철근콘크리트, 흙담

3 판매취급소기준

제1종 판매취급소	제2종 판매취급소
저장·취급 위험물이 지정수량의 20배 이하	저장·취급 위험물이 지정수량의 40배 이하

4 소화설비, 경보설비, 피난설비기준

1) 소화설비

   (1) 소화난이도등급 Ⅰ 옥내탱크저장소에 설치해야 하는 소화설비

구분	소화설비
황간 저장·취급하는 것	물분무소화설비
인화점 70 [℃] 이상 제4류 위험물만 저장·취급하는 것	• 물분무소화설비 • 고정식 포소화설비 • 이동식 이외의 불활성가스소화설비 • 이동식 이외의 할로젠화합물소화설비 • 이동식 이외의 분말소화설비
그 밖의 것	• 고정식 포소화설비 • 이동식 이외의 불활성가스소화설비 • 이동식 이외의 할로젠화합물소화설비 • 이동식 이외의 분말소화설비

> 암기 ▶ 황물

   (2) 소화난이도등급 Ⅲ 지하탱크저장소에 설치해야 하는 소화설비 설치기준

소화설비	설치기준	
소형 수동식 소화기 등	능력단위 수치 3 이상	2개 이상

   (3) 전기설비의 소화설비 설치기준

소화설비	설치기준
소형 수동식 소화기	면적 100 [m²]마다 1개 이상

2) 경보설비 ★★
(1) 제조소등별 설치해야 하는 경보설비

구분	설치기준	경보설비
제조소 및 일반취급소	• 연면적 500 [m²] 이상 • 옥내에서 지정수량 100배 이상 취급 • 일반취급소로 사용되는 부분 외의 부분이 있는 건축물에 설치된 일반취급소	자동화재탐지설비
자동화재탐지설비 설치 대상 제조소등에 해당하지 않는 제조소 (이송취급소 제외)	• 지정수량 10배 이상 저장·취급	자동화재탐지설비, 비상경보설비, 확성장치, 비상방송설비 중 1종 이상

🔗 P.418 문 07

(2) 자동신호장치 갖춘 스프링클러설비 또는 물분무등소화설비를 설치한 제조소등은 자동화재탐지설비를 설치한 것으로 봄
(3) 자동화재탐지설비·자동화재속보설비·비상경보설비(비상벨 또는 경종 포함)·확성장치(휴대용 확성기 포함) 및 비상방송설비로 구분

3) 피난설비
(1) 주유취급소 중 건축물 2층 이상의 부분을 점포·휴게음식점·전시장 용도로 사용하는 것에 있어서는 당해 건축물 2층 이상으로부터 주유취급소 부지 밖으로 통하는 출입구와 당해 출입구로 통하는 통로·계단·출입구에 유도등 설치
(2) 옥내주유취급소에 있어서 당해 사무소 등의 출입구 및 피난구와 당해 피난구로 통하는 통로·계단·출입구에 유도등 설치

☑ 유도등에는 비상전원을 설치하여야 한다.

03 위험물시설 설치 및 변경

1 제조소등의 설치 및 변경 ★★★

1) 설치허가자 : 시·도지사(행전안전부령)
2) 제조소등의 위치·구조 또는 설비의 변경없이 당해 제조소등에서 저장하거나 취급하는 위험물의 품명·수량 또는 지정수량의 배수를 변경하고자 하는 자는 변경하고자 하는 날의 1일 전까지 행정안전부령이 정하는 바에 따라 시·도지사에게 신고하여야 한다.

3) 제조소·일반취급소 변경허가 받아야 하는 경우
   (1) 제조소·일반취급소 위치 이전
   (2) 배출설치 또는 불활성 기체 봉입장치 신설
   (3) 위험물취급탱크 신설·교체·철거·보수
   (4) 위험물취급탱크 노즐 또는 맨홀 신설(노즐 또는 맨홀 직경 250 [mm] 초과하는 경우)
   (5) 위험물취급탱크 탱크전용실 증설 또는 교체
4) 변경허가·변경신고 제외 장소
   (1) 주택의 난방시설(공동주택의 중앙난방시설 제외)을 위한 저장소·취급소
   (2) 농예용·축산용·수산용으로 필요한 난방시설 또는 건조시설을 위한 지정수량 20배 이하의 저장소
5) 제조소등의 사용 중지 등
   제조소등의 관계인은 제조소등의 사용을 중지(경영상 형편, 대규모 공사 등의 사유로 3개월 이상 위험물을 저장하지 아니하거나 취급하지 아니하는 것)하려는 경우에는 위험물의 제거 및 제조소등에의 출입통제 등 다음의 안전조치를 하여야 한다. 다만 제조소등의 사용을 중지하는 기간에도 위험물안전관리자가 계속하여 직무를 수행하는 경우에는 안전조치를 아니할 수 있다.
   (1) 탱크·태관 등 위험물을 저장 또는 취급하는 설비에서 위험물 및 가연성 증기 등의 제거
   (2) 관계인이 아닌 사람에 대한 해당 제조소등에의 출입금지 조치
   (3) 해당 제조소등의 사용중지 사실의 게시
   (4) 그 밖에 위험물의 사고 예방에 필요한 조치

2 완공검사

1) 완공검사 신청 : 완공검사신청서를 시·도지사 또는 소방서장에게 제출
2) 완공검사 신청시기
   (1) 지하탱크가 있는 제조소등의 경우 : 당해 지하탱크를 매설하기 전
   (2) 이동탱크저장소의 경우 : 이동저장탱크를 완공하고 상치장소를 확보한 후
   (3) 이송취급소의 경우 : 이송배관 공사의 전체 또는 일부를 완료한 후(다만 지하·하천 등에 매설하는 이송배관의 공사의 경우에는 이송배관을 매설하기 전)
   (4) 배관을 지하에 설치하는 경우 : 시·도지사, 소방서장 또는 기술원이 지정하는 부분 매몰하기 직전

P.419 문 10

암기 ▶ 농 축 수 20

제조소등에서의 흡연 금지
1) 누구든지 제조소등에서는 지정된 장소가 아닌 곳에서 흡연을 하여서는 아니 된다.
2) 제조소등의 관계인은 해당 제조소등이 금연구역임을 알리는 표지를 설치하여야 한다.
3) 시·도지사는 제조소등의 관계인이 금연구역임을 알리는 표지를 설치하지 아니하거나 보완이 필요한 경우 일정한 기간을 정하여 그 시정을 명할 수 있다.
4) 지정기준·방법 등은 대통령령으로 정하고, 표지를 설치하는 기준·방법 등은 행정안전부령으로 정한다.

(5) 위험물설비 또는 배관의 설치가 완료되어 기밀시험 또는 내압시험을 실시하는 시기
(6) 기술원이 지정하는 부분의 비파괴시험을 실시하는 시기

3 제조소등 설치자의 지위승계 및 폐지 ★★

1) 지위승계 신고 : 승계한 날부터 30일 이내에 시·도지사에게 신고
2) 제조소등의 폐지 : 폐지한 날부터 14일 이내에 시·도지사에게 신고

04 위험물시설 안전관리

1 위험물 안전관리자

1) 위험물 안전관리자 ★★★

제조소등의 관계인은 위험물의 안전관리에 관한 직무를 수행하게 하기 위하여 제조소등마다 대통령령이 정하는 위험물의 취급에 관한 자격이 있는 자(이하 "위험물취급자격자"라 한다)를 위험물안전관리자(이하 "안전관리자"라 한다)로 선임하여야 한다. 다만 제조소등에서 저장·취급하는 위험물이 「화학물질관리법」에 따른 인체급성유해성 물질, 인체만성유해성 물질, 생태유해성 물질에 해당하는 경우 등 대통령령이 정하는 경우에는 당해 제조소등을 설치한 자는 다른 법률에 의하여 안전관리업무를 하는 자로 선임된 자 가운데 대통령령이 정하는 자를 안전관리자로 선임할 수 있다.

(1) 안전관리자 선임권자 : 관계인
(2) 안전관리자 해임 및 퇴직 시 재선임 : 해임 및 퇴직한 날부터 30일 이내 재선임
(3) 선임신고기간 : 소방본부장, 소방서장에게 선임날부터 14일 이내 신고
(4) 대리자가 안전관리자의 직무대행 기간 : 30일 이내

2) 위험물취급자의 자격 ★★

위험물취급자격자	취급할 수 있는 위험물
위험물기능장, 위험물산업기사, 위험물기능사	모든 위험물
안전관리자교육이수자	제4류 위험물
소방공무원 경력 3년 이상	제4류 위험물

선생님 TIP
위험물기능사만 취득하여도 모든 위험물을 취급할 수 있습니다.

3) 1인의 안전관리자를 중복 선임할 수 있는 경우

대상물과 대상물		조건
7개 이하의 일반취급소 (보일러·버너 등 위험물을 소비하는 장치)	+ 저장소	① 동일구 내에 있는 경우 ② 동일인이 설치
5개 이하의 일반취급소 (옮겨 담기 위한 취급소) → 일반취급소 간의 보행거리 300 [m] 이내인 경우에 한함	+ 저장소	동일인이 설치
저장소	+ 저장소	① 동일구역 내에 있거나, 상호 100 [m] 이내 거리에 있는 저장소 ② 동일인이 설치한 경우 ③ 저장소 개수 조건 - 옥내, 옥외, 암반탱크 : 10개 이하 - 옥외탱크 : 30개 이하 - 옥내탱크, 지하탱크, 간이탱크 : 제한 없음
5개 이하의 제조소등		① 동일인 설치 ② 각 제조소등이 동일구내에 위치하거나 상호 100 [m] 이내 거리에 있을 것 ③ 각 제조소등에서 저장 취급하는 위험물의 최대수량이 지정수량의 3000배 미만일 것(저장소 제외)

2 예방규정 및 정기점검·검사

1) 관계인이 예방규정을 정해야 하는 제조소 ★★★
    (1) 지정수량 10배 이상의 위험물을 취급하는 제조소
    (2) 지정수량 100배 이상의 위험물을 저장하는 옥외저장소
    (3) 지정수량 150배 이상의 위험물을 저장하는 옥내저장소
    (4) 지정수량 200배 이상의 위험물을 저장하는 옥외탱크저장소
    (5) 암반탱크저장소
    (6) 이송취급소
    (7) 지정수량 10배 이상의 위험물을 취급하는 일반취급소, 다만 제4류 위험물(특수인화물 제외)만을 지정수량의 50배 이하로 취급하는 일반취급소(제1석유류·알코올류의 취급량이 지정수량의 10배 이하인 경우에 한함)로서 다음 어느 하나에 해당하는 것은 제외

P.420 문 14

① 보일러·버너 또는 이와 비슷한 것으로서 위험물을 소비하는 장치로 이루어진 일반취급소

② 위험물을 용기에 옮겨 담거나 차량에 고정된 탱크에 주입하는 일반취급소

2) 정기점검 대상 제조소 ★★★

⑴ 지정수량 10배 이상의 위험물을 취급하는 제조소

⑵ 지정수량 100배 이상의 위험물을 저장하는 옥외저장소

⑶ 지정수량 150배 이상의 위험물을 저장하는 옥내저장소

⑷ 지정수량 200배 이상의 위험물을 저장하는 옥외탱크저장소

⑸ 암반탱크저장소

⑹ 이송취급소

⑺ 지정수량 10배 이상의 위험물을 취급하는 일반취급소(제4류 위험물만 지정수량 50배 이하로 취급하는 일반취급소)

⑻ 지하탱크저장소

⑼ 이동탱크저장소

⑽ 위험물 취급 탱크로서 지하에 매설된 탱크가 있는 제조소·주유취급소·일반취급소

3) 정기 검사 대상 제조소

액체위험물 저장·취급하는 500000 [L] 이상의 옥외탱크저장소

4) 특정·준특정 옥외탱크저장소 구조안전점검

⑴ 완공검사합격확인증 발급받은 날부터 12년

⑵ 최근 정밀정기검사 받은 날부터 11년

⑶ 구조안전점검시기 연장신청을 하여 해당 안전조치가 적정한 것으로 인정받은 경우 최근 정밀정기검사 받은 날부터 13년

5) 특정·준특정 옥외탱크저장소 정기검사

⑴ 정밀정기검사 : 기간 내 1회

① 특정·준특정옥외탱크저장소의 설치허가에 따른 완공검사합격확인증을 발급받은 날부터 12년

② 최근의 정밀정기검사를 받은 날부터 11년

⑵ 중간정기검사 : 기간 내 1회

① 특정·준특정옥외탱크저장소의 설치허가에 따른 완공검사합격확인증을 발급받은 날부터 4년

② 최근의 정밀정기검사 또는 중간정기검사를 받은 날부터 4년

3 자체소방대

1) 자체소방대 설치 사업소

자체소방대 설치 사업소	지정수량
제4류 위험물 취급 제조소·일반취급소	제4류 위험물 최대수량의 합이 지정수량 3000배 이상
제4류 위험물 저장 옥외탱크저장소	제4류 위험물 최대수량이 지정수량 500000배 이상

2) 자체소방대에 두는 화학소방자동차 및 인원 ★★★

사업소 구분	화학소방자동차	자체소방대원
제조소·일반취급소에서 취급하는 제4류 위험물 최대수량의 합이 지정수량 3000배 이상 120000배 미만 사업소	1대	5인
제조소·일반취급소에서 취급하는 제4류 위험물 최대수량의 합이 지정수량 120000배 이상 240000배 미만 사업소	2대	10인
제조소·일반취급소에서 취급하는 제4류 위험물 최대수량의 합이 지정수량 240000배 이상 480000배 미만 사업소	3대	15인
제조소·일반취급소에서 취급하는 제4류 위험물 최대수량의 합이 지정수량 480000배 이상 사업소	4대	20인
옥외탱크저장소에 저장하는 제4류 위험물 최대수량이 지정수량 500000배 이상 사업소	2대	10인

> P.426 문 31
>
> 📝 화학소방자동차 종류 ★
> (1) 포수용액 방사차
> (2) 분말 방사차
> (3) 할로젠화합물 방사차
> (4) 이산화탄소 방사차
> (5) 제독차

4 위험물 운송 및 안전교육 ★★

1) 운송책임자 감독지원 위험물
   (1) 알킬알루미늄
   (2) 알킬리튬
   (3) 알킬알루미늄, 알킬리튬을 함유하는 위험물

2) 안전교육대상자
   (1) 안전원에 위탁
     ① 위험물 운반자, 위험물 운송자의 요건을 갖추려는 사람
     ② 위험물 취급자격자의 자격을 갖추려는 사람
     ③ 안전관리자로 선임된 자 및 위험물 운송자, 운반자에 대한 안전교육

> P.424 문 26

✅ **충수·수압검사 제외대상**
① 제조소·일반취급소에 설치된 탱크로서 용량이 지정수량 미만인 것
② 고압가스 안전관리법에 따른 특정설비에 관한 검사에 합격한 탱크
③ 산업안전보건법에 따른 안전인증을 받은 탱크

✅ **용접부 검사 제외대상**
탱크 저부에 관계된 변경공사 시행하여진 정기검사에 의하여 용접부에 관한 사항이 기준(비파괴 시험에 있어서 소방청장이 정하여 고시하는 기준)에 적합하다고 인정된 탱크

(2) 기술원에 위탁
    탱크시험자의 기술인력으로 종사하는 자

3) 탱크안전성능검사의 대상이 되는 탱크 및 신청시기

검사종류	대상	신청시기
기초·지반검사	옥외탱크저장소의 액체위험물탱크 중 그 용량이 100만[ℓ] 이상인 탱크	위험물 탱크의 기초 및 지반에 관한 공사 개시 전
충수·수압검사	액체위험물을 저장 또는 취급하는 탱크	위험물을 저장 또는 취급하는 탱크의 배관 및 부속설비를 부착하기 전
용접부검사	옥외탱크저장소의 액체위험물탱크 중 그 용량이 100만[ℓ] 이상인 탱크	탱크 본체에 관한 공사의 개시 전
암반탱크검사	액체위험물을 저장 또는 취급하는 탱크	암반탱크 본체에 관한 공사의 개시 전

4) 기술원에 위탁하는 업무
   (1) 탱크안전성능검사
       ① 용량 1000000 [L] 이상인 액체위험물 저장탱크
       ② 암반탱크
       ③ 지하탱크저장소 위험물탱크 중 행정안전부령으로 정하는 액체위험물탱크
   (2) 완공검사
       ① 지정수량 1000배 이상의 위험물을 취급하는 제조소 또는 일반취급소의 설치·변경에 따른 완공검사
       ② 옥외탱크저장소(저장용량 500000 [L]) 또는 암반탱크저장소의 설치·변경에 따른 완공검사
   (3) 운반용기검사

5 청문 ★★

1) 청문실시자 : 시·도지사, 소방본부장, 소방서장
2) 청문을 실시하는 경우
   (1) 제조소등 설치허가 취소
   (2) 탱크시험자 등록취소

05 벌칙 및 과태료 ★★★

1 벌칙

징역, 금고 (이하)	벌금 (또는, 이하)	위반행위	
무기 또는 5년 이상	-	1. 위험물을 유출·방출 또는 확산시킨 경우(제조소등 또는 무허가로 지정수량 이상의 위험물을 저장 또는 취급한 장소에서)	사망
무기 또는 3년 이상	-		상해
1년 이상 또는 10년	-		위험발생
10년 이하 징역, 금고	1억 원	2. 위 1의 장소에서 업무상 과실로 위험물을 유출·방출 또는 확산시킨 경우	사상
7년 이하 금고	7천만 원		위험발생
5년	1억 원	3. 제조소등의 설치허가를 받지 아니하고 제조소등을 설치한 자	
3년	3천만 원	4. 제조소등이 아닌 장소에 지정수량 이상 위험물 저장·취급	
1년	1000만 원	5. 탱크시험자로 등록하지 아니하고 탱크시험자의 업무를 한 자 6. 정기점검을 하지 아니하거나 점검기록을 허위로 작성한 관계인 7. 정기검사를 받지 아니한 관계인 8. 자체소방대를 두지 아니한 관계인 9. 운반용기에 대한 검사를 받지 아니하고 운반용기 사용·유통시킨 자 10. 사고조사 시 보고·자료를 제출하지 않거나, 허위로 보고 또는 제출한 자 또는 관계공무원 출입·검사·수거를 거부·방해·기피한 자 11. 제조소등에 대한 긴급 사용정지·제한명령을 위반한 자	
-	1500만 원	12. 위험물의 저장 또는 취급에 관한 중요기준에 따르지 아니한 자 13. 변경허가를 받지 아니하고 제조소등을 변경한 자 14. 제조소등의 완공검사를 받지 아니하고 위험물을 저장·취급한 자 15. 제조소등 사용 중지에 따라 안전조치 이행명령을 따르지 아니한 자 16. 제조소등의 사용정지명령을 위반한 자	

P.417 문 04

위험물을 유출·방출 또는 확산시켜 사람을 상해에 이르게 한 경우 무기 또는 5년 이상의 징역에 처한다. ☒ 무기 또는 3년 이상

제조소등의 설치허가를 받지 아니하고 제조소등을 설치한 자는 5년 이하의 징역 또는 1억 원 이하의 벌금에 처한다. ◯

징역, 금고 (이하)	벌금 (또는, 이하)	위반행위
-	1500만 원	17. 수리·개조 또는 이전의 명령에 따르지 아니한 자 18. 안전관리자를 선임하지 아니한 관계인 19. 대리자를 지정하지 아니한 관계인 20. 업무정지 명령을 위반한 자 21. 탱크안전성능시험·점검 업무를 허위로 하거나 결과 서류 허위 교부자 22. 예방규정을 제출하지 아니하거나 변경명령을 위반한 관계인 23. 정지지시 거부, 운송자격 확인을 위한 증명서 제시 요구 또는 신원확인 질문에 응하지 아니한 자 24. 보고·자료제출 하지 아니하거나 허위 보고·자료 제출한 탱크시험자 또는 관계 공무원의 출입·조사·검사를 거부·방해·기피한 탱크시험자 25. 탱크시험자에 대한 감독상의 명령에 따르지 아니한 자 26. 무허가장소의 위험물에 대한 조치명령에 따르지 아니한 자 27. 저장·취급기준 준수명령 또는 응급조치명령을 위반한 자
-	1000만 원	28. 위험물의 취급에 관한 안전관리와 감독을 하지 아니한 자 29. 안전관리자, 대리자가 미참여한 상태에서 위험물을 취급한 자 30. 변경한 예방규정을 제출하지 아니한 관계인 31. 위험물의 운반에 관한 중요기준에 따르지 아니한 자 32. 자격요건을 갖추지 아니한 위험물운반자 및 위험물운송자 33. 위험물운송과 관련된 규정을 위반한 위험물운송자 34. 관계인의 정당한 업무를 방해하거나 출입·검사 등을 수행하면서 알게 된 비밀을 누설한 공무원

2 과태료

과태료 금액	위반행위(만 원)
500만 원 이하	1. 지정수량 이상의 위험물을 임시로 저장 또는 취급하는 경우 승인을 받지 아니한 자 • 승인기한의 다음 날부터 30일 이내 승인 신청 : 250 • 승인기한의 다음 날부터 31일 이후 승인 신청 : 400 • 승인을 받지 아니한 자 : 500 2. 위험물의 저장 또는 취급에 관한 세부기준을 위반한 자 • 1차 : 250 / 2차 : 400 / 3차 이상 : 500 3. 품명 등의 변경신고를 기간 이내에 하지 아니하거나 허위로 한 자

P.417 문 06

선생님 TIP
위험물안전관리법에 따른 과태료는 500만 원 이하로 통일하여 암기하면 편합니다.

과태료 금액	위반행위(만 원)

500만 원 이하	• 신고기한 다음 날부터 30일 이내 신고 : 250
	• 신고기한 다음 말부터 31일 이후 신고 : 350
	• 허위 신그 또는 신고를 하지 아니한 자 : 500
	4. 지위승계신고를 기간 이내에 하지 아니하거나 허위로 한 자
	  • 신고기한의 다음 날부터 30일 이내 신고 : 250
	  • 신고기한의 다음 날부터 31일 이후 신고 : 350
	  • 허위 신고 또는 신고를 하지 아니한 자 : 500
	5. 제조소등의 폐지신고, 안전관리자의 선임신고를 기간 이내에 하지 않고 허위로 한 자
	  • 신고기한의 다음 날부터 30일 이내 신고 : 250
	  • 신고기한의 다음 날부터 31일 이후 신고 : 350
	  • 허위 신고 또는 신고를 하지 아니한 자 : 500
	6. 사용 중지신고 또는 재개신고를 기간 이내에 하지 아니하거나 거짓으로 한 자
	  • 신고기한의 다음 날부터 30일 이내 신고 : 250
	  • 신고기한의 다음 날부터 31일 이후 신고 : 350
	  • 거짓 신고 또는 신고를 하지 아니한 자 : 500
	7. 안전관리자의 선임신고를 기간 이내에 하지 아니하거나 허위로 한 자
	  • 신고기한의 다음 날부터 30일 이내 신고 : 250
	  • 신고기한의 다음 날부터 31일 이후 신고 : 350
	  • 허위 신고 또는 신고를 하지 아니한 자 : 500
	8. 등록사항의 변경신고를 기간 이내에 하지 아니하거나 허위로 한 자
	  • 신고기한의 다음 날부터 30일 이내 신고 : 250
	  • 신고기한의 다음 날부터 31일 이후 신고 : 350
	  • 허위 신고 또는 신고를 하지 아니한 자 : 500
	9. 점검결과를 기록·보존하지 아니한 자
	  • 1차 : 250 / 2차 : 400 / 3차 이상 : 500
	10. 기간 이내에 점검결과를 제출하지 아니한 자
	  • 제출기한의 다음 날부터 30일 이내 제출 : 250
	  • 제출기한의 다음 날부터 31일 이후 제출 : 400
	  • 제출하지 않은 경우 : 500
	11. 위험물의 운반에 관한 세부기준을 위반한 자
	  • 1차 : 250 / 2차 : 400 / 3차 이상 : 500
	12. 위험물 운송에 관한 기준을 따르지 아니한 자
	  • 1차 : 250 / 2차 : 400 / 3차 이상 : 500

예상문제

01 (상 중 하)

위험물안전관리법령상 인화성액체위험물(이황화탄소를 제외)의 옥외탱크저장소의 탱크 주위에 설치하여야 하는 방유제의 기준 중 틀린 것은?

① 방유제의 용량은 방유제 안에 설치된 탱크가 하나인 때에는 그 탱크 용량의 110 [%] 이상으로 할 것
② 방유제의 용량은 방유제 안에 설치된 탱크가 2기 이상인 때에는 그 탱크 중 용량이 최대인 것의 용량의 110 [%] 이상으로 할 것
③ 방유제는 높이 1 [m] 이상 2 [m] 이하, 두께 0.2 [m] 이상, 지하매설 깊이 0.5 [m] 이상으로 할 것
④ 방유제 내의 면적은 80000 [m²] 이하로 할 것

해설 방유제
1) 방유제 용량
　(1) 탱크 1기 : 탱크용량 110 [%] 이상
　(2) 탱크 2기 이상 : 최대 탱크 용량 110 [%] 이상
2) 방유제 높이 : 0.5 [m] 이상 3 [m] 이하
3) 방유제 두께 : 0.2 [m] 이상
4) 지하매설길이 : 1 [m] 이상
5) 방유제 면적 : 80000 [m²] 이하
6) 방유제 내에 설치하는 옥외저장탱크 수 : 10기 이하
7) 방유제 재질 : 철근콘크리트, 흙담

02 (상 중 하)

위험물안전관리법상 시·도지사의 허가를 받지 아니하고 당해 제조소등을 설치할 수 있는 기준 중 다음 (　) 안에 알맞은 것은?

> 농예용·축산용 또는 수산용으로 필요한 난방시설 또는 건조시설을 위한 지정수량 (　)배 이하의 저장소

① 20　　② 30
③ 40　　④ 50

해설 제조소 설치 및 변경
1) 설치허가자 : 시·도지사(행전안전부령)
2) 변경신고 : 변경하고자 하는 날의 1일 전
3) 허가 제외 장소
　• 주택의 난방시설(공동주택 중앙난방시설 제외)을 위한 저장소·취급소
　• <u>농예용·축산용·수산용으로 필요한 난방·건조시설을 위한 지정수량 20배 이하의 저장소</u>

03 (상 중 하)

위험물안전관리법령에 따라 위험물안전관리자를 해임하거나 퇴직한 때에는 해임하거나 퇴직한 날부터 며칠 이내에 다시 안전관리자를 선임하여야 하는가?

① 30일　　② 35일
③ 40일　　④ 55일

정답 01 ③ 02 ① 03 ①

해설 위험물안전관리자

- 안전관리자 선임 : 관계인
- 안전관리자 해임, 퇴직 시 : 해임, 퇴직한 날부터 30일 이내 재선임
- 선임신고기간 : 소방본부장·소방서장에게 선임된 날부터 14일 이내 신고
- 직무대행기간 : 30일 이내

04 (상,중,하)

위험물안전관리법상 업무상 과실로 제조소등에서 위험물을 유출·방출 또는 확산시켜 사람의 생명·신체 또는 재산에 대하여 위험을 발생시킨 자에 대한 벌칙기준은?

① 5년 이하의 금고 또는 2000만 원 이하의 벌금
② 5년 이하의 금고 또는 7000만 원 이하의 벌금
③ 7년 이하의 금고 또는 2000만 원 이하의 벌금
④ 7년 이하의 금고 또는 7000만 원 이하의 벌금

해설 위험물법 벌칙

- 5년 이하 징역 또는 1억 원 이하 벌금
  제조소등의 설치허가를 받지 아니하고 제조소등을 설치한 자
- 7년 이하 금고 또는 7천만 원 이하 벌금
  업무상 과실로 위험물 유출·방출시켜 생명·신체·재산에 위험 발생시킨 자
- 10년 이하 금고 또는 1억 원 이하 벌금
  업무상 과실로 위험물 유출·방출시켜 사람을 사상에 이르게 한 자

05 (상,중,하)

위험물안전관리법령상 위험물의 유별 저장·취급의 공통기준 중 다음 ( ) 안에 알맞은 것은?

( ) 위험물은 산화제와의 접촉·혼합이나 불티·불꽃·고온체와의 접근 또는 과열을 피하는 한편, 철분·금속분·마그네슘 및 이를 함유한 것에 있어서는 물이나 산과의 접촉을 피하고 인화성 고체에 있어서는 함부로 증기를 발생시키지 아니하여야 한다.

① 제1류 ② 제2류
③ 제3류 ④ 제4류

해설 제2류 위험물 저장·취급 공통기준

- 산화제와의 접촉·혼합, 불티·불꽃·고온체와의 접근 및 과열 피해야 함
- 철분·금속분·마그네슘은 물 접촉 금지
- 인화성 고체 증기 발생 금지

06 (상,중,하)

위험물안전관리법령상 다음의 규정을 위반하여 위험물의 운송에 관한 기준을 따르지 아니한 자에 대한 과태료기준은?

위험물운송자는 이동탱크저장소에 의하여 위험물을 운송하는 때에는 행정안전부령으로 정하는 기준을 준수하는 등 당해 위험물의 안전확보를 위하여 세심한 주의를 기울여야 한다.

① 50만 원 이하
② 100만 원 이하
③ 300만 원 이하
④ 500만 원 이하

정답 04 ④ 05 ② 06 ④

해설 500만 원 이하 과태료(위험물법)

1) 지정수량 이상의 위험물을 임시로 저장 또는 취급하는 경우 승인을 받지 아니한 자
2) 위험물의 저장 또는 취급에 관한 세부기준을 위반한 자
3) 품명 등의 변경신고를 기간 이내에 하지 아니하거나 허위로 한 자
4) 지위승계신고를 기간 이내에 하지 아니하거나 허위로 한 자
5) 제조소등의 폐지신고, 안전관리자의 선임신고를 기간 이내에 하지 않고 허위로 한 자
6) 사용 중지신고 또는 재개신고를 기간 이내에 하지 아니하거나 거짓으로 한 자
7) 안전관리자의 선임신고를 기간 이내에 하지 아니하거나 허위로 한 자
8) 등록사항의 변경신고를 기간 이내에 하지 아니하거나 허위로 한 자
9) 점검결과를 기록·보존하지 아니한 자
10) 기간 이내에 점검결과를 제출하지 아니한 자
11) 위험물의 운반에 관한 세부기준을 위반한 자
12) 위험물 운송에 관한 기준을 따르지 아니한 자

해설 경보설비 설치기준

1) 제조소등별 설치해야 하는 경보설비

특정소방대상물	소방시설
• 연면적 500 [m²] 이상 • 옥내에서 지정수량 100배 이상 취급 • 일반취급소로 사용되는 부분 외의 부분이 있는 건축물에 설치된 일반취급소	자동화재탐지설비
• 지정수량 10배 이상 저장 또는 취급(이동탱크저장소 제외)	• 자동화재탐지설비 • 비상경보설비 • 비상방송설비 • 확성장치 중 1종 이상

2) 자동신호장치 갖춘 스프링클러설비 또는 물분무등소화설비 설치한 제조소등은 자동화재탐지설비 설치한 것으로 봄
3) 자동화재탐지설비·자동화재속보설비·비상경보설비(비상벨장치 또는 경종 포함)·확성장치(휴대용 확성기 포함) 및 비상방송설비로 구분

07 상 중 하

위험물안전관리법령상 제조소등의 경보설비 설치기준에 대한 설명으로 틀린 것은?

① 제조소 및 일반취급소의 연면적이 500 [m²] 이상인 것에는 자동화재탐지설비를 설치한다.
② 자동신호장치를 갖춘 스프링클러설비 또는 물분무등소화설비를 설치한 제조소등에 있어서는 자동화재탐지설비를 설치한 것으로 본다.
③ 경보설비는 자동화재탐지설비·자동화재속보설비·비상경보설비(비상벨장치 또는 경종 포함)·확성장치(휴대용 확성기 포함) 및 비상방송설비로 구분한다.
④ 지정수량의 10배 이상의 위험물을 저장 또는 취급하는 제조소등(이동탱크저장소를 포함한다)에는 화재 발생 시 이를 알릴 수 있는 경보설비를 설치하여야 한다.

08 신유형! 상 중 하

위험물안전관리법령상 정기검사를 받아야 하는 특정·준특정옥외탱크저장소의 관계인은 특정·준특정옥외탱크저장소의 설치허가에 따른 완공검사합격확인증을 발급받은 날부터 몇 년 이내에 정밀정기검사를 받아야 하는가?

① 9
② 10
③ 11
④ 12

해설 특정·준특정옥외탱크저장소 정밀정기점사

• 완공검사합격확인증 발급 날 : 12년 이내
• 최근 정기검사 받은 날 : 11년 이내

정답 07 ④ 08 ④

09 (중)

위험물안전관리법령상 위험물취급소의 구분에 해당하지 않는 것은?

① 이송취급소 ② 관리취급소
③ 판매취급소 ④ 일반취급소

해설 위험물 취급소 구분
- 주유취급소 : 자동차·항공기·선박 등의 연료탱크에 직접 주유
- 판매취급소 : 지정수량 40배 이하
- 이송취급소 : 위험물 이송
- 일반취급소 : 주유취급소, 판매취급소, 이송취급소 외의 장소

10 (중)

위험물안전관리법령상 허가를 받지 아니하고 당해 제조소 등을 설치하거나 그 위치·구조 또는 설비를 변경할 수 있으며, 신고를 하지 아니하고 위험물의 품명·수량 또는 지정수량의 배수를 변경할 수 있는 기준으로 옳은 것은?

① 축산용으로 필요한 건조시설을 위한 지정수량 40배 이하의 저장소
② 수산용으로 필요한 건조시설을 위한 지정수량 30배 이하의 저장소
③ 농예용으로 필요한 난방시설을 위한 지정수량 40배 이하의 저장소
④ 주택의 난방시설(공동주택의 중앙난방시설 제외)을 위한 저장소

해설 제조소 설치 및 변경
1) 설치허가자 : 시·도지사(행전안전부령)
2) 변경신고 : 변경하고자 하는 날의 1일 전
3) 허가 제외 장소
   - 주택의 난방시설(공동주택 중앙난방시설 제외)을 위한 저장소·취급소
   - 농예용·축산용·수산용으로 필요한 난방·건조시설을 위한 지정수량 20배 이하의 저장소

11 (중)

위험물안전관리법령상 제조소의 기준에 따라 건축물의 외벽 또는 이에 상당하는 공작물의 외측으로부터 제조소의 외벽 또는 이에 상당하는 공작물의 외측까지의 안전거리기준으로 틀린 것은? (단, 제6류 위험물을 취급하는 제조소를 제외하고, 건축물에 불연재료로 된 방화상 유효한 담 또는 벽을 설치하지 않은 경우이다)

① 의료법에 의한 종합병원에 있어서는 30 [m] 이상
② 도시가스사업법에 의한 가스공급시설에 있어서는 20 [m] 이상
③ 사용전압 35000 [V]를 초과하는 특고압가공전선에 있어서는 5 [m] 이상
④ 문화재보호법에 의한 유형문화재에 기념물 중 지정문화재에 있어서는 30 [m] 이상

해설 제조소 안전거리

[거리 : 이상]

대상		거리
특고압가공전선 사용전압	7000 [V] 초과 35000 [V] 이하	3 [m]
	35000 [V] 초과	5 [m]
주거용으로 사용되는 것 (제조소 설치된 부지 내의 것 제외)		10 [m]
고압가스·액화석유가스·도시가스 저장 또는 취급하는 시설		20 [m]
학교·병원·극장·다수 수용시설		30 [m]
지정문화재		50 [m]

※ 관련 법령 개정(2024.5.7.)에 따라 다음과 같이 병행하여 학습하기 바람
   (1) 문화재보호법 → 문화유산법
   (2) 유형문화재 → 유형문화유산
   (3) 지정문화재 → 지정문화유산

정답 09 ② 10 ④ 11 ④

12 위험물안전관리법령상 위험물 중 제1석유류에 속하는 것은?

① 경유
② 등유
③ 중유
④ 아세톤

해설 제4류 위험물(인화성 액체)

품명		지정수량	대표물질
특수인화물		50 [L]	다이에틸에터
제1석유류	비수용성	200 [L]	휘발유
	수용성	400 [L]	아세톤
알코올류		400 [L]	변성알코올
제2석유류	비수용성	1000 [L]	등유, 경유
	수용성	2000 [L]	아세트산
제3석유류	비수용성	2000 [L]	중유
	수용성	4000 [L]	글리세린
제4석유류		6000 [L]	실린더유
동식물유류		10000 [L]	아마인유

보충 제1석유류 : 인화점 21 [℃] 미만

13 위험물안전관리법령상 제조소등이 아닌 장소에서 지정수량 이상의 위험물을 취급할 수 있는 경우에 대한 기준으로 맞는 것은? (단, 시·도의 조례가 정하는 바에 따른다)

① 관할 소방서장의 승인을 받아 지정수량 이상의 위험물을 60일 이내의 기간 동안 임시로 저장 또는 취급하는 경우
② 관할 소방대장의 승인을 받아 지정수량 이상의 위험물을 60일 이내의 기간 동안 임시로 저장 또는 취급하는 경우
③ 관할 소방서장의 승인을 받아 지정수량 이상의 위험물을 90일 이내의 기간 동안 임시로 저장 또는 취급하는 경우
④ 관할 소방대장의 승인을 받아 지정수량 이상의 위험물을 90일 이내의 기간 동안 임시로 저장 또는 취급하는 경우

해설 위험물 임시저장
1) 위치·구조·설비기준 : 시·도 조례
2) 제조소등이 아닌 장소에서 지정수량 이상 위험물 취급할 수 있는 경우
   - 관할소방서장 승인 받아 지정수량 이상 위험물 90일 이내로 임시 저장·취급
   - 군부대는 지정수량 이상 위험물 군사 목적으로 임시 저장·취급

14 위험물안전관리법령상 관계인이 예방규정을 정하여야 하는 위험물을 취급하는 제조소의 지정수량기준으로 옳은 것은?

① 지정수량의 10배 이상
② 지정수량의 100배 이상
③ 지정수량의 150배 이상
④ 지정수량의 200배 이상

정답 12 ④ 13 ③ 14 ①

해설 관계인이 예방규정을 정해야 하는 제조소

- 취급제조소 : 지정수량 10배 이상
- 옥외저장소 : 지정수량 100배 이상
- 옥내저장소 : 지정수량 150배 이상
- 옥외탱크저장소 : 지정수량 200배 이상
- 암반탱크저장소
- 이송취급소
- 지정수량 10배 이상의 위험물을 취급하는 일반취급소, 다만 제4류 위험물(특수인화물 제외)만을 지정수량의 50배 이하로 취급하는 일반취급소(제1석유류·알코올류의 취급량이 지정수량의 10배 이하인 경우에 한함)로서 다음 어느 하나에 해당하는 것은 제외
  ① 보일러·버너 또는 이와 비슷한 것으로서 위험물을 소비하는 장치로 이루어진 일반취급소
  ② 위험물을 용기에 옮겨 담거나 차량에 고정된 탱크에 주입하는 일반취급소

15 상중하

제3류 위험물 중 금수성 물품에 적응성이 있는 소화약제는?

① 물 ② 강화액
③ 팽창질석 ④ 인산염류분말

해설 금수성 물질
- 물과 접촉하여 발화, 가연성 가스 발생
- 종류 : 칼륨, 나트륨, 알킬알루미늄, 알킬리튬
- 질식소화 : 마른모래, 팽창질석, 팽창진주암

16 상중하

위험물운송자 자격을 취득하지 아니한 자가 위험물 이동탱크저장소 운전 시의 벌칙으로 옳은 것은?

① 100만 원 이하의 벌금
② 300만 원 이하의 벌금
③ 500만 원 이하의 벌금
④ 1000만 원 이하의 벌금

해설 1000만 원 이하 벌금(위험물법)
- 위험물의 취급에 관한 안전관리와 감독을 하지 아니한 자
- 안전관리자, 대리자가 미참여한 상태에서 위험물을 취급한 자
- 변경한 예방규정을 제출하지 아니한 관계인
- 위험물 운반에 관한 중요기준에 따르지 아니한 자
- 검사받지 아니한 운반용기를 사용한 위험물 운반자
- 위험물 운송과 관련된 규정을 위반한 위험물 운송자
- 관계인의 정당한 업무를 방해하거나 출입·검사 등을 수행하면서 알게 된 비밀을 누설한 공무원

17 상중하

제4류 위험물을 저장·취급하는 제조소에 "화기엄금"이란 주의사항을 표시하는 게시판을 설치할 경우 게시판의 색상은?

① 청색바탕에 백색문자
② 적색바탕에 백색문자
③ 백색바탕에 적색문자
④ 백색바탕에 흑색문자

해설 위험물제조소 게시판 설치기준

분류	주의사항	색상
• 제1류 위험물 중 알칼리금속의 과산화물 • 제3류 위험물 중 금수성 물질	물기엄금	청색 바탕 백색 문자
• 제2류 위험물(인화성 고체 제외)	화기주의	적색 바탕 백색 문자
• 제2류 위험물 중 인화성 고체 • 제3류 위험물 중 자연발화성 물질 • 제4류 위험물 • 제5류 위험물	화기엄금	
• 제6류 위험물	별도 표시 안함	

암기 물청바, 화적바

정답 15 ③ 16 ④ 17 ②

18 (상 중 하)

위험물안전관리법상 청문을 실시하여 처분해야 하는 것은?

① 제조소등 설치허가의 취소
② 제조소등 영업정지 처분
③ 탱크시험자의 영업정지 처분
④ 과징금 부과 처분

해설 청문(위험물법)

1) 청문실시자 : 시·도지사, 소방본부장, 소방서장
2) 청문 실시하는 경우
   • 제조소등 설치허가 취소
   • 탱크시험자 등록 취소

19 (상 중 하)

지정수량의 최소 몇 배 이상의 위험물을 취급하는 제조소에는 피뢰침을 설치해야 하는가? (단, 제6류 위험물을 취급하는 위험물제조소는 제외하고, 제조소 주위의 상황에 따라 안전상 지장이 없는 경우도 제외한다)

① 5배   ② 10배
③ 50배   ④ 100배

해설 위험물 제조소 피뢰설비

지정수량 10배 이상인 옥외탱크저장소 피뢰침 설치(제6류 위험물 제조소 제외)

20 (상 중 하)

산화성 고체인 제1류 위험물에 해당되는 것은?

① 질산염류   ② 특수인화물
③ 과염소산   ④ 유기과산화물

해설 제1류 위험물(산화성 고체)

품명	지정수량
아염소산염류	50 [kg]
염소산염류	
과염소산염류	
무기과산화물	
브로민산염류	300 [kg]
질산염류	
아이오딘산염류	
과망가니즈산염류	1000 [kg]
다이크로뮴산염류	

암기 ▶ 아염과무 브질아 과다

21 (상 중 하)

위험물안전관리법령상 제조소의 위치·구조 및 설비의 기준 중 위험물을 취급하는 건축물 그 밖의 시설의 주위에는 그 취급하는 위험물의 최대수량이 지정수량의 10배 이하인 경우 보유하여야 할 공지의 너비는 몇 [m] 이상이어야 하는가?

① 3   ② 5
③ 8   ④ 10

해설 제조소 보유공지

취급하는 위험물 최대수량	공지 너비
지정수량 10배 이하	3 [m] 이상
지정수량 10배 초과	5 [m] 이상

정답 18 ① 19 ② 20 ① 21 ①

22

위험물안전관리법령상 제조소등의 관계인은 위험물의 안전관리에 관한 직무를 수행하게 하기 위하여 제조소등마다 위험물의 취급에 관한 자격이 있는 자를 위험물안전관리자로 선임하여야 한다. 이 경우 제조소등의 관계인이 지켜야 할 기준으로 틀린 것은?

① 제조소등의 관계인은 안전관리자를 해임하거나 안전관리자가 퇴직한 때에는 해임하거나 퇴직한 날부터 15일 이내에 다시 안전관리자를 선임하여야 한다.
② 제조소등의 관계인이 안전관리자를 선임한 경우에는 선임한 날부터 14일 이내에 소방본부장 또는 소방서장에게 신고하여야 한다.
③ 제조소등의 관계인은 안전관리자가 여행·질병 그 밖의 사유로 인하여 일시적으로 직무를 수행할 수 없는 경우에는 국가기술자격법에 따른 위험물의 취급에 관한 자격취득자 또는 위험물안전에 관한 기본지식과 경험이 있는 자를 대리자로 지정하여 그 직무를 대행하게 하여야 한다. 이 경우 대행하는 기간은 30일을 초과할 수 없다.
④ 안전관리자는 위험물을 취급하는 작업을 하는 때에는 작업자에게 안전관리에 관한 필요한 지시를 하는 등 위험물의 취급에 관한 안전관리와 감독을 하여야 하고, 제조소등의 관계인은 안전관리자의 위험물 안전관리에 관한 의견을 존중하고 그 권고에 따라야 한다.

해설 위험물안전관리자

- 안전관리자 선임 : 관계인
- 안전관리자 해임, 퇴직 시 : <u>해임, 퇴직한 날부터 30일 이내 재선임</u>
- 선임신고기간 : 소방본부장·소방서장에게 선임 날부터 14일 이내 신고
- 직무대행기간 : 30일 이내

23

위험물안전관리법령상 인화성액체위험물(이황화탄소를 제외)의 옥외탱크저장소의 탱크 주위에 설치하여야 하는 방유제의 설치기준 중 틀린 것은?

① 방유제 내의 면적은 60000 [m²] 이하로 하여야 한다.
② 방유제는 높이 0.5 [m] 이상 3 [m] 이하, 두께 0.2 [m] 이상, 지하매설깊이 1 [m] 이상으로 할 것. 다만 방유제와 옥외저장탱크 사이의 지반면 아래에 불침윤성 구조물을 설치하는 경우에는 지하매설깊이를 해당 불침윤성 구조물까지로 할 수 있다.
③ 방유제의 용량은 방유제 안에 설치된 탱크가 하나인 때에는 그 탱크 용량의 110 [%] 이상, 2기 이상인 때에는 그 탱크 중 용량이 최대인 것의 용량의 110 [%] 이상으로 하여야 한다.
④ 방유제는 철근콘크리트로 하고, 방유제와 옥외저장탱크 사이의 지표면은 불연성과 불침윤성이 있는 구조(철근콘크리트 등)로 할 것. 다만 누출된 위험물을 수용할 수 있는 전용유조 및 펌프 등의 설비를 갖춘 경우에는 방유제와 옥외저장탱크 사이의 지표면을 흙으로 할 수 있다.

해설 방유제

1) 방유제 용량
   (1) 탱크 1기 : 탱크용량 110 [%] 이상
   (2) 탱크 2기 이상 : 최대 탱크 용량 110 [%] 이상
2) 방유제 높이 : 0.5 [m] 이상 3 [m] 이하
3) 방유제 두께 : 0.2 [m] 이상
4) 지하매설길이 : 1 [m] 이상
5) 방유제 면적 : 80000 [m²] 이하
6) 방유제 내에 설치하는 옥외저장탱크 수 : 10기 이하
7) 방유제 재질 : 철근콘크리트, 흙담

24 (중)

위험물안전관리법상 지정수량 미만인 위험물의 저장 또는 취급에 관한 기술상의 기준은 무엇으로 정하는가?

① 대통령령
② 총리령
③ 시·도의 조례
④ 행정안전부령

해설 위험물 저장 및 취급

1) 위험물의 저장·취급
   (1) 지정수량 미만인 위험물의 저장·취급에 관한 기술상의 기준 : 시·도 조례
   (2) 지정수량 이상의 위험물을 저장소가 아닌 장소에서 저장하거나 제조소등이 아닌 장소에서 취급해서는 안 됨
   (3) 임시 저장·취급 장소의 위치·구조·설비의 기준 : 시·도 조례
2) 위험물을 임시 저장·취급하는 경우
   (1) 시·도 조례가 정하는 바에 따라 관할소방서장의 승인을 받아 지정수량 이상의 위험물을 90일 이내 기간 동안 임시 저장·취급
   (2) 군부대가 지정수량 이상의 위험물을 군사목적으로 임시 저장·취급

25 (중)

옥내저장소의 위치·구조 및 설비의 기준 중 지정수량의 몇 배 이상의 저장창고(제6류 위험물의 저장창고 제외)에 피뢰침을 설치해야 하는가? (단, 저장창고 주위의 상황이 안전상 지장이 없는 경우는 제외한다)

① 10배
② 20배
③ 30배
④ 40배

해설 옥내저장소 위치 구조 및 설비기준

지정수량 10배 이상 저장창고(제6류 위험물 저장창고 제외) 피뢰침 설치

26 (중)

위험물안전관리법령상 위험물의 안전관리와 관련된 업무를 수행하는 자로서 소방청장이 실시하는 안전교육대상자가 아닌 것은?

① 안전관리자로 선임된 자
② 탱크시험자의 기술인력으로 종사하는 자
③ 위험물운송자로 종사하는 자
④ 제조소등의 관계인

해설 안전교육대상자

1) 안전원에 위탁
   (1) 위험물 운반자, 위험물 운송자의 요건을 갖추려는 사람
   (2) 위험물 취급자격자의 자격을 갖추려는 사람
   (3) 안전관리자로 선임된 자 및 위험물 운송자, 운반자에 대한 안전교육
2) 기술원에 위탁
   탱크시험자의 기술인력으로 종사하는 자

27 (중)

위험물안전관리법령에 따른 정기점검의 대상인 제조소등의 기준 중 틀린 것은?

① 암반탱크저장소
② 지하탱크저장소
③ 이동탱크저장소
④ 지정수량의 150배 이상의 위험물을 저장하는 옥외탱크저장소

해설 정기점검 대상 제조소

1) 지정수량 10배 이상의 위험물을 취급하는 제조소
2) 지정수량 100배 이상의 위험물을 저장하는 옥외저장소
3) 지정수량 150배 이상의 위험물을 저장하는 옥내저장소

정답 24 ③ 25 ① 26 ④ 27 ④

4) 지정수량 200배 이상의 위험물을 저장하는 옥외탱크저장소
5) 암반탱크저장소
6) 이송취급소
7) 지정수량 10배 이상의 위험물을 취급하는 일반취급소(제4류 위험물만 지정수량 50배 이하로 취급하는 일반취급소)
8) 지하탱크저장소
9) 이동탱크저장소
10) 위험물 취급 탱크로서 지하에 매설된 탱크가 있는 제조소·주유취급소·일반취급소

28 (상·중·하)

위험물안전관리법령에 따른 소화난이도등급 I의 옥내탱크저장소에서 황만을 저장·취급할 경우 설치하여야 하는 소화설비로 옳은 것은?

① 물분무소화설비
② 스프링클러설비
③ 포소화설비
④ 옥내소화전설비

해설 소화난이도등급 I 옥내탱크저장소 소화설비

구분	소화설비
황만 저장취급	물분무소화설비
인화점 70[℃] 이상 제4류 위험물만 저장취급	물분무소화설비, 고정식 포소화설비, 이동식 이외 불활성가스소화설비, 이동식 이외 할로젠화합물소화설비, 이동식 이외 분말소화설비
그 밖	고정식 포소화설비, 이동식 이외 불활성가스소화설비, 이동식 이외 할로젠화합물소화설비, 이동식 이외 분말소화설비

29 (상·중·하)

제6류 위험물에 속하지 않는 것은?

① 질산
② 과산화수소
③ 과염소산
④ 과염소산염류

해설 제6류 위험물(산화성 액체)

품명	지정수량
과염소산	300[kg]
과산화수소	
질산	

보충 과염소산염류 : 제1류 위험물

30 (상·중·하)

위험물안전관리법령상 위험물시설의 설치 및 변경 등에 관한 기준 중 다음 ( ) 안에 들어갈 내용으로 옳은 것은?

제조소등의 위치·구조 또는 설비의 변경 없이 당해 제조소등에서 저장하거나 취급하는 위험물의 품명·수량 또는 지정수량의 배수를 변경하고자 하는 자는 변경하고자 하는 날의 (㉠)일 전까지 (㉡)이 정하는 바에 따라 (㉢)에게 신고하여야 한다.

① ㉠ : 1, ㉡ : 대통령령, ㉢ : 소방본부장
② ㉠ : 1, ㉡ : 행정안전부령, ㉢ : 시·도지사
③ ㉠ : 14, ㉡ : 대통령령, ㉢ : 소방서장
④ ㉠ : 14, ㉡ : 행정안전부령, ㉢ : 시·도지사

해설 제조소 설치 및 변경

1) 설치허가자 : 시·도지사(행정안전부령)
2) 변경신고 : 변경하고자 하는 날의 1일 전
3) 허가 제외 장소
   • 주택의 난방시설(공동주택 중앙난방시설 제외)을 위한 저장소·취급소
   • 농예용·축산용·수산용으로 필요한 난방·건조시설을 위한 지정수량 20배 이하의 저장소

정답 28 ① 29 ④ 30 ②

31 위험물안전관리법령상 제조소 또는 일반 취급소에서 취급하는 제4류 위험물의 최대 수량의 합이 지정수량의 24만 배 이상 48만 배 미만인 사업소의 관계인이 두어야 하는 화학소방자동차와 자체소방대원의 수의 기준으로 옳은 것은? (단, 화재 그 밖의 재난발생 시 다른 사업소 등과 상호 응원에 관한 협정을 체결하고 있는 사업소는 제외한다)

① 화학소방자동차 - 2대, 자체소방대원의 수 - 10인
② 화학소방자동차 - 3대, 자체소방대원의 수 - 10인
③ 화학소방자동차 - 3대, 자체소방대원의 수 - 15인
④ 화학소방자동차 - 4대, 자체소방대원의 수 - 20인

해설 화학소방차

사업소 구분(지정수량)	화학소방자동차	자체소방대원 수
3천 배 이상 ~ 12만 배 미만	1대	5인
12만 배 이상 ~ 24만 배 미만	2대	10인
24만 배 이상 ~ 48만 배 미만	3대	15인
48만 배 이상	4대	20인

32 위험물안전관리법령상 제4류 위험물별 지정수량기준의 연결이 틀린 것은?

① 특수인화물 - 50리터
② 알코올류 - 400리터
③ 동식물유류 - 1000리터
④ 제4석유류 - 6000리터

해설 제4류 위험물(인화성 액체)

품명		지정수량	대표물질
특수인화물		50 [L]	다이에틸에테르
제1석유류	비수용성	200 [L]	휘발유
	수용성	400 [L]	아세톤
알코올류		400 [L]	변성알코올
제2석유류	비수용성	1000 [L]	등유, 경유
	수용성	2000 [L]	아세트산
제3석유류	비수용성	2000 [L]	중유
	수용성	4000 [L]	글리세린
제4석유류		6000 [L]	실린더유
동식물유류		10000 [L]	아마인유

33 제조소등의 위치·구조 및 설비의 기준 중 위험물을 취급하는 건축물의 환기설비 설치기준으로 다음 ( ) 안에 알맞은 것은?

> 급기구는 당해 급기구가 설치된 실의 바닥면적 (㉠) [m²]마다 1개 이상으로 하되, 급기구의 크기는 (㉡) [cm²] 이상으로 할 것

① ㉠ 100, ㉡ 800
② ㉠ 150, ㉡ 800
③ ㉠ 100, ㉡ 1000
④ ㉠ 150, ㉡ 1000

해설 위험물제조소 환기설비 설치기준

1) 환기 : 자연배기방식
2) 급기구
 • 바닥면적 : 150 [m²]마다 1개 이상
 • 크기 : 800 [cm²] 이상
 • 바닥면적 150 [m²] 미만인 경우

바닥면적	크기(이상)
60 [m²] 미만	150 [cm²]
60 [m²] 이상 90 [m²] 미만	300 [cm²]
90 [m²] 이상 120 [m²] 미만	450 [cm²]
120 [m²] 이상 150 [m²] 미만	600 [cm²]

정답 31 ③ 32 ③ 33 ②

34 상⦿하

위험물안전관리법상 제조소등의 설치허가를 받지 아니하고 제조소등을 설치한 자에 대한 벌칙기준으로 옳은 것은?

① 7년 이하의 금고 또는 7천만 원 이하의 벌금
② 5년 이하의 징역 또는 1억 원 이하의 벌금
③ 10년 이하 금고 또는 1억 원 이하 벌금
④ 3년 이하의 징역 또는 3천만 원 이하의 벌금

해설 위험물법 벌칙

- 5년 이하 징역 또는 1억 원 이하 벌금
  제조소등의 설치허가를 받지 아니하고 제조소등을 설치한 자
- 7년 이하 금고 또는 7천만 원 이하 벌금
  업무상 과실로 위험물을 유출·방출시켜 생명·신체·재산에 위험 발생시킨 자
- 10년 이하 금고 또는 1억 원 이하 벌금
  업무상 과실로 위험물을 유출·방출시켜 사람을 사상에 이르게 한 자

35 상⦿하

위험물안전관리법령상 제조소등의 완공검사 신청시기기준으로 틀린 것은?

① 지하탱크가 있는 제조소등의 경우에는 당해 지하탱크를 매설하기 전
② 이동탱크저장소의 경우에는 이동저장탱크를 완공하고 상치장소를 확보한 후
③ 이송취급소의 경우에는 이송배관 공사의 전체 또는 일부 완료한 후
④ 배관을 지하에 설치하는 경우에는 소방서장이 지정하는 부분을 매몰하고 난 직후

해설 제조소 완공검사 신청시기

- 지하탱크 있는 제조소 : 지하탱크 매설 전
- 이동탱크저장소 : 이동저장탱크 완공하고 상치장소 확보 후
- 이송취급소 : 이송배관 공사 전체 또는 일부 완료 후
- 지하에 배관 설치 : 소방서장이 지정하는 부분 매몰하기 직전

36 상⦿하

위험물안전관리자로 선임할 수 있는 위험물 취급자격자가 취급할 수 있는 위험물 기준으로 틀린 것은?

① 위험물기능장 자격 취득자 : 모든 위험물
② 안전관리자 교육이수자 : 위험물 중 제4류 위험물
③ 소방공무원으로 근무한 경력이 3년 이상인 자 : 위험물 중 제4류 위험물
④ 위험물산업기사 자격 취득자 : 위험물 중 제4류 위험물

해설 위험물 취급자 자격

위험물 취급자격자	취급할 수 있는 위험물
• 위험물기능장 • 위험물산업기사 • 위험물기능사	모든 위험물
안전관리자교육이수자	제4류 위험물
소방공무원 3년 이상	제4류 위험물

37 상⦿하

관계인이 예방규정을 정하여야 하는 제조소등의 기준이 아닌 것은?

① 지정수량의 10배 이상의 위험물을 취급하는 제조소
② 지정수량의 50배 이상의 위험물을 저장하는 옥외저장소
③ 지정수량의 150배 이상의 위험물을 저장하는 옥내저장소
④ 지정수량의 200배 이상의 위험물을 저장하는 옥외탱크저장소

해설 관계인이 예방규정을 정해야 하는 제조소

1) 지정수량 10배 이상의 위험물을 취급하는 제조소
2) 지정수량 100배 이상의 위험물을 저장하는 옥외저장소
3) 지정수량 150배 이상의 위험물을 저장하는 옥내저장소
4) 지정수량 200배 이상의 위험물을 저장하는 옥외탱크저장소
5) 암반탱크저장소
6) 이송취급소

정답 34 ② 35 ④ 36 ④ 37 ②

7) 지정수량 10배 이상의 위험물을 취급하는 일반취급소, 다만 제4류 위험물(특수인화물 제외)만을 지정수량의 50배 이하로 취급하는 일반취급소(제1석유류·알코올류의 취급량이 지정수량의 10배 이하인 경우에 한함)로서 다음 어느 하나에 해당하는 것은 제외
  ⑴ 보일러·버너 또는 이와 비슷한 것으로서 위험물을 소비하는 장치로 이루어진 일반취급소
  ⑵ 위험물을 용기에 옮겨 담거나 차량에 고정된 탱크에 주입하는 일반취급소

38 (상**중**하)

( ) 안의 내용으로 알맞은 것은?

> 다량의 위험물을 저장·취급하는 제조소등으로서 ( ) 위험물을 취급하는 제조소 또는 일반취급소가 있는 동일한 사업소에서 지정수량의 3천 배 이상의 위험물을 저장 또는 취급하는 경우 당해 사업소의 관계인은 대통령령이 정하는 바에 따라 당해 사업소에 자체소방대를 설치하여야 한다.

① 제1류 ② 제2류
③ 제3류 ④ 제4류

해설 자체소방대 설치 사업소

사업소	지정수량
제4류 위험물 취급 제조소·일반취급소	3000배 이상
제4류 위험물 저장 옥외탱크저장소	500000배 이상

39 (상**중**하)

위험물안전관리법령에 따른 위험물제조소의 옥외에 있는 위험물취급탱크 용량이 100 [m³] 및 180 [m³]인 2개의 취급탱크 주위에 하나의 방유제를 설치하는 경우 방유제의 최소 용량은 몇 [m³]이어야 하는가?

① 100 ② 140
③ 180 ④ 280

해설 위험물제조소 방유제 용량

1) 위험물제조소 방유제 용량
  • 탱크 1기 : 탱크 용량 50 [%] 이상
  • 탱크 2기 이상 : 최대 탱크 용량 50 [%] + 나머지 10 [%] 이상
2) 방유제 용량 = (180 × 0.5) + (100 × 0.1)
            = 100 [m³]

40 (상**중**하)

시·도의 조례가 정하는 바에 따라 지정수량 이상의 위험물을 임시로 저장·취급할 수 있는 기간 (㉠)과 임시저장 승인권자 (㉡)는?

① ㉠ 30일 이내, ㉡ 시·도지사
② ㉠ 60일 이내, ㉡ 소방본부장
③ ㉠ 90일 이내, ㉡ 관할소방서장
④ ㉠ 120일 이내, ㉡ 소방청장

해설 위험물 저장 및 취급

1) 위험물의 저장·취급
  ⑴ 지정수량 미만인 위험물의 저장·취급에 관한 기술상의 기준 : 시·도 조례
  ⑵ 지정수량 이상의 위험물을 저장소가 아닌 장소에서 저장하거나 제조소등이 아닌 장소에서 취급해서는 안 됨
  ⑶ 임시 저장·취급 장소의 위치·구조·설비의 기준 : 시·도 조례

정답 38 ④ 39 ① 40 ③

2) 위험물을 임시 저장·취급하는 경우
   (1) 시·도 조례가 정하는 바에 따라 관할소방서장의 승인을 받아 지정수량 이상의 위험물을 90일 이내 기간 동안 임시 저장·취급
   (2) 군부대가 지정수량 이상의 위험물을 군사목적으로 임시 저장·취급

41 (상 중 하)

다음 중 그 성질이 자연발화성 물질 및 금수성 물질인 제3류 위험물에 속하지 않는 것은?

① 황린
② 황화인
③ 칼륨
④ 나트륨

해설 제3류 위험물(자연발화성 물질 및 금수성 물질)

품명	지정수량
칼륨	10 [kg]
나트륨	
알킬알루미늄	
알킬리튬	
황린	20 [kg]
알칼리금속 및 알칼리토금속	50 [kg]
유기금속화합물	
금속의 수소화물	300 [kg]
금속의 인화물	
칼슘 또는 알루미늄 탄화물	

보충 황화인 : 제2류 위험물

42 (상 중 하)

옥내주유취급소에 있어서 당내 사무소 등의 출입구 및 피난구와 당해 피난구로 통하는 통로·계단 및 출입구에 설치해야 하는 피난설비는?

① 유도등
② 구조대
③ 피난사다리
④ 완강기

해설 옥내주유취급소 피난설비

1) 주유취급소 중 건축물 2층 이상의 부분을 점포·휴게음식점·전시장 용도로 사용하는 것에 있어서는 당해 건축물 2층 이상으로부터 주유취급소 부지 밖으로 통하는 출입구와 당해 출입구로 통하는 통토·계단·출입구에 유도등 설치
2) 옥내주유취급소에 있어서 당해 사무소 등의 출입구 및 피난구와 당해 피난구로 통하는 통로·계단·출입구에 유도등 설치

43 (상 중 하)

제2류 위험물의 품명에 따른 지정수량의 연결이 틀린 것은?

① 황화인 - 100 [kg]
② 황 - 300 [kg]
③ 철분 - 500 [kg]
④ 인화성 고체 - 1000 [kg]

해설 제2류 위험물(가연성 고체)

품명	지정수량
황화인	100 [kg]
적린	
황	
마그네슘	500 [kg]
철분	
금속분	
인화성 고체	1000 [kg]

암기 황적 마철금 인고

정답 41 ② 42 ① 43 ②

44 상(중)하

위험물제조소 게시판의 설치기준 중 1류와 3류 위험물의 바탕 및 문자의 색으로 올바르게 연결된 것은?

① 바탕 – 백색, 문자 – 청색
② 바탕 – 청색, 문자 – 흑색
③ 바탕 – 흑색, 문자 – 백색
④ 바탕 – 청색, 문자 – 백색

해설 위험물제조소 게시판 설치기준

분류	주의사항	색상
• 제1류 위험물 중 알칼리금속의 과산화물 • 제3류 위험물 중 금수성 물질	물기엄금	청색 바탕 백색 문자
• 제2류 위험물(인화성 고체 제외)	화기주의	적색 바탕 백색 문자
• 제2류 위험물 중 인화성 고체 • 제3류 위험물 중 자연발화성 물질 • 제4류 위험물 • 제5류 위험물	화기엄금	
• 제6류 위험물	별도 표시 안함	

암기 물청바, 화적바

45 상(중)하

위험물안전관리법령에 의하여 자체소방대에 배치해야 하는 화학소방자동차의 구분에 속하지 않는 것은?

① 포수용액 방사차
② 고가 사다리차
③ 제독차
④ 할로젠화합물 방사차

해설 화학소방자동차

1) 포수용액 방사차
2) 분말 방사차
3) 할로젠화합물 방사차
4) 이산화탄소 방사차
5) 제독차

46 상(중)하

고형알코올 그 밖에 1기압 상태에서 인화점이 40[℃] 미만인 고체에 해당하는 것은?

① 가연성 고체
② 산화성 고체
③ 인화성 고체
④ 자연발화성 물질

해설 위험물의 정의

구분	정의
산화성 고체	산화력의 잠재적 위험성, 충격에 대한 민감성 판단하기 위해 고시로 정하는 성질·상태 나타내는 것
가연성 고체	화염에 의한 발화 위험성, 인화 위험성 판단하기 위해 고시로 정하는 성질과 상태 나타내는 것
인화성 고체	고형 알코올 그 밖에 1기압에서 인화점 40[℃] 미만 고체

47 상(중)하

제조소등의 위치·구조 또는 설비의 변경 없이 당해 제조소등에서 저장하거나 취급하는 위험물의 품명·수량 또는 지정수량의 배수를 변경하고자 할 때는 누구에게 신고해야 하는가?

① 국무총리
② 시·도지사
③ 국민안전처장관
④ 관할소방서장

해설 위험물 지정수량 변경

• 허가자 : 시·도지사
• 변경신고 : 변경하고자 하는 날의 1일 전

정답 44 ④ 45 ② 46 ③ 47 ②

48 (상 중 하)

위험물 제조소등에 자동화재탐지설비를 설치하여야 할 대상은?

① 옥내에서 지정수량 50배의 위험물을 저장·취급하고 있는 일반취급소
② 하루에 지정수량 50배의 위험물을 제조하고 있는 제조소
③ 지정수량의 100배의 위험물을 저장·취급하고 있는 옥내저장소
④ 연면적 100 [m²] 이상의 제조소

해설 제조소 경보설비 설치기준

특정소방대상물	소방시설
• 연면적 500 [m²] 이상 • 옥내에서 지정수량 100배 이상 취급 • 일반취급소로 사용되는 부분 외의 부분이 있는 건축물에 설치된 일반취급소	자동화재탐지설비
지정수량 10배 이상 저장 또는 취급(이동탱크저장소 제외)	• 자동화재탐지설비 • 비상경보설비 • 비상방송설비 • 확성장치 중 1종 이상

49 (상 중 하)

다음 위험물 중에서 위험물안전관리법령에서 정하고 있는 지정수량이 가장 적은 것은?

① 브로민산염류
② 황
③ 알칼리토금속
④ 과염소산

해설 위험물 지정수량

품명	지정수량
알칼리토금속	50 [kg]
황	100 [kg]
브로민산염류	300 [kg]
과염소산	

50 (상 중 하)

경유의 저장량이 2000 [L], 중유의 저장량이 4000 [L], 등유의 저장량이 2000 [L]인 저장소에 있어서 지정수량의 배수는?

① 동일 ② 6배
③ 3배 ④ 2배

해설 지정수량 배수

1) 지정수량
   • 경유(제2석유류) : 1000 [L]
   • 중유(제3석유류) : 2000 [L]
   • 등유(제2석유류) : 1000 [L]

2) 지정수량 배수 $= \dfrac{저장량}{지정수량}$

$= \dfrac{2,000}{1,000} + \dfrac{4,000}{2,000} + \dfrac{2,000}{1,000} = 6$배

정답 48 ③ 49 ③ 50 ②

51 (중)

제4류 위험물 제조소의 경우 사용전압이 22 [kV]인 특고압 가공전선이 지나갈 때 제조소의 외벽과 가공전선 사이의 수평거리(안전거리)는 몇 [m] 이상이어야 하는가?

① 2
② 3
③ 5
④ 10

해설 제조소 안전거리

[거리 : 이상]

대상		거리
특고압가공전선 사용전압	7000 [V] 초과 35000 [V] 이하	3 [m]
	35000 [V] 초과	5 [m]
주거용으로 사용되는 것 (제조소 설치된 부지 내의 것 제외)		10 [m]
고압가스·액화석유가스·도시가스 저장 또는 취급하는 시설		20 [m]
학교·병원·극장·다수 수용시설		30 [m]
지정문화재		50 [m]

※ 관련 법령 개정(2024.5.7.)에 따라 다음과 같이 병행하여 학습하기 바람
 (1) 문화재보호법 → 문화유산법
 (2) 유형문화재 → 유형문화유산
 (3) 지정문화재 → 지정문화유산

52 (중)

점포에서 위험물을 용기에 담아 판매하기 위하여 위험물을 취급하는 판매취급소는 위험물안전관리법상 지정수량의 몇 배 이하의 위험물까지 취급할 수 있는가?

① 지정수량의 5배 이하
② 지정수량의 10배 이하
③ 지정수량의 20배 이하
④ 지정수량의 40배 이하

해설 위험물 취급소 구분

- 주유취급소 : 자동차·항공기·선박 등의 연료탱크에 직접 주유
- 판매취급소 : 지정수량 40배 이하
- 이송취급소 : 위험물 이송
- 일반취급소 : 주유취급소, 판매취급소, 이송취급소 외의 장소

53 (중)

제조소등의 지위승계 및 폐지에 관한 설명 중 다음 ( )안에 알맞은 것은?

제조소등의 설치자가 사망하거나 그 제조소등을 양도·인도한 때 또는 합병이 있는 때에는 그 설치자의 지위를 승계한자는 승계한 날부터 (㉠)일 이내에 그리고 제조소등의 관계인은 당해 제조소등의 용도를 폐지한 때에는 용도를 폐지한 날부터 (㉡)일 이내에 시·도지사에게 신고하여야 한다.

① ㉠ 14, ㉡ 14
② ㉠ 14, ㉡ 30
③ ㉠ 30, ㉡ 14
④ ㉠ 30, ㉡ 30

해설 제조소 지위승계 및 폐지

- 신고 : 시·도지사
- 지위승계 : 30일 이내
- 폐지 : 14일 이내

정답 51 ② 52 ④ 53 ③

54 (중)

위험물안전관리법령상 제조소 또는 일반 취급소의 위험물 취급탱크 노즐 또는 맨홀을 신설하는 경우 노즐 또는 맨홀의 직경이 몇 [mm]를 초과하는 경우에 변경허가를 받아야 하는가?

① 250　　② 300
③ 450　　④ 600

해설 제조소등의 설치 및 변경

1) 설치허가자 : 시·도지사(행전안전부령)
2) 위험물 품명·수량·지정수량의 배수 변경신고 : 변경하고자 하는 날의 1일 전
3) 제조소·일반취급소 변경허가 받아야 하는 경우
   (1) 제조소·일반취급소 위치 이전
   (2) 배출설비 또는 불활성 기체 봉입장치 신설
   (3) 위험물취급탱크 신설·교체·철거·보수
   (4) 위험물취급탱크 노즐 또는 맨홀 신설(노즐 또는 맨홀 직경 250 [mm] 초과하는 경우)
   (5) 위험물취급탱크 탱크전용실 증설 또는 교체
4) 변경허가·변경신고 제외 장소
   (1) 주택의 난방시설(공동주택의 중앙난방시설 제외)을 위한 저장소·취급소
   (2) 농예용·축산용·수산용으로 필요한 난방시설 또는 건조시설을 위한 지정수량 20배 이하의 저장소

55 (상)

위험물안전관리법령상 정기점검의 대상인 제조소등의 기준으로 틀린 것은?

① 이송취급소
② 위험물을 취급하는 탱크로서 지하에 매설된 탱크가 있는 일반취급소
③ 지정수량의 100배 이상의 위험물을 저장하는 옥외저장소
④ 지정수량의 150배 이상의 위험물을 저장하는 옥외탱크저장소

해설 정기점검 대상 제조소

1) 지정수량 10배 이상의 위험물을 취급하는 제조소
2) 지정수량 100배 이상의 위험물을 저장하는 옥외저장소
3) 지정수량 150배 이상의 위험물을 저장하는 옥내저장소
4) 지정수량 200배 이상의 위험물을 저장하는 옥외탱크저장소
5) 암반탱크저장소
6) 이송취급소
7) 지정수량 10배 이상의 위험물을 취급하는 일반취급소(제4류 위험물만 지정수량 50배 이하로 취급하는 일반취급소)
8) 지하탱크저장소
9) 이동탱크저장소
10) 위험물 취급 탱크로서 지하에 매설된 탱크가 있는 제조소·주유취급소·일반취급소

56 (상)

운송책임자의 감독·지원을 받아 운송해야 하는 위험물은?

① 알칼리토금속　　② 칼륨
③ 유기과산화물　　④ 알킬리튬

해설 운송책임자 감독·지원 위험물

- 알킬알루미늄
- 알킬리튬

정답 54 ① 55 ④ 56 ④

57 상(중)하

탱크안전성능검사의 대상이 되는 탱크 중 기초·지반검사를 받아야 하는 옥외탱크저장소의 액체위험물탱크의 용량은 몇 [L] 이상인가?

① 100만
② 10만
③ 1만
④ 1천

해설 탱크안전성능검사의 종류 및 대상

1) 기초·지반검사, 용접부검사
   <u>100만 [L] 이상 액체위험물 저장탱크</u>
2) 충수·수압검사, 암반탱크검사
   액체위험물을 저장 또는 취급하는 탱크

58 상(중)하

위험물안전관리법령상 다수의 제조소등을 설치한 자가 1인의 안전관리자를 중복하여 선임할 수 있는 경우 다음 ( ) 안에 알맞은 것은?

동일구 내에 있거나 상호 (   ) [m] 이내의 거리에 있는 저장소로서 저장소의 규모, 저장하는 위험물의 종류 등을 고려하여 행정안전부령이 정하는 저장소를 동일인이 설치한 경우

① 50
② 100
③ 150
④ 200

해설 1인 안전관리자 중복 선임

1) 동일구 내 있거나 <u>상호 100 [m] 이내</u> 저장소로 그 규모, 저장 위험물 고려하여 행정안전부령이 정하는 저장소 동일인 설치
2) 다음 기준에 모두 적합한 5개 이하 제조소등 동일인 설치
   - 각 제조소등이 동일구 내 위치하거나 상호 100 [m] 이내 거리에 있을 것
   - 위험물 최대수량이 지정수량의 3000배 미만일 것

59 상(중)하

위험물안전관리법령상 위험물 및 지정수량에 대한 기준 중 다음 ( ) 안에 알맞은 것은?

금속분이라 함은 알칼리금속·알칼리토류금속·철 및 마그네슘외의 금속의 분말을 말하고, 구리분·니켈분 및 (㉠) 마이크로미터의 체를 통과하는 것이 (㉡) 중량퍼센트 미만인 것은 제외한다.

① ㉠ 150, ㉡ 50
② ㉠ 53, ㉡ 50
③ ㉠ 50, ㉡ 150
④ ㉠ 50, ㉡ 53

해설 위험물의 정의(금속분)

- 알칼리금속·알칼리토류금속·철·마그네슘 외의 금속 분말
- 구리분·니켈분 및 150 [μm]의 체를 통과하는 것이 50중량퍼센트 미만인 것 제외

정답 57 ① 58 ② 59 ①

60 (상 중 하)

위험물안전관리법령상 관계인이 예방규정을 정하여야 하는 위험물 제조소등에 해당하지 않는 것은?

① 지정수량 10배의 특수인화물을 취급하는 일반취급소
② 지정수량 20배의 휘발유를 고정된 탱크에 주입하는 일반 취급소
③ 지정수량 40배의 제3석유류를 용기에 옮겨 담는 일반취급소
④ 지정수량 15배의 알코올을 버너에 소비하는 장치로 이루어진 일반취급소

해설 관계인이 예방규정을 정해야 하는 제조소

1) 지정수량 10배 이상의 위험물을 취급하는 제조소
2) 지정수량 100배 이상의 위험물을 저장하는 옥외저장소
3) 지정수량 150배 이상의 위험물을 저장하는 옥내저장소
4) 지정수량 200배 이상의 위험물을 저장하는 옥외탱크저장소
5) 암반탱크저장소
6) 이송취급소
7) 지정수량 10배 이상의 위험물을 취급하는 일반취급소, 다만 제4류 위험물(특수인화물 제외)만을 지정수량의 50배 이하로 취급하는 일반취급소(제1석유류·알코올류의 취급량이 지정수량의 10배 이하인 경우에 한함)로서 다음 어느 하나에 해당하는 것은 제외
   ⑴ 보일러·버너 또는 이와 비슷한 것으로서 위험물을 소비하는 장치로 이루어진 일반취급소
   ⑵ 위험물을 용기에 옮겨 담거나 차량에 고정된 탱크에 주입하는 일반취급소

정답 60 ③

2026 초격차 소방설비기사·산업기사 필기 공통

발행일	2025년 10월 15일 개정판 1쇄
지은이	황모아, 이지원, 오민정
발행인	황모아
발행처	(주)모아교육그룹
주 소	서울특별시 영등포구 영신로 32길 29 세화빌딩 2층
전 화	02-2068-2393(출판, 주문)
등 록	제2015-000006호 (2015.1.16.)
이메일	moagbooks@naver.com
ISBN	979-11-6804-451-7 (14500)
	979-11-6804-458-6 (14500) (전5권)

이 책의 가격은 뒤표지에 있습니다.

Copyright ⓒ (주)모아교육그룹 Co., Ltd. All Rights Reserved.

이 책은 저작권법에 의해 보호를 받는 저작물이므로 저자와 출판사의 서면 허락 없이 내용의 전부 또는 일부를 이용하는 것을 금합니다.

정오표 안내

틀린 부분을 바로잡는 것은 모아의 책임입니다!
더 정확한 교재를 만들기 위해 항상 노력하겠습니다!

QR로 확인하실 경우

교재 뒤표지에 있는 **QR코드** 스캔

⬇

정오표를 확인하실 수 있습니다.

PC로 확인하실 경우

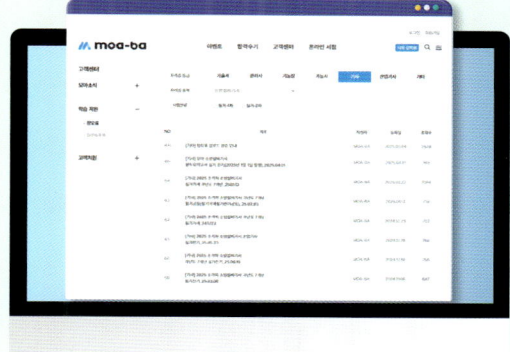

모아바(moa-ba.com) 접속

온라인서점

정오표로 이동

자격증 등급에서 **기사** 선택

자격증 종목에서 **소방설비기사** 선택

정오표를 확인하실 수 있습니다.

*모바일도 동일합니다.

지금 **초격차**와 함께하는
당신의 다짐을 적어보세요! "

나는
_____년 제 _____회
소방설비(산업)기사 자격 시험에
최선을 다해 합격할 것입니다.

_____년 _____월 _____일

소방설비기사·산업기사

필기 공통 빈칸쏙쏙 + 중요빈출지문

2026 초격차
超格差

소방설비기사·산업기사

필기 공통 | 빈칸쏙쏙 + 중요빈출지문

2026 초超 격格 자差

CONTENTS

PART 01 소방원론

- CHAPTER 01 연소 ··· 440
- CHAPTER 02 연소생성물 ·· 456
- CHAPTER 03 폭발 ··· 462
- CHAPTER 04 화재 ··· 466
- CHAPTER 05 위험물 ·· 473
- CHAPTER 06 소화 ··· 480
- CHAPTER 07 안전관리 및 건축방재 ························· 489

PART 02 소방관계법규

- CHAPTER 01 소방기본법 ·· 502
- CHAPTER 02 소방시설법 ·· 510
- CHAPTER 03 화재예방법 ·· 536
- CHAPTER 04 소방시설공사업법 ······························ 547
- CHAPTER 05 위험물안전관리법 ······························ 555

PART 03 중요빈출지문

- PART 01 소방원론 ·· 566
- PART 02 소방관계법규 ·· 573

PART 01 소방원론

CHAPTER 01	연소
CHAPTER 02	연소생성물
CHAPTER 03	폭발
CHAPTER 04	화재
CHAPTER 05	위험물
CHAPTER 06	소화
CHAPTER 07	안전관리 및 건축방재

CHAPTER 01 연소

01 연소

🔻 연소

1) 연소의 정의
   (1) 가연물이 공기 중의 산소와 결합하여 빛과 열을 수반하는 *[ ]반응이다.
   (2) 발열반응을 한다.
   (3) 화학반응이 진행되기 위한 최소한의 *[ ]에너지가 필요하다.

2) 연소의 3요소와 4요소

구분	연소의 3요소 (작열연소, 표면연소)	연소의 4요소 (불꽃연소)
정의	연소가 시작할 수 있는 필수요소	연소가 지속될 수 있는 필수요소
연소형태	불꽃 없이 빛만 내며 연소하는 심부화재	불꽃을 내며 연소하는 표면화재
방출열량	연소속도가 느리고 방출 열량이 작다.	연소속도가 빠르고 방출 열량이 크다.
연쇄반응	일어나지 않는다.	일어난다.
예	숯, 코크스, 금속분, 담배, 향	메테인(메탄), 에테인(에탄), 프로페인(프로판), 휘발유 등
소화방법	물리적 소화	물리적 소화, 1)[ ] 소화
요소	가연물, 산소공급원, 점화원 ★	가연물, 산소공급원, 점화원, 2)[ ] ★

📌 산화

📌 활성화

📌 1) 화학적

📌 2) 연쇄반응

2 완전연소와 불완전연소

1) 정의와 생성물

구분	완전연소	불완전연소
정의	산소 공급이 충분한 상태에서의 연소	산소 공급이 불충분한 상태에서의 연소
생성물	이산화탄소, 1)☐	2)☐, 그을음

1) 수증기
2) 일산화탄소

2) 완전연소 반응식
   (1) 메테인(메탄) : $CH_4 + {}^*\square O_2 \rightarrow CO_2 + 2H_2O$ → 2
   (2) 에테인(에탄) : $C_2H_6 + 3.5O_2 \rightarrow 2CO_2 + 3H_2O$
   (3) 프로페인(프로판) : $C_3H_8 + 5O_2 \rightarrow {}^*\square CO_2 + 4H_2O$ → 3
   (4) 부테인(부탄) : $C_4H_{10} + 6.5O_2 \rightarrow 4CO_2 + 5H_2O$

02 가연물

1 가연물

1) 가연물의 정의
   (1) 불에 잘 탈 수 있는 물질이다.
   (2) 산화반응 시 *☐반응을 한다. → 발열

2) 가연물이 되기 쉬운 조건 ★★★
   (1) 활성화에너지가 *☐한다(연소가 용이). → 작아야
   (2) 열전도율이 *☐한다(열축적이 용이). → 작아야
   (3) 산소와 접촉하는 표면적이 넓어야 한다(산소접촉 및 산화반응이 용이).
   (4) 발열량이 커야 한다(온도 상승이 빨라 열축적이 용이).
   (5) 산소와 친화력이 커야 한다(산화반응이 용이).
   (6) 연쇄반응을 일으켜야 한다(연소가 용이).

2 가연물이 될 수 없는 물질(불연성)

구분	물질
산소와 이미 결합하여 산화반응하지 않는 물질	물(H_2O), 산소(O_2), 이산화탄소(CO_2), 산화알루미늄(Al_2O_3), 오산화인(P_2O_5)
불활성 기체 (0족)	★ 헬륨(He), 네온(Ne), *☐, 크립톤(Kr), 크세논(= 제논, Xe), 라돈(Rn)
흡열반응 물질	★ 질소(N_2)

→ 아르곤(Ar)

03 산소공급원

1 대기의 구성성분

1) 산소 : *☐ [%]
2) 질소 : 78 [%]
3) 아르곤 : 0.93 [%]
4) 이산화탄소 : 0.04 [%]
5) 기타 : 0.03 [%]

📖 21

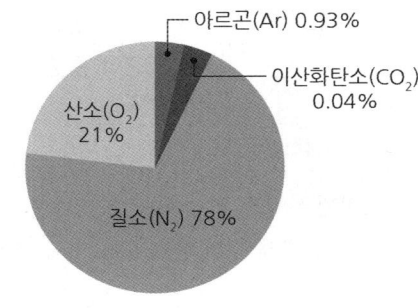

2 산화성 물질 ★

1) 제*☐류 위험물(산화성 고체) : 불연성이지만 자신이 산소를 함유하고 있어 분해 시 산소 방출
2) 제*☐류 위험물(자기반응성 물질) : 폭발성 물질로 공기 중 산소와 관계 없이 자기연소
3) 제*☐류 위험물(산화성 액체) : 불연성이지만 분해 시 산소 발생

📖 1

📖 5

📖 6

3 가연성 가스와 조연성 가스

구분	가연성 가스	조연성 가스
정의	자기 자신이 연소하는 가스	자기 자신은 타지 않고 연소를 도와주는 가스
종류	일산화탄소(CO) 수소(H_2) 메테인(메탄, CH_4) 프로페인(프로판, C_3H_8) 뷰테인(부탄, C_4H_{10}) 암모니아(NH_3)	오존(O_3) 공기 산소(O_2) *☐ *☐

📖 염소(Cl)

📖 불소(플루오린, F)

04 점화원

1 점화원

1) 점화원의 정의
   가연물이 연소를 시작할 때 필요한 에너지를 공급해주는 물질이다.

2) 점화원 형태에 의한 분류

구분		내용
기계열	압축열	기체를 압축할 때 발생하는 열
	마찰열	마찰시킬 때 발생하는 열
	마찰스파크	고체와 금속을 마찰시킬 때 불꽃이 발생
	1)☐	밸브의 급격한 개방, 탱크 내 위험물의 급격한 투입 등으로 압축 시 열 발생(열이 출입할 여유가 없을 정도로 짧은 시간 안에 부피가 줄어드는 경우)
전기열	유도열	도체 주위의 자장 변화에 의한 전위차 발생으로 전류 흐름에 의한 저항열
	유전열	누설전류와 피복의 절연 능력이 파괴될 경우 발생하는 열
	저항열	도체에 전류가 흘렀을 때 전기저항 때문에 발생하는 열 (예 2)☐, 전기장판)
	아크열	전기회로나 개폐기 등의 접촉 불량 등에 의해 발생(전기불꽃, 스파크)
	3)☐	정지된 전기, 마찰대전에 의한 발생하는 열(마찰전기)
	낙뢰	번개가 나무나 돌과 같은 저항이 큰 물체에 부딪히며 발생하는 열
화학열	연소열	물질이 완전 산화되는 과정에서 발생하는 열
	4)☐	화합물이 분해될 때 발생하는 열
	5)☐	용질이 용매에 녹을 때 발생하는 열(진한 황산 + 물)
	생성열	반응 원소들이 화합물을 만들 때 발열반응에 의해 생성되는 열
	자연발화열	외부의 6)☐이 없어도 물질 자체적으로 열을 7)☐하여 온도가 상승할 때 발생

📎 1) 단열 압축

📎 2) 백열전구

📎 3) 정전기열

📎 4) 분해열
📎 5) 용해열

📎 6) 열원
　　 7) 축적

3) *☐이 될 수 없는 것 ★
　기화열, 융해열, 단열팽창 등

📎 점화원

2 정전기

1) 정전기의 정의
　(1) 부도체의 *☐에 의해 생기며, 전하가 정지 상태로 있어 머물러 있는 전기를 말한다.
　(2) 전기가 흐르지 못하고 축적되면 점화원이 될 수 있다.
2) 발생 메커니즘
　전하의 발생 → 전하의 *☐ → 방전 → 발화

📎 마찰

📎 축적

3) 정전기 방지대책 ★
   (1) 배관 내 유속을 제한한다(1 [m/s] 이하).
   (2) *☐ 및 본딩을 한다.
   (3) 상대습도 70 [%] 이상을 유지한다.
   (4) 대전방지제를 사용한다.
   (5) 공기를 *☐한다.
   (6) 제전기(제진기)를 사용한다.

📎 접지

📎 이온화

3 자연발화

1) 정의

   외부의 열원 없이 물질 자체적으로 온도가 상승하여 발화점 이상이 되면 공기 중에서 스스로 발화한다.

2) 원인

구분	정의	물질
1)☐	가연물이 산소와 결합하여 발생	불포화 섬유지, 석탄, 기름걸레, 황린
2)☐	물질이 분해하며 열 축적에 의해 발화	셀룰로이드, 아세틸렌, 나이트로글리세린(니트로글리세린)
흡착열	흡착 시 발생하는 열	활성탄, 목탄
중합열	중합반응에 의한 열, 분해열과 반대	액화 시안화수소
발효열	미생물에 의해 물질이 발효되면서 발생	먼지, 퇴비

📎 1) 산화열

📎 2) 분해열

3) 조건
   (1) 발열량이 클수록 자연발화가 쉽다.
   (2) 산소와 접촉할 수 있는 표면적이 *☐ 자연발화가 쉽다.
   (3) 주위의 온도가 높을수록 자연발화가 쉽다.
   (4) 열전도율이 *☐ 열 축적이 용이하여 자연발화가 쉽다.
   (5) 일정 수분은 *☐ 역할을 한다.

📎 넓을수록

📎 작을수록

📎 촉매제

4) 방지대책 ★
   (1) 가연성 물질을 제거한다.
   (2) 통풍이나 환기를 통해 열 축적을 방지한다.
   (3) 주위온도를 낮춘다.
   (4) *☐가 높은 곳은 피한다(수분 : 촉매작용).
   (5) 열전도성을 좋게 한다.

📎 습도

5) 아이오딘값(요오드가, Iodine Value)
   (1) 유지 100 [g]에 흡수되는 아이오딘의 [g]수
   (2) 유지를 구성하고 있는 **불포화지방산의 이중결합의 수**를 나타내는 수치이다.
   (3) 아이오딘값의 대소(大小)는 유지에 함유된 지방산의 **불포화** 정도를 나타낸다.
   (4) 아이오딘값(요오드가)이 ¹⁾☐ 이중결합이 많기 때문에 반응성이 풍부하고 ²⁾☐ 되기 쉽다. 따라서 자연발화의 위험성이 높다.

   > 1) 클수록
   > 2) 산화

구분	건성유	반건성유	불건성유
아이오딘값 (요오드가)	130 이상	100 ~ 130	100 이하
내용	공기 중 방치 시 쉽게 산화되어 자연발화의 위험이 높음	불건성유에 비해 자연발화의 위험이 높으며 조건에 따라 자연발화함	산화에 비교적 안정되어 자연발화 위험이 낮음
산화도	¹⁾☐	중간	²⁾☐
종류	아마인유, 들기름, 해바라기유	참기름, 면실유	올리브유, 피마자유, 동백기름
위험성	건성유 > 반건성유 > 불건성유		

> 1) 높음
> 2) 낮음

05 연소의 형태

1 상태에 따른 분류

상태	종류
고체	표면연소, 분해연소, 증발연소, 자기연소
액체	분해연소, 증발연소, 액적연소(분무연소)
기체	확산연소, 예혼합연소

2 연소의 형태

1) 고체의 연소

구분	정의	종류
표면연소	불꽃이 없고 표면에서 연소	1)☐, 코크스, 목탄, 금속분
분해연소	고체 가연물이 온도 상승 시 열분해를 통해 발생하는 가연성 가스가 연소	2)☐, 석탄, 종이, 플라스틱
증발연소	열분해 없이 그대로 물질이 증발하여 연소	황(유황), 3)☐, 파라핀(양초)
자기연소	물질 내부에 산소를 함유하고 있어 별도의 산소 공급 없이 연소	나이트로셀룰로오스(니트로셀룰로오스), 나이트로글리세린(니트로글리세린), 유기과산화물

※ 1) 숯
※ 2) 목재
※ 3) 나프탈렌

2) 액체의 연소

구분	정의	종류
분해연소	휘발성이 작고 점성이 큰 액체 가연물이 열분해하여 가스로 분해되어 연소	중유, 아스팔트, 글리세린
*☐	액체를 가열 시 열에 의해 액체가 증기가 되어 연소	가솔린, 등유, 경유, 알코올
액적연소	미세 액적으로 분무된 액체가 공기와 접촉하여 연소	벙커C유

※ 증발연소

3) 기체의 연소

구분	정의	종류
*☐	가연성 기체가 공기 중으로 확산되며 공기와 혼합기체를 형성하여 연소	메테인(메탄), 에테인(에탄), 수소
예혼합연소	가연물과 공기가 미리 혼합된 상태로 점화원에 의해 연소되거나 스스로 연소	가솔린엔진, 분젠버너

※ 확산연소

3 불꽃의 유무에 따른 분류

구분	무염연소	불꽃연소
화재	불꽃 없이 연소하는 심부화재	불꽃을 내며 연소하는 표면화재
특징	연소속도 ↓, 방출열량 ↓	연소속도 ↑, 방출열량 ↑
연소형태	작열연소, 표면연소, 훈소	분해, 자기, 증발, 확산, 예혼합, 자연발화
연쇄반응	1) ☐	2) ☐
부촉매소화	불가능	가능

1) ×
2) ○

4 연소의 이상현상

구분	특징
불완전연소	① 정의 : 완전연소하지 못하고 염공(노즐)의 선단에 적황색의 화염(황염)이 늘어나거나 그을음이 발생하는 연소현상 ② 원인 • 연소 시 산소의 공급이 부족할 때 • 연소온도가 낮을 때 ③ 문제점 • 일산화탄소(CO) 발생 • 그을음, 황염 발생
황염 (Yellow Tip)	① 정의 : 불완전연소의 일종으로 불꽃의 끝이 황색(적황색)이 되어 연소하는 현상 ② 원인 : 공기가 부족하여 완전연소가 이루어지지 않을 경우 발생
*☐ (Backfire)	① 정의 : 불꽃이 연소기의 내부로 빨려 들어가 혼합관 속에서 연소하는 현상 ② 원인 • 혼합가스의 분출속도 < 연소속도 • 염공(노즐)의 부식으로 분출구멍이 커진 경우 • 버너의 과열로 연료가스의 온도가 상승한 경우
*☐ (Lifting)	① 정의 : 역화의 반대현상으로 불꽃이 버너의 염공(노즐) 위에 들떠서 연소하는 현상 ② 원인 • 혼합가스의 분출속도 > 연소속도 • 버너 염공이 이물질로 일부가 막혀 가스의 분출속도가 빨라진 경우

역화

선화

구분	특징
블로우 오프 (Blow Off)	① 정의 : 선화 상태에서 주위 공기의 유동이 심하거나 혼합가스의 분출속도가 증가하여, 화염이 노즐에 정착하지 못하고 떨어져 불꽃이 꺼지는 현상 ② 원인 : 혼합가스의 분출속도 ≫ 연소속도

06 연소범위

1 연소범위 ★★★

1) 정의

   점화원 존재 시 발화나 폭발이 일어날 수 있는 공기 중 가연성 가스의 농도 범위이다.

2) 특징

   (1) 연소범위에는 상한계(UFL)와 하한계(LFL)가 존재한다.

   (2) 연소범위의 상한계(UFL)가 ¹⁾[　　　], 하한계(LFL)가 ²⁾[　　　] 위험성이 크다.

   1) 높을수록
   2) 낮을수록

   (3) 연소범위가 *[　　　] 위험성이 크다.

   넓을수록

   (4) 연소범위의 값은 혼합가스의 체적농도이다.

   (5) *[　]와 농도가 높을수록 연소범위는 넓어진다(단, CO, H는 좁아진다).

   온도

   (6) 압력 상승 시 연소 범위는 *[　　　]

   넓어진다.

   (7) 불활성 기체를 첨가할수록 연소범위는 *[　　　]

   좁아진다.

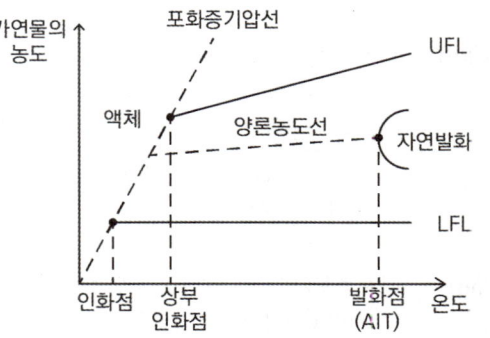

3) 주요 물질의 연소범위 ★

물질	하한계(LFL) [vol%]	상한계(UFL) [vol%]
이황화탄소(CS_2)	1) 1.2	2) 44
아세틸렌(C_2H_2)	3) 2.5	4) 81
수소(H_2)	5) 4	6) 75
일산화탄소(CO)	12.5	74
에틸렌(C_2H_4)	2.7	36
암모니아(NH_3)	15	28
메테인(= 메탄, CH_4)	7) 5	8) 15
에테인(= 에탄, C_2H_6)	3	12.4
프로페인(= 프로판, C_3H_8)	2.1	9.5
뷰테인(= 부탄, C_4H_{10})	1.8	8.4
에터(에테르, $C_2H_5OC_2H_5$)	1.9	48

※ 연소범위의 크기 비교

아세틸렌 > 수소 > 일산화탄소 > 에틸렌 > 메테인 > 프로페인 > 뷰테인

2 위험도

가연성 가스의 위험성을 나타내는 척도로 위험도가 클수록 위험하다.

$$위험도 = \frac{UFL - LFL}{LFL}$$

UFL : 연소상한계 [vol%]
LFL : 연소하한계 [vol%]

3 르 샤틀리에의 법칙

혼합가스의 폭발하한계 및 상한계를 계산할 수 있다.

$$\frac{100}{L} = \frac{V_1}{L_1} + \frac{V_2}{L_2} + \frac{V_3}{L_3} + \cdots \frac{V_n}{L_n}$$

L : 폭발한계치 [vol%]
$L_1 \sim L_n$: 가연성 가스 폭발한계치 [vol%]
$V_1 \sim V_n$: 가연성 가스 체적비율 [vol%]

07 연소의 기본용어

1 인화점(Flash Point)

1) 인화의 정의
   (1) 가연물에서 점화가 되는 현상
   (2) 내부의 온도가 상승하면 인화의 위험성이 증가한다.
2) 인화점의 정의
   (1) *[점화원]을 가했을 때 연소가 시작되는 최저 온도
   (2) 인화점이 *[낮을수록] 위험도가 크다.
3) 주요 물질의 인화점 ★

물질	인화점 [℃]	물질	인화점 [℃]
프로필렌	-107	아세톤	-18
에터 (다이에틸에터)	-45	메틸알코올	11
가솔린(휘발유)	*[-43]	에틸알코올	13
산화프로필렌	-37	등유	39
이황화탄소	-30	경유	41

2 연소점(Fire Point)

1) 연소점의 정의
   (1) 외부 점화원에 의해 발화 후 연소를 *[지속]시킬 수 있는 최저 온도
   (2) 인화점보다 5 ~ 10 [℃] 높고, 불꽃이 최소 5초 이상 지속되는 온도
2) 온도의 크기

   > 인화점 < 연소점 < 발화점

3 발화점 = 착화점 = 착화 온도(AIT, Auto Ignition Temperature)

1) 발화점의 정의
   (1) 불꽃같은 외부적 요인 없이 연소가 가능한 최저 온도
   (2) 공기 중에서 *[스스로] 타기 시작하는 온도

2) 주요 물질의 발화점 ★

물질	발화점 [℃]	물질	발화점 [℃]
메테인(메탄)	537	적린, 황화인(황화린)	260
벤젠	498	등유	220
프로필렌	497	경유	210
톨루엔	480	황(유황)	190
프로페인(프로판)	470	아세트알데하이드	175
아세톤	465	에터(다이에틸에터)	160
에틸알코올	423	이황화탄소	90
아세틸렌	300	황린	34
휘발유(가솔린)	280	-	-

3) 물질의 위험성이 증대되는 조건(발화가 일어나기 쉬운 조건) ★
   (1) 발열량이 클수록
   (2) 산소의 농도가 클수록
   (3) 압력이 *[   ] ○─ 🔖 높을수록
   (4) 분자구조가 복잡할수록
   (5) 활성화에너지가 *[   ] ○─ 🔖 낮을수록
   (6) 열전도율이 낮을수록
   (7) 산소와 친화력이 클수록
   (8) 인화점, 발화점, 융점, 비점이 *[   ] ○─ 🔖 낮을수록
   (9) 증발열, 비열, 표면장력, 비중이 작을수록

4 발화에너지

1) 가연성 물질을 점화시키는 데 필요한 최소에너지

> 최소점화에너지(MIE, Minimum Ignition Energy)
> = 발화에너지 = 최소발화에너지 = 최소착화에너지

2) 모든 가연성 물질은 고유한 최소점화에너지를 필요(분진 포함)
3) 최소점화에너지가 작을수록 작은 에너지에 의해 연소(또는 폭발)에 대한 가능성이 크다.

4) 탄화수소계 : 약 *[0.25] [mJ] ★

물질	최소발화에너지[mJ]	물질	최소발화에너지[mJ]
메테인 (메탄, CH_4)	0.28	프로페인 (프로판, C_3H_8)	0.26
에테인 (에탄, C_2H_6)	0.25	뷰테인 (부탄, C_4H_{10})	0.25

5 온도

1) 섭씨온도 [℃]

표준대기압에서 물의 어는점을 0 [℃], 끓는점을 100 [℃]로 하여 100 등분한 온도

$$℃ = \frac{5}{9}(℉ - 32)$$

2) 화씨온도 [℉]

표준대기압에서 물의 어는점을 32 [℉], 끓는점을 212 [℉]로 하여 180 등분한 온도

$$℉ = \frac{9}{5} \times ℃ + *[32]$$

3) 캘빈온도 [K]

절대온도라고도 하며, 국제표준으로 사용됨. 절대온도 0 [K]는 이론적으로 가능한 최저 온도

$$K = ℃ + *[273]$$

4) 랭킨온도 [R]

절대온도를 화씨 단위에 맞춘 온도

$$R = ℉ + 460$$

6 열량

1) 온도가 다른 두 물체 사이에서 이동하는 열의 양
2) 1 [kcal] : 표준대기압하에서 물 1 [kg]을 온도 1 [℃] 높이기 위해 필요한 열량
3) 1 [kcal] ≒ 4.18 [kJ]

7 비열

1) 어떤 물체의 단위 중량당 1 [kg]을 온도 1 [℃] 높이기 위해 필요한 열량
2) 물의 비열 : 1 [kcal/kg·℃] (= 4.18 [kJ/kg·K])
3) 물은 *[ ]이 커서 냉각효과가 뛰어나다.

8 잠열과 현열

1) 잠열
   (1) 온도변화 없이 상태변화에만 필요한 열량
   (2) 물의 잠열
      ① 융해 잠열(0 [℃] 얼음이 0 [℃] 물이 되는 데 필요한 열량)
         80 [kcal/kg](= 334 [kJ/kg])
      ② 기화(증발) 잠열(100 [℃] 물이 100 [℃] 수증기가 되는 데 필요한 열량)
         539 [kcal/kg](= 2257 [kJ/kg])
   (3) 계산식

   $$Q[kcal] = mr$$

   Q : 열량 [kcal]
   m : 질량 [kg]
   r : 잠열 [kcal/kg]

2) 현열
   (1) 상태변화 없이 온도변화에만 필요한 열량
   (2) 물의 비열 : 1 [kcal/kg·℃] (≒ 4.18 [kJ/kg·K])
   (3) 계산식

   $$Q[kcal] = mC\Delta T$$

   Q : 열량 [kcal]
   m : 질량 [kg]
   C : 비열 [kcal/kg·℃]
   △T : 온도차 [℃]

9 증기비중

*☐에 대한 가스의 무게 비(가스의 분자량/공기의 분자량)

📝 공기

1) 계산식

$$증기비중 = \frac{가스의\ 분자량\,[g/mol]}{29\,[g/mol]}$$

29 [g/mol] : 공기의 평균 분자량

2) 공기에 대한 가스의 무게

증기비중	공기에 대한 가스의 무게
증기비중 > 1	공기보다 무거움
증기비중 < 1	공기보다 가벼움

3) 원자량 ★

📝 1) 1
2) 12
3) 14
4) 16

원소	원자량	원소	원자량
H	1) ☐	F	19
C	2) ☐	S	32
N	3) ☐	Cl	35.5
O	4) ☐	Br	80

10 증기밀도

표준 상태(0 [℃], 1 [atm])에서 그 기체의 1) ☐을 2) ☐ [L]로 나눈 값

📝 1) 분자량
2) 22.4

$$증기밀도\,[g/L] = \frac{분자량\,[g/mol]}{22.4\,[L/mol]}$$

22.4 [L/mol] : 표준 상태에서 1 [mol]의 기체 부피 [L]

08 기체에 관한 법칙

1 보일의 법칙

*☐가 일정할 때 기체의 부피는 압력에 반비례한다.

📝 온도

$$P_1 V_1 = P_2 V_2$$

P_1, P_2 : 절대압력 [atm]
V_1, V_2 : 부피 [m³]

2 샤를의 법칙

*□이 일정할 때 기체의 부피는 절대온도에 비례한다.

$$\frac{V_1}{T_1} = \frac{V_2}{T_2}$$

V_1, V_2 : 부피 [m³]
T_1, T_2 : 절대온도 [K]

○ 압력

3 보일 – 샤를의 법칙

일정량의 기체의 체적은 압력에 1)□하고, 절대온도에 2)□한다.

$$\frac{P_1 V_1}{T_1} = \frac{P_2 V_2}{T_2}$$

P_1, P_2 : 절대압력 [atm]
V_1, V_2 : 부피 [m³]
T_1, T_2 : 절대온도 [K]

○ 1) 반비례
  2) 비례

4 그레이엄의 확산속도법칙(Graham's law of Effusion)

동일한 온도와 압력에서 기체의 확산속도는 그 기체의 *□의 제곱근에 반비례한다.

$$\frac{V_1}{V_2} = \sqrt{\frac{\rho_2}{\rho_1}} = \sqrt{\frac{m_2}{m_1}}$$

V_1, V_2 : 기체 1, 2의 확산속도 [m/s]
ρ_1, ρ_2 : 기체 1, 2의 밀도 [kg/m³]
m_1, m_2 : 기체 1, 2의 분자량 [g/mol]

○ 분자량

5 아보가드로의 법칙

모든 기체는 같은 온도와 압력에서 같은 부피 속에 같은 수의 분자가 들어 있다. 0 [℃], 1기압에서 부피 *□[L] 속에 6 × 10²³개의 기체 분자가 있다.

○ 22.4

6 이상기체 상태방정식

$$PV = nRT = \frac{W}{M}RT$$

P : 절대압력 [atm]
V : 부피 [m³]
n : 몰수 [kmol]
R : 일반기체상수 [atm·m³ / kmol·K]
T : 절대온도 [K]
M : 분자량 [kg/kmol]
W : 질량 [kg]

CHAPTER 02 연소생성물

01 연소가스

1 유해가스 ★

1) 일산화탄소(CO)
   (1) *[　　]연소 시 발생한다.
   (2) 증기비중은 0.97이고, 공기보다 약간 가볍다.
   (3) 무색, 무취의 유독성 가스이다.
   (4) 인체 내의 *[　　　　　]과 결합하여 산소운반을 저해시킨다.

2) 이산화탄소(CO_2)
   (1) *[　　]연소 시 발생한다.
   (2) 무색, 무취이며 공기보다 무겁다.
   (3) 독성은 거의 없으나 호흡속도를 증가시켜 유해가스 흡입을 증가시킨다.

3) 암모니아(NH_3)
   (1) 눈, 코, 폐 등에 매우 *[　　]이 큰 가연성 가스이다.
   (2) 질소함유물인 수지류, 나무 등이 연소 시 발생한다.
   (3) 독성, 가연성 가스이다.

4) *[　　　　]($COCl_2$) ★
   (1) 맹독성 가스이다(0.1 [ppm]).
   (2) PVC, 수지류 등이 연소 시 발생한다.

5) 황화수소(H_2S)
   (1) *[　　] 썩는 냄새가 난다.
   (2) 황을 포함한 유기화합물의 불완전연소 시 발생한다.
   (3) 독성, 부식성, 가연성 가스이다.

6) *[　　　　　](CH_2CHCHO)
   (1) 맹독성 가스이다(0.1 [ppm]).
   (2) 석유제품, 유지 등이 연소 시 발생한다.

📖 불완전

📖 헤모글로빈(Hb)

📖 완전

📖 자극성

📖 포스겐

📖 달걀

📖 아크롤레인

7) 시안화수소(HCN)

(1) 무색의 맹독성 가스로 **청산가스**라 부른다.
(2) *[　]함유물이 불완전연소 시 발생한다.

8) 염화수소(HCl)

(1) PVC 연소 시 발생
(2) **금속에 대한 강한 부식성**이 있다. → 건물의 철골을 손상(부식)시킨다.

2 독성허용농도(TLV, Threshold Limit Value)

신체가 악영향을 받지 않는다고 생각되는 유해화학물질의 평균농도

구분	허용농도 [ppm]
포스겐($COCl_2$), 아크롤레인(CH_2CHCHO)	0.1
시안화수소(HCN), 황화수소(H_2S)	10
암모니아(NH_3)	25
일산화탄소(CO)	50
이산화탄소(CO_2)	*[　]

○─ 🔖 질소

○─ 🔖 5000

02 연기

1 연기

1) 물리·화학적 성질
   (1) 화재 시 발생하는 0.01 ~ 10 [μm] 입자 크기의 연소 생성물이다.
   (2) 연기는 가연성 물질이 연소할 때 발생하는 고체·*[　] 상태 미립자의 모임이다.
   (3) 연기의 색상은 연소물질에 따라 다양하다.
       ① 수소가 많으면 백색, 적으면 흑색 연기가 발생한다.
       ② 일반화재의 경우에는 백색, 유류화재의 경우에는 흑색 연기가 발생한다.
   (4) 유독가스를 다량 함유한다.
   (5) 산소농도를 낮추어 산소결핍을 초래한다.
   (6) 고열이고 이동확산이 *[　]
   (7) 화재초기 발연량 > 성장기 발연량

○─ 🔖 액체

○─ 🔖 빠르다.

2) 유동속도 ★★★

이동방향	이동속도 [m/s]
수평 방향	0.5 ~ 1
수직 방향	1) ☐ ~ 2) ☐
계단 및 실내의 수직 방향	3 ~ 3) ☐

3) 유동 요인
   (1) 공조설비 : 건축물 내부에 있는 냉·난방, 통풍, 공기조화설비의 영향
   (2) 부력 : 화재실 내 온도가 상승하여 밀도차에 의한 연기 상승
   (3) 바람 : 외부의 바람이 건물 내로 유입하여 압력차 발생
   (4) 굴뚝효과(연돌효과)
   (5) 팽창력 : 화재 시 온도 상승으로 인한 증기 팽창

4) 굴뚝효과(연돌효과) ★
   (1) 건축물 내·외부 공기의 *☐차로 인하여 공기가 이동
   (2) 건물 내부온도 > 외부온도 → 공기는 위쪽으로 이동
   (3) 영향요인
      ① 실내외 온도차
      ② 외벽 기밀성
      ③ 층간 공기누설
      ④ 건물의 높이(고층 건물에서 잘 나타남)

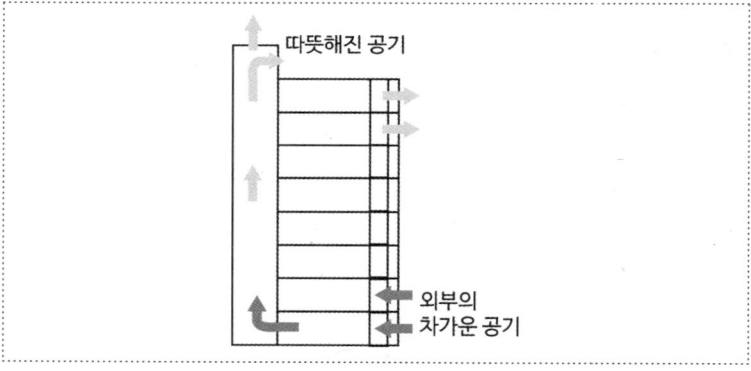

2 감광계수 ★★★

1) 감광계수 : 빛이 *[감소]되는 계수, 연기농도를 나타내는 척도

감광계수 [m⁻¹]	가시거리 [m]	내용
0.1	1)[20] ~ 2)[30]	연기감지기가 작동할 때의 농도
0.3	5	건물 내부에 익숙한 사람이 피난에 지장을 느낄 때의 농도
0.5	3	3)[어두움]을 느낄 때의 농도
4)[1]	1 ~ 2	거의 앞이 보이지 않을 때의 농도 (×)
5)[10]	0.2 ~ 0.5	최성기 때의 농도
6)[30]	-	출화실에서 연기가 분출할 때의 농도

2) 감광계수와 가시거리의 관계
   (1) 감광계수가 커지면 빛이 감소하고 시야가 좁아져 가시거리는 짧아진다.
   (2) 감광계수와 가시거리는 *[반비례]한다.

3 제연방식 ★

1) 밀폐 제연방식 : 밀폐도가 높은 벽이나 문으로서 화재가 발생하였을 때 밀폐하여 연기의 유출 및 공기 유입을 차단하는 방식
2) 자연 제연방식 : 개구부를 통해 부력 또는 공기흡출효과에 따라 자연적으로 연기를 배출하는 방식
3) *[스모크타워]제연방식 : 고층 건축물에 주로 사용하는 제연방식으로서 굴뚝효과를 이용하여 루프모니터(창살 또는 유리창이 달린 지붕 위의 원형구조물)를 설치하여 제연하는 방식
4) 기계 제연방식 : 화재실 입구에 송풍기나 배연기를 설치하여 연기를 강제로 배출하는 방식
   (1) 제*[1]종 기계제연 : 송풍기와 배연기를 설치
   (2) 제*[2]종 기계제연 : 송풍기만 설치
   (3) 제*[3]종 기계제연 : 배연기만 설치

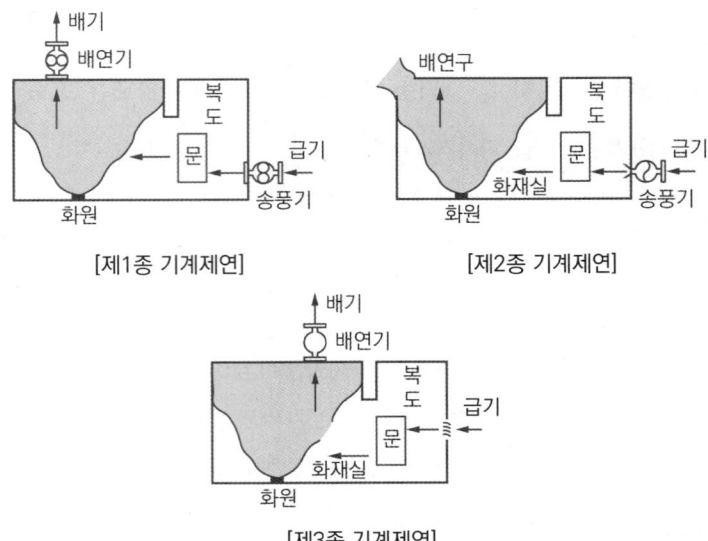

[제1종 기계제연] [제2종 기계제연] [제3종 기계제연]

03 열

1 열전달
온도 차가 발생하여 열이 높은 곳에서 낮은 곳으로 이동하는 현상이다.

2 열전달의 종류
1) *☐ : 고온체와 저온체의 직접적인 접촉에 의해 열 이동
2) *☐ : 유체의 흐름에 의하여 열 이동
3) *☐ ★
   (1) 열전달 매질 없이 전자파 형태로 열 이동
   (2) 스테판 볼츠만의 법칙

$$Q[W/m^2] = \sigma T^4$$

Q : 복사에너지 [W/m^2]
σ : 스테판 볼츠만 상수 [W/m$^2 \cdot$K^4]
T : 절대온도 [K]

- 전도
- 대류
- 복사

3 화상

구분	특징
1도 화상	• 자외선 또는 40 ~ 50 [℃]의 낮은 온도에서 발생 • 표피 손상 : 홍반성(가벼운 통증 수반)
2도 화상	• 고온의 액체 또는 물체와 접촉한 경우 발생 • 진피 손상 : 1)☐성
3도 화상	• 불, 증기, 기름, 전기 등에 의해 발생 • 피하지방층 손상 : 2)☐성(피부이식 필요)
4도 화상	• 고압 전기 화재에서 주로 발생 • 근육층 손상 : 탄화, 흑색(신경, 뼈까지 손상)

1) 수포
2) 괴사

04 화염(불꽃)

1 연소 시 불꽃의 색과 온도

색	온도 [℃]
암적색	700 ~ 750
적색	850
1)☐	900 ~ 950
황적색	1100
백색	1200 ~ 1300
휘백색	2)☐

1) 휘적색
2) 1500

CHAPTER 03 폭발

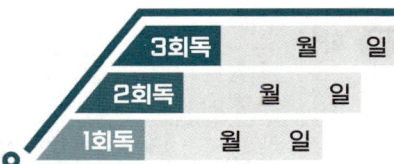

01 폭발

1 폭발

1) 정의
   물리·화학적 변화에 의한 급격한 압력 상승으로 폭음을 수반하는 파열이나 가스팽창이 일어나는 현상이다.

2) 형태

구분	물리적 폭발	화학적 폭발
정의	급격한 *[____]에 의한 폭발	급격한 화학변화에 의한 폭발
특징	화염동반 없음	화염동반
종류	수증기폭발, 증기폭발, 전선폭발, 상전이폭발, 압력방출에 의한 폭발, 보일러폭발, 블레비(BLEVE)	유증기폭발, 가스폭발, 산화폭발, 분무폭발, 분진폭발, 분해폭발, 중합폭발, 증기운폭발(UVCE)

📝 상변화

3) 기상폭발과 응상폭발

구분	응상폭발	기상폭발
정의	고·액체의 폭발	기체의 폭발
특징	물리적 폭발	*[____] 폭발
종류	수증기폭발, 증기폭발, 전선폭발, 블레비(BLEVE)	가스폭발, 분무폭발, 분진폭발, 분해폭발, 증기운폭발(UVCE)

📝 화학적

4) 폭발을 일으키는 물질

구분	물질
산화폭발	압축가스, 액화가스
1)[____]	알루미늄, 석탄가루, 밀가루, 금속분류, 마그네슘
2)[____]	아세틸렌, 산화질소, 산화에틸렌
중합폭발	염화비닐, 시안화수소

📝 1) 분진폭발
   2) 분해폭발

2 탱크폭발

1) 경질유와 중질유

구분	경질유	중질유
종류	가솔린(휘발유), 등유, 경유	중유, 원유
특징	• 인화점 낮고 증기압이 높아 인화 쉬움 • 열 축적이 없어 쉽게 진압 가능	• 인화점 높아 그 이상 온도 상승 시 인화 • 경질유보다 진압이 어려움
연소	예혼합형 전파	예열형 전파
재해	블레비, 증기운폭발	보일 오버, 슬롭 오버

2) 블레비(BLEVE, Boiling Liquid Expanding Vapor Explosion) ★★★
   (1) 비등액체 증기폭발
   (2) 탱크 내 인화성 · 가연성 액체가 *▯함 ──○ 🔖 비등
   (3) 가스 압력 상승으로 탱크가 파열되고 폭발이 일어남
   (4) 복사열 대량 방출
   (5) 파이어 볼(Fire Ball) 발생

3) 증기운폭발(UVCE, Unconfined Vapor Cloud Explosion) ★★★
   (1) 유출된 가스가 가연성 혼합기체를 형성하여 떠다니다가 *▯과 ──○ 🔖 점화원
       접촉 시 발생
   (2) 누설 착화형 폭발사고

3 유류탱크 화재의 재해현상

1) *▯ ★ ──○ 🔖 보일 오버(Boil Over)
   (1) 중질유의 석유 탱크에서 탱크 하부가 물과 기름이 혼합된 에멀전 상태일 때 고온에 의해 물이 증발하면서 부피가 팽창되어 기름을 탱크 밖으로 분출시키는 현상이다.
   (2) 방지대책
       ① 탱크의 과열방지
       ② 주기적으로 탱크 하부의 물 배수
       ③ 탱크 하부에 드레인밸브 설치하여 물고임방지
       ④ 탱크 내용물의 기계적 교반

2) *▯ ★ ──○ 🔖 슬롭 오버(Slop Over)
   (1) 고온의 기름 표면에 물 살수 시 물이 갑자기 비등 · 기화하여 기름을 탱크 밖으로 분출시키는 현상이다.
   (2) 유류 표면에 한정되어 비교적 격렬하지 않다.

3) *[프로스 오버(Froth Over)]
   (1) 고온의 아스팔트가 물이 존재하는 탱크에 옮겨지면서 수분이 증발·팽창하여 기름을 탱크 밖으로 분출시키는 현상이다.
   (2) 화재를 수반하지 않는다.

4 분진폭발

1) 정의
   (1) 크기가 1 [μm] 이하인 입자가 공기 중에 부유하면서 에너지를 받아 열과 압력을 발생시키며 폭발하는 것이다.
   (2) 초기폭발력은 가스폭발보다 작지만, 퇴적분진이 폭발압력으로 부유하면서 2차, 3차 폭발로 이어질 수 있다.

2) 발생 물질
   알루미늄, 석탄가루, 밀가루, 금속분류, 마그네슘

3) *[분진폭발]을 일으키지 않는 물질 ★★★
   (1) 시멘트
   (2) 석회석
   (3) 탄산칼슘($CaCO_3$)
   (4) 생석회(CaO) = 산화칼슘
   (5) 소석회[$Ca(OH)_2$]

02 폭연과 폭굉

1 폭연과 폭굉

구분	폭연(Deflagration)	*[폭굉](Detonation)
전파속도	음속 이하(0.1 ~ 10 [m/s])	음속 이상(1000 ~ 3000 [m/s])
특징	• *[폭굉]으로 전이 될 수 있음 • 초기 압력의 10배 이하	• 압력 상승이 폭연의 10배 이상 • 초기 압력의 10배 이상
에너지 전달	전도, 대류, 복사	충격파

2 폭굉 유도거리(DID)

1) 폭굉 유도거리의 정의
   (1) 최초의 정상적인 *[연소]에서 격렬한 폭굉으로 진행할 때까지의 거리
   (2) 폭굉 유도거리가 짧을수록 위험성이 큼

2) 폭굉 유도거리가 짧아지는 요인 ★
  (1) 점화원의 에너지가 클수록
  (2) 연소속도가 클수록
  (3) 주위온도가 *[   ] ─○ 높을수록
  (4) 배관의 압력이 클수록
  (5) 배관 내 장애물이 많을수록
  (6) 배관의 관경이 *[   ] ─○ 작을수록

03 방폭구조

1 방폭
위험물의 폭발을 예방하거나 폭발에 의한 피해를 방지하는 것

2 방폭구조

방폭구조	특징	구조
본질안전 방폭구조	1)[ ] 또는 2)[ ] 상태에서 발생되는 점화원이 위험성분위기에 폭발을 발생시킬 수 없는 구조	
내압(耐壓) 방폭구조	용기 내부로 폭발성 가스가 침입하여도 외부의 위험성분위기에는 영향이 없도록 3)[ ] 이내로 격리시키는 구조	W: 틈새 L: 틈새의 길이
압력 방폭구조 [내압(內壓) 방폭구조]	용기 내에 4)[ ]를 압입시켜 외부의 폭발성 가스로부터 점화원을 격리하는 구조	
유입 방폭구조	점화원이 될 우려가 있는 부분에 5)[ ]을 주입하여 폭발성 가스로부터 점화원을 격리하는 구조	
안전증 방폭구조	3)[ ] 상태에서 전기기기에 대하여 고장이 발생하지 않도록 안전도를 높이는 방식	

○ 1) 정상
   2) 이상

○ 3) 최대안전틈새

○ 4) 불활성 가스

○ 5) 오일

○ 6) 정상

CHAPTER 04 화재

01 화재

1 화재

1) 정의
   자연 또는 인위적인 원인으로 불이 물체를 연소시키고 인명과 재산에 피해를 주는 현상

2) 일반적 특성
   (1) **우발성**
   (2) *☐ (확대성)
   (3) **불안정성**

3) 확산요인 ★
   (1) *☐ (접염) : 화염의 접촉에 의해 불이 옮겨 붙음
   (2) *☐ (비화) : 강풍, 복사열에 의해 불꽃이 날아들어 착화
   (3) **복사열** : 전자파에 의해 열이 이동

4) 위험성
   (1) 인화점, 착화점 낮을수록 (-)
   (2) 비점, 융점 낮을수록 (-)
   (3) 착화 에너지 작을수록 (-)
   (4) 열전도율 작을수록 (-)
   (5) 연소범위 넓을수록 (+)

2 화재의 분류 ★★★

등급	화재	표시색	적응 물질
A급 화재	1)☐ (일반)화재	백색	종이, 목재, 섬유, 합성섬유
B급 화재	유류화재(가스화재)	황색	인화성 액체
C급 화재	2)☐ (전기)화재	청색	통전 중인 전기설비
D급 화재	3)☐ (금속)화재	무색	마그네슘 합금 등 가연성 금속
K급 화재	주방화재(식용유화재)	–	식용유

3 일반화재(A급 화재)

1) 나무, 섬유, 종이, 고무, 플라스틱류와 같은 일반가연물이 타고 나서 *☐가 남는 화재 ── 재
2) 소화 : 물의 냉각효과 이용
3) 합성수지의 구분

구분	*☐ 수지	열경화성 수지
특징	열에 의해 변형	열에 의해 변형되지 않음
종류	PVC수지(폴리염화비닐수지) 폴리에틸렌수지 폴리스틸렌수지	멜라민수지 페놀수지 요소수지

── 열가소성

4 유류화재(B급 화재)

1) 인화성 액체, 가연성 액체, 석유 그리스, 타르, 오일, 유성도료, 솔벤트, 래커, 알코올 및 인화성 가스와 같은 유류가 타고 나서 *☐가 남지 않는 화재 ── 재
2) 소화
   (1) 주로 포를 사용하여 질식소화
   (2) 미분무·가스계 소화

5 전기화재(C급 화재)

1) 전류가 흐르고 있는 전기기기, 배선과 관련된 화재
2) 전기화재 원인
   (1) 과전류(과부하)　　(2) 단락(합선)
   (3) 누전　　　　　　(4) 낙뢰
   (5) 전기불꽃　　　　(6) 정전기로 인한 스파크 발생
3) 소화 : CO_2·분말소화약제를 사용하여 질식소화, 무상주수 가능

6 금속화재(D급 화재)

1) 마그네슘 합금 등 *☐에서 일어나는 화재 ── 가연성 금속
2) 소화 : 질식소화
   (1) 마른모래, 팽창질석, 팽창진주암을 사용하여 질식소화
   (2) D급 소화기

7 주방화재(K급 화재)

1) 주방에서 동·식물유를 취급하는 조리기구에서 일어나는 화재
2) 소화 : 질식소화

(1) 제1종 분말소화약제($NaHCO_3$)의 비누화현상(유지를 알칼리로 처리해 글리세린과 비누로 만드는 반응)
(2) K급 소화기

B 산불화재

구분	정의
지중화	산림 지중 유기물(갈탄층) 연소
지표화	산림 지면의 낙엽, 관목이 타는 것
수간화	나무의 줄기가 타는 것
수관화	나무의 가지부분이 타는 것
비화	강풍에 의해 불꽃이 날아가 화염 확대

02 건물화재

1 구획화재의 진행 ★★

1) 발화 : 가연물이 공기 중에서 산소와 반응해 열과 빛을 내는 초기 단계
2) *⬚ : 화재 초기에는 백색연기 발생, 중기에 플래시 오버가 발생하여 흑색연기 분출
3) *⬚ : 실내온도가 급격히 상승하여 화재가 순간적으로 실내 전체에 확산
4) 감쇠기 : 산소 소진으로 화재가 부분적으로 소멸되고 연기 발생 정지

2 실내화재 발생현상

1) *⬚ ★★★
   (1) 화재로 인하여 실내 온도가 급격히 상승하여 화재가 순간적으로 실내 전체에 확산
   (2) 발생시기 : 성장기 ~ 최성기

(3) 플래시 오버 영향 요인
　① 개구율
　　개구율이 기준 이하로 작으면 산소 공급이 부족하므로 열분해 속도가 저하되어 플래시 오버가 지연되고, 개구율이 과도하게 크면 유입 공기의 냉각효과로 플래시 오버가 늦어짐
　② 가연물의 양·종류
　　가연물의 높이가 높을수록, 가연물의 열방출률이 클수록 플래시 오버 도달 시간이 짧아짐
　③ 화원의 크기
　　화원의 크기가 클수록 열분해 속도가 빨라지고, 플래시 오버 도달 시간이 짧아짐
　④ 산소의 농도
　　산소농도가 10 [%] 이상이면 플래시 오버 발생 가능함
　⑤ 내장재료
　　내장재료의 열전도율이 크고 두께가 두꺼울수록 플래시 오버 도달 시간이 느려짐
　⑥ 화재 발생 시 주위온도
　　열전달은 온도 차로 인해 에너지가 전달되므로 화재 발생 시 주위온도는 화재의 성장에 영향을 줌
　⑦ 구획실의 기하학적 구조
　　구획실의 크기, 형상, 면적, 체적 등은 해당 층에 가연물과 플래시 오버와의 관계에 영향을 미침

(4) 플래시 오버 지연대책
　① *[　　　]의 크기를 제한 —○ 🔖 개구부
　② 실내에 저장하는 *[　　　]의 양을 줄임 —○ 🔖 가연물
　③ 화원의 크기 제한
　④ 산소 농도를 10 [%] 미만으로 낮춤
　⑤ 주요구조부 *[　　]구조로 함 —○ 🔖 내화
　⑥ 천장, 벽 등의 내장재를 *[　　　]하고 열전도율이 큰 내장재료를 사용함 —○ 🔖 불연화

2) *[　　　　　　　　] —○ 🔖 백드래프트(Backdraft)
(1) 훈소 상태일 때 신선한 공기 유입으로 실내의 축적된 가스가 단시간 연소, 폭발하여 실외로 분출되는 현상
(2) 발생시기 : 감쇠기(최성기 이후)

3 건축물 화재의 특징

1) 목조건축물과 내화건축물 ★

구분	목조건축물	내화건축물
화재성상	1) ☐	2) ☐
진행과정	무염착화 → 발염착화 → 발화 → 최성기	초기 → 성장기 → 최성기 → 감쇠기 → 진화
최성기 온도	1000 ~ 1300 [℃]	800 ~ 1000 [℃]
표준시간 - 온도곡선		

※ 1) 고온 단기형
  2) 저온 장기형

2) 내화건축물의 특징

(1) 밀폐된 내화건물 화재
  ① 압력 상승
  ② 일산화탄소·이산화탄소 증가
  ③ 산소량 감소
  ④ 건물화재 사망원인으로 연소가스에 의한 *☐가 가장 큰 비중 차지

※ 질식사

(2) 표준시간 - 온도곡선
  ① 30분 : 840 [℃]   ② 1시간 : 925 [℃]
  ③ 1)☐시간 : 1010 [℃]   ④ 2)☐시간 : 1050 [℃]

※ 1) 2
  2) 3

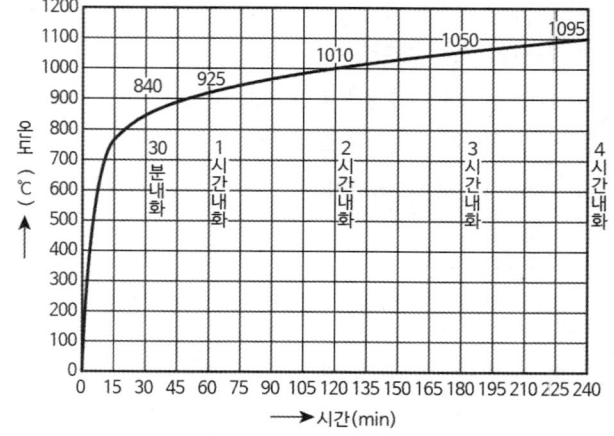

[내화구조 표준시간 가열온도곡선]

3) 옥내출화와 옥외출화

옥내출화	옥외출화
• 실내 천장 속, 벽 1)☐에서 발염착화 • 준불연성, 난연성으로 피복된 내부의 목재에 착화	• 건축물 2)☐의 가연물질에 발염착화 • 창, 출입구 등의 개구부 등에 착화 • 목재사용 가옥 벽, 추녀 및 판자나 목재에 착화

1) 내부
2) 외부

03 화재가혹도

1 화재하중 ★

1) 정의
   (1) 화재실의 단위면적당 *☐의 양
   (2) 건물화재 시 발열량 및 화재위험성 척도
   (3) 화재 시 주수시간 결정하는 주요인

2) 계산식

$$q = \frac{\Sigma GH_i}{HA} = \frac{\Sigma Q}{4500A} \ [kg/m^2]$$

q : 화재하중 [kg/m²]
G : 가연물의 양 [kg]
H_i : 단위중량당 발열량 [kcal/kg]
H : 목재의 단위중량당 발열량 [*☐ kcal/kg]
A : 화재실의 바닥면적 [m²]
ΣQ : 화재실 내 가연물의 전발열량 [kcal]

가연물

4500

2 화재강도

1) 정의
   화재실의 단위시간당 축적되는 *☐의 양으로, 열 축적률이 크면 화재강도가 커진다.

2) 화재강도에 영향을 미치는 요인
   (1) 가연물의 비표면적
   (2) 가연물의 배열상태
   (3) 가연물의 발열량
   (4) 화재실의 구조(단열성)
   (5) 공기(산소)의 공급

열

🔖 화재가혹도

3 *[　　　　](화재심도)

1) 정의
   (1) 화재 시 당해 건물과 그 내부의 수용재산 등을 파괴하거나 손상을 입히는 정도
   (2) 화재가혹도 = 화재하중 × 화재강도
   (3) 화재의 세기
2) 화재가혹도에 영향을 미치는 요인
   (1) 화재하중과 화재강도
   (2) 가연물의 비표면적
   (3) 가연물의 배열상태
   (4) 가연물의 연소열
   (5) 공기의 공급량
   (6) 창문, 개구부 크기

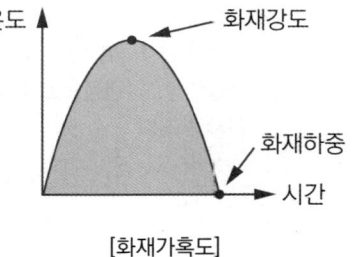

[화재가혹도]

CHAPTER 05 위험물

01 위험물의 분류

1 위험물의 분류 ★★★

구분	개요
제1류 위험물	1) [ ](강산화성 물질)
제2류 위험물	가연성 고체(환원성 물질)
제3류 위험물	자연발화성·금수성 물질
제4류 위험물	2) [ ]
제5류 위험물	3) [ ]
제6류 위험물	4) [ ]

1) 산화성 고체
2) 인화성 액체
3) 자기반응성 물질
4) 산화성 액체

2 제1류 위험물(산화성 고체)

1) 종류 및 지정수량

위험물	지정수량	위험물	지정수량
아염소산 염류	50 [kg]	브로민산 염류 (브롬산 염류)	300 [kg]
염소산 염류		질산 염류	
과염소산 염류		아이오딘산 염류 (요오드산염류)	
*[ ]		과망가니즈산 염류 (과망간산염류)	1000 [kg]
–	–	다이크로뮴산 염류 (중크롬산염류)	

무기과산화물

2) 특성
  (1) 불연성이지만, *[   ]를 함유한 강산화제
  (2) 가열, 충격, 마찰 등에 의해 폭발
  (3) 대부분 물에 잘 녹는다(습기주의).
  (4) 소화 ★
    ① 다량의 물을 사용하여 냉각소화
    ② *[   ]은 건조사로 피복소화(주수소화 금지)

산소

무기과산화물

❸ 제2류 위험물(가연성 고체)

1) 종류 및 지정수량

위험물	지정수량	위험물	지정수량
황화인(황화린)	100 [kg]	*☐	500 [kg]
적린		철분	
황(유황)		금속분	
–	–	인화성 고체	1000 [kg]

2) 정의

위험물	정의
황(유황)	순도가 *☐중량퍼센트[wt%] 이상인 것
인화성 고체	고형알코올 그 밖에 1기압에서 인화점이 40 [℃] 미만인 고체

3) 특성

(1) *☐를 함유하지 않는 강 환원성 물질

(2) 황화인(황화린)은 물과 반응 시 *☐(H$_2$S)가 발생

(3) 마그네슘·철분·금속분은 물과 반응 시 발열
   ① 마그네슘은 물과 반응 시 수소(H$_2$) 발생
   ② 금속분은 물과 반응 시 수소(H$_2$) 발생

(4) 황(유황)
   ① 연소 시 인체에 유해한 아황산가스(SO$_2$) 발생
   ② 전기의 부도체이므로 정전기의 발생에 주의해야 함
   ③ 미분이 공기 중에 떠 있을 때 분진폭발의 위험이 있음
   ④ 산화제와 혼합되었을 때 열 발생

(5) 소화 ★
   ① 주수에 의한 냉각소화
   ② 마그네슘·철분·금속분은 *☐로 피복 질식소화(마른모래, 석회분)
   ③ 금속화재용 분말소화기 사용

4 제3류 위험물(자연발화성·금수성 물질)

1) 종류 및 지정수량

위험물	지정수량	위험물	지정수량
칼륨	10 [kg]	알칼리금속(Na, K 제외), 알칼리토금속	50 [kg]
나트륨		유기금속 화합물 (1·2족 제외, 알킬알루미늄 및 알킬리튬 제외)	
알킬알루미늄		금속의 수소화물	300 [kg]
알킬리튬		금속의 인화물	
황린	20 [kg]	칼슘·알루미늄의 탄화물	

2) 자연발화성 물질
   (1) 외부 열원이 없어도 물질 자체적으로 열을 축적하여 공기 중에서 스스로 발화
   (2) 황린(P_4) : 자연발화 위험이 있고 물에 녹지 않아 물속에 저장함
       칼륨(K), 나트륨(Na), 리튬(Li) : 금수성 물질이므로 석유류 속에 저장

3) 금수성 물질
   (1) 물과 접촉하여 발화, 가연성 가스 발생
       ① 나트륨(Na), 칼륨(K), 리튬(Li), 칼슘(Ca) → *[수소](H_2) 발생
       ② 탄화칼슘(CaC_2) → *[아세틸렌](C_2H_2) 발생
       ③ 탄화알루미늄(Al_4C_3) → 메테인(메탄, CH_4) 발생
       ④ 인화칼슘(Ca_3P_2), 인화알루미늄(AlP) → *[포스핀](PH_3) 발생

4) 특성
   (1) 자연발화성 물질 및 금수성 물질
   (2) 물과 접촉하면 가연성 가스 발생(황린 제외)
   (3) 황린은 연소 시 *[오산화인](P_2O_5) 발생
   (4) 보호액 속에 저장
   (5) 소화 ★
       ① 팽창진주암, 팽창질석 등에 의한 질식소화
       ② 황린은 물로 인한 냉각소화

5 제4류 위험물(인화성 액체)

1) 지정수량

위험물		지정수량	위험물		지정수량
특수인화물		50 [L]	제3석유류	비수용성	2000 [L]
제1석유류	비수용성	200 [L]		수용성	4000 [L]
	수용성	400 [L]	제4석유류		6000 [L]
알코올류		400 [L]	동·식물유류		10000 [L]
제2석유류	비수용성	1000 [L]			
	수용성	2000 [L]			

2) 인화점 및 종류

위험물	인화점	종류
*[ ]	-20 [℃] 이하	다이에틸에터(디에틸에테르), 이황화탄소, 아세트알데하이드, 산화프로필렌
제1석유류	21 [℃] 미만	아세톤, 휘발유, 벤젠
제2석유류	21 ~ 70 [℃] 미만	등유, 경유, 초산, 아세트산, 아크릴산, 클로로벤젠
제3석유류	70 ~ 200 [℃] 미만	중유, 크레오소트유, 아닐린
제4석유류	200 ~ 250 [℃] 미만	기어유, 실린더유

3) 정의

위험물	정의
제1석유류	아세톤, 휘발유 그 밖에 1기압에서 인화점이 21 [℃] 미만인 것

4) 특성

(1) 인화점이 낮을수록 증기발생이 용이하여 위험도가 크다.
(2) 공기 접촉 시 가연성 혼합기 형성
(3) 증기비중이 공기보다 크다.
(4) 화기 엄금, 정전기에 의한 화재발생 위험
(5) *[ ], 아세트알데하이드 : 구리, 마그네슘, 은, 수은 및 그 합금과 저장 금지
(6) 알코올류 : 메틸알코올(CH_3OH), 에틸알코올(C_2H_5OH), 프로필알코올(C_3H_7OH)

(7) 소화

① 공기 차단, 연소물질 제거하여 소화

② 포, 분말, 이산화탄소, 할론, 할로겐화합물 및 불활성기체소화약제 등 *[   ]소화 ——○ 질식

③ 수용성 위험물은 특수한 안정제를 가한 알코올형 포 등으로 소화

④ 물분무·미분무소화설비를 통한 유화소화(에멀전효과)

6 제5류 위험물(자기반응성 물질)

1) 종류 및 지정수량

위험물	지정수량	위험물	지정수량
유기과산화물	제1종 : 1)[ ][kg] 제2종 : 2)[ ][kg]	다이아조화합물 (디아조화합물)	제1종 : 1)[ ][kg] 제2종 : 2)[ ][kg]
질산에스터류 (질산에스테르류)		하이드라진 유도체 (히드라진 유도체)	
나이트로화합물 (니트로화합물)		하이드록실아민 (히드록실아민)	
나이트로소화합물 (니트로소화합물)		하이드록실아민염류 (히드록실아민염류)	
아조화합물			

——○ 1: 10 2: 100

2) 특성

(1) 물질 자체가 산소를 함유하고 있어 외부 산소의 공급 없이 연소 가능

(2) 나이트로셀룰로오스(질산에스터류) ★

① 용도 : 다이너마이트 및 화약 원료

② 저장 : 알코올 속에 저장

③ *[   ]가 높을수록 위험성이 크다. ——○ 질화도

④ 햇빛에서 황갈색으로 변하고 아세톤, 초산에스터(초산에스테르), 나이트로벤젠(니트로벤젠)에 녹는다.

(3) 소화 : 다량 주수에 의한 냉각소화 ★

7 제6류 위험물(산화성 액체)

1) 종류 및 지정수량

위험물	지정수량
*[ ], 과산화수소, 질산	300 [kg]

——○ 과염소산

2) 정의

위험물	정의
과산화수소	그 농도가 36 중량퍼센트[wt%] 이상인 것에 한하며 산화성 액체의 성상이 있는 것
질산	그 비중이 1.49 이상인 것에 한하며, 산화성 액체의 성상이 있는 것

3) 특성 ★
   (1) 부식성·유독성이 강한 산화성 액체
   (2) *☐성 물질
   (3) 비중이 1보다 크다.
   (4) 소화
      ① 마른모래, 이산화탄소 등에 의한 질식소화
      ② 과산화수소는 다량의 물로 희석소화
      ③ 소량 또는 위급 시 물로 냉각소화

🔖 불연

02 위험물의 위험성 및 혼재 가능기준

1 위험물의 위험성
1) 비등점이 낮아질수록 위험 (-)
2) 비중의 값이 낮아질수록 위험 (-)
3) 융점이 낮아질수록 위험 (-)
4) 점성이 낮아질수록 위험 (-)

2 위험물의 혼재 가능기준 ★★★
1) 제1류 + 제*☐류
2) 제2류 + 제4류·5류
3) 제*☐류 + 제4류
4) 제4류 + 제5류

🔖 6

🔖 3

03 방유제

1 정의
위험물 저장탱크에서 위험물질 누출 시 외부로 확산을 방지하기 위해 탱크 주위에 설치하는 지상방벽 구조물(이황화탄소 제외)

2 옥외탱크저장소의 방유제 설치기준

구분	설치기준
재질	철근콘크리트 · 철골철근콘크리트 · 흙담
높이	0.5 [m] 이상 3 [m] 이하
용량	탱크용량의 110 [%] 이상(탱크 2기 이상 : 최대 탱크용량의 110 [%] 이상)
면적	*80000 [m²] 이하
탱크 수	10기 이하
상호 거리	• 탱크의 지름이 15 [m] 미만 : 탱크 높이의 1/3 이상 • 탱크의 지름이 15 [m] 이상 : 탱크 높이의 1/2 이상

CHAPTER 06 소화

01 소화

1 소화의 형태 ★

구분	소화	특징
물리적 소화	1) ☐ 소화	• 열 흡수, 발화점 이하로 낮추어 소화 • 목재 화재 시 다량의 물을 부려 소화 • 적용 : 스프링클러설비, CO_2, 포, 옥내·외소화전설비
	질식 소화	• 산소농도 15 [%] 이하로 낮추어 소화 • 적용 : CO_2, 포, 분말, 물분무, 불활성기체소화설비, 마른모래·팽창질석·팽창진주암
	2) ☐ 소화	• 격리 : 바람 불어 가연물과 불꽃 격리 • 소멸 : 가스밸브를 차단하여 가스 공급 소멸, 가연물을 다른 지역으로 이동, 드레인밸브 개방하여 기름 배출 • 파괴 : 산불 화재 시 맞불, 벌목
화학적 소화	부촉매 소화	• 연쇄반응 차단에 의한 소화 • 활성기의 생성을 억제 • 적용 : 할론, 할로겐화합물, 강화액 및 분말소화설비 등

1) 냉각
2) 제거

2 화재별 소화방법

등급	화재	표시색	소화방법
1) ☐급	일반화재	백색	냉각스화
2) ☐급	유류화재(가스화재)	황색	질식스화
3) ☐급	전기화재	청색	질식소화
4) ☐급	금속화재	무색	건조사, D급 소화기
5) ☐급	주방화재	–	K급 소화기

1) A
2) B
3) C
4) D
5) K

02 소화약제

1 분류

구분	소화약제
수계	물, 포소화약제, 강화액, 산·알칼리
가스계	이산화탄소, 할론, 할로겐화합물 및 불활성 기체, 분말소화약제

2 분말소화기

1) *[ ]* 분말소화기 : 압력계의 지침이 녹색 부분을 가리키면 정상 ……○ 축압식
2) 가압식 분말소화기
   (1) 가스의 압력에 의해 분말소화약제 방출
   (2) 수동펌프식, 화학반응식, 가스가압식

3 소화기소화약제

1) 산·알칼리소화약제는 양질의 *[ ]* 사용 ……○ 무기산
2) 독성 부식성이 없어야 한다.
3) 분말소화약제는 고체화, 변질이 없어야 한다.
4) 액상소화약제는 결정 석출, 용액 분리, 부유물 및 침전물 등이 없어야 한다.

4 간이소화용구(소화약제 외의 것을 이용한 간이소화용구)

마른모래, 팽창질석, 팽창진주암

03 물소화약제

1 물의 물리·화학적 성질

구분	특징
물리적 성질	• 상온에서 물은 무겁고 안정된 액체 • 융해잠열 : 80 [kcal/kg] (= 334 [kJ/kg]) • 증발잠열 : 539.6 [kcal/kg] (= 2257 [kJ/kg]) • 비열 : 1 [kcal/kg·℃] (= 4.18 [kJ/kg·K]) • 잠열, 비열, 표면장력이 큼 • 증발 시 체적 약 1650배 증가
화학적 성질	• 구성 : 수소 2 원자, 산소 1 원자 → H_2O • 물은 극성분자이므로 *[ ]* 결합에 의해 이루어짐 ……○ 수소

2 물의 소화효과

구분	특징
냉각효과	증발잠열(기화잠열)에 의한 열 흡수
1)◻효과	기화 시 체적이 약 1650배 증가하여 주변의 산소농도를 낮춤
2)◻효과	에멀전을 형성하여 가연성 혼합기 생성 억제
희석효과	분해가스나 증기의 농도 낮춤

1) 질식
2) 유화

3 장점 ★

1) 비열, 증발잠열(기화잠열)이 커서 냉각효과가 크다.
2) 가격이 저렴하고 쉽게 구할 수 있다.
3) 친환경적이고 소화성능이 우수하다.
4) 수소결합으로 안정성이 높아 각종 첨가제 혼합이 가능하다.
5) 무상주수 시 중질유 화재에 적응성이 있다.
6) 밀폐된 곳에서 증발, 가열하면 산소 희석된다.

4 첨가제(소화성능 향상)

1) 종류 ★

종류	특징
부동액	물의 동결방지를 위해 첨가
1)◻	염류를 첨가하여 물의 소화효과와 강화액의 부촉매효과를 이용
유화제	가연물 표면에 에멀전을 형성하여 가연성 혼합기 생성 억제, 분무주수 효과적
2)◻	점도를 증가시켜 산림에 장시간 부착, CMC(산림화재용 증점제)
침투제	계면활성제를 첨가하여 물의 표면장력을 감소시켜 가연물에 대해 침투성 향상

1) 강화액
2) 증점제

2) 강화액(K_2CO_3)의 특징

   $K_2CO_3 + H_2O \rightarrow K_2O + H_2O + CO_2 - Q$ [kcal]

   (1) 사용온도가 -20 ~ 40 [℃]로 겨울철이나 한랭지역의 소화에 적합
   (2) pH 11 ~ 12 강알칼리성
   (3) 계면활성제를 첨가하여 표면장력을 낮추어 침투력과 분산력 증가
   (4) 냉각 및 연쇄반응 차단의 억제소화가 효과적
   (5) 무상방사 시 A, B, C, K급 소화에 적합

5 물소화약제 주수형태

구분	특징	종류
1) ☐ 주수	• 막대모양 물줄기로 주수 • 냉각효과, 파괴효과	옥내소화전, 옥외소화전, 연결송수관설비
적상 주수	• 물방울 형태로 주수 • 저압 • 냉각효과	스프링클러설비, 연결살수설비
2) ☐ 주수	• 분무상태로 주수 • 고압 • 전기화재, 중질유화재에 적응성	물분무소화설비, 미분무소화설비

1) 봉상
2) 무상

04 이산화탄소소화약제

1 이산화탄소(CO_2)

1) 물성

구분	물성	구분	물성
분자량 ★	1) ☐ [g/mol]	임계온도 ★	2) ☐ [℃]
비중 ★	1.529	임계압력	75.2 [kgf/cm²]
증발열	137 [cal/g]	융해열	45.2 [cal/g]
삼중점 ★	-57 [℃]	비점	-78 [℃]

1) 44
2) 31.35

2) 농도 ★

$$CO_2 \text{ 농도}[\%] = \frac{21 - O_2[\%]}{21} \times 100$$

2 이산화탄소(CO_2)의 소화효과

구분	특징
질식효과	산소농도를 ☐ [%] 이하로 낮춤
냉각효과	기화열에 의한 열 흡수
피복효과	공기비중의 1.5배로 연소물 덮음

15

3 이산화탄소(CO_2)소화약제 특징

1) 무색, 무취이며 전기적으로 비전도성
2) 공기보다 약 1.5배 비중이 커 심부화재 적응성
3) 상온에서는 기체지만, 고압용기에 *[액화]시켜 보관
4) 흡입 시 *[질식] 우려
5) 소화 후 오손이 작으므로 증거보존 용이
6) 자체 압력으로도 방사 가능하지만, 방사 시 큰 소음
7) 적응화재 : 전기실, 통신실, 유류화재

05 포소화약제

1 포의 팽창비 ★

1) 팽창비 : 발포 후 포의 체적과 발포 전 포수용액의 체적의 비

$$팽창비 = \frac{발포 \ 후 \ 포의 \ 체적}{발포 \ 전 \ 포 \ 수용액의 \ 체적}$$

2) 팽창비에 의한 포소화약제 분류

구분	저발포	고발포
팽창비	1)[20] 이하	80 이상 2)[1000] 미만
종류	단백포, 수성막포, 내알코올포, 불화단백포, 합성계면활성제포	3)[합성계면활성제포] ★
소화효과	질식효과, 냉각효과	
적용	A급 화재, B급 화재	

2 종류

구분	특징
단백포	• 특이한 냄새가 나는 흑갈색 액체로 부식성이 큼 • 포안정제로 염화 제1철염 첨가
수성막포 (AFFF)	• 유류표면에 수성막 형성하여 증기의 증발 억제, 산소 공급 차단 • 유류화재에 가장 적합 • 내유성이 강하여 표면하주입방식 가능 • 유동성이 우수하여 소화속도 빠름 • 내열성이 약해 윤화현상 발생 우려 • *[분말]소화약제와 겸용 사용 가능(Twin Agent System) • 안전성이 좋아 장기보관 가능

구분	특징
불화단백포	• 단백포 + 1)☐ • 소화성능 가장 우수 • 내화성 우수하여 대형유류저장탱크시설 적합 • 내유성이 강하여 표면하주입방식 가능 • 유동성이 우수하여 소화속도 빠름
합성계면활성제포	• 저팽창포, 고팽창포 모두 사용 가능 • 유동성이 좋음
내알코올포	• 2)☐ 유류화재 적응성 있음 • 가연성 액체에 적합

― 1) 수성막포

― 2) 수용성

3 조건

1) 포의 안정성이 좋을 것 (+)
2) 포의 유동성과 내열성이 좋을 것 (+)
3) 유류와의 점착성이 좋을 것 (+)
4) 유류의 표면에 잘 분산될 것 (+)
5) 환원시간이 길 것 (+)
6) 독성이 적을 것 (-)

06 할론소화약제

1 할로겐족 원소

1) 주기율표 17족 원소 : 플루오린(불소, F), 염소(Cl), 브로민(브롬, Br), 아이오딘(요오드, I) 등
2) *☐(결합력) : F > Cl > Br > I
3) 부촉매효과(소화능력) : F < Cl < Br < I

― 전기음성도

2 종류

구분	분자식	상온·상압
할론 1211	CF_2ClBr	기체
할론 *☐ ★	CF_3Br	
할론 1011	CH_2ClBr	액체
할론 2402	$C_2F_4Br_2$	

― 1301

3 특징 ★

1) 연쇄반응을 차단하여 *□ 소화 → 라디컬 포착제로 자유활성기 생성 억제
2) 소화 효과 : 부촉매효과, 질식효과, 냉각효과
3) 할로겐족 원소 사용(F, Cl, Br, I 등)
4) 부식성이 낮음
5) 전기의 부도체로 전기화재에 효과적(비전도성)
6) 적응성 : 통신 기기실, 미술관, 전산실, 정보통신실

📎 부촉매

4 할론 1301(CF_3Br)

1) 소화 성능 우수
2) 열분해 시 생성 가스 : HF, HBr, Br_2, COF_2, $COBr_2$
3) 오존파괴지수(ODP) 높음

구분	오존파괴지수(ODP)
할론 104	0.6
할론 1211	3.0
할론 2402	6.0
할론 1301	10.0

07 할로겐화합물 및 불활성기체소화약제

계열	소화약제	분자식	설계농도	소화효과
FC	FC-3-1-10	C_4F_{10}	40 [%]	
	FIC-13I1	CF_3I	0.3 [%]	
HFC	HFC-23	CHF_3	30 [%]	
	HFC-125	CHF_2CF_3	11.5 [%]	*□ 효과
	HFC-236fa	$CF_3CH_2CF_3$	12.5 [%]	
	HFC-227ea	CF_3CHFCF_3(상품명 : FM-200)	10.5 [%]	
HCFC	HCFC BLEND A	HCFC-22($CHClF_2$) : 82 [%] HCFC-123($CHCl_2CF_3$) : 4.75 [%] HCFC-124($CHClFCF_3$) : 9.5 [%] $C_{10}H_{16}$: 3.75 [%]	10 [%]	
	HCFC-124	$CHClFCF_3$	1.0 [%]	

📎 부촉매

계열	소화약제	분자식	설계농도	소화효과
IG	IG-1) ☐	★ N_2 : 52 [%], Ar : 40 [%], CO_2 : 8 [%]	43 [%]	2) ☐ 효과
	IG-01	★ Ar : 100 [%]		
	IG-55	★ N_2 : 50 [%], Ar : 50 [%]		
	IG-100	★ N_2 : 100 [%]		

1) 541
2) 질식

08 분말소화약제

1 종류

구분	소화약제	약제색	적응화재
제1종	3) ☐ [$NaHCO_3$]	백색	B·C급
제2종	탄산수소칼륨 [$KHCO_3$]	담자색(담회색)	B·C급
제3종	제1인산암모늄 [$NH_4H_2PO_4$]	담홍색	4) ☐ 급
제4종	탄산수소칼륨 + 요소 [$KHCO_3 + (NH_2)_2CO$]	회(백)색	B·C급

3) 탄산수소나트륨
4) A·B·C

2 화학반응식

구분	소화약제	화학반응식
제1종	탄산수소나트륨 [$NaHCO_3$]	$2NaHCO_3 \rightarrow Na_2CO_3 + CO_2 + H_2O$
제2종	탄산수소칼륨 [$KHCO_3$]	$2KHCO_3 \rightarrow K_2CO_3 + CO_2 + H_2O$
제3종	제1인산암모늄 [$NH_4H_2PO_4$]	$NH_4H_2PO_4 \rightarrow NH_3 + HPO_3 + H_2O$
제4종	탄산수소칼륨 + 요소 [$KHCO_3 + (NH_2)_2CO$]	$2KHCO_3 + (NH_2)_2CO \rightarrow K_2CO_3 + 2NH_3 + 2CO_2$

3 소화효과 ★

구분	특징
질식효과	불연성 기체(CO_2, H_2O)가 발생하여 공기 중 산소의 농도 저하
냉각효과	흡열반응
부촉매효과	활성라디칼 생성 억제하여 연쇄반응 억제
방진효과	제3종 분말의 *☐(HPO_3)이 피막 형성
탄화·탈수효과	제3종 분말의 오르소인산(H_3PO_4)에 의한 탈수를 통해 연쇄반응 억제

메타인산

4 특징

1) 탄산수소나트륨(제1종 분말소화약제)
   (1) 비누화현상 : 유지를 알칼리로 처리하여 글리세린과 비누로 만드는 반응
   (2) 식용유 화재(K급 화재)에 적응성
2) 제1인산암모늄(제3종 분말소화약제)
   (1) 열분해 시 생성되는 메타인산(HPO_3)이 표면에 부착해 피막을 형성하여 산소 차단
   (2) 트윈에이전트 시스템 : 제3종 분말소화약제 + *[ ](AFFF)
   (3) 차고, 주차장에 적응성이 있음

5 분말 입도

1) 입도가 너무 미세하거나 너무 커도 소화 성능 저하
2) 미세도가 골고루 분포되어 있어야 함
3) 20 ~ 30 [μm] 범위의 분말입도가 가장 효과적

6 취급 시 주의 사항

1) 습도가 높으면 *[ ]현상 발생
2) 다른 약제와 혼합방지 위해 색상 구분
3) 분말 흡입 시 피해 우려

09 소화기구

1 대형소화기소화약제의 양

대형소화기의 구분	충전하는 소화약제 양
물	80 [L]
강화액	60 [L]
*[ ]	20 [L]
이산화탄소(CO_2)	50 [kg]
할로겐화물	30 [kg]
*[ ]	20 [kg]

2 소화기구의 설치높이

소화기구(자동확산소화기를 제외)는 거주자 등이 손쉽게 사용할 수 있는 장소에 바닥으로부터 높이 1.5 [m] 이하의 곳에 비치한다.

CHAPTER 07 안전관리 및 건축방재

01 안전관리

1 위험물제조소등 주의사항 표시 게시판 내용

구분		주의사항
제1류 위험물	알칼리금속의 과산화물	1)☐엄금
	그 밖	표시 없음
제2류 위험물	인화성 고체	화기엄금
	인화성 고체 제외	화기주의
제3류 위험물	금수성 물질	물기엄금
	자연발화성 물질	화기엄금
제4류 위험물		화기엄금
제5류 위험물		2)☐엄금
제6류 위험물		표시 없음

1) 물기
2) 화기

2 위험물 운반용기의 외부 표시사항

위험물		표시사항
제1류 위험물	알칼리금속의 과산화물 함유	• 화기·충격주의 • 가연물접촉주의 • 물기엄금
	알칼리금속의 과산화물 제외	• 화기·충격주의 • 가연물접촉주의
제2류 위험물	철분·금속분·마그네슘 함유	• 화기주의 • 물기엄금
	인화성 고체	• 화기주의 • 화기엄금
제3류 위험물	자연발화성 물질	• 화기엄금 • 공기접촉엄금
	금수성 물질	• 물기엄금
제4류 위험물		• 화기엄금
제5류 위험물		• 화기엄금 • 충격주의
제6류 위험물		• ☐접촉주의

가연물

02 피난

1 피난 시 인간의 본능

구분	특성
1)☐ 본능	비상시 친숙한 경로를 따라 대피
지광 본능	화재나 정전 시 주위가 어두워지면 밝은 쪽으로 피난
2)☐ 본능	비상시 많은 사람들이 리더를 추종
퇴피 본능	화염, 연기에 대한 공포감으로 발화의 반대방향으로 이동
좌회 본능	좌측통행과 시계 반대방향으로 회전
직진 본능	비상시 직진

1) 귀소
2) 추종

2 안전구획(피난 경로) ★

1) 1차 안전구획 : 복도
2) 2차 안전구획 : ☐
3) 3차 안전구획 : 계단

부속실

3 피난의 형태

형태	피난방향	특징
X형	↑←→↓	피난이 분산되어 신속한 피난이 용이
Y형	↖↗↓	
T형	←→↓	피난방향을 확실히 분간하기 쉬움
I형	←→	
Z형	⌐⌐	중앙복도형으로 코어식 중 피난에 양호함
ZZ형	☐	
1)☐형 ★	↓→☐← ↑	피난자들이 집중되어 병목현상 및 패닉의 우려가 큼 ★
2)☐형 ★	←→ | ←→	

1) CO
2) H

4 피난대책의 일반원칙

1) Fail - Safe
   (1) 1가지가 고장으로 실패하더라도 다른 수단에 의해 안전을 확보하는 것
   (2) *□방향 이상의 피난경로 — 2
   (3) 부분화, 다중화
2) Fool - Proof
   (1) 누구라도 안전하게 사용할 수 있도록 원시적 방법으로 그림 색채 등을 활용하는 것
   (2) 간단명료한 피난통로유도등, 유도표지
   (3) 피난설비는 *□식 설비로 설치 — 고정
   (4) 피난경로는 간단명료할 것

5 피난동선 고려사항

1) 가급적 *□한 형태일 것(Fool - Proof) — 단순
2) *□방향 이상의 피난 고려(Fail - Safe) — 2

6 패닉의 발생원인

1) 연기에 의한 가시거리 제한
2) 유독가스에 의한 *□ 장애 — 호흡
3) 외부와 단절된 심리적인 고립감

7 피난기구 및 인명구조기구

피난기구	인명구조기구
미끄럼대, 구조대, 완강기, 간이완강기, 피난사다리(하향식 피난구용 내림식 사다리 포함), 피난교, 피난용 트랩, 다수인피난장비, 승강식 피난기, 공기안전매트	방열복 또는 방화복, *□, 인공 소생기

— 공기 호흡기

03 건축방재

1 건축물의 방재계획

구분		내용
공간적 대응	*☐	방화구획, 방연구획, 내화재료 등을 사용하여 초기 소화에 대응하는 화재사상 저항능력
	회피성	불연화, 난연화 등의 내장재 제한과 소방훈련 및 불조심 등 화재 확대 가능성을 줄여 위험성을 낮추는 것
	도피성	화재 시 피난자가 위험에 빠지지 않도록 *☐적으로 배려하는 것
*☐ 대응		공간적 대응을 보완하는 것으로 제연설비, 방화문, 방화셔터, 자동화재탐지설비, 자동소화설비, 스프링클러설비, 유도등, 비상전원, 피난기구 등

2 내화구조

1) 정의

   화재에 견딜 수 있는 성능을 가진 구조

2) 바닥기준

구분	두께
철근콘크리트조 또는 철골철근콘크리트조	*☐ [cm] 이상
철재로 보강된 콘크리트블록조·벽돌조 또는 석조로서 철재에 덮은 콘크리트블록 등	5 [cm] 이상
철재의 양면을 철망모르타르 또는 콘크리트로 덮은 것	5 [cm] 이상

3) 벽기준

구분	내력벽 두께	외벽 중 비내력벽 두께
철근콘크리트조 또는 철골철근콘크리트조	*☐ [cm] 이상	7 [cm] 이상
골구를 철골조로 하고 그 양면을 철망모르타르로 덮은 것	4 [cm] 이상	3 [cm] 이상
골구를 철골조로 하고 그 양면을 콘크리트블록·벽돌 또는 석재로 덮은 것	5 [cm] 이상	4 [cm] 이상
철재로 보강된 콘크리트블록조·벽돌조 또는 석조로서 철재에 덮은 콘크리트블록 등	5 [cm] 이상	4 [cm] 이상
벽돌조	*☐ [cm] 이상	–

구분	내력벽 두께	외벽 중 비내력벽 두께
고온·고압의 증기로 양생된 경량기포 콘크리트패널 또는 경량기포 콘크리트블록조	10 [cm] 이상	-
무근콘크리트조·콘크리트블록조·벽돌조 또는 석조	-	7 [cm] 이상

4) 기둥기준

그 작은 지름이 <u>25</u> [cm] 이상인 것으로서 다음 어느 하나에 해당하는 것. 다만 고강도 콘크리트를 사용하는 경우에는 고강도 콘크리트 내화성능 관리기준에 적합해야 한다.

(1) 철근콘크리트조 또는 철골철근콘크리트조
(2) 철골을 두께 6 [cm](경량골재를 사용하는 경우에는 5 [cm]) 이상의 철망모르타르 또는 두께 7 [cm] 이상의 콘크리트블록·벽돌 또는 석재로 덮은 것
(3) 철골을 두께 5 [cm] 이상의 콘크리트로 덮은 것

5) 지붕기준

(1) 철근콘크리트조 또는 철골철근콘크리트조
(2) 철재로 보강된 콘크리트블록조·벽돌조 또는 석조
(3) 철재로 보강된 유리블록 또는 망입유리(두꺼운 판유리에 철망을 넣은 것을 말한다)로 된 것

3 방화구조

1) 정의

화염확산을 막을 수 있는 성능을 가진 구조

2) 기준

구분	두께
철망모르타르	2 [cm] 이상
석고판 위에 시멘트모르타르를 바른 것 석고판 위에 회반죽을 바른 것 시멘트모르타르 위에 타일을 붙인 것	2.5 [cm] 이상
심벽에 흙으로 맞벽치기 한 것	모두 해당
산업표준화법에 의한 한국산업표준이 정하는 바에 의하여 시험한 결과 방화 2급 이상에 해당하는 것	

4 건물의 주요구조부 ★★★

1) 바닥(최하층 바닥 제외)
2) 보(작은 보 제외)
3) 지붕틀(1)☐ 제외)
4) 2)☐
5) 주계단(옥외계단 제외)
6) 기둥(3)☐ 제외)

※ 1) 차양
2) 내력벽
3) 사잇기둥

5 무창층 ★★★

1) 정의
   지상층으로서 개구부의 면적합계가 해당 층 바닥면적의 *☐ 이하가 되는 층
2) 개구부기준
   (1) 크기 : 지름 *☐[cm] 이상의 원이 통과할 수 있을 것
   (2) 해당 층 바닥에서 개구부 밑부분까지의 높이가 *☐[m] 이내일 것
   (3) 도로 또는 차량이 진입할 수 있는 빈터를 향할 것
   (4) 화재 시 쉽게 피난할 수 있도록 창살이나 장애물이 설치되지 아니할 것
   (5) 내부 또는 외부에서 쉽게 부수거나 열 수 있을 것

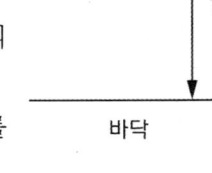

※ 1/30

※ 50

※ 1.2

6 방화벽과 방화문

1) 방화벽의 정의
   화재 발생 시 화염확산을 방지하기 위하여 불에 잘 견디는 재료로 만든 벽
2) 방화벽의 설치 및 구조기준 ★★★

구분	설치 및 구조기준
대상 건축물	주요구조부가 내화구조 또는 불연재료가 아닌 연면적이 1000[m²] 이상인 건축물
구조	• 1)☐로서 홀로 설 수 있는 구조일 것 • 방화벽의 양쪽 끝과 위쪽 끝을 건축물의 외벽면 및 지붕면으로부터 2)☐[m] 이상 튀어나오게 할 것 • 방화벽에 설치하는 출입문의 너비 및 높이는 각 3)☐[m] 이하로 하고 해당 출입문에는 60분+ 방화문 또는 60분 방화문을 설치할 것

※ 1) 내화구조
2) 0.5
3) 2.5

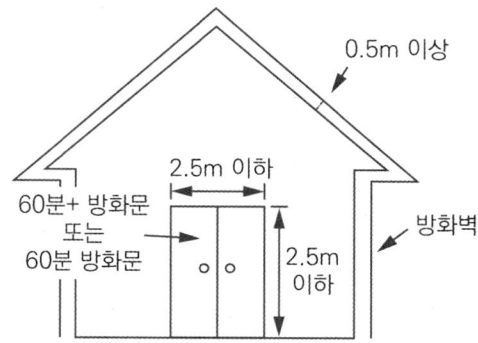

3) 방화문의 정의

화재르 인한 연기의 발생 또는 온도의 상승에 따라 자동적으로 닫히는 구조

4) 방화문의 종류

구분	기준
60분+ 방화문	• 연기 및 불꽃 차단할 수 있는 시간 60분 이상 • *□ 차단할 수 있는 시간 30분 이상
60분 방화문	연기 및 불꽃 차단할 수 있는 시간 60분 이상
30분 방화문	연기 및 불꽃 차단할 수 있는 시간 30분 이상 60분 미만

7 방화구획

1) 정의

화재 발생 시 인접구역의 화염확산을 방지하기 위해 구획하는 것

2) 기준

구분	기준	구조
면적별 구획 (수평) ★	• 1)□층 이하의 층은 바닥면적 1000 [m²] 이내마다 구획 • 11층 이상의 층은 바닥면적 2)□ [m²] 이내마다 구획 (마감재가 불연재료 : 3)□ [m²] 이내) • 자동식 소화설비구역 : 기준 바닥면적의 4)□배 적용	① 내화구조의 바닥, 벽 ② 60분+ 방화문 또는 60분 방화문 ③ 자동방화셔터
층별 구획 (수직)	매 층마다 구획(단, 지하 1층에서 지상으로 직접 연결하는 경사로 부분 제외)	
용도별 구획	주요구조부를 내화구조로 해야 하는 대상 부분과 기타 부분 사이의 구획	

열

1) 10

2) 200

3) 500

4) 3

3) 연소 우려가 있는 부분 및 구조 ★

　⑴ 연소할 우려가 있는 부분 [건축물의 피난·방화구조 등의 기준에 관한 규칙]

　　인접대지경계선·도로중심선 또는 동일한 대지안에 있는 2동 이상의 건축물 상호의 외벽 간의 중심선으로부터 1층에 있어서는 ¹⁾☐ [m] 이내, 2층 이상에 있어서는 ²⁾☐ [m] 이내의 거리에 있는 건축물의 각 부분

　⑵ 연소 우려가 있는 건축물의 구조 [소방시설법 시행규칙]

　　건축물대장의 건축물 현황도에 표시된 대지 경계선 안에 2 이상의 건축물이 있는 경우로서 각각의 건축물이 다른 건축물의 외벽으로부터 수평거리가 1층의 경우에는 6 [m] 이하이고, 2층 이상의 경우에는 10 [m] 이하이고, 개구부가 다른 건축물을 향하여 설치된 구조를 말한다.

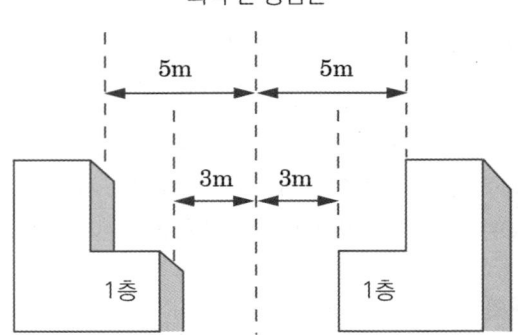

4) 연면적 1000 [m²] 이상 건축물을 목조로 건축한 경우

　⑴ 외벽 및 처마 밑의 연소할 우려가 있는 부분 : 방화구조

　⑵ 지붕 : 불연재료

B 피난계단

1) 계단의 종류

　⑴ 직통계단 : 피난층, 지상층에 *☐으로 통하는 계단

　⑵ 피난계단 : 직통계단에 내화구조, 불연재료로 설치한 계단(5층 이상 또는 지하 2층 이하인 층에 설치)

　⑶ 특별피난계단 : *☐을 거쳐 계단실에 도달할 수 있도록 한 계단, 피난계단보다 더 높은 수준의 화재안전성능을 지님(11층 이상 또는 지하 3층 이하인 층에 설치)

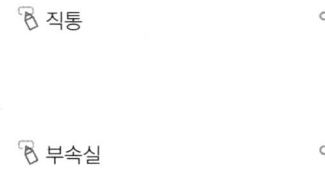

2) 직통계단의 설치기준

　건축물의 피난층 외의 층에서는 피난층 또는 지상으로 통하는 직통계단을 거실의 각 부분으로부터 계단에 이르는 보행거리가 아래 기준이 되도록 설치해야 한다.

구분	거실 각 부분으로부터 계단에 이르는 보행거리
일반건축물	30 [m] 이하
건축물의 주요구조부가 내화구조, 불연재료로 된 건축물	*☐ [m] 이하 (층수가 16층 이상인 공동주택의 경우 16층 이상인 층 : 40 [m] 이하)
자동화 생산시설에 스프링클러 등 자동식 소화설비를 설치한 공장	75 [m] 이하 (무인화 공장 : 100 [m] 이하)

↳ 50

3) 피난계단의 구조(건축물 내부에 설치하는 피난계단의 구조)
  (1) 계단실은 창문·출입구 기타 개구부를 제외한 당해 건축물의 다른 부분과 내화구조의 벽으로 구획할 것
  (2) 계단실의 실내에 접하는 부분의 마감은 불연재료로 할 것
  (3) 계단실에는 예비전원에 의한 조명 설비를 할 것
  (4) 계단실의 바깥쪽과 접하는 창문 등은 당해 건축물의 다른 부분에 설치하는 창문 등으로부터 *☐ [m] 이상의 거리를 두고 설치할 것 ↳ 2
  (5) 건축물의 내부와 접하는 계단실의 창문 등은 망이 들어 있는 유리의 붙박이창으로서 그 면적을 각각 1 [m²] 이하로 할 것
  (6) 건축물의 내부에서 계단실로 통하는 출입구의 유효너비는 *☐ [m] 이상, 그 출입구에는 60분+ 방화문 또는 60분 방화문을 설치할 것 ↳ 0.9
  (7) 계단은 내화구조로 하고 피난층 또는 지상까지 직접 연결되게 할 것

4) 특별피난계단 구조
  (1) 계단실·노대 및 부속실은 창문 등을 제외하고는 내화구조의 벽으로 각각 구획할 것
  (2) 계단실 및 부속실의 실내에 접하는 부분은 불연재료로 할 것
  (3) 계단실에는 예비전원에 의한 조명 설비를 할 것
  (4) 건축물의 바깥쪽에 접하는 창문 등은 다른 부분에 설치하는 창문 등으로부터 *☐ [m] 이상의 거리를 두고 설치할 것 ↳ 2
  (5) 계단실에는 노대 또는 부속실에 접하는 부분 외에는 건축물의 내부와 접하는 창문 등을 설치하지 아니할 것
  (6) 계단실의 노대 또는 부속실에 접하는 창문 등 면적을 각각 1 [m²] 이하로 할 것
  (7) 노대 및 부속실에는 계단실외의 건축물의 내부와 접하는 창문 등을 설치 금지

(8) ① 건축물의 내부에서 노대 또는 부속실로 통하는 출입구 : ¹⁾[60분+] 방화문 또는 ²⁾[60분] 방화문

② 노대 또는 부속실로부터 계단실로 통하는 출입구 : 60분+ 방화문, 60분 방화문 또는 30분 방화문을 설치할 것

(9) 계단은 내화구조로 하되, 피난층 또는 지상까지 직접 연결되도록 할 것

(10) 출입구의 유효너비는 [0.9] [m] 이상으로 하고 피난의 방향으로 열 수 있을 것

9 방염

1) 방염성능기준 이상의 실내장식물 등을 설치해야 하는 특정소방대상물
   (1) 근린생활시설 중 의원, 조산원, 산후조리원, 체력단련장, 공연장 및 종교집회장
   (2) 건축물의 옥내에 있는 시설 : 문화 및 집회시설, 종교시설, 운동시설(수영장은 제외)
   (3) 의료시설
   (4) 교육연구시설 중 합숙소
   (5) 노유자시설
   (6) 숙박이 가능한 수련시설
   (7) 숙박시설
   (8) 방송통신시설 중 방송국 및 촬영소
   (9) 다중이용업소
   (10) 층수가 11층 이상인 것([아파트등]은 제외) ★

2) 방염 대상 물품(제조·가공 공정에서 방염처리한 물품) → 선처리 물품
   (1) 창문에 설치하는 커튼(블라인드 포함)
   (2) 카펫
   (3) 벽지류(두께가 ¹⁾[2] [mm] 미만인 ²⁾[종이]벽지는 제외) ★
   (4) 전시용 합판·목재 또는 섬유판, 무대용 합판·목재 또는 섬유판(합판·목재류의 경우 불가피하게 설치 현장에서 방염처리한 것을 포함)
   (5) 암막·무대막(영화상영관 스크린, 가상체험 체육시설업의 스크린 포함)
   (6) 섬유류 또는 합성수지류 등을 원료로 하여 제작된 소파·의자(단란주점영업, 유흥주점영업, 노래연습장업의 영업장에 설치하는 것만 해당)
   (7) 소방본부장 또는 소방서장은 방염대상물품 외에 방염처리된 물품을 사용하도록 권장할 수 있다.

3) 잔염시간과 잔신시간

잔염시간	잔신시간
버너의 불꽃을 제거한 때부터 불꽃을 올리며 연소하는 상태가 끝날 때까지 경과시간	버너의 불꽃을 제거한 때부터 불꽃을 올리지 않고 연소하는 상태가 끝날 때까지 경과시간
1) ☐초 이내	2) ☐초 이내

1) 20
2) 30

모아바 www.moa-ba.com
모아소방전기학원 www.moate.co.kr

PART 02 소방관계법규

CHAPTER 01	소방기본법
CHAPTER 02	소방시설법
CHAPTER 03	화재예방법
CHAPTER 04	소방시설공사업법
CHAPTER 05	위험물안전관리법

CHAPTER 01 소방기본법

1 소방기본법의 목적
(1) 화재 예방·경계·진압
(2) 화재, 재난·재해, 그 밖의 위급한 상황에서의 구조·구급 활동
(3) 국민의 생명·신체 및 재산을 보호함으로써 공공의 안녕 및 질서 유지와 복리증진

2 소방대상물
(1) 건축물
(2) 차량
(3) 선박(항구에 매어둔 것)
(4) 산림, 그 밖의 인공구조물 또는 물건

3 관계인
(1) 소유자
(2) 관리자
(3) 점유자

4 소방대
(1) 소방공무원
(2) 의무소방원
(3) 의용소방대원

> 암기 공무용

5 종합상황실 설치 및 운영
소방청장, 소방본부장, 소방서장

6 종합상황실 실장의 업무
다음과 같은 화재 발생 시 서면·팩스·컴퓨터통신 등으로 지체 없이 보고
(1) 다음에 해당하는 화재
  ① 사망자가 *[   ] 발생한 화재
  ② 사상자가 10인 이상 발생한 화재
  ③ 이재민이 100인 이상 발생한 화재
  ④ 재산피해액이 50억 원 이상 발생한 화재

> 5인 이상

⑤ 관공서·학교·정부미도정공장·국가유산·지하철 또는 지하구의 화재
⑥ 관광호텔, 층수가 11층 이상인 건축물, 지하상가, 시장, 백화점
⑦ 지정수량의 3천 배 이상의 위험물의 제조소·저장소·취급소
⑧ 층수가 5층 이상이거나 객실이 30실 이상인 숙박시설, 층수가 5층 이상이거나 병상이 30개 이상인 종합병원·정신병원·한방병원·요양소
⑨ 연면적 1만 5천 제곱미터 이상인 공장 또는 화재경계지구에서 발생한 화재
⑩ 철도차량, 항구에 매어둔 총 톤수가 1천 톤 이상인 선박, 항공기, 발전소 또는 변전소에서 발생한 화재
⑪ 가스 및 화약류의 폭발에 의한 화재
⑫ 다중이용업소의 화재

(2) 통제단장의 현장지휘가 필요한 재난상황
(3) 언론에 보도된 재난상황
(4) 그 밖에 소방청장이 정하는 재난상황

7 소방정보통신망

(1) 소방청장 및 시·도지사는 119종합상황실 등의 효율적 운영을 위하여 소방정보통신망을 구축·운영할 수 있다.
(2) 소방청장 및 시·도지사는 소방정보통신망의 안정적 운영을 위하여 소방정보통신망의 회선을 이중화할 수 있다. 이 경우 이중화된 각 회선은 서로 다른 사업자로부터 제공받아야 한다.
(3) 소방정보통신망의 구축 및 운영에 필요한 사항 : 행정안전부령
(4) 소방정보통신망(이하 "소방정보통신망"이라 한다)은 회선 수, 구간별 용도 및 속도 등을 고려하여 설계·구축해야 한다.
(5) 소방정보통신망의 회선을 이중화한 경우 하나의 회선에 장애가 발생하면 다른 회선으로 즉시 전환되도록 구축·운영해야 한다.
(6) 소방청장 및 시·도지사는 소방정보통신망이 안정적으로 운영될 수 있도록 연 1회 이상 소방정보통신망을 주기적으로 점검·관리해야 한다.
(7) 소방정보통신망의 속도, 점검 주기 등에 관한 세부 사항은 소방청장이 정한다.

8 소방박물관, 소방체험관 설립 및 운영

소방박물관	소방청장(행정안전부령)
소방체험관	*[　　　　]*(시·도조례)

⊙ 8 시·도지사

9 소방의 날

(1) 목적 : 국민의 안전의식과 화재에 대한 경각심을 높이고 안전문화를 정착시키기 위함

(2) 소방의 날 : *[매년 11월 9일]

(3) 소방의 날 행사 필요사항 : 소방청장 또는 시·도지사가 따로 정할 수 있음

(4) 소방청장은 다음에 해당하는 사람을 명예직 소방대원으로 위촉할 수 있다.
   ① 「의사상자 등 예우 및 지원에 관한 법률」에 따른 의사상자(義死傷者)에 해당하는 사람
   ② 소방행정 발전에 공로가 있다고 인정되는 사람

10 소방력

(1) 소방기관이 소방업무 수행 시 필요한 인력과 장비

(2) 소방력 확충에 필요한 계획 수립 및 시행 : 시·도지사(행정안전부령)

11 소방업무의 상호응원협정 포함사항

(1) 소방 활동에 관한 사항
   ① 화재의 경계·진압 활동
   ② 구조·구급업무의 지원
   ③ 화재조사활동

(2) 응원출동대상지역 및 규모

(3) 소요경비의 부담에 관한 사항
   ① 출동대원의 수당·식사 및 피복의 수선
   ② 소방장비 및 기구의 정비와 연료의 보급
   ③ 그 밖의 경비

(4) 응원출동의 요청방법

(5) 응원출동훈련 및 평가

12 소방용수시설 설치 및 유지관리

시·도지사(수도법에 따라 설치되는 경우 일반수도업자가 설치·유지)

13 소방용수시설별 설치기준

(1) 소화전
   ① 상수도와 연결하여 지하식 또는 지상식의 구조로 할 것
   ② 소화전의 연결금속구 구경 : *[65 [mm]]

(2) 급수탑
  ① 급수배관 구경 : 100 [mm] 이상
  ② 개폐밸브 : 지상에서 *1.5 [m] 이상 1.7 [m] 이하
(3) 저수조
  ① 지면으로부터의 낙차 : *4.5 [m] 이하
  ② 흡수부분 수심 : 0.5 [m] 이상
  ③ 흡수관 투입구 : 사각형 한 변의 길이 60 [cm] 이상, 원형 지름 60 [cm] 이상
  ④ 소방펌프자동차가 쉽게 접근할 수 있도록 할 것
  ⑤ 흡수에 지장 없도록 토사 및 쓰레기 등을 제거할 수 있는 설비 갖출 것
  ⑥ 저수조에 물을 공급하는 방법 : 상수도에 연결하여 자동으로 급수되는 구조

14 소방용수시설 및 지리조사

(1) 소방용수시설 및 지리조사 기준
  ① 실시자 : 소방본부장·서장
  ② 횟수 및 보관 : 월 1회 이상 실시, 결과 2년 보관
(2) 소방용수시설 및 지리조사 내용
  ① 소방용수시설에 대한 조사
  ② 소방대상물에 인접한 도로의 폭·교통상황
  ③ 도로주변의 토지의 고저·건축물의 개황
  ④ 그 밖의 소방활동에 필요한 지리조사

15 국고보조 대상사업 범위(대통령령)

(1) 소방자동차
(2) 소방헬리콥터 및 소방정
(3) 소방전용통신설비 및 전산설비
(4) 방화복 등 소방활동에 필요한 소방장비
(5) 소방관서용 청사의 건축

16 관계인의 소방활동

(1) 소방대가 현장에 도착할 때까지 경보울림
(2) 대피를 유도하는 방법으로 사람을 구출하는 조치
(3) 불을 끄거나 불이 번지지 않도록 필요한 조치

17 화재 등의 통지

(1) 소방대상물에 화재, 재난·재해, 그 밖의 위급한 상황이 발생한 경우 소방본부, 소방서, 관계 행정기관에 지체 없이 알려야 한다.
(2) 화재로 오인할 만한 우려가 있는 불을 피우거나 연막 소독을 하려는 자는 소방본부장, 소방서장에게 신고

18 소방지원활동 종류

(1) 산불에 대한 예방·진압 등 지원활동
(2) 자연재해에 따른 급수·배수·제설 등 지원활동
(3) 집회·공연 등 각종 행사의 사고에 대비한 근접대기 등 지원활동
(4) 화재·재난·재해로 인한 피해복구 지원활동
(5) 그 밖에 행정안전부령으로 정하는 활동
　① 군·경찰등 유관기관의 훈련지원 활동
　② 소방시설 오작동 신고에 따른 조치활동
　③ 방송제작 또는 촬영 관련 지원활동

※ 생활안전활동

19 *[　　　　] 종류

(1) 붕괴, 낙하 등이 우려되는 고드름, 나무, 위험 구조물 등의 제거 활동
(2) 위해동물, 벌 등의 포획 및 퇴치 활동
(3) 끼임, 고립 등에 따른 위험제거 및 구출 활동
(4) 단전사고 시 비상전원 또는 조명의 공급
(5) 위험을 예방하기 위한 활동

20 소방신호의 방법

암기 경발해훈
※ 5초 간격 두고 30초씩 3회

종별	타종신호	사이렌신호
경계신호	1타와 연 2타 반복	*[　　　　　　　　]
발화신호	난타	5초 간격 두고 5초씩 3회
해제신호	상당한 간격 두고 1타씩 반복	1분간 1회
훈련신호	연 3타 반복	10초 간격 두고 1분씩 3회

21 화재 등의 통지

신고 : 소방본부장, 소방서장에게 미리 신고
(1) 시장지역
(2) 공장·창고가 밀집한 지역
(3) 목조건물이 밀집한 지역
(4) 위험물의 저장 및 처리 시설이 밀집한 지역

(5) 석유화학제품을 생산하는 공장이 있는 지역
(6) 그 밖에 시·도 조례로 정하는 지역·장소

22 소방자동차 전용구역

(1) 설치대상 : 100세대 이상 아파트, 3층 이상 기숙사
(2) 전용구역 방해행위의 기준
  ① 전용구역에 물건 등을 쌓거나 주차하는 행위
  ② 전용구역의 앞면, 뒷면 또는 양 측면에 물건 등을 쌓거나 주차하는 행위, 다만 부설주차장의 주차구획 내에 주차하는 경우 제외
  ③ 전용구역 진입로에 물건 등을 쌓거나 주차하여 진입을 가로막는 행위
  ④ 전용구역 노면표지를 지우거나 훼손하는 행위
  ⑤ 그 밖의 방법으로 소방자동차가 전용구역에 주차하는 것을 방해하거나 전용구역으로 진입하는 것을 방해하는 행위

23 소방활동구역 설정

(1) 설정권자 : *[   ]* ──○ 🔖 소방대장
(2) 대통령령으로 정하는 사람 외에는 소방활동구역에 출입하는 것을 제한

24 소방활동구역의 출입자

(1) 소방활동구역 안에 있는 소방대상물의 소유자·관리자·점유자
(2) 전기·가스·수도·통신·교통의 업무 종사자로 소방활동을 위해 필요한 사람
(3) 의사·간호사 그 밖의 구조·구급업무 종사자
(4) 취재인력 등 보도업무 종사자
(5) 수사업무 종사자
(6) 그 밖에 소방대장이 소방활동을 위해 출입을 허가한 사람

25 한국소방안전원의 업무

(1) 소방기술과 안전관리에 관한 교육 및 조사·연구
(2) 소방기술과 안전관리에 관한 각종 간행물 발간
(3) 화재 예방과 안전관리의식 고취를 위한 대국민 홍보
(4) 소방업무에 관하여 행정기관이 위탁하는 업무
(5) 소방안전에 관한 국제협력
(6) 그 밖에 회원에 대한 기술지원 등 정관으로 정하는 사항

26 소방청장, 소방본부장, 소방서장, 소방대장의 권한

구분	권한
소방청장	• 소방박물관 설립 • 한국소방안전원 감독 • 소방력 동원 요청
소방청장, 소방본부장, 소방서장	• 소방활동
소방본부장, 소방서장	• 소방업무 응원요청 • 지리조사
소방본부장, 소방서장, 소방대장	• 소방활동 종사명령 • 강제처분 • 피난명령 • 위험시설 긴급조치
소방대장	• 소방활동구역 설정

27 *[5년 이하의 징역 또는 5000만 원 이하]의 벌금

(1) 위력을 사용하여 출동한 소방대의 화재진압·인명구조·구급활동 방해
(2) 소방대가 현장에 출동하거나 현장에 출입하는 것을 고의로 방해
(3) 출동한 소방대원에게 폭행·협박을 하여 화재진압·인명구조·구급활동 방해(음주 또는 약물로 인한 심신장애 상태에서 위반 시 형법의 감경 미적용)
(4) 출동한 소방대의 소방장비 파손과 그로 인한 화재진압·인명구조·구급활동 방해
(5) 소방자동차 출동을 방해한 사람
(6) 사람을 구출하는 일 또는 불을 끄거나 불이 번지지 않도록 하는 일을 방해한 사람
(7) 정당한 사유 없이 소방용수시설·비상소화장치를 사용하거나 소방용수시설·비상소화장치의 효용을 해치거나 그 정당한 사용을 방해한 사람

28 *[500만 원 이하]의 과태료

(1) 화재 또는 구조·구급이 필요한 상황을 거짓으로 알린 사람
(2) 정당한 사유 없이 화재, 재난·재해, 그 밖의 위급한 상황을 소방본부, 소방서 또는 관계 행정기관에 알리지 아니한 관계인

29. ☐☐☐☐☐☐의 과태료 → 200만 원 이하

(1) 소방자동차의 출동에 지장을 준 자
(2) 소방활동구역을 출입한 사람
(3) 한국119청소년단, 한국소방안전원 또는 이와 유사한 명칭을 사용한 자

30. 20만 원 이하의 과태료 : 소방본부장/소방서장에게 부과

화재로 오인할 만한 우려가 있는 불을 피우거나 연막 소독을 하기 전에 신고를 하지 않아 소방자동차를 출동하게 한 자

CHAPTER 02 소방시설법

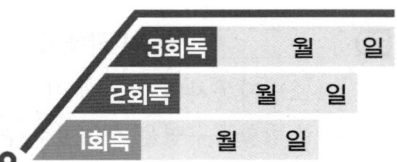

1 소방시설법 용어(대통령령)

소방시설	소화설비, 경보설비, 피난구조설비, 소화용수설비, 소화활동설비 (대통령령)
소방시설등	소방시설과 비상구, 그 밖에 소방 관련 시설(방화문, 자동방화셔터)(대통령령)
특정소방대상물	건축물 등의 규모·용도 및 수용인원 등을 고려하여 소방시설을 설치하여야 하는 소방대상물(대통령령)
소방용품	소방시설등을 구성하거나 소방용으로 사용되는 제품 또는 기기 (대통령령)
화재안전성능	화재를 예방하고 화재 발생 시 피해를 최소화하기 위하여 소방대상물의 재료, 공간 및 설비 등에 요구되는 안전성능
성능위주설계	건축물등의 재료, 공간, 이용자, 화재 특성 등을 종합적으로 고려하여 공학적 방법으로 화재 위험성을 평가하고 그 결과에 따라 화재안전성능이 확보될 수 있도록 특정소방대상물을 설계하는 것
화재안전기준	성능기준 : 화재안전 확보를 위하여 재료, 공간 및 설비 등에 요구되는 안전성능(소방청장 고시)
	기술기준 : 성능기준을 충족하는 상세한 규격, 특정한 수치 및 시험방법 등에 관한 기준(소방청장 승인)

2 무창층

지상층 중 다음 요건을 모두 갖춘 개구부 면적 합계가 해당 층 바닥면적 *[1/30 이하]

(1) 크기 : 지름 *[50 [cm] 이상]의 원이 통과할 수 있는 크기
(2) 높이 : 해당 층의 바닥면으로부터 개구부 밑부분까지 1.2 [m] 이내
(3) 도로 또는 차량이 진입할 수 있는 빈터를 향할 것
(4) 쉽게 피난할 수 있도록 창살이나 그 밖의 장애물이 설치되지 않을 것
(5) 내부·외부에서 쉽게 부수거나 열 수 있을 것

3 소방시설 종류

소화설비	물 또는 그 밖의 소화약제를 사용하여 소화하는 기계·기구·설비
경보설비	화재발생 사실을 통보하는 기계·기구·설비
피난구조설비	화재 시 피난하기 위해 사용하는 기구·설비
소화용수설비	화재를 진압하는 데 필요한 물을 공급·저장하는 설비
소화활동설비	화재를 진압하거나 인명구조 활동을 위해 사용하는 설비

> 암기 ▶ 소경피 용활

4 *

소화기구	• 소화기 • 간이소화용구 • 자동확산소화기
자동소화장치	• 주거용 주방자동소화장치 • 상업용 주방자동소화장치 • 캐비닛형 자동소화장치 • 가스자동소화장치 • 분말자동소화장치 • 고체에어로졸자동소화장치
옥내소화전설비	(호스릴 포함)
스프링클러설비 등	• 스프링클러설비 • 간이스프링클러설비(캐비닛형 포함) • 화재조기진압용 스프링클러설비
물분무등소화설비	• 물 분무 소화설비 • 미분무 소화설비 • 포소화설비 • 이산화탄소소화설비 • 할론소화설비 • 할로겐화합물 및 불활성기체 소화설비 • 분말소화설비 • 강화액소화설비 • 고체에어로즐소화설비
옥외소화전설비	–

▶ 소화설비

5 경보설비
(1) 단독경보형 감지기 (2) 비상경보설비
(3) 시각경보기 (4) 자동화재탐지설비
(5) 비상방송설비 (6) 자동화재속보설비
(7) 통합감시시설 (8) 누전경보기
(9) 가스누설경보기 (10) 화재알림설비

6 *⬚ 피난구조설비

피난기구	• 피난사다리 • 구조대 • 완강기, 간이완강기
인명구조기구	• 방열복, 방화복(안전모, 보호장갑, 안전화 포함) • 공기호흡기 • 인공소생기
유도등	• 피난유도선 • 피난구유도등 • 통로유도등 • 객석유도등 • 유도표지
비상조명등 및 휴대용비상조명등	—

7 소화활동설비
(1) 연결송수관설비 (2) 연결살수설비
(3) 연소방지설비 (4) 무선통신보조설비
(5) 제연설비 (6) 비상콘센트설비

암기 ▶ 3연무 제비콘

8 소화용수설비
(1) 상수도소화용수설비
(2) 소화수조·저수조, 그 밖의 소화용수설비

9 특정소방대상물
(1) 공동주택 : 아파트 등, 기숙사
  ① 아파트등 : 주택으로 쓰는 층수가 *⬚ 인 주택 — 5층 이상
  ② 연립주택 : 주택으로 쓰는 1개 동의 바닥면적(2개 이상의 동을 지하주차장으로 연결하는 경우에는 각각의 동으로 본다) 합계가 660[m^2]를 초과하고, 층수가 4개 층 이하인 주택

③ 다세대주택 : 주택으로 쓰는 1개 동의 바닥면적(2개 이상의 동을 지하주차장으로 연결하는 경우에는 각각의 동으로 본다) 합계가 660 [m^2] 이하이고, 층수가 4개 층 이하인 주택
④ 기숙사 : 학교 또는 공장 등의 학생 또는 종업원 등을 위하여 쓰는 것으로서 1개 동의 공동취사시설 이용 세대 수가 전체의 50 [%] 이상인 것

(2) 근린생활시설

바닥면적 [m^2] 합계 미만	특정소방대상물	바닥면적 합계 이상 시 용도
전부 해당	이용원, 미용원, 목욕장, 세탁소, 의원, 치과의원, 한의원, 침술원, 접골원, 조산원, 산후조리원, 안마원, 장의사, 동물병원, 총포판매사	-
150	노래연습장 및 단란주점	위락시설
	휴게음식점, 제과점, 일반음식점, 기원(棋院)	
300	공연장, 비디오물감상실업	문화 및 집회시설
	종교집회장	종교시설
500	탁구장, 테니스장, 체육도장, 체력단련장, 에어로빅장, 볼링장, 당구장, 실내낚시터, 골프연습장, 물놀이형 시설	운동시설
	금융업소, 사무소, 부동산중개사무소, 결혼 상담 등 소개업소	업무시설
	제조업소, 수리점	공장
	출판사, 서점, 청소년·일반게임 제공업, 복합유통게임 제공업, 사진관, 표구점, 인터넷컴퓨터게임시설제공업	판매시설
	학원(자동차학원 및 무도학원 제외)	교육연구시설 (도서관)
	독서실, 고시원	숙박시설
1000	슈퍼마켓, 일용품(식품, 잡화, 의류, 완구, 서적, 건축자재, 의약품, 의료기기 등) 등의 소매점, 의약품판매소, 의료기기판매소, 자동차영업소	판매시설

(3) 문화 및 집회시설

공연장	근린생활시설에 해당하지 않는 것(바닥면적 합계 300 [m²] 이상)
집회장	예식장, 회의장, 마권장외발매소, 마권전화투표소(바닥면적 합계 300 [m²] 이상)
관람장	경마장, 경륜장, 운동장으로 관람석 바닥면적 합계 1000 [m²] 이상
전시장	박물관, 미술관, 과학관, 체험관, 기념관, 산업전시장, 박람회장, 견본주택
동·식물원	동물원, 식물원, 수족관

(4) 종교시설 : 종교집회장으로 근린생활시설에 해당하지 않는 것(바닥면적 합계 300 [m²] 이상), 종교집회장에 설치하는 봉안당

(5) 판매시설 : 도매시장, 소매시장, 전통시장, 상점

(6) 운수시설 : 여객자동차터미널, 철도 및 도시철도 시설(정비창 포함), 공항시설(항공관제탑 포함), 항만시설 및 종합여객시설

(7) 의료시설 : *☐ (종합병원, 병원, 치과병원, 한방병원, 요양병원), 격리병원(전염병원, 마약진료소), 정신의료기관, 장애인 의료재활시설 〔병원〕

(8) 교육연구시설 : 학교(초·중·고등학교, 특수학교, 대학교), 교육원(연수원), 직업훈련소, 학원, 연구소, 도서관

(9) 노유자시설

노인 관련 시설	노인주거복지시설, 노인의료복지시설, 노인여가복지시설, 재가노인복지시설, 노인보호전문기관, 노인일자리지원기관, 학대피해노인 전용쉼터
아동 관련 시설	아동복지시설, 어린이집, 유치원
장애인 관련 시설	장애인 거주시설, 장애인 지역사회재활시설, 장애인 직업재활시설
정신질환자 관련 시설	정신재활시설(생산품 판매시설 제외), 정신요양시설
노숙인 관련 시설	노숙인 복지시설(노숙인일시보호시설, 노숙인자활시설, 노숙인재활시설, 노숙인요양시설 및 쪽방상담소만 해당한다), 노숙인종합지원센터
사회복지시설	결핵환자 또는 한센인 요양시설

(10) 운동시설

① 탁구장, 체육도장, 테니스장, 체력단련장, 에어로빅장, 볼링장, 당구장, 실내낚시터, 골프연습장, 물놀이형 시설, 그 밖에 이와 비슷한 것으로서 근린생활시설에 해당하지 않는 것(바닥면적 합계 *☐ 이상) 〔500 [m²]〕

② 체육관으로서 관람석이 없거나 관람석의 바닥면적 1000 [m²] 미만

③ 운동장(육상장, 구기장, 볼링장, 수영장, 스케이트장, 롤러스케이트장, 사격장, 승마장, 궁도장, 골프장)과 이에 딸린 건축물로서 관람석이 없거나 관람석의 바닥면적 1000 [m²] 미만

⑾ 업무시설
  ① 공공업무시설 : 국가 또는 지방자치단체의 청사, 외국공관의 건축물
  ② 일반업무시설 : 금융업소, 사무소, 신문사, 오피스텔
  ③ 주민자치센터(동사무소), 경찰서, 지구대, 파출소, 소방서, 119안전센터, 우체국, 보건소, 공공도서관, 국민건강보험공단
  ④ 마을회관, 마을공동작업소, 마을공동구판장
  ⑤ 변전소, 양수장, 정수장, 대피소, 공중화장실

⑿ 숙박시설 : 호텔, 모텔, 여관, 관광호텔, 고시원(근린생활시설에 해당하지 않는 것)

⒀ 창고시설 : 창고, 하역장, 물류터미널, 집배송시설

⒁ 항공기 및 자동차 관련시설(건설기계 관련시설 포함)

⒂ 지하구

⒃ 복합건축물
  ① 하나의 건축물이 둘 이상의 용도로 사용되는 것
  ② 하나의 건축물이 근린생활시설, 판매시설, 업무시설, 숙박시설 또는 위락시설의 용도와 주택의 용도로 함께 사용되는 것

🔟 둘 이상의 특정소방대상물을 하나의 소방대상물로 보는 경우(내화구조 연결통로)

(1) 벽이 없는 구조 : *〔   〕 ○─ 🔖 길이 6 [m] 이하
(2) 벽이 있는 구조 : 길이 10 [m] 이하

1️⃣1️⃣ 연소 우려가 있는 건축물 구조

(1) 건축물대장 건축물 현황도에 표시된 대지경계선 안에 둘 이상의 건축물이 있는 경우
(2) 다른 건축물의 외벽으로부터 수평거리 : 1층 *〔   〕, 2층 이상 10 [m] 이하   ○─ 🔖 6 [m] 이하
(3) 개구부가 다른 건축물을 향하여 설치되어 있는 경우

1️⃣2️⃣ 건축허가 등의 동의요구

(1) 건축물 등 신축·증축·개축·이전·용도변경, 대수선 허가·협의·사용승인
(2) 건축허가 동의권자 : 시공지 또는 소재지 관할 소방본부장, 소방서장

(3) 회신 : 동의요구서류를 접수한 날부터 5일(특급소방안전관리대상물 10일) 이내
(4) 동의요구서, 첨부서류 보완 : 4일 이내
(5) 건축허가 취소 사실 통보 : *[7일 이내]
(6) 소방시설법에 따른 명령 및 소방자동차 전용구역의 설치 사항검토
(7) 검토 자료 또는 의견서를 첨부할 수 있음
 ① 피난시설, 방화구획(防火區劃)
 ② 소방관 진입창
 ③ 방화시설(방화벽, 마감재료 등)
 ④ 소방자동차의 접근이 가능한 통로의 설치 등 대통령령으로 정하는 사항
  ㉠ 소방자동차의 접근이 가능한 통로의 설치
  ㉡ 승강기의 설치
  ㉢ 주택단지 안 도로의 설치
  ㉣ 비상문자동개폐장치 또는 헬리포트의 설치
  ㉤ 그 밖의 소방본부장 또는 소방서장이 소화활동 및 피난을 위해 필요하다고 인정하는 사항

13 건축허가 등의 동의요구 첨부서류

(1) 건축허가서 또는 건축·대수선·용도변경신고서
(2) 설계도서
 ① 건축물 설계도서
  ㉠ 건축물 개요 및 배치도
  ㉡ 주단면도 및 입면도(물체를 정면에서 본 대로 그린 그림)
  ㉢ 층별 평면도(용도별 기준층 평면도를 포함)
  ㉣ 방화구획도(창호도를 포함)
  ㉤ 실내·실외 마감재료표
  ㉥ 소방자동차 진입 동선도 및 부서 공간 위치도(조경계획을 포함)
 ② 소방시설 설계도서
  ㉠ 소방시설(기계·전기 분야의 시설을 말한다)의 계통도(시설별 계산서를 포함)
  ㉡ 소방시설별 층별 평면도
  ㉢ 실내장식물 방염대상물품 설치 계획
  ㉣ 소방시설의 내진설계 계통도 및 기준층 평면도(내진 시방서 및 계산서 등 세부 내용이 포함된 상세 설계도면은 제외)

(3) 소방시설 설치계획표
(4) 임시소방시설 설치계획서
(5) 소방시설설계업등록증과 소방시설을 설계한 기술인력자의 기술자격증 사본
(6) 소방시설설계계약서 사본

14 건축허가 등의 동의대상물

구분	기준
학교시설	연면적* ▭ → 100 [m²] 이상
노유자(老幼者)시설 및 수련시설	연면적* ▭ → 200 [m²] 이상
지하층·무창층이 있는 건축물	바닥면적 150 [m²](공연장 100 [m²]) 이상
정신의료기관, 장애인 의료재활시설	연면적 300 [m²] 이상
일반용도의 특정소방대상물	연면적* ▭ → 400 [m²] 이상
차고, 주차장 또는 주차용도로 사용되는 시설	바닥면적* ▭ → 200 [m²] 이상 기계식 주차시설 자동차 20대 이상
• 노인 관련 시설 중 노인주거복지시설, 노인의료복지시설, 재가노인복지시설, 학대피해노인전용쉼터 • 아동복지시설(아동상담소, 아동전용시설 및 지역아동센터는 제외한다) • 장애인 거주시설 • 정신질환자 관련 시설(공동생활가정을 제외한 재활훈련시설과 종합시설 중 24시간 주거를 제공하지 않는 시설은 제외한다) • 노숙인 관련 시설 중 노숙인자활시설·노숙인재활시설·노숙인요양시설 • 결핵환자나 한센인이 24시간 생활하는 노유자시설	단독주택, 공동주택에 설치되는 시설 제외
• 6층 이상 건축물 • 항공기격납고, 관망탑, 항공관제탑, 방송용송수신탑 • 요양병원(의료재활시설제외) • 위험물 저장 및 처리시설, 발전시설 중 풍력발전소·전기저장시설, 지하구 • 조산원, 산후조리원, 의원(입원실 또는 인공신장실이 있는 것)	-
• 공장 또는 창고시설로서 지정 수량의 750배 이상의 특수가연물을 저장·취급하는 것 • 가스시설로서 지상에 노출된 탱크의 저장용량의 합계가 100톤 이상인 것	-

15 내진설계 대상
(1) 옥내소화전설비
(2) 스프링클러설비
(3) *[　　　　]

16 성능위주설계 대상
(1) 연면적 200000 [m²] 이상 특정소방대상물, 다만 아파트 등(공동주택 중 주택으로 쓰이는 층수가 5층 이상인 주택) 제외
(2) 다음 어느 하나에 해당하는 특정소방대상물
　① 50층 이상(지하층 제외)이거나 지상으로부터 높이가 200 [m] 이상인 아파트 등
　② 30층 이상(지하층 포함)이거나 지상으로부터 높이가 120 [m] 이상인 특정소방대상물(아파트 등은 제외)
(3) 연면적 30000 [m²] 이상 특정소방대상물로서 다음 어느 하나에 해당하는 특정소방대상물
　① 철도 및 도시철도 시설
　② 공항시설
(4) 하나의 건축물에 영화상영관이 *[　　　　] 특정소방대상물
(5) 지하연계 복합건축물에 해당하는 특정소방대상물
(6) 연면적 100000 [m²] 이상이거나 지하 2층 이하이고 지하층의 바닥면적의 합이 30000 [m²] 이상인 창고시설
(7) 터널 중 수저(水底)터널 또는 길이가 5000 [m] 이상인 것

17 성능위주설계평가단
(1) 필요한 사항 : 행정안전부령
(2) 구성 : 평가단장 1명 포함 50 이내의 단원
(3) 임기 : 2년, 2회 연임
(4) 평가단 회의 : 평가단장과 평가단장이 회의마다 지명하는 6명 이상 8명 이하의 평가단원

18 주택에 설치하는 소방시설(소화기, 단독경보형 감지기 설치)
(1) 주택용소방시설의 종류 : *[　　　　]
(2) 설치대상
　① 단독주택
　② 공동주택(아파트 및 기숙사는 제외)

🔖 물분무등소화설비

🔖 10개 이상

🔖 소화기, 단독경보형 감지기

19 소화기구 설치대상

(1) 연면적 33 [m²] 이상(노유자시설 : 산정된 소화기 수량의 1/2 이상 투척용 소화용구 등 설치)
(2) 가스시설, 발전시설 중 전기저장시설 및 국가유산
(3) 터널, 지하구

20 옥내소화전설비 설치대상

설치대상	기준
특정소방대상물(위험물 저장 및 처리시설 중 가스시설, 스프링클러설비 또는 물분무등소화설비 원격 조정 가능한 업무시설 중 무인변전소 제외)	• 연면적 3000 [m²] 이상(지하상가) • 지하층·무창층(축사 제외)으로서 바닥면적 *[ ]인 층이 있는 것 • 4층 이상인 것 중 바닥면적 600 [m²] 이상인 층이 있는 것은 모든 층
• 근린생활시설, 판매시설, 운수시설, 의료시설, 노유자시설, 업무시설, 숙박시설, 위락시설, 공장, 창고시설, 항공기 및 자동차 관련 시설, 국방·군사시설, 방송통신시설, 발전시설, 장례시설 • 복합건축물	• 연면적 1500 [m²] 이상 • 지하층·무창층 또는 4층 이상인 층 중 모든 바닥면적 300 [m²] 이상인 층이 있는 모든 층
옥상 설치 차고·주차장	차고·주차 용도 사용 부분 면적 200 [m²] 이상 해당 부분
터널	• 길이 1000 [m] 이상 • 예상교통량, 경사도 등 터널의 특성을 고려하여 행정안전부령으로 정하는 터널
공장 또는 창고시설	750배 이상의 특수가연물 저장·취급

○─ 🔖 600 [m²] 이상

21 스프링클러설비 설치대상

설치대상	기준
• 문화 및 집회시설(동·식물원 제외) • 종교시설 • 운동시설(물놀이형 시설 및 바닥이 불연재료이고 관람석이 없는 운동시설은 제외)	• 수용인원 *[ ] • 영화상영관 바닥면적 : 지하층·무창층 500 [m²](그 외 1000 [m²]) 이상 • 무대부 : 지하층·무창층, 4층 이상 300 [m²] (그 외 500 [m²]) 이상
• 판매시설, 운수시설 • 창고시설(물류터미널)	• 수용인원 500명 이상 • 바닥면적 합계 5000 [m²] 이상
6층 이상인 특정소방대상물	전 층

○─ 🔖 100명 이상

설치대상	기준
• 의료시설(정신의료기관, 종합병원, 병원, 치과병원, 한방병원, 요양병원) • 노유자시설 • 숙박 가능한 수련시설 • 숙박시설 • 산후조리원, 조산원	바닥면적 합계 600 [m²] 이상인 것은 모든 층
지하상가	연면적 1000 [m²] 이상
기숙사(교육연구시설·수련시설 내에 있는 학생 수용을 위한 것), 복합건축물	연면적 5000 [m²] 이상인 모든 층
특수가연물 저장·취급 시설	지정수량 1000배 이상
랙식 창고의 높이가 10 [m] 초과	바닥면적 또는 랙이 설치된 부분의 합계가 1500 [m²] 이상인 경우 모든 층
전기저장시설, 교정 및 군사시설 중 보호감호소, 교도소, 구치소 및 그 지소, 보호관찰소, 갱생보호시설, 치료감호시설, 소년원 및 소년분류심사원의 수용거실, 보호시설(외국인보호소의 경우에는 보호대상자의 생활공간으로 한정), 유치장	–

22 간이스프링클러설비 설치대상

설치대상	기준
근린생활시설	• 바닥면적 합계 1000 [m²] 이상인 것은 모든 층 • 의원, 치과의원, 한의원으로서 입원실이 있는 것 • 조산원 및 산후조리원 연면적 *[　　　　] 시설
교육시설 내 합숙소	연면적 100 [m²] 이상인 경우에는 모든 층
의료시설(종합병원, 병원, 치과병원, 요양병원)	바닥면적 합계 600 [m²] 미만
• 정신의료기관, 의료재활시설 • 노유자시설	• 바닥면적 합계 300 [m²] 이상 600 [m²] 미만 • 바닥면적 합계 300 [m²] 미만, 창살 설치
복합건축물	연면적 *[　　　　] 전 층
연립주택 및 다세대주택	–
숙박시설	바닥면적 합계 *[　　　　]

※ 600 [m²] 미만
※ 1000 [m²] 이상
※ 300 [m²] 이상 600 [m²] 미만

23 물분무등소화설비(위험물 저장 및 처리시설 중 가스시설 또는 지하구 제외)

설치대상	기준
차고, 주차용 건축물, 철골 조립식 주차시설	연면적 800 [m²] 이상
전기실·발전실·변전실·축전지실·전산실·통신기기실	바닥면적 300 [m²] 이상
건물 내부에 설치된 차고·주차장	사용되는 면적이 바닥면적 200 [m²] 이상인 경우 해당 부분(50세대 미만 연립주택 및 다세대 주택은 제외)
기계식 주차장	20대 이상
항공기 격납고, 소화수 수집·처리 설비가 설치되어 있지 않은 중·저준위방사성폐기물저장시설, 국가유산 중 소방청장이 국가유산청장과 협의하여 정하는 것	-

24 옥외소화전설비

(1) 지상 1층 및 2층의 바닥면적의 합계가 *[　　　　] 인 것 ─○ 9000 [m²] 이상
(2) 문화유산 중 보물 또는 국보로 지정된 목조건축물
(3) 공장 또는 창고시설로서 750배 이상의 특수가연물을 저장·취급하는 것

25 비상경보설비

설치대상	기준
일반 (지하구, 축사, 동·식물 관련 시설 제외)	연면적 400 [m²] 이상인 것은 모든 층
지하층·무창층	바닥면적 150 [m²](공연장 100 [m²]) 이상인 것은 모든 층
터널	500 [m] 이상
50명 이상 근로자가 작업하는 옥내 작업장	-

26 비상방송설비

(1) 연면적 *[　　　　] 인 것은 모든 층 ─○ 3500 [m²] 이상
(2) 층수 *[　　　　] 인 것은 모든 층 ─○ 11층 이상
(3) 지하층의 층수 3층 이상인 것은 모든 층

27 자동화재탐지설비 설치대상

설치대상	기준
• 교육연구시설(교육시설 내에 있는 기숙사 및 합숙소를 포함한다), 수련시설(기숙사·합숙소 포함, 숙박시설 제외) • 동·식물 관련 시설 • 자원순환 관련 시설 • 교정 및 군사시설 • 묘지 관련 시설	연면적 *[2000 m² 이상]인 경우에는 모든 층
목욕장, 문화 및 집회시설, 종교시설, 판매시설, 운수시설, 운동시설, 업무시설, 창고시설, 공장, 지하상가, 위험물 저장 및 처리시설, 항공기 및 자동차 관련 시설, 교정 및 군사시설 중 국방·군사시설, 방송통신시설, 발전시설, 관광 휴게시설	연면적 *[1000 m² 이상]인 경우에는 모든 층
• 근린생활시설(목욕장 제외) • 의료시설(정신의료기관, 요양병원 제외) • 위락시설, 장례시설 및 복합건축물	연면적 *[600 m² 이상]인 경우에는 모든 층
정신의료기관, 의료재활시설	• 바닥면적 합계 300 [m²] 이상 • 바닥면적 합계 300 [m²] 미만, 창살 설치
터널	길이 *[1000 m 이상]
공장 및 창고시설	500배 이상 특수가연물
요양병원, 지하구, 전통시장, 조산원, 산후조리원	-
전기저장시설, 노유자생활시설	-
공동주택 중 아파트등·기숙사, 숙박시설, 6층 이상인 건축물	-
노유자시설	연면적 *[400 m² 이상]인 경우에는 모든 층
숙박시설이 있는 수련시설	수용인원 *[100명 이상]인 경우에는 모든 층

좌측 표기:
- 2000 [m²] 이상
- 1000 [m²] 이상
- 600 [m²] 이상
- 1000 [m] 이상
- 400 [m²] 이상
- 100명 이상

28 자동화재속보설비

설치대상	기준
• 노유자시설 • 숙박 가능한 수련시설 • 의료재활시설, 정신병원	바닥면적 500 [m²] 이상
• 종합병원, 병원, 치과병원, 한방병원, 요양병원 • 근린생활시설 중 의원, 치과의원, 한의원으로서 입원실이 있는 것 • 전통시장 • 노유자생활시설 • 보물·국보 지정 목조건축물 • 조산원, 산후조리원	-

※ 방재실 등 화재 수신기가 설치된 장소에 24시간 화재를 감시할 수 있는 사람이 근무하고 있는 경우 자동화재속보설비를 설치 제외 가능

29 단독경보형 감지기

설치대상	기준	
교육연구시설 및 수련시설 내에 있는 합숙소·기숙사	연면적*	2000 [m²] 미만
유치원	연면적*	400 [m²] 미만
수련시설(숙박시설 있는 것)	수용인원*	100명 미만
공동주택 중 연립주택 및 다세대주택	-	

30 휴대용 비상조명등 설치대상

설치대상	기준	
숙박시설, 다중이용업소	구획된 실마다* 설치	1개 이상
수용인원 100명 이상의 영화상영관, 대규모점포	보행거리* 마다 3개 이상 설치	50 [m] 이내
지하상가, 지하역사	보행거리* 마다 3개 이상 설치	25 [m] 이내

31 제연설비

설치대상	기준
문화 및 집회시설, 종교시설, 운동시설	• 무대부 바닥면적 200 [m²] 이상인 경우에는 해당 무대부 • 영화상영관 수용인원 100명 이상인 경우에는 해당 영화상영관
지하층·무창층에 설치된 근린생활시설, 판매시설, 숙박시설, 운수시설, 의료시설, 위락시설, 노유자시설, 창고시설(물류터미널로 한정)	바닥면적 합계 1000 [m²] 이상인 경우 해당 부분
지하상가	연면적 1000 [m²] 이상
공항시설 대기실, 항만시설 대기실, 휴게시설, 시외버스정류장, 철도 및 도시철도 시설	지하층·무창층 바닥면적 1000 [m²] 이상인 경우에는 모든 층
특정소방대상물(갓복도형 아파트등 제외)에 부설된 특별피난계단, 비상용 승강기의 승강장, 피난용 승강기의 승강장	

32 수용인원 산정 방법(소수점 이하 반올림)

구분	조건	수용인원 산정방법
숙박시설	침대 있음	종사자 수 + 침대 수 (2인용 : 2인)
	침대 없음	종사자 수 + 바닥면적 합계 / *[3 [m²]]*
숙박시설 이외	• 강의실·교무실·상담실·실습실·휴게실 용도로 쓰이는 특정소방대상물	바닥면적 합계 / 1.9 [m²]
	• 강당·문화 및 집회시설·운동시설·종교시설 • 관람석에 고정식 의자가 있는 경우 • 관람석에 긴 의자가 있는 경우	바닥면적 합계 / *[4.6 [m²]]* 의자 수 의자의 정면너비 / 0.45 [m]
	그 밖의 대상물	바닥면적 합계 / 3 [m²]

33 임시소방시설 종류와 설치기준

종류		공사의 규모와 종류	유사소방시설
소화기		화재위험작업현장에 설치	-
간이 소화 장치	물을 방사하여 화재를 진화할 수 있는 장치로서 소방청장이 정하는 성능을 갖추고 있을 것	다음 어느 하나에 해당하는 작업현장 ① 연면적 3000 [m²] 이상 ② 지하층·무창층·4층 이상의 층(이 경우 해당 층의 바닥면적이 600 [m²] 이상인 경우만 해당)	소방청장이 정하여 고시하는 기준에 맞는 소화기(연결송수관설비의 방수구 인근에 설치한 경우로 한정한다) 또는 옥내소화전설비
비상 경보 장치	화재가 발생한 경우 주변에 있는 작업자에게 화재사실을 알릴 수 있는 장치로서 소방청장이 정하는 성능을 갖추고 있을 것	다음 어느 하나에 해당하는 작업현장 ① 연면적 *400 [m²] 이상 ② 지하층·무창층(이 경우 해당 층의 바닥면적이 150 [m²] 이상인 경우만 해당)	① 비상방송설비 ② 자동화재탐지설비
간이 피난 유도선	화재가 발생한 경우 피난구 방향을 안내할 수 있는 장치로서 소방청장이 정하는 성능을 갖추고 있을 것	바닥면적이 150 [m²] 이상인 지하층·무창층의 작업현장에 설치	① 피난유도선 ② 피난구유도등 ③ 통로유도등 ④ 비상조명등
가스 누설 경보기	가연성 가스가 누설 또는 발생된 경우 탐지하여 경보하는 장치로서 소방청장이 실시하는 형식승인 및 제품검사를 받은 것	바닥면적이 150 [m²] 이상인 지하층·무창층의 작업현장에 설치	-
비상 조명등	화재 발생 시 안전하고 원활한 피난활동을 할 수 있도록 거실 및 피난통로 등에 설치하여 자동 점등되는 조명장치로서 소방청장이 정하는 성능을 갖추고 있을 것	바닥면적이 150 [m²] 이상인 지하층·무창층의 작업현장에 설치	-
방화포	용접·용단 등 작업 시 발생하는 금속성 불티로부터 가연물이 점화되는 것을 방지해주는 천 또는 불연성 물품으로서 소방청장이 정하는 성능을 갖추고 있을 것	용접·용단 작업이 진행되는 작업장에 설치	-

* 400 [m²] 이상

34 특정소방대상물의 소방시설 설치 면제 기준

설치 면제되는 소방시설	설치 면제 요건
1. 스프링클러설비	• 적응성 있는 자동소화장치 및 물분무등소화설비 설치한 경우 • 전기저장시설에 소화설비를 소방청장이 정하여 고시하는 방법에 따라 설치한 경우
2. 물분무등소화설비	• 차고·주차장에 S/P 설치한 경우
3. 간이스프링클러설비	• S/P·물분무·미분무 소화설비 설치한 경우
4. 비상경보설비 또는 단독경보감지기	• *[　자동화재탐지설비　]* 또는 화재알림설비를 설치한 경우
5. 비상경보설비	• 단독경보형 감지기를 2개 이상의 단독경보형 감지기와 연동하여 설치한 경우
6. 비상방송설비	• 자동화재탐지설비 또는 비상경보설비와 같은 수준 이상의 음향을 발하는 장치를 부설한 방송설비를 설치한 경우
7. 피난구조설비	• 위치·구조·설비의 상황에 따라 피난상 지장이 없다고 인정되는 경우
8. 연결살수설비	• 송수구를 부설한 S/P·간이S/P·물분무·미분무 소화설비를 설치한 경우 • 가스관계 법령에 따라 설치되는 물분무장치 등에 소방대가 사용할 수 있는 연결송수구가 설치되거나, 물분무장치 등에 6시간 이상 공급할 수 있는 수원이 확보된 경우
9. 제연설비	1. 제연설비를 설치하여야 하는 특정소방대상물에 다음 어느 하나에 해당하는 설비를 설치한 경우 설치가 면제됨 ※ 면제 제외 : 특정소방대상물(갓복도형 아파트등 제외)에 부설된 특별피난계단, 비상용승강기의 승강장, 피난용 승강기의 승강장 • 공조설비를 화재안전기준의 제연설비기준에 적합하게 설치하고, 화재 시 제연설비기능으로 자동 전환되는 구조인 경우 • 직접 외부 공기와 통하는 배출구 면적의 합계가 해당제연구역 바닥면적의 1/100 이상이고, 배출구로부터 각 부분까지의 수평거리가 30 [m] 이내이며, 공기유입구가 화재안전기준에 적합하게 설치되어 있는 경우 2. 제연설비 설치대상 중 노대와 연결된 특별피난계단, 노대가 설치된 비상용 승강기의 승강장, 배연설비가 설치된 피난용 승강기의 승강장
10. 비상조명등	• 피난구유도등 또는 통로유도등 설치한 경우

설치 면제되는 소방시설	설치 면제 요건
11. 누전경보기	• 아크경보기 또는 지락차단장치를 설치한 경우 ※ 아크경보기 : 옥내 배전선로의 단선이나 선로 손상 등으로 인하여 발생하는 아크를 감지하고 경보하는 장치
12. 무선통신보조설비	• 이동통신 구내 중계기 선로설비 또는 무선이동중계기 등 설치한 경우
13. 상수도소화용수 설비	• 상수도소화용수설비를 설치하여야 하는 특정소방대상물의 각 부분으로부터 수평거리 140 [m] 이내에 공공의 소방을 위한 소화전이 설치된 경우 • 소방본부장·서장이 상수도소화용수설비의 설치가 곤란하다고 인정하는 경우로서 소화수조 또는 저수조가 설치되어 있거나 설치하는 경우
14. 연소방지설비	• S/P, 물분무, 미분무 소화설비 설치한 경우
15. 연결송수관설비	• 옥외에 연결송수구 및 옥내에 방수구가 부설된 옥내소화전설비·S/P·간이S/P, 연결살수설비 설치한 경우 ※ 면제 제외 : 지표면에서 최상층 방수구까지 높이가 70 [m] 이상인 경우
16. 자동화재탐지설비	• 자동화재탐지설비의 기능과 성능을 가진 화재알림설비·S/P·물분무등소화설비를 설치한 경우
17. 옥외소화전설비	• 문화유산인 목조건축물에 상수도소화용수설비를 옥외소화전 설비의 방수압력·방수량·옥외소화전함·호스 기준에 적합하게 설치한 경우
18. 옥내소화전설비	• 소방본부장·서장이 옥내소화전설비의 설치가 곤란하다고 인정하는 경우로서 호스릴 방식의 미분무·옥외소화전설비를 설치한 경우
19. 자동소화장치	• 자동소화장치를 설치하여야 하는 특정소방대상물에 물분무등소화설비를 설치한 경우 ※ 면제 제외 : 주거용 및 상업용 자동주방소화장치
20. 화재알림설비	• 자동화재탐지설비를 화재안전기준에 적합하게 설치한 경우
21. 자동화재속보설비	• 화재알림설비를 화재안전기준에 적합하게 설치한 경우

35 소방시설기준 적용 특례(대통령령, 화재안전기준 변경 시 강화된 기준 적용)

(1) 다음 소방시설 중 대통령령 또는 화재안전기준으로 정하는 것
  ① 소화기구
  ② 비상경보설비
  ③ 자동화재속보설비
  ④ 자동화재탐지설비
  ⑤ 피난구조설비

36 소방시설을 설치하지 않는 특정소방대상물의 범위

구분	특정소방대상물	소방시설
1. 화재위험도가 낮은 특정소방대상물	석재, 불연성금속, 불연성 건축 재료 등의 가공공장, 기계조립공장, 불연성물품 저장 창고	옥외소화전설비, 연결살수설비
2. 화재안전기준 적용이 어려운 특정소방대상물	펄프공장의 작업장, 음료수 공장의 세정·충전 작업장 등	스프링클러설비, 상수도소화용수설비, 연결살수설비
	정수장, 수영장, 목욕장, 농예·축산·어류양식용 시설 등	자동화재탐지, 상수도소화용수, 연결살수설비
3. 화재안전기준을 달리 적용하여야 하는 특수한 용도·구조의 특정소방대상물	• 원자력발전소 • 중·저준위방사성폐기물의 저장시설	연결송수관설비, 연결살수설비
4. 위험물안전관리법에 따라 자체소방대 설치된 특정소방대상물	자체소방대가 설치된 위험물 제조소등에 부속된 사무실	옥내소화전설비, 소화용수설비, 연결살수설비 및 연결송수관설비

※ 특정소방대상물에 구조 및 원리 등에서 공법이 특수한 설계로 인정된 소방시설을 설치하는 경우에는 중앙소방기술심의위원회의 심의를 거쳐 화재안전기준을 적용하지 아니할 수 있음

37 소방대상물의 방염성능검사

(1) 방염성능기준 : 대통령령
(2) 방염성능검사 방법 등 필요사항 : 행정안전부령

38 방염성능기준 이상의 실내장식물 등을 설치해야 하는 특정소방대상물
(1) 근린생활시설 중 의원, 조산원, 산후조리원, 체력단련장, 공연장 및 종교집회장, 치과의원, 한의원
(2) 건축물 옥내에 있는 시설 : 문화 및 집회시설, 종교시설, 운동시설(수영장 제외)
(3) 의료시설
(4) 교육연구시설 중 합숙소
(5) 노유자시설
(6) 숙박이 가능한 수련시설
(7) 숙박시설
(8) 방송통신시설 중 방송국 및 촬영소
(9) 다중이용업소
(10) 층수가 11층 이상인 것(⟦ 아파트 ⟧ 제외)

39 방염대상물품
(1) 제조·가공 공정에서 방염처리 한 물품(합판·목재류 설치현장 방염처리 포함)
  ① 창문에 설치하는 커튼류(블라인드 포함)
  ② 카펫
  ③ 벽지류(두께 ⟦ 2 [mm] 미만 ⟧ 인 종이벽지 제외)
  ④ 전시용 합판·목재 또는 섬유판, 무대용 합판·목재 또는 섬유판
  ⑤ 암막·무대막(영화상영관 스크린, 가상체험체육시설의 스크린 포함)
  ⑥ 섬유류, 합성수지류 등을 원료로 하여 제작된 소파·의자(단란주점영업, 유흥주점, 노래연습장업의 영업장에 설치하는 것만 해당)
(2) 건축물 내부의 천장이나 벽에 부착하거나 설치하는 것, 다만 가구류(옷장·찬장·식탁·식탁용 의자·사무용 책상·사무용 의자·계산대 등)와 너비 10 [cm] 이하 반자돌림대등과 내부 마감재료는 제외
  ① 종이류(두께 2 [mm] 이상)·합성수지류·섬유류를 주원료로 한 물품
  ② 합판, 목재
  ③ 공간 구획하는 간이 칸막이(접이식 등 이동 가능한 벽체나 천장 또는 반자가 실내에 접하는 부분까지 구획하지 않는 벽체를 말한다)
(3) 흡음(吸音)을 위하여 설치하는 흡음재(흡음용 커튼을 포함한다)
(4) 방음(防音)을 위하여 설치하는 방음재(방음용 커튼을 포함한다)

40 방염성능기준

구분	내용	기준
잔염시간	버너의 불꽃을 제거한 때부터 불꽃을 올리며 연소상태가 그칠 때까지 시간	*⬚ 20초 이내
잔신시간	버너의 불꽃을 제거한 때부터 불꽃을 올리지 않고 연소상태가 그칠 때까지 시간	*⬚ 30초 이내
탄화면적 탄화길이	탄화한 면적과 길이	50 [cm²] 이내 20 [cm] 이내
접염횟수	불꽃에 완전히 녹을 때까지 불꽃의 접촉횟수	3회 이상
연기밀도	소방청장의 고시한 방법으로 발연량 측정 시 최대연기밀도	400 이하

41 소방시설등의 자체점검

(1) 작동점검
  ① 소방시설등을 인위적으로 조작하여 정상적으로 작동하는지 점검
  ② 실시 횟수 : 연 1회 이상

(2) 종합점검 : 소방시설등의 작동점검을 포함하여 소방시설등의 설비별 주요 구성 부품의 구조기준이 화재안전기준과 건축법 등 관련 법령에서 정하는 기준에 적합한지 여부를 종합점검표에 따라 점검하는 것
  ① 최초점검 : 소방시설이 새로 설치되는 경우 건축물을 사용할 수 있게 된 날(건축물의 사용승인을 받은 날 또는 소방시설 완공검사증명서(일반용)를 받은 날)로부터 *⬚ 60일 이내 점검
  ② 그 밖의 종합점검 : 최초점검을 제외한 종합점검 연 1회 이상(특급 소방안전관리대상물의 경우 반기별 1회 이상)

(3) 종합점검 대상

대상	기준
가. 최초점검 대상물 나. 스프링클러설비가 설치된 특정소방대상물 다. 물분무등소화설비[호스릴 방식의 물분무등소화설비만을 설치한 경우는 제외]가 설치된 연면적 5000 [m²] 이상인 특정소방대상물(위험물 제조소등은 제외) 라. 다중이용업의 영업장이 설치된 특정소방대상물로서 연면적이 2000 [m²] 이상인 것(단란주점과 유흥주점, 영화상영관, 비디오물감상실업, 복합영상물제공업, 노래연습장, 산후조리원, 고시원, 안마시술소) 마. 제연설비가 설치된 터널	가. 관리업에 등록된 소방시설관리사 나. 소방안전관리자로 선임된 소방시설관리사 또는 소방기술사

대상	기준
바. 공공기관 중 연면적(터널·지하구의 경우 그 길이와 평균폭을 곱하여 계산된 값)이 1000 [m²] 이상인 것으로서 옥내소화전설비 또는 자동화재탐지설비가 설치된 것(소방대가 근무하는 공공기관은 제외)	

42 점검인력 배치기준

(1) 점검한도 면적 : 점검인력 1단위가 하루에 점검할 수 있는 특정소방대상물 연면적
  ① 종합점검 : *[　　　] (보조인력 1명 추가 2000 [m²]) ─○ 🔑 8000 [m²]
  ② 작동점검 : *[　　　] (보조인력 1명 추가 2500 [m²]) ─○ 🔑 10000 [m²]

(2) 점검한도 세대수 : 점검인력 1단위가 하루에 점검할 수 있는 아파트의 세대수
  ① 종합점검 : 250세대(보조인력 1명 추가 60세대)
  ② 작동점검 : 250세대(보조인력 1명 추가 60세대)

43 점검결과보고서

(1) 제출 : 7일 이내 자체점검 실시결과 보고서를 소방본부장, 소방서장에게 제출
(2) 보관 2년간 자체 보관

44 소방시설관리사시험

(1) 횟수 : 1년마다 1회(소방청장이 필요하다고 인정하는 경우 횟수 변경 가능)
(2) 공고 : 시행일 *[　　　]까지 응시자격, 과목, 일시·장소 등 소방청 홈페이지 공고 ─○ 🔑 90일 전

45 소방시설관리사 결격사유

(1) 피성년후견인
(2) 금고 이상 실형을 선고받고 집행이 끝나거나 면제된 날부터 2년이 지나지 않은 자
(3) 금고 이상 형의 집행유예를 선고받고 그 유예기간 중에 있는 자
(4) 자격이 취소된 날부터 *[　]이 지나지 않은 자 ─○ 🔑 2년

46 소방시설관리업 등록기준

기술인력 등 업종별	기술인력	영업범위
전문 소방시설관리업	가. 주된 기술인력 　1) 소방시설관리사 자격을 취득한 후 소방 관련 실무경력이 5년 이상인 사람 1명 이상 　2) 소방시설관리사 자격을 취득한 후 소방 관련 실무경력이 3년 이상인 사람 1명 이상 나. 보조 기술인력 　1) 고급점검자 이상의 기술인력 : 2명 이상 　2) 중급점검자 이상의 기술인력 : 2명 이상 　3) 초급점검자 이상의 기술인력 : 2명 이상	모든 특정소방대상물
일반 소방시설관리업	가. 주된 기술인력 : 소방시설관리사 자격을 취득한 후 소방 관련 실무경력이 1년 이상인 사람 1명 이상 나. 보조 기술인력 　1) 중급점검자 이상의 기술인력 : 1명 이상 　2) 초급점검자 이상의 기술인력 : 1명 이상	특정소방대상물 중 「화재의 예방 및 안전관리에 관한 법률 시행령」 별표 4에 따른 1급, 2급, 3급 소방안전관리대상물

47 등록사항 변경신고

☐ 이내 시·도지사에게 신고

✎ 30일

48 등록사항 변경신고 제출서류

(1) 명칭·상호·영업소소재지 변경 : 소방시설관리업등록증 및 등록수첩
(2) 대표자 변경 : 소방시설관리업등록증 및 등록수첩
(3) 기술인력 변경
　① 소방시설관리업등록수첩
　② 변경된 기술인력 기술자격증(경력수첩 포함)
　③ 소방기술인력대장

49 소방시설관리업자 지위승계(시·도지사)
(1) 관리업자가 사망한 경우 그 상속인
(2) 관리업자가 그 영업을 양도한 경우 그 양수인
(3) 법인 관리업자가 합병한 경우 합병 후 존속하는 법인이나 합병으로 설립되는 법인

50 *[_____]와 영업정지 명령권자
시·도지사(행정안전부령)

○─ 📖 등록취소

51 등록취소 및 6개월 이내의 기간 영업 정지((1), (4), (5) : 등록취소)
(1) 거짓이나 그 밖의 부정한 방법으로 등록한 경우
(2) 점검을 하지 않거나 거짓으로 한 경우
(3) 등록기준에 미달하게 된 경우
(4) 등록 결격사유에 해당하게 된 경우
(5) 다른 자에게 등록증이나 등록수첩 빌려준 경우
(6) 점검능력 평가를 받지 아니하고 자체점검을 한 경우

52 영업정지 과징금
시·도지사는 영업정지가 국민에게 심한 불편을 주거나 그 밖에 공익을 해칠 우려가 있을 때 영업정지처분을 갈음하여 *[_____] 이하의 과징금 부과 가능

○─ 📖 3000만 원

53 형식승인 취소 및 6개월 이내 기간 제품검사 중지((1) ~ (3) : 형식승인 취소)
(1) 거짓이나 부정한 방법으로 형식승인 받은 경우
(2) 거짓이나 부정한 방법으로 제품검사 받은 경우
(3) 변경승인 받지 않거나 거짓 또는 부정한 방법으로 변경승인 받은 경우
(4) 제품검사 시 기술기준에 미달되는 경우
(5) 시험시설의 시설기준에 미달되는 경우

54 청문
(1) 청문 실시자 : *[_____], 시·도지사
(2) 청문 실시하는 경우
   ① 관리사 자격 취소 및 정지
   ② 관리업 등록취소 및 영업정지
   ③ 소방용품 형식승인 취소 및 제품검사 중지
   ④ 성능인증·우수품질인증 취소
   ⑤ 전문기관 지정취소 및 업무정지

○─ 📖 소방청장

55 벌칙 및 벌금

징역 (이하)	벌금 (또는, 이하)	위반행위
5년	*☐ ☐	1. 소방시설에 폐쇄·차단 등의 행위를 한 자
7년	7000 만 원	2. 소방시설 폐쇄·차단으로 사람이 상해 시
10년	1억 원	3. 소방시설 폐쇄·차단으로 사람이 *☐
3년	3000 만 원	1. 조치명령 위반사항에 대한 명령을 정당한 사유 없이 위반 2. 관리업 등록을 하지 않고 영업을 한 자 3. 소방용품 형식승인 받지 아니하고 제조·수입 또는 거짓이나 그 밖의 부정한 방법으로 형식승인을 받은 자 4. 제품검사를 받지 아니한 자 또는 거짓이나 그 밖의 부정한 방법으로 제품검사를 받은 자 5. 소방용품을 판매·진열하거나 소방시설공사에 사용한 자 6. 거짓이나 그 밖의 부정한 방법으로 성능인증 또는 제품검사를 받은 자 7. 제품검사를 받지 아니하거나 합격표시를 하지 아니한 소방용품을 판매·진열하거나 소방시설공사에 사용한 자 8. 구매자에게 명령을 받은 사실을 알리지 아니하거나 필요한 조치를 하지 아니한 자 9. 거짓이나 그 밖의 부정한 방법으로 전문기관으로 지정을 받은 자
1년	1000 만 원	1. 자체점검을 하지 않거나 관리업자에게 정기 점검하게 하지 아니한 자 2. 소방시설관리사증을 빌려주거나 빌리거나 이를 알선한 자 3. 동시에 둘 이상의 업체에 취업한 자 4. 자격정지처분을 받고 자격정지기간 중에 관리사의 업무를 한 자 5. 관리업 등록증, 등록수첩을 다른 자에게 빌려주거나 빌리거나 이를 알선한 자 6. 영업정지처분을 받고 영업정지기간 중에 관리업의 업무를 한 자 7. 제품검사 합격표시 허위·위조·변조한 자 8. 형식승인의 변경승인을 받지 아니한 자

※ 5000만 원

※ 사망 시

징역 (이하)	벌금 (또는, 이하)	위반행위
1년	1000 만 원	9. 제품검사에 합격하지 아니한 소방용품에 성능인증을 받았다는 표시 또는 제품검사에 합격하였다는 표시를 하거나 성능인증을 받았다는 표시 또는 제품검사에 합격하였다는 표시를 위조 또는 변조하여 사용한 자 10. 성능인증의 변경인증을 받지 아니한 자 11. 우수품질 표시 허위·위조·변조하여 사용한 자 12. 관계인의 업무 방해하거나 출입·검사 시 알게 된 비밀을 누설한 자
–	300 만 원	1. 업무를 수행하면서 알게 된 비밀을 이 법에서 정한 목적 외의 용도로 사용하거나 다른 사람 또는 기관에 제공하거나 누설한 자 2. 방염성능검사에 합격하지 아니한 물품에 합격표시를 하거나 합격표시를 위조하거나 변조하여 사용한 자 3. 방염성능검사 시 거짓 시료 제출 4. 자체점검 결과의 조치를 하지 아니한 관계인 또는 관계인에게 중대위반사항을 알리지 아니한 관리업자 등

CHAPTER 03 화재예방법

1 화재예방법(화재예방 및 안전관리에 관한 법률)

(1) 목적 : 화재로부터 국민의 생명·신체·재산을 보호하고 공공의 안전과 복리증진에 이바지

(2) 용어 정의

구분	정의
예방	화재의 위험으로부터 사람의 생명·신체 및 재산을 보호하기 위하여 화재발생을 사전에 제거하거나 방지하기 위한 모든 활동
안전관리	화재로 인한 피해를 최소화하기 위한 예방, 대비, 대응 등의 활동
화재안전조사	소방청장, 소방본부장 또는 소방서장이 소방대상물, 관계지역 또는 관계인에 대하여 소방시설등이 소방 관계 법령에 적합하게 설치·관리되고 있는지, 소방대상물에 화재의 발생 위험이 있는지 등을 확인하기 위하여 실시하는 현장조사·문서열람·보고요구 등을 하는 활동
* <u>화재예방강화지구</u>	시·도지사가 화재 발생 우려가 크거나 화재가 발생할 경우 피해가 클 것으로 예상되는 지역에 대하여 화재의 예방 및 안전관리를 강화하기 위해 지정·관리하는 지역
화재예방안전진단	화재가 발생할 경우 사회·경제적으로 피해 규모가 클 것으로 예상되는 소방대상물에 대하여 화재위험요인을 조사하고 그 위험성을 평가하여 개선대책을 수립하는 것

2 실태조사(소방청장)

(1) 소방대상물의 용도별·규모별 현황
(2) 소방대상물의 화재의 예방 및 안전관리 현황
(3) 소방대상물의 소방시설 등 설치·관리 현황
(4) 그 밖에 기본계획 및 시행계획의 수립·시행을 위하여 필요한 사항

3 화재안전조사 실시하는 경우

조사권자 : * <u>소방관서장</u>

(1) 관계인이 실시하는 자체점검 등이 불성실하거나 불완전하다고 인정되는 경우

(2) 화재예방강화지구 등 법령에서 화재안전조사를 하도록 규정되어 있는 경우
(3) 화재예방안전진단이 불성실하거나 불완전하다고 인정되는 경우
(4) 국가적 행사 등 주요 행사가 개최되는 장소 및 그 주변의 관계 지역에 대하여 소방안전관리 실태를 점검할 필요가 있는 경우
(5) 화재가 자주 발생하였거나 발생할 우려가 뚜렷한 곳에 대한 점검이 필요한 경우
(6) 재난예측정보, 기상예보 등을 분석한 결과 소방대상물에 화재의 발생 위험이 크다고 판단되는 경우
(7) 그 밖의 긴급한 상황이 발생한 경우 인명 또는 재산 피해의 우려가 현저하다고 판단되는 경우

4 화재안전조사의 방법·절차

(1) 방법
① 종합조사 : 화재안전조사 항목 전부를 확인하는 조사
② 부분조사 : 화재안전조사 항목 중 일부를 확인하는 조사

(2) 화재안전조사 절차
관계인에게 조사대상, 조사기간, 조사사유 등 서면 통지 : *☐ 이상 공개(인터넷 홈페이지나 전산시스템)   ─○ 📖 7일

(3) 화재안전조사 결과에 따른 조치명령
① 소방대상물의 개수·이전·*☐   ─○ 📖 제거
② 사용의 금지 또는 제한, 사용폐쇄
③ 공사의 정지 또는 중지

(4) 화재안전조사 연기
연기의 사유 및 기간 등을 적어 제출 : 화재안전조사 시작 3일 전까지
※ 연기의 사유
① 재난이 발생한 경우
② 관계인의 질병, 사고, 장기출장의 경우
③ 권한 있는 기관에 자체점검기록부, 교육·훈련일지 등 화재안전조사에 필요한 장부·서류 등이 압수되거나 영치되어 있는 경우
④ 소방대상물의 증축·용도변경 또는 대수선 등의 공사로 화재안전조사를 실시하기 어려운 경우

5 화재안전조사단(합동조사단 편성·운영가능)

(1) 소방청 : 중앙화재안전조사단
(2) 소방본부 및 소방서 : 지방화재안전조사단을 편성·운영
(3) (단장 포함) 50명 이내, 성별 고려

6 화재안전조사위원회

(1) 위원장(소방관서장) 1명을 포함하는 7명 이내의 위원. 성별을 고려
(2) 위원의 자격
    ① 과장급 직위 이상의 소방공무원
    ② 소방기술사, 소방시설 관리사
    ③ 소방 관련 분야의 석사학위 이상을 취득한 사람
    ④ 소방 관련 법인 또는 단체에서 소방 관련 업무에 5년 이상 종사자
    ⑤ 소방공무원 교육훈련기관, 학교, 연구소에서 소방 관련 교육·연구에 *[5년 이상] 종사자
(3) 위촉위원의 임기 : 2년, 1차례 연임

7 화재안전조사 결과에 따른 조치명령 : 소방관서장

(1) 관계인에게 그 소방대상물의 개수·이전·제거, 사용의 금지 또는 제한, 사용폐쇄, 공사의 정지 또는 중지, 그 밖에 필요한 조치를 명할 수 있는 경우
    ① 소방대상물의 위치·구조·설비 또는 관리에 보완 필요 시
    ② 화재 발생 시 인명 또는 재산 피해가 클 것으로 예상될 때
(2) 관계인에게 (1)에 따른 조치를 명하거나 관계 행정기관의 장에게 필요한 조치를 요청할 수 있는 경우
    ① 소방대상물이 법령을 위반하여 건축 또는 설비되었을 때
    ② 소방시설등 피난시설·방화구획, 방화시설 등이 법령에 적합하게 설치·관리되지 아니한 때

8 손실보상 : 소방청장, 시·도지사

(1) 소방청장, *[시·도지사]가 손실을 보상하는 경우 : 시가로 보상
(2) 손실 보상에 관하여 소방청장, 시·도지사와 손실을 입은 자가 협의
(3) 보상금액에 관한 협의가 성립되지 않은 경우 소방청장, 시·도지사는 그 보상금액을 지급하거나 공탁하고 상대방에게 통지
(4) 보상금의 지급 또는 공탁의 통지에 불복하는 자는 지급 또는 공탁의 통지를 받은 날부터 30일 이내에 중앙토지수용위원회 또는 관할 지방토지수용위원회에 재결 신청

9 화재의 예방조치

(1) 조치권자 : 소방관서장
(2) 행위의 금지 또는 제한사항
    ① 모닥불, 흡연 등 화기의 취급

② 풍등 등 소형열기구 날리기
③ 용접·용단 등 불꽃을 발생시키는 행위
④ 그 밖에 대통령령으로 정하는 화재 발생 위험이 있는 행위

10 물건의 보관 및 처리

(1) 소방관서장은 화재 발생 위험이 크거나 소화활동에 지장을 줄 수 있다고 인정되는 행위나 물건에 대하여 행위 당사자나 그 물건의 소유자, 관리자 또는 점유자에게 다음 각 호의 명령을 할 수 있다. 다만, 물건의 소유자, 관리자 또는 점유자를 알 수 없는 경우 소속 공무원으로 하여금 그 물건을 옮기거나 보관하는 등 필요한 조치를 하게 할 수 있다.
  ① 목재, 플라스틱 등 가연성이 큰 물건의 제거, 이격, 적재 금지 등
  ② 소방차량의 통행이나 소화활동에 지장을 줄 수 있는 물건의 이동
(2) 옮기거나 치운 물건 등은 보관해야 한다.
(3) 공고기간 : 그 날부터 14일 동안 소방관서의 인터넷 홈페이지에 그 사실 공고
(4) 보관기간 : 공고기간의 종료일 다음 날부터 7일
(5) 보관기간이 종료되는 때에는 보관하고 있는 옮긴 물건을 매각 : 소방관서장
  단, 보관하고 있는 옮긴 물건이 부패·파손 또는 이와 유사한 사유로 정해진 용도에 계속 사용할 수 없는 경우 보관기간 종료 이전에 매각 또는 폐기
(6) 소방관서장은 보관하던 옮긴 물건을 매각한 경우 지체 없이 「국가재정법」에 따라 세입조치할 것
(7) 소방관서장은 매각되거나 폐기된 옮긴 물건의 소유자가 보상 요구 시 보상금액에 대하여 소유자와 협의를 거쳐 보상할 것

11 불을 사용하는 설비 관리기준

(1) 관리 기준 : 대통령령
(2) 불꽃을 사용하는 용접·용단기구
  ① 용접·용단 작업장 주변 반경 *[ ] 소화기 갖출 것 ─○ 답 5 [m] 이내
  ② 용접·용단 작업장 주변 반경 *[ ] 가연물을 쌓아두거나 놓아두지 말 것 ─○ 답 10 [m] 이내

12 보일러

가연성 벽·바닥·천장과 접촉하는 증기기관·연통의 부분은 규조토 등 난연성 단열재로 덮어씌울 것

📌 0.5 [m] 이내

📌 0.5 [m] 이내

📌 0.6 [m] 이상

(1) 액체연료(경유·등유 등)을 사용하는 경우
   ① 연료탱크는 보일러 본체로부터 수평거리 1 [m] 이상
   ② 연료차단 개폐밸브는 연료탱크로부터 *[   ]
   ③ 연료탱크 또는 연료공급 배관에는 여과장치 설치
   ④ 사용이 허용된 연료만 사용
   ⑤ 불연재료 받침대를 설치하여 넘어짐 방지

(2) 기체연료 설치기준
   ① 환기구 설치 등 가연성 가스가 머무르지 않도록 함
   ② 연료를 공급하는 배관은 금속관
   ③ 연료차단 개폐밸브는 연료용기 등으로부터 *[   ]
   ④ 가스누설경보기 설치

13 음식조리를 위해 설치하는 설비

(1) 배출덕트는 0.5 [mm] 이상 아연도금강판 또는 동등 이상의 내식성 불연재료로 설치
(2) 동·식물의 기름을 제거할 수 있는 필터 등을 설치
(3) 열 발생 조리기구는 반자 또는 선반으로부터 *[   ] 이격
(4) 열 발생 조리기구로부터 0.15 [m] 이내 가연성 주요구조부는 불연재료로 덮어씌울 것

14 특수가연물 종류

[암기] 면이 나대싸 넘사벽천 가고 삼 석목만 가액이 고발이

품명		수량
면화류		200 [kg] 이상
나무껍질 및 대팻밥		400 [kg] 이상
넝마 및 종이부스러기		1000 [kg] 이상
사류		
볏짚류		
가연성 고체류		3000 [kg] 이상
석탄·목탄류		10000 [kg] 이상
가연성 액체류		2 [m³] 이상
목재가공품 및 나무부스러기		10 [m³] 이상
고무류·플라스틱류	발포시킨 것	20 [m³] 이상
	그 밖의 것	3000 [kg] 이상

15 특수가연물의 저장·취급기준(대통령령)

(1) 품명별로 구분하여 쌓을 것
(2) 쌓는 높이 : 10 [m] 이하,
    쌓는 부분 바닥면적 : *[＿＿＿＿] (석탄·목탄류 : 200 [m²] 이하) ○ 50 [m²] 이하
(3) 살수설비, 대형수동식소화기를 설치할 경우
    쌓는 높이 : 15 [m] 이하,
    쌓는 부분 바닥면적 : *[＿＿＿＿] (석탄·목탄류 : 300 [m²] 이하) ○ 200 [m²] 이하
(4) 실외에 쌓아 저장하는 경우
    쌓는 부분과 대지경계선 또는 도로, 인접 건축물과 최소 6 [m] 이상 이격(쌓은 높이보다 0.9 [m] 이상. 단, 높은 내화구조 벽체 설치 시 예외)
(5) 실내에 쌓아 저장하는 경우
    주요구조부는 내화구조이면서 불연재료일 것
(6) 쌓는 부분의 바닥면적 사이
    ① 실내 : 1.2 [m] 또는 쌓는 높이의 1/2 중 큰 값 이상으로 이격
    ② 실외 : 3 [m] 또는 쌓는 높이 중 큰 값 이상으로 이격

16 화재예방강화지구

(1) 지정권자 : 시·도지사(지정 요청 : 소방청장)
(2) 화재예방강화지구
    ① *[＿＿＿＿]   ○ 시장지역
    ② 공장·창고가 밀집한 지역
    ③ 목조건물이 밀집한 지역
    ④ 노후·불량건축물이 밀집한 지역
    ⑤ 위험물의 저장 및 처리 시설이 밀집한 지역
    ⑥ 석유화학제품을 생산하는 공장이 있는 지역
    ⑦ 산업입지 및 개발에 관한 법률에 따른 산업단지
    ⑧ 소방시설·소방용수시설·소방출동로가 없는 지역
    ⑨ 물류단지
    ⑩ ① ~ ⑨까지 준하는 지역으로서 소방관서장이 화재예방강화지구로 지정할 필요가 있다고 인정하는 지역

17 화재예방강화지구의 관리

(1) 관리자 : 소방관서장
(2) 화재안전조사 : 연 1회 이상
(3) 훈련 및 교육 : 관계인에 연 1회 이상 실시
(4) 훈련 및 교육 통보 : 교육 *[＿＿＿＿]까지 통보   ○ 10일 전

18 화재안전취약자에 대한 지원 대상(소방관서장)

(1) 「국민기초생활보장법」에 따른 수급자
(2) 중증장애인
(3) 「한부모가족지원법」에 따른 지원 대상자
(4) 홀로 사는 노인
(5) 다문화가족
(6) 그 밖에 화재안전에 취약하다고 소방관서장이 인정하는 사람

19 소방안전관리 특정소방대상물

구분	기준
특급	• 50층 이상(지하층 제외), 높이 *[200 [m] 이상] 아파트 • 30층 이상(지하층 포함), 높이 120 [m] 이상 특정소방대상물(아파트 제외) • 연면적 100000 [m²] 이상 특정소방대상물(아파트 제외)
1급	• 30층 이상(지하층 제외), 높이 120 [m] 이상 아파트 • *[11층 이상] 특정소방대상물(아파트 제외) • 연면적 15000 [m²] 이상 특정소방대상물(아파트 및 연립주택 제외) • 가연성 가스 1000톤 이상 저장·취급 시설
2급	• 지하구, 공동주택(옥내·SP설치), 보물·국보로 지정된 목조건축물 • 가연성 가스 100톤 이상 *[1000톤 미만] 저장·취급 시설 • 옥내소화전, 스프링클러설비, 물분무등소화설비 설치대상(호스릴 방식 물분무등소화설비만을 설치한 경우 제외)
3급	간이스프링클러설비 또는 자동화재탐지설비를 설치하여야 하는 특정소방대상물
비고	동·식물원, 철강 등 불연성 물품 저장·취급 창고, 위험물 제조소등, 지하구는 특급 및 1급 소방안전관리대상물에서 제외

20 소방안전관리자 자격 요약

자격사항	특급	1급	2급
소방기술사, 소방시설관리사	해당	해당	해당
소방설비기사	1급 5년 이상	해당	해당
소방설비산업기사	1급 7년 이상	해당	해당
소방공무원	20년 이상	7년 이상	3년 이상
위험물 기능장·기능사·산업기사	-	-	해당
소방청장 실시 소방안전관리시험 합격자	특급 합격자	1급 합격자	2급 합격자

21 소방안전관리자 선임

(1) 선임권자 : 관계인
(2) 선임 : 30일 이내
(3) 선임 신고 : *[   ] 소방본부장, 소방서장에게 신고   ○─ 🔖 14일 이내

22 소방안전관리자 실무교육

(1) 승인자 : 소방청장
(2) 통보 : 교육실시 30일 전까지 교육대상자에게 통보
(3) 주기 : 선임된 날부터 *[   ] 실무교육 이수, 그 후 2년마다 1회 이상   ○─ 🔖 6개월 이내

23 소방안전관리자 업무

(1) 피난계획 사항과 대통령령으로 정하는 사항이 포함된 소방계획서 작성 및 시행
(2) 자위소방대 및 초기대응체계 구성·운영·교육
(3) 피난시설, 방화구획, 방화시설 관리
(4) 소방훈련 및 교육
(5) 소방시설이나 그 밖의 소방 관련 시설 관리
(6) 화기 취급의 감독
(7) 소방안전관리에 관한 업무수행에 관한 기록·유지((3), (4), (6)항 업무)
(8) 화재 발생 시 초기대응
(9) 소방안전관리에 필요한 업무

24 특정소방대상물 관계인 업무

(1) 피난시설, 방화구획, 방화시설 관리
(2) 소방시설이나 그 밖의 소방 관련 시설 관리
(3) 화기 취급의 감독
(4) 화재 발생 시 초기대응
(5) 소방안전관리에 필요한 업무

25 건설현장 소방안전관리

(1) 특정소방대상물을 신축·증축·개축·재축·이전·용도변경 또는 대수선하는 경우
(2) 소방안전관리자 교육 받은 사람을 소방안전관리자로 선임하고 소방본부장 또는 소방서장에게 신고

26 건설현장 소방안전관리대상물

(1) 연면적 *[15000 [m²] 이상]*

(2) 연면적 *[5000 [m²] 이상]* 인 것으로서 다음 각 목의 어느 하나에 해당하는 것
   ① 지하층의 층수가 2개 층 이상인 것
   ② 지상층의 층수가 11층 이상인 것
   ③ 냉동창고, 냉장창고 또는 냉동·냉장창고

27 건설현장 소방안전관리자의 업무

(1) 건설현장의 소방계획서의 작성
(2) 임시소방시설의 설치 및 관리에 대한 감독
(3) 공사진행 단계별 피난안전구역, 피난로 등의 확보와 관리
(4) 건설현장의 작업자에 대한 소방안전 교육 및 훈련
(5) 초기대응체계의 구성·운영 및 교육
(6) 화기취급의 감독, 화재위험작업의 허가 및 관리
(7) 그 밖에 건설현장의 소방안전관리와 관련하여 소방청장이 고시하는 업무

28 관리의 권원이 분리된 특정소방대상물의 소방안전관리 선임 대상

(1) 복합건축물(지하층 제외한 층수가 *[11층 이상]* 또는 연면적 30000 [m²] 이상)
(2) 지하가(지하 인공구조물 안에 설치된 상점 및 사무실, 그 밖에 이와 비슷한 시설이 연속하여 지하도에 접하여 설치된 것과 그 지하도를 합한 것)
(3) 판매시설 중 도매시장, 소매시장 및 전통시장

29 불시 소방훈련 및 교육 특정소방대상물

(1) 의료시설, 교육연구시설, 노유자시설
(2) 화재 시 많은 인명피해의 발생이 예상되어 소방본부장, 소방서장이 지정

30 특정소방대상물의 관계인에 대한 소방안전교육

(1) 실시 : 소방본부장, 소방서장(상시 근무하거나 거주하는 인원이 10명 이하인 특정소방대상물 제외)
(2) 통보 : 교육실시 *[10일 전]* 까지 교육대상자에게 통보

31 소방안전 특별관리시설물
1) 공항시설
2) 철도시설·도시철도시설
3) 항만시설
4) 지정문화유산 및 천연기념물인 시설
5) 산업기술단지·산업단지
6) 초고층 건축물·지하연계 복합건축물
7) 수용인원 *[   ] 이상 영화상영관 ──○ 🔑 1000명
8) 전력용·통신용 지하구
9) 석유비축시설
10) 천연가스 인수기지 및 공급망
11) 대통령령으로 정하는 점포가 500개 이상인 전통시장
12) 그 밖의 대통령령으로 정하는 시설물
   ① 발전소
   ② 물류창고로서 연면적 10만 [m²] 이상
   ③ 가스공급시설

32 화재예방안전진단 대상
㉠ 공항시설 중 여객터미널 연면적이 1000 [m²] 이상인 공항시설
㉡ 철도시설 중 역 시설의 연면적이 5000 [m²] 이상인 철도시설
㉢ 도시철도시설 중 역사 및 역 시설의 연면적이 5000 [m²] 이상인 도시철도시설
㉣ 항만시설 중 여객이용시설 및 지원시설의 연면적이 5000 [m²] 이상인 항만시설
㉤ 전력용 및 통신용 지하구 중 공동구
㉥ 천연가스의 인수기지 및 공급망 중 가스시설
㉦ 발전소 중 연면적이 5000 [m²] 이상인 발전소
㉧ 가연성가스 탱크 저장용량 합계가 100톤 이상이거나 저장용량이 30톤 이상인 가연성 가스탱크가 있는 가스공급시설

33 안전진단기관의 지정
ㅈ 정권자 : 소방청장

> 3년 이하의 징역 또는 3000만 원 이하

34 *[   ]의 벌금

(1) 화재안전조사 결과에 대한 조치명령 위반사항에 대한 명령을 정당한 사유 없이 위반한 자
(2) 소방안전관리자 선임 또는 업무 이행에 따른 명령을 정당한 사유 없이 위반한 자
(3) 화재예방안전진단 결과에 따른 보수·보강 등의 조치명령을 정당한 사유 없이 위반한 자
(4) 거짓, 그 밖의 부정한 방법으로 진단기관으로 지정을 받은 자

35 300만 원 이하의 벌금

(1) 화재안전조사를 정당한 사유 없이 거부·방해 또는 기피한 자
(2) 화재 발생 위험이 크거나 소화활동에 지장을 줄 수 있다고 인정되는 행위나 물건에 따른 명령을 정당한 사유 없이 따르지 아니하거나 방해한 자
(3) 소방안전관리자, 총괄소방안전관리자 또는 소방안전관리보조자를 선임하지 아니한 자
(4) 소방시설·피난시설·방화시설 및 방화구획 등이 법령에 위반된 것을 발견하였음에도 필요한 조치를 할 것을 요구하지 아니한 소방안전관리자
(5) 소방안전관리자에게 불이익한 처우를 한 관계인
(6) 화재예방안전진단, 위탁받은 업무를 위반하여 업무를 수행하면서 알게 된 비밀을 정한 목적 외의 용도로 사용하거나 다른 사람, 기관에 제공, 누설한 자

CHAPTER 04 소방시설공사업법

1 소방시설업 종류

구분	정의
소방시설설계업	공사계획, 설계도면, 설계 설명서, 기술계산서 등 설계도서 작성
소방시설공사업	설계도서에 따라 소방시설을 신설, 증설, 개설, 이전 및 정비(이하 "시공"이라 한다)
소방공사감리업	발주자의 권한을 대행하여 소방시설공사가 설계도서와 관계 법령에 따라 적법하게 시공되는지 확인, 품질·시공 관리 기술지도
방염처리업	방염대상물품에 대하여 방염처리

2 소방시설업 등록신청 서류(시·도지사)

소방시설업 등록신청서 + 다음 각 호의 첨부서류((3), (4)는 소방시설공사업만 해당)

(1) 신청인의 성명, 주민등록번호 및 주소지 등의 인적사항이 적힌 서류
(2) 기술인력 증빙서류 : 국가기술자격증, 소방기술 인정 자격수첩, 소방기술자 경력수첩
(3) 소방청장 지정 금융회사 또는 소방산업공제조합 출자·예치·담보 금액 확인서
(4) 최근 *[ ] 작성한 자산평가액 또는 기업진단 보고서   —ㅇ 90일 이내

3 소방시설업 등록 결격사유

(1) 피성년후견인
(2) 금고 이상 실형을 선고받고 집행이 끝나거나 면제된 날부터 *[ ]이 지나지 않은 사람   —ㅇ 2년
(3) 금고 이상의 형의 집행유예를 선고받고 그 유예기간 중에 있는 사람
(4) 등록하려는 소방시설업 등록이 취소된 날부터 2년이 지나지 않은 자

4 소방시설공사업 등록기준 및 영업범위

소방시설 공사업		기술인력(이상)	자본금(이상) [자산평가액]	영업범위
전문		• 주 인력 : 소방기술사 또는 소방기사[전기·기계] 각 1명(소방기사 전기·기계 동시 보유자 1명) • 보조인력 : 2명	• 법인 : *☐ • 개인 : 1억 원	특정소방대상물에 설치되는 기계·전기분야
일반	기계 분야	• 주 인력 : 소방기술사 또는 소방기사[기계] 1명 • 보조인력 : 1명	• 법인 : 1억 원 • 개인 : 1억 원	• 연 1만 [m²] 미만 • 위험물제조소 등
	전기 분야	• 주 인력 : 소방기술사 또는 소방기사[전기] 1명 • 보조인력 : 1명	• 법인 : 1억 원 • 개인 : 1억 원	• 연 1만 [m²] 미만 • 위험물제조소 등

🔖 1억 원

5 등록취소와 영업정지

(1) 명령권자 : 시·도지사(행정안전부령)
(2) 등록취소 및 6개월 이내의 기간 영업 정지(①, ③, ⑥ : 등록취소)
① 거짓이나 그 밖의 부정한 방법으로 등록한 경우
② 등록기준에 미달하게 된 후 *☐ 이 경과한 경우
③ 등록 결격사유에 해당하게 된 경우
④ 등록 후 정당한 사유 없이 1년 지날 때까지 영업을 시작하지 않거나 1년 이상 휴업한 때
⑤ 다른 자에게 소방시설업 등록증이나 등록수첩을 빌려준 경우
⑥ 영업정지 기간 중에 소방시설공사 등을 한 경우
⑦ 소방시설업자가 통지를 하지 아니하거나 관계서류를 보관하지 아니한 경우
⑧ 화재안전기준 등에 적합하게 설계·시공·감리하지 않은 경우
⑨ 소방시설공사 등의 업무수행의무 등을 고의 또는 과실로 위반하여 다른 자에게 상해를 입히거나 재산피해를 입힌 경우
⑩ 소속 소방기술자를 공사현장에 배치하지 않거나 거짓으로 한 경우
⑪ 착공신고(변경신고를 포함한다)를 하지 아니하거나 거짓으로 한 때 또는 완공검사(부분완공검사를 포함한다)를 받지 아니한 경우
⑫ 착공신고사항 중 중요한 사항에 해당하지 아니하는 변경사항을 같은 항 각 호의 어느 하나에 해당하는 서류에 포함하여 보고하지 아니한 경우

🔖 30일

⑬ 하자보수 기간 내에 하자보수를 하지 아니하거나 하자보수계획을 통보하지 아니한 경우

6 도급계약 해지
(1) 소방시설업이 등록취소되거나 영업정지된 경우
(2) 소방시설업을 휴업하거나 폐업한 경우
(3) 정당한 사유 없이 *[ ] 소방시설공사를 계속하지 않는 경우 ──○ 🔑 30일 이상
(4) 하도급계약 자료에 따른 요구에 정당한 사유 없이 따르지 않는 경우

7 소방시설공사 착공신고
(1) 착공신고 : 소방본부장, 소방서장
(2) 착공서류 : 소방시설공사 착공(변경) 신청서 + 다음 각 호의 첨부서류
  ① 소방시설공사 착공(변경) 신고서
  ② 소방시설공사업 등록증 사본 1부 및 등록수첩 사본 1부
  ③ 기술인력의 기술등급을 증명하는 서류 사본 1부
  ④ 소방시설공사 계약서 사본 1부
  ⑤ 설계도서(설계설명서 포함) 1부. 단, 건축허가 등의 동의요구서에 첨부된 서류 중 설계도서가 변경되지 않은 경우 설계도서 첨부 제외
  ⑥ 소방시설 공사를 하도급하는 경우 다음 서류
    ㉠ 소방시설공사 등의 하도급통지서 사본
    ㉡ 하도급대금 지급에 관한 다음의 어느 하나에 해당하는 서류
      ⓐ 공사대금 지급을 보증한 경우에는 하도급대금 지급보증서 사본
      ⓑ 보증이 필요하지 않거나, 적합하지 않다고 인정되는 경우 이를 증빙하는 서류 사본

8 특정소방대상물에 설치된 소방시설등을 구성하는 다음에 해당하는 것의 전부 또는 일부를 개설, 이전, 정비하는 공사. 다만 고장·파손 등으로 인하여 작동시킬 수 없는 소방시설을 긴급히 교체하거나 보수하여야 하는 경우에는 신고하지 않을 수 있음
*[ ], 소화펌프, 동력제어반, 감시제어반 ──○ 🔑 수신반

9 소방시설공사 변경신고
변경일로부터 *[ ] ──○ 🔑 30일 이내

10 완공검사를 위한 현장 확인 대상 특정소방대상물 범위
(1) 문화 및 집회시설, 종교시설, 판매시설, 노유자시설, 수련시설, 운동시설, 숙박시설, 창고시설, 지하상가, 다중이용업소

(2) 스프링클러설비등 또는 물분무등소화설비(호스릴 방식 제외) 설치된 특정소방대상물
(3) 연면적 10000 [m^2] 이상이거나 11층 이상인 특정소방대상물(아파트 제외)
(4) 가연성가스 제조·저장·취급 시설 중 지상에 노출된 가연성가스탱크의 저장용량 합계가 1000톤 이상

11 하자보수
(1) 관계인은 소방시설 하자 발생 시 공사업자에게 그 사실을 알려야 함
(2) 통보받은 공사업자는 *⬜ 3일 이내 하자보수계획을 관계인에게 서면으로 알려야 함

12 소방시설 하자보수 보증기간

2년	*⬜ 3년
• 피난기구, 유도등 • 비상경보설비, 비상조명등, 비상방송설비 • 무선통신보조설비	• 자동소화장치 • 옥내·외소화전설비 • 스프링클러설비, 간이스프링클러설비 • 물분무등소화설비 • 자동화재탐지설비 • 상수도소화용수설비 • 소화활동설비(무선통신보조설비 제외) • 화재알림설비

13 소방공사감리원 배치기준 및 현장기준

책임감리원	보조감리원	소방시설공사 현장 기준
특급감리원 중 소방기술사	초급감리원 이상	• 연면적 *⬜ 200000 [m^2] 이상 특정소방대상물 • 지하층을 포함 40층 이상 특정소방대상물
특급감리원 이상	초급감리원 이상	• 연면적 30000 [m^2] 이상 200000 [m^2] 미만 특정소방대상물 공사현장(아파트 제외) • 지하층 포함 16층 이상 40층 미만 특정소방대상물
고급감리원 이상	초급감리원 이상	• 물분무등소화설비(호스릴 방식 제외) 또는 제연설비 설치되는 특정소방대상물 • 연면적 30000 [m^2] 이상 200000 [m^2] 미만 아파트
중급감리원 이상		• 연면적 5000 [m^2] 이상 30000 [m^2] 미만 특정소방대상물
초급감리원 이상		• 연면적 5000 [m^2] 미만 특정소방대상물 • 지하구

14 상주 공사감리

(1) 연면적 *[　　　　　　] 특정소방대상물에 대한 소방시설 공사(아파트 제외)   ○ 🔖 30000 [m²] 이상

(2) 지하층 포함 16층 이상으로 *[　　　　] 이상인 아파트에 대한 소방시설 공사   ○ 🔖 500세대

15 감리결과 통보 대상자(*[　　　　])   ○ 🔖 7일 이내

(1) 특정소방대상물의 관계인
(2) 소방시설공사 도급인
(3) 특정소방대상물 공사 감리한 건축사
※ 보고서 제출 : 소방본부장, 소방서장

16 감리업자 업무

(1) 소방시설 등 설치계획표 적법성 검토
(2) 소방시설 등 설계도서 적합성 검토
(3) 소방시설 등 설계 변경 사항 적합성 검토
(4) 소방용품 위치·규격 및 사용 자재 적합성 검토
(5) 공사업자가 한 소방시설 시공이 설계도서와 화재안전기준에 맞는지 지도·감독
(6) 완공된 소방시설 등의 성능시험
(7) 공사업자가 작성한 시공 상세도면 적합성 검토
(8) 피난시설 및 방화시설 적법성 검토
(9) 실내장식물의 불연화와 방염 물품의 적법성 검토

17 소방기술자 배치기준

배치기준	소방시설공사 현장 기준
특급기술자	• 연면적 200000 [m²] 이상 특정소방대상물 • 지하층 포함 층수 40층 이상 특정소방대상물
고급기술자 이상	• 연면적 30000 [m²] 이상 200000 [m²] 미만 특정소방대상물 (아파트 제외) • 지하층 포함 층수 16층 이상 40층 미만 특정소방대상물
중급기술자 이상	• 물분무등소화설비(호스릴 방식 제외) 또는 제연설비 설치되는 특정소방대상물 • 연면적 5000 [m²] 이상 30000 [m²] 미만 특정소방대상물(아파트 제외) • 연면적 10000 [m²] 이상 200000 [m²] 미만 아파트

배치기준	소방시설공사 현장 기준
초급기술자 이상	• 연면적 1000 [m²] 이상 5000 [m²] 미만 특정소방대상물(아파트 제외) • 연면적 1000 [m²] 이상 10000 [m²] 미만 아파트 • 지하구
자격수첩 발급 소방기술자	연면적 1000 [m²] 미만 특정소방대상물

18 학력·경력에 따른 기술등급

등급	관련 학과의 학력·경력자	
특급기술자	• 박사학위 + 3년 • 학사학위 + 11년	• 석사학위 + *7년 • 전문학사학위 + 15년
고급기술자	• 박사학위 + 1년 • 학사학위 + 7년 • 고등학교 소방학과 + 13년	• 석사학위 + *4년 • 전문학사학위 + 10년 • 고등학교 졸업 + 15년
중급기술자	• 박사학위 • 학사학위 + 5년 • 고등학교 소방학과 + 10년	• 석사학위 + 2년 • 전문학사학위 + 8년 • 고등학교 졸업 + 12년
초급기술자	• 석사학위 또는 학사학위 • 전문학사학위 + 2년 • 고등학교 졸업 + 5년 이상	• 소방안전관리학과를 졸업한 사람 • 고등학교 소방학과 + 3년

19 소방기술자 자격 취소 및 자격 정지

위반행위		1차	2차	3차
거짓이나 그 밖의 부정한 방법으로 자격수첩 또는 경력수첩을 발급받은 경우		자격취소		
자격수첩 또는 경력수첩을 다른 사람에게 빌려준 경우		자격취소		
동시에 둘 이상의 업체에 취업한 경우		자격정지 1년	자격취소	
법 또는 법에 따른 명령을 위반한 경우	업무수행 중 해당 자격과 관련하여 고의 또는 중대한 과실로 다른 자에게 손해를 입히고 형의 선고를 받은 경우	자격취소		
	자격정지처분을 받고도 같은 기간에 자격증을 사용한 경우	자격정지 1년	자격정지 2년	자격취소

20 청문

(1) 소방시설업 등록취소처분 및 영업정지처분
(2) 소방기술 인정 자격취소처분

21 벌칙

징역	벌금	위반행위
3년 이하	*◯◯◯◯만 원	1. 소방시설업 등록하지 아니하고 영업을 한 자 2. 부정한 청탁을 받고 재물 또는 재산상의 이익을 취득하거나 부정한 청탁을 하면서 재물 또는 재산상의 이익을 제공한 자 ⎯◦ 3000만 원 이하
1년 이하	*◯000만 원 이하	3. 영업정지 처분을 받고 그 기간에 영업한 자 4. 법과 NFTC를 위반한 설계·시공자 5. 적법하지 않게 감리를 하거나 거짓으로 감리한 자 6. 공사 감리자를 지정하지 아니한 관계인 7. 공사업자가 감리업자의 시정보완 요구를 무시하고 그 공사를 계속할 경우 감리업자는 그 사실을 소방본부장 또는 소방서장에게 보고하여야 한다. 이 사실을 거짓으로 보고한 감리업자 8. 공사감리 결과보고서의 제출을 거짓으로 한 감리업자 9. 무등록 소방시설업자에게 소방공사 도급한 관계인 또는 발주자 10. 도급받은 소방시설의 설계, 시공, 감리를 하도급한 자 11. 하도급 받은 소방시설공사를 다시 하도급한 하수급인 12. 소방기술자가 법 또는 명령을 따르지 않고 업무를 수행한 자
-	*◯◯◯만 원	13. 다른 자에게 자기의 성명이나 상호를 사용하여 소방시설공사 등을 수급 또는 시공하게 하거나 소방시설업의 등록증이나 등록수첩을 빌려준 자 14. 소방시설공사 현장에 감리원을 배치하지 아니한 감리업자 15. 감리업자의 보완 요구에 따르지 아니한 공사업자 16. 감리업자가 공사업자의 위반사항을 소방서장에게 보고했다는 사유로 감리업자와의 공사감리 계약을 해지하거나 대가 지급을 거부하거나 지연시키거나 불이익을 준 관계인 17. 소방시설공사를 다른 업종의 공사와 분리하여 도급하지 아니한 관계인 또는 발주자 18. 자격수첩 또는 경력수첩을 빌려 준 사람 19. 동시에 둘 이상의 업체에 취업한 사람 20. 관계인의 정당한 업무를 방해하거나 업무상 알게 된 비밀을 누설한 관계 공무원 ⎯◦ 300만 원 이하

징역	벌금	위반행위
-	100만 원 이하	21. 감독업무를 하는 관계공무원의 명령을 위반하여 보고 또는 자료 제출을 하지 아니하거나 거짓으로 한 관계인 22. 정당한 사유 없이 감독업무를 하는 관계공무원의 출입 또는 검사·조사를 거부·방해 또는 기피한 관계인

22 200만 원 이하의 과태료

위반행위	과태료(만 원)		
	1차	2차	3차
1. 등록·휴폐업·지위승계·착공·감리지정 신고하지 않거나 거짓신고 2. 관계인에게 지위승계·행정처분·휴폐업 사실을 거짓 알림 3. 소방감리 배치통보 및 변경관련 규정 거짓통보 4. 하도급 등의 통지를 하지 않은 경우 5. 소방공무원 감독 명령 위반하여 미보고, 자료 미제출, 거짓보고·제출	60	100	200
6. 하자보수기간에 관계서류 보관하지 않은 공사업자 7. 소방기술자 공사현장에 배치하지 않은 공사업자 8. 완공검사 받지 않은 공사업자 9. 감리 변경 시 감리 관계 서류를 인수·인계하지 않은 경우 10. 방염성능기준 미만으로 방염한 경우 11. 방염처리능력 평가 관련 서류를 거짓으로 제출한 경우 12. 도급(하도급)계약 체결 시 의무를 이행하지 않은 경우 13. 시공능력평가 서류를 거짓으로 제출한 경우 14. 사업수행능력평가 서류를 위조·변조하여 거짓·부정한 방법으로 입찰에 참여한 자 15. 공사대금의 지급보증, 담보의 제공 또는 보험료 등의 지급을 정당한 사유 없이 이행하지 아니한 자	200		
	4일 이상~ 30일 이내	30일 초과	거짓 알림
16. 3일 이내 하자보수 안 하거나, 보수계획 거짓통보	60	100	200

CHAPTER 05 위험물안전관리법

1 위험물의 분류

구분	성질
제1류 위험물	산화성 고체(강산화성 물질)
제2류 위험물	가연성 고체(환원성 물질)
제3류 위험물	자연발화성·금수성 물질
제4류 위험물	인화성 액체
제5류 위험물	자기반응성 물질
제6류 위험물	산화성 액체

암기 ▶ 산가자 인자산

2 제1류 위험물(산화성 고체)

위험물	지정수량	위험물	지정수량
아염소산 염류	50 [kg]	브로민산 염류	300 [kg]
염소산 염류		질산 염류	
과염소산 염류		아이오드산 염류	
무기과산화물		과망가니즈산 염류	1000 [kg]
-	-	다이크로뮴산염류	

암기 ▶ 아염과무 브질아과다

3 제2류 위험물(가연성 고체)

위험물	지정수량	위험물	지정수량
황화인	100 [kg]	마그네슘	500 [kg]
적린		철분	
황		금속분	
-	-	인화성 고체	1000 [kg]

암기 ▶ 황적 마철금 인고

4 제3류 위험물(자연발화성·금수성 물질)

위험물	지정수량	위험물	지정수량
칼륨	10 [kg]	알칼리금속 및 알칼리토금속	50 [kg]
나트륨		유기금속 화합물	
알킬알루미늄		금속의 수소화물	300 [kg]
알킬리튬		금속의 인화물	
황린	20 [kg]	칼슘·알루미늄의 탄화물	

5 금수성 물질

(1) 물과 접촉하여 발화, 가연성 가스 발생
(2) 소화 : *[　　　　], 팽창질석, 팽창진주암에 의한 질식소화

📖 마른모래

6 제4류 위험물(인화성 액체)

위험물		지정수량	위험물		지정수량
특수인화물		50 [ℓ]	제3석유류	비수용성	2000 [ℓ]
제1석유류	비수용성	200 [ℓ]		수용성	4000 [ℓ]
	수용성	400 [ℓ]	제4석유류		6000 [ℓ]
알코올류		400 [ℓ]	동·식물 유류		10000 [ℓ]
제2석유류	비수용성	1000 [ℓ]			
	수용성	2000 [ℓ]			

7 제4류 위험물 인화점 및 종류

위험물	인화점	종류
특수인화물	-	다이에틸에테르, 이황화탄소, 아세트알데하이드, 산화프로필렌
제1석유류	21 [℃] 미만	아세톤, 휘발유, 벤젠
제2석유류	21 ~ 70 [℃] 미만	등유, 경유, 초산, 아세트산, 아크릴산
제3석유류	70 ~ 200 [℃] 미만	중유, 크레오소트유
제4석유류	200 ~ 250 [℃] 미만	기어유, 실린더유

8 제5류 위험물(자기반응성 물질)

위험물	위험물	지정수량
유기과산화물	나이트로화합물	제1종 : 10 [kg] 제2종 : 100 [kg]
질산에스터류	나이트로소화합물	
하이드록실아민	아조화합물	
하이드록실아민염류	다이아조화합물	
-	하이드라진유도체	

※ 자기반응성물질의 위험성 유무와 등급에 따라 제1종 또는 제2종으로 분류한다.

9 제6류 위험물(*[   ]) ○─ 산화성 액체

위험물	지정수량
과염소산, 과산화수소, 질산	300 [kg]

10 위험물을 임시 저장·취급하는 경우

시·도 조례에 따라 지정수량 이상의 위험물을 *[   ] 기간 동안 임시 저장 취급 ○─ 90일 이내

11 위험물 취급소

주유취급소	고정된 주유설비에 의해 자동차·항공기·선박 등 연료탱크에 직접 주유
판매취급소	용기에 담아 판매하기 위해 지정수량 40배 이하 위험물 취급
이송취급소	배관 및 이에 부속된 설비에 의해 위험물 이송하는 장소
일반취급소	주유취급소, 판매취급소, 이송취급소 외의 장소

12 제조소 보유공지

지정수량 10배 이하	*[ ]	○─ 3 [m] 이상
지정수량 10배 초과	5 [m] 이상	

13 안전거리(제6류 위험물 취급하는 제조소 제외)

대상		안전거리
특고압가공전선 사용전압	7000 [V] 초과 35000 [V] 이하	*<u>3 [m] 이상</u>
	35000 [V] 초과	5 [m] 이상
주거용으로 사용되는 것(제조소가 설치된 부지 내에 있는 것 제외)		10 [m] 이상
고압가스·액화석유가스·도시가스 저장 또는 취급하는 시설		20 [m] 이상
학교·병원·극장·다수 수용 시설		30 [m] 이상
지정문화재		50 [m] 이상

관련 법령 개정(2024.5.7.)에 따라 다음과 같이 병행하여 학습하기 바람
(1) 문화재보호법 → 문화유산법
(2) 유형문화재 → 유형문화유산
(3) 지정문화재 → 지정문화유산

14 게시판

분류	주의사항	색상
• 제1류 위험물 중 알칼리금속의 과산화물 • 제3류 위험물 중 금수성물질	물기엄금	*<u>청색바탕</u> 백색문자
• 제2류 위험물(인화성고체 제외)	화기주의	적색바탕 백색문자
• 제2류 위험물 중 인화성고체 • 제3류 위험물 중 자연발화성물질 • 제4류, 제5류 위험물	화기엄금	
제6류 위험물		–

15 급기구

(1) 급기구가 설치된 실의 바닥면적 : 150 [m²]마다 1개 이상
(2) 급기구 크기 : *<u>800 [cm²] 이상</u>

16 피뢰설비(제6류 위험물 취급하는 위험물제조소 제외)

지정수량 10배 이상의 위험물을 취급하는 제조소·옥내저장소에는 피뢰침 설치

17 위험물취급탱크 방유제 용량

(1) 탱크 1기 : 탱크용량 50 [%] 이상
(2) 탱크 2기 이상 : 최대 탱크 용량 50 [%] + 나머지 10 [%] 이상

18 옥외탱크저장소 보유공지

저장·취급하는 위험물 최대수량	공지 너비
지정수량 500배 이하	3 [m] 이상
지정수량 500배 초과 1000배 이하	5 [m] 이상
지정수량 1000배 초과 2000배 이하	9 [m] 이상
지정수량 2000배 초과 3000배 이하	12 [m] 이상
지정수량 3000배 초과 4000배 이하	15 [m] 이상
지정수량 4000배 초과	탱크 최대지름과 높이 중 큰 것과 같은 거리 이상

19 옥외탱크저장소 방유제

(1) 방유제 용량
　① 탱크 1기 : 탱크용량 110 [%] 이상
　② 탱크 2기 이상 : 최대 탱크 용량 110 [%] 이상
(2) 방유제 높이 : 0.5 [m] 이상 *[　　　　] — ⓑ 3 [m] 이하
(3) 방유제 두께 : 0.2 [m] 이상
(4) 지하매설깊이 : *[　　　　] — ⓑ 1 [m] 이상
(5) 방유제 면적 : 80000 [m²] 이하
(6) 방유제 내에 설치하는 옥외저장탱크 수 : 10 이하

20 판매취급소 기준

제1종 판매취급소	제2종 판매취급소
지정수량의 20배 이하	지정수량의 40배 이하

21 소화난이도등급 I 옥내탱크저장소에 설치해야 하는 소화설비 설치기준

구분	소화설비
황만 저장·취급하는 것	*[　　　　] — ⓑ 물분무소화설비
인화점 70 [℃] 이상 제4류 위험물만 저장·취급하는 것	• 물분무소화설비 • 고정식 포소화설비 • 이동식 이외의 불활성가스소화설비 • 이동식 이외의 할로젠화합물소화설비 • 이동식 이외의 분말소화설비
그 밖의 것	• 고정식 포소화설비 • 이동식 이외의 불활성가스소화설비 • 이동식 이외의 할로젠화합물소화설비 • 이동식 이외의 분말소화설비

22 소화난이도등급 Ⅲ 지하탱크저장소에 설치해야 하는 소화설비 설치기준

소화설비	설치기준	
소형 수동식소화기 등	능력단위 수치 3 이상	2개 이상

23 전기설비의 소화설비 설치기준

소화설비	설치기준
소형 수동식소화기	면적* ☞ 100 [m²]마다 1개 이상

24 제조소 등별 설치해야 하는 경보설비

구분	설치기준	경보설비
제조소 및 일반취급소	• 연면적 500 [m²] 이상 • 옥내에서 지정수량 100배 이상 취급 • 일반취급소로 사용되는 부분 외의 부분이 있는 건축물에 설치된 일반취급소	자동화재탐지설비
자동화재탐지설비 설치 대상 제조소등에 해당하지 않는 제조소 (이송취급소 제외)	지정수량 10배 이상 저장·취급	자동화재탐지설비, 비상경보설비, 확성장치, 비상방송설비 중 1종 이상

25 피난설비

(1) 주유취급소 중 건축물 2층 이상의 부분을 점포·휴게음식점·전시장 용도로 사용하는 것에 있어서는 당해 건축물 2층 이상으로부터 주유취급소 부지 밖으로 통하는 출입구와 당해 출입구로 통하는 통로·계단·출입구에 유도등 설치
(2) 옥내주유취급소에 있어서 당해 사무소 등의 출입구 및 피난구와 당해 피난구로 통하는 통로·계단·출입구에 유도등 설치
(3) 유도등에는 비상전원을 설치하여야 한다.

26 제조소 등 변경허가·변경신고 제외 장소

(1) 주택의 난방시설(공동주택의 중앙난방시설 제외)을 위한 저장소·취급소
(2) 농예용·축산용·수산용으로 필요한 난방시설 또는 건조시설을 위한 지정수량* ☞ 20배 이하 의 저장소

27 제조소 등의 사용 중지 시 안전조치
(1) 탱크·배관 등 위험물을 저장 또는 취급하는 설비에서 위험물 및 가연성 증기 등의 제거
(2) 관계인이 아닌 사람에 대한 해당 제조소 등에의 출입금지 조치
(3) 해당 제조소 등의 사용중지 사실의 게시
(4) 그 밖에 위험물의 사고 예방에 필요한 조치

28 완공검사 신청 시기
(1) 지하탱크가 있는 제조소등의 경우 : 당해 지하탱크를 매설하기 전
(2) 이동탱크저장소의 경우 : 이동저장탱크를 완공하고 상치장소를 확보한 후
(3) 이송취급소의 경우 : 이송배관 공사의 전체 또는 일부를 완료한 후 (다만 지하·하천 등에 매설하는 이송배관의 공사의 경우에는 이송배관을 매설하기 전)
(4) 배관을 지하에 설치하는 경우 : 시·도지사, 소방서장 또는 기술원이 지정하는 부분 매몰하기 직전
(5) 위험물설비 또는 배관의 설치가 완료되어 기밀시험 또는 내압시험을 실시하는 시기
(6) 기술원이 지정하는 부분의 비파괴시험을 실시하는 시기

29 제조소 등 설치자의 지위승계 및 폐지(시·도지사에게 신고)
(1) 지위승계 신고 : 승계한 날부터 *[30일 이내]
(2) 제조소 등의 폐지 : 폐지한 날부터 *[14일 이내]

30 위험물 안전관리자
(1) 안전관리자 선임권자 : 관계인
(2) 안전관리자 해임 및 퇴직 시 재선임 : 해임 및 퇴직한 날부터 30일 이내 재선임
(3) 선임 신고기간 : 소방본부장, 소방서장에게 선임 날부터 *[14일 이내] 신고
(4) 대리자가 안전관리자의 직무대행 기간 : 30일 이내

31 위험물취급자 자격

위험물기능장, 위험물산업기사, 위험물기능사	모든 위험물
안전관리자교육이수자	제4류 위험물
소방공무원 경력 3년 이상	제4류 위험물

32 관계인이 예방규정 정해야 하는 제조소

(1) 지정수량 *[100배]* 이상의 위험물을 취급하는 제조소
(2) 지정수량 100배 이상의 위험물을 저장하는 옥외저장소
(3) 지정수량 150배 이상의 위험물을 저장하는 옥내저장소
(4) 지정수량 *[200배]* 이상의 위험물을 저장하는 옥외탱크저장소
(5) 암반탱크저장소
(6) 이송취급소
(7) 지정수량 10배 이상의 위험물을 취급하는 일반취급소[제4류 위험물만 지정수량 50배 이하로 취급하는 일반취급소(제1석유류, 알코올류의 취급량이 지정수량의 10배 이하인 경우에 한함)로 다음 경우는 제외]
  ① 보일러·버너 또는 이와 비슷한 것으로서 위험물을 소비하는 장치로 이루어진 일반취급소
  ② 위험물을 용기에 옮겨 담거나 차량에 고정된 탱크에 주입하는 일반취급소

33 정기 점검 대상 제조소

(1) ~ (7) 관계인이 예방규정을 정해야 하는 제조소와 동일
(8) 지하탱크저장소
(9) 이동탱크저장소
(10) 위험물 취급 탱크로 지하에 매설된 탱크가 있는 제조소·주유취급소·일반취급소

34 정기 검사 대상

액체위험물 저장·취급하는 500000 [L] 이상의 옥외탱크저장소

35 특정·준특정 옥외탱크저장소 구조안전점검

(1) 완공검사합격확인증 발급받은 날부터 12년
(2) 최근 정밀정기검사 받은 날부터 *[11년]*
(3) 구조안전점검시기 연장신청을 하여 해당 안전조치가 적정한 것으로 인정받은 경우 최근 정밀정기검사 받은 날부터 13년

36 자체소방대 설치 사업소

제4류 위험물 취급 제조소·일반취급소	최대수량 합이 지정수량 3000배 이상
제4류 위험물 저장 옥외탱크저장소	최대수량이 지정수량 500000배 이상

37 자체소방대에 두는 화학소방자동차 및 인원

사업소 구분	화학소방자동차	자체소방대원
지정수량 3000배 이상 120000배 미만	1대	5인
지정수량 120000배 이상 240000배 미만	2대	10인
지정수량 240000배 이상 480000배 미만	3대	15인
지정수량 480000배 이상	4대	20인

38 안전교육대상자

(1) 안전원에 위탁
  ① 위험물 운반자, 위험물 운송자의 요건을 갖추려는 사람
  ② 위험물 취급자격자의 자격을 갖추려는 사람
  ③ 안전관리자로 선임된 자 및 위험물 운송자, 운반자에 대한 안전교육

(2) 기술원에 위탁
  ① 탱크시험자의 기술인력으로 종사하는 자

39 청문(시·도지사, 소방본부장, 소방서장)

(1) 제조소 등 설치허가 취소
(2) 탱크시험자 등록취소

40 위험물 유출·방출·확산 행위 벌칙

행위	벌금
제조소 등에서 위험물을 유출·방출·확산시켜 사람의 생명·신체·재산에 대하여 위험을 발생시킨 자	1년 이상 10년 이하 징역
위 행위로 사람에게 상해를 입힌 자	무기 또는 3년 이하 징역
위 행위로 사람을 사망에 이르게 한 자	무기 또는 5년 이하 징역

41 업무상 과실로 위험물 유출·방출·확산 행위 벌칙

행위	벌금
업무상 과실로 제조소 등에서 위험물 유출·방출·확산시켜 사람의 생명·신체·재산에 대하여 위험을 발생시킨 자	7년 이하의 금고 또는 7000만 원 이하의 벌금
위 행위로 사람을 사상에 이르게 한 자	10년 이하의 징역 또는 금고나 1억 원 이하의 벌금

42 5년 이하 징역 또는 1억 원 이하 벌금

제조소 등의 설치허가를 받지 아니하고 제조소 등을 설치한 자

43 과태료 부과 기준

위반행위	금액(만 원)		
	1회	2회	3회 이상
위험물 저장·취급에 관한 세부기준 위반한 자	250	400	500
점검 결과를 기록·보존하지 않은 자	250	400	500
위험물 운반에 관한 세부기준 위반한 자	250	400	500
위험물 운송에 관한 기준을 따르지 않은 자	250	400	500

PART 03 중요빈출지문

PART 01　소방원론

PART 02　소방관계법규

PART 01 소방원론

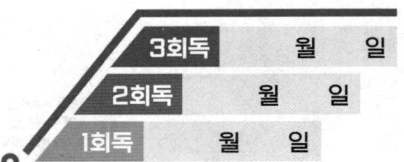

Chapter 01 ⊙ 연소

- ☑☐☐ 연소란 가연물이 공기 중의 산소와 결합하여 빛과 열을 수반하는 산화반응이다.

- ☑☐☐ 가연물이 연소가 잘 되기 위한 조건으로 열전도율이 작아야 한다.

- ☑☐☐ 정전기 현상은 부도체 표면 간의 접촉에 따라 발생하므로 부도체를 사용하는 것은 정전기 방지대책이 아니다.

- ☑☐☐ 고체 가연물이 덩어리보다 가루일 때 연소되기 쉬운 이유는 공기와 접촉면이 커지기 때문이다.

- ☑☐☐ 자연발화가 잘 일어날 조건으로는 열전도율이 작아야 한다.

- ☑☐☐ 아르곤은 불활성 기체로 불연성 가스이다.

- ☑☐☐ 인화점 이하의 온도에서는 성냥불을 접근해도 착화하지 않는다.

- ☑☐☐ 수소, 에틸렌, 아세틸렌, 이황화탄소 중 위험도가 가장 높은 물질은 이황화탄소이다.

- ☑☐☐ 프로페인의 연소범위는 2.1 ~ 9.5 [vol%]이다.

- ☑☐☐ 산화프로필렌, 이황화탄소, 메틸알코올, 등유 중 인화점이 가장 낮은 물질은 산화프로필렌이다.

Chapter 02 • 연소생성물

- ☑☐☐ 진공 속에서 복사에 의한 열전달은 가능하다.

- ☑☐☐ 연기에 의한 감광계수가 0.1 [m⁻¹], 가시거리가 20 ~ 30 [m]일 때, 연기감지기가 작동할 정도의 상황이다.

- ☑☐☐ 황화수소는 가연성 가스이면서 독성 가스이다.

- ☑☐☐ 화상으로서 피부가 탄화되는 현상이 발생하면 4도 화상이다.

- ☑☐☐ Fourier 법칙(전도)에 대한 설명으로 이동열량은 전열체의 두께에 반비례한다.

- ☑☐☐ 고층 건축물 내 연기 거동 중 굴뚝효과에 영향을 미치는 요소는 실내외 온도차, 외벽기밀성, 층간 공기누설, 건물의 높이다(층의 면적은 영향요소가 아니다).

- ☑☐☐ 일반적인 화재에서 연소 불꽃 온도가 1500 [℃]이었을 때의 연소 불꽃의 색상은 휘백색이다.

- ☑☐☐ 화재 최성기 때의 농도로 유도등이 보이지 않을 정도의 연기농도는 10 [m⁻¹] 이다.

- ☑☐☐ 화재 표면온도(절대온도)가 2배로 되면 복사에너지는 2의 4승, 즉 16배로 증가한다.

- ☑☐☐ 독성허용농도가 0.1 [ppm]으로 맹독성 가스이며, PVC, 수지류 등이 연소 시 발생하는 가스는 포스겐이다.

Chapter 03 • 폭발

- ☑☐☐ 대기 중에 대량의 가연성 가스가 유출하거나 대량의 가연성 액체가 유출하여 그것으로부터 발생하는 증기가 공기와 혼합해서 가연성 혼합기체를 형성하고 발화원에 의하여 발생하는 폭발현상은 UVCE이다.

- ☑☐☐ 보일러 폭발은 물리적 폭발이다.

- ☑☐☐ 유류탱크 화재 시 소화할 때 외부에서 방사하는 포에 의해 슬롭 오버(Slop Over) 현상이 발생할 수 있다.

- ☑☐☐ 시멘트 분말은 분진폭발을 일으키는 물질이 아니다.

- ☑☐☐ 탱크 바닥에 물과 기름의 에멀전이 섞여 있을 때 물의 비등으로 인하여 급격하게 Over Flow되는 현상을 보일오버(Boil Over) 현상이라고 한다.

- ☑☐☐ 폭굉의 유도거리는 배관의 지름이 작을수록 짧아진다.

- ☑☐☐ 플래시오버는 실내 화재에서 일어날 수 있는 현상이다.

- ☑☐☐ 전기불꽃, 아크 등이 발생하는 부분을 기름 속에 넣어 폭발을 방지하는 방폭구조는 유입방폭구조이다.

- ☑☐☐ 인화점이 40 [℃] 이하인 위험물을 저장, 취급하는 장소에 설치하는 전기설비는 방폭구조로 설치하는데, 용기의 내부에 불활성 기체를 압입하여 압력을 유지하도록 함으로써 폭발성 가스가 침입하는 것을 방지하는 구조는 압력 방폭구조이다.

- ☑☐☐ 경질유 화재는 쉽게 발생할 수 있으나 열 축적이 없어 쉽게 진화할 수 있다.

Chapter 04 · 화재

☑☐☐ 플래시 오버(Flash Over) 현상은 화재 공간의 개구율과 관계가 있다.

☑☐☐ 화재하중 계산 시 목재의 단위발열량은 4500 [kcal/kg]이다.

☑☐☐ 건축물의 화재성상 중 내화건축물의 화재성상은 저온장기형이다.

☑☐☐ 화재하중의 단위는 [kg/m^2]이다.

☑☐☐ 화재의 분류 방법 중 전기화재의 표시색은 청색이다.

☑☐☐ 방호공간 안에서 화재의 세기를 나타내고 화재가 진행되는 과정에서 온도에 따라 변하는 것으로 온도 – 시간곡선으로 표시할 수 있는 것은 화재가혹도이다.

☑☐☐ 멜라민 수지는 열경화성이다.

☑☐☐ 화재 시 불티가 바람에 날리거나 상승하는 열기류에 휩쓸려 멀리 있는 가연물에 착화되는 현상은 비화이다.

☑☐☐ 화재하중이 크면 단위면적당의 발열량이 크다.

☑☐☐ 전기화재의 원인은 과전류, 단락, 누전, 낙뢰, 전기불꽃, 정전기로 인한 스파크 발생 등이다.

Chapter 05 · 위험물

☑☐☐ 제1류 위험물과 제6류 위험물은 혼재하여 저장할 수 있다.

☑☐☐ 제5류 위험물과 제2류 위험물은 혼재하여 저장할 수 있다.

☑☐☐ 마그네슘의 화재에 주수하였을 때 물과 마그네슘의 반응으로 인하여 생성되는 가스는 수소(H_2)이다.

☑☐☐ 염소산염류, 과염소산염류, 알칼리 금속의 과산화물, 질산염류, 과망가니즈산염류의 화재 시 소화방법은 알칼리금속의 과산화물을 제외하고 다량의 물로 냉각소화 한다.

☑☐☐ 황화인은 제2류 위험물에 속한다.

☑☐☐ 제1석유류는 인화성 액체(제4류 위험물)에 속한다.

☑☐☐ 제6류 위험물은 산화성 액체이다.

☑☐☐ 과산화수소와 과염소산은 모두 비중이 1보다 크다.

☑☐☐ 황은 연소 시 아황산가스를 발생시킨다.

☑☐☐ 과산화칼륨이 물과 접촉하였을 때 발생하는 가스는 산소이다.

Chapter 06 · 소화

- ☑ 증발잠열을 이용하여 가연물의 온도를 떨어뜨려 화재를 진압하는 소화방법은 냉각소화이다.

- ☑ 물의 소화력을 증대시키기 위하여 첨가하는 첨가제 중 물의 유실을 방지하고 건물, 임야 등의 입체면에 오랫동안 잔류하게 하기 위한 것은 증점제이다.

- ☑ 불활성기체소화약제인 IG-541의 성분은 질소, 아르곤, 이산화탄소이다.

- ☑ 저팽창포와 고팽창포에 모두 사용할 수 있는 포 소화약제는 합성계면활성제포이다.

- ☑ 고비점유 화재 시 무상주수하여 가연성 증기의 발생을 억제함으로써 기름의 연소성을 상실시키는 소화효과는 유화효과이다.

- ☑ 할론2402는 상온, 상압에서 액체 상태이다.

- ☑ 열분해에 의해 가연물 표면에 유리상의 메타인산 피막을 형성하여 연소에 필요한 산소의 유입을 차단하는 분말약제는 제3종 분말이다.

- ☑ 밀폐 공간에서의 화재 시 공기를 제거하는 것은 질식소화이다.

- ☑ 분말소화약제는 20 ~ 30 [μm] 범위의 분말입도가 가장 소화 성능이 우수하다.

- ☑ 연소의 4요소 중 자유활성기(Free Radical)의 생성을 저하시켜 연쇄반응을 중지시키는 소화방법은 억제소화이다.

Chapter 07 ● 안전관리 및 건축방재

☑☐☐ 건축물의 바깥쪽에 설치하는 피난계단의 구조 기준 중 계단의 유효 너비는 0.9 [m] 이상으로 하여야 한다.

☑☐☐ 내화구조의 기준 중 벽의 경우 벽돌조로서 두께가 최소 19 [cm] 이상이어야 한다.

☑☐☐ 60분 방화문의 기준은 연기 및 불꽃 차단할 수 있는 시간이 60분 이상인 것이다.

☑☐☐ 2차 안전구획은 부속실이다.

☑☐☐ 건축방화계획에서 건축구조 및 재료를 불연화하여 화재를 미연에 방지하고자 하는 공간적 대응방법은 "회피성 대응"이다.

☑☐☐ 심벽에 흙으로 맞벽치기 한 것은 "방화구조"이다.

☑☐☐ 건축법령상 내력벽, 기둥, 바닥, 보, 지붕틀 및 주계단을 주요구조부라고 한다.

☑☐☐ 직접 지상으로 통하는 출입구가 있는 층을 피난층이라고 한다.

☑☐☐ 개구부 기준 중 하나는 지름 50 [cm] 이상의 원이 내접할 수 있어야 한다.

☑☐☐ 방화구획의 설치기준 중 스프링클러 기타 이와 유사한 자동식 소화설비를 설치한 10층 이하의 층은 3000 [m²] 이내마다 구획하여야 한다.

PART 02 소방관계법규

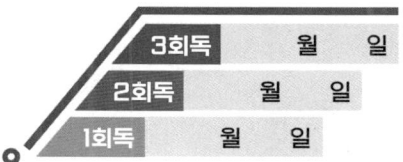

Chapter 01 · 소방기본법

☑☐☐ 소방대의 종류로는 소방공무원, 의무소방원, 의용소방대원이 있다.

☑☐☐ 소방박물관의 설치·운영권자는 소방청장이다.

☑☐☐ 소방의날은 매년 11월 9일이다.

☑☐☐ 상호응원협정 체결은 시·도지사가 한다.

☑☐☐ 소화전의 연결금속구 구경은 65 [mm]이다.

☑☐☐ 저수조의 낙차는 지면으로부터 4.5 [m] 이하다.

☑☐☐ 화재예방강화지구에는 비상소화장치를 설치한다.

☑☐☐ 소방청장, 소방본부장, 소방서장은 신속한 소방활동을 위한 정보를 수집·전파하기 위하여 종합상황실에 전산·통신요원을 배치하고, 소방청장이 정하는 유·무선통신시설을 갖추고 24시간 운영체제를 유지하여야 한다.

☑☐☐ 소방청장은 소방행정 발전에 공로가 있다고 인정되는 사람을 명예직 소방대원으로 위촉할 수 있다

☑☐☐ 소방업무의 응원 요청은 소방본부장·서장이 이웃한 소방본부장·서장에게 요청한다.

☑☐☐ 시장지역에서 불을 피울 때는 소방본부장 또는 소방서장에게 미리 신고하여야 한다.

☑☐☐ 소방지원활동의 실시권자는 소방청장·본부장·서장에게 있다.

☑☐☐ 끼임, 고립 등에 따른 위험제거는 생활안전활동이다.

☑☐☐ 소방신호의 종류 중에는 경계신호가 있다.

☑☐☐ 소방활동구역의 설정권자는 소방대장이다.

☑☐☐ 소방자동차의 출동을 방해한 사람에게는 5년 이하의 징역 또는 5000만 원 이하의 벌금이 주어진다.

☑☐☐ 화재로 오인할 만한 우려가 있는 불을 피우면 20만 원 이하의 과태료이다.

☑☐☐ 관계인은 소방대가 현장에 도착할 때까지 경보를 울리거나, 대피를 유도하는 방법으로 사람을 구출하는 조치를 하거나, 불이 번지지 않도록 필요한 조치를 하여야 한다.

☑☐☐ 공동주택으로 100세대 이상인 아파트와 공동주택으로 3층 이상인 기숙사에는 소방자동차 전용구역을 설치하여야 한다.

☑☐☐ 피난명령의 실시권자는 소방본부장, 소방서장, 소방대장이다.

Chapter 02 · 소방시설법

- ☑ ☐ ☐ 개구부는 지름이 50 [cm] 이상의 원이 통과할 수 있는 크기이어야 한다.

- ☑ ☐ ☐ 물류터미널은 창고시설이다.

- ☑ ☐ ☐ 소방본부장 또는 소방서장은 건축허가등의 동의를 요구받은 경우 일반 건축물일 때 5일 이내에 동의 여부를 알려야 한다.

- ☑ ☐ ☐ 연면적 100 [m²] 이상인 학교시설은 건축허가등의 동의대상물이다.

- ☑ ☐ ☐ 50층 이상인 아파트등은 성능위주설계대상이다.

- ☑ ☐ ☐ 연면적 1000 [m²] 이상인 복합건축물은 전 층에 간이스프링클러설비를 설치한다.

- ☑ ☐ ☐ 연면적 1000 [m²] 이상인 목욕장의 경우 모든 층에 자동화재탐지설비를 설치한다.

- ☑ ☐ ☐ 터널의 길이가 1000 [m] 이상인 경우 자동화재탐지설비를 설치한다.

- ☑ ☐ ☐ 각각의 건축물이 다른 건축물의 외벽으로부터 수평거리가 1층의 경우에는 6미터 이하, 2층 이상의 층의 경우에는 10미터 이하인 경우 연소우려가 있는 건축물이다.

- ☑ ☐ ☐ 소방본부장 또는 소방서장은 건축허가등의 동의를 요구받은 경우 5일 이내(특급 대상인 경우 5일 이내)에 해당 행정기관에 동의 여부를 알려야 한다.

- ☑ ☐ ☐ 최초점검대상물은 종합점검대상이다.

- ☑ ☐ ☐ 물분무등소화설비가 설치된 연면적 5000 [m²] 이상인 특정소방대상물은 종합점검 대상이다.

- ☑ ☐ ☐ 점검인력 1단위가 하루에 종합점검할 수 있는 특정소방대상물 연면적은 8000 [m²]이다.

☑☐☐ 스스로 자체점검을 실시한 관계인은 자체점검이 끝난 날부터 15일 이내에 소방본부장 또는 소방서장에게 보고해야 한다.

☑☐☐ 소방시설관리사 자격이 취소된 날부터 2년이 지나지 않은 자는 결격사유에 해당한다.

☑☐☐ 우수품질 제품에 대한 인증 권한은 소방청장이 가지고 있다.

☑☐☐ 조치명령 위반사항에 대한 명령을 정당한 사유 없이 위반하면 3년 이하의 징역 또는 3000만 원 이하의 벌금이 주어진다.

☑☐☐ 관리업자 등은 자체점검 결과 중대위반사항을 발견한 경우 즉시 관계인에게 알려야 하며, 이 경우 지체 없이 수리 등 필요한 조치를 하여야 한다.

☑☐☐ 금고 이상의 형의 집행유예를 선고받고 그 유예기간 중에 있는 자는 소방시설관리사 결격사유에 해당한다.

☑☐☐ 소방시설관리업 변경신고는 15일 이내에 시·도지사에게 한다.

Chapter 03 • 화재예방법

☑☐☐ 소방관서장은 화재안전조사 결과에 따른 조치명령을 내릴 수 있다.

☑☐☐ 주방설비에 부속된 배출덕트는 0.5 [mm] 이상의 아연도금강판 또는 이와 동등 이상의 내식성 불연재료로 설치한다.

☑☐☐ 살수설비, 대형 수동식 소화기를 설치하는 경우 특수가연물을 저장할 때 일반적으로 쌓는 높이는 15 [m] 이하이어야 한다.

☑☐☐ 화재예방강화지구의 지정권자는 시·도지사이며, 지정 요청은 소방청장이 한다.

☑☐☐ 30층 이상인 아파트에는 1급 소방안전관리자를 선임해야 한다.

☑☐☐ 소방훈련 및 교육은 특정소방대상물의 소방안전관리자의 업무이다.

☑☐☐ 소방안전관리자는 관계인이 선임한다.

☑☐☐ 지정문화유산은 소방안전 특별관리시설물이다.

☑☐☐ 화재안전조사 결과에 따른 조치명령으로 인해 손실을 입은 자는 소방청장, 시·도지사가 보상한다.

☑☐☐ 소방공무원으로 7년 이상 근무한 경력이 있는 사람은 1급 소방안전관리자 선임 자격에 해당한다.

Chapter 04 · 소방시설공사업법

☑□□ 소방시설공사업을 등록하려는 자는 최근 90일 이내에 작성한 자산평가액 또는 기업진단 보고서를 제출하여야 한다.

☑□□ 일반 소방시설설계업 기계분야의 영업 범위는 연면적 3만 $[m^2]$ 미만이다.

☑□□ 성능위주설계는 소방기술사 2명 이상이 한다.

☑□□ 정당한 사유 없이 30일 이상 소방시설공사를 계속하지 않는 경우에는 도급계약을 해지할 수 있다.

☑□□ 자동화재탐지설비의 하자보수 보증기간은 3년이다.

☑□□ 소방 관련 학과의 석사학위 취득 후 7년의 경력이 있으면 특급기술자이다.

☑□□ 연면적이 20만 $[m^2]$ 이상인 특정소방대상물 공사현장에는 특급감리원 중 소방기술사가 책임감리원으로 배치된다.

☑□□ 소방시설업을 등록하지 아니하고 영업을 한 자는 3년 이하의 징역 또는 3000만 원 이하의 벌칙이 주어진다.

☑□□ 금고 이상의 실형을 선고받고 집행이 끝나거나 면제된 날부터 2년이 지나지 않은 사람은 소방시설업의 등록 결격사유에 해당한다.

☑□□ 물분무등소화설비가 설치된 특정소방대상물을 완공검사를 위한 현장확인 대상 특정소방대상물이다.

Chapter 05 • 위험물안전관리법

☑□□ 산화성 고체는 제1류 위험물이다.

☑□□ 황화인의 지정수량은 100 [kg]이다.

☑□□ 금수성 물질은 마른모래, 팽창질석, 팽창진주암에 의한 질식소화를 한다.

☑□□ 위험물을 임시 저장하는 경우 시·도 조례가 정하는 바에 따라 관할소방서장의 승인을 받아 90일 이내 기간 동안 임시저장한다.

☑□□ 옥외탱크저장소의 방유제 용량은 탱크 1기일 경우 탱크용량의 110 [%] 이상이다.

☑□□ 위험물안전관리자는 관계인이 선임한다.

☑□□ 제조소·일반취급소에서 취급하는 제4류 위험물 최대수량의 합이 지정수량 120000배 이상 240000배 미만인 사업소는 화학소방자동차 2대를 두어야 한다.

☑□□ 제4류 위험물의 게시판은 "화기엄금"의 주의사항이 적색바탕에 백색문자이다.

☑□□ 지정수량 10배 이상의 위험물을 취급하는 제조소·옥내저장소에는 피뢰침 설치한다.

☑□□ 옥내주유취급소에 있어서 당해 사무소 등의 출입구 및 피난구와 당해 피난구로 통하는 통로·계단·출입구에 유도등을 설치한다.

3 회독

초격차 Self Study-Plan

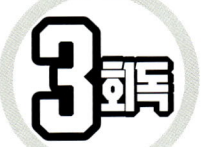

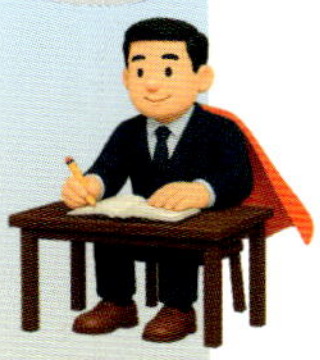

1 회독 익힘학습

일 완성

날짜	학습목표	학습내용
☑ ~		
☐ ~		
☐ ~		
☐ ~		
☐ ~		

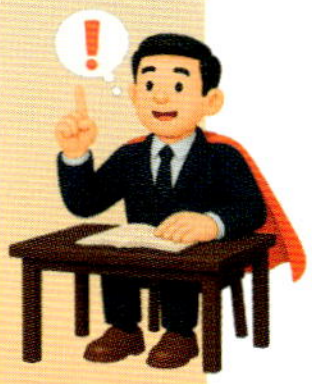

2 회독 점검학습

일 완성

날짜	학습목표	학습내용
☑ ~		
☐ ~		
☐ ~		
☐ ~		
☐ ~		

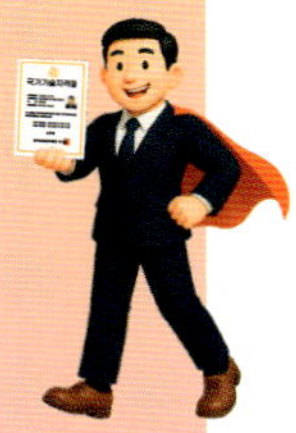

3 회독 마무리학습

일 완성

날짜	학습목표	학습내용
☑ ~		
☐ ~		
☐ ~		
☐ ~		
☐ ~		

2026 초격차 시리즈

👉 **결과로 증명하는, 초압축 전략 교재!**

**모아소방전기학원, 모아바(moa-ba.com),
전국 온/오프라인 서점**에서 만나보실 수 있습니다.

소방설비기사

필기
- 소방설비기사 · 산업기사 [필기 공통]
- 소방설비기사 · 산업기사 [필기 기계]
- 소방설비기사 과년도 7개년 [필기 기계]
- 소방설비기사 · 산업기사 [필기 전기]
- 소방설비기사 과년도 7개년 [필기 전기]

실기
- 소방설비기사 · 산업기사 [실기 기계]
- 소방설비기사 과년도 7개년 [실기 기계]
- 소방설비기사 · 산업기사 [실기 전기]
- 소방설비기사 과년도 7개년 [실기 전기]

소방설비산업기사

필기
- 소방설비기사 · 산업기사 [필기 공통]
- 소방설비기사 · 산업기사 [필기 기계]
- 소방설비산업기사 과년도 7개년 [필기 기계]
- 소방설비기사 · 산업기사 [필기 전기]
- 소방설비산업기사 과년도 7개년 [필기 전기]

실기
- 소방설비기사 · 산업기사 [실기 기계]
- 소방설비산업기사 과년도 7개년 [실기 기계]
- 소방설비기사 · 산업기사 [실기 전기]
- 소방설비산업기사 과년도 7개년 [실기 전기]

여러분의 합격은

모아의 보람입니다.

MOAG